U0296614

中国湖泊生态环境丛书

中国湖泊生态环境研究报告

中国科学院南京地理与湖泊研究所　编著

科学出版社

北　京

内 容 简 介

　　本书从全国湖泊和典型湖泊两个尺度，聚焦水资源、水环境和水生态科学，深入剖析和科学诊断湖泊生态环境状况和发展趋势，提出湖泊流域生态环境保护、治理、修复和管理的对策与建议，以期为国家相关政策制定和生态文明建设提供参考。

　　本书可作为湖泊生态环境领域的工具书，适合湖泊科学、生态学、环境科学、地理学、水文学和自然资源管理等专业的科研人员以及相关部门管理人员阅读，也可为湖泊流域生态系统保护与管理提供科学参考。

审图号：GS 京（2022）0877 号

图书在版编目（CIP）数据

中国湖泊生态环境研究报告/中国科学院南京地理与湖泊研究所编著.
—北京：科学出版社，2023.9
　（中国湖泊生态环境丛书）
　ISBN 978-7-03-072025-2

　Ⅰ．①中⋯　Ⅱ．①中⋯　Ⅲ．①湖泊–生态环境保护–研究报告–中国
Ⅳ．①X321.2

中国版本图书馆 CIP 数据核字（2022）第 053963 号

責任編輯：周　丹　黄　梅　曾佳佳/責任校对：郝璐璐
責任印制：赵　博/封面设计：许　瑞

科学出版社 出版
北京东黄城根北街 16 号
邮政编码：100717
http://www.sciencep.com

涿州市般润文化传播有限公司印刷
科学出版社发行　各地新华书店经销
*
2023 年 9 月第　一　版　　开本：787×1092　1/16
2025 年 4 月第二次印刷　　印张：35 1/4
字数：835 000
定价：398.00 元
（如有印装质量问题，我社负责调换）

本书各章作者

第一章： 张运林、宋春桥、王晓龙、吴敬禄、邓建明、陈非洲、张恩楼、周丽君、吴庆龙、张甘霖、谷孝鸿、陈雯、胡维平、羊向东、李恒鹏、张路

第二章： 马荣华、宋春桥、张运林、张毅博、段洪涛、罗菊花、曹志刚、胡旻琪、李佳鑫、马金戈、范晨雨、罗双晓、詹鹏飞

第三章： 秦伯强、朱广伟、董百丽、沈睿杰、钟春妮、闵屾、李枫、李宽意、彭凯、邹伟

第四章： 胡维平、邓建才、张雷、彭兆亮、张民、刘成

第五章： 徐力刚、赖锡军、王晓龙、李云良、李相虎、蔡永久、范宏翔、吴亚坤、毛智宇、程俊翔、蒋名亮

第六章： 龚志军、蔡永久、邓建明、黄蔚、彭凯、毛志刚

第七章： 潘继征、阳振、段学军、王晓龙、古小治、张民

第八章： 吴庆龙、王荣、史小丽、陈非洲、李化炳、邢鹏、关保华、周丽君、蔡永久、毛志刚、刘霞、张又

第九章： 陈非洲、孙占东、李芸、张恩楼、马荣华

第十章： 张恩楼、宋春桥、周永强、张民、李芸、唐红渠、韩武、李化炳

第十一章： 高光、汤祥明、邵克强、胡洋

第十二章： 薛滨、姚书春、谷孝鸿、孙占东、毛志刚、刘松涛、张运林、罗菊花

第十三章： 段洪涛、薛滨、谷孝鸿、毛志刚、罗菊花、曾巾、宋春桥、陈盼盼、孙喆、张运林

第十四章： 朱广伟、许海、李慧赟、朱梦圆、国超旋、邹伟、蔡永久、史鹏程、赵星辰、康丽娟、李渊、龚志军

第十五章： 李恒鹏、耿建伟、艾柯代•艾斯凯尔、陈开宁、朱广伟、许海、张汪寿、黄蔚、曾庆飞、庞家平、李鸿芝

序

　　湖泊是地表重要的地理单元，作为重要的国土资源，具有供水、防洪抗旱、农业灌溉、旅游航运、调节气候和生物多样性保护等多种功能。我国湖泊众多、分布广泛、类型多样，从东部沿海的坦荡平原到世界屋脊的青藏高原，从西南边陲的云贵高原到广袤无垠的东北平原，都有天然湖泊的分布。我国国土以山地和高原为主体，形成巨大的地形阶梯，这种地貌特征及其诱导的季风气候决定了我国湖泊在空间分布上呈现出明显的区域特色。同时，由于湖泊的多种成因及所处的环境多样性，我国湖泊分布不具备明显的地带性，甚至也不受海拔的限制。

　　湖泊是由湖盆、湖水和水中所含物质以及水生生物组成的自然综合体，成为大气圈、生物圈、岩石圈、陆地水圈和人文圈等各圈层相互作用的联结点，是流域生物地球化学要素循环的中心枢纽和物质能量的汇，也是流域生态环境变化的指示器、晴雨表和放大器。从生态学的角度而言，湖泊是一个相对独立的生态系统，主要包括湖泊中的生物（包括生产者、消费者和分解者等）和以水为主体的环境（非生物），彼此相互有机联系和互相作用。

　　在人类强烈的社会经济活动影响下，湖泊的发展和演变也越来越受到影响，甚至远超自然变化。不同流域和不同湖泊的生态环境状况差异显著，影响因素多样。如西北干旱区的湖泊，其生态环境变化可能受自然气候变化主导；中部地区的湖泊，其变化则往往是自然过程和人类活动共同驱动；而东部尤其是长江三角洲地区的湖泊，则可能是人类活动主导了生态环境变化进程。自工业革命以来，一些重要的、里程碑式的人类活动过程，如农用化学品大规模应用、城市化和工业化的快速推进，对湖泊流域产生了深远的影响，深刻地影响着湖泊的生态环境状况和演化进程。我国的一些重要湖泊，如洞庭湖、太湖、巢湖、洪泽湖，在围垦、养殖、工农业污染等影响下，湖泊的水文、水环境、水生态系统结构和功能都发生了极其重大的变化。事实上，在人类活动和全球变化的共同影响下，我国各个区域的湖泊都经历了或者正在发生急剧的变化。

　　党的十八大以来，习近平总书记提出"山水林田湖草沙"生命共同体的理念，湖泊是生命共同体的重要组成，湖泊保护、治理及生态修复已成为关乎生态文明建设的大事。习近平总书记高度关注全国重点湖泊生态环境变化，先后到洱海、洞庭湖、查干湖、滇池、巢湖、丹江口水库和青海湖等湖库考察，指出重塑人水关系就是重塑人与自然的关系，要像保护眼睛一样保护生态环境，推动形成人与自然和谐共生新格局。各级政府也高度重视湖泊保护、治理和生态修复工作，投入了大量人力、物力及财力开展湖泊保护和治理工作。湖泊生态环境质量改善状况成为衡量我国生态文明建设成就的重要标尺之一。

　　《中国湖泊生态环境研究报告》聚焦湖泊流域水资源、水环境、水生态等诸多方面，针对我国典型湖泊深受气候变化和人类活动双重影响的特点，分析湖泊生态环境演变的总体态势和关键问题，以期诊断不同类型湖泊生态环境状态，为国家或政府有关部门在湖泊保护、生态修复和资源利用等方面提供决策参考。这也是我国第一次系统地阐述全国湖泊和典型湖泊生态环境状况及长期变化趋势。

　　该书是中国科学院南京地理与湖泊研究所众多湖泊科学工作者长期性、系统性工作的总结，也是应国之需，作为湖泊科学研究"国家队""国家人"勇担"国家事""国家责"的成果展现。该书的出版是向支持和关心湖泊流域科学事业发展的各界人士、湖泊生产与管理的从业人员、广大湖泊科学工作者献上的一份诚挚厚礼，期望以此为契机进一步推动我国湖泊治理、保护和利用，同时引领我国湖泊流域科学研究向更高层次发展，走向世界前沿。

　　值此《中国湖泊生态环境研究报告》出版之际，乐为之作序，以示庆贺。

中国科学院院士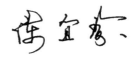
中国科学院原副院长
国家自然科学基金委员会原主任

2022 年 2 月

前　　言

　　湖泊是地表系统中的重要地理单元，是在特定地貌和气候环境条件下以流域水文过程及其驱动的物质迁移转化过程共同作用形成的"湖盆、湖水、水体所含物质以及水生生物共同构成的自然综合体"。全球湖泊面积约 446 万 km²，占陆地面积的 3%；我国大于 1 km² 的天然湖泊 2670 个，总面积 80662 km²（据 2020 年数据统计），占我国国土面积少于 1%。虽然湖泊面积及其在陆地中占比都非常有限，但人类自聚居以来生存和发展就与湖泊密切相关，大湖周边往往是人类文明的发祥地。无论早期的农业繁荣，还是当今的全球城市化、工业化，大多傍水而生、因湖而兴。事实上，即使进入了 21 世纪，经济社会发展对湖泊的依赖也并未减少。湖泊提供了清洁的水源、丰富的水产品、靓丽的景色，为满足人类物质和精神需求提供了重要的生态服务，在区域水资源安全保障、防洪抗旱和经济社会发展等方面发挥着不可替代的作用。

　　湖泊与流域是相互联系、相互作用的两个主体，流域是湖泊的源，湖泊是流域的汇，湖泊的生态环境状况深受流域过程的影响。在自然环境背景下，湖泊生态环境的变化是相对缓慢的，短期内不会产生突变。然而，在人类活动的强烈影响下，湖泊环境和生态系统会产生快速而深刻的变化。美国科普作家丹·伊根在描述北美五大湖兴衰时写道，"这是一片被 20 世纪中期大规模工业污染的水域，因处于无氧的状态而被宣告死亡，大量易燃化学品和油类的积聚使其窒息。"除了严重的工业污染，还有大湖周边农业源大量排放的影响，由化肥带来的氮、磷和杀虫剂、除草剂等有机污染物不断排入大湖，既带来"寂静春天"的恐怖，也使得伊利湖藻类激增，成为"北美死海"。不难看出，即便是这样具有巨大环境容量的大湖，若不控制污染物的输入，也难逃退化的厄运。对于北美大湖而言，"所有的工业掠夺和肆意污染最终促使 1972 年具有里程碑意义的《清洁水法案》获得通过。"

　　我国的湖泊也同样经历着巨大的变化，其主要原因还是人类活动的干扰。水利工程建设对湖泊水位调节起着决定性的作用，改变了河湖水系格局；大量的围垦使湖泊显著萎缩，破坏了水生生物的栖息环境；过度捕捞使重要鱼类等水产资源枯竭，并使生物多样性和生态系统功能发生显著变化；大量的污染物排放造成严重的富营养化，气候变化的影响使得上述变化更加复杂。20 世纪 50~70 年代末，全国围垦湖泊面积合计超过 1.3 万 km²，相当于五大淡水湖泊面积总和的 1.3 倍。如长江中下游湖群，由于围垦和淤积的影响，曾经的"八百里洞庭"已从 20 世纪 40 年代末期的 4000 km² 缩减至 2022 年的 2500 km²；号称"千湖之省"的湖北，自中华人民共和国成立初期到现在，湖荡消失超过 2/3，水面缩小了 3/4；太湖流域也经历类似的变化，大量湖泊遭受围垦，20 世纪 50~80 年代，太湖湖滩湿地围垦 161 km²，其中 68%集中在东太湖周围。20 世纪末以来，诸多湖泊夏季屡屡出现严重的蓝藻水华问题，2007 年太湖蓝藻暴发造成的水危机震惊全国，这无疑是一记警钟，警示我们人-湖关系在持续地恶化。自此以后，国家对湖泊生态环境问题更加重视，围绕太湖、巢湖、滇池等重点湖泊开展了强有力的治理工作。迄今为止，在数以千亿元计的治理投入下，我国湖泊富营养化的趋势得到明显遏制，水质得到明显改善，湖泊生态系统健康状况也在逐步恢复。

从某种程度上说，如果湖泊环境是优良的、健康的，说明该区域的生态环境总体是好的；反之，如果湖泊出现了严重的生态环境问题，则问题的根源必然来自其所在的流域或区域。虽然我国湖泊治理力度不断加大，但现阶段湖泊的生态环境问题依然普遍存在和突出，主要体现在四个方面。第一，湖泊富营养化没有得到根本缓解，"三湖"（太湖、巢湖、滇池）等标志性湖泊蓝藻水华问题严峻，湖泊水源地水质安全威胁依然存在。第二，湖泊水生植被退化严重，净化能力减弱，生态系统完整性受损。第三，水资源时空分布不均叠加气候变化与人类活动，引发东部地区湖泊洪旱灾害频发和干旱半干旱地区湖泊萎缩咸化。第四，暖湿化气候背景下青藏高原内流湖与高山冰湖快速扩张，灾害风险显著增加。

党的十八大以来，习近平总书记从生态文明建设的整体视野提出"山水林田湖草沙是生命共同体"的论断，强调"统筹山水林田湖草沙系统治理"。习近平总书记对湖泊生态环境问题非常关注，先后到洱海、洞庭湖、查干湖、滇池、巢湖、丹江口水库和青海湖等实地考察调研，也多次强调了对太湖和内蒙古"一湖两海"（呼伦湖、乌梁素海、岱海）的生态综合治理，湖泊环境治理和生态修复已成为国家和各地政府的重要议程。在贯彻新发展理念、构建新发展格局、推动高质量发展的思想指导下，湖泊生态环境的治理必须基于系统的观点，将湖泊和流域作为一个整体，标本兼治，统筹区域经济社会发展。

湖泊治理的科学基础是基于对湖泊生态环境状况及其问题的深入了解和成因机制揭示，我国不同区域的湖泊面临的生态环境问题差异显著，但迄今为止，不同区域湖泊的生态环境一直缺乏系统的监测与科学精准的诊断。虽然生态环境和水利等部门从不同的侧面，对湖泊等地表水体就水质等参数基于常规监测进行过一定的比较，但对全国湖泊以及典型湖泊的长期系统研究仍然缺乏。从国际上来看，欧盟和美国环境保护局对以湖泊为代表的地表水体开展过较为系统的评估，为湖泊等水体的保护提供了依据，其相关评价指标、标准和评估方法也可为我们的工作提供一定的借鉴。

中国科学院南京地理与湖泊研究所是以湖泊-流域系统为主要研究对象的综合性国家研究机构，并拥有以湖泊为研究对象的全国唯一国家重点实验室，长期以来对我国湖泊（含水库）开展了系统的科学调查和研究工作，在太湖、鄱阳湖、抚仙湖、呼伦湖、千岛湖、天目湖等典型湖泊建有长期定位观测研究站，围绕湖泊水文水资源、水环境、水生态等有系统的数据资料和深厚的研究积累，出版了《中国湖泊志》和典型湖泊系列丛书，近年来在湖泊演化和生态系统修复基础理论和关键技术等方面不断有新的认识和突破。在习近平生态文明思想的指导下，为更好地服务国家生态文明建设和"山水林田湖草沙"一体化保护和系统治理等方面的重大需求，对全国湖泊及不同区域的典型湖泊进行系统研究诊断，分析其存在的问题，提出相应的对策，无疑是研究所作为"国家队""国家人"的使命和职责所在。

　　本书基于全国湖泊调查和长序列遥感数据，分析了全国湖泊水资源、水环境和水生态时空格局以及长期演化趋势，选择了我国不同区域具有典型意义同时拥有长期研究积累的湖泊为对象进行深入剖析，试图从湖泊及其流域的现状出发，以基本事实为重点，诊断生态环境状况和发展趋势，提出湖泊及其流域在生态环境保护、治理和修复方面的对策与建议。由于基础数据积累和研究方法等方面尚需完善，相关认识和问题诊断可能有所偏颇，希望得到专家学者的批评和指正，以便为将来持续开展这项工作打好基础。

张甘霖　谷孝鸿

2022 年 2 月

目　　录

第一章　总　　论

湖泊（含水库）是大地明珠，是陆地表层重要的地理单元，也是地表水资源的重要载体，与人类生产和生活息息相关。据研究，全球湖泊面积 $4.2×10^6$ km^2，约占陆地面积的 3%，其中 0.01 km^2 以上的湖泊有 $2.64×10^7$ 个，累计面积 $3.55×10^6$ km^2；同时 0.01 km^2 以上的水库有 $5.15×10^5$ 个，累计面积 $2.59×10^5$ km^2（Downing et al., 2006）。另外，基于高分辨率卫星遥感数据发现，面积在 0.002 km^2 以上的湖泊累计面积可达 $5.0×10^6$ km^2，0.01 km^2 以上的湖泊累计面积为 $4.76×10^6$ km^2（Verpoorter et al., 2014）。尽管湖泊面积占陆地面积比例不大，但湖泊在区域、全国乃至全球环境变化，水资源安全保障，防洪抗旱和流域经济社会发展等方面发挥着不可替代的作用（Dearing et al., 2012），在揭示地球表层系统各要素相互作用过程、机制及效应中也具有重要作用。与其他地球表层生态系统类型相比，湖泊生态系统有着独特的水文和生物地球化学循环过程，因此，其提供的生态系统服务也在一定程度上区别于其他生态系统类型，主要体现在涉水的生态系统服务，在保障全球水生态安全格局中占有重要地位。

湖泊对全球环境变化及流域人类活动响应敏感，是全球环境变化与区域气候的指示器和调节器（Adrian et al., 2009; Tranvik et al., 2009; Williamson et al., 2009）。由于湖泊在地球表层系统中的高度敏感性和重要的反馈作用，乃至在陆地碳循环估算中的不确定性，气候变化和人类活动影响下的湖泊水文-环境-生态过程是全球变化研究中最活跃的领域之一，湖泊生态系统对全球变化的响应研究一直被学术界所关注，已成为地球表层系统科学研究前沿和热点（Ho et al., 2019; Jane et al., 2021; Wang et al., 2012; Woolway et al., 2021, 2020; Wurtsbaugh et al., 2017）。

湖泊也是国家重要战略资源，是"山水林田湖草沙"生命共同体的核心组成部分，具有安全供水、调蓄洪峰、引水灌溉、旅游航运、调节气候和生物多样性保护等多种生态服务功能。习近平总书记对湖泊生态环境问题非常关注，先后到洱海、洞庭湖、查干湖、滇池、巢湖、丹江口水库和青海湖考察调研，强调"山水林田湖草沙"一体化保护和系统修复，推动湖泊流域综合治理、系统治理及源头治理。

第一节　湖泊的重要性和生态服务功能

一、湖泊是保障饮用水安全的重要基石

清洁的空气、洁净的饮用水和安全的食品是保障人民生命健康的底线。湖泊含全世界近 90% 的液态地表淡水，是全球最重要的饮用水源地之一。湖泊、河流和地下水是我国城市集中式饮用水源地"三驾马车"。对我国 340 个地级市和 55 个 100 万人口以上县

级市的 1093 个市县级集中式饮用水源地类型进行分析，就全国平均而言，湖泊型、河流型和地下水型水源地数量占比分别为 40.6%、30.8% 和 28.6%，胡焕庸线以东地区三者占比分别为 46.7%、34.1% 和 19.2%[①]，表现为湖泊型水源地占比最高（表 1.1），北京、上海、深圳等 10 个重点城市湖泊型集中式饮用水源地占比高达 65.4%。湖泊型、河流型和地下水型水源地服务的人口占比分别为 47.2%、36.8% 和 16.0%（图 1.1）。胡焕庸线以东人口密集分布区，湖泊型水源地服务的人口比例达 51%，其中在北京、上海、深圳等 10 个重点城市约 1.52 亿人口中湖泊型服务的人口比例更是高达 72.9%，合计 1.11 亿。另外，相比于河流和地下水，湖泊能提供更优质和更稳定的水源，如 2016~2020 年山东省市县级集中式饮用水源地逐月监测显示，达到或优于 Ⅱ 类水标准的水源地中，湖泊型、河流型和地下水型分别占 75.6%、14.1% 和 10.3%（Zhang et al., 2023）。由此可见，湖泊已成为我国最主要的城市集中式饮用水源，保障了我国东部经济发达地区众多人口的饮用水安全和经济社会发展（表 1.1）。

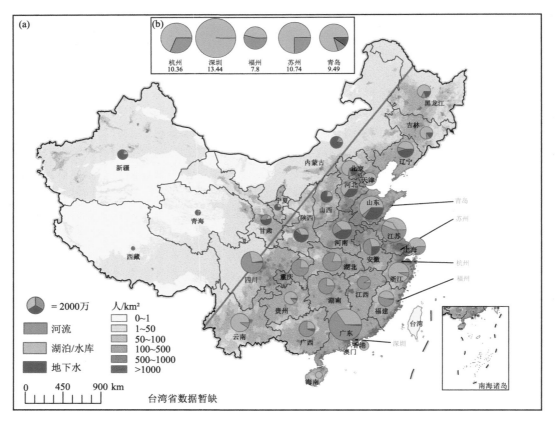

图 1.1 各省份（a）和重点城市（b）不同类型集中式饮用水源地服务人口占比空间分布

饼大小表示集中式饮用水源地服务的人口数量

---

① 胡焕庸线：中国地理学家胡焕庸在 1935 年提出的划分我国人口密度的对比线，从东北黑龙江省的瑷珲（1983 年瑷珲并入黑河）到西南云南省的腾冲，大致为倾斜 45°基本直线，与 400 mm 降水线基本吻合，线东南方 36%的国土居住着我国 96%的人口。

表 1.1　2021 年全国、区域、重点省份和重点城市湖泊型集中式饮用水源地数量、占比及服务人口情况

项目	湖泊型水源地数量/个	湖泊型水源地占比/%	河流型水源地占比/%	地下水水源地占比/%	湖泊服务人口数/亿人	河流服务人口数/亿人	地下水服务人口数/亿人	湖泊服务人口占比/%
全国层面	444	40.6	30.8	28.6	3.31	2.58	1.12	47.2
胡焕庸线以东区域	406	46.7	34.1	19.2	3.27	2.37	0.74	51.2
东南沿海 5 个重点省份	386	52.4	31.2	16.4	1.97	1.49	0.48	50.0
10 个重点城市	138	65.4	20.8	3.0	1.11	0.36	0.053	72.9

注：全国层面和胡焕庸线以东区域数据集：全国 340 个地级市（包括香港和澳门）和 55 个人口大于 100 万的县级市市县级集中式饮用水源地共 1093 个；东南沿海 5 个重点省份：山东、江苏、浙江、福建、广东全部市县级集中式饮用水源地共 736 个；10 个重点城市：北京、上海、天津、重庆、青岛、苏州、杭州、福州、深圳、香港全部市县级集中式饮用水源地共 211 个。

　　"南水北调"等一系列重大调水工程，将丹江口水库等优质的水源源源不断输送到地表水资源匮乏的北京、天津、河南和河北，满足其城市集中式供水。如南水北调中线工程 2019 年从丹江口水库调水 86.22 亿 m³，自 2014 年来累计调水 340.53 亿 m³，惠及沿线 24 个大中城市及 130 多个县，直接受益人口超过 6700 万人。此外，"引汉济渭"工程从黄金峡水库引水，以满足西安、咸阳、宝鸡和渭南等重点城市饮用水供水。湖泊在这些调水工程中起到重要调蓄库和输送工程节点的作用，也是水质改善的重要保障。千岛湖作为长三角最大的战略水源地和"长三角水塔"，其配供水工程保障杭州和嘉兴等城市供水安全，服务人口超过千万，自 2019 年 9 月 29 日建成通水，截至 2021 年底已累计输水约 13.6 亿 m³。因此，未来湖泊型集中式饮用水源地在保障城市供水安全、改善和提升区域饮用水质量方面将发挥越来越大的作用。

二、湖泊调蓄在防洪抗旱中发挥关键作用

　　湖泊调蓄服务功能在调节河川径流、地下水补给、减轻洪涝灾害等方面发挥着重要作用。受季风气候和地形地貌影响，我国降雨年际与年内变化大，全年约 60%~80% 的径流量集中在汛期，频繁引发洪涝灾害并严重威胁着人民群众的生命财产安全和社会经济的可持续发展。据水利部公布的《中国水旱灾害防御公报 2020》，2020 年汛期全国有 28 个省（自治区、直辖市）发生了洪涝灾害，共计 7861.5 万人次受灾，719.0 万 hm² 农作物受灾，造成的直接经济损失约 2669.8 亿元（中华人民共和国水利部，2021）。湖泊通过洪水蓄积和径流补给实现汛枯期水资源的再分配，进而减轻洪涝灾害。基于全国湖泊调查数据，我国面积大于 1 km² 的湖泊水量调节总量接近 1500 亿 m³，东部平原湖泊群的调节能力最强，占全国季节性调蓄总量的 45%。从流域空间分布来看，湖泊调蓄能力以长江、淮河等流域较强；江淮流域大中型湖泊（>100 km²）的年内调蓄水量值高达 400 亿 m³。同时实例研究证实，鄱阳湖在丰水期削减洪峰流量可占流域内总水储量变幅的 15%~30%，有效缓解了长江干流对支流来水的承接压力，能降低沿岸地区的洪水威胁风险。2020 年 7 月，长江中下游流域受强降雨影响，引发了百年一遇的严重洪水灾害，

7月汛期鄱阳湖及流域内其他湖泊的总调蓄量约为 151 亿 m^3，占鄱阳湖流域陆地水储量同期变幅的 45%（Song et al., 2021）。因此，准确掌握湖泊的动态变化，精准量化并充分利用湖泊洪水调蓄和水资源调节能力，对于降低我国洪水灾害风险及应对未来气候变化影响具有重要意义。

对 1973~2018 年间长江中下游 112 个湖泊的围垦造地（农田或建筑用地）遥感解析发现，围垦造地致使湖泊自然水面积损失超 40%、库容损失约 30%（127 亿 m^3），严重影响了湖泊在洪水期的调蓄功能，导致长江中下游流域洪涝特别是城市内涝的频率增加（Hou et al., 2020）。特别值得指出的是，由于城市的扩张，武汉城区内的南湖与汤逊湖水域面积减少约 2/3，而其对应减少的库容量相当于两个湖泊流域 109 mm 降水量（Hou et al., 2020）。

除了调蓄洪水外，湖泊在缓解干旱灾害影响方面也发挥了重要作用。据江西省和湖南省水资源公报，2003 年秋季、2006 年、2007 年、2011 年春秋季，两湖（鄱阳湖、洞庭湖）为环湖区上千万人口生活、农业灌溉和工业生产提供了近百亿立方米用水。2019年长江中下游地区由夏季洪涝事件，迅速转换为秋季干旱，流域多个水库干涸。在这一涝旱急转事件中，两湖由于蓄积了大量水体，迅速转换为抗旱角色，其中鄱阳湖提供了近 30 亿 m^3 水，极大地缓解了环湖区的生产、生活和生态用水问题。

三、湖泊流域在国民经济发展和粮食安全保障中发挥举足轻重作用

湖泊流域是人类生产、生活和生态相融的重要空间单元，是"山水林田湖草沙"生命共同体在地球表层系统形成的天然单元，事关社会经济可持续发展和国家生态安全。流域是"山水林田湖草沙"生命共同体的天然单元。以长江流域为例，10 km^2 以上湖泊有 145 个，其对应的流域面积占整个长江流域面积的 33.6%，但湖泊流域人口和地区生产总值占整个长江流域的 45.0% 和 47.4%。表现尤为突出的是太湖流域，《太湖流域及东南诸河水资源公报 2020》显示，2020 年太湖流域总人口 6755 万人，占全国总人口的 4.8%；地区生产总值 99978 亿元，占全国 GDP 的 9.8%；人均 GDP 14.8 万元，是全国人均 GDP 的 2.1 倍；太湖流域面积仅占全国的 0.4%，但贡献了全国 10% 的 GDP。当前，在长江流域太湖、巢湖、鄱阳湖等重要湖泊周围，新建了许多滨湖新城支撑国民经济发展，如无锡太湖新城、苏州滨湖新城、湖州市太湖新城、合肥滨湖新区等。参照大湾区建设模式，江苏、浙江、上海两省一市正在打造环太湖世界级湖区，未来有望比肩美国的旧金山湾区、日本的东京湾区和我国的粤港澳大湾区。城市与湖泊的融合发展不仅有利于提升整个区域实体经济发展活力，而且是提升城市形象的重要组成节点，其终极目标是实现人-湖共生。

此外，我国传统的 9 大商品粮基地（太湖平原、鄱阳湖平原、洞庭湖平原、江汉平原、江淮地区、成都平原、松嫩平原、三江平原和珠江三角洲），其中有 7 个位于东部平原湖区、东北平原与山区湖区。

四、湖泊是生物多样性最丰富的生态系统之一

生物多样性是人类赖以生存和发展的基础，是地球生命共同体的血脉和根基，加强生物多样性保护，也是生态文明建设的重要内容。湖泊孕育出极为丰富的生物资源，是世界上生物多样性最丰富的地区之一，是地球上重要的物种基因库，对区域生物安全起到不可替代的生态保障作用。全国 64 个国际重要湿地名录中，以鄱阳湖、洞庭湖为代表的重要湖泊入选数量高达 26 个，占 40.6%；其中 1992 年首批 6 个国际重要湿地名录中湖泊占 3 个（青海湖国家级自然保护区、江西鄱阳湖国家级自然保护区、湖南东洞庭湖国家级自然保护区），另外 2 个也包括许多小湖泊和泡子（黑龙江扎龙国家级自然保护区、吉林向海国家级自然保护区）。此外，世界自然基金会 1999 年选择洞庭湖作为其在中国首个淡水保护项目的保护区，支持西洞庭湖和青山湖等开展湖泊湿地恢复、保护与可持续利用等工作，充分体现了湖泊在生物多样性保护中的作用与意义。

我国地域辽阔，自然环境区域分异明显，流域内独特的水文环境与地形地貌特征孕育了丰富多样的湖泊类群，湖泊特征也呈现出显著的区域性差异。云贵高原湖区，因独特的自然地理环境成为众多动植物的良好生境，并孕育了许多珍稀物种，如滇池调查共发现水生植物 17 科 24 属 33 种，鸟类 182 种近 18 万只，鱼类 23 种，隶属 7 目 14 科 22 属，包括特有土著物种金线鲃、桂花鱼等（昆明市滇池管理局和昆明滇池研究会，2019）。东部平原湖区江淮湖群通江湖泊具有独特的水情动态和环境条件，繁衍了种类极其丰富的生物，是东亚水生生物种质资源演化中心区之一，已成为全球生物多样性研究与保护的热点地区。如鄱阳湖 2011~2020 年间候鸟物种数量在 32 万~69 万只之间，候鸟种类数量在 42~69 种之间，生物多样性呈现显著增加趋势（图 1.2）；2020 年观测到候鸟总数量 68.86 万只，其中白鹤数量 4015 只，占全球总数量的 96%以上，东方白鹳 5620 只，占全球总数量的 93%以上，充分体现了大型通江湖泊湿地在全球生物多样性保护中的地位与作用（刘观华等，2021）。青藏高原湖区虽然生物物种相对较为贫乏，但存在较多特有种，如轮虫 93 个特有种，桡足类 2 个特有种等（中国科学院南京地理与湖泊研究所，2019）。青海湖地处中亚、东亚两条水鸟迁徙路径的交汇点，也是水鸟重要的繁殖地和越冬地，常年观测到的水鸟有 50 余种，总数在 20 万~40 万只之间（代云川等，2018）。东北平原湖区的兴凯湖及其支流所形成的湖泛平原同样属于亚太地区水鸟的重要迁飞区和栖息繁殖地，为大量候鸟的迁徙提供了重要的停歇、觅食地，在横跨亚欧大陆 3 条主要候鸟迁徙路线中是非常重要的区域，观测到的鸟类有 120 余种，每年春秋季节迁徙的雁鸭类数量均在 100 万只以上（冯尚柱等，2005；王凤昆等，2007）。西北蒙新高原湖区的湖泊则多为内陆咸水湖，相对区域内其他类型生态系统，这些内陆咸水湖依然显示了较高的生物多样性，如博斯腾湖有浮游植物 54 属，浮游动物 39 种，底栖动物 5 种，鱼类 21 种，维管束水生植物 11 种（中国科学院南京地理与湖泊研究所，2019）。

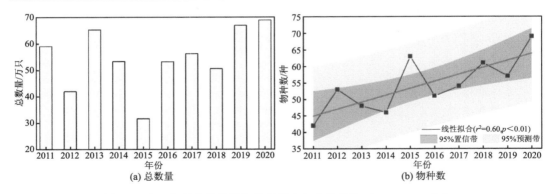

图 1.2　鄱阳湖候鸟总数量与物种数多年变化趋势（2011~2020 年）

数据来源：江西鄱阳湖国家级自然保护区管理局年度监测报告

五、湖泊在我国渔业生产中占据重要地位

湖泊、河流中的淡水水产品是全球数亿人口的重要蛋白质来源，在亚洲、非洲和南美洲等贫困地区表现尤为重要（McIntyre et al., 2016）。中国人口众多、耕地资源稀缺，粮食供求关系始终处于偏紧状态，因此渔业在经济社会发展和人们生产生活中有着十分重要的地位。中国是世界渔业大国，联合国粮食及农业组织《2018 年世界渔业和水产养殖状况：实现可持续发展目标》报告显示，2016 年中国捕捞渔业和水产养殖产量全球占比 39.1%，其中水产养殖全球占比 61.5%。而湖泊渔业在全国渔业生产中占据举足轻重的位置，《2020 中国渔业统计年鉴》显示，2019 年湖泊（含水库）水产养殖面积 2186662hm^2，占全国淡水养殖面积的 42.7%，占全国水产养殖面积的 30.8%（农业农村部渔业渔政管理局等，2021）。而《1980 年渔业统计年鉴》显示，1980 年湖泊（含水库）水产养殖面积 1795493hm^2，占全国淡水养殖面积的 62.7%，占全国水产养殖面积的 59.9%。中华人民共和国成立初期，为解决当时国内食品短缺的问题，我国把发展渔业作为增加食品供应的重要措施，并提出要积极发展渔业生产，鼓励增加水产品。因此，早期的湖泊科学研究以国家需求为导向，强调湖泊资源特别是渔业资源的开发利用。从长江中下游湖泊水生动植物调查、湖泊天然放养到四大家鱼繁殖成功、太湖银鱼移植、大水面围网养殖等，均服务于湖泊渔业资源开发，也孕育了诸如阳澄湖大闸蟹、千岛湖鱼头、查干湖胖头鱼等诸多淡水水产品著名品牌。2022 年 3 月 6 日，习近平总书记在参加全国政协十三届五次会议农业界、社会福利和社会保障界委员联组会上提出，要树立大食物观，要向江河湖海要食物。因此未来要协调湖泊渔业发展与水环境保护的关系，推动湖泊渔业走可持续发展的新途径。

六、湖泊具有突出的旅游文化价值

湖泊景观和生物资源类型多样，因富于变化的水文形态、生动的自然景观、良好的生态环境、丰富的人文积淀，人们沿湖、滨湖或在湖体兴建了众多休闲娱乐设备设施。湖泊成为旅游的重要对象和载体，对旅游消费者具有很强的吸引力。2007 年首批 66 家国家 5A 级旅游景区中涉湖的景区有 14 家，占 21.5%；截至 2021 年 6 月 9 日，文化和旅游部共确定了 306 个国家 5A 级旅游风景区，其中涉湖的 5A 级旅游风景区有 57 个，占 18.6%。1992 年首批 12 个国家级旅游度假区有 4 个是以湖为依托（无锡太湖、苏州太湖、昆明滇池、广州南湖）；截至 2020 年 12 月，全国 45 家国家级旅游度假区中湖泊类有 15 家，占到 1/3。因优美的自然风光和悠久的人文底蕴，太湖、洱海、喀纳斯湖、长白山天池、杭州西湖等许多湖泊已经成为世界闻名的旅游目的地和度假胜地，成为城市对外宣传的靓丽名片。如西湖因拥有断桥、白堤，及"欲把西湖比西子，淡妆浓抹总相宜""最爱湖东行不足，绿杨阴里白沙堤"等深厚文化底蕴，成为享誉海内外的风景名胜区。此外，湖泊旅游也与自行车、马拉松等体育赛事融合发展，成为众多省份和城市对外宣传的靓丽名片，如环青海湖国际公路自行车赛、杭州西湖马拉松赛、衡水湖国际马拉松赛等。湖泊是城市的眼睛和心肺，给城市带来灵气和秀气，一泓湖水对于一座城市的意义是难以言喻的。

七、湖泊是西部生态安全屏障的重要组成部分

我国西部地处干旱-半干旱或高原地区，独特的气候环境发育了种类繁多的湖泊。一系列大湖区，比如干旱荒漠区的艾比湖、半干旱草原区的呼伦湖以及青藏高原东部地区的青海湖等均为国家级自然保护区的核心区域，是国家生态安全战略格局的重要组成部分，构成了西部生态安全重要屏障，对保障国家生态安全和实现区域可持续发展均具有重要意义。

青海湖作为中国最大的内陆高原咸水湖泊，是我国西部重要的水源涵养地和水气循环通道，被称为我国西北部的"气候调节器""空气加湿器"，是维系青藏高原北部生态安全、阻挡西部荒漠化向东蔓延、保障高原东部生态安全的天然生态安全屏障。呼伦湖作为亚洲中部草原最大的淡水湖，调节着整个呼伦贝尔草原的气候，维系着草原生态平衡，与大兴安岭共同构筑了我国北方的生态安全屏障，在保障东北乃至华北地区生态安全方面发挥着不可替代的作用。此外，干旱区湖泊在水土保持、防风固沙方面也有特殊作用。艾比湖地处干旱的亚欧大陆腹地，是北疆乃至"一带一路"沿线地区的生态屏障。艾比湖除了对周围荒漠区起到气候调节作用外，还具有突出的防风固沙作用。在阿拉山口常年大风背景下，艾比湖地区沙尘暴、盐尘暴和浮尘天气频发，间歇性干涸湖底风蚀强度最大达每月剥蚀深度 1.18cm，每年约有 4.8×10^{6} t 的盐尘进入大气，在湖周边每年盐尘的沉积量为 68~590 g/m^2（Abuduwaili et al., 2008）。因此，艾比湖的干涸，将直接威胁到新疆北疆生态安全和经济的可持续发展，甚至新亚欧大陆桥（中哈段）的安全。

第二节 全国湖泊生态环境研究的意义与基础

一、全国湖泊生态环境研究与诊断的意义

湖泊生态环境研究与诊断是湖泊修复、管理和相关政策制定的重要依据，受到全球政府相关部门的广泛关注。欧美等发达国家政府已相继开展了区域性湖泊生态环境质量

调查与评估，以此反映国家或地区水环境质量状况及其对人类生存的支撑能力。如美国环境保护局 2007~2012 年开展了第二轮国家水资源调查与评估，评估综合考虑了物理、化学、生物及娱乐四类指标，发布了 2007~2012 年美国湖泊的水质变化情况。欧盟启动的长期水环境保护行动"欧盟水框架指令"中，便包含欧盟国家的湖泊生态环境质量评估这一核心内容，对所有的水生态环境进行评估分析与诊断，并在此基础上确定定期达到恢复目标的项目投入。

我国湖泊数量多、类型全、分布广，湖泊的环境与生态演变同时受流域自然环境因素和人类活动的双重作用，呈现出不同的区域变化特征和生态环境问题。20 世纪 60~80 年代的第一次全国湖泊调查表明，我国共有面积大于 1 km² 的湖泊 2759 个，总面积为 91019.63 km²（王苏民和窦鸿身，1998）。随着我国社会经济的持续快速发展，在湖泊资源开发利用的过程中，由于忽视对湖泊的有效保护和管理，湖泊不断消亡，面积持续萎缩，湖泊资源过度利用，湖泊功能大大削弱，不同程度上制约了区域社会经济的可持续发展。2005~2010 年的第二次湖泊调查表明，我国共有 1 km² 以上的自然湖泊 2693 个，总面积 81414.56 km²；20 世纪 70 年代至 21 世纪初 10 年间共有 243 个面积 1.0 km² 以上的湖泊消失，新发现面积在 1.0 km² 以上的湖泊 131 个（马荣华等，2011）。其中，我国北方地区湖泊水面急剧萎缩，青藏高原湖区湖泊数量增加、湖面扩张（Song et al., 2013; Wan et al., 2016）；东部平原湖区人类活动干扰剧烈，湖泊富营养化日趋加重，蓝藻水华暴发频繁；东部平原湖区 85.4% 的调查湖泊已处于富营养化水平。受全球变化和社会经济快速发展的影响，湖泊富营养化、水环境污染、咸化、碱化等问题日益凸显；近些年来，湖泊水环境问题成为制约中国社会经济可持续发展的瓶颈，越来越成为政府和公众关注的焦点。全面掌握我国湖泊数量、面积、水资源、水环境和水生态的状态、时空格局及长期演化趋势，深入揭示湖泊生态环境演变过程和驱动机制，是开展湖泊生态环境治理与修复，实践"绿水青山就是金山银山"的重要前提和决策依据之一。

二、全国湖泊生态环境研究的基础

中国科学院南京地理与湖泊研究所自 20 世纪 50 年代开始，陆续对区域和全国湖泊进行了调查，积累了丰厚的资料（马荣华等，2011；王苏民和窦鸿身，1998；中国科学院南京地理与湖泊研究所，2019）。20 世纪 50 年代，中国科学院南京地理研究所联合相关单位，开展了青海湖、茶卡、大柴旦等 30 多个咸水湖、盐湖及太湖、鄱阳湖、洪泽湖、巢湖、洞庭湖五大淡水湖，以及长江中下游湖泊大规模综合调查研究，编写了相应的调查报告，提出了有关湖泊综合利用的意见。1977~1978 年对青海、东北、蒙新、云贵、河北、山东等地的典型湖泊进行了综合调查。1978~1983 年，对云南抚仙湖、滇池、洱海等湖泊开展了以水文物理和沉积为主要研究内容的综合调查。20 世纪 90 年代，中国科学院针对我国湖泊出现的主要环境问题，连续启动三轮湖沼专项研究，由中国科学院南京地理与湖泊研究所牵头联合相关单位，对不同区域主要湖泊进行了调查与专题研究，积累了一批典型湖泊的资源与环境数据，包括部分底泥沉积物的数据。在上述相关湖泊调查、监测与研究的基础上，通过对不同年代、不同类型数据进行标准化、规范化整编，初步建设了中国湖泊-流域基础数据库与应用系统,拥有目前国内系统和权威的湖泊基础数据。在第一次全国湖泊综合调查和相关专题研究的基础上,陆续出版了《中国湖泊水资源》、《中国湖泊概论》、《中国湖泊资源》、《中国湖泊志》、《鄱阳湖》五大淡水湖系列丛书和专题图集。主持的国家科技基础性工作专项"中国湖泊水质、水量和生物资源调查"、"中国湖泊沉积物底质调查"和国家科技基础资源调查专项"中国湖泊微生物多样性及资源调查",对我国面积 1 km² 以上湖泊数量和分布进行了普查和编码,以长江中下游湖泊为重点,东北地区和云贵高原湖泊为补充,对面积 10 km² 以上的代表性湖泊水质、水量、沉积物和生物资源进行了重点调查,获取了一大批宝贵的基础数据。我国生态环境部自 1991 年开始发布重点湖泊的富营养化状况评价结果,2010 年组织完成了对我国十二大重点湖库的生态安全调查与评估。目前国内对湖泊的评价多是基于营养程度,未充分考虑湖泊和流域的区域特征、湖泊生态系统的完整性等。

为了长期监测中国生态环境变化,综合研究中国资源和生态环境方面的重大问题,发展资源科学、环境科学和生态学,1988 年中国科学院开始组建中国生态系统研究网络(Chinese Ecosystem Research Network,CERN),湖泊作为重要生态系统类型也被纳入CERN。目前 CERN 中湖泊生态系统观测实验站有太湖站、东湖站、鄱阳湖站、洞庭湖站和抚仙湖站。2005 年 6 月,科技部遴选生态环境领域国家野外科学观测研究站,目前湖泊类的国家野外站有太湖站、东湖站、梁子湖站、鄱阳湖站、洞庭湖站、兴凯湖站和洱海站,各个野外站围绕全国不同湖区重点湖泊开展长期观测、研究和示范。中国科学院南京地理与湖泊研究所在全国不同湖区建设的野外站有太湖站、鄱阳湖站、抚仙湖站、呼伦湖站、天目湖站和千岛湖站。

2007 年,国务院批复了"水体污染控制与治理科技重大专项"(简称"水专项")实施方案,下设湖泊主题、河流主题、城市水环境主题、饮用水主题、流域控制主题、战略与政策主题,其中湖泊富营养化控制与治理技术研究是水专项实施的重中之重的任务,连续三个五年计划均部署相关研究任务,涉及的湖泊(水库)包括太湖、巢湖、滇池、洱海、博斯腾湖和三峡水库等。国家"水专项"以技术研发与应用为主,"十一五"期间以"控源减排"技术研发为重点,"十二五"期间以"减负修复"技术研发为重点,"十三五"期间以"综合调控"技术研发为重点。中国科学院南京地理与湖泊研究所聚焦太湖、巢湖和博斯腾湖,"十一五"到"十三五"期间先后承担了"水专项"4 个项目和 13个课题。

尽管围绕湖泊已开展了大量监测与研究,但目前我国在湖泊基础数据系统性、湖泊生态安全评估指标和湖泊生态安全保障体系等方面存在不足。前期建立了中国湖泊-流域基础数据库,但由于不同时期湖泊调查的项目和指标存在差异,没有按照统一的标准进行调查,制约了湖泊生态安全的系统评估。近几十年来,涉及湖泊评价的各种指标体系大量出现,但仅局限于湖泊的某专题评价指标或区域性评价指标,尚没有基于全国不同类型湖泊的评估体系。虽然国内关于湖泊治理和生态修复已开展了很多工作,但由于没有完善的湖泊生态安全评估体系,湖泊治理和生态修复的措施缺乏针对性,对治理和修复后的效果评价也缺乏系统性。

三、全国湖泊生态环境研究的内容

为便于将不同区域湖泊研究结果与历史调查数据进行对比分析，本书延续以往的湖区划分，将全国湖泊分为五大湖区，分别是：①青藏高原湖区（包括青海和西藏）；②蒙新高原湖区（包括内蒙古、新疆、甘肃、宁夏、陕西、山西）；③云贵高原湖区（包括云南、贵州、四川、重庆）；④东北平原与山区湖区（包括辽宁、吉林、黑龙江）；⑤东部平原湖区（包括江西、湖南、湖北、安徽、河南、江苏、上海、山东、河北、北京、天津、浙江、台湾、香港、澳门、海南、福建、广东、广西）（图1.3）。

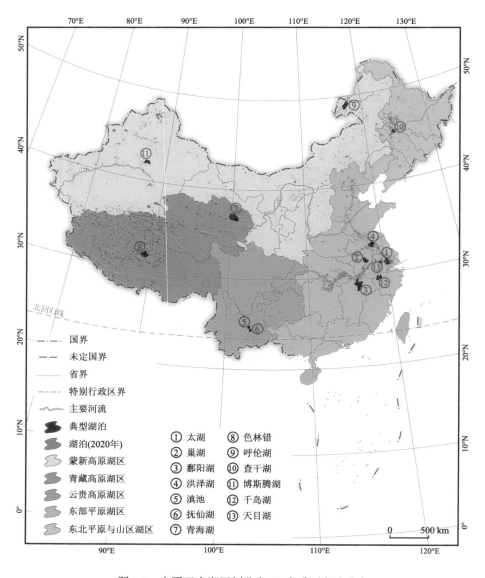

图1.3　中国五大湖区划分和13个重要湖泊分布

通过对湖泊面积、水量、关键水质、水生态和沉积物指标遴选与分析，开展全国不同区域和重点湖泊的生态环境现状及其变化趋势的分析与诊断，为我国不同区域湖泊保护、环境治理、生态修复、管理管控和相关政策制定提供数据基础与理论依据。本书的重点内容包括以下几个方面：①全国湖泊水质与沉积物状况。基于全国 3 次湖泊水质、沉积物和生物调查数据，对湖泊关键水质和富营养化以及沉积物空间格局和动态变化进行分析。②全国湖泊面积、水量、水环境与水生态遥感监测。基于卫星遥感影像和关键指标的反演模型，阐述 20 世纪 80 年代以来全国湖泊面积、水量、关键水质、藻类水华面积以及水生植被时空格局及长期演化趋势。③区域和重点湖泊生态系统深入剖析和综合诊断。在五大湖区选择 13 个代表性的重要湖泊和水库，分别是东部平原湖区的太湖、鄱阳湖、巢湖、洪泽湖；云贵高原湖区的滇池和抚仙湖；青藏高原湖区的青海湖和色林错；蒙新高原湖区的呼伦湖和博斯腾湖；东北平原与山区湖区的查干湖；代表性水库千岛湖和天目湖，这些湖泊是在区域社会经济发展和国家生态安全中发挥关键作用的重点湖泊。基于研究所在这些湖泊的长期观测数据，集成 2005~2010 年全国湖泊调查数据、2015~2019 年湖泊沉积物底质调查和 2017~2019 年湖泊微生物调查，对这 13 个重要湖泊生态系统的健康及区域环境问题进行科学诊断（图 1.3）。④湖泊生态保护和生态安全保障的建议。基于不同区域生态安全诊断结果，结合区域湖泊特点和功能，建立适合不同区域的湖泊生态安全保障体系，包括治理和修复目的及手段等，服务国家湖泊保护战略。

湖泊作为"山水林田湖草沙"生命共同体的重要组成部分，湖泊基本处于生命共同体的末端，湖泊的生态状况成为反映"山水林田湖草沙"生命共同体系统综合质量的指示性依据。新时期背景下，湖泊生态环境的科学诊断与安全保障对于推进我国生态文明建设具有重大意义。本研究报告的最终目的在于对我国湖泊水量、水质、生态环境状况开展全面数据集成，并在此基础上进行不同区域、不同类型湖泊的科学诊断，提出保护对策。研究成果为湖泊资源开发利用、保护与修复提供科学依据，为新时期我国湖泊生态环境的高质量保护和精准化治理与管理提供科技支撑，服务国家"山水林田湖草沙"系统治理和生态文明建设等重大国家战略。

第三节 湖泊生态环境状况及面临的主要问题

一、气象气候条件及湖区分异

通过国家气象科学数据中心中国气象数据网（http://www.nmic.cn/）收集整理全国 745 个气象观测站点 1960~2020 年长期逐年气象观测数据，对降水、气温、日照时数、平均风速等数据进行空间分析和长时间序列趋势分析，明晰全国五大湖区近 60 年来气象要素空间格局及气候变化趋势。

我国地域辽阔，气候类型复杂多样。有热带季风气候、亚热带季风气候、温带季风气候、高原山地气候、温带大陆性气候、热带雨林气候等气候类型。受大陆性季风气候影响，我国的气温和降水呈现雨热同期时空分布特征。从东南沿海往西北内陆，气候的大陆性特征逐渐增加，依次出现湿润、半湿润、半干旱、干旱的气候区。与之对应，气候要素大致以由东南向西北的方向梯度变化，具体为气温降低、降水减少、日照时数增加（图1.4）。平均风速的空间分布特征大致为北方高于南方、沿海高于内陆（图1.4）。

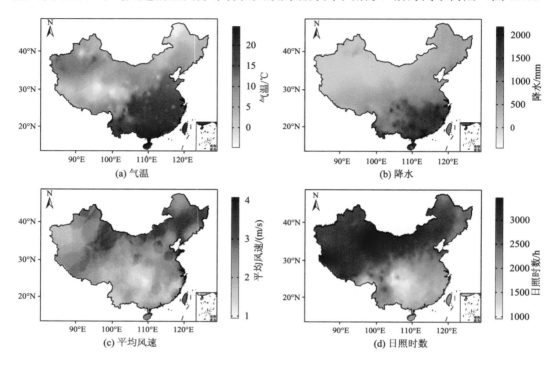

图1.4　1960~2020年我国气温、降水、平均风速和日照时数的空间分布

（一）全国气候变化总体趋势

全球长期气候观测和大量气候模式均显示以气候变暖为主要特征的全球气候变化已成为无可争辩的事实，深刻影响到区域气候变化和人类生产生活。在全球气候变化大背景下，中国气候近60年来也经历了显著变化。全国平均气温普遍上升，多年平均增速为0.02℃/a，其中北方增温速率大于南方（图1.5）。降水的变化存在较明显的区域性，东南地区上升速率最大，东北和西北地区也有所上升，华北和西南地区存在一定下降。平均风速整体下降明显，下降速率为0.01m/(s·a)（图1.5）。日照时数普遍下降，以东部地区最为显著（图1.5）。

（二）五大湖区气候变化异同

1. 长期趋势

除了云贵高原湖区的降水以外，五大湖区的降水、气温、日照时数、平均风速均存在显著变化趋势（图1.6），均通过Mann-Kendall统计值置信水平0.05的显著性检验。从整体上看，五大湖区的四个气候指标变化趋势比较统一，降水和气温主要呈现上升趋

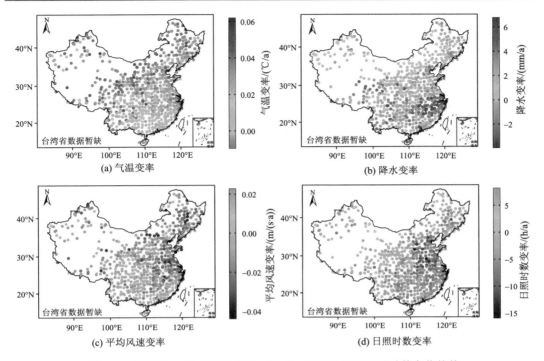

图 1.5　我国近 60 年来平均气温、降水、平均风速和日照时数变化趋势

势，日照时数和平均风速主要呈现下降趋势。其中，蒙新高原湖区、东北平原与山区湖区和青藏高原湖区的气温呈线性上升趋势，上升速率分别为 0.03℃/a、0.03℃/a 和 0.05℃/a，云贵高原湖区和东部平原湖区的气温前 20 年基本不变，后 40 年分别以 0.03℃/a 和 0.04℃/a 的速率上升。云贵高原湖区的降水无显著变化趋势，蒙新高原湖区、东北平原与山区湖区和东部平原湖区的降水呈持续上升趋势，上升速率分别为 0.93 mm/a、1.67 mm/a 和 1.82 mm/a，青藏高原湖区的降水以 2.63 mm/a 的速率持续上升，但近 20 年增速放缓至 1.39 mm/a。各个湖区平均风速整体普遍下降，但是以 80 年代末为拐点出现不同程度的降速减缓，近 10 年均出现上升趋势，其中云贵高原湖区近 20 年均为上升趋势。青藏高原湖区的日照时数前 20 年以 5.63 h/a 的速率上升，后 40 年以–5.46 h/a 的速率下降，蒙新高原湖区、东北平原与山区湖区、东部平原湖区和云贵高原湖区的日照时数呈线性下降趋势，依次为–2.26 h/a、–2.88 h/a、–6.11 h/a 和–2.28 h/a。

2. 季节差异

五大湖区中，云贵高原湖区不同季节的气象要素年际变化趋势的差异最为显著，除气温季节性差异较小外，降水、日照时数和平均风速的不同季节年际变化速率存在明显差异（图 1.7）。其他四大湖区的气温和平均风速的季节年际变化趋势差异性不大，降水和日照时数的季节年际变化趋势存在明显差异。春季降水在蒙新湖区、青藏高原湖区和东北平原与山区湖区有所增加，变率依次为 0.28 mm/a、1.08 mm/a 和 0.81 mm/a，在东部平原湖区以–0.23 mm/a 的速率降低，在云贵高原湖区基本保持不变；夏季降水在蒙新

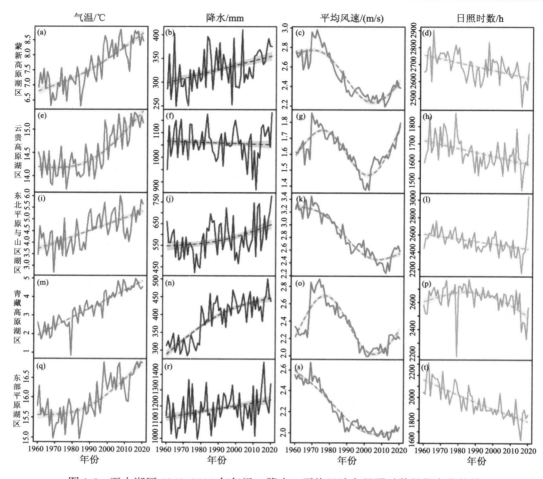

图 1.6　五大湖区 1960~2020 年气温、降水、平均风速和日照时数长期变化趋势

高原湖区、青藏高原湖区和东部平原湖区有所增加，变率依次为 0.20 mm/a、0.71 mm/a 和　0.98 mm/a，在东北平原与山区湖区以−0.17 mm/a 的速率降低，在云贵高原湖区基本保持不变；秋季降水在蒙新高原湖区、青藏高原湖区和东北平原与山区湖区有所增加，变率依次为 0.18 mm/a、0.68 mm/a 和 0.47 mm/a，在东部平原湖区和云贵高原湖区有所下降，变率依次为−0.05 mm/a 和−0.44 mm/a；冬季降水在五大湖区均有所增加。春季日照时数在蒙新高原湖区有所增加，变率为 0.44 h/a，在青藏高原湖区、东北平原与山区湖区、东部平原湖区和云贵高原湖区均有减少，变率依次为−0.40 h/a、−0.91 h/a、−0.02 h/a 和−0.23 h/a；夏、秋、冬季日照时数在各个湖区均有减少。四季的气温变化在五个湖区均为上升，冬春增温普遍高于夏秋增温。各湖区不同季节平均风速的变化均为下降趋势，均以春季下降最高，其中云贵高原湖区夏、秋风速下降不显著，其余湖区夏、秋、冬季差异不显著。

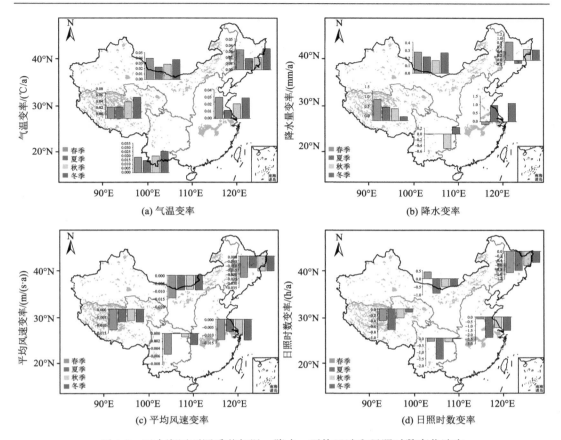

图 1.7 五大湖区不同季节气温、降水、平均风速和日照时数变化速率

二、湖泊水环境状况与区域分异

我国湖泊分布广泛，不同湖区湖泊受湖盆地质条件、气候、江河水力联系等自然条件，以及全球变化和人类活动影响，水质变化具有多样性。对于不同区域的湖泊来说，水质特点各不相同，近年来东部平原和云贵高原湖泊水质演变主要体现在湖泊营养水平的变化，东北平原与山地的湖泊水质是以富营养化和盐碱化为特点，蒙新高原的湖泊水质变化表现为盐度的变化，青藏高原的湖泊水质较为稳定。2007~2010 年调查的东部平原湖区、云贵高原湖区及东北平原与山区湖区的淡水湖泊，有85.4%的湖泊超过了富营养标准，其中达到重富营养标准的占40.1%。2017~2020 年调查的上述三个湖区的湖泊，有 70.8%的湖泊达到富营养水平，其中 11.3%超过重富营养水平。相比较而言，2017~2020 年三个湖区湖泊营养水平整体呈现下降趋势，表明全国湖泊富营养化有所缓解，但不同湖区变化不同（图 1.8）。

东部平原湖区 2007~2010 年湖泊营养水平普遍较高，中营养湖泊占15.3%，富营养湖泊占84.7%。对湖泊营养指数贡献最大的为叶绿素 a 浓度，透明度对营养指数计算值的贡献仅次于叶绿素 a。从湖群分布的特点看，不同湖群间存在着一定的差异。鲁湖、西凉湖、斧头湖、洪湖、豹澥湖、梁子湖、大冶湖、海口湖、龙感湖、黄湖、泊湖、武昌湖、白荡湖、菜子湖、赤湖、鄱阳湖、珠湖、军山湖、洞庭湖、安乐湖、牛浪湖、东平湖、大纵湖、沂湖、天井湖、城东湖、固城湖、石臼湖和太湖 29 个湖泊的部分湖区为中营养等级。除上述湖泊外，其余湖泊均为富营养湖泊。2017~2020 年，东部平原湖泊整体营养水平略有下降，中营养湖泊占 24.2%，富营养湖泊占 75.8%。其中西凉湖、黄湖、牛山湖、杨坊湖、武昌湖、大官湖、赛湖、泊湖、瓦埠湖、军山湖、石臼湖、菜子湖、鄱阳湖、梁子湖、城东湖、龙感湖、昆承湖、固城湖、阳澄湖及黄盖湖为中营养型，太湖、巢湖等其余湖泊均为富营养型。相较于 2007~2010 年，西凉湖、阳澄湖、武山湖、武昌湖、武昌东湖、上涉湖、昆承湖、淀山湖、澄湖等营养水平有所降低，而白荡湖、赤湖、大冶湖、斧头湖、洞庭湖、海口湖、洪湖及牛浪湖等则由中营养变为富营养型。

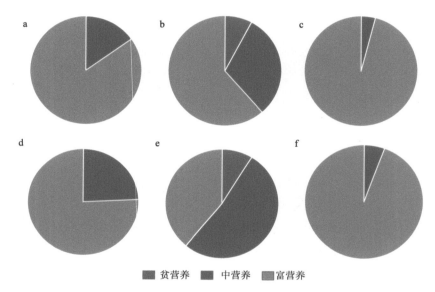

图 1.8　2007~2010 年（上图）与 2017~2020 年（下图）贫营养、中营养与富营养型湖泊比例
a、d.东部平原湖区；b、e. 云贵高原湖区；c、f. 东北平原与山区湖区

　　云贵高原湖区　2007~2010 年贫营养、中营养和富营养湖泊分别占 7.7%、30.8%和 61.5%。其中泸沽湖和抚仙湖为贫营养湖泊，阳宗海、邛海和草海为中营养湖泊，其余为富营养湖泊。2017~2020 年，云贵高原湖区贫营养、中营养和富营养湖泊分别占 8.7%、52.2%和 39.1%。泸沽湖和抚仙湖为贫营养型，茈碧湖、邛海、碧塔海、云龙天池、拉市海、属都海、清水海、阳宗海、剑湖、洱海、程海、腾冲青海为中营养型，滇池等其余湖泊为富营养湖泊。与 2008 年相比，洱海和程海由富营养型转为中营养型，草海由中营养型转为富营养型，长桥海、滇池和杞麓湖由重富营养型转为富营养型，大屯海和星云湖营养水平仍然是重富营养型。

　　东北平原与山区湖区的湖泊在两个时期都维持较高的营养水平。2007~2010 年中营养和富营养湖泊分别占 4.0%和 96.0%，2017~2020 年分别占 5.6%和 94.4%。虽然两个时期调查的湖泊不尽相同，但从整体营养水平上看并没有显著差别，富营养型均占绝对主导位置。此湖区非淡水湖盐度整体较低，平均 2.65‰，最高的是王花泡（8.20‰）。

蒙新高原湖区 2017~2020 年调查结果表明，淡水湖泊总氮、总磷、叶绿素 a 浓度和透明度分别为 1.38 mg/L、0.10 mg/L、19.4 μg/L 和 1.03 m。贫营养、中营养和富营养湖泊分别占 15.8%、31.6% 和 52.6%，贫营养湖包括喀纳斯湖、喀拉库勒湖和沙特瓦拉得湖，中营养湖包括博斯腾湖、吉力湖、加尔塔斯湖等，富营养湖包括呼伦湖、镇朔湖、星海湖等。非淡水湖泊平均盐度 17.0‰，超过 50‰ 的有巴里坤湖、玛纳斯湖、艾比湖和盐池等，超过 10‰ 的有硝池、岱海、伍姓湖和乌兰忽少海子等。相比较而言，非淡水湖的总氮、总磷和叶绿素 a 浓度分别为 7.53 mg/L、0.48 mg/L、66.2 μg/L，均显著高于淡水湖。

青藏高原湖区 2017~2020 年调查结果表明，淡水湖泊总氮、总磷、叶绿素 a 浓度和透明度分别为 0.60 mg/L、0.02 mg/L、0.9 μg/L 和 3.21 m。贫营养和中营养湖泊分别占 45.8% 和 54.2%，贫营养湖泊主要为藏南的普莫雍错、沉错、空母错，阿里地区的班公湖以及青海的扎陵湖和鄂陵湖等，营养水平较高的有木地达拉玉错、齐格错、江蒙错、阿涌吾儿马错等湖泊。非淡水湖泊平均盐度 20.11‰，超过 50‰ 的有尕海、卡易错和茶卡盐湖，超过 10‰ 且低于 50‰ 的有都兰湖、青海湖、苦海、托素诺尔、大柴旦湖、小柴旦湖、常姆错、柯柯盐湖、洞错和错戳龙。盐度较高的湖泊主要集中在藏北、阿里地区和青海。相比较而言，非淡水湖的总氮、总磷和叶绿素 a 浓度分别为 6.80 mg/L、0.40 mg/L 和 2.5 μg/L，均显著高于淡水湖。

三、湖泊沉积与污染物赋存的区域分异

（一）湖泊淤积

湖泊沉积物淤积一方面改变了湖底地形，降低了湖泊的调蓄功能，导致湖泊沼泽化；另一方面湖泊沉积物又是湖泊水生生物的栖息地，并记录了湖泊环境变化的历史（沈吉等，2010）。因此，湖泊沉积物在湖泊环境系统中扮演了重要的角色。对全国 140 余个大于 10 km² 的淡水湖泊调查发现，自 20 世纪 50 年代以来，长江中下游和淮河流域湖泊年均淤积速率最快，华北、内蒙古和东北地区湖泊次之，云南、青藏高原和新疆地区湖泊最低。通过与湖泊蓄水量对比发现，华北、内蒙古和东北地区湖泊整体上淤积最严重，淤积量占湖泊蓄水量比例最高，可能主要与降水减少和人类用水量快速增加有关；长江中下游和淮河流域湖泊淤积量占蓄水量比例也较高，主要与人类活动有关，其中淤积最严重的珊珀湖近 2/3 的蓄水能力消失；云南、青藏高原和新疆地区湖泊淤积量占蓄水量比例最低，主要与湖泊水位较深和蓄水量大有关。

此外，部分湖泊冲淤过程发生明显变化，主要受江湖关系的改变与闸坝修建等人类活动影响。受中华人民共和国成立以来大范围湖泊建闸影响，长江两岸 100 多个通江湖泊如今仅剩 3 个，这些闸坝建设等控湖工程直接改变了湖泊泥沙沉积与分布，出现了入湖口、湖心低洼区、河道深槽多相并存的沉积特征（姜加虎和黄群，2004；万荣荣等，2014；吴桂平等，2015）。随着三峡水库等水利工程的建设，洞庭湖入湖沙量骤减，并存在局部冲刷现象，西洞庭湖及南洞庭湖的河槽深泓区域最高冲刷可达 24.8 cm（姜加虎和黄群，2004）。而我国最大的淡水湖——鄱阳湖，1980~1998 年，主湖体及湖湾区域淤积现象显

著，1999~2010 年，在流域大规模的植树造林和水库建设等人类活动下，湖盆淤积范围明显减小。然而持续采砂和水流冲刷等因素的影响，直接改变了该地区湖泊沉积环境，破坏了原有湖泊沉积结构，造成入江水道区域湖盆高程显著下降（吴桂平等，2015）。

由于湖泊沉积物中蓄积了大量的氮磷污染物，随着湖泊污染治理的加强，内源底泥污染清除成为湖泊治理的重要手段，太湖、滇池、巢湖、西湖、玄武湖等湖泊均实施过沉积物清淤，某种程度上缓解了湖泊淤积。如 2007~2020 年太湖实际清淤面积 142 km^2，清淤量为 4206.2 万 m^2，相当于清除了 29.6 cm 的沉积污染物。

（二）湖泊沉积物营养盐

湖泊沉积物内源释放对湖泊营养盐的贡献极大且持续时间长（Bao et al., 2021；范成新和王春霞，2007）。同时由于较难获得过去时期的湖水营养盐组分，因此，湖泊沉积物记录的营养盐变化状况可有效用于评估过去的湖泊营养状况。沉积物中营养盐的富集程度可以采用碳、氮、磷的元素占本底比例来评价（Bao et al., 2021），对全国 152 个大型淡水湖泊沉积物的营养盐调查发现，东部平原湖区、东北平原与山区湖区等区域湖泊沉积物营养盐在 21 世纪 10 年代比 20 世纪 50 年代均明显升高，70% 的湖泊总有机碳、总氮和总磷含量在 21 世纪 10 年代比 20 世纪 50 年代高。

特别是在长江中下游地区，80% 以上的湖泊已发生富营养化。通过对长江中下游地区 73 个大于 10 km^2 的湖泊沉积物营养盐调查发现，20 世纪 50 年代的本底中沉积物有机碳、总氮含量差异较大，总有机碳最高值为斧头湖的 106.8 g/kg，最低值为澄湖的 3.8 g/kg；总氮含量最高值为菜子湖的 14.0 g/kg，最低值为 0.1 g/kg；总磷本底差异相对较小，73% 的湖泊集中在 0.4~0.9 g/kg。相比于 20 世纪 50 年代的本底，21 世纪 10 年代 95% 的湖泊表层沉积物中总氮增多，其中一半的湖泊升高一倍以上；77% 的湖泊表层沉积物中总磷增高，其中 18% 的湖泊升高一倍以上。而青藏高原湖泊及云贵高原和新疆的深水湖泊氮磷与 50 年代的本底值相比没有大的变化。

湖泊沉积物中氮磷含量变化与人类活动及区域地质背景有关，如富氮的菜子湖表层沉积物中总氮含量与历史时期的本底值接近，表明其含量主要受区域地质背景控制；但绝大多数湖泊自 20 世纪 50 年代以来沉积物中氮磷含量持续增加，与区域人口增长、农业面源污染、工业化进程加快导致的生活污水排放以及围网养鱼等增多有关，特别是 80 年代以来的农业集约化加剧了入湖营养物质的输入。人类活动增加导致近几十年来沉积物中氮磷蓄积加剧，增加内源释放风险（Bao et al., 2021）。

（三）湖泊沉积物重金属污染

湖泊沉积物是流域重金属元素的汇，不仅在沉积物中累积，也可以在生物体内累积产生毒害作用。特别是，由于水动力条件改变、生物扰动、物理化学条件等一系列过程，重金属内源释放，对水体产生"二次污染"（Bryan and Langston, 1992; Jara-Marini et al., 2008）。

对全国 152 个湖泊的沉积物调查发现，湖泊沉积物重金属浓度变化较大，表层沉积物中汞和铜元素含量在长江中下游和淮河流域湖泊远高于其他两个湖区，华北、内蒙古和东北地区湖泊的砷含量较高，云南、青藏高原和新疆地区湖泊几乎所有重金属均值均较低。此外，不同湖泊在 20 世纪 50 年代的本底差异显著。80%以上的湖泊表层沉积物（21 世纪 10 年代）中镉、锌、铅和 50%以上的湖泊中铜、铬、砷重金属与 20 世纪 50 年代的本底相比明显富集，人为污染排放影响显著（Wang et al., 2021）。

在区域上，长江中下游和淮河流域多数湖泊几乎所有的重金属均高于本底值，破罡湖的汞高于本底值 10 倍，豹澥湖的砷高于本底值约 12 倍，大冶湖的镉高于本底值 22 倍，牛浪湖的铅高于本底值 7 倍，赤湖的锌高于本底值 5 倍。2012 年来，长江中下游和淮河流域湖泊重金属污染呈现增加的趋势（Huang et al., 2019）；华北、内蒙古和东北地区多数湖泊砷、镉、铅、锌重金属含量高于本底值 1~2 倍，37 个湖泊中仅 7 个湖泊的沉积物镉含量比本底值高 2 倍以上，所有湖泊的铅含量均在本底值 2 倍以内，5 个湖泊的铜含量比本底值高 2 倍以上；云南、青藏高原和新疆地区多数湖泊表层沉积物的重金属含量与 20 世纪 50 年代本底值接近，仅有少数湖泊的重金属高于本底值，阳宗海的砷和铅明显高于 20 世纪 50 年代本底值，主要与流域人类活动影响有关（Zhang et al., 2012）。

在湖泊沉积物重金属污染与风险评价方面，目前仍没有相关国家与区域标准。以 2018 年最新颁布的《土壤环境质量 农用地土壤污染风险管控标准（试行）》（GB 15618—2018）对表层沉积物进行初步评价，仅 14 个湖泊的镉含量超过农用地土壤国家标准的背景值，其中 5 个湖泊达到严重污染程度；仅有 5 个湖泊铜含量超过土壤标准的背景值。土壤重金属国家标准是否适用于湖泊沉积物评价存在疑问，国家标准的缺失增加了湖泊重金属污染与风险评估的不确定性。

（四）湖泊沉积物持久性有机污染物

持久性有机污染物（persistent organic pollutants, POPs）在环境中分布广泛且持久存在，通常具有致癌、致畸、致突变等危害。湖泊沉积物被认为是持久性有机污染物在湖泊中的主要归趋，主要反映湖泊水体较长时期持久性有机污染物的状况，同时，沉积物中的污染物由于湖泊环境的改变而再次进入水体，造成水体的二次污染和对水生生物的毒害。

湖泊沉积物底质调查结果表明，我国长江中下游和淮河流域湖泊沉积物中多环芳烃含量较高，青藏高原地区较低。长江中下游和淮河流域湖泊沉积物中 16 种多环芳烃的总浓度范围为 138.2~1275.5 ng/g，其中菲、萘、荧蒽以及芘浓度较高，7 种高环、高致癌性的多环芳烃也均被检测出，总浓度均值为（319.6 ± 285.0）ng/g，3、4 及 5 环多环芳烃总浓度可占 16 种多环芳烃总浓度的 86.0% ± 10.0%，多环芳烃主要来自煤、石油及生物质燃烧，与国内外其他区域相比处于中高污染水平。时间上，东部平原湖区多数湖泊沉积物中 16 种多环芳烃总浓度峰值出现在 20 世纪 90 年代初期，90 年代初期之前呈上升趋势，近些年呈下降趋势，与我国的能源结构和环境政策有一定的吻合，可能归因于较严格的减排措施及能源结构的调整。

长江中下游和淮河流域湖泊沉积物中 21 种有机氯农药总浓度范围为 0~116.8 ng/g，其中滴滴涕（DDT）和六六六（HCH）是长江中下游和淮河流域湖泊沉积物中浓度较高的有机氯农药，分别占 21 种有机氯农药总浓度的 29.1% ± 18.7%及 21.1% ± 14.3%，其主要来自历史使用的农药残留，与国内外其他区域相比处于中高污染水平。在沉积物中还发现了林丹、环氧七氯、艾氏剂、狄氏剂、七氯、氯丹、硫丹等的污染。东部平原湖区湖泊沉积物中 21 种有机氯农药的浓度峰值多数出现在 20 世纪 90 年代，少数出现在 20 世纪 80 年代初期及 21 世纪初期，近些年呈现下降趋势，与我国农药的使用历史较好地吻合，表明我国控制有毒有害有机氯农药取得初步效果。

东北平原与山区湖区的 11 个湖泊调查发现（Bao et al., 2020），多环芳烃通量低于 463 μg/（m²·a），多环芳烃含量和通量自 20 世纪 50 年代后增加，秸秆燃烧是 3~6 环多环芳烃的主要来源，平均贡献率为 22.1%，其次是森林火灾（21.2%）、汽油燃烧（19.1%）、煤炭燃烧（12.2%）、焦炭燃烧（4.8%）和柴油燃烧（3.9%），而来自原油和天然气的贡献微不足道（<1%）。近 200 年来，秸秆焚烧（20.2%~25.2%）和森林火灾（16.7%~30.6%）是多环芳烃的主要来源，其通量不断增加。20 世纪 50 年代以后，该地区的多环芳烃含量上升的原因还包括汽油（26.1%~26.4%）、煤炭（15.3 %~15.8%）、焦炭（5.1%~9.0%）的燃烧等。

云贵高原湖泊表层沉积物的多环芳烃化合物均以菲为主，平均含量在 55.7~409.0 ng/g。1950 年以来，沉积物中多环芳烃化合物的组成与变化差异较大，多数湖泊多环芳烃总含量呈增加趋势。有机农药主要包括滴滴涕、六六六等，1950 年左右有机氯农药含量较低且稳定；相比于 1950 年沉积物，表层样品的大多数有机氯农药含量均明显增高（Ma et al., 2021, 2020; Yuan et al., 2017, 2016）。

（五）湖泊沉积物新型有机物污染

对整个太湖进行抗生素污染调查发现，太湖沉积物中主要检出的抗生素为氟喹诺酮类和四环素类，浓度范围分别为未检出~174 ng/g（干重）和未检出~39.6 ng/g（干重）（图 1.9）（Zhou et al., 2016）。与国内外地表水体（河流、湖泊和海岸带等）沉积物相比，太湖沉积物中抗生素浓度低于受城市和农业活动影响较大的河流（如珠江和海河），而与长江河口地区的污染水平相当，总体处于中等偏下的水平。从检出抗生素的组成发现，沉积物中检出较多的抗生素主要为强力霉素、恩诺沙星、二氟沙星和培氟沙星，这些

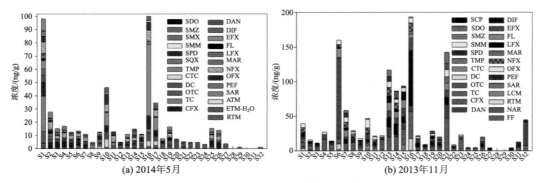

图 1.9 太湖沉积物中抗生素的组成特征

SCP：磺胺氯哒嗪；SDO：磺胺多辛；SMZ：磺胺二甲嘧啶；SMX：磺胺甲噁唑；SMM：磺胺间甲氧嘧啶；SPD：磺胺吡啶；SQX：磺胺喹噁啉；TMP：甲氧苄啶；CTC：氯四环素；DC：强力霉素；OTC：土霉素；TC：四环素；CFX：环丙沙星；DAN：达诺沙星；DIF：二氟沙星；EFX：恩诺沙星；FL：氟罗沙星；LFX：洛美沙星；MAR：马波沙星；NFX：诺氟沙星；OFX：氧氟沙星；PEF：培氟沙星；SAR：沙拉沙星；ATM：阿奇霉素；ETM-H₂O：脱水红霉素；LCM：白霉素；RTM：罗红霉素；NAR：甲基盐霉素；FF：氟苯尼考

抗生素主要用于畜禽养殖，由此推测养殖废水是太湖抗生素的主要来源。太湖沉积物中抗生素的空间差异较大，且主要分布在离污染源较近的区域，如入湖口附近。

对长江中下游 65 个湖泊沉积物抗生素污染特征进行研究，结果显示大部分湖泊沉积物抗生素浓度总体上处于偏低水平（43 个湖泊沉积物小于 20 ng/g）（图 1.10），这可能是由于污染源较少、夏季温度较高、雨季降雨多等（Zhou et al., 2019）。有 6 个湖泊沉积物抗生素浓度偏高（> 100 ng/g），包括涺湖、策湖、黄茅潭、黄盖湖、白马湖和斧头湖等，与我国其他污染较为严重的河流相当。从区域上看，太湖区域抗生素浓度偏高，其次为淮河区域、鄱阳湖区域和洞庭湖区域。从抗生素组成推测畜禽或水产养殖污染是湖泊水体中抗生素的主要污染源。抗生素与若干环境因子如沉积物总有机碳含量等具有显著的相关性，说明抗生素的分布特征受到环境因子的影响。

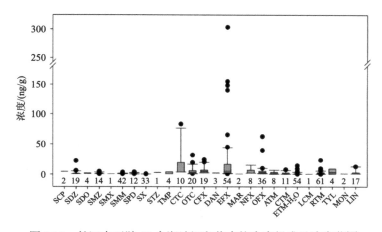

图 1.10　长江中下游 65 个湖泊沉积物中抗生素组成及浓度范围

每个方框图包括最小观测值、下四分位、中值、上四分位和最大观测值。每个框底部的数字是对应抗生素的检测频率（%）。SCP：磺胺氯哒嗪；SDZ：磺胺嘧啶；SDO：磺胺多辛；SMZ：磺胺二甲嘧啶；SMX：磺胺甲噁唑；SMM：磺胺间甲氧嘧啶；SPD：磺胺吡啶；SX：磺胺二甲异噁唑；STZ：磺胺噻唑；TMP：甲氧苄啶；CTC：氯四环素；OTC：土霉素；CFX：环丙沙星；DAN：达诺沙星；EFX：恩诺沙星；MAR：马波沙星；NFX：诺氟沙星；OFX：氧氟沙星；ATM：阿奇霉素；CTM：克拉霉素；ETM-H₂O：脱水红霉素；LCM：白霉素；RTM：罗红霉素；TYL：泰乐菌素；MON：莫能菌素；LIN：林可霉素

长江中下游 61 个湖泊共检出 11 种杀生剂，包括 5 种杀菌剂、1 种防污剂、3 种尼泊金酯类防腐剂和 2 种消毒剂，总浓度达 103 ng/g。其中，多菌灵和尼泊金甲酯的检出率大于 50%，分别为 100% 和 96.2%。多菌灵和尼泊金甲酯的平均浓度分别为（1.79±2.76）ng/g 和（11.4±8.19）ng/g，其他杀生剂的平均浓度均低于 1.0 ng/g（夏炎雷等，2023）。与国外许多河流湖泊相比，长江中下游地区湖泊沉积物中杀生剂污染处于中等偏低水平，总杀生剂浓度的平均值为（16.7±14.5）ng/g。氟康唑、咪康唑、三氯生和三氯卡班可能主要来自生活污水，多菌灵和涕必灵主要来自面源污染。尼泊金酯类防腐剂在沉积物中的分布特征与沉积物总有机碳含量密切相关。采用风险熵值法对湖泊沉积物中杀生剂的生态风险进行了评价，发现多菌灵、尼泊金甲酯和三氯卡班在部分采样点具有高风险。

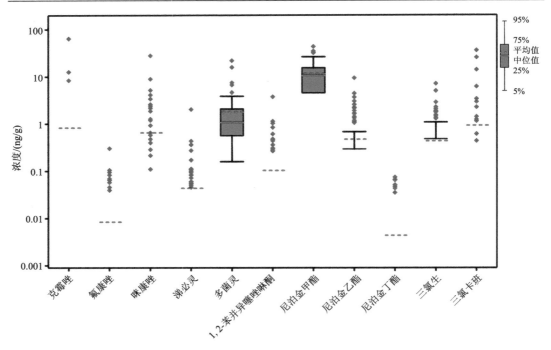

图 1.11 长江中下游地区湖泊沉积物各采样点的杀生剂含量水平

第四节 湖泊保护与修复的对策与建议

党的十八大以来，在习近平生态文明思想指引下，我国生态环境保护发生了历史性、转折性、全局性变化。为进一步巩固和提升我国湖泊生态环境保护与治理成效，提出如下对策建议。

一、统筹湖泊生态环境治理与流域综合管控，推动流域高质量发展

从湖泊流域生态系统整体性出发，统筹"山水林田湖草沙"系统的各要素，把治水与治山、治林、治田、治沙有机结合起来，将湖体、湖滨带、环湖缓冲带和整个流域作为不可分割的有机整体，实行湖泊流域综合管理；围绕水污染防治、水环境治理、水生态修复等目标，加强湖泊流域统筹管理，构建一体化保护与系统治理体系；坚持生态优先、绿色发展的系统思维，加强流域空间科学管控，协同保护与利用的关系，探索资源消耗少、环境代价小的流域高质量发展路径。

二、启动实施国家湖泊生态修复工程，推动湖泊高质量保护

实施湖泊生态缓冲带建设工程、水系整治与连通工程、污染治理与资源化利用工程、湖泊自然保护与生态修复工程、湖泊保护的能力建设和科技支撑工程等，全面提升湖泊保护和治理水平。对富营养化湖泊继续加大污染物管控力度，稳步改善湖泊水质，实施

生态修复工程，逐步恢复良性生态系统；对水质较好湖泊强调优先保护，探索全周期过程治理方式，积极推动湖体和湖荡、上游流域水源涵养区、重要入湖通道、主要过水湖泊、重要疏水通道、河湖岸带等重要生态系统联动保护和修复治理。

三、加强湖泊流域系统科学研究和技术创新，提升科技支撑能力

加强湖泊流域系统基础科学研究，启动全国湖泊普查，为湖泊保护与治理修复提供基础数据；研发湖泊营养盐高效去除与藻类水华控制的革新技术，有效控制湖泊富营养化，在典型湖泊流域开展引领性技术集成应用示范。打造国家级湖泊科学研究中心，构建重点湖泊流域系统监测网络，提升湖泊生态系统感知与模拟能力，研创我国"数字湖泊"，服务湖泊流域综合治理与创新管理。

四、大力推进科技湖长制，提升湖泊科学管理和保护水平

在我国重要湖泊设立"科技湖长"，为行政河湖长制提供科技支撑。根据不同类型湖泊的自然环境特点和社会经济状况以及主导功能，制定我国湖泊保护的总体战略和目标。针对不同湖泊长期演变特点，开展成因分析和问题诊断，因湖施策、一湖一策，科学制定湖泊治理对策，确定湖泊修复目标和保护策略。

五、完善湖泊流域保护机制，推动湖泊保护国家立法

建立和完善湖泊保护综合评价与考核制度，建立跨区域湖泊流域联防联控机制，构建湖泊流域生态产品价值实现机制，形成政府主导、社会参与的湖泊流域保护模式。探索设立重点湖泊流域绿色发展基金，强化对技术研发、示范应用、产业化等经济绿色化转型和生态产品价值实现全生命周期的支持力度。将湖泊保护纳入国家立法计划，加快湖泊保护治理的相关法规体系建设，健全湖泊流域保护行政执法与刑事司法衔接工作机制。

致谢：国家气象科学数据中心和江西鄱阳湖国家级自然保护区管理局提供了部分数据，中国科学院南京地理与湖泊研究所秦伯强、李万春、马荣华、陈江龙、郭娅、刘燕春、姚宗豹和谭蕾等帮助审读了相关内容，在此一并表示感谢。

参 考 文 献

代云川, 王秀磊, 马国青, 等. 2018. 青海湖国家级自然保护区水鸟群落多样性特征. 林业资源管理, (2): 74-80.

范成新, 王春霞. 2007. 长江中下游湖泊环境地球化学与富营养化. 北京: 科学出版社.

冯尚柱, 刘化金, 于文涛, 等. 2005. 兴凯湖湿地保护区鸟类多样性调查. 湿地科学, 3(2): 149-153.

姜加虎, 黄群. 2004. 洞庭湖近几十年来湖盆变化及冲淤特征. 湖泊科学, 16(3): 209-214.

昆明市滇池管理局, 昆明滇池研究会. 2019. 滇池志. 昆明: 云南美术出版社.

刘观华, 余定坤, 罗浩. 2021. 江西鄱阳湖国家级自然保护区自然资源 2019—2020 年监测报告. 南昌:

江西科学技术出版社.

马荣华, 杨桂山, 段洪涛, 等. 2011. 中国湖泊的数量、面积与空间分布. 中国科学: 地球科学, 41(3): 394-401.

农业农村部渔业渔政管理局, 全国水产技术推广总站, 中国水产学会. 2021. 2020 中国渔业统计年鉴. 北京: 中国农业出版社.

沈吉, 薛滨, 吴敬禄, 等. 2010. 湖泊沉积与环境演化. 北京: 科学出版社.

万荣荣, 杨桂山, 王晓龙, 等. 2014. 长江中游通江湖泊江湖关系研究进展. 湖泊科学, 26(1): 1-8.

王凤昆, 于文涛, 刘化金, 等. 2007. 中俄兴凯湖湿地水鸟迁徙调查. 野生动物, 28(2): 17-19.

王苏民, 窦鸿身. 1998. 中国湖泊志. 北京: 科学出版社.

吴桂平, 刘元波, 范兴旺. 2015. 近 30 年来鄱阳湖湖盆地形演变特征与原因探析. 湖泊科学, 27(6): 1168-1176.

夏炎雷, 周丽君, 吴佳妮, 等. 2023. 长江中下游地区湖泊沉积物杀生剂污染特征及生态风险. 湖泊科学, 35(1): 203-215.

中国科学院南京地理与湖泊研究所. 2019. 中国湖泊调查报告. 北京: 科学出版社.

中华人民共和国水利部. 2021. 中国水旱灾害防御公报 2020: 22-23.

Abuduwaili J, Gabchenko M V, Xu J R. 2008. Eolian transport of salts—a case study in the area of Lake Ebinur (Xinjiang, Northwest China). Journal of Arid Environments, 72(10): 1843-1852.

Adrian R, O'Reilly C M, Zagarese H, et al. 2009. Lakes as sentinels of climate change. Limnology and Oceanography, 54(6): 2283-2297.

Bao K, Zaccone C, Tao Y, et al. 2020. Source apportionment of priority PAHs in 11 lake sediment cores from Songnen Plain, Northeast China. Water Research, 168: 115158.

Bao K, Zhang Y, Zaccone C, et al. 2021. Human impact on C/N/P accumulation in lake sediments from northeast China during the last 150 years. Environmental Pollution, 271: 116345.

Bryan G W, Langston W J. 1992. Bioavailability, accumulation and effects of heavy metals in sediments with special reference to United Kingdom estuaries: a review. Environmental Pollution, 76(2): 89-131.

Dearing J A, Yang X D, Dong X H, et al. 2012. Extending the timescale and range of ecosystem services through paleoenvironmental analyses, exemplified in the lower Yangtze basin. Proceedings of the National Academy of Sciences, 109(18): E1111-E1120.

Downing J A, Prairie Y T, Cole J J, et al. 2006. The global abundance and size distribution of lakes, ponds, and impoundments. Limnology and Oceanography, 51(5): 2388-2397.

Ho J C, Michalak A M, Pahlevan N. 2019. Widespread global increase in intense lake phytoplankton blooms since the 1980s. Nature, 574(7780): 667-670.

Hou X J, Feng L, Tang J, et al. 2020. Anthropogenic transformation of Yangtze Plain freshwater lakes: patterns, drivers and impacts. Remote Sensing of Environment, 248: 111998.

Huang J, Zhang Y, Arhonditsis G B, et al. 2019. How successful are the restoration efforts of China's lakes and reservoirs? Environment International, 123: 96-103.

Jane S F, Hansen G J A, Kraemer B M, et al. 2021. Widespread deoxygenation of temperate lakes. Nature, 594(7861): 66-70.

Jara-Marini M E, Soto-Jiménez M F, Páez-Osuna F. 2008. Bulk and bioavailable heavy metals (Cd, Cu, Pb, and Zn) in surface sediments from Mazatlán Harbor (SE Gulf of California). Bulletin of Environmental

Contamination and Toxicology, 80(2): 150-153.

Ma X, Wan H, Zhao Z, et al. 2021. Source analysis and influencing factors of historical changes in PAHs in the sediment core of Fuxian Lake, China. Environmental Pollution, 288: 117935.

Ma X, Wan H, Zhou J, et al. 2020. Sediment record of polycyclic aromatic hydrocarbons in Dianchi lake, southwest China: Influence of energy structure changes and economic development. Chemosphere, 248: 126015.

McIntyre P B, Reidy Liermann C A, Revenga C. 2016. Linking freshwater fishery management to global food security and biodiversity conservation. Proceedings of the National Academy of Sciences of the United States of America, 113(45): 12880-12885.

Song C Q, Huang B, Ke L H. 2013. Modeling and analysis of lake water storage changes on the Tibetan Plateau using multi-mission satellite data. Remote Sensing of Environment, 135: 25-35.

Song L, Song C, Luo S, et al. 2021. Refining and densifying the water inundation area and storage estimates of Poyang Lake by integrating Sentinel-1/2 and bathymetry data. International Journal of Applied Earth Observation and Geoinformation, 105: 102601.

Tranvik L J, Downing J A, Cotner J B, et al. 2009. Lakes and reservoirs as regulators of carbon cycling and climate. Limnology and Oceanography, 54(6): 2298-2314.

Verpoorter C, Kutser T, Seekell D A, et al. 2014. A global inventory of lakes based on high-resolution satellite imagery. Geophysical Research Letters, 41(18): 6396-6402.

Wan W, Long D, Hong Y, et al. 2016. A lake data set for the Tibetan Plateau from the 1960s, 2005, and 2014. Scientific Data, 3: 160039.

Wang M, Bao K, Heathcote A J, et al. 2021. Spatio-temporal pattern of metal contamination in Chinese lakes since 1850. CATENA, 196: 104918.

Wang R, Dearing J A, Langdon P G, et al. 2012. Flickering gives early warning signals of a critical transition to a eutrophic lake state. Nature, 492(7429): 419-422.

Williamson C E, Saros J E, Vincent W F, et al. 2009. Lakes and reservoirs as sentinels, integrators, and regulators of climate change. Limnology and Oceanography, 54(6): 2273-2282.

Woolway R I, Jennings E, Shatwell T, et al. 2021. Lake heatwaves under climate change. Nature, 589(7842): 402-407.

Woolway R I, Kraemer B M, Lenters J D, et al. 2020. Global lake responses to climate change. Nature Reviews Earth & Environment, 1(8): 388-403.

Wurtsbaugh W A, Miller C, Null S E, et al. 2017. Decline of the world's saline lakes. Nature Geoscience, 10(11): 816-821.

Yuan H, Liu E, Zhang E, et al. 2017. Historical records and sources of polycyclic aromatic hydrocarbons (PAHs) and organochlorine pesticides (OCPs) in sediment from a representative plateau lake, China. Chemosphere, 173: 78-88.

Yuan H, Zhang E, Lin Q, et al. 2016. Sources appointment and ecological risk assessment of polycyclic aromatic hydrocarbons (PAHs) in sediments of Erhai Lake, a low-latitude and high-altitude lake in southwest China. Environmental Science and Pollution Research, 23: 4430-4441.

Zhang E, Liu E, Shen J, et al. 2012. One century sedimentary record of lead and zinc pollution in Yangzong Lake, a highland lake in southwestern China. Journal of Environmental Sciences, 24(7): 1189-1196.

Zhang Y L, Deng J M, Qin B Q, et al. 2023. Importance and vulnerability of lakes and reservoirs supporting drinking water in China. Fundamental Research, 3(2): 265-273.

Zhou L J, Li J, Zhang Y, et al. 2019. Trends in the occurrence and risk assessment of antibiotics in shallow lakes in the lower-middle reaches of the Yangtze River basin, China Ecotoxicology and Environmental Safety, 183: 109511.

Zhou L J, Wu Q L, Zhang B B, et al. 2016. Occurrence, spatiotemporal distribution, mass balance and ecological risks of antibiotics in subtropical shallow Lake Taihu, China. Environmental Science: Processes & Impacts, 18(4): 500-513.

第二章 中国湖泊遥感监测与评估

湖泊作为"山水林田湖草沙"生命共同体的重要组成部分，在社会经济发展和人民生命健康保障方面发挥着越来越重要的作用。随着我国社会经济的快速发展，湖泊生态问题日益严峻。本书基于多源卫星传感器，结合现场调查，获得了湖泊数量、面积、水量等水文参数以及透明度、蓝藻水华和水生植被等水环境、水生态参数，对全国和重点湖泊生态环境状况及长时序演化趋势开展监测与评估[①]。

在自然湖泊方面，以第一次调查（1960年~20世纪80年代）和第二次调查（2005~2010年）为基础，利用遥感监测了2020年中国自然湖泊的现状和变化。2020年我国1 km²以上自然湖泊共有2670个，总面积80662 km²，约占全国陆地面积的0.84%。过去的15年间新发现湖泊547个，其中最多的三个省份依次是西藏169个、新疆151个、青海省60个，面积分别是453 km²、510.19 km²、116.67 km²；面积扩张湖泊641个、消失湖泊695个、缩减湖泊358个。我国湖泊水量及其变化空间分布极不均匀，主要集中于少数大型湖泊，其中面积100 km²以上的138个大型湖泊水量共计9416.79（±1412.52）亿m³，约占中国湖泊总水量的90.46%，其余487个小型湖泊仅占9.54%；水量大于100亿m³的湖泊共有19个，占中国湖泊总水量的59.55%（6199.45（±929.92）亿m³）。青藏高原是全国水位上升最快的区域，剔除季节性波动的因素，其他地区湖泊水位变化幅度均较小。

在人工湖泊（即水库）方面，利用遥感、地理空间数据和文献资料等，编目了全国面积大于1 km²的水库位置及其空间范围，目前全国面积大于1 km²的水库共5156个，总面积达39 697.1 km²。不同流域的水库分布差异较大，其中以长江流域水库数量最多、面积最大，其次为珠江流域，淮河流域水库也很多，但大多是中小型水库。目前，全国拥有水库9.86万座，总库容9306亿m³，比2011年分别增加1.01万座和2105亿m³，可利用湖库淡水资源总量显著增加。

水体透明度是光透入水中的深浅程度，是水质评价指标之一。基于大尺度湖泊透明度遥感估算模型，发现1986~2020年全国自然湖泊平均透明度为（1.07±1.14）m，但东部平原湖区和东北平原与山区湖区的透明度相对较低，均值分别为（0.29±0.12）m和（0.12±0.11）m；云贵高原湖区和青藏高原湖区透明度相对较高，均值分别为（1.18±0.81）m和（2.16±1.04）m；蒙新高原湖区透明度均值则居于两者之间，平均为（0.50±0.42）m。1986~2020年，青藏高原湖区湖泊透明度显著上升。近十年来，全国70%以上湖泊透明度增加，湖泊整体变清。

---

① 基于湖泊水文、水环境、水生态参数本身的特点，结合遥感卫星的时空分辨率，采用不同的湖泊选取标准：对于湖泊数量、面积和透明度，选取了面积≥1 km²的湖泊；对于湖泊水量和水生植被，分别选取面积≥10 km²和≥50 km²的湖泊；对于蓝藻水华，选取了面积≥100 km²的湖泊。

　　基于 2000~2021 年间的 96580 景 MODIS 卫星遥感影像数据，发现 100 km² 以上的 55 个自然湖泊中出现藻类水华的有 22 个，占 40%。其中，2011 年以前出现藻华的湖泊逐年递增，不同藻华暴发强度的湖泊比例在 2011 年达到最高；2012 年之后开始递减，2015 年出现显著下降，近十年来数量未出现显著增加，维持在低于 2011 年水平。

　　基于 2010 年、2015 年和 2019 年的 Landsat 系列影像数据，发现大于 50 km² 的 236 个湖泊中，水生植被分布面积占比小于 1% 的湖泊共有 172 个，大多是深水湖或咸水湖，主要零散分布在岸边。其中，东部平原湖区的水生植被分布（占比大于 1%）湖泊数量最多（约占 64%）、水生植被覆盖度最高。

　　近十年来，在习近平总书记"山水林田湖草沙"生命共同体生态文明思想的指引下，我国湖泊环境保护力度持续增强，湖泊生态环境质量下滑的不利局面得到了明显遏制，全国绝大部分湖泊透明度呈现上升趋势，湖泊变清、水质持续改善，重点湖泊富营养化得到遏制、水质明显好转，我国湖泊生态环境总体上向好发展。

第一节　中国自然湖泊数量与面积

一、湖泊确定方法

　　利用 2020 年 Landsat-8 OLI（Operational Land Imager）全国非冰期 5~10 月卫星遥感影像，计算归一化水体指数 NDWI（normalized difference water index）及其水体面积周长比指数，与 HydroLAKES 数据集（https://www.hydrosheds.org/）进行交叉对比，形成 2020 年中国湖库水体数据集。然后，以中国科学院南京地理与湖泊研究所 2005~2006 年的中国湖泊数据库为基础，参照《中国湖泊志》的自然湖泊定义（王苏民和窦鸿身，1998），按照标准的湖泊边界判译原则（马荣华等，2011；中国科学院南京地理与湖泊研究所，2015），逐一对比检查，形成 2020 年面积大于 1 km² 的中国自然湖泊数据集。

二、中国湖泊现状

　　中国 2020 年共有 1 km² 以上自然湖泊 2670 个（表 2.1，图 2.1），总面积 80 662 km²，约占全国陆地面积的 0.84%，分别分布在除海南、福建、广西、重庆、香港和澳门外的 28 个省（自治区、直辖市）（表 2.2，图 2.2）；其中面积大于 1000 km² 的特大型湖泊有 13 个（青海湖、鄱阳湖、色林错、洞庭湖、太湖、呼伦湖、纳木错、兴凯湖（中俄共有）、洪泽湖、吐错-赤布张错、阿亚克库木湖、扎日南木错和博斯腾湖），面积在 500~1000 km²、100~500 km²、50~100 km²、10~50 km²、1~10 km² 的湖泊分别有 16 个、110 个、92 个、399 个、2040 个。

表 2.1　2020 年中国 1 km² 以上自然湖泊数量、面积统计

面积分级	>1000 km²	500~1000 km²	100~500 km²	50~100 km²	10~50 km²	1~10 km²	合计
数量/个	13	16	110	92	399	2040	2670
面积/km²			74826			5836	80 662

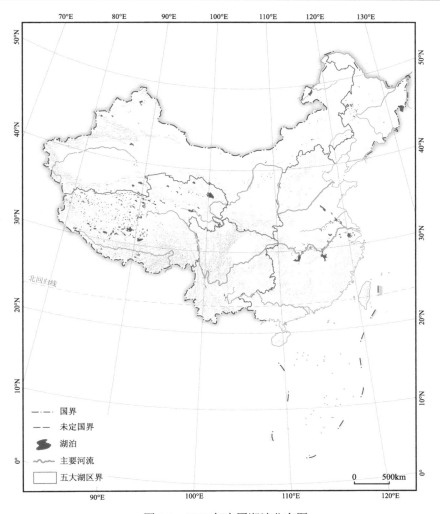

图 2.1 2020 年中国湖泊分布图

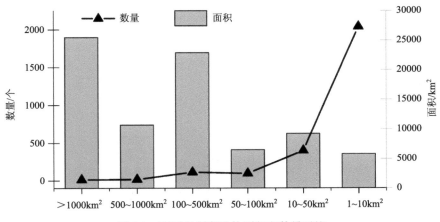

图 2.2 不同级别湖泊的面积和数量对比

　　拥有湖泊数量最多的 3 个省份是西藏自治区（以下简称西藏）、内蒙古自治区（以下简称内蒙古）和青海省，数量分别是 931、276、265 个。湖泊总面积最大的 3 个省份是西藏、青海省和新疆维吾尔自治区（以下简称新疆），面积分别是 32186 km^2、13932 km^2 和 6754 km^2（表 2.2）。

表 2.2　2020 年中国不同省份 1 km^2 以上自然湖泊数量、面积统计

省份	湖泊数量/个						数量合计/个	面积合计/km^2
	>1000 km^2	500~1000 km^2	100~500 km^2	50~100 km^2	10~50 km^2	1~10 km^2		
西藏自治区	4	5	60	62	186	614	931	32185.9
青海省	1	5	18	13	47	181	265	13931.9
内蒙古自治区	1	1	2		16	256	276	4028.6
新疆维吾尔自治区	2	2	5	5	33	200	247	6754.6
宁夏回族自治区					2	14	16	68.0
甘肃省					2	4	6	47.6
陕西省					1	4	5	48.1
山西省					1	7	8	35.2
云南省			3	1	6	19	29	1053.2
贵州省					1	0	1	20.4
四川省					1	32	33	98.0
黑龙江	1		2	2	19	148	172	2705.9
吉林省			1		10	104	115	808.7
辽宁省					1	5	6	42.1
北京市						1	1	1.2
上海市				1		4	5	101.8
天津市					2	1	3	66.4
河南省						4	4	17.8
河北省					2	17	19	107.2
江西省	1		1	1	5	31	39	3937.3
安徽省		1	10	1	17	58	87	3404.2
湖南省	1			2	9	75	87	2465.1
湖北省			4	3	27	134	168	2169.6
山东省		1			1	21	23	966.6
江苏省	2	1	4	2	8	67	84	5498.0
浙江省					1	33	34	76.9
广东省						3	3	12.9
台湾省						3	3	9.2
数量合计/个	13	16	110	93	398	2040	2670	
面积合计/km^2	25528.2	10659.7	22886.0	6539.7	9212.6	5836.2		80662.4

湖泊数量最多和面积最大的湖区是青藏高原湖区，共 1196 个，其中 10 km^2 以上的湖泊有 401 个；其次是东部平原湖区，共 561 个，10 km^2 以上的湖泊有 108 个；然后是蒙新高原湖区（549 个）、东北平原与山区湖区（301 个）、云贵高原湖区（63 个）。基于 2020 年的遥感解译结果，具体每个湖区的湖泊分布现状如下所述。

1）青藏高原湖区（TPL）

青藏高原湖区共有面积大于 1 km^2 的湖泊 1196 个，面积合计 46118 km^2（精度保留到个位，下同）；其中面积在 1000 km^2 以上的湖泊有 5 个，面积合计 11 148 km^2；500~1000 km^2 面积的湖泊有 10 个，面积合计 6312 km^2；100~500 km^2 的湖泊有 78 个，面积合计 15708 km^2；50~100 km^2 的湖泊有 75 个，面积合计 5217 km^2；10~50 km^2 的湖泊有 233 个，面积合计 5361 km^2；1~10 km^2 的湖泊有 795 个，面积合计约 2372 km^2。

2）东部平原湖区（EPL）

东部平原湖区共有面积大于 1 km^2 的湖泊 561 个，面积合计 18 839 km^2，其中 1000 km^2 以上的湖泊有 4 个，面积合计 9013 km^2；500~1000 km^2 的湖泊有 3 个，面积合计 2268 km^2；100~500 km^2 的湖泊有 19 个，面积合计 3657 km^2；50~100 km^2 的湖泊有 10 个，面积合计 749 km^2；10~50 km^2 的湖泊有 72 个，面积合计 1762 km^2；1~10 km^2 的湖泊有 453 个，面积合计 1389 km^2。

3）蒙新高原湖区（IMXL）

蒙新高原湖区共有面积大于 1 km^2 的湖泊 549 个，面积合计 10933 km^2，其中 1000 km^2 以上的湖泊有 3 个，面积合计 4162 km^2；500~1000 km^2 的湖泊有 3 个，面积合计 2079 km^2；100~500 km^2 的湖泊有 7 个，面积合计 1945 km^2；50~100 km^2 的湖泊有 5 个，面积合计 328 km^2；10~50 km^2 的湖泊有 53 个，面积合计 1179 km^2；1~10 km^2 的湖泊有 478 个，面积合计 1239 km^2。

4）东北平原与山区湖区（NPML）

东北平原与山区湖区共有面积大于 1 km^2 的湖泊 301 个，面积合计 3602 km^2，其中 1000 km^2 以上的湖泊有 1 个，面积合计 1204 km^2；100~500 km^2 的湖泊有 3 个，面积合计 825 km^2；50~100 km^2 的湖泊有 2 个，面积合计 173 km^2；10~50 km^2 的湖泊有 32 个，面积合计 673 km^2；1~10 km^2 的湖泊有 263 个，面积合计 733 km^2。

5）云贵高原湖区（YGPL）

云贵高原湖区共有面积大于 1 km^2 的湖泊 63 个，面积合计 1172 km^2，其中 100~500 km^2 的湖泊有 3 个，面积合计 751 km^2；50~100 km^2 的湖泊有 1 个，面积合计 73 km^2；10~50 km^2 的湖泊有 8 个，面积合计 238 km^2；1~10 km^2 的湖泊有 51 个，面积合计 110 km^2。

三、湖泊变化概况

相比于 2005~2006 年的中国湖泊调查（马荣华等，2011），2020 年中国自然湖泊遥感监测结果表明，在过去的 15 年期间，中国 1km^2 以上自然湖泊总体减少 23 个，变化主要有四个类型（图 2.3）：新发现、消失、面积扩张和面积缩减。新发现湖泊是指 2005~2006 年湖泊调查中没有发现或者当时湖泊面积不足 1 km^2，但 2020 年的调查发现面积超过 1 km² 的湖泊。消失的湖泊指在 2005~2006 年调查的湖泊在 2020 年的调查结果中面积小于 1 km² 甚至完全消失。统计扩张或缩减的湖泊时，排除了新发现或消失湖泊。

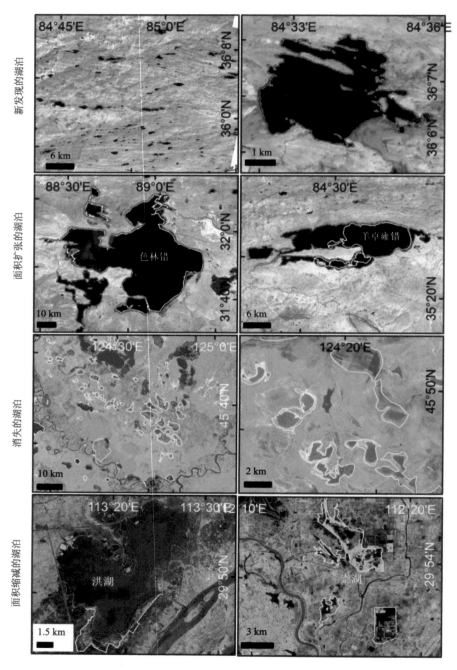

图 2.3　2020 年相对 2005~2006 年调查新发现、扩张、消失及缩减湖泊示例

红色为 2020 年湖泊边界，黄色为 2005 年湖泊边界，遥感影像图为 2020 年 Landsat-8 假彩色合成影像

相对于 2005~2006 年的调查结果，2020 年的新发现、消失、面积扩张和缩减的湖泊在五大湖区差异较大，新发现湖泊和面积扩张湖泊主要分布在青藏高原湖区和蒙新高原湖区，面积缩减或者消失的湖泊则主要分布在蒙新高原湖区、东部平原湖区、东北平原与山区湖区。具体湖区的湖泊变化情况如图 2.4 所示。

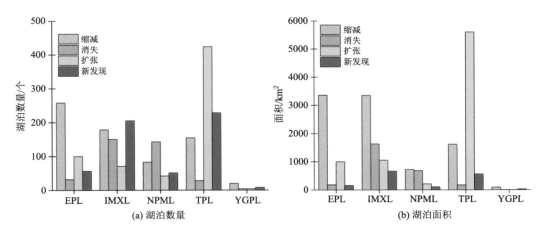

图 2.4　2020 年相对 2005~2006 年调查新发现湖泊、面积扩张湖泊、消失湖泊及面积缩减湖泊在五大湖区的数量和面积统计

1）青藏高原湖区

相对于 2005~2006 年，2020 年调查中青藏高原湖区湖泊数量增加到 1196 个，其中以新发现湖泊和面积扩张湖泊变化为主。新发现湖泊 229 个，面积合计 569.7 km²，主要分布在青藏高原中北部区域；消失湖泊有 28 个，面积合计 176.7 km²，主要分布在中南部区域；424 个湖泊面积出现扩张（扩张湖泊的总面积是 5611.1 km²，以下扩张或缩减湖泊的合计面积均为湖泊总面积），包括 2 个面积扩张到 1000 km² 以上的湖泊：扎日南木错（1045 km²）和吐错-赤布张错（面积 1123 km²）；有 155 个面积出现缩减，缩减湖泊的面积合计 1623.9 km²。

2）东部平原湖区

相对于 2005~2006 年，2020 年调查中东部平原湖区湖泊减少到 561 个，其中以面积缩减湖泊为主，也有部分湖泊出现扩张，主要分布在江淮平原。其中，新发现湖泊 47 个，面积合计 119.3 km²，有 100 个湖泊出现面积扩张（面积合计 1000.1 km²），有 32 个湖泊消失（面积合计 185.3 km²），面积出现缩减的湖泊有 257 个（面积合计 3292 km²）。

3）蒙新高原湖区

相对于 2005~2006 年，2020 年调查中蒙新高原湖区中新发现湖泊、面积缩减和扩张湖泊均有大量分布，其中新发现湖泊主要出现在新疆南部，面积缩减和消失湖泊主要分布在内蒙古自治区。其中，新发现湖泊 211 个，面积合计 694.7 km²，仅次于青藏高原湖区；消失湖泊 151 个（面积合计 1634.6 km²），为五大湖区之最；面积扩张湖泊 73 个（面积合计 1059.4 km²），面积缩减湖泊有 179 个（面积合计 3423.5 km²），仅次于东部平原湖区。

4）东北平原与山区湖区

相对于 2005~2006 年，2020 年调查中东北平原与山区湖区以消失和缩减湖泊为主，新发现和扩张湖泊相对较少。其中，新发现大于 1 km² 的湖泊 52 个，面积合计 107.5 km²；消失湖泊 144 个（面积合计 684.9 km²），仅次于蒙新高原湖区；扩张湖泊 40 个（面积合计 210.0 km²），缩减湖泊 81 个（面积合计 721.3 km²）。

5）云贵高原湖区

相对于 2005~2006 年，2020 年调查中云贵高原湖区是五大湖区中湖泊变化最小的，四类湖泊变化均为五大湖区最少。其中新发现湖泊 8 个，面积合计 29.6 km²；消失湖泊 4 个（面积合计 8.9 km²），面积扩张湖泊有 4 个（面积合计 7.0 km²），面积缩减湖泊有 20 个（面积合计 97.7 km²）。

表 2.3 2020 年中国新发现湖泊及面积扩张湖泊的省份统计

湖区	新发现 1 km² 自然湖泊			面积扩张湖泊		
	省份	数量/个	面积合计/km²	省份	数量/个	面积合计/km²
东部平原湖区	广东	2	7.78	安徽	23	247.83
	河北	5	14.64	河北	3	25.88
	河南	3	9.71	湖北	35	138.36
	湖北	1	1.10	湖南	8	32.58
	湖南	1	1.27	江苏	15	89.96
	江苏	10	15.64	江西	10	423.76
	山东	18	32.06	山东	3	32.11
	浙江	3	7.77	上海	3	9.61
	安徽	4	29.33			
蒙新高原湖区	甘肃	5	27.88	甘肃	1	2.68
	内蒙古	33	69.79	内蒙古	27	112.22
	宁夏	13	49.11	陕西	3	10.24
	山西	7	32.53	新疆	42	934.27
	陕西	1	1.17			
	新疆	152	514.22			
东北平原与山区湖区	黑龙江	28	56.58	黑龙江	33	191.58
	吉林	19	44.56	吉林	7	18.46
	辽宁	5	6.35			
青藏高原湖区	青海	60	116.67	青海	94	2222.06
	西藏	169	453.00	西藏	330	3389.03
云贵高原湖区	四川	1	4.63	四川	2	4.14
	云南	7	25.00	云南	2	2.89
合计		547	1520.80		641	7887.66

从省份上看，相对于 2005~2006 年，2020 年 22 个省份新发现了大于 1 km² 的湖泊（表 2.3），其中发现湖泊数量最多的 3 个省份是西藏（169 个）、新疆（152 个）、青海（60

个），新发现湖泊面积分别是 453.0 km²、514.2 km²、116.7 km²。18 个省份出现了面积扩张的湖泊，其中面积扩张湖泊数量最多的 3 个省份是西藏（330 个）、青海（94 个）、新疆（42 个），扩张后湖泊面积分别是 3389.0 km²、2222.1 km²、934.3 km²。15 个省份出现湖泊消失现象（表 2.4），其中湖泊消失数量最多的 3 个省份是内蒙古（136 个）、黑龙江（78 个）、吉林（66 个），消失湖泊面积分别是 1304.9 km²、389.7 km²、295.2 km²。24 个省份出现湖泊面积缩减现象，其中湖泊面积缩减数量最多的 3 个省份是西藏（117个）、内蒙古（107 个）、湖北（92 个），缩减湖泊面积分别是 672.5 km²、1367.4 km²、456.42 km²。

表 2.4　2020 年中国消失和面积缩减湖泊的省份统计

湖区	面积缩减湖泊			消失湖泊		
	省份	数量/个	面积合计/km²	省份	数量/个	面积合计/km²
东部平原湖区	安徽	38	299.76	安徽	6	13.7
	河北	4	49.83	河北	4	6.1
	湖北	92	456.42	湖北	3	11.6
	湖南	69	998.46	湖南	5	15.9
	江苏	24	855.88	江苏	8	123.0
	江西	19	238.09	江西	2	3.6
	山东	4	383.05	山东	2	7.0
	上海市	1	1.88	浙江	2	4.4
	台湾	1	1.19			
	浙江	5	7.44			
蒙新高原湖区	甘肃	2	26.87	内蒙古	136	1304.9
	内蒙古	107	1 367.36	新疆	14	329.7
	宁夏	4	20.17			
	山西	1	67.94			
	陕西	1	4.42			
	新疆	67	1 936.73			
东北平原与山区湖区	黑龙江	49	371.32	黑龙江	78	389.7
	吉林	31	329.74	吉林	66	295.2
	辽宁	1	20.22			
青藏高原湖区	青海	38	951.38	青海	7	109.4
	西藏	117	672.53	西藏	21	67.2
云贵高原湖区	贵州	1	4.18	云南	4	8.9
	四川	4	11.18			
	云南	15	82.37			
合计		695	9158		358	2690

四、湖泊数量变化原因

相对于 2005~2006 年，2020 年调查新发现的 1 km² 以上湖泊及扩张的湖泊主要分布在冰川末梢、山间洼地、河谷湿地中。新发现 1 km² 以上湖泊和面积扩张的湖泊主要聚集在青藏高原中北部（主要是北纬 32° 及以北区域）和蒙新高原湖区的南部区域，这些地区主要是夏季印度洋水汽的上升（Liu et al.，2019），导致了降雨量增加和内流区扩张（Zhang et al.，2019），湖泊水位上升，面积增加。同时，气温的升高导致冰川融水增加和冻土融化也是一些湖泊面积扩张的另一原因（Song et al.，2014）。至于东部平原湖区的面积扩张，主要是降水增加，湖泊水位上涨，面积有所增加。2020 年夏季大洪水，长江、淮河等多条河流水位暴涨，江淮流域不少湖泊出现面积剧增（Wei et al.，2020），尤其以鄱阳湖等通江湖泊最为明显。此外，近十年来，清除湖泊围网养殖等政策的陆续实施，也是东部平原湖区湖泊面积出现扩张的原因之一。

湖泊缩减或消失的区域主要是位于戈壁沙漠、城镇和农田附近。蒙新高原湖区消失的湖泊主要分布在内蒙古（136 个），青藏高原湖区则出现在中南部（北纬 32° 以南）。降雨较少，气温增加，蒸发量大，湖泊出现缩减甚至消失，这是蒙新高原湖区为代表的干旱半干旱地区以及青藏高原中南部湖泊消失的主要原因。此外，社会经济发展迅速，对湖泊的开发力度较大，如湖泊的围垦会导致水量调蓄能力下降，面积缩减。同时，在这些人类活动密集的区域，人为修闸建堤等水利工程建设（Wang et al.，2014），改变了原本河湖的连通性，也会导致天然湖泊面积缩减。

第二节　中国水库数量与面积

水库是指在河道、山谷、低洼地及地下透水层修建挡水坝或堤堰、隔水墙，形成蓄积水的人工湖，是全球解决水资源短缺问题的最主要途径。过去 100 多年中，随着全球人口的快速增长和经济社会的高速发展，各国为了满足能源资源需求修建了大量水库大坝。水库兴建的全球浪潮在 20 世纪 60~70 年代达到顶峰，1990 年后迅速减缓。整个 20 世纪人类建设了超过 45000 座大型水库大坝（主要指坝体高于 15 m 或蓄水量超过 100 万 m³ 的水库，下同）（World Commission on Dams，2000），累积蓄水量达 108 000 亿 m³，相当于抵消海平面升高 30 mm 的水量（Chao et al.，2008）。国际大坝委员会（International Commission on Large Dams，ICOLD）2019 年数据显示，全球共有 58351 座大型水库大坝。

一、水库数量及类型

我国是世界上拥有水库大坝最多的国家，《中国水利统计年鉴 2020》显示，我国人工水库由 1980 年的 86822 座增加到 2019 年的 98112 座（表 2.5），其中大型水库由 326 座增加到 744 座，水库总库容由 1980 年的 4130 亿 m³ 增加到 2019 年的 8983 亿 m³；这些水库分布在 30 个省（区、市）（图 2.5，表 2.6），其中湖南省最多，有 14047 座。按照水资源分区，长江区最多，有 52457 座（表 2.7）。

表 2.5　1980~2019 年已建成水库数量、类型和库容变化（按年份）（中华人民共和国水利部，2020）

年份	座数/座	总库容/亿 m³	大型水库		中型水库		小型水库	
			座数/座	总库容/亿 m³	座数/座	总库容/亿 m³	座数/座	总库容/亿 m³
1980	86822	4130	326	2975	2298	605	84198	550
1981	86881	4169	328	2989	2333	622	84220	558
1982	86900	4188	331	2994	2353	632	84216	562
1983	86567	4208	335	3007	2367	640	83865	561
1984	84998	4292	338	3068	2387	658	82273	566
1985	83219	4301	340	3076	2401	661	80478	564
1986	82716	4432	350	3199	2115	666	79951	567
1987	82870	4475	353	3233	2428	672	80089	570
1988	82937	4504	355	3252	2462	681	80120	571
1989	82848	4617	358	3357	2480	688	80010	572
1990	83387	4660	366	3397	2499	690	80522	573
1991	83799	4678	367	3400	2524	698	80908	579
1992	84130	4688	369	3407	2538	700	81223	580
1993	84614	4717	374	3425	2562	707	81678	583
1994	84558	4751	381	3456	2572	713	81605	582
1995	84775	4797	387	3493	2593	719	81795	585
1996	84905	4571	394	3260	2618	724	81893	587
1997	84837	4583	397	3267	2634	729	81806	587
1998	84944	4930	403	3595	2653	736	81888	598
1999	85120	4499	400	3164	2681	743	82039	593
2000	83260	5183	420	3843	2704	746	80136	593
2001	83542	5280	433	3927	2736	758	80373	595
2002	83960	5594	445	4230	2781	768	80734	596
2003	84091	5657	453	4279	2827	783	80811	596
2004	84363	5541	460	4147	2869	796	81034	598
2005	84577	5623	470	4197	2934	826	81173	601
2006	85249	5841	482	4379	3000	852	81767	610
2007	85412	6345	493	4836	3110	883	81809	625
2008	86353	6924	529	5386	3181	910	82643	628
2009	87151	7064	544	5506	3259	921	83348	636
2010	87873	7162	552	5594	3269	930	84052	638
2011	88605	7201	567	5602	3346	954	84692	645
2012	97543	8255	683	6493	3758	1064	93102	698
2013	97721	8298	687	6529	3774	1070	93260	700
2014	97735	8394	697	6617	3799	1075	93239	702
2015	97988	8581	707	6812	3844	1068	93437	701

续表

年份	座数/座	总库容/亿 m³	大型水库		中型水库		小型水库	
			座数/座	总库容/亿 m³	座数/座	总库容/亿 m³	座数/座	总库容/亿 m³
2016	98460	8967	720	7166	3890	1096	93850	705
2017	98795	9035	732	7210	3934	1117	94129	709
2018	98822	8953	736	7117	3954	1126	94132	710
2019	98112	8983	744	7150	3978	1127	93390	706

注：大型水库：总库容在 1 亿 m³ 及以上；中型水库：总库容在 1000 万（含 1000 万）~1 亿 m³；小型水库：总库容在 10 万（含 10 万）~1000 万 m³。

表 2.6　截至 2019 年已建成水库数量、类型和库容（按地区）（中华人民共和国水利部，2020）

地区	已建成水库		大型水库		中型水库		小型水库	
	座数/座	总库容/亿 m³	座数/座	总库容/亿 m³	座数/座	总库容/亿 m³	座数/座	总库容/亿 m³
北京	86	52	3	46	17	5	66	1
天津	28	26	3	22	11	3	14	1
河北	1060	206	23	183	45	16	992	8
山西	613	70	11	39	70	22	532	9
内蒙古	601	110	16	66	89	33	496	11
辽宁	783	370	34	340	76	21	673	9
吉林	1580	334	20	292	106	29	1454	13
黑龙江	973	268	28	218	98	35	847	15
江苏	952	35	6	13	45	12	901	10
浙江	4278	445	34	373	158	45	4086	28
安徽	6080	204	15	142	111	31	5954	31
福建	3676	170	21	91	186	50	3469	30
江西	10685	328	31	197	261	65	10393	65
山东	5932	220	39	131	220	54	5673	35
河南	2510	433	27	380	121	33	2362	20
湖北	6935	1264	77	1135	286	80	6572	49
湖南	14047	514	45	351	359	93	13643	70
广东	8352	456	40	296	343	96	7969	64
广西	4536	716	60	599	231	68	4245	48
海南	1105	112	10	76	76	23	1019	12
重庆	3083	127	18	81	106	27	2959	19
四川	8220	523	47	414	212	62	7961	47
贵州	2431	445	22	390	117	33	2292	22
云南	6769	763	37	647	297	72	6435	44
西藏	122	39	8	33	15	5	99	1
陕西	1101	94	12	54	77	29	1012	12

续表

地区	已建成水库		大型水库		中型水库		小型水库	
	座数/座	总库容/亿 m³	座数/座	总库容/亿 m³	座数/座	总库容/亿 m³	座数/座	总库容/亿 m³
甘肃	387	104	10	85	41	13	336	6
青海	198	317	11	309	19	5	168	3
宁夏	327	28	1	6	36	14	290	8
新疆	662	211	35	144	149	54	478	13
合计	98112	8983	744	7150	3978	1127	93390	706

表 2.7　截至 2019 年已建成水库数量、类型和库容（按水资源分区）（中华人民共和国水利部，2020）

水资源一级区	已建成水库		大型水库		中型水库		小型水库	
	座数/座	总库容/亿 m³	座数/座	总库容/亿 m³	座数/座	总库容/亿 m³	座数/座	总库容/亿 m³
松花江区	2510	604	49	509	202	66	2259	29
辽河区	1091	447	45	397	124	37	922	13
海河区	1688	339	36	273	165	48	1487	18
黄河区	3064	848	40	730	231	78	2793	40
淮河区	9437	396	60	263	291	77	9086	56
长江区	52457	3453	272	2723	1554	414	50631	316
东南诸河区	7813	606	51	457	335	92	7427	57
珠江区	16475	1480	118	1129	737	210	15620	141
西南诸河区	2622	571	32	514	153	39	2437	19
西北诸河区	955	239	41	156	186	65	728	18
合计	98112	8983	744	7150	3978	1127	93390	706

二、1 km² 以上水库空间分布

利用遥感、众源地理空间数据和文献资料等，编目了全国面积大于 1 km²（1984~2020 年期间 Landsat 卫星监测最大水淹面积）的水库位置及其空间范围，进而基于多种遥感数据产品，提取水库长期调节的卫星观测最大水域面积。

全国面积大于 1 km² 的水库共 5156 个，总面积达 39697.1 km²。空间分布上，东西方向以横断山脉为界，南北方向以秦岭—淮河一线为界，整体分布以黑河—腾冲一线为界，由东南向西北递减，并在多处呈现空间聚集现象（图 2.5）。高程分布上，从高海拔到低海拔均有分布；气候梯度上，不仅在湿润多雨的南方和东部沿海地区有众多水库分布，即使干旱少雨的荒漠地区也有水库分布；水库集聚热点地区主要包括四川盆地、洞庭湖与鄱阳湖的两湖流域、汉江及淮河上中游、云贵川交界、山东半岛等。据统计，其中面积大于 100 km² 的水库有 45 个，总面积为 10238.78 km²，占 1 km² 以上水库总面积的 25.79%；面积在 10~100 km² 的水库有 644 个，这部分水库面积占比最大，达 43.32%。面积在 1~10 km² 的水库有 4467 个，总面积为 12261.97 km²。水域面积在前十位的水库分别是丹江口水库、三峡水库、新安江水库、尼尔基水库、龙羊峡水库、丰满水库、新丰江水库、龙滩水库、水丰水库、柘林水库。

　　全国不同流域水库分布差异较大（表 2.8），其中以长江流域水库数量最多、面积最大，其次为珠江流域。淮河流域水库众多，但大多是中小型水库。东南诸河流域的水库虽然在数量上高于黄河流域，但是面积却不及黄河流域。松花江流域和西北诸河流域较为特殊，这一地区的水库由于地势平坦，大多面积较大，在各流域中水库平均面积最大。长江流域和珠江流域水库在面积和数量上排名均居前三。松花江流域水库面积主要由大于 $10~km^2$ 的水库贡献，西北诸河流域也呈现类似的特征。西南地区也在近年修建了大量大型水库，主要分布于澜沧江、元江等上游地区，例如糯扎渡和小湾水库。黄河流域的水库虽然在数量、面积上并不占明显优势，但是调控能力是所有流域中最大的，也有研究显示近年来由于水库调控、节约用水和植树造林等措施的科学合理安排，黄河输沙量急剧减少、径流增大，黄河干流也从 20 世纪 90 年代末的断流逐渐恢复过来。

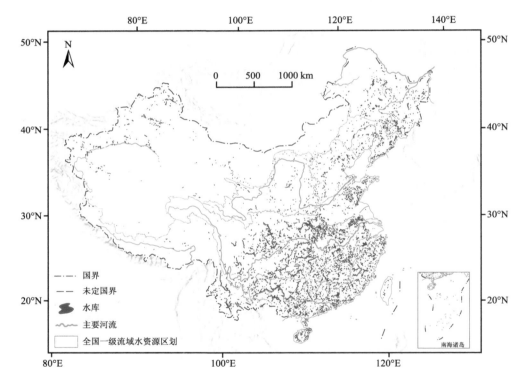

图 2.5　全国面积大于 $1~km^2$ 的水库空间分布

表 2.8　全国面积大于 $1~km^2$ 的水库分布统计

	水库分类	数量/个	面积/km²
	$1\sim10~km^2$	4467	12 261.97
按面积	$10\sim100~km^2$	644	17 196.31
	$100\sim1000~km^2$	45	10 238.78

水库分类		数量/个	面积/km²
按水资源区划	松花江流域区	438	4671.85
	辽河流域区	231	2486.67
	海河流域区	218	1747.69
	黄河流域区	278	2287.19
	淮河流域区	468	2799.16
	长江流域区	1745	13 118.02
	东南诸河流域区	325	2115.54
	珠江流域区	931	5963.89
	西南诸河流域区	139	1246.91
	西北诸河流域区	383	3260.14

第三节　中国大中型湖库水量时空分布

一、10 km² 以上自然湖泊水量空间分布特征

湖泊水量是表示湖泊蓄水能力大小的一个重要指标。为对全国湖泊总水量以及不同区域水量分布进行评估分析，基于搜集到的全国不同地区、不同大小等级的共 310 个湖泊的水下地形或平均水深实测数据及对应的面积信息，分湖区（不同地形地貌特征）分别构建湖泊水量-面积经验模型，对 2020 年全国 10 km² 以上自然湖泊中的 625 个进行了水量估算，其中有水下地形信息的近 70 个大型湖泊的水量采用实测地形估算。

湖泊水量空间分布结果显示（图 2.6），上述被调查的 625 个 10 km² 以上湖泊总水量共计 10409.71（±1561.46）亿 m³。其中，水量大于 100 亿 m³ 的湖泊共有 19 个，占中国湖泊总水量的 59.55%（6199.45（±929.92）亿 m³）；水量在 50 亿~100 亿 m³ 的湖泊有 19 个，湖泊水量共计 1351.88（±202.78）亿 m³（占 12.99%）；水量在 10 亿~50 亿 m³ 的湖泊有 81 个，湖泊水量共计 1833.09（±274.96）亿 m³（占 17.61%）；水量在 5 亿~10 亿 m³ 的湖泊有 67 个，湖泊水量共计 457.94（±68.69）亿 m³（占 4.40%）；水量在 1 亿~5 亿 m³ 的湖泊有 188 个，湖泊水量共计 439.28（±65.89）亿 m³（占 4.22%）；水量小于 1 亿 m³ 的湖泊最多，一共有 251 个，但累计湖泊水量仅有 128.07（±19.21）亿 m³（占 1.23%）。

依据不同面积分级结果（表 2.9）分析发现，虽然大于 2000 km² 的特大型湖泊仅有 6 个，但其水量累计占中国湖泊总水量的 29.23%（3042.98（±456.45）亿 m³）；面积在 1000~2000 km²、500~1000 km²、100~500 km² 以及 10~100 km² 的湖泊水量分别为 1049.59（±157.44）亿 m³（占 10.08%）、1690.93（±47.52）亿 m³（占 16.25%）、3633.29（±544.99）亿 m³（占 34.90%）、992.92（±148.94）亿 m³（占 9.54%）。统计发现，中国湖泊水量主要集中于少数的大型湖泊，比如面积 100 km² 以上的 138 个大型湖泊水量共计 9416.79（±1412.52）亿 m³，约占中国湖泊总水量的 90.46%，其余 487 个小型湖泊仅占 9.54%。另外，由于湖泊成因以及湖盆周边地形差异，位于不同地区的湖泊水深、水量存在显著

差异。例如，东部平原地区面积 100 km² 以上湖泊平均水量仅为 10.31 亿 m³；相对而言，青藏高原湖泊平均水深较深，水量贡献也较大，面积 100 km² 以上的湖泊平均水量达到 88.12 亿 m³，是东部平原地区的 8.5 倍。

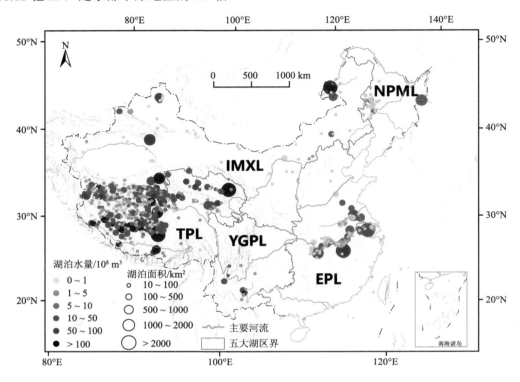

图 2.6　2020 年全国 10 km² 以上湖泊水量空间分布

　　从不同湖区的湖泊水量分布来看（图 2.6，表 2.9），蒙新高原湖区湖泊水量共计 825.42（±123.81）亿 m³，约占中国湖泊总水量的 7.93%；其中，水量超过 100 亿 m³ 的只有阿亚克库木湖（320.79（±48.12）亿 m³）和呼伦湖（100.69（±15.10）亿 m³），两个湖泊水量之和超过蒙新高原湖区湖泊总水量的一半。

表 2.9　2020 年全国 10 km² 以上湖泊数量、水量分湖区统计

湖区	依据面积分级的湖泊数量/个；湖泊水量/10⁸ m³					数量合计/个	水量合计/10⁸m³
	>2000 km²	1000~2000 km²	500~1000 km²	100~500 km²	10~100 km²		
蒙新高原	1;100.69	2;377.69	3;116.31	7;183.04	61;47.69	74	825.42
东北平原与山区	0;0	1;6.2	0;0	2;11	37;12.42	40	29.62
东部平原	2;99.72	2;54.88	2;16.15	20;97.40	73;48.66	99	316.81
云贵高原	0;0	0;0	0;0	3;235.73	9;35.60	12	271.13
青藏高原	3;2842.57	2;610.82	10;1558.47	78;3106.13	307;848.54	400	8966.53
数量合计/个	6	7	15	110	487	625	
水量合计/10⁸m³	3042.98	1049.59	1690.93	3633.29	992.92		10409.71

东北平原与山区湖区面积大于 10 km² 湖泊的累计水量仅为 29.62（±4.44）亿 m³（占中国湖泊总水量的 0.28%）。从空间分布来看，该湖区湖泊水量分布并不均衡，虽然湖泊水量最大的兴凯湖位于中俄边境处，但其余湖泊主要集中分布于黑龙江、吉林以及内蒙古西部等地势较平坦地区。

东部平原湖区湖泊主要指分布于长江及淮河中下游、黄河及海河下游和大运河沿岸等地区的大小湖泊。东部平原湖区湖泊众多，我国淡水湖泊蓄水量主要集中于该地区。统计分析发现，该湖区面积大于 10 km² 的湖泊水量为 316.81（±47.52）亿 m³，占中国湖泊总水量的 3.04%。需要指出的是，鄱阳湖和洞庭湖是两大长江主干通江湖泊，但其水量变化存在显著的季节性差异；因此，分别估算了 2020 年全年 12 个月份的水量，平均后作为其湖泊水量。湖泊水量主要集中于少数几个大型湖泊，其中五大淡水湖水量为 164.44（±24.67）亿 m³，约占东部平原湖区湖泊总水量的 52%。虽然该湖区湖泊数量较多，但由于湖泊平均水深较浅，对中国湖泊总水量的贡献不高。

云贵高原湖区湖泊数量不多，面积大于 10 km² 以上的湖泊只有 12 个，并且由于区域湖泊大多是构造湖，面积普遍较小，只有 3 个湖泊面积大于 100 km²（<500 km²）；但该湖区湖泊平均水深大，湖泊水量较为丰富，累计水量达到 271.13（±40.67）亿 m³，是中国另一个淡水湖泊水量集中的地区。其中，抚仙湖是该湖区水量最大的湖泊，水量达到该湖区总水量的 64.73%。

青藏高原湖区主要包括青海和西藏的大部分湖泊，是我国湖泊分布最为密集的湖群之一，同时也是地球上平均海拔最高、数量最多的高原湖泊群。该湖区面积大于 10 km² 以上的湖泊共有 400 个（约占湖泊总数的 64%）；区域湖泊水量普遍较大，湖区累计湖泊水量为 8966.53（±1344.98）亿 m³，占中国湖泊总水量的 86.14%。其中，水量大于 100 亿 m³ 的青藏高原湖泊共计 16 个（占总数的 84.21%）；此外，中国湖泊水量排在前五的湖泊（纳木错、青海湖、色林错、当惹雍错以及赤布张错）都位于该湖区，仅这 5 个湖泊的水量之和就超过其他湖区所有湖泊水量总和。但该湖区湖泊大多是咸水湖，可利用的淡水资源较少。

二、10 km² 以上自然湖泊水量变化

基于美国国家冰雪数据中心 NSIDC（https://nsidc.org/data/icesat）提供的 ICESat 激光测高卫星 GLAH14 Release 34 数据及其后继卫星 ICESat-2 的 ATL13 数据（https://nsidc.org/data/atl13/versions/5），利用 HydroLAKES 数据集提供的湖泊范围进行水体掩模，剔除每个观测日水位测量小于 5 个脚点以及水位标准差大于 0.30 m 的湖泊，然后再利用归一化中值绝对偏差（normalized median absolute deviation）方法剔除每个观测日的测高异常数据，最后把湖面上剩余脚点的平均值作为观测日的水位值。

首先考虑到终端湖和过水湖在相同时段水位变化速率差异可能造成的估算偏差，利用稳健拟合方法，基于 2003~2020 年的湖泊时序水位，获得水位变化速率；然后利用拟合误差，推断湖泊水位变化速率的不确定性。按流域划分典型区域，对同一流域中 ICESat 两代卫星联合观测空白的湖泊，使用历年平均面积加权的平均水位变化速率。

过去近 20 年，中国湖泊水位与水量变化的空间分布极不均匀（图 2.7）。青藏高原是全国水位上升最快的区域。青藏高原是地球的"第三极"和"亚洲水塔"，共拥有 1600 多个湖泊，其中中国拥有 1196 个，面积约 $5×10^4$ km²，总水量占中国湖泊水量的 70%，淡水水量约占中国湖泊淡水总量的 46%。除青藏高原湖泊外，剔除季节性波动的因素，其他地区湖泊水位变化幅度较小。在监测期间，大型通江湖泊鄱阳湖水位以（–0.01±0.02）m/a 的速率呈现年际波动，其季节性水量变幅超过自身最大水储量的 50%。与之相反，蒙新高原湖区呼伦湖水位在 2003~2020 年内先下降后增加，研究时段内（2003~2020 年）总体变化速率约为（0.10±0.01）m/a。

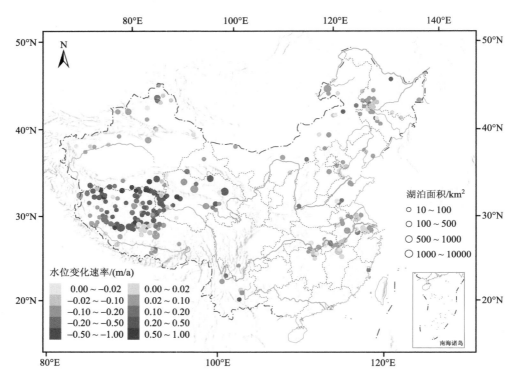

图 2.7　全国湖泊 2003~2020 年水位变化空间分异

青藏高原湖泊平均水位变化速率为（0.17±0.02）m/a，其中变化明显（水位变化速率的绝对值超过 0.02 m/a）的湖泊约有 91% 呈上升趋势，平均变化速率为（0.21±0.02）m/a，剩余的湖泊水位以（–0.08±0.02）m/a 的速率呈下降趋势（图 2.8）。作为青藏高原扩张最快的大湖，色林错（2318 km²）水位在 2003~2020 年以（0.32±0.01）m/a 的变化速率上升。按湖泊分类来统计，终端湖和过水湖在观测期间的水位变化速率分别为（0.26±0.02）m/a 和（0.08±0.02）m/a。将青藏高原内流区划分为 8 个子区域，其中可可西里区域的水位上升最快。

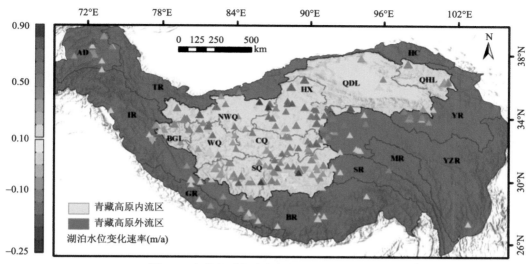

图 2.8　青藏高原湖泊水位变化速率空间分布

内流区划分为青海湖（QHL）、柴达木湖（QDL）、西部羌塘高原（WQ）、西北羌塘高原（NWQ）、班公湖（BGL）、中部羌塘高原（CQ）、南部羌塘高原（SQ）和可可西里（HX）8 个子区，图 2.9 同

在监测期间，被两代卫星联合监测到的青藏高原湖泊水储量变化为（6.82±0.55）Gt/a（图 2.9）。通过推算，青藏高原所有面积大于 1 km² 的约 1600 个湖泊（中国仅有 1196 个）的水量变化速率为（9.60±0.71）Gt/a。其中，过水湖和终端湖的水储量变化分别为（8.64±0.52）Gt/a 和（0.96±0.19）Gt/a。在气候暖湿化背景下，青藏高原地区冰川融水补给的增加和水汽聚集导致的降水增多是湖泊持续扩张的主要原因。

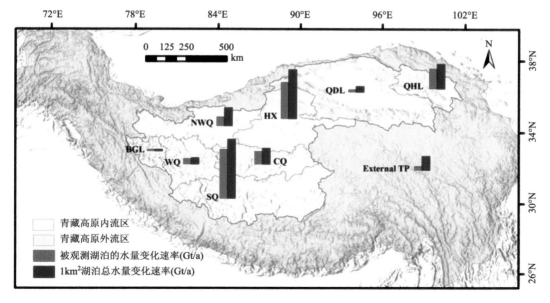

图 2.9　青藏高原湖泊水量变化速率空间分布

三、典型湖泊水量长时序变化特征

以气候变化响应敏感区青藏高原青海湖、干旱半干旱区大型湖泊呼伦湖、长江主干大型通江湖泊鄱阳湖以及东部季风区长江三角洲太湖共 4 个大型湖泊为例，分析湖泊水量在 1960~2020 年期间的变化特征与规律（图 2.10）。

1960~2020 年，青海湖水量变化主要经历了两个阶段：1960~2004 年呈现大幅持续性减少，2005~2020 年快速增长。近年湖泊水量已恢复甚至超过 1960 年左右状态。经过对长时序水量变化分析发现，青海湖水量在 2005 年、2012 年、2015 年、2017 年和 2018

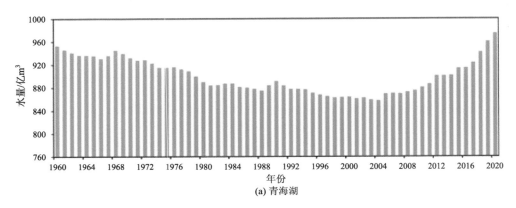

(a) 青海湖

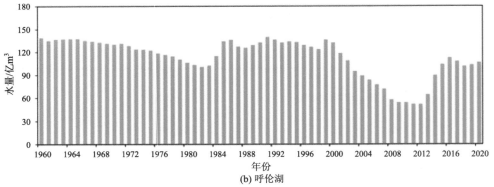

(b) 呼伦湖

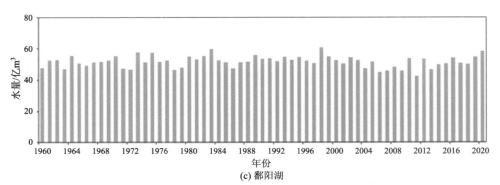

(c) 鄱阳湖

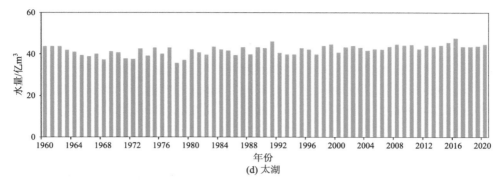

图 2.10　全国典型湖泊青海湖、呼伦湖、鄱阳湖及太湖在 1960~2020 年水量变化特征

年表现出较大幅度的增加，且与流域年降水量显著相关，而受蒸发、温度和冰川融水的影响相对较小。因此，降水增加是青海湖近年来水量上升的主要因素，而这些典型异常降水与水汽输送有关；青海湖流域部分区域总水汽呈显著增加趋势，引起了异常降水。

位于干旱半干旱地区的内蒙古高原湖区，呼伦湖的水量总体上在过去近 60 年中经历了剧烈的波动。从 1960 年到 2020 年，水量下降了 32.69 亿 m³。其中，呼伦湖水量在 1991年时达到最高，2012 年达到最低。在 1960~2020 年，呼伦湖的年际水量变化可以分为四个不同的时期：先缓慢下降，后缓慢上升，接着急剧下降，最后快速上升。其中，2012年是呼伦湖水量变化的关键转折点。呼伦湖水量在 2012 年之前急剧下降之后，在过去近十年中经历了明显恢复，但仍未能达到 20 世纪 60 年代和 90 年代的水平。研究表明，呼伦湖水量年际波动主要受降水与蒸散发等气候干湿交替的影响，但流域内的人类用水对湖泊的入湖河流水量影响也不容忽视。

东部平原地势平坦，河网交错，是我国淡水湖泊数量最多、分布最为密集的地区。众多的湖泊主要集中分布在长江、淮河干流两岸及干流与支流水系的交汇地区，其中包括我国最大的淡水湖鄱阳湖，同时面积较大的洞庭湖、太湖、巢湖也分布于该地区。受东亚夏季风的影响，东部平原湖区年降水量分布不均，6~8 月降水频繁，因此东部平原湖区内湖泊蓄水量变化具有较大的季节性波动。鄱阳湖水量变化显示出明显的季节性，在 7 月达到水量峰值，11 月至次年 2 月达到最低值。鄱阳湖南纳赣江、抚河、信江、饶河、修水 5 条主要支流的来水，北注长江，对长江洪水发挥着重要的调节作用，大大减轻了周边广大地区的防洪和排涝负担。该湖水体季节性变幅大，呈现"高水为湖，低水似河"和"洪水一片，枯水一线"的自然景观。1960~2020 年鄱阳湖年平均总水量变化相对较小，多年年均蓄水量为 51.91 亿 m³。鄱阳湖年际水量的最高值是在 1998 年，最低值在 2011 年，年平均水量的最高值和最低值的比率接近 1.42。

太湖是我国第三大淡水湖，地处长江三角洲的南岸，属于半封闭性浅水湖泊。湖水依赖地表径流和湖面降水补给，共有 160 余条入湖河流，出水口集中在湖的北部和东部。1960~2020 年太湖水量总体呈现缓慢增长的趋势，增长率为 0.07 亿 m³/a。在 1978 年，太湖年度水量最小；2016 年水量达到研究时段最大。太湖水量的年际变幅为 11.94 亿 m³，主要是由于其水体动态变化除了受到自然因素的影响，也受到人为因素的影响（如人工调水、围网养殖）。

四、10 km² 以上水库水量空间分布特征

根据多源汇编的水库库容信息,构建水库库容与水淹面积的经验统计模型,估算并评估分析全国大中型水库蓄水量状况。据统计,全国面积(近 30 年最大水淹范围)大于 10 km² 的水库共 689 个,总库容达 7547.21 亿 m³。其中,库容大于 100 亿 m³ 的超大型水库共有 15 个,其总库容占水库总库容的 37.07%;库容在 10 亿~100 亿 m³ 的水库有 120 个,占总库容的 40.81%;库容在 1 亿~10 亿 m³ 的水库共有 508 个,库容约占总体的 21.68%;库容低于 1 亿 m³ 的水库共有 46 个,库容约占统计总库容的 0.43%。按流域划分统计,水库总库容最大的流域为长江流域,其次为珠江流域,总库容分别为 2950.00 亿 m³ 与 1210.30 亿 m³。这主要是由于库容超过 50 亿 m³ 的大型水库主要分布在这两个流域(图 2.11)。全国水库库容排到前十的水库有三峡水库、丹江口水库、龙滩水库、龙羊峡水库、糯扎渡水库、新安江水库、白鹤滩水库、小湾水库、水丰水库、新丰江水库。

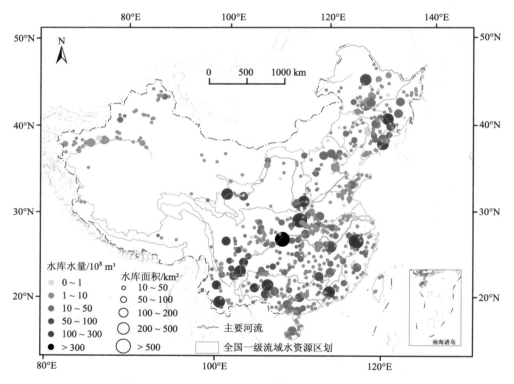

图 2.11　全国面积大于 10 km² 的水库库容空间分布

全国库容排名前十的水库主要分布于水量丰富的长江、珠江和西南诸河流域,其中 6 个建于 2000 年后。仅这 10 个水库在库容上就占了全国面积大于 10 km² 水库总库容的 29.43%。长江流域的丹江口水库,位于汉江与丹江的交汇处,是南水北调中线工程取水地,通过开挖干渠将"南水"调至北京的输水工程。工程水源地通过 2013 年的大坝加高工程,使蓄水位从原先的 157 m 升至 170 m,水库正常蓄水位相应库容由 174 亿 m³ 增

加至 272.05 亿 m³（张睿等，2019）。加高工程直接引起了水库水域面积的巨大变化，改变了丹江口水库水体季节性水域范围分布和消落带面积。

第四节　中国湖泊透明度时空格局与长期变化

透明度是反映湖泊物理、化学、生物和流域过程的综合表征指标，也是体现大尺度气候变化和土地利用的指示指标。此外，湖泊透明度也是评价湖泊富营养化的一个重要指标，在浅水湖泊中，透明度往往直接决定沉水植物生长与分布。湖泊透明度的测量方法主要是塞氏盘深度测量法。早在 1865 年，意大利海军军官 M. Cialdi 和 P. A. Secchi 教授就使用塞氏盘来测量航海中海水的透明度了。测量时，将塞氏盘水平放入待测水体中，直到其到达"可见"与"不可见"的深度临界值，该深度临界值即为测量点的塞氏盘深度（Secchi disk depth，SDD），这一参数已被广泛应用于湖泊环境的研究（Barbiero and Tuchman，2004；Fee et al.，1996；Lathrop et al.，2011，张运林等，2003）。

一、透明度时空格局

历史数据提供了湖泊透明度随时间变化的有价值的信息，为了厘清我国湖泊透明度变化情况，收集了全国五大湖区 225 个湖泊 1133 对星地同步数据，覆盖了面积范围 0.1~4000 km²、水深范围 0.5~150 m 的湖泊。基于此，构建了大尺度的透明度遥感估算模型（图 2.12）（Zhang et al.，2021），估算了 1986~2020 年全国 1 km² 以上共计 2661 个（要求 1986~2020 年所有年份湖面面积都要大于 1 km²，因此数量上比 1.2 节中湖泊数量偏少）湖泊的透明度。

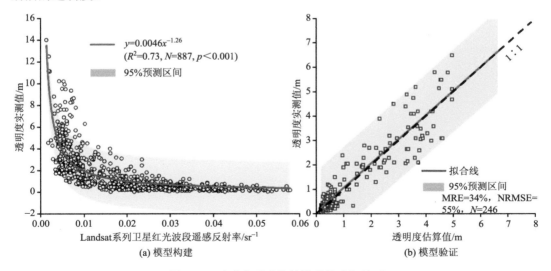

图 2.12　透明度遥感估算模型构建与验证

从空间分布（图 2.13）来看，东部湖群和东北湖群湖泊具有相对较低的透明度，透明度均值分别为（0.29±0.12）m 和（0.12±0.11）m。云贵高原湖泊和青藏高原湖泊透明度相对较高，平均透明度分别为（1.18±0.81）m 和（2.16±1.04）m，蒙新高原湖泊透明度均值则居于两者之间，平均透明度为（0.50±0.42）m，全国湖泊平均透明度为（1.07±1.14）m。

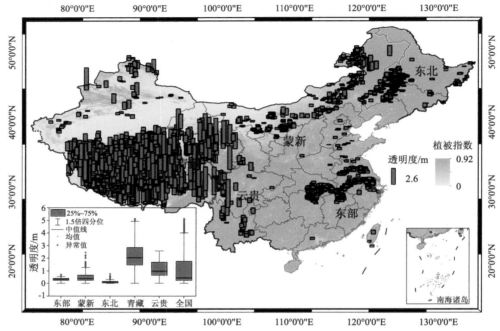

图 2.13　全国 1 km² 以上湖泊 1986~2020 年透明度均值空间分布以及全国不同湖区透明度箱式图统计情况

从全国面积大于 1 km² 的湖泊透明度在 3 个时段（1988~1998 年、1999~2009 年和 2010~2020 年）的变化来看（图 2.14），1999~2009 年、2010~2020 年时段透明度与 1988~1998 年时段拟合曲线斜率均大于 1，表明 1999~2009 年和 2010~2020 年时段透明

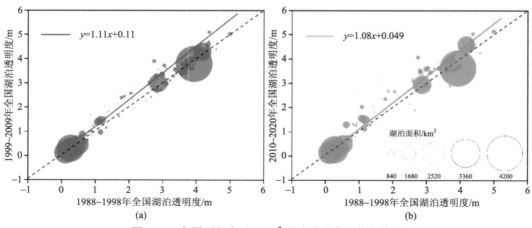

图 2.14　全国面积大于 1 km² 湖泊透明度变化气泡图

气泡大小代表湖泊面积，红色表示 1999~2009 年与 1988~1998 年湖泊透明度分布，绿色代表 2010~2020 年与 1988~1998 年湖泊透明度分布

度与早期（1988~1998 年）相比，整体上均有所提高。2010~2020 年时段透明度线性拟合斜率低于 1999~2009 年时段透明度线性拟合斜率，表明 2010~2020 年时段透明度与 1999~2009 年时段透明度相比，整体上有所降低。总的来说，全国湖泊透明度在近 3 个十年内，整体上呈现先上升、后下降的变化规律。而我国最大的湖泊青海湖的透明度在近 3 个十年内呈现逐渐下降的趋势。

二、透明度长期变化趋势及区域分异

为了厘清我国湖泊透明度的长期变化规律，根据 1986~2020 年长期变化趋势统计检验是否显著，将全国面积大于 1 km^2 湖泊的 SDD 变化趋势分为四类：显著上升（$p \leqslant 0.05$）、显著下降（$p \leqslant 0.05$）、非显著上升（$p > 0.05$）以及非显著下降（$p > 0.05$）。不同面积湖泊透明度在四个长期变化类型中湖泊个数直方图分布结果表明，无论是大湖还是小湖，透明度上升湖泊个数均大于透明度下降湖泊个数（图 2.15）。不同面积湖泊透明度变化速率直方图分布结果表明，面积在 50~100 km^2 的湖泊透明度变化更为显著（图 2.16），透明度显著上升湖泊变化速率为 0.029 m/a，透明度显著下降湖泊变化速率为 0.016 m/a。相比较而言，小湖（1~10 km^2）因为湖泊数量较多，整体变化速率相对较低，透明度显著上升湖泊变化速率为 0.017 m/a，透明度显著下降湖泊变化速率为 0.006 m/a。

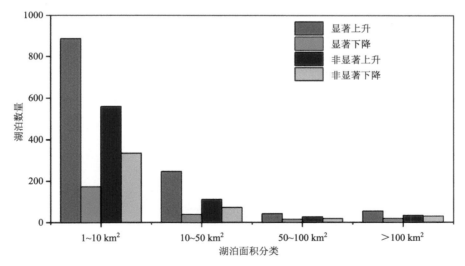

图 2.15　不同面积湖泊透明度在四个类型变化（显著上升、显著下降、非显著上升以及非显著下降）
中湖泊个数直方图分布

1986~2020 年我国湖泊透明度长期变化空间分布结果表明，湖泊透明度显著上升的湖泊主要分布在青藏高原地区，显著下降的湖泊主要分布在中国东部长江中下游、东北以及内蒙古地区。从统计上看，1952 个湖泊呈上升趋势，而 699 个湖泊呈下降趋势。在所有这些湖泊中，1230 个湖泊呈现出显著增长的趋势，243 个湖泊呈现出显著下降的趋势（图 2.17（a）、（b））。具有显著增长趋势的 1230 个湖泊的透明度增长率为 0.021 m/a，而具有显著下降趋势的 243 个湖泊的透明度下降速率为 0.0057 m/a（图 2.17（b）、（c））。

在五个湖区中，东北平原与山区湖区的大多数湖泊水环境质量明显下降（85 个湖泊呈显著下降趋势），而青藏高原湖区的大多数湖泊明显变清澈（680 个湖泊呈显著上升趋势）。青藏高原湖区的 SDD 增长率最大，为 0.031 m/a，而云贵高原湖区的 SDD 下降率最大，为 0.071 m/a（图 2.17（c））。其他区域湖泊 SDD 的变化模式和速率也可以在图 2.17 中找到。

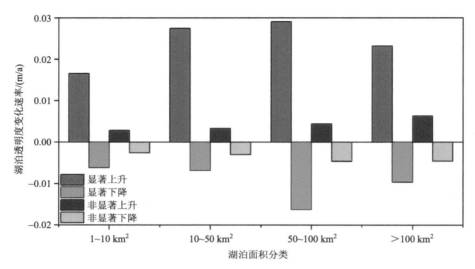

图 2.16　不同面积湖泊透明度在四个类型变化（显著上升、显著下降、非显著上升以及非显著下降）中透明度变化速率直方图分布

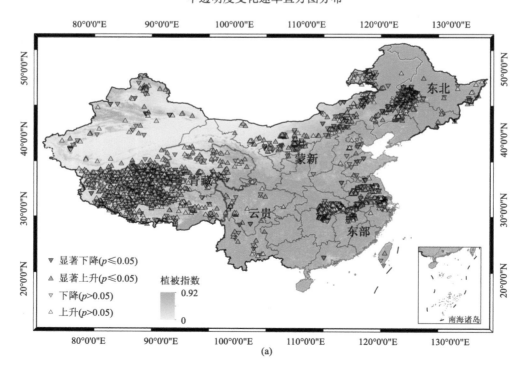

(a)

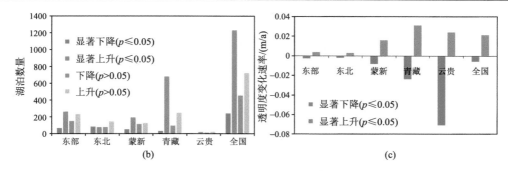

图 2.17 1986~2020 年我国五个湖区面积大于 1 km² 湖泊的透明度年变化趋势

图 2.18~图 2.23 是 1986~2020 年全国以及不同湖区湖泊归一化透明度不显著变化、显著上升以及显著下降湖泊长期变化情况。整体来看，不同湖泊透明度长期变化波动差异显著，波动范围集中在 0~2 倍均值范围内，并且在 1990 年、1995 年、2013 年全国大部分湖泊透明度出现明显的峰值（图 2.18）。从不同湖区的长期变化情况来看，青藏高原湖泊透明度整体变化比较平缓，没有出现明显的峰值或谷值；蒙新高原湖泊透明度在 1991 年、1995 年、1999 年、2013 年出现明显的峰值；东部平原湖泊透明度在 1995 年、1998 年出现明显的峰值；东北平原与山区湖泊透明度在 1995 年、2013 年出现明显的峰值。

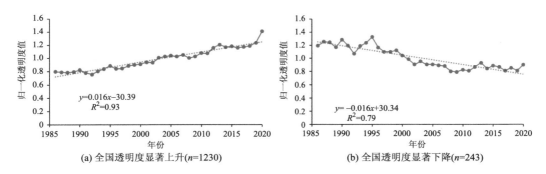

图 2.18 1986~2020 年全国湖泊透明度长期变化趋势

归一化透明度值=每年透明度/1986~2020 年透明度均值，图 2.19~图 2.23 同

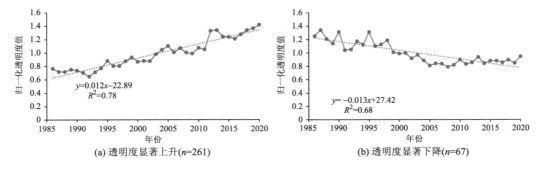

图 2.19 1986~2020 年东部平原湖区湖泊透明度长期变化趋势

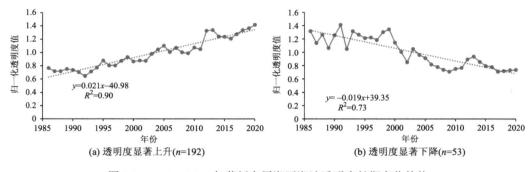

图 2.20　1986~2020 年蒙新高原湖区湖泊透明度长期变化趋势

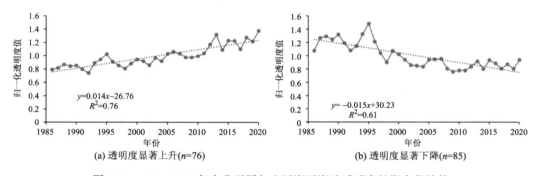

图 2.21　1986~2020 年东北平原与山区湖区湖泊透明度长期变化趋势

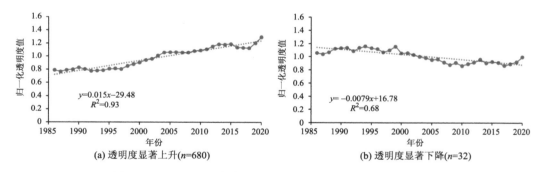

图 2.22　1986~2020 年青藏高原湖区湖泊透明度长期变化趋势

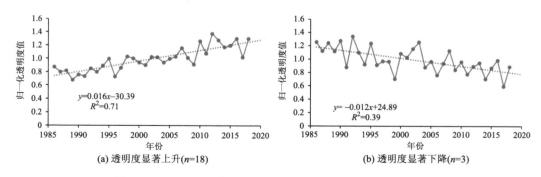

图 2.23　1986~2020 年云贵高原湖区湖泊透明度长期变化趋势

第五节　中国湖泊藻类水华分布

利用 2000~2021 年 96580 景 MODIS 数据，对全国 55 个 100 km² 以上自然湖泊藻华进行了监测研究。采用浮游藻类指数（floating algae index, FAI）实现藻华提取，并使用蓝藻与水生植被指数（cyanobacteria and macrophytes index, CMI）以及浑浊水体指数（turbid water index, TWI）在藻华提取的过程中识别并剔除高浑浊水域以及水生植被区域（Liang et al., 2017）。藻华提取精度使用原始影像目视解译验证提取结果。通过目视勾选假彩色影像中藻华暴发覆盖区域，作为人工目视解译的结果，评估算法在太湖、巢湖等多个湖泊的藻华面积提取结果，平均精度超过 80%。本章中藻华面积超过湖泊的 5%，定义为发生藻华；超过 25%，定义为显著性藻华。

一、出现藻华的湖泊分布

MODIS 监测结果显示，2000~2021 年 100 km² 以上自然湖泊出现藻类水华的共有 22 个，占所有 54 个湖泊的 40%（图 2.24）；这些湖泊主要集中在东部（14 个）和东北湖区

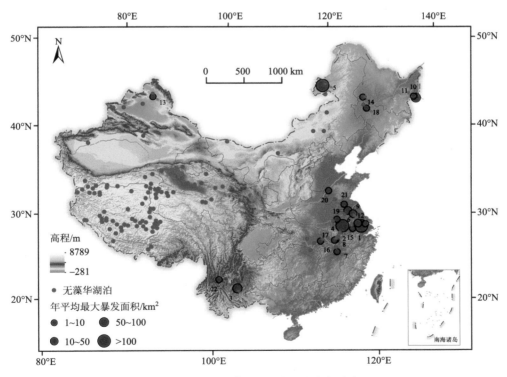

图 2.24　100 km² 以上藻华湖泊空间分布

1.江苏省：太湖；2.安徽省：巢湖；3.云南省：滇池；4.安徽省：瓦埠湖；5.内蒙古自治区：呼伦湖；6.江苏省：滆湖；7.江西省：军山湖；8.安徽省：大官湖；9.江苏省：高邮湖；10.中俄共有：兴凯湖；11.黑龙江省：小兴凯湖；12.江苏省：阳澄湖；13.新疆维吾尔自治区：吉力湖；14.黑龙江省：连环湖；15.安徽省：南漪湖；16.湖北省：斧头湖；17.安徽省：龙感湖；18.吉林省：查干湖；19.江苏省：洪泽湖；20.山东省：东平湖；21.江苏省：骆马湖；22.云南省：洱海

（4个，兴凯湖中俄共有），分别占各自湖区的53.85%和66.67%。其中，江苏省6个，占比75%；安徽省5个，占比50%；江西1个，占比50%；山东1个，占比50%；湖北1个，占比25%；吉林1个，占比50%；黑龙江3个，占比75%。另外，云南2个，占比66.67%；新疆和内蒙古各1个，占蒙新高原湖区的10.53%。从上述数据不难看出，不管是东部和东北湖区，还是云贵高原的滇池和洱海，人类活动密集区域湖泊最容易暴发藻华。

对不同湖泊2000年以来藻华暴发情况进行了统计（图2.25，具体名录见表2.10）。具体统计方法为，对藻华规模按照5%、10%和25%进行分类，只要MODIS数据观测到一次藻华面积超过湖泊面积上述比例，即认为该湖泊出现该规模藻华。2000~2021年藻华面积比例>5%的湖泊在3~11个，数量最少的年份是2015年，最多的年份是2011年，多年平均是7个；藻华面积比例>10%的湖泊在2~8个之间变化，2个是2001年，8个是2010和2011年，多年平均是5个；藻华面积比例>25%的湖泊在0~5个之间变化，2000年没有湖泊藻华面积比例超过25%，2011年出现5个，多年平均是3个，滇池、巢湖、太湖出现年份最多，瓦埠湖、呼伦湖和滆湖也出现超过3个年份。总体来说，出现藻华的湖泊逐年递增，2011年不同比例的湖泊都达到最高值；之后开始递减，2015年出现显著下降，之后又开始增加，2019年达到次高峰，至2021年仍在高位，但数量没有超过2011年。

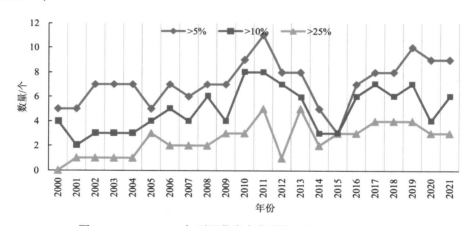

图2.25 2000~2021年不同藻类水华暴发程度的湖泊数量变化

表2.10 不同年份藻类水华暴发湖泊数量与具体名录

| 年份 | >5% | | >10% | | >25% | |
	湖泊数量/个	湖泊名称	湖泊数量/个	湖泊名称	湖泊数量/个	湖泊名称
2000	5	斧头湖、滇池、巢湖、太湖、呼伦湖	4	滇池、巢湖、太湖、呼伦湖	0	
2001	5	军山湖、滇池、大官湖、巢湖、太湖	2	滇池、巢湖	1	巢湖
2002	7	瓦埠湖、滇池、高邮湖、巢湖、东平湖、太湖、连环湖	3	滇池、巢湖、连环湖	1	滇池

续表

年份	>5%			>10%			>25%	
	湖泊数量/个	湖泊名称		湖泊数量/个	湖泊名称		湖泊数量/个	湖泊名称
2003	7	滇池、洱海、巢湖、东平湖、太湖、连环湖、呼伦湖		3	滇池、巢湖、呼伦湖		1	滇池
2004	7	阳澄湖、滇池、大官湖、高邮湖、巢湖、太湖、连环湖		3	滇池、巢湖、太湖		1	滇池
2005	5	瓦埠湖、滇池、巢湖、查干湖、太湖		4	滇池、巢湖、查干湖、太湖		3	滇池、巢湖、查干湖
2006	7	骆马湖、瓦埠湖、滇池、大官湖、巢湖、太湖、连环湖		5	骆马湖、瓦埠湖、滇池、巢湖、太湖		2	滇池、太湖
2007	6	瓦埠湖、滇池、大官湖、巢湖、小兴凯湖、太湖		4	瓦埠湖、滇池、巢湖、太湖		2	滇池、太湖
2008	7	瓦埠湖、阳澄湖、滇池、大官湖、巢湖、小兴凯湖、太湖		6	瓦埠湖、阳澄湖、滇池、巢湖、小兴凯湖、太湖		2	滇池、巢湖
2009	7	瓦埠湖、滇池、漷湖、巢湖、太湖、吉力湖、呼伦湖		4	瓦埠湖、巢湖、太湖、吉力湖		3	瓦埠湖、巢湖、吉力湖
2010	9	瓦埠湖、兴凯湖、滇池、漷湖、巢湖、小兴凯湖、太湖、吉力湖、呼伦湖		8	瓦埠湖、滇池、漷湖、巢湖、小兴凯湖、太湖、呼伦湖、吉力湖		3	滇池、小兴凯湖、吉力湖
2011	11	骆马湖、南漪湖、瓦埠湖、滇池、龙感湖、大官湖、漷湖、高邮湖、巢湖、太湖、呼伦湖		8	瓦埠湖、滇池、龙感湖、大官湖、漷湖、巢湖、太湖、呼伦湖		5	瓦埠湖、滇池、大官湖、巢湖、呼伦湖
2012	8	军山湖、瓦埠湖、滇池、巢湖、小兴凯湖、太湖、连环湖、呼伦湖		7	军山湖、滇池、小兴凯湖、巢湖、太湖、连环湖、呼伦湖		1	巢湖
2013	8	瓦埠湖、滇池、洱海、漷湖、巢湖、太湖、呼伦湖、洪泽湖		6	瓦埠湖、滇池、漷湖、巢湖、太湖、呼伦湖		5	瓦埠湖、滇池、漷湖、巢湖、呼伦湖
2014	5	瓦埠湖、滇池、巢湖、太湖、呼伦湖		3	滇池、巢湖、太湖		2	滇池、巢湖
2015	3	滇池、巢湖、太湖		3	滇池、巢湖、太湖		3	滇池、巢湖、太湖
2016	7	瓦埠湖、滇池、高邮湖、巢湖、太湖、呼伦湖、洪泽湖		6	瓦埠湖、滇池、巢湖、高邮湖、太湖、呼伦湖		3	滇池、巢湖、太湖
2017	8	南漪湖、阳澄湖、兴凯湖、滇池、高邮湖、巢湖、太湖、呼伦湖		7	南漪湖、阳澄湖、滇池、巢湖、兴凯湖、太湖、呼伦湖		4	滇池、巢湖、太湖、呼伦湖
2018	8	南漪湖、瓦埠湖、滇池、漷湖、巢湖、太湖、呼伦湖、洪泽湖		6	南漪湖、瓦埠湖、滇池、漷湖、巢湖、太湖		4	南漪湖、瓦埠湖、漷湖、巢湖
2019	10	斧头湖、瓦埠湖、阳澄湖、滇池、大官湖、漷湖、高邮湖、巢湖、太湖、呼伦湖		7	瓦埠湖、阳澄湖、滇池、漷湖、巢湖、太湖、呼伦湖		4	滇池、漷湖、巢湖、太湖
2020	9	斧头湖、阳澄湖、滇池、龙感湖、漷湖、高邮湖、巢湖、太湖、呼伦湖		4	滇池、漷湖、巢湖、太湖		3	漷湖、太湖、滇池
2021	9	南漪湖、瓦埠湖、阳澄湖、兴凯湖、龙感湖、漷湖、巢湖、太湖、呼伦湖		6	南漪湖、龙感湖、漷湖、巢湖、太湖、呼伦湖		3	漷湖、巢湖、太湖

二、藻华暴发面积变化

　　根据不同湖泊藻华面积比例和频率变化长时间序列结果（图 2.26 和图 2.27），发现太湖、巢湖、滇池是暴发最为严重的湖泊。从暴发面积比例来看，太湖平均暴发面积比

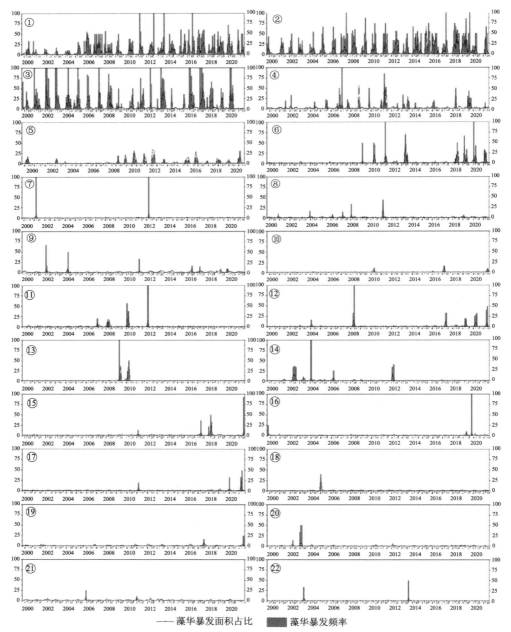

——藻华暴发面积占比　　■ 藻华暴发频率

①太湖；②巢湖；③滇池；④瓦埠湖；⑤呼伦湖；⑥滆湖；⑦军山湖；⑧大官湖；
⑨高邮湖；⑩兴凯湖；⑪小兴凯湖；⑫阳澄湖；⑬吉力湖；⑭连环湖；⑮南漪湖；
⑯斧头湖；⑰龙感湖；⑱查干湖；⑲洪泽湖；⑳东平湖；㉑骆马湖；㉒洱海

图 2.26　2000~2020 年藻华暴发面积比例与暴发频率

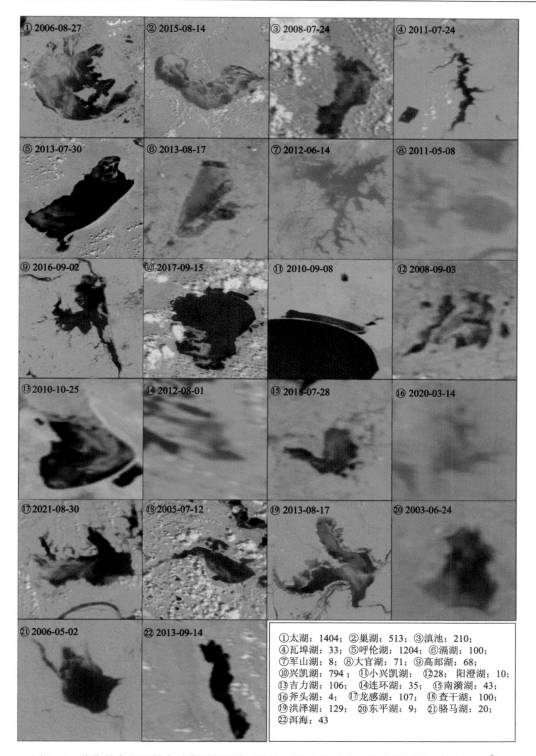

图 2.27　藻华暴发湖泊最大暴发面积影像（湖名后数字为各个湖泊藻华面积，单位：km²）

例整体上呈现上升趋势。2000~2007 年期间，太湖藻华暴发面积比例呈上升趋势，并在 2006 年达到最大暴发面积，当年 8 月 27 日的藻华暴发面积达到了 1404 km^2，超过全湖面积的 60%。2008~2014 年间太湖藻华面积出现下降，并持续稳定，但在 2015 年后再次出现上升趋势。2000 年以来，巢湖平均暴发面积比例总体呈上升态势，并在 2015 年达到最大暴发面积，当年 8 月 14 日暴发面积达到 513 km^2，占全湖面积的 70%。2015 年后，巢湖藻华面积略有波动（如 2017 年平均暴发面积低至 12.9 km^2），但整体保持高位。2000~2021 年间，滇池平均暴发面积比例呈现波动变化的特征。2000 年以来，滇池藻华面积整体处在高位，2009 年后滇池藻华面积出现下降并保持到 2013 年左右。2013~2014 年开始，滇池藻华面积再次上升。22 年间，滇池最大暴发面积发生在 2008 年 7 月 24 日，面积达 210 km^2，占全湖面积的 70%左右。瓦埠湖、呼伦湖和洈湖藻华暴发严重情况次之，其余湖泊多为零星暴发。零星暴发湖泊中，阳澄湖主要是近年连续暴发，需要格外注意。

三、藻华暴发频率变化

（一）年际变化频率

从暴发频率来看（图 2.26），太湖整体呈现上升的趋势，到 2005 年开始，太湖夏季藻华暴发频率一直保持在 50%左右，在 2011~2016 年间月暴发频率到达过 100%。太湖藻华暴发主要集中在 5~10 月份，但随着藻华暴发态势的加剧，藻华暴发的时间也向 3~4 月以及 11~12 月扩展。2000~2021 年间，巢湖藻华暴发频率整体呈上升趋势。2000~2009 年期间，藻华暴发频率由 15%上升到 32%，随后频率缓慢下降，于 2018 年开始再次上升。2000~2021 年间，巢湖藻华暴发集中月份从 5~9 月扩展到 4~11 月。2000~2021 年间，滇池藻华暴发频率呈现先下降后上升的特征。2000~2010 年间，滇池藻华暴发频率呈现下降的趋势，2010 年后，藻华暴发频率再次上升。从藻华暴发集中月份来看，滇池藻华暴发主要集中在 4~10 月份。

瓦埠湖、呼伦湖与洈湖同样存在连续多年暴发的现象，暴发时间集中在夏季的 5~9 月。其余湖泊都是夏季零星暴发，其中阳澄湖、南漪湖、龙感湖和洪泽湖等在近两年出现暴发，值得进一步关注。

（二）空间分布频率

研究设定藻华暴发像元取值为 1，未暴发像元取值为 0。通过统计时段内有效影像的藻华暴发结果基于像元取得平均值（并乘以 100%），设定该值为湖泊内每个像元在该时段的藻华暴发频率，得到该湖泊不同时间段藻华暴发频率的空间分布与变化趋势（图 2.28）。

太湖：太湖藻华暴发空间分布呈西高东低的形势。2000~2003 年期间，太湖藻华暴发集中在西北部的竺山湾与梅梁湾。2004 年以后大幅扩散至全湖范围，暴发频率也明显增高，藻华暴发形势快速恶化。随后藻华暴发分布略有减少，在 2013~2015 年期间表现好转，2016 年后藻华暴发空间分布再次扩大，但强度低于 2010 年前。

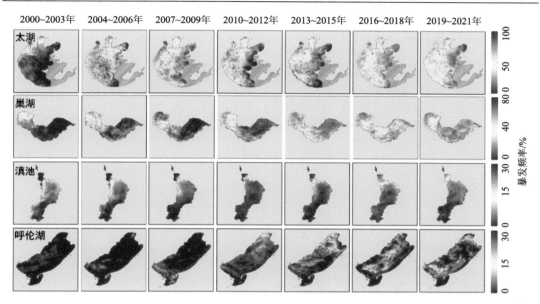

图 2.28　典型藻华暴发湖泊暴发频率空间分布

巢湖：整体上巢湖藻华暴发分布呈西高东低的特征。2000~2009 年间，巢湖藻华暴发集中在西巢湖，藻华暴发频率逐渐增加，并在 2007~2009 年达到高峰（西巢湖部分区域暴发频率超过 60%）。2010 年后，西部湖区暴发频率略有下降，藻华暴发向中部与东部湖区扩散，并在这些区域呈逐年增高的趋势。

滇池：滇池藻华暴发具有显著的北高南低的特征。2000~2012 年间，滇池北部区域藻华暴发频率一直保持在高位，但中部湖区与南部湖区暴发频率呈减少趋势。至 2010~2012 年间，滇池中部湖区与南部湖区大部分区域暴发频率低于 20%。2013 年后，中南部湖区藻华暴发频率出现上升，但北部湖区藻华暴发频率呈下降趋势。

呼伦湖：呼伦湖藻华暴发主要集中在湖中心。2000~2009 年间，呼伦湖藻华暴发频率较低，大部分区域低于 10%。2010~2012 年间，呼伦湖中部藻华暴发频率出现明显上升，覆盖范围扩展到全湖。随后呼伦湖藻华暴发频率进一步升高，至 2019~2021 年间，部分区域藻华暴发频率超过 30%。

四、藻华暴发时间变化

研究设定藻华面积占湖泊面积 5% 以上的为藻华暴发。最初暴发时间为当年前 3 次藻华暴发的平均年积日，最后暴发日期为最后 3 次暴发的平均年积日。暴发次数不足 6 次时，当年第一次藻华暴发日期确定为最初暴发时间，最后一次藻华暴发日期确定为最后暴发日期。持续暴发时间为当年最后暴发时间与最初暴发时间的差值。当年暴发次数只有 1 次时，藻华暴发当日的年积日为最初暴发时间，持续暴发时间设定为 1。基于以上定义，研究展示了全国与典型藻华暴发湖泊的最初暴发时间与暴发持续时间的变化趋势（图 2.29，图 2.30）。

（一）年最初暴发时间

从全国的角度来看（图 2.29），2008 年前，全国藻华暴发湖泊平均最初暴发时间呈现提前的趋势（$y = -4.6068x + 9423.7116$，$p = 0.0613$），2008 年后，全国藻华暴发湖泊平均最初暴发时间呈现推后的趋势（$y = 1.2803x - 2389.398$，$p = 0.3988$）。

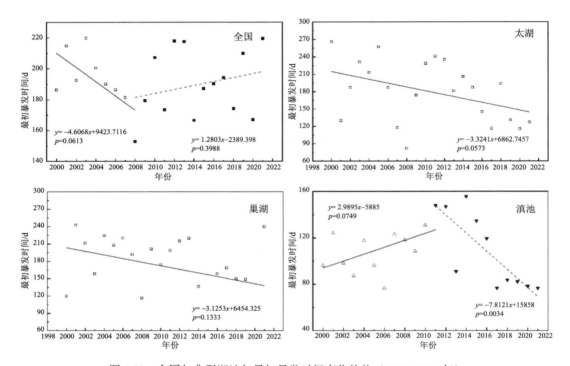

图 2.29　全国与典型湖泊年最初暴发时间变化趋势（2000~2021 年）

典型湖泊如太湖（$y = -3.3241x + 6862.7457$，$p = 0.0573$）、巢湖（$y = -3.1253x + 6454.325$，$p = 0.1333$）最初暴发时间均呈提前趋势。滇池最初暴发时间呈先推迟（$y = 2.9895x - 5885$，$p = 0.0749$）、提前（$y = -7.8121x + 15858$，$p = 0.0034$）的趋势。

（二）年持续时间

从全国的角度来看（图 2.30），2008 年前，平均暴发持续时间呈上升趋势（$y = 3.554x - 7037.4792$，$p = 0.3318$）。2008 年后，平均暴发持续时间呈上升趋势（$y = 2.6256x - 5209.579$，$p = 0.2084$），但趋势并不明显。

典型湖泊中，太湖、巢湖暴发持续时间均呈显著增加的趋势（太湖：$y = 4.3926x - 8696.6996$，$p = 0.0167$，巢湖：$y = 4.7415x - 9408.32$，$p = 0.0291$）。滇池暴发持续时间呈先减少（$y = -7.6818x + 293.46$，$p = 0.008$）、后增加（$y = 7.7636x + 199.87$，$p = 0.004$）的趋势。

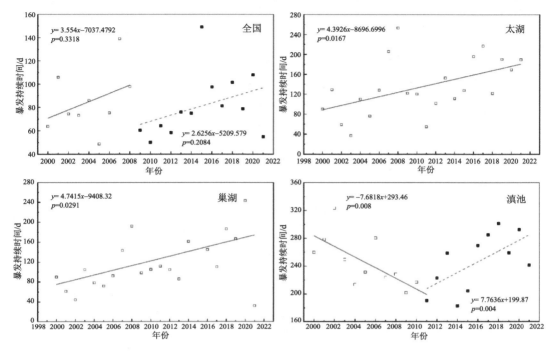

图 2.30　全国与典型湖泊年暴发持续时间变化趋势（2000~2021 年）

第六节　中国湖泊水生植被时空变化

一、湖泊水生植被空间分布

基于 2010 年、2015 年和 2019 年 Landsat 系列影像数据（空间分辨率：30m），利用决策树分类方法，对全国面积大于 $50km^2$ 的 236 个湖泊水生植被进行监测，分别获取 2010 年、2015 年和 2019 年中国湖泊（$>50km^2$）的水生植被分布面积及其占比。具体监测方法为：基于归一化植被指数（$NDVI = R_{NIR}-R_{RED}$）/（$R_{NIR}+R_{RED}$），R_{NIR} 和 R_{RED} 分别为影像近红外波段和红波段的反射率）提取水上植被（挺水植被、浮叶植被和漂浮植被）分布区；利用沉水植被敏感指数（$SVSI=TC_1-TC_2$；TC_1 和 TC_2 分别为影像穗帽变换后的亮度和绿度分量）提取水下植被分布区；汇总水上和水下植被分布区获取整个湖泊的水生植被覆盖面积和占比；最后，利用全国湖泊调查、项目研究野外调查、文献资料记录和目视检查判别等方法，评价各湖泊水生植被分布及其面积提取精度，平均精度大于 80%。根据遥感监测结果，236 个湖泊中，水生植被分布面积占比小于 1% 的湖泊共有 172 个，大多是深水湖或咸水湖，水生植被大多零散分布在岸边。面积占比大于 1% 的湖泊共有 64 个，其中，东部平原湖区数量最多，为 41 个，蒙新高原湖区 7 个，东北平原与山区湖区 8 个，青藏高原湖区 4 个，云贵高原湖区 4 个（表 2.11）。

表 2.11　中国 50 km^2 以上湖泊水生植被覆盖面积占比

湖泊名称	湖泊分区	经度/°E	纬度/°N	湖泊面积/km^2	水生植被覆盖面积占比/%
滆湖	EPL	119.81	31.6	139.03	11
太湖	EPL	120.19	31.2	2444.75	18
团泊洼	EPL	117.1	38.91	51.56	18
淀山湖	EPL	120.96	31.12	59.18	21
城东湖	EPL	116.36	32.3	110.32	22
高邮湖	EPL	119.29	32.85	639.17	22
洪泽湖	EPL	118.59	33.31	1663.31	28
菜子湖	EPL	117.07	30.8	168.5	31
邵伯湖	EPL	119.43	32.62	103.47	32
龙感湖	EPL	116.15	29.95	280.29	32
瓦埠湖	EPL	116.89	32.4	162.14	32
赛湖	EPL	115.85	29.69	51.93	32
女山湖	EPL	118.08	32.95	107.32	33
石臼湖	EPL	118.88	31.47	214.31	34
阳澄湖	EPL	120.77	31.43	118.05	36
黄湖	EPL	116.38	30.02	287.01	36
南漪湖	EPL	118.96	31.11	197.84	36
骆马湖	EPL	118.19	34.11	290.94	37
泊湖	EPL	116.44	30.17	176.67	37
东平湖	EPL	116.2	35.98	143.35	41
梁子湖	EPL	114.51	30.23	349.76	43
珠湖	EPL	116.67	29.14	66.78	43
长荡湖	EPL	119.55	31.62	83.73	45
黄盖湖	EPL	113.55	29.7	77.05	45
大通湖	EPL	112.51	29.21	83.22	46
升金湖	EPL	117.07	30.38	95.89	48
洪湖	EPL	113.34	29.86	336.65	51
鄱阳湖	EPL	116.28	29.11	3192	52
大冶湖	EPL	115.1	30.1	73.6	58
高塘湖	EPL	117.17	32.63	57.07	60
长湖	EPL	112.4	30.44	143.56	62
赤湖	EPL	115.69	29.78	58.69	65
斧头湖	EPL	114.23	30.02	141.22	67
军山湖	EPL	116.34	28.53	177.31	72
白马湖	EPL	119.14	33.27	55.04	73
武昌湖	EPL	116.69	30.28	112.02	74
西梁湖	EPL	114.08	29.95	95.66	82
洞庭湖	EPL	112.74	29.07	2607.46	83
香涧湖	EPL	117.67	33.14	58.9	83

续表

湖泊名称	湖泊分区	经度/°E	纬度/°N	湖泊面积/km^2	水生植被覆盖面积占比/%
城西湖	EPL	116.2	32.33	95.22	89
南四湖	EPL	116.96	34.87	1106.45	93
呼伦湖	IMXL	117.4	48.94	2203.68	2
达里诺尔	IMXL	116.64	43.29	224.8	3
乌伦古湖	IMXL	87.29	47.26	858.9	6
吉力湖	IMXL	87.44	46.92	182.7	6
岱海	IMXL	112.68	40.57	86.83	12
博斯腾湖	IMXL	87.04	41.97	1004.33	16
乌梁素海	IMXL	108.85	40.96	306.57	92
兴凯湖	NPML	132.29	45.13	1242.63	2
查干湖	NPML	124.26	45.27	328.83	5
月亮泡	NPML	123.91	45.71	111.34	6
大龙虎泡	NPML	124.22	46.42	126.65	12
连环湖	NPML	124.11	46.6	335.96	23
库里泡	NPML	124.82	45.5	77.32	34
青肯泡	NPML	125.51	46.36	95.66	49
镜泊湖	NPML	128.92	43.89	95.76	54
鄂陵湖	TPL	97.7	34.9	628.47	5
扎陵湖	TPL	97.26	34.93	523.89	5
错鄂	TPL	88.72	31.58	271.62	12
扎日南木错	TPL	85.61	30.93	990.26	12
滇池	YGPL	102.69	24.82	300.38	9
程海	YGPL	100.66	26.55	75.34	14
抚仙湖	YGPL	102.89	24.52	214.54	16
洱海	YGPL	100.18	25.82	248.44	26

水生植被覆盖面积占比为 1%~20%的湖泊有 20 个,东部平原湖区 3 个,蒙新高原湖区 6 个,东北平原与山区湖区 4 个,青藏高原湖区 4 个,云贵高原湖区 3 个。由于蒙新高原湖区和青藏高原湖区的湖泊普遍水深较深,仅在近岸较浅的区域有水生植被分布,水生植被面积占比小于 20%的湖泊大多分布在该区;东部平原湖区除了滆湖、太湖和团泊洼水生植被面积占比小于 20%外,其他湖泊的水生植被面积占比均大于 20%。水生植被面积占比 20%~60%的湖泊有 32 个,多数分布在东部平原湖区和东北平原与山区湖区,其中东部平原湖区 27 个,占总数的 84%;东北平原与山区湖区 4 个,云贵高原湖区 1 个(洱海)。水生植被面积占比大于 60%的湖泊有 12 个,其中 11 个湖泊分布在东部平原湖区,另有 1 个在蒙新高原湖区(乌梁素海)(图 2.31,图 2.32)。

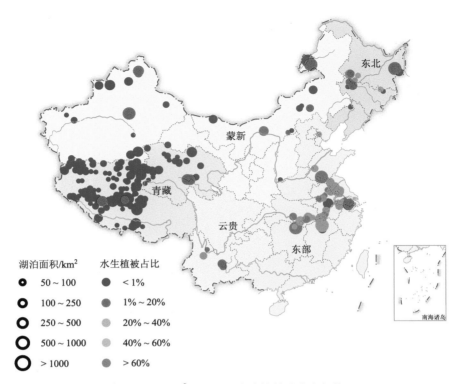

图 2.31　50 km² 以上湖泊水生植被分布空间格局

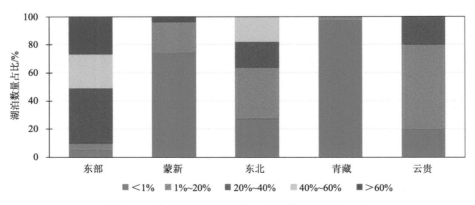

图 2.32　水生植被不同覆盖度湖泊数量分湖区占比

从各湖区有水生植被分布的湖泊数量和占比看,东部平原湖区分布水生植被的湖泊数量最多,且是水生植被覆盖度最高的湖区;其次为东北平原与山区湖区;而蒙新高原湖区、青藏高原湖区和云贵高原湖区由于多为深水湖、咸水湖,且受气候环境等因素影响,有水生植被覆盖且盖度较高的湖泊较少。

二、湖泊水生植被变化特征

以 2010 年为起始年，分析了大于 50 km² 有水生植被分布（面积占比大于 1%）的 64 个湖泊近十年的水生植被面积变化特征。结果发现，2010~2019 年期间，湖泊水生植被面积总体呈现减少趋势。从变化定量分析结果看，约 10 个（15.6%）湖泊的水生植被覆盖面积相对稳定不变，约 22 个（34.4%）湖泊的水生植被面积呈现显著增加趋势，约 32 个（50%）湖泊的水生植被面积呈现显著减少趋势。其中，在东部平原湖区和蒙新高原湖区的水生植被面积总体变化不明显，两个湖区水生植被面积显著增加的湖泊数量分别为 19 个和 3 个，显著减少的湖泊数量分别为 18 个和 3 个，其他湖泊变化不显著；在蒙新高原湖区，水生植被面积显著增加的湖泊有 3 个，显著减少的湖泊有 3 个；东北平原与山区湖区、青藏高原湖区和云贵高原湖区的水生植被覆盖面积总体均呈现减少趋势（图 2.33，图 2.34）。

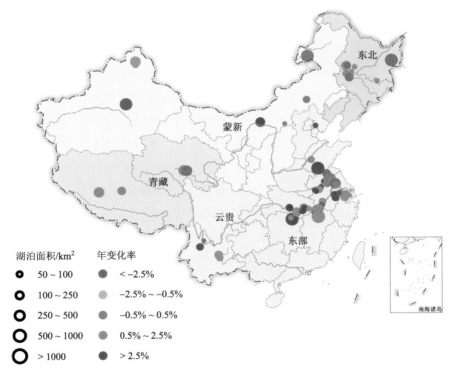

图 2.33　全国研究湖泊分布及其水生植被覆盖面积年变化率图（2010~2019 年）

以每 5 年为一个阶段，对前五年（2010~2014 年）和后五年（2015~2019 年）各湖区水生植被覆盖面积变化进行了统计（图 2.35）。总体上，后五年水生植被面积变化比前五年更剧烈，前后两期分别有 25% 和 45% 的湖泊水生植被面积呈现显著减少趋势，有 43% 和 40% 的湖泊水生植被面积呈现显著减少趋势，其他湖泊水生植被面积变化不显著。

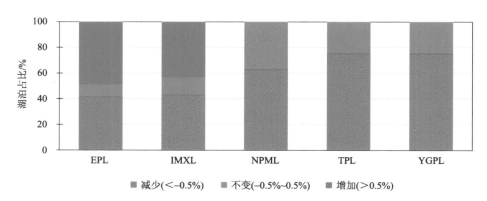

图 2.34　2010~2019 年各湖区水生植被覆盖面积变化统计图（仅统计水生植被面积占比大于 1% 的湖泊）

EPL：东部平原湖区；IMXL：蒙新高原湖区；NPML：东北平原与山区湖区；TPL：青藏高原湖区；YGPL：云贵高原湖区，
下同

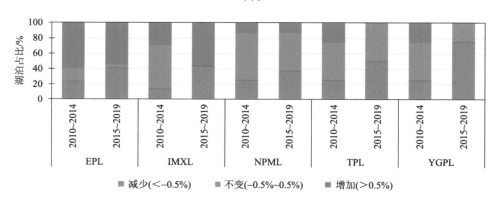

图 2.35　前五年（2010~2014 年）和后五年（2015~2019 年）不同湖区水生植被变化类型湖泊占比（仅
统计有水生植被湖泊）

东部平原湖区，水生植被变化越来越剧烈，前一期约有 18% 的湖泊水生植被变化不显著，而后一期仅有 5% 的湖泊水生植被变化不显著，两期水生植被面积均呈显著增加趋势，分别有 59% 和 54% 的湖泊水生植被呈增加趋势，分别有 23% 和 41% 的湖泊水生植被呈减少趋势。蒙新高原湖区，后五年比前五年水生植被变化更剧烈，总体上面积显著增加的湖泊数量大于显著减少的湖泊数量，两者均呈现为增加的趋势，两期分别有 28% 和 57% 的湖泊水生植被呈增加趋势，分别有 14% 和 42% 的湖泊水生植被呈减少趋势。东北平原与山区湖区，前后两期均有 13% 的湖泊水生植被呈增加趋势，分别有 25% 和 38% 的湖泊水生植被呈减少趋势，后一期水生植被减少的湖泊数量增加。青藏高原湖区，前一期有 25% 的湖泊水生植被呈增加趋势，后一期无增加；分别有 25% 和 50% 的湖泊水生植被呈减少趋势，前一期湖泊变化趋势不明显，但后一期水生植被减少的湖泊数量增加。云贵高原湖区，前一期有 25% 的湖泊水生植被呈增加趋势，后一期无增加；分别有 25% 和 75% 的湖泊水生植被呈减少趋势，前一期湖泊变化趋势不明显，后一期湖泊水生植被变化剧烈，且为减少趋势。

三、代表性湖区水生植被时空变化特征

东部平原湖区是所有湖区中人类活动最剧烈的区域，也是有水生植被分布（占比>1%）湖泊数量最多（约占 64%）、水生植被覆盖度最高、水生植被变化最剧烈的湖区。以该湖区作为典型湖区，重点分析了其水生植被的时空变化（图 2.36）。

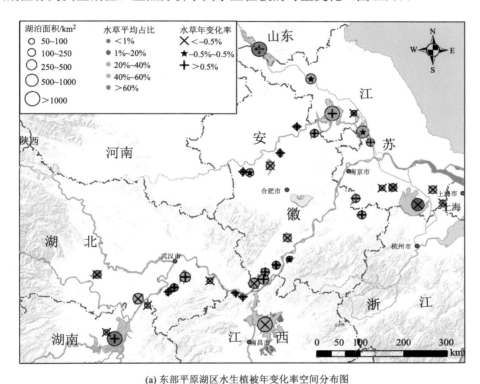

(a) 东部平原湖区水生植被年变化率空间分布图

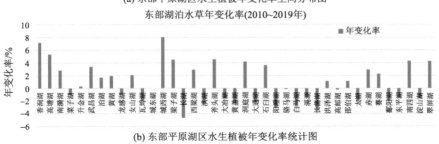

(b) 东部平原湖区水生植被年变化率统计图

图 2.36　东部平原湖区湖泊水生植被变化特征（2010~2019 年）

水生植被空间分布特征显示，东部平原湖区内的长江中游流域湖泊水生植被分布茂盛，大多数湖泊水生植被面积占比大于 40%；而在太湖流域（江苏省南部），除长荡湖水生植被面积占比大于 40%，其余湖泊水生植被面积占比均小于 40%，尤其是太湖和滆

湖水生植被面积占比均低于 20%；在黄河及淮河流域（山东省南部、安徽省北部和江苏省北部），除微山湖水生植被面积占比高于 60%外，其余湖泊水生植被分布面积占比在 20%~40%。

水生植被覆盖面积变化显示，东部湖区有水生植被分布的 41 个湖泊中，近十年，水生植被变化剧烈，仅有 4 个湖泊水生植被面积变化不显著。在整个湖区，水生植被总体变化趋势不明显，显著增加和显著减少的湖泊数量各占一半。

空间区域的变化显示，在长江中游区域，除了洞庭湖、梁子湖、斧头湖、黄湖以及一些面积在 50~100km^2 的湖泊水生植被面积呈现增加趋势，其他湖泊如鄱阳湖、洪湖等湖泊水生植被变化均呈减少趋势；在太湖流域（江苏省南部），水生植被面积总体呈现减少趋势；在黄河及淮河流域（山东省南部、安徽省北部和江苏省北部），大多数湖泊的水生植被呈现增加趋势，如南四湖、洪泽湖、邵伯湖和女山湖等，仅白马湖和瓦埠湖的水生植被呈减少趋势。

第七节　本章小结

2020 年，中国共有 1 km^2 以上自然湖泊 2670 个，分布在 28 个省（自治区、直辖市），西藏自治区、内蒙古自治区和青海省是拥有湖泊数量最多的 3 个省份，分别拥有 931 个、276 个、265 个湖泊；10 km^2 以上湖泊总水量达到 10410 亿 m^3，其中青藏高原湖区湖泊水量较大，占中国湖泊总水量的 86.14%。五大湖区中，青藏高原湖区湖泊数量和面积最多，共 1196 个，合计面积 46118 km^2。

2005~2010 年的全国第二次湖泊调查表明，我国有 1 km^2 以上的自然湖泊 2693 个，合计面积 81414.56 km^2；过去 15 年间，中国自然湖泊总体减少 23 个。20 世纪 60~80 年代的第一次调查表明，我国 1 km^2 以上的自然湖泊 2759 个，合计面积 91019.63 km^2；近 40 年来，中国自然湖泊减少 89 个，减少的湖泊主要分布在蒙新高原和东部平原两个湖区。

随着我国社会经济的快速发展，湖泊生态环境发生了很大变化。过去 30 多年来，全国湖泊水体的透明度整体呈现上升趋势，但不同湖区存在明显的空间差异；近 20 年来，全国绝大部分湖泊透明度都呈现上升趋势，反映湖泊变清、水质持续改善。但受全球气候变暖影响，我国湖泊蓝藻水华过去 20 年来呈现增加趋势，且持续时间加长。全国湖泊的水生植被分布相对较少且有减少趋势，遥感监测的 236 个 50 km^2 以上湖泊中有 172 个湖泊水生植被分布不到其面积的 1%。由此可见，过去 20 年湖泊水质在逐步改善，但湖泊生态系统仍呈现退化态势，良性生态系统恢复仍需较长时间。

在长期开发利用湖泊资源的过程中，由于忽视对湖泊的有效保护和管理，湖泊不断消亡，面积持续萎缩，资源被过度利用，功能也大大削弱，不同程度上制约了区域社会经济的可持续发展。十八大以来，在习近平总书记"山水林田湖草沙"生命共同体生态文明思想的指引下，我国湖泊环境保护力度持续增强，已逐步遏制住了湖泊生态环境下滑的不利局面，但要使得湖泊环境恢复到历史良好状态，仍需持续加强生态文明建设。

致谢：美国 NASA、欧洲 ESA 提供 Landsat、MODIS、ICESat 等卫星遥感数据；中国科学院南京地理与湖泊研究所科学数据中心、国家地球系统科学数据中心湖泊-流域分中心提供中国自然湖泊历史及其流域边界数据；付丛生、李云良等提供呼伦湖、鄱阳湖等历史水位数据；袁俊、李一民、杨辰在处理卫星数据、核实数据结果准确性等方面付出了辛勤劳动，在此一并致谢。

参 考 文 献

马荣华, 杨桂山, 段洪涛, 等. 2011. 中国湖泊的数量、面积与空间分布. 中国科学: 地球科学, 41(3): 394-401.

王苏民, 窦鸿身. 1998. 中国湖泊志. 北京: 科学出版社.

张睿, 张利升, 饶光辉. 2019. 丹江口水利枢纽综合调度研究. 人民长江, 50(9): 214-220.

张运林, 秦伯强, 陈伟民, 等. 2003. 太湖水体透明度的分析、变化及相关分析. 海洋湖沼通报, (2): 30-36.

中国科学院南京地理与湖泊研究所. 2015. 湖泊调查技术规程. 北京: 科学出版社.

中华人民共和国水利部. 2021. 中国水利统计年鉴 2020. 北京: 中国水利水电出版社.

Barbiero R P, Tuchman M L. 2004. Long-term dreissenid impacts on water clarity in Lake Erie. Journal of Great Lakes Research, 30(4): 557-565.

Chao B F, Wu Y H, Li Y S. 2008. Impact of artificial reservoir water impoundment on global sea level. Science, 320(5873): 212-214.

Fee E J, Hecky R E, Kasian S E M, et al. 1996. Effects of lake size, water clarity, and climatic variability on mixing depths in Canadian Shield Lakes. Limnology and Oceanography, 41: 912-920.

Hou X, Feng L, Tang J, et al. 2020. Anthropogenic transformation of Yangtze Plain freshwater lakes: patterns, drivers and impacts. Remote Sensing of Environment, 248: 111998.

Lathrop R C, Carpenter S R, Rudstam L G. 2011. Water clarity in Lake Mendota since 1900: Responses to differing levels of nutrients and herbivory. Canadian Journal of Fisheries and Aquatic Sciences, 53(10): 2250-2261.

Liang Q C, Zhang Y C, Ma R H, et al. 2017. A MODIS-Based novel method to distinguish surface cyanobacterial scums and aquatic macrophytes in Lake Taihu. Remote Sensing, 9: 133.

Liu Y, Chen H, Zhang G, et al. 2019. The advanced South Asian monsoon onset accelerates lake expansion over the Tibetan Plateau. Science Bulletin, 64(20): 1486-1489.

Song C, Huang B, Richards K, et al. 2014. Accelerated lake expansion on the Tibetan Plateau in the 2000s: Induced by glacial melting or other processes? Water Resources Research, 50(4): 3170-3186.

Wang J, Sheng Y, Tong T S D. 2014. Monitoring decadal lake dynamics across the Yangtze Basin downstream of Three Gorges Dam. Remote Sensing of Environment, 152: 251-269.

Wei K, Ouyang C, Duan H, et al. 2020. Reflections on the catastrophic 2020 Yangtze river basin Flooding in Southern China. The Innovation, 1(2): 100038.

World Commission on Dams. 2000. Dams and development: A new framework for decision-making. London: Earthscan.

Zhang G, Luo W, Chen W, et al. 2019. A robust but variable lake expansion on the Tibetan Plateau. Science Bulletin, 64(18): 1306-1309.

Zhang Y B, Zhang Y L, Shi K, et al. 2021. Remote sensing estimation of water clarity for various lakes in China. Water Research, 192: 116844.

第三章　太　　湖

　　太湖是我国第三大淡水湖，流域以河湖冲积平原和丘陵地貌为主，湖泊广布、河网交错，是"江南水乡"生态文明的发源地。同时，太湖流域位于我国经济发展热点地区长江三角洲核心区域，湖泊生态服务的需求大、负担重，是湖泊生态环境保护与社会发展矛盾最为突出的地区之一，水环境和水生态的安全保护一直是社会发展的主题。20世纪80年代以来，流域经济的持续高速发展，城市化程度和人口密度不断加大，太湖外源污染负荷不断加重，蓝藻水华问题凸显，成为国家水环境治理战略中具有标志性的水体"三河三湖"（淮河、海河、辽河，太湖、巢湖、滇池）之一。尽管太湖流域水环境治理和水生态保护的步伐一直没有停止，特别是2007年无锡饮用水危机事件之后，流域外源污染以及湖体内源污染控制均得到大力推进；但太湖生态系统依然未达到健康状态，蓝藻水华尚未得到根本遏制，营养盐负荷削减程度仍未达到根治水华的质变阶段，成为区域可持续发展和生态文明建设的制约因素。

　　党的十八大以来，习近平总书记于2016年、2018年和2020年三次主持召开重要会议，聚焦长江经济带发展，强调"使长江经济带成为我国生态优先绿色发展主战场、畅通国内国际双循环主动脉、引领经济高质量发展主力军。"太湖作为服务于长江三角洲区域一体化发展的重要支撑，其治理与保护责无旁贷地成为我国生态文明建设的排头兵。本章根据江苏太湖湖泊生态系统国家野外科学观测研究站（以下简称"太湖站"）生态环境监测数据，结合太湖站历史研究资料及成果，系统分析了太湖生态系统当前状况及存在问题，为开展长江中下游湖泊生态环境治理、维持区域绿色发展和推进生态文明建设提供科学依据。

第一节　太湖及其流域概况

一、位置与形态

　　太湖流域位于东经119°08′~121°55′，北纬30°05′~32°08′，北依长江，南濒杭州湾，东临东海，西以茅山、天目山为界，流域总面积36 895 km²，行政区划分属江苏、浙江、安徽和上海。太湖地处长江三角洲的南缘，兼具蓄洪、灌溉、航运和旅游等多方面功能，更是流域重要的城市水源地，担负着上海、无锡、苏州和湖州等市（县）超过2000万人口的饮用水供给。

　　太湖的湖泊面积（含岛屿）2427.8 km²，其中水域面积2338.1 km²，平均水深1.9 m，最大水深（年均）不超过3 m，是一个典型的大型浅水湖泊。湖岛和暗礁很多，集中分布于洞庭西山周围及北部沿岸地带，西太湖只有平台山和大、小雷山。太湖的湖岸线全长393.2 km，由山地和太湖大堤组成，大堤设定的警戒水位为3.8 m。环湖城市化率高，分布有苏州、无锡、常州、宜兴、长兴和湖州等大中型城市。同时，太湖是一个多种生态类型并存的湖泊。太湖的北部是典型的藻型生态系统；西部及西南部湖面开敞，浪大水浑，岸线多由坚固的环湖大堤保护，岸边带受风浪淘蚀，有零星芦苇荡分布；而东部湖区湖湾众多，浪小水浅，发育了大面积的水草，包括大量的沉水植物、浮叶植物和挺水植物，岸边的芦苇荡也较宽，部分湖区面临沼泽化威胁。

二、地质地貌

太湖流域整体地形呈周边高、中间低的碟状，大致以丹阳—溧阳—宜兴—湖州—杭州为界分成山地丘陵与平原两种地貌。西部山丘区属于天目山及茅山山系的一部分，山岭海拔在 200~300 m。苏州、无锡一带受断裂及花岗岩侵入影响形成的孤立岛状丘陵，如苏州灵岩山、穹窿山等，塑造出自然湖光山色景观，是流域发展旅游业的重要资源。流域北、东和南部周边受长江口和杭州湾泥沙堆积影响，地势相对略高；中间为平原河网和以太湖为中心的洼地，形成发达的河湖网状水系及浅缓湖盆。

关于太湖的成因，主要有构造、河流淤塞、潟湖等几种观点。中国科学院南京地理研究所 1960 年调查和综合分析认为，太湖是内陆断陷基础上的海湾，受第四纪海侵影响，由长江和钱塘江南北两大复式沙嘴成钳状相对伸展环抱，逐渐封闭形成大面积浅水潟湖型的湖泊（中国科学院南京地理研究所，1965）。今天太湖的轮廓则是河网淤积、风浪作用以及人类活动复合作用的结果。

三、气候气象

太湖流域主要受东南季风影响，四季分明、无霜期长、雨水丰沛。据太湖沿岸常州、无锡和苏州三市 1960~2020 年气象资料统计，流域全年日照时数 1614.8~2389.4 h，其中冬季占 12%~28%、春季占 18%~33%、夏季占 20%~39%、秋季占 19%~32%。据湖区各气象站 1957~2020 年同步资料，太湖湖区年平均气温为 15.0~17.8℃，极端最高气温为 35.8~40.9℃，极端最低气温为–12.5~–3.3℃。对比 2007~2020 年太湖水温逐月变化，2007 年和 2020 年的水温均处于较高水平。需要特别注意的是，入冬以后 12 月至次年 3 月温度偏高的现象，2007 年之外，2020 年水温在 1~3 月显著高于往年。

太湖流域夏季主要受热带海洋气团影响盛行东南风，温度较高，水分较多；冬季受北方高压气团控制而盛行偏北风，温度较低，水分较少。春季是冬夏季风交替的时期，地面冷高压逐渐为热低压所代替，锋面和气旋活动频繁，形成太湖流域春末夏初的梅雨期。同时受地形的影响，气旋通过湖面，风速和风向常有很大变化（中国科学院南京地理研究所，1965），造成太湖风场和流场空间异质性较强。据东山气象站 1960~2020 年的资料统计，太湖流域年平均风速 2.4~4.2 m/s，其中 8 级以上大风日为 0~9 d；年降水量介于 680~1561 mm，平均值为 1140 mm，集中在每年的 6~8 月，其中，2020 年 7 月降水量为近年最高，但冬季的 12 月降水量又显著低于其他年份。

四、水文水系

太湖流域河网纵横,水系发达。据 1960 年调查,当时太湖出入湖河港多达 315 条(包括 63 条死水河港)(中国科学院南京地理研究所,1965)。环太湖大堤建成之后,出入湖河道减少到 200 余条,其中,江苏、浙江两省水利部门进行环太湖巡测的较大河道有 143 条(孙顺才和黄漪平,1993)。现今环太湖共 230 条出入河流(江苏省 171 个,浙江省 59 个),环湖共设 130 个测流断面、10 个巡测段及基准站以及 13 个流量单站(季海萍等,2019;李琼芳等,2022)。主要入湖水系包括:① 发源于天目山的苕溪水系,经由湖州小梅口、长兜港、大钱港及长兴的合溪、夹浦等入湖;② 发源于茅山及苏、浙、皖交界山区的南溪水系(也有称荆溪水系),经由宜兴、武进等地的河港入湖;③ 发源于茅山以东、滨江高地以南、锡澄运河以西的洮、滆、运河地区来水。西部山区河流来水汇入太湖后,经太湖调蓄从东部流出。主要出湖水系为运河水系和黄浦江水系。望虞河北接长江,南连太湖,为流域内重要引水河道和泄洪通道,枯水期可直接引长江水入湖,缓解地区用水矛盾并改善太湖水质。东南太浦河不仅是太湖出水泄洪通道,也是上海市水源地黄浦江上游的主要供水通道。近年来,西北的新孟河引水工程和北部的新沟河引水工程也已打通,来自西北的江水通过滆湖进入太湖,可增加湖水流场的调控能力。

太湖出入湖河道数量虽然很多,但流量一般不大,许多河道还频繁发生往复流。据无锡梁溪河蠡桥的资料,水情偏丰的 1983 年倒灌天数占全年的 28%,水情偏平的 1964 年倒灌天数占全年的 56%,水情偏枯的 1979 年,倒灌天数占全年的 55%(孙顺才和黄漪平,1993)。湖西湖滨带的宜兴大浦河网区顺流流态(水流由河网区东入太湖,包括滞留流态)约占全年的 80%~90%,逆流流态(太湖倒灌至河网)约占 10%~20%(庄巍和逄勇,2006)。太湖上游武澄锡虞区在枯水年 2013 年和平水年 2012 年表现为从太湖引水,入湖量分别为 –8.13 亿 m^3 和 –7.55 亿 m^3,但丰水年 2016 年表现为向太湖排水,入湖量为 1.81 亿 m^3(蔡梅等,2020)。此外,自 2002 年启动的"引江济太"工程将长江水通过望虞河引入太湖,加上正在建设的新孟河引水工程,形成太湖"二引三排"的循环系统,显著影响了太湖的水循环格局(朱伟等,2021)。

水利部太湖流域管理局对 1986~2017 年太湖出入湖水量变化的分析表明,太湖多年环湖入湖水量 91.15 亿 m^3,江苏部分占 68%;平均出湖总量 94.68 亿 m^3,太浦河的占比达到 32%。1998 年后太湖入湖水量发生了突增,较之前的入湖水量增加 29.66 亿 m^3,主要是在江苏部分增加了 24.81 亿 m^3,其中,望虞河入湖增加 6.37 亿 m^3,而浙江部分入湖减少 1.52 亿 m^3。入湖水量增加导致太湖年均水位上涨了 0.15 m,年最低水位上涨了 0.22 m,有效增加了太湖的水资源量(季海萍等,2019);同时也使得太湖水体交换周期缩短,2007~2018 年的换水周期平均值为 184 d,相比 1986~2006 年的平均值 210 d 缩短了 26 d(朱伟等,2021)。

五、社会经济与土地利用

太湖流域工业基础雄厚、商品经济发达,拥有现代化江海港口群和机场群,高速公路网健全，公铁交通干线密度全国领先，立体综合交通网络基本形成，水陆交通方便，是我国经济最发达的地区之一。根据 2020 年度《太湖流域及东南诸河水资源公报》，2020年太湖流域总人口 6755 万人，占全国总人口的 4.8%；地区生产总值 99 978 亿元，占全国 GDP 的 9.8%；人均 GDP 14.8 万元，为全国人均 GDP 的 2.1 倍。同时，太湖流域是中国城镇化程度较高的地区之一，也是我国沿海主要对外开放地区。除有特大城市上海外，还有苏州、无锡、常州、镇江、嘉兴、湖州等国务院批复的长三角中心城市。因此，处于长三角核心位置的太湖流域成为长江三角洲的发展"引擎"，肩负着落实新发展理念、率先打造改革开放新高地的重大使命。

回溯历史，太湖流域自古以来就有"鱼米之乡"的美誉。水、光、热资源充足，地势平坦，农业生产条件良好，常年粮食产量达 1150 万~1200 万 t（高产年份可达 1300 万~1400 万 t），也是全国蚕茧、淡水鱼、毛竹、湖羊、生猪、毛兔、茶叶、油菜籽和食用菌等多种农产品的著名产地。近年来，经济效益好的茶果园发展迅速，溧阳、宜兴的茶叶，无锡的水蜜桃，湖州的茶叶、竹笋等都发展迅猛，而水稻等传统农作物的种植面积大大减小。由图 3.1 可以看到，2000 年以来人口的快速增加以及城市化扩张，导致了太湖流域的土地利用类型发生了明显变化。最为明显的就是耕地面积的减少和建设用地的增加，其中，耕地面积从 2000 年的 2.26 万 km^2 下降到 2010 年的 1.99 万 km^2，2020 年则下降到 1.62 万 km^2，20 年耕地面积减少了 6359 km^2，占比下降了 17.23%。与之相对应的是建设用地的增加，其中，2000 年、2010 年和 2020 年面积分别为 0.44 万 km^2、0.68 万 km^2 和 0.96 万 km^2，20 年建筑用地面积增加 5248 km^2，占比增加 14.22%，增幅超过 100%。城镇用地的增加势必增加流域面源污染强度，加快暴雨产流过程，在同样雨强的情况下即会加大流域洪水强度，增加磷、氮等营养盐面源污染的产生及输移入湖量，提高了太湖富营养化治理的难度。2020 年耕地和建设用地是太湖流域最主要的土地利用类型（分别占比 44.4% 和 26.2%），其次为水体（占比 15.6%）。值得欣慰的是，2007年无锡市水危机事件发生之后，各级政府开展了积极的流域污染治理，同时在农业农村部发布的《长江十年禁渔计划》等文件精神指导下，流域内生态湿地建设、退圩还湖、退渔还湖等工作全面开展，水体面积和湿地面积近 10 年有所增加。

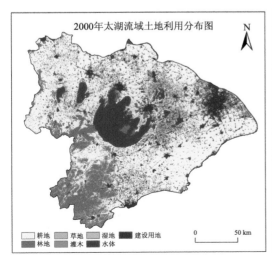

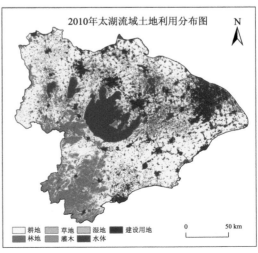

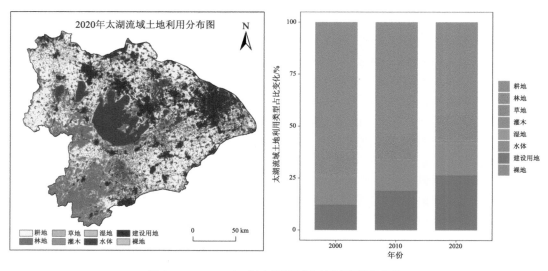

图 3.1　2000~2020 年太湖流域土地利用类型变化

第二节　太湖水环境现状及演变过程

太湖站自 1992 年起正式对太湖水体开展逐月水生态监测,最初是以梅梁湾梁溪河口至太湖湖心为断面的 9 个逐月监测点位(图 3.2 中 THL00~THL08),监测指标包括透明度(SD)、水温(WT)、水深(WD)、悬浮颗粒物(SS)、电导率(EC)等物理指标,pH、高锰酸盐指数(COD_{Mn})、氨氮(NH_3-N)、硝态氮(NO_3-N)、亚硝态氮(NO_2-N)、总氮(TN)、磷酸根(PO_4-P)、总磷(TP)、硅酸盐(SiO_3)、碱度(Alk)、叶绿素 a(Chl-a)、脱镁叶绿素(Pa)、钾离子(K^+)、钠离子(Na^+)、钙离子(Ca^{2+})、镁离子(Mg^{2+})、氯离子(Cl^-)、硫酸根离子(SO_4^{2-})等水化学指标,以及浮游植物和浮游动物群落结构等生物指标。1998 年后在上述 9 个逐月监测点位的基础上,增加了五里湖、宜兴大浦河口、湖州小梅河口、苏州东太湖的太浦河口及贡湖湾的望虞河口 5 个点位进行季度监测(图 3.2 中 THL00~THL13,分别在每年的 2 月、5 月、8 月和 11 月完成,相应代表冬、春、夏和秋四季),水质指标增加了溶解性总氮(DTN)、溶解性总磷(DTP)、溶解氧(DO)及氟离子(F^-),并从 2004 年起开始逐季度监测底栖生物群落结构。至 2005 年监测点位在去掉 THL02 的基础上,增加了 19 个点位,按照不同湖区、不同断面进行布设,形成了 32 个定位点观测方案(图 3.2)。其中,北太湖的 14 个点位每月观测 1 次,其他 18 个点位为每季度 1 次,监测指标又增加了水下光照强度、水色(WC)、溶解性有机碳(DOC)和 5 日生化需氧量(BOD_5)等,并增加了浮游植物初级生产力(PP)、浮游细菌总数(逐季度)、水生植物群落结构(每年 2 次)等生物指标,以及表层底泥总氮(TN_s)、总磷(TP_s)、有机质(OM)和粒度分布(PSD)等底泥属性指标(每年 1 次)。各个指标的具体观测方案见文献(秦伯强和胡春华,2010)。

太湖是一个多种生态类型并存的湖泊,不同湖区间环境特征存在一定差异。为了更加准确和全面地反映各个区域在水质水环境方面的特征，太湖站在采样点设置和数据分析过程中，在北部藻型湖区、西部及西南湖心区和东部水草区的基础之上，细分为相对固定的 9 个湖区开展对比分析。具体包括北部自西向东的竺山湾（THL16、THL17）、梅梁湾（THL00、THL01、THL03~THL06、THL32）、蠡湖（THL09、THL15）和贡湖湾（THL13、THL14、THL31），西部湖区（THL10、THL20），湖心区（THL07、THL08、THL18、THL19、THL21），南部湖区（THL11、THL22、THL23），以及东部的渔洋湾（THL29、THL30）、胥口湾（THL26~THL28）和东太湖（THL12、THL24、THL25）。

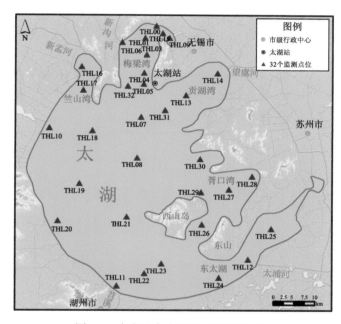

图 3.2　太湖站在太湖设置的监测点位

一、水位及水量

太湖流域水利工程十分发达，因此太湖水位的变化既受降雨量等气候因子的影响，又受水利工程调控的影响。1960~2018 年太湖水位总体呈上升趋势，最高水位 5.08 m，出现于 1999 年，最低值出现在 1978 年。2003 年"引江济太"进入长效运行阶段，水位的波动性明显变小（盛昱凤等，2021）。而 2013 年 10 月国家防汛抗旱总指挥部批复太湖防总《关于太湖警戒水位调整意见的请示》，又将太湖警戒水位由原 3.50 m 调整至 3.80 m，对 2012 年之后的水位产生了影响。

太湖站每日 3 次的水位观测数据表明，2004~2020 年太湖日均水位在 2.63~4.79 m 波动（吴淞高程基准，下同），月均最高水位出现在 7 月，最低水位一般在 1 月或 2 月。年均水位最高的是 2016 年，为 3.52 m；最低的为 2004 年的 3.02 m（图 3.3（a））。

据太湖水位-水量关系曲线换算而得太湖的水量日变化曲线如图 3.3（b）所示。

2004~2020 年太湖日均水量在 3.08×10^9~8.22×10^9 m³ 波动。水量多年月均值 7 月最大，为 5.35×10^9 m³，最小值出现在 1 月和 2 月，均为 4.14×10^9 m³。年均水量最高的是 2016 年，达到了 5.28×10^9 m³，2004 年的年均水量最低，约为 4.04×10^9 m³。

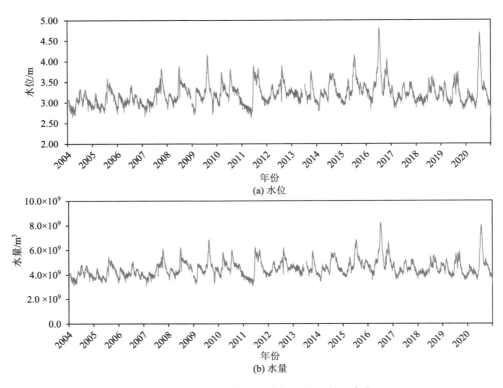

图 3.3　2004~2020 年太湖水位和水量的日变化

二、透明度

2005~2020 年太湖月监测的全湖平均透明度在 0.18~0.64 m 波动（图 3.4），最高值出现在 2010 年 11 月，最低值出现在 2009 年 11 月。2005~2020 年太湖春、夏、秋、冬四季的平均透明度分别为 0.33 m、0.40 m、0.43 m 和 0.35 m。空间上太湖各湖区透明度差异较为显著，从高到低依次为：东太湖（0.55 m）>胥口湾（0.54 m）>竺山湾（0.46 m）>梅梁湾（0.38 m）>贡湖湾（0.35 m）>湖心区（0.26 m）>西部湖区（0.24 m）=南部湖区（0.24 m）。值得注意的是，2005~2020 年梅梁湾和竺山湾的透明度呈增高趋势，年度高峰基本都出现在冬季（2 月）；而胥口湾和东太湖的透明度则呈显著下降趋势，年度高峰常出现在夏季（8 月）。

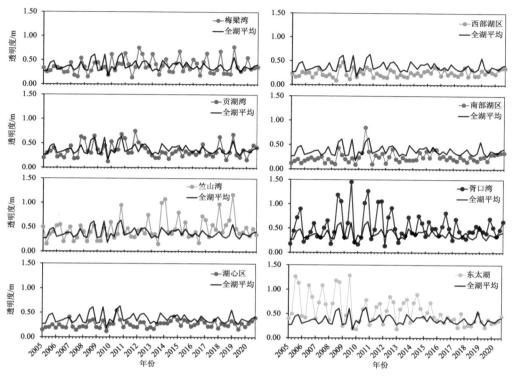

图 3.4 2005~2020 年太湖各湖区透明度变化

这一现象与两个区域不同的生态类型及季节风向有关。东太湖和胥口湾季节性出现的沉水植物是其夏季透明度高的主要原因，冬季水草衰亡，对风浪扰动引起底泥悬浮的抑制作用减弱，使得水体变浑浊，透明度降低。而梅梁湾和竺山湾则为藻型湖区，夏季水体藻类生物量高，水体透明度变差。另一方面在季风作用下，太湖流域夏季盛行东南风，冬季盛行西北风。因风区长度不同，夏季位于西北湖区的梅梁湾、竺山湾水动力扰动强度大于东南湖区，冬季则东南湖区的扰动强度较大，导致前者在夏季水体更浑浊，透明度更低，后者则冬季透明度较低。

三、溶解氧（DO）

2005~2020 年太湖水下 0.5 m 处的平均溶解氧在 4.07~12.12 mg/L 之间波动（图 3.5），最高值出现在 2008 年 2 月，最低值出现在 2020 年 8 月。太湖的溶解氧存在明显季节差异，冬季较高，夏季较低，温度不同引起水体溶解氧饱和度不同及微生物耗氧分解的活性不同是其中 2 个最重要的因素。2005~2020 年太湖春、夏、秋、冬四个季节的平均溶解氧分别为 8.11 mg/L、6.95 mg/L、8.74 mg/L 和 10.90 mg/L。空间分布上，太湖各湖区溶解氧差异较为显著。2005~2020 年太湖各湖区溶解氧从高到低依次为：胥口湾（8.93 mg/L）>贡湖湾（8.89 mg/L）>湖心区（8.87 mg/L）>南部湖区（8.84 mg/L）>东太湖（8.82 mg/L）>梅梁湾（8.78 mg/L）>西部湖区（8.40 mg/L）>竺山湾（7.85 mg/L）。其中，竺山湾的溶解氧显著低于其他湖区，与其接受河道入湖有机质的量级及蓝藻水华空间聚集都有关系。

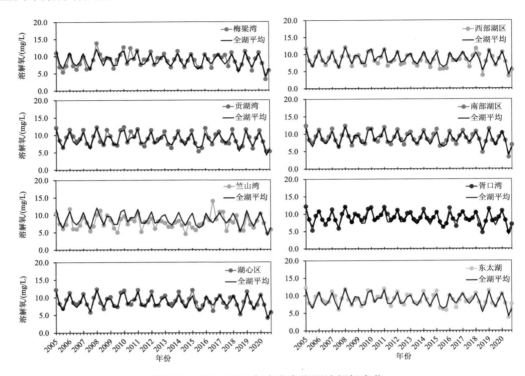

图3.5　2005~2020年太湖各湖区溶解氧变化

四、pH

时间序列上，2005~2020年太湖月平均pH在7.79~9.03之间波动（图3.6）。季节上，全湖平均pH夏季最高，冬季最低。2005~2020年太湖春、夏、秋、冬四季的平均pH分别为8.18、8.37、8.17、8.08。空间上太湖各湖区pH的差异较小。2005~2020年太湖各湖区pH多年均值从高到低依次为：贡湖湾（8.27）＞胥口湾（8.23）＞湖心区（8.22）＞南部湖区（8.20）＝西部湖区（8.20）＞梅梁湾（8.19）＝东太湖（8.19）＞竺山湾（8.11）。

五、高锰酸盐指数（CODₘₙ）

2005~2020年太湖平均高锰酸盐指数在3.54~6.77 mg/L之间波动（图3.7），最高值出现在2008年5月，最低值出现在2020年2月。2005~2020年太湖春、夏、秋、冬四季的高锰酸盐指数分别为4.78 mg/L、5.04 mg/L、4.49 mg/L和4.34 mg/L。空间分布上各湖区高锰酸盐指数存在明显差异，总体趋势是从西北向东南方向逐渐降低。2005~2020年太湖各湖区平均高锰酸盐指数从高到低依次为竺山湾（6.06 mg/L）＞梅梁湾（5.61mg/L）＞西部湖区（5.34mg/L）＞贡湖湾（4.42mg/L）＞湖心区（4.40mg/L）＞南部湖区（4.21mg/L）＞东太湖（3.94mg/L）＞胥口湾（3.59 mg/L）。

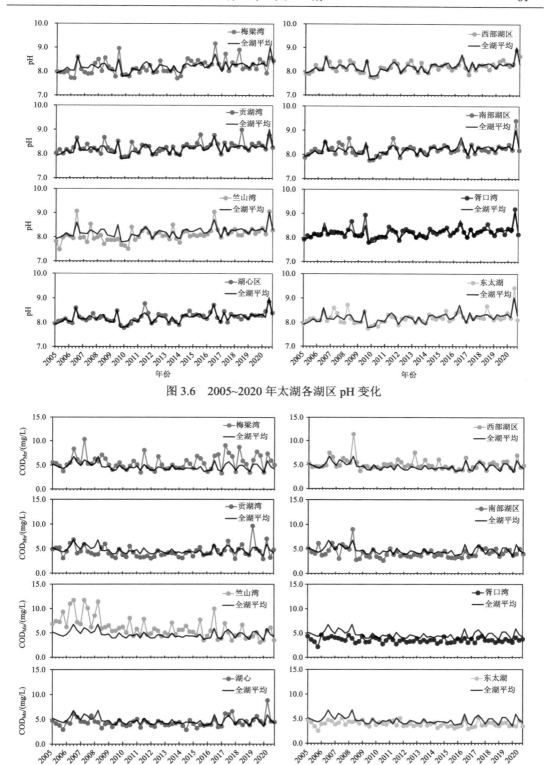

图 3.6　2005~2020 年太湖各湖区 pH 变化

图 3.7　2005~2020 年太湖各湖区高锰酸盐指数变化

六、总氮（TN）

2005~2020 年太湖平均总氮浓度在 1.24~4.68 mg/L 之间波动，总体呈现出降低趋势（图 3.8），最高值出现在 2006 年 2 月，最低值出现在 2020 年 11 月。全湖总氮浓度在季节上表现出冬季和春季显著高于夏季和秋季，2005~2020 年太湖春、夏、秋、冬四季的总氮平均浓度分别为 3.17 mg/L、1.98 mg/L、1.99 mg/L、3.31 mg/L，冬季均值最高。空间上太湖各湖区总氮浓度差异较为显著。2005~2020 年太湖各湖区总氮浓度从高到低依次为：竺山湾（4.89 mg/L）＞梅梁湾（3.19 mg/L）＞西部湖区（3.17 mg/L）＞湖心区（2.32 mg/L）＞南部湖区（2.24 mg/L）＞贡湖湾（2.23 mg/L）＞胥口湾（1.50 mg/L）＞东太湖（1.40 mg/L），总体呈现自西北向东南下降的趋势，与各湖区的来水比例、污染程度、蓝藻水华强度等有关。在总氮浓度最高的三个湖区中，梅梁湾的总氮浓度下降幅度最大，竺山湾和西部湖区的总氮浓度下降幅度其次，其余湖区的下降幅度相对较小。

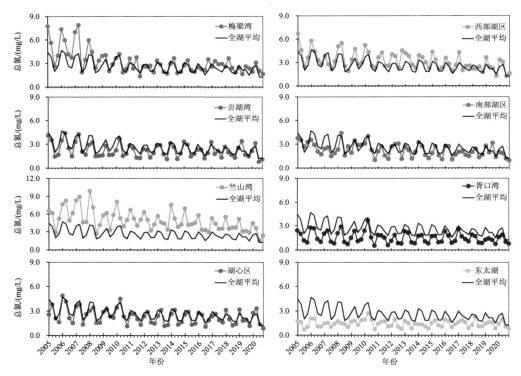

图 3.8　2005~2020 年太湖各湖区总氮浓度变化

七、总磷（TP）

2005~2020 年太湖月平均总磷浓度在 0.075~0.190 mg/L 之间波动，最高值出现在 2013 年 8 月，最低值出现在 2020 年 11 月（图 3.9）。全湖平均总磷浓度在季节上差异不大，但总磷峰值多出现在春、夏两季。2005~2020 年太湖春、夏、秋、冬四季的总磷平均浓度分别为 0.114 mg/L、0.135 mg/L、0.105 mg/L 和 0.115 mg/L。空间上太湖各湖区总磷浓度差异较为显著。2005~2020 年太湖各湖区总磷浓度从高到低依次为：竺山湾（0.225 mg/L）>西部湖区（0.155 mg/L）>梅梁湾（0.150 mg/L）>南部湖区（0.099 mg/L）=贡湖湾（0.099 mg/L）>湖心区（0.098mg/L）>东太湖（0.059 mg/L）>胥口湾（0.052 mg/L）。总磷的空间分布与入湖水量分布大致相同，反映出外源输入的影响。

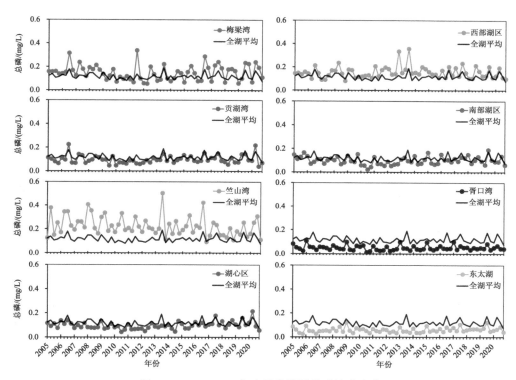

图 3.9　2005~2020 年太湖各湖区总磷浓度变化

八、正磷酸盐

2005~2020 年太湖月平均正磷酸盐浓度在 0.003~0.042 mg/L 波动，并有逐渐升高的趋势（图 3.10），最高值出现在 2013 年 8 月，最低值出现在 2005 年 11 月。全湖正磷酸盐浓度峰值主要出现在夏季。2005~2020 年太湖春、夏、秋、冬四季的正磷酸盐浓度分别为 0.013 mg/L、0.022 mg/L、0.017 mg/L、0.015 mg/L。空间上太湖各湖区正磷酸盐浓度差异较为显著。2005~2020 年太湖各湖区正磷酸盐浓度从高到低依次为：竺山湾（0.055 mg/L）>西部湖区（0.024 mg/L）>梅梁湾（0.016 mg/L）>贡湖湾（0.011 mg/L）>湖心区（0.010 mg/L）>南部湖区（0.008 mg/L）>胥口湾（0.005 mg/L）>东太湖（0.004 mg/L）。2005~2020 年竺山湾和西部湖区的正磷酸盐浓度升高的趋势较为明显，其余湖区变幅较小。

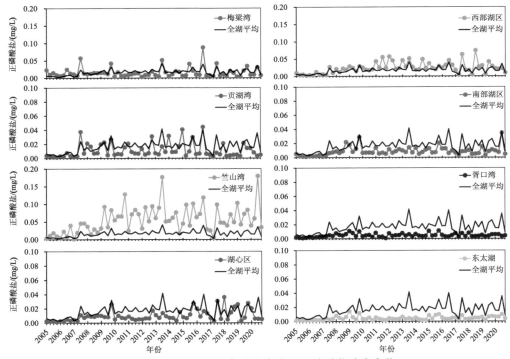

图 3.10　2005~2020 年太湖各湖区正磷酸盐浓度变化

九、氨氮（NH₃-N）

2005~2020 年太湖月平均氨氮浓度在 0.08~1.51 mg/L 之间波动，并呈显著下降趋势（图 3.11）。全湖氨氮浓度季节差异显著，峰值和低值分别在冬季和夏季出现。2005~2020 年太湖春、夏、秋、冬四季的氨氮浓度分别为 0.40 mg/L、0.29 mg/L、0.42 mg/L、0.85 mg/L。空间上太湖各湖区氨氮浓度差异较为显著。2005~2020 年太湖各湖区氨氮浓度从高到低依次为：竺山湾（1.36 mg/L）>梅梁湾（0.65 mg/L）>西部湖区（0.61 mg/L）>湖心区（0.32 mg/L）>贡湖湾（0.30 mg/L）>南部湖区（0.27 mg/L）>东太湖（0.22 mg/L）>胥口湾（0.21 mg/L）。其中，梅梁湾的氨氮浓度在 2005~2009 年大幅下降，之后变化较为平缓，而竺山湾和西部湖区至 2015~2020 年才出现显著下降。

十、硝态氮（NO₃-N）

2005~2020 年太湖平均硝态氮浓度在 0.07~1.89 mg/L 波动，并呈显著下降趋势（图 3.12）。全湖硝态氮浓度具有显著的季节差异，峰值主要出现在春季和冬季，而低值主要出现在夏季和秋季。2005~2020 年太湖春、夏、秋、冬四季的硝态氮浓度分别为 0.96 mg/L、0.30mg/L、0.34 mg/L、0.88 mg/L。2005~2020 年太湖各湖区平均硝态氮浓度从高到低依次为：竺山湾（1.10 mg/L）>西部湖区（0.74 mg/L）>梅梁湾（0.64 mg/L）>湖心区（0.61 mg/L）>南部湖区（0.60 mg/L）>贡湖湾（0.59 mg/L）>胥口湾（0.38 mg/L）>东太湖（0.29 mg/L）。其中，竺山湾硝态氮浓度显著高于其他湖区，东太湖和胥口湾则相对较低，其余湖区之间硝态氮的浓度差别不大。

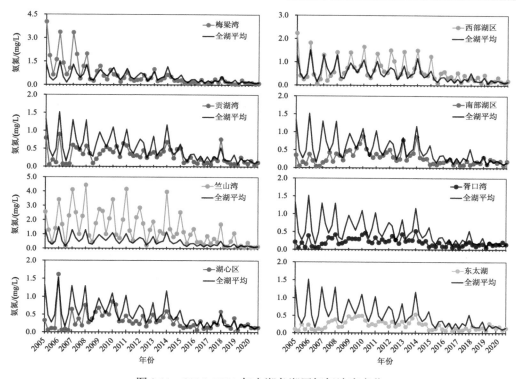

图 3.11 2005~2020 年太湖各湖区氨氮浓度变化

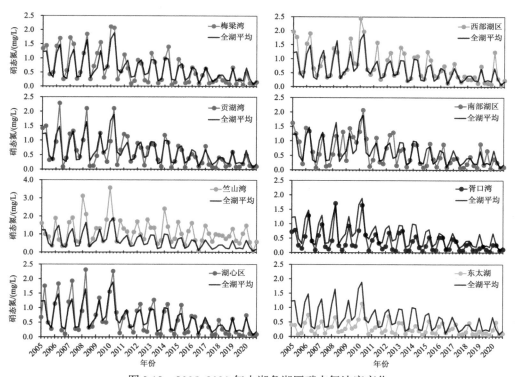

图 3.12 2005~2020 年太湖各湖区硝态氮浓度变化

十一、亚硝态氮（NO₂-N）

2005~2020 年太湖平均亚硝态氮浓度在 4.52~113.86 μg/L 波动，并呈显著下降趋势（图 3.13），最高值出现在 2019 年 8 月，最低值出现在 2020 年 8 月。全湖亚硝态氮浓度峰值主要在春季和夏季。2005~2020 年太湖春、夏、秋、冬四季的亚硝态氮浓度分别为 37.93 μg/L、42.93 μg/L、24.00 μg/L、28.11 μg/L。空间上太湖各湖区亚硝态氮浓度差异较为显著，总体从西北向东南方向逐渐降低。其中，竺山湾高于其他湖区。2005~2020 年太湖各湖区平均亚硝态氮浓度从高到低依次为：竺山湾（123.56 μg/L）>西部湖区（40.16 μg/L）>梅梁湾（34.83 μg/L）>贡湖湾（13.32 μg/L）>南部湖区（13.23 μg/L）>湖心区（9.02 μg/L）>东太湖（7.58 μg/L）>胥口湾（5.81 μg/L）。

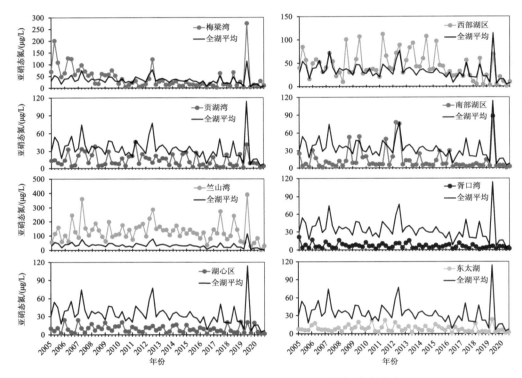

图 3.13　2005~2020 年太湖各湖区亚硝态氮浓度变化

十二、叶绿素 a

2005~2020 年太湖月平均叶绿素 a 浓度在 4.56~71.14 μg/L 之间波动（图 3.14），最高值出现在 2020 年 5 月，最低值出现在 2005 年 2 月。叶绿素 a 浓度的高峰主要在春季和夏季，2005~2020 年太湖春、夏、秋、冬四季的叶绿素 a 浓度分别为 25.85 μg/L、36.58 μg/L、18.72 μg/L、9.75 μg/L。太湖各湖区叶绿素 a 浓度在空间分布上有明显差异。2005~2020 年太湖各湖区平均叶绿素 a 浓度从高到低依次为：梅梁湾（44.16 μg/L）>竺山湾（35.06 μg/L）>

西部湖区（29.54 μg/L）＞贡湖湾（22.81 μg/L）＞湖心区（17.70 μg/L）＞南部湖区（15.34 μg/L）＞东太湖（11.80 μg/L）＞胥口湾（8.23 μg/L），总体上从西北向东南方向逐渐降低，但又与营养盐的空间分布有所不同。总氮、总磷等营养盐浓度的最高值往往出现在竺山湾，而叶绿素 a 的最高值出现在梅梁湾，这反映出换水周期、水华在风场驱动下聚集等因素叠加对藻类叶绿素 a 空间分布的影响。

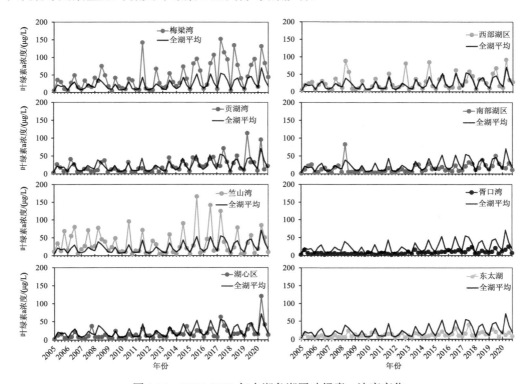

图 3.14　2005~2020 年太湖各湖区叶绿素 a 浓度变化

十三、营养状态

　　太湖水体的营养状态评价采用中国环境监测总站 2001 年发布的《湖泊（水库）富营养化评价方法及分级技术规定》（总站生字〔2001〕090 号）的方法，依据水体高锰酸盐指数、总氮、总磷、叶绿素 a 和透明度 5 项指标进行评价。2020 年太湖平均营养状态指数为 59.3，整体处于轻度富营养状态（表 3.1）。

表 3.1　2007~2020 年太湖各湖区营养状态指数

年份	梅梁湾	贡湖湾	竺山湾	湖心区	西南湖区	东太湖	胥口湾	全湖
2007	64.9	61.9	70.9	61.4	62.9	54.4	53.2	62.3
2008	68.0	60.8	71.8	61.6	62.8	55.3	52.7	63.2
2009	64.9	61.8	69.6	62.5	64	58.6	51.7	61.8

续表

年份	梅梁湾	贡湖湾	竺山湾	湖心区	西南湖区	东太湖	胥口湾	全湖
2010	60.1	56.2	65.8	56.0	51.2	53.8	49.0	61.5
2011	63.8	57.8	68	62.3	60.9	58.1	50.1	60.2
2012	61.2	59.8	69.2	60.5	59.3	54.5	51.9	61.0
2013	62.9	59.5	67.9	59.5	60.8	55.2	49.8	60.1
2014	62.4	59.1	65.7	58.9	60.5	49.1	48.8	57.8
2015	64.1	59	67.6	60.9	61.9	57.1	52.7	61.0
2016	64.6	60.2	66.3	58.1	59.2	54.1	51.7	59.2
2017	64.3	62.7	65.8	58.9	59.7	54.3	54.5	61.2
2018	64.9	59.9	67.6	59.8	59.7	54.8	53.5	60.1
2019	64.1	62.8	62.0	60.9	64.0	55.0	50.7	59.9
2020	63.9	60.6	65.2	59.9	59.6	53.8	52.1	59.3

太湖各湖区中，沉水植物主要分布区的东太湖和胥口湾营养状态指数最低，接近中营养水平，2010~2014 年前后还曾一度呈中营养水平；西南湖区和湖心区基本处于轻度富营养至中度富营养状态；贡湖湾属于中度富营养，但营养状态指数接近轻度富营养；而梅梁湾和竺山湾的营养状态指数最高，属于中度富营养，竺山湾甚至在 2007 年后的一段时间处于重度富营养状态（图 3.15）。

十四、沉积物

太湖沉积物主要分布于西太湖小梅口至大浦口一线、马山岛南、西山岛北、胥口湾中及东茭嘴至太浦河出口一线（图 3.16）。其中，西太湖沉积物最深，湖心区最少。近几年东太湖淤积也有增多的趋势，估计与东太湖围网拆除后风浪扰动强度增大、沿岸带浅水区淤泥的淘蚀加重有关。湖心区相当大区域处于硬底状态，与湖心区风浪扰动强度大、底泥难以稳定沉积有关，但湖心区南部靠近西山岛附近的泥深有所增加（Wu et al., 2019）。

表层底泥中的营养盐因采样期间的有机质沉降状况、风浪状况等不同会有较大的波动性，年际的可比性略差。根据 2005~2020 年的监测数据，太湖全湖沉积物总磷、总氮、有机质含量年变化如图 3.17 所示。其中，太湖全湖沉积物中总磷（TP_s）含量在 2005~2010 年有降低趋势，但 2011 年显著上升达到历年最高，然后又波动下降至 2019 年达到历年最低，2020 年略有升高，但也比 2005 年降低了 33.1%。沉积物中总氮（TN_s）含量变化基本分为两个阶段，2005~2014 年显著增高，2014 年出现最高值后转为降低趋势，但仍显著高于 2005 年，2020 年比 2005 年增高了 28.4%。有机质（OM）含量除 2017 年和 2012 年有显著升高外，其余年份无明显规律性的变化，2006 年是含量最低的年份，约为最高的 2017 年的 1/2，2020 年比 2005 年降低了 12.6%。pH 从 2005 年到 2007 年显著降低，2007 年达到历年最低呈现弱酸性，后转为上升一直到 2018 年又开始回落，2020 年基本与 2008 年持平，基本呈弱碱性状态。

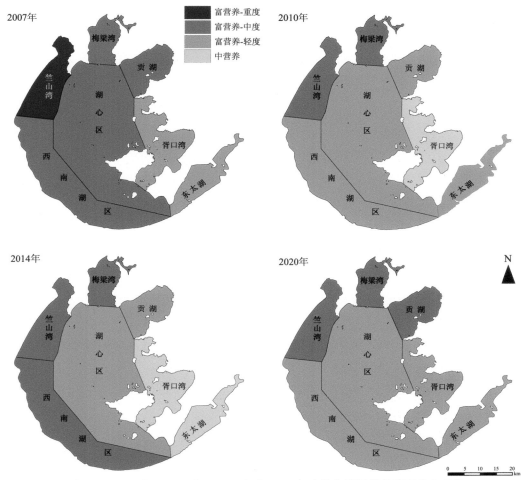

图 3.15 2007 年、2010 年、2014 年和 2020 年太湖各湖区营养状况分布变化

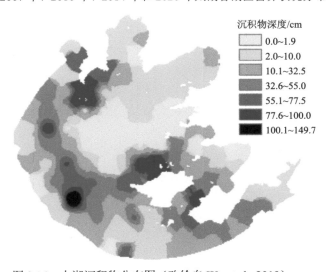

图 3.16 太湖沉积物分布图（改绘自 Wu et al., 2019）

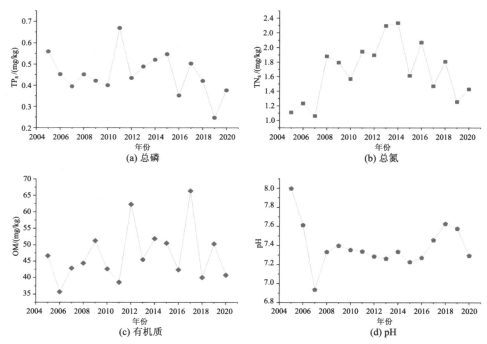

图 3.17　太湖沉积物中总磷（TP_s）、总氮（TN_s）、有机质（OM）含量及 pH 的多年变化

第三节　太湖水生态系统结构与演化趋势

一、浮游植物

（一）群落组成

2005~2020 年太湖站常规监测中，共鉴定出浮游植物 255 个属（种），隶属于 8 门，其中蓝藻门 46 个属（种），绿藻门 118 个属（种），硅藻门 50 个属（种），裸藻门 20 个属（种），甲藻门 7 个属（种），隐藻门 7 个属（种），金藻门 6 个属（种），黄藻门 1 个属（种）。2020 年 2 月、5 月、8 月和 11 月太湖共鉴定到浮游植物 7 门 162 属（种），其中蓝藻门、硅藻门、绿藻门、裸藻门、隐藻门、甲藻门及金藻门对应的属（种）数量分别为 36、34、69、13、4、4、2，优势属为蓝藻门的微囊藻属和长孢藻属。

（二）丰度

2005~2020 年太湖浮游植物全湖月均丰度在 $658.7×10^4$~$38897.9×10^4$ cells/L 波动，全年丰度最高的为 2017 年，最低的为 2005 年。浮游植物丰度组成上以蓝藻、绿藻、硅藻和隐藻为主，其中，蓝藻门在浮游植物丰度组成中占绝对优势（图 3.18），蓝藻丰度的全湖月均值在 $40.23×10^4$~$66479.55×10^4$ cells/L，16 年来有逐渐升高的趋势；绿藻丰度在 $8.22×10^4$~$5293.6×10^4$ cells/L，16 年来呈逐渐降低的趋势；硅藻丰度在 $4.88×10^4$~$2740.04×10^4$ cells/L 之间波动；隐藻丰度在 $0.22×10^4$~$288.65×10^4$ cells/L，有逐渐升高的趋势。从空间分布上看，蓝藻丰度较高的湖区为梅梁湾、竺山湾以及西部湖区；而绿藻丰度较高的湖区是贡湖湾和梅梁湾；硅藻丰度较高的湖区为竺山湾、东太湖以及贡湖湾；隐藻丰度较高的湖区为竺山湾和梅梁湾（图 3.19）。2020 年太湖浮游植物细胞丰度均值从高到低依次为 5 月（$1.5×10^8$ cells /L）、2 月（$1144.6×10^4$ cells /L）、8 月（$954.8×10^4$ cells /L）和 11 月（$902.2×10^4$ cells /L）。与多年监测数据相比，2020 年 8 月太湖浮游植物丰度属于异常低的月份，与 7 月持续降水有关。

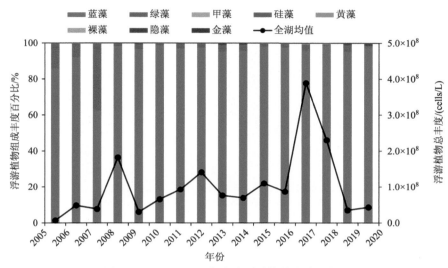

图 3.18　2005~2020 年太湖浮游植物丰度及组成

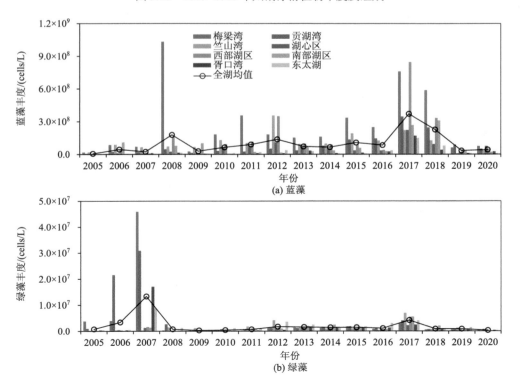

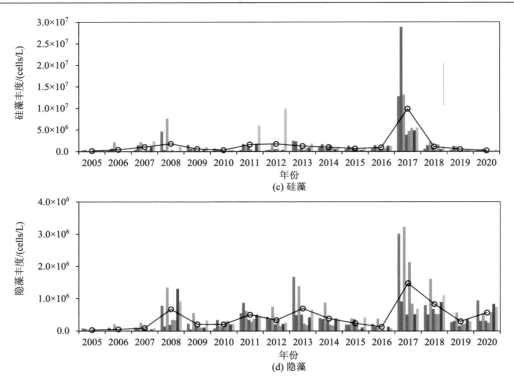

图 3.19　2005~2020 年太湖不同湖区蓝藻、绿藻、硅藻及隐藻丰度变化

（三）生物量

图 3.20 显示 2005~2020 年太湖浮游植物总生物量（体积丰度）呈升高趋势，全湖月均值在 0.24~23.51 mg/L 波动，最高值出现在 2017 年 8 月，最低值出现在 2006 年 2 月。2020 年太湖浮游植物生物量均值从高到低依次为 5 月（11.16 mg/L）、2 月（2.67 mg/L）、11 月（1.29 mg/L）和 8 月（1.07 mg/L）。太湖浮游植物生物量高值主要出现在春季和夏季。2005~2020 年太湖春、夏、秋、冬四季浮游植物生物量多年平均分别为 6.34 mg/L、6.42 mg/L、4.53 mg/L 和 3.51 mg/L。空间分布上各湖区浮游植物生物量有明显差异，2005~2020 年各湖区从高到低依次为：梅梁湾（9.78 mg/L）>竺山湾（7.41 mg/L）>贡湖湾（5.31 mg/L）>东太湖（5.21mg/L）>西部湖区（5.15 mg/L）>南部湖区（3.52 mg/L）>胥口湾（2.70 mg/L）>湖心区（2.53 mg/L）。

（四）多样性

根据 2013~2020 年太湖各湖区四季监测数据获得的浮游植物 Shannon-Wiener（香农-维纳）多样性指数变化如图 3.21 所示。太湖 Shannon-Wiener 多样性指数在 0.75~2.00 波动，总体呈下降趋势。从空间上看，东太湖和胥口湾的 Shannon-Wiener 多样性指数较高，其次是贡湖湾、梅梁湾、湖心区和西南湖区，竺山湾通常最低。

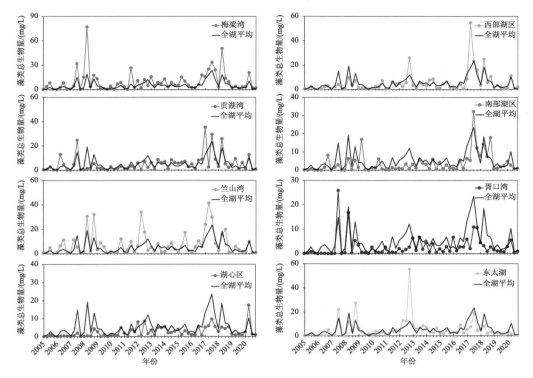

图 3.20 2005~2020 年太湖各湖区浮游植物总生物量变化

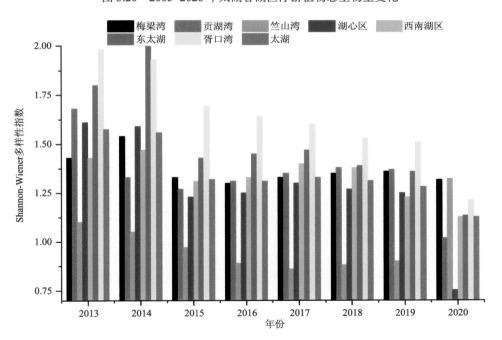

图 3.21 2013~2020 年太湖各湖区浮游植物 Shannon-Wiener 多样性指数

二、浮游动物

（一）群落组成

太湖站 2005~2020 年常规监测中共鉴定出常见浮游动物 66 种，其中原生动物 19 个种（属），轮虫 25 个种（属），枝角类 14 个种（属），桡足类 8 个种（属）。2020 年四季调查的结果显示，太湖浮游动物优势种为针簇多肢轮虫、螺形龟甲轮虫、曲腿龟甲轮虫、象鼻溞属和无节幼体。轮虫类和象鼻溞属为浮游动物优势种，是富营养化常见指示种，与太湖富营养水平一致。

（二）丰度

2005~2020 年太湖浮游动物年均丰度在 $0.84×10^4$~$138.06×10^4$ ind./L 波动，丰度最高的为 2017 年，最低的为 2019 年（图 3.22）。其中，原生动物在浮游动物丰度组成中具有绝对优势。2005~2020 年原生动物丰度在 $0.78×10^4$~$138.00×10^4$ ind./L 波动，丰度较高年份为 2011 年、2013 年和 2017 年；轮虫丰度在 26~580 ind./L 波动，丰度较高年份为 2011 年、2019 年和 2020 年；枝角类丰度在 27~217 ind./L 波动，丰度较高年份为 2008 年、2013 年和 2018 年；桡足类丰度在 17~153 ind./L 波动，有逐渐升高的趋势，丰度较高年份为 2008 年和 2020 年（图 3.23）。

从空间分布上看，原生动物和轮虫较多的年份中，都是竺山湾、梅梁湾及贡湖湾的丰度高于其他湖区；枝角类较多的年份中，则是竺山湾、梅梁湾、西部湖区及南部湖区的丰度高于其他湖区；桡足类较多的年份中，梅梁湾、贡湖湾及南部湖区丰度较高（图 3.23）。

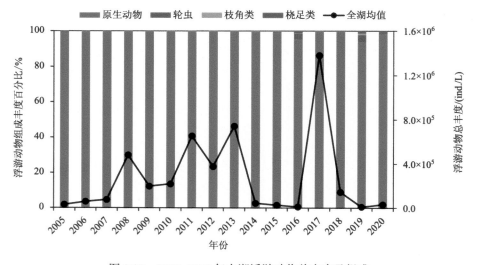

图 3.22　2005~2020 年太湖浮游动物总丰度及组成

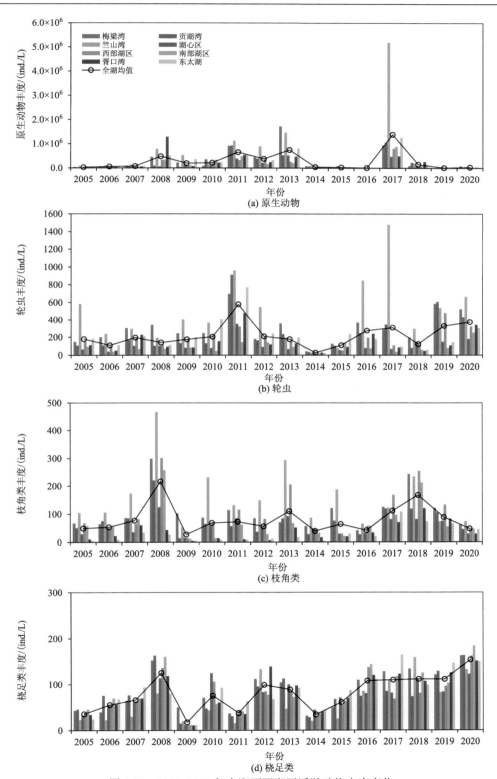

图 3.23　2005~2020 年太湖不同湖区浮游动物丰度变化

（三）生物量

2005~2020 年太湖浮游动物年均生物量在 1.25~18.28 mg/L 波动，最高的为 2008 年，最低的为 2014 年；组成上由于不同类群生物个体大小的差异，枝角类和桡足类生物量占比较高，轮虫和原生动物的占比相对较低（图 3.24）。2005~2020 年太湖原生动物生物量在 0.04~2.28 mg/L 波动，较高年份为 2008 年、2012 年和 2017 年；轮虫生物量在 0.04~1.05 mg/L 波动，较高年份为 2009 年、2016 年和 2020 年；枝角类生物量在 0.39~6.88 mg/L 波动，较高年份为 2007 年、2008 年和 2010 年；桡足类生物量在 0.38~8.50 mg/L 波动，生物量较高年份为 2007 年和 2008 年。

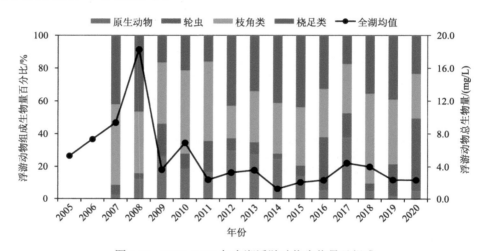

图 3.24　2005~2020 年太湖浮游动物生物量及组成

从空间分布上看，原生动物较多的年份中竺山湾、梅梁湾及胥口湾的生物量要高于其他湖区；轮虫较多的年份中竺山湾和梅梁湾的生物量高于其他湖区；枝角类较多的年份中竺山湾、梅梁湾以及西部湖区的生物量高于其他湖区；桡足类较多的年份中梅梁湾、贡湖湾以及西部湖区的生物量较高（图 3.25）。

（四）多样性

太湖浮游动物数量上以原生动物最多，而生物量则以枝角类、桡足类为主。2020 年共采集到后生浮游动物 30 种，其中桡足类 6 种，枝角类 7 种，轮虫 17 种。浮游动物多样性在各湖区差异不大，图 3.26 的 Shannon-Wiener 多样性指数显示，相对而言，竺山湾湖区最高，东太湖最低；四季中则秋季最高，春季最低。2020 年与 2007 年相比，各湖区原生动物的数量都显著减少，尤其是污染较重的梅梁湾、竺山湾及湖心区，原生动物数量分别减少了 45.83%、72.67% 和 87.96%（表 3.2）。

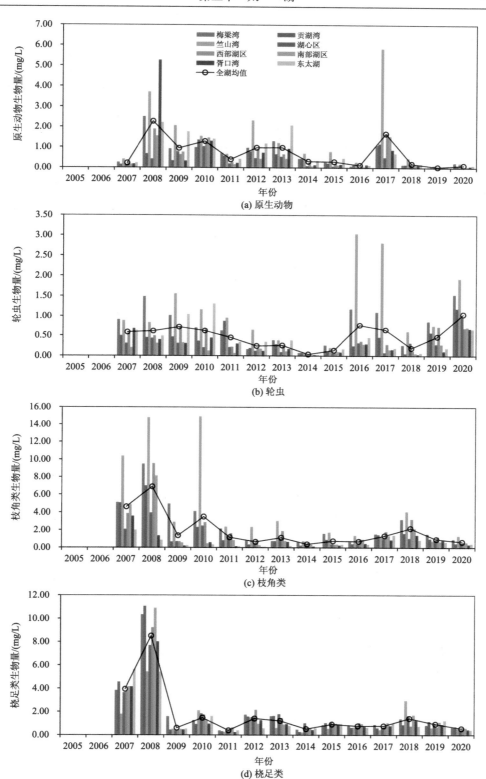

图 3.25 2005~2020 年太湖不同湖区浮游动物生物量变化

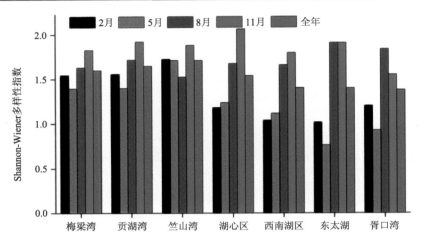

图 3.26　2020 年太湖各湖区浮游动物 Shannon-Wiener 多样性指数对比

表 3.2　2007~2020 年太湖各湖区原生动物丰度对比　　　　（单位：10^4 ind./L）

年份	梅梁湾	贡湖湾	竺山湾	湖心区	西南湖区	东太湖	胥口湾	全湖
2007	14.14	10.26	15.30	14.2	8.73	8.48	8.57	11.38
2009	12.03	1.88	10.17	3.60	2.19	3.60	1.28	4.96
2010	12.14	4.97	9.46	6.74	3.60	4.70	3.29	6.41
2011	2.87	2.55	3.95	1.63	2.02	1.32	0.92	2.18
2012	5.21	2.87	7.01	3.30	2.83	2.22	2.19	3.66
2013	2.59	1.52	1.46	1.68	1.18	0.8	0.35	1.37
2015	2.54	1.14	2.1	0.23	0.58	1.82	1.21	1.37
2017	6.69	4.38	7.06	5.45	6.3	3.55	4.2	5.32
2018	6.24	2.26	6.62	5.23	4.9	3.24	2.5	4.42
2020	7.66	2.19	4.18	1.71	1.18	2.64	2.6	3.17

三、底栖动物

（一）群落组成

2007~2020 年太湖共鉴定到底栖动物 68 种（属），其中寡毛纲 8 种，多毛纲 5 种，蛭纲 4 种，昆虫纲 21 种，双壳纲 13 种，腹足纲 9 种，甲壳纲 8 种。各采样点物种数介于 2~15 种之间，均值为 7 种。从不同湖区来看，北部梅梁湾、竺山湾物种数最多，东太湖、胥口湾地区物种数最低。从优势种（属）来看（图 3.27），太湖主要优势种（属）为水丝蚓、河蚬、中国长足摇蚊、红裸须摇蚊、太湖大螯蜚、拟背尾水虱属、寡鳃齿吻沙蚕，其中以水丝蚓和河蚬居多，多年平均优势度分别为 0.290 和 0.076，优势度较高的物种还有太湖大螯蜚（优势度 0.030）、寡鳃齿吻沙蚕（优势度 0.017）。从年际变化上来看，水丝蚓的优势度有所下降，其中 2014 年优势度最低，仅为 0.062，近年来波动较大。河蚬的优势度有所增加，太湖大螯蜚优势度先上升后下降。

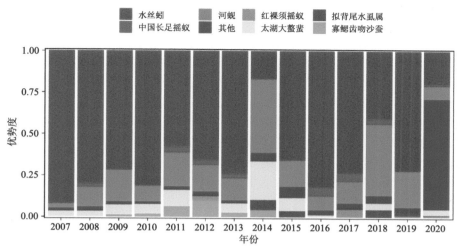

图 3.27　太湖底栖动物主要优势种（属）变化特征

（二）时空分布格局

2007~2020 年太湖底栖动物平均密度为 1564 ind./m²，其中寡毛纲最高，为 974 ind./m²，其次为昆虫纲、双壳纲和甲壳纲，分别为 179 ind./m²、165 ind./m² 和 116 ind./m²。多毛纲和腹足纲密度较低，分别为 80 ind./m² 和 49 ind./m²。受空间异质性影响，太湖底栖动物丰度空间分布差异显著（图 3.28），竺山湾最高，平均丰度为 7683 ind./m²，梅梁湾次之，平均丰度为 2344 ind./m²；丰度最低的是胥口湾，为 325 ind./m²。其中，北部湖区的寡毛类和摇蚊幼虫等富营养化耐污种数量较多，腹足纲主要分布在大型水生植物分布较多的东太湖和胥口湾，而湖心区、西南湖区、竺山湾的双壳纲种（属）分布较多。

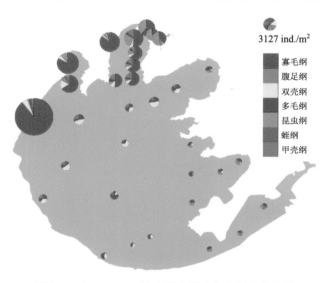

图 3.28　2007~2020 年太湖底栖动物空间分布格局

丰度数据进行了平方根转换

长期监测数据显示，2007 年以来太湖底栖动物丰度显著下降（图 3.29），丰度最高值 4757 ind./m² 出现在 2007 年，最低值 608 ind./m² 出现在 2018 年，仅为 2007 年的 12.78%，可能与北太湖的底泥疏浚工程有关。其中，下降幅度最大的为寡毛纲，全湖平均密度从 2007 年的 3889 ind./m² 下降到 2020 年的 324 ind./m²，并且 2015 年以来一直维持在较低水平。寡毛类为污染指示种，常在有机质含量丰富的水体中出现，其数量的明显下降可表明近年来太湖富营养化控制和治理取得了一定成效，尽管蓝藻水华没有明显好转，但入湖污染物有所减少。此外，丰度下降较为明显的还有双壳纲、甲壳纲和多毛纲，其中多毛纲在 2011 年前丰度有所增加，但随后丰度从 2011 年的 185 ind./m² 下降到 2020 年的 39 ind./m²。腹足纲丰度较为稳定，多数调查年份丰度均维持在 40~50 ind./m²（图 3.30）。

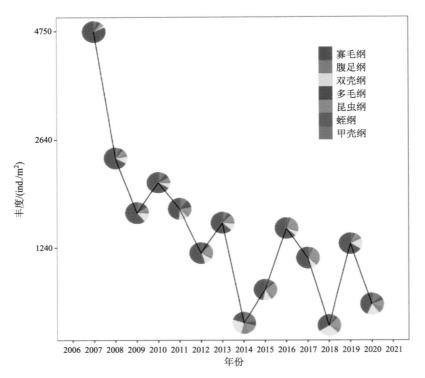

图 3.29　2007~2020 年太湖底栖动物丰度及其不同纲的组成变化

折线代表全湖平均丰度变化，饼图代表全湖不同纲的组成占比，丰度数据进行了方根转换

（三）丰度

水生态环境的变化除了会造成底栖动物丰度变化，也会造成群落结构发生演替。从图 3.29 中展示的 2007~2020 年太湖底栖动物平均丰度及物种组成变化可以看出，2007 年前后太湖底栖动物群落结构以寡毛纲的水丝蚓为主，群落结构严重单一化，随后这一现象有了明显改善。其中，2014 年各大类物种占比最为均匀，水丝蚓不再为第一优势种，虽然近年来寡毛类占比有所增加，水丝蚓仍然为太湖第一优势种，但群落结构单一化现象较 2007 年已有明显改善。从不同大类来看，寡毛纲除了丰度明显下降外，在群落结构

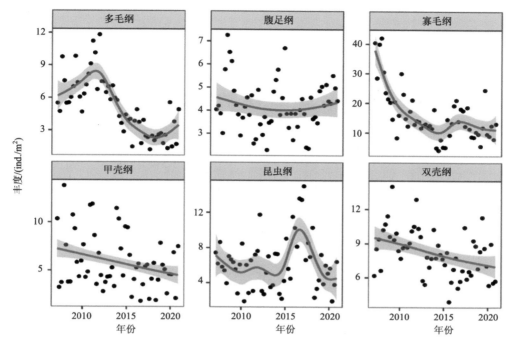

图 3.30　2007~2020 年太湖底栖动物不同纲的丰度变化

丰度数据进行了方根转换，趋势线为 loess 平滑曲线

中的占比也出现明显下降，从 2007 年的 82%下降到 2020 年的 43%，最低为 2014 年的 20%。双壳纲虽然总体丰度有所下降，但是其在群里结构中占比却有所增加，近年来均维持在 20%左右。此外，群落结构占比中明显增加的还有昆虫纲，2010 年前平均占比仅为 8%，2016 年以来占比大约为 19%。

（四）多样性

空间分布上，太湖底栖动物 Shannon-Wiener 多样性指数与综合营养状态指数（TLI）相关性较高（图 3.31，相关系数 r^2=0.91，p<0.001），多样性指数从高到低依次为胥口湾（1.22）、东太湖（1.16）、西南湖区（1.12）、五里湖（1.11）、贡湖湾（1.06）、湖心区（1.05）、梅梁湾（1.02）、竺山湾（0.98）。从时间变化趋势来看，2007 年以来太湖底栖动物 Shannon-Wiener 多样性指数呈现先升后降复升的状态（图 3.32），最低为 2007 年的 0.98，最高为 2020 年的 1.40。

四、大型水生植物

（一）群落组成

太湖已记录的大型水生植物共有 29 科 49 属 66 种，其中，主要分布的沉水植物为 6 科 9 属 14 种。随着太湖富营养程度日趋严重，大型水生植物受到明显影响。1960 年调查到 49 种大型水生植物，1981 年有 45 种大型水生植物，而 2014 年调查则只记录到大

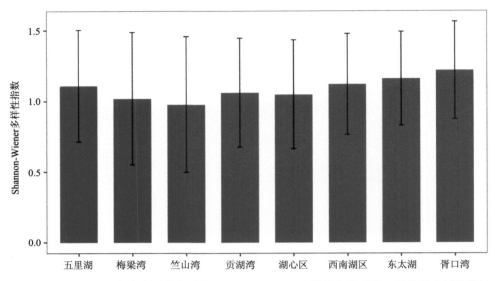

图 3.31　2007~2020 年各湖区底栖动物 Shannon-Wiener 多样性指数对比（平均值±标准差）

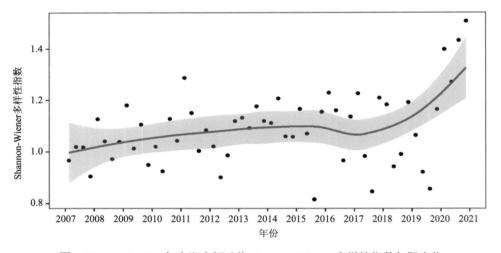

图 3.32　2007~2020 年太湖底栖动物 Shannon-Wiener 多样性指数年际变化

趋势线为 loess 平滑曲线

型水生植物 36 种。对比 1960 年以来太湖大型水生植物物种组成，共有 26 种大型水生植物分布情况发生变化，包括挺水植物 10 种、浮叶植物 4 种、漂浮植物 2 种和沉水植物 10 种。这 26 种植物中有 23 种为逐渐消失的物种，其中，7 种在 1981 年调查时消失，4 种在 1997 年调查时消失，12 种在 2014 年调查时消失；有 3 种植物为外来迁入物种，伊乐藻为 1987 年人工引入，水盾草和篦齿眼子菜迁入时间不明（孙顺才和黄漪平，1993；赵凯等，2017）。

目前，沉水植物和浮叶植物是太湖大型水生植物的主导植被类型物种，主要分布的沉水植物有竹叶眼子菜、苦草、轮叶黑藻、穗状狐尾藻、伊乐藻、金鱼藻和小茨藻 7 种，浮叶植物主要有菱和荇菜 2 种。常见的植被群丛有 6 种，包括竹叶眼子菜群丛、荇菜群丛、荇菜-竹叶眼子菜群丛、苦草群丛、苦草-伊乐藻群丛以及小茨藻群丛（马荣华等，2010）。从太湖沉水植物群落物种丰富度看（图3.33），2012年起物种数量有所恢复，但均匀度显著降低，而均匀度的降低必然导致某个物种的优势度增加，不利于群落的稳定，群落抗逆性变差。

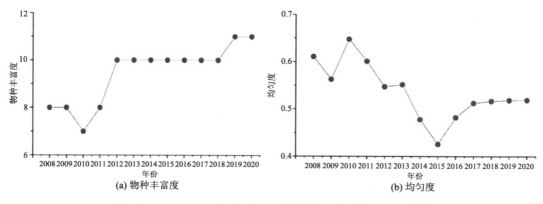

图3.33 2008~2020年太湖沉水植物物种丰富度和均匀度变化

（二）生物量

从生物量变化情况来看，1960年以来太湖大型水生植物生物量保持先升后降的态势，从1960年的10×10⁴ t上升到1981年的36.82×10⁴ t，到1987年进一步上升到44.46×10⁴ t，1988年达到44.72×10⁴ t生物量的最高值，1997年生物量又下降到36×10⁴ t，2014年继续下降到29.09×10⁴ t（赵凯等，2017）；之后至2020年总量虽有回升，但挺水植物减少极为显著，沉水植物和浮叶植物保持上升趋势（表3.3，图3.34）。1960年的调查中，挺水植物共8×10⁴ t，占总水生植物生物量的80%；1987年和1988年分别为34.8×10⁴ t和33.02×10⁴ t，占比为78.27%和73.84%；至1997年已减少到22.5×10⁴ t，占比62.5%；到2014年则下降到2.91×10⁴ t，仅占湖区水生植物生物量的10%。2020年与2014年基本持平。挺水植物以外的水生植物在1960年仅2×10⁴ t，占总生物量的20%；1987年和1988年达到9.66×10⁴和11.70×10⁴ t，分别占比21.73%和26.16%；2014年更是达到26.18×10⁴ t，占总生物量的90%。2020年随着挺水植物占比的继续减少，沉水植物和浮叶植物等占比已高达92%。

表3.3 2020年太湖大型水生植物群落生物量分布情况

群落类型	面积/km²	占水域面积百分比/%	单位面积鲜重/(g/m²)	单位面积干重/(g/m²)	鲜重/t	干重/t	占总生物量百分比/%
芦苇群丛	4.39	0.19	4227.70	578.42	18 546.29	2537.45	6.38
莲+菰群丛	5.49	0.23	1922.90	170.70	10 549.83	936.52	3.62
苦草群丛	10.18	0.44	986.44	73.50	10 037.64	747.90	3.45
微齿眼子菜群丛	6.96	0.30	1783.11	200.90	12 405.27	1397.69	4.27
竹叶眼子菜群丛	495.32	21.18	36.457	6.116	18 058.04	3029.40	6.21

续表

群落类型	面积/km²	占水域面积 百分比/%	单位面积 鲜重/(g/m²)	单位面积 干重/(g/m²)	鲜重/t	干重/t	占总生物量 百分比/%
竹叶眼子菜– 微齿眼子菜群丛	18.27	0.78	871.67	94.82	15 921.89	1732.01	5.47
微齿眼子菜+ 黑藻群丛	13.35	0.57	503.56	50.17	6721.05	669.69	2.31
竹叶眼子菜+穗花狐尾 藻–金鱼藻群丛	67.98	2.91	277.44	24.14	18 860.24	1641.03	6.48
荇菜–竹叶眼子菜群丛	145.24	6.21	877.86	86.75	127 499.57	12 599.77	43.84
荇菜+菱–穗花狐尾藻– 金鱼藻群丛	23.60	1.01	2214.65	184.11	52 259.18	4344.44	17.97
合计	790.78	33.82			290 859.00	29 635.90	100

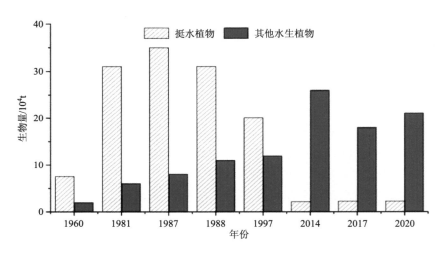

图 3.34　1960~2020 年太湖大型水生植物夏季生物量变化

（三）分布面积

　　太湖大型水生植物以胥口湾和东太湖物种最丰富、覆盖度最高。贡湖湾南部湖岸带有分布。沉水植物主要分布于东南部湖区，从北到南依次为贡湖湾、光福湾、渔洋湾、胥口湾和东太湖及南部湖区，2014 年调查结果如图 3.35 所示。西太湖和梅梁湾及竺山湾岸边分布着稀疏的浮叶植物，沉水植物只有零星分布。挺水植物在岸边皆有分布。

　　图 3.36 表明，近 60 年来太湖沉水植物面积总体呈减少趋势，并且有着较为明显的时间拐点。其中，2017 年面积最小，1989 年面积最大（孙顺才和黄漪平，1993；Dong et al.，2021）。20 世纪 60 年代沉水植物面积约 330 km²，到了 80 年代增至大约 430 km²，随后直至 2005 年变动不大，但从 2006 年又开始持续减少，2018 年起虽略有恢复，但仍远低于 20 世纪 60 年代的分布水平。

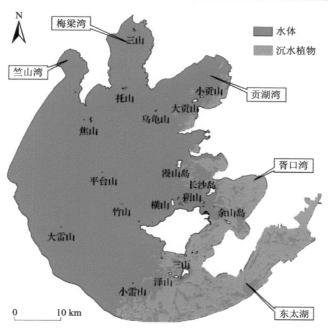

图 3.35　2014 年太湖沉水植物分布示意图

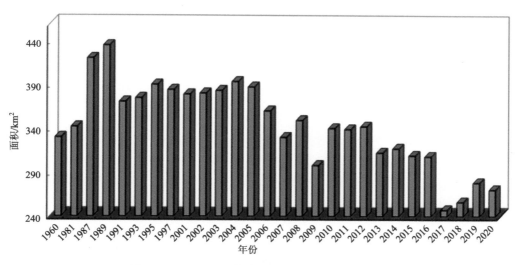

图 3.36　1960~2020 年太湖沉水植物分布面积变化

五、鱼类

（一）数量

太湖渔业历年统计资料分析结果如图 3.37 所示。1959~2019 年的 60 年间，太湖鱼类捕捞量总体呈增长趋势，从 1959 年的 9841 t 升高至 2019 年的 71 878 t，增长 6.3 倍，单位水域产量达到 307.4 kg/hm^2。这一总体增长过程大致可分为缓慢增长、快速增长和强化增长 3 个阶段。其中，缓慢增长阶段为 1959~1994 年，太湖鱼类捕捞产量从 9841 t 增长到 14 571 t，平均每年增长 131 t；迅速增长阶段为 1995~2008 年，太湖鱼类捕捞产量从 14 571 t 快速上升到 37 955 t，平均每年增长 1670 t，这一阶段增加的鱼类资源主要源于湖鲚产量的迅速增长；强化增长阶段为 2009~2019 年，太湖捕捞产量增长速度进一步加快，平均每年增长 2667 t。从 2009 年起，太湖强化了增殖放流力度，鲢、鳙捕捞产量的迅猛增长是该阶段鱼类资源增加的主要原因。

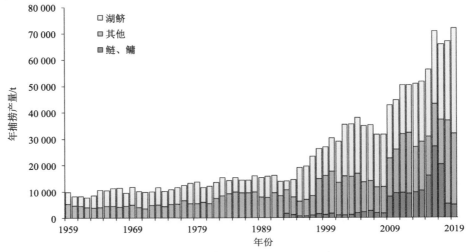

图 3.37　1959~2019 年太湖渔业资源组成长期演变趋势

数据来源：江苏省太湖渔业管理委员会办公室

（二）群落结构

尽管太湖渔业捕捞产量逐步增长，但渔业资源结构却朝着"优势种单一化"和"小型化"的方向发展。比较太湖不同年份自然渔业结构（表 3.4），太湖在 20 世纪 50 年代渔业单位产量虽然不高，但湖鲚、银鱼、鲢、鳙、鲌等鱼类的比例相对合理。从 20 世纪

表 3.4　太湖不同年份鱼类组成结构变化

	1956 年	1996 年	2006 年	2009 年	2019 年
渔业总捕捞产量/t	6742	19575	35085	42538	71878
均产量/（t/km²）	2.9	8.4	15.0	18.2	30.7
湖鲚	30.4%	64.8%	60.2%	47.3%	44.3%
银鱼	8.8%	2.6%	1.2%	2.5%	1.5%
鲢、鳙	20.5%	3.3%	7.4%	18.8%	6.9%
鲤、鲫	15.2%	4.9%	8.9%	1.3%	0.3%
青鱼、草鱼	2.6%	1.9%	2.6%	4.6%	8.5%
鲌	7.6%	0.8%	0.8%	0.4%	1.2%
其他	14.9%	21.6%	18.8%	25.0%	37.3%

90 年代开始，湖鲚产量开始较大幅度上升，所占比例也从 1956 年的 30.4%增至 2006 年
的 60.2%，成为太湖渔获物中的绝对优势种类；而鲢、鳙、青鱼、草鱼和鲌等大中型鱼
类所占渔获物的比例则从 1956 年的 45.9%降至 2006 年的 19.7%。同时，另一趋势则显
示，从 2009 年增加鱼类人工增殖放流数量后，大中型鱼类的比重不断增长，特别是鲢、
鳙的比例从 2006 年的 7.4%增至 2016 年的 18.8%，而湖鲚的比例则缩减至 47.3%。但
2018~2019 年，因为鲢、鳙生物调控效应未达到预期效果，其放流力度减缓，无论是捕
捞产量还是所占组成比例均大幅下降。

　　2020 年在太湖全湖共采集到鱼类 50 种，隶属 15 科 41 属，其中鲤科种类最多（32
种），占调查物种总数的 64%；其次是鰕虎鱼科（3 种）；鳗鲡科、鳀科、鳅科、鲇科、
胡鲇科、鲿科、鮨科、塘鳢鱼科、鳗鰕虎鱼科、月鳢科、刺鳅科、鱵科、银鱼科较少，
均为 1~2 种。北部藻型湖区、东部草型湖区、东太湖退养湖区和湖心敞水湖区所采集到
的鱼类分别为 26 种、35 种、30 种和 19 种，各湖区均以鲤科鱼类为主，其他科的种类数
较少。

　　太湖鱼类群落的物种丰富度（D）、多样性指数（H'）和均匀度（J'）总体偏低且不
同湖区间存在差异（表 3.5）。太湖水域 12 个鱼类调查点中（图 3.38），D 的变动幅度较
大，为 0.17~1.8，平均值为 0.98。H'和 J'均用生物量（H'_W、J'_W）和个体数量（H'_N、J'_N）
两种方法计算，H'_N、H'_W 的变动范围分别为 0.92~2.79 和 0.82~1.97，J'_N、J'_W 的变动范围
分别为 0.09~0.65 和 0.45~0.71（毛志刚等，未发表数据）。各湖区鱼类多样性，其判别指
数 D、H'和 J'的平均值均表现为东部草型湖区最高，东太湖退养湖区、北部藻型湖区次
之，湖心敞水湖区最低（表 3.5）。参考多样性指数分级评价标准，太湖鱼类群落生物多
样性整体表现为一般（$1 < H' < 2$）。东部草型湖区及东太湖退养湖区表现为较丰富
（$2 < H' < 3$），北部藻型湖区表现为一般（$1 < H' < 2$），湖心敞水湖区表现为贫乏（$0 < H' < 1$）。

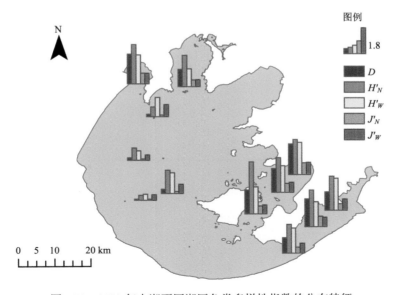

图 3.38　2020 年太湖不同湖区鱼类多样性指数的分布特征

表 3.5　太湖不同湖区的鱼类生物多样性指数（平均值±标准差）

区域	Margalef 指数	Shannon-Wiener 指数		Pielou 均匀度指数	
	D	H'_N	H'_W	J'_N	J'_W
北部藻型湖区	1.13±0.95	1.84±1.06	1.51±0.43	0.42±0.31	0.66±0.18
东部草型湖区	1.80±0.27	2.79±0.68	1.97±0.22	0.65±0.14	0.71±0.12
东太湖退养湖区	1.41±0.44	2.29±0.26	1.88±0.27	0.52±0.16	0.70±0.07
湖心敞水湖区	0.17±0.10	0.92±0.62	0.82±0.52	0.09±0.03	0.45±0.14
全湖	1.13±0.78	1.96±0.94	1.55±0.57	0.42±0.27	0.63±0.16

第四节　太湖水生态演变的总体态势与关键问题分析

一、太湖生态环境健康状况

根据 2020 年太湖关键生态环境指标的评价，目前太湖生态健康水平仍处于亚健康状态（表 3.6）。只有底栖动物的评价结果较好，均处于较为健康的中度健康状态。就空间差别而言，健康水平以竺山湾最低，其次是梅梁湾，东太湖和胥口湾最好。总体而言，太湖蓝藻密度较高，大部分湖区有较高蓝藻水华风险，从藻密度分析来看生态环境总体上处于不健康状态。因此，继续降低水体氮磷营养盐含量，提高水生态健康水平仍是今后工作的重点，竺山湾、梅梁湾、贡湖湾、胥口湾和东太湖等湾区是治理的重点湖区。

表 3.6　太湖主要指标分湖区评价表

评价指标		梅梁湾	贡湖湾	竺山湾	湖心区	西南湖区	东太湖	胥口湾
内梅罗指数	年度值	1.99	1.37	2.08	1.34	1.26	1.14	1.18
	评价结果（污染分级）	重	中度	重	中度	中度	中度	中度
营养指数	年度值	63.9	60.6	65.2	59.9	59.6	53.8	52.1
	评价结果（富营养分级）	中度	中度	中度	轻度	轻度	轻度	轻度
底栖动物生物污染指数（BPI）	年度值	1.74	0.62	0.44	0.64	0.62	0.73	1.26
	评价结果（污染分级）	中度	中度	轻度	中度	中度	中度	中度

注：据《地表水环境质量标准》（GB 3838—2002）中总氮、总磷、氨氮、溶解氧、高锰酸盐指数和生化需氧量这 6 个指标的地表水环境质量分级，计算内梅罗指数评价水质污染程度。

二、太湖生态环境演变的总体态势

（一）近十年太湖水质稳中向好，但营养水平依旧偏高

近 40 年来，太湖一直处于氮、磷外源负荷大于湖体自净能力的超负荷运行状态。据

2007~2008 年中国湖泊水质水量调查成果，2000~2007 年期间与 20 世纪 80 年代相比，高锰酸盐指数的指标负荷入湖量净增 5221 t/a，总氮入湖量净增 8437 t/a（杨桂山等，2010）。2007 年 5 月无锡市水危机事件引起社会的广泛关注，各级政府职能部门加强治理太湖的各项工作，太湖总氮浓度有所下降，全湖总氮浓度从 2007 年的 3.89 mg/L 下降到 2020 年的 2.20 mg/L，下降幅度达到了 43%。

2012 年以来，太湖水质稳中向好，水柱平均总磷、总氮、氨氮、高锰酸盐指数等关键水质指标浓度 2012 年分别为 0.129 mg/L、2.67 mg/L、0.51 mg/L 及 4.90 mg/L，2021 年下降到 0.113 mg/L、2.04 mg/L、0.19 mg/L 及 4.59 mg/L，下降幅度分别为 12%、24%、63% 及 6%。但目前太湖水体总磷仍处于高位波动，总体营养盐水平依旧偏高，这与太湖氮、磷入湖负荷总体超过湖体氮、磷的自净能力有关。许海等通过对 2005~2018 年太湖氮、磷收支估算，发现河流入湖的营养中，年负荷 9% 的氮、63% 的磷滞留在湖体中（Xu et al., 2021）。因此，太湖氮、磷的赋存量仍处于持续累积中，氮、磷总体上依然处于较高水平，进一步加大力度控制外源，调控和提升生态净化能力十分必要。

（二）蓝藻水华尚未得到根本遏制，气候因素影响增强

蓝藻水华强度是太湖生态环境状态评价中最关键的考量指标，是太湖水环境问题是否得到根本解决的标志。据记载，20 世纪 80 年代中后期，太湖西部、北部开始频繁暴发蓝藻水华。1990 年太湖蓝藻水华给无锡市造成了 1.3 亿元的直接经济损失；2007 年 5 月暴发的蓝藻水华引发了无锡市水危机事件，更是造成了 28.77 亿元的直接经济损失。

据对 2003~2020 年 1933 期太湖地区 MODIS 卫星影像数据解译，18 年间太湖蓝藻水华的平均面积为 167 km²。其中，2003 年年均水华面积最小，为 98 km²，2017 年年均水华面积最大，为 291 km²。此外，年均水华面积超过 200 km² 的还有 2019 年和 2007 年，分别为 213 km² 和 206 km²。从蓝藻水华暴发的物候条件看，随着时间的推移，太湖蓝藻水华首次暴发时间逐渐提前（Shi et al., 2019）。比如 2005 年大面积蓝藻水华首次暴发时间提前到 4 月，2007 年再次提前，在 3 月 28 日便出现较大面积水华。从空间上来看，2000 年以前太湖蓝藻水华主要出现在梅梁湾、竺山湾、马山岛南部水域以及西太湖沿岸；2001 年以来，除梅梁湾和竺山湾继续每年有蓝藻水华发生以外，南部沿岸区浙江附近水域，即夹浦、新塘一带的沿岸水域，也几乎每年都发生水华，且集聚面积逐年扩大、持续时间越来越长，有时会和西部沿岸区连成一片；2003 年之后，蓝藻水华开始向湖心扩散，严重时几乎覆盖整个太湖的非水草区域。贡湖湾自 2005 年以来每年都会出现大规模蓝藻水华，成为太湖蓝藻水华大规模扩张的重要转折点。

2012 年以来，太湖水源地蓝藻水华防控的能力大幅度提高，确保了蓝藻水华依然存在背景下，蓝藻水华引发的"湖泛"等次生灾害、水源安全威胁基本消除，有效保障了长三角地区的供水安全。2020 年夏季蓝藻水华程度总体较低，这主要是由于 2020 年夏季太湖流域降水偏多，持续较低光热条件和流域来水冲刷作用，不利于藻类对氮磷的利用。另一方面，经过十余年的流域治理，太湖总氮浓度下降十分明显，对蓝藻水华的强度开始产生遏制作用。然而，2020 年春末夏初的 4~6 月蓝藻水华强度仍偏高，发生面积大，导致太湖全年平均发生面积为 180 km²；其中，5 月 11 日形成的最大面积水

华达 1118 km²。这个结果首先说明不利藻类生长的气象条件对水华的抑制效应具有暂时性，同时也表明尽管太湖营养盐水平有所降低，但仍具备大规模水华暴发的物质基础。在营养盐未得到根本控制的背景下，如果光热等气象条件充分，太湖蓝藻水华仍会暴发。此外，气候因子对蓝藻水华的影响是周期性的，还是单向增强的？仍是待解之谜。如果是周期性的，类似 2007 年和 2017 年这种暖冬酷夏的气候再次出现，仍能形成灾害性蓝藻水华问题。因此，太湖藻类水华防控必须坚持流域营养盐削减，从根本上破坏藻类大规模增殖的物质基础，形成"低位波动"的水华条件。并应同步开展水生植被恢复工作，恢复足够面积的沉水植被区，实现湖泊生态系统的恢复。

（三）水生植被严重退化，生态系统完整性受损

鉴于大型水生植物在系统中的重要功能，过去不少学者对太湖部分水域和全湖大型水生植物进行过详细调查和研究（中国科学院南京地理研究所，1965；水利部太湖流域管理局和中国科学院南京地理与湖泊研究所，2000）。1960~1961 年对太湖的综合调查指出，太湖不同生态类型的水草分布遵循着一定的规律：挺水植物分布于太湖沿岸水深 0.8 m 以内的范围；浮叶植物分布于挺水植物外围水深 1.2 m 以内的范围；漂浮植物主要分布于挺水植物丛中；沉水植物则分布于水深不超过 2.6 m 的范围内（中国科学院南京地理研究所，1965）。1988 年，鲍建平等（1991）对全太湖水生大型植物的分布及生物量进行了调查，在东太湖设 44 个样方，西太湖设 10 个样方，调查发现优势种分别为苦草和马来眼子菜。2011 年完成了对太湖荇菜种群的调查，发现当时荇菜为太湖绝对优势种，种群最大覆盖面积约 76 km²。2013~2014 年太湖的优势种转变为狐尾藻和马来眼子菜。过去 25 年间气候变暖叠加富营养化已经使太湖的湖泊物理环境发生了显著变化，形成和强化了有利于蓝藻水华生长、漂浮和聚集的藻型生境，水生植物生长发育受到极大限制，造成湖泊生境逐步由草型生境向藻型生境转化（Zhang et al., 2018）。近年来一些湖湾水草收割方式不当，也造成水生大型植物群落进一步退化，覆盖度下降，种群结构简单，生态功能退化严重。2020 年太湖优势种为穗花狐尾藻、竹叶眼子菜、菹草和菱，分布面积约为 250 km²。退化最严重的水域位于光福湾、渔洋湾和南部湖区。作为一个水文变化节律人工调控程度很高的湖体，目前太湖沉水植物群落仍处于十分脆弱的阶段。如不及时加以科学保育，生态系统进一步崩溃的风险较大。

（四）鱼类种类减少，小型化趋势明显

20 世纪 50~70 年代的调查发现太湖鱼类共 106 种，反映了当时太湖与长江畅通，沟通江湖间的、以大运河为骨架的河网系统水质清新，饵料资源丰富，为江湖间鱼类通行提供了优良的环境条件，是太湖天然鱼类正常繁衍生息的时期。20 世纪 90 年代以后，受富营养化、江湖阻隔和过度捕捞等多重因素的影响，太湖鱼类种类组成变化明显，2014~2015 年采集到的鱼类数量少，捕获鱼类计有 18 科 48 属 61 种；至 2020 年在全湖只采集到鱼类 15 科 41 属 50 种。渔业资源的过度捕捞，导致一些具有地域性经济价值的鱼类如蛇鮈、银鮈等几乎消失，经济价值不高的湖鲚产量大幅上升到超过六成。尽管 2006~2016 年期间鱼类小型化趋势有所缓解，其中 2009 年湖鲚的比例缩减至 47.3%，鲢、

鲢比例增加到 18.8%，但是目前的鱼类结构仍然不佳。

鱼类处于湖泊生态系统中的食物链顶端，是湖泊生态系统健康与否的关键指标。在长江流域大规模调整天然水体鱼类捕捞及放养模式的背景下，太湖渔业如何发展，鱼类群落结构如何调整，是太湖水环境治理及生态保护决策中极其重要的问题，需要在科学研究的基础之上谨慎决策。

三、关键问题分析

2007 年以来，特别是十八大以来，太湖流域的水环境治理投入巨大。根据对江苏省辖区内太湖流域的调查，2007 年以来已修建污水管网数万公里，新建污水处理厂 100 多座，污水处理能力提高至每天 800 多万 t，城市污水处理率达 95%；累计关闭各类化工、印染、电镀和造纸等污染企业 5000 余家；治理大中型规模畜禽养殖场 3000 余处，规模化畜禽养殖场粪便无害化处理及资源化率达 90%；建设数千个农村家庭生活污水处理设施；构建湿地、植树造林等面源污染拦截工程 100 km² 以上；清除流域内的所有围网养殖；完成太湖底泥生态清淤 3700 余万 m³；建设蓝藻打捞点上百个，日处理藻浆能力达两万多吨；实施长江引水工程，以每年约 9 亿 m³ 水量补充太湖水资源的不足（Qin et al., 2019）。可见，无论是点源和面源污染还是湖体内源污染控制处理均得到大力推进，投资总数超过千亿元，治理的规模与强度都非常可观。特别是在水源地蓝藻水华应急监测、预警与防控，以及制水工艺提升方面投资巨大，已连续 15 年实现了确保饮用水安全、确保不发生大规模湖泛的"两个确保"防控目标。

遗憾的是，太湖蓝藻水华问题仍未得到显著改善。综合当前数据和资料表明，太湖水质改善的程度也只是在维持水质稳定的阶段，还未达到根治污染的质变阶段。一方面，大量治理措施效果有所显现，说明治理的方向是正确的、办法是科学的；另一方面，太湖流域社会经济仍处于高速发展阶段，湖泊承受的环境压力是巨大的，太湖安全度夏和"两个确保"（确保饮用水安全、确保不发生大面积湖泛）压力依然巨大。太湖治理仍处在负重前行阶段，对这一严峻形势和未来前景一定要有清醒的认识。其关键成因分析如下。

（一）浅水湖泊自然地理背景的深刻影响

国际上许多大型浅水富营养化湖泊经过长期治理也收效甚微，凸显了大型浅水富营养化湖泊治理的艰巨性和复杂性。例如日本的霞浦湖、美国的奥基乔比湖和伊利湖、加拿大的温尼伯湖等。这些湖泊经过多年治理，水质有所改善但非常缓慢，总磷浓度波动反复，蓝藻水华情势反弹等现象时有发生。美国的伊利湖西部浅水区在 2013 年因大规模蓝藻水华暴发导致滨岸的托利多市供水中断数天时间。根据收集的全球文献及美国与欧盟的湖泊调查数据分析发现，世界范围内磷限制湖泊广泛存在，特别是深水湖泊；而氮磷双限主要存在于富营养化的浅水湖泊或者湖湾，特别是大型水体。为了更有效地遏制蓝藻生长和水华暴发，浅水与深水湖泊应分别采取氮磷双控或单独控磷的不同策略（Qin et al., 2020）。浅水湖泊更易富营养化（Zhou et al., 2022），类似太湖这样大型浅水湖泊需要在控磷基础上协同控氮，以加速湖泊的恢复与水质改善。此外，还要考虑气候因子在大型浅水湖泊蓝藻水华控制中的影响，正确看待气候、水文情势变化等带来的藻情和水质反复现象，树立常抓不懈、久久为功的战略指导思想。

（二）高速经济发展增加了环境治理难度

2020 年太湖流域内苏州、无锡和常州的 GDP 分别为 20 171 亿元、12 370 亿元和 7805 亿元，相比于 2007 年的 5796 亿元、3805 亿元、1953 亿元，按可比价均增加了 3 倍多。流域高速经济增长导致的污染负荷压力，必然会给太湖生态环境造成更重的压力。近年的统计数据表明，太湖年入湖径流量增幅近 30%，换水周期则缩短至约 180d。因此，虽然污水处理率增加了，但是由于排放总量大，实际入湖负荷减少幅度不显著。同时说明，如果没有过去 10 年高强度治理，太湖当前水质情况会更差（秦伯强，2020）。

（三）气候变化抵消了营养盐削减的抑藻效应

根据太湖站的长期监测数据，过去 25 年太湖的气温和水温显著上升，年平均水温增加了 0.93℃，增温率为 0.37℃/10a，而在藻类萌发和蓝藻水华易发的春季增温最为明显，增温率高达 0.66℃/10a。由于太湖多年平均冬季水温为 5~6℃，接近于蓝藻细胞生长温度的下限，冬季到春季温度偏高有利于蓝藻顺利过冬甚至在冬季继续生长，越冬种群基数大量增加（Deng et al., 2020）。遥感监测发现，2016 年 12 月 31 日，太湖蓝藻水华面积仍有 718 km^2，为有监测记录以来冬季发现的最大水华面积。高存量的蓝藻生物量延续到次年春季，导致蓝藻水华暴发时间提前，强度加大，频率增加，于 2017 年 5 月出现了太湖有记录以来面积最大的蓝藻水华，达 1582 km^2（Qin et al., 2021），大面积的蓝藻水华一直持续到 2017 年 11 月。与此同时，受全球大气停滞和太湖周边城市高大楼群建设影响，太湖地区年平均风速下降了 0.68 m/s，降低了 20.1%。研究发现高温和低风速条件更有利于蓝藻生长和藻华上浮集聚，气温上升和风速降低造成藻华易发的气象指数（气温高于 25℃，风速低于 3.0 m/s 的累积天数）显著增高，由 1992 年的约 30 d 增至 2016 年的约 50 d，增幅高达 66.7%；而风速与气温比值则显著降低，其综合效应是强化了有利于蓝藻水华生长、漂浮和聚集的藻型生境（Zhang et al., 2018）。由此可见，太湖近年蓝藻水华情势反复波动并加重，是营养盐仍处于较高水平与温度升高和大气停滞协同作用的结果，部分抵消了太湖流域过去 10 多年控源截污削减营养盐对蓝藻水华的抑制作用（Deng et al., 2018）。

第五节　对策与建议

一、强化管理的科技支撑，合理设置水质目标

首先，建议科学合理制定水质管理标准。国内现行水质管理标准都是针对河流水体，并不完全适用于水文特性不同的湖泊水体，各类水质指标的取值也缺乏科学依据，甚至误导治理与管理对策的制定及实施。特别是针对富营养化水体的污染控制与管理指标体

系至今仍未出台。大量基础研究已经表明，湖体中氮、磷营养盐等关键指标偏高，无法遏制藻类生长和水华暴发。尽管目前城镇污水治理率达到了 95%，而且是遵照国家一级处理标准达标排放，但总氮浓度为 10~15 mg/L，总磷浓度为 0.5 mg/L，仍然远高于河流地表水的水质标准，更高于湖体富营养化要求的氮、磷浓度阈值（秦伯强，2020）。因此，必须根据各流域内经济发展状况、水体性质和其主要服务功能，制定科学合理的废水排放标准、河流地表水质量标准、湖库水质标准，以实施更为科学有效的水质保护、污染治理和流域管控政策。

其次，扭转以往以总量达标为目标的管理模式，转向以水质达标为目标的流域水质管理，并且最终过渡到以流域河流、湖泊生态安全为目标的管理模式。为此，流域控源截污需要制定更加严格的标准并要坚持更长时间，才可能在湖泊蓝藻水华控制和水质改善上产生显著效应。特别是太湖发育在冲积平原之上，这种地貌特征决定了其长期接纳大量营养物质沉积（Qin et al.，2007），如湖泊营养背景和本底重建显示太湖早在 20 世纪之前就已处于中营养-中富营养化状态，总磷浓度接近 0.05 mg/L（Dong et al.，2012）。在受到强烈人类活动影响之前仍可保持良好水质，主要得益于大量的湿地与水生植被的发育。因此，在当前社会经济快速发展及氮磷长期输入的条件下，建议加强太湖富营养化演化历史过程和水质目标客观可达性的研究，进一步厘清外源输入、内源释放、大气干湿沉降等营养盐输入通量的贡献；在此基础上，结合蓝藻生长和水华暴发营养盐阈值的确定和水环境容量合理计算，科学、合理地设定流域主要入湖河流和湖体水质达标目标，实施入湖通量考核，彻底改变目前湖泊流域的排放标准、入湖河流水质标准以及湖泊水质目标三者缺乏科学关联的现状，实现排放源、入湖河流和湖泊环境质量标准的有机结合，切实保障水环境质量持续改善。

二、注重河湖协同治理，从流域湖泊一体化视角制定生态修复策略

湖泊富营养化"病症在湖里，病根在岸上"，流域上发生的自然变化和人类活动产生的各种物质，最终都会流入湖泊，影响湖泊的水环境和生态系统。因此，改善和保护湖泊不能只单纯地"就湖言湖"，而必须以流域整体为对象进行综合评估与管理。对于严重富营养化、蓝藻水华频发的太湖，要有打持久战的思想准备，坚持 20~30 年高强度的流域治理措施不放松。特别是在治理成效评估中，要客观看待各类短期反弹现象，着眼长远，充分认识到治理的长期性和艰巨性。

（一）强化流域外源负荷控制，削减入湖污染

需要制定更为严格的营养盐管控标准，严格实施"控磷为主，协同控氮"的流域减排降污策略，大幅度提高城镇点源污染的污水接管比例，显著提升污水处理后的排放标准。同时，积极发展低能耗、高效益的绿色产业，结合目前正在大力推进的国土资源整治和新农村建设战略，合理归并闲置与非合理利用土地，通过广泛恢复湿地、生态沟渠、串联水塘等措施有效拦截面源污染；加大种植业面源污染控制资金投入，提升种植业化肥减施水平，实现绿色流域与营养盐循环利用，制定和完善针对性的政策支持和考核

机制。

（二）科学管控内源负荷，防止局部水域灾变

在太湖西北部沿岸、竺山湾和梅梁湾蓝藻水华堆积区和湖泛易发区加强蓝藻水华发生前和发生后规模化、低成本和高效益的蓝藻精准打捞，控制湖体颗粒态磷水平，有效去除水体总磷负荷和控制底泥总磷释放。通过重度污染底泥疏浚、蓝藻打捞和生态恢复等措施来遏制底泥内源污染的释放和促进营养盐的高效循环利用。

（三）重视良性生态系统保育，提升自净能力

在严控营养盐大规模输入的基础上，通过江湖连通、调水等工程措施优化太湖流场结构，减少水体氮磷营养盐累积及反复活化，提高水体自净能力，促进局部藻型湖湾的草、藻型生态系统转换的临界阈值出现；通过精细化季节性地调控水位，科学管控捕捞、养殖和水上娱乐项目等人类活动，实施消浪工程，多措并举以提高水体透明度，改善湖泊底部光环境等生境条件，促进已有的湖泊草型生态系统自然发育，遏制藻型生态系统扩张，进而控制蓝藻水华的形成和暴发。

（四）细化生态保护管理，合理实施生态修复

始终坚持"控源截污—环境改善—生态恢复"三步走的长效治理策略。在坚持保护优先原则、坚决制止流域污染输入和加强湖泊水体保护的基础上，统筹协调湖泊生态环境保护和资源开发利用的关系。太湖既是重要饮用水源地，又是极有影响的旅游风景区，需提升流域内种植和养殖的管理水平，严格控制旅游基础设施开发建设，合理规划配置景区发展规模和季节性接待人数调整等，探讨绿水青山常在与人民生活水平不断提高共存的经济发展模式。

三、提升生态风险防范意识，提高生态灾害预测预警与主动防控能力

由于流域控源截污尚未完全实现，而气候变暖的影响日趋显著，湖库蓝藻水华问题在短期内尚不能得到根治。因此，构建蓝藻水华预测预警体系是避免水危机事件发生、保障富营养化湖泊饮用水安全的优选方案。太湖站与相关单位联合攻关，自 2009 年以来持续发布的《太湖蓝藻及湖泛监测预警半周报》（Li et al., 2014; Qin et al., 2015; 李未等，2016），成功预测 20 余次微型湖泛事件，指导了地方开展应急处置、太湖蓝藻水华精准打捞和处置系统布设，大幅提升了底泥生态清淤效率，并自 2017 年开始每期报送生态环境部等管理部门。2019 年 5 月，新一代"太湖蓝藻水华及湖泛监测预警平台"启动试运行，改一周双报为滚动式 7 天预报。目前，这一系统已在千岛湖、天目湖等重要饮用水源地得到推广应用（朱广伟等，2020）。针对我国重点湖库在蓝藻水华监测和饮用水安全保障管理方面的迫切需求，亟须形成蓝藻水华及湖泛监测预警标准规范，切实加强蓝藻水华及湖泛预测预警系统在太湖蓝藻水华及生态灾害的监测、防控和应急处置中的信息支撑功能，保障太湖生态系统健康和饮用水安全。

致谢：太湖湖泊生态系统研究站为本章内容提供了大量的基础数据，这些数据来源于太湖站 30 多年来几十位生态观测人员的跟踪监测，在此对该站扎根一线的湖泊生态环境观测人员表示感谢。水利部太湖流域管理局、江苏省太湖渔业管理委员会办公室、无锡市生态环境局提供部分数据，在此一并致谢。

参 考 文 献

鲍建平, 缪为民, 李劫夫, 等. 1991. 太湖水生维管束植物及其合理开发利用的调查研究. 大连水产学院学报, 6(1): 13-20.

蔡梅, 李琛, 李勇涛, 等. 2020. 江河湖连通的太湖上游河网水流运动规律探索. 中国农村水利水电, (12): 127-133.

季海萍, 吴浩云, 吴娟. 2019. 1986~2017 年太湖出、入湖水量变化分析. 湖泊科学, 31(6): 1525-1533.

李琼芳, 许树洪, 陈启慧, 等. 2022. 环太湖各水资源分区入出湖河流总磷浓度与负荷变化分析. 湖泊科学, 34(1): 74-89.

李未, 秦伯强, 张运林, 等. 2016. 富营养化浅水湖泊藻源性湖泛的短期数值预报方法——以太湖为例. 湖泊科学, 28(4): 701-709.

马荣华, 段洪涛, 唐军武, 等. 2010. 湖泊水环境遥感. 北京: 科学出版社.

毛志刚, 谷孝鸿, 曾庆飞, 等. 2011. 太湖渔业资源现状(2009—2010 年)及与水体富营养化关系浅析. 湖泊科学, 23(6): 967-973.

秦伯强. 2020. 浅水湖泊湖沼学与太湖富营养化控制研究. 湖泊科学, 32(5): 1229-1243.

秦伯强, 胡春华. 2010. 中国生态系统定位观测与研究数据集: 湖泊湿地海湾生态系统卷(江苏太湖站(1991—2006)). 北京: 中国农业出版社.

盛昱凤, 薛媛媛, 戚丽萍, 等. 2021. 1960 年以来太湖水位变化特征及影响因素分析. 北京师范大学学报(自然科学版), 57(1): 22-28.

水利部太湖流域管理局, 中国科学院南京地理与湖泊研究所. 2000. 太湖生态环境地图集. 北京: 科学出版社.

孙顺才, 黄漪平. 1993. 太湖. 北京: 海洋出版社.

杨桂山, 马荣华, 张路, 等. 2010. 中国湖泊现状及面临的重大问题与保护策略. 湖泊科学, 22(6): 799-810.

赵凯, 周彦锋, 蒋兆林, 等. 2017. 1960 年以来太湖水生植被演变. 湖泊科学, 29(2): 351-362.

中国科学院南京地理研究所. 1965. 太湖综合调查初步报告. 北京: 科学出版社.

朱广伟, 施坤, 李未, 等. 2020. 太湖蓝藻水华的年度情势预测方法探讨. 湖泊科学, 32(5): 1421-1431.

朱伟, 程林, 薛宗璞, 等. 2021. 太湖水体交换周期变化(1986—2018 年)及对水质空间格局的影响. 湖泊科学, 33(4): 1087-1099.

庄巍, 逄勇. 2006. 西太湖湖滨典型河网区与太湖水量的交换. 湖泊科学, 18(5): 490-494.

Deng J M, Paerl H W, Qin B Q, et al. 2018. Climatically-modulated decline in wind speed may strongly affect eutrophication in shallow lakes. Science of The Total Environment, 645: 1361-1370.

Deng J M, Zhang W, Qin B Q, et al. 2020. Winter climate shapes spring phytoplankton development in non-ice-covered lakes: Subtropical Lake Taihu as an example. Water Resources Research, 56(9):

e2019WR026680.

Dong B L, Zhou Y Q, Jeppesen E, et al. 2021. Response of community composition and biomass of submerged macrophytes to variation in underwater light, wind and trophic status in a large eutrophic shallow lake. Journal of Environmental Sciences, 103: 298-310.

Dong X H, Anderson N J, Yang X D, et al. 2012. Carbon burial by shallow lakes on the Yangtze floodplain and its relevance to regional carbon sequestration. Global Change Biology, 18(7): 2205-2217.

Li W, Qin B Q, Zhu G W. 2014. Forecasting short-term cyanobacterial blooms in Lake Taihu, China, using a coupled hydrodynamic-algal biomass model. Ecohydrology, 7(2): 794-802.

Qin B Q, Deng J M, Shi K, et al. 2021. Extreme climate anomalies enhancing cyanobacterial blooms in eutrophic Lake Taihu, China. Water Resources Research, 57(7): e2020WR029371.

Qin B Q, Li W, Zhu G W, et al. 2015. Cyanobacterial bloom management through integrated monitoring and forecasting in large shallow eutrophic Lake Taihu (China). Journal of Hazardous Materials, 287: 356-363.

Qin B Q, Paerl H W, Brookes J D, et al. 2019. Why Lake Taihu continues to be plagued with cyanobacterial blooms through 10 years (2007–2017) efforts. Science Bulletin, 64(6): 354-356.

Qin B Q, Xu P Z, Wu Q L, et al. 2007. Environmental issues of Lake Taihu, China. Hydrobiologia, 581: 3-14.

Qin B Q, Zhou J, Elser J J, et al. 2020. Water depth underpins the relative roles and fates of nitrogen and phosphorus in lakes. Environmental Science & Technology, 54(6): 3191-3198.

Shi K, Zhang Y L, Zhang Y B, et al. 2019. Phenology of phytoplankton blooms in a trophic lake observed from long-term MODIS data. Environmental Science & Technology, 53(5): 2324-2331.

Wu T F, Qin B Q, Brookes J D, et al. 2019. Spatial distribution of sediment nitrogen and phosphorus in Lake Taihu from a hydrodynamics-induced transport perspective. Science of the Total Environment, 650: 1554-1565.

Xu H, McCarthy M J, Paerl H W, et al. 2021. Contributions of external nutrient loading and internal cycling to cyanobacterial bloom dynamics in Lake Taihu, China: Implications for nutrient management. Limnology and Oceanography, 66(4): 1492-1509.

Zhang Y L, Qin B Q, Zhu G W, et al. 2018. Profound changes in the physical environment of Lake Taihu from 25 years of long-term observations: Implications for algal bloom outbreaks and aquatic macrophyte loss. Water Resources Research, 54(7): 4319-4331.

Zhou J, Leavitt P R, Zhang Y, et al. 2022. Anthropogenic eutrophication of shallow lakes: Is it occasional? Water Research, 221: 118728.

第四章 巢 湖

　　巢湖是我国第五大淡水湖、安徽省第一大湖,是合肥市的城市名片,具有防洪抗旱、农业灌溉、城市和村镇供水、休闲旅游、航运、净化污染物、生物多样性保护等众多功能。巢湖湖盆形成于距今 1.2 万年前的地层断陷,湖区面积曾逾 2000 km^2。经过漫长演变,湖面逐渐萎缩至近 800 km^2。历史上巢湖与长江自然沟通并互为吞吐,湖水位随江水涨落而变化,江湖关系密切,"水落山田尽赤土,水涨圩垸多荡没"的记载屡见不鲜,水旱灾害严重。

　　20 世纪以来,巢湖总体上经历了早期围湖造田、中期江湖阻隔和后期湖区污染等演变历程。为抗御江洪倒灌侵袭和发展蓄水灌溉航运,20 世纪 60 年代相继建成了巢湖闸等控湖工程,发挥了显著的防洪、灌溉和航运等综合效益。但同时,也使巢湖成为受人工控制的湖泊。巢湖先期治理主要是解决洪旱灾害问题,近 40 多年来,随着区域快速发展和污染负荷增加,水环境和蓝藻水华问题快速凸显。2020 年 8 月,习近平总书记考察巢湖时强调:"八百里巢湖要用好,更要保护好、治理好,使之成为合肥这个城市最好的名片。"

　　本章在总结巢湖生态环境历史调查、长期水质监测、国家水专项研究和地方水污染治理等成果基础上,对巢湖生态环境演变及存在的问题进行了分析研究,提出了巢湖水污染控制、蓝藻水华防控和水生态系统健康构建的对策和建议。

第一节　巢湖及其流域概况

一、地理位置

　　巢湖位于安徽省中部,北纬 31°25′~31°43′、东经 117°17′~117°52′,属长江下游左岸水系(图 4.1)。巢湖多年平均水位 8.52 m(吴淞高程,下同),面积 769 km^2。

　　巢湖流域位于北纬 30°56′~32°6′、东经 116°24′~118°22′之间,总面积 13486 km^2,占安徽省总面积的 9.6%。流域涉及合肥、芜湖、马鞍山、六安和安庆 5 市 17 个县(市、区)(图 4.1)。巢湖流域地处亚热带边缘,属于北亚热带湿润季风气候区,具有承东启西、连接中原、贯通南北的重要区位优势,是全省政治、经济、文化、信息、金融和商贸中心(夏文博和朱青,2018)。

二、地形地貌

　　巢湖流域地势总体东西长、南北短,西高东低、中间低洼,湖形似鸟巢(图 4.2)。流域西南部为大别山余脉,南部和东部为沿巢及沿江圩区,西部和北部是江淮丘陵。全域山丘区 9403 km^2,占流域面积的 70%,圩区 3275 km^2,占 24%,湖泊 808 km^2,占 6%。

按地貌类型分，主要包括山地、丘陵、岗地和冲积平原。旱灾主要发生在上游丘陵地区，防洪和环境问题主要集中在湖区及入湖河流中下游。

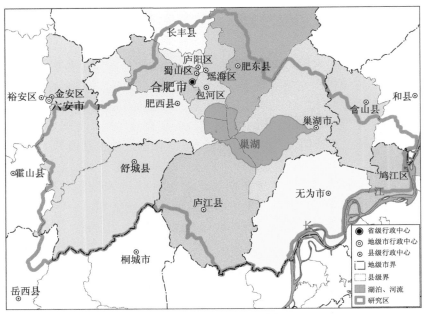

图 4.1 巢湖流域行政区划图

图 4.2 巢湖流域地形

流域内低山区和低山丘陵区的土壤有石灰土、紫色土、棕壤和黄棕壤；丘陵岗地的土壤为紫色土和棕壤，在岗冲丘陵发育地带或高坎之间的小冲地分布有黄棕壤，丘陵岗地底部及低山区间谷地则为潜育型水稻土，冲积平原、丘陵岗冲平缓处及低山区底部平坦处主要分布有侧渗型水稻土，巢湖沿岸及主要河流下游沿岸两侧为潴育型水稻土。植被类型为北亚热带混交林夹少数耐寒常绿阔叶林，主要为人工栽培林、次生林、灌木丛和草类，以及大范围分布的种植农作物。森林类型和种类较为单调，主要包括针叶林、阔叶林、经济林以及杂树灌丛林等。

三、气候气象

巢湖流域属北亚热带湿润季风气候区，四季分明、气候温和，年均气温 15.8℃，极端最高气温 41.1℃，极端最低气温−20.6℃，无霜期约 225d。流域年均降水量 1120.3 mm，年际变化悬殊，最大年 1915.6 mm、最小年 583.5 mm；年内分布不均，汛期 6~9 月一般占全年降水量的60%左右（万能胜和齐鹏云，2021）；降水的年际、年内变化是导致地区干旱和枯季河道断流的主要原因。流域主导风向夏季为东南风，冬季为东北风。

四、水文水系

巢湖通过裕溪河和长江连通。裕溪闸和巢湖闸未建之前，巢湖和长江水能自由交换。巢湖流域河流众多，依泄水出路不同，习惯上归纳为巢湖闸上和巢湖闸下。巢湖闸上流域面积 9153 km^2，入湖的大小河流共 38 条，其中来水面积在 500 km^2 以上的主要河流有南淝河、派河、杭埠河（丰乐河）、白石天河、兆河和柘皋河等（表 4.1），呈放射状汇入巢湖。巢湖闸下流域面积 4333 km^2，主要河流有裕溪河、西河、清溪河和牛屯河等直接入江河道（彭兆亮等，2020）。流域内天然湖泊有巢湖、黄陂湖和已围垦的白湖等。

巢湖闸以上区域多年平均水资源量为 37.67 亿 m^3，水资源量年内分配不均，5~9 月占全年总量的 61.7%，10 月~翌年 4 月占 38.3%。另外年际变化也较大，丰水年如 1991 年和 1969 年分别为 97.4 亿 m^3 和 71.9 亿 m^3，而特枯水年的 1978 年仅为 13.5 亿 m^3。

表 4.1 巢湖流域主要河道特征

流域名称	河流名称	集水面积/km^2	起点	终点	河道长度/km
巢湖闸上	杭埠河（含丰乐河）	4246	大别山余脉	巢湖	263
	南淝河	1464	肥西将军岭	施口	70
	派河	585	肥西周公山	下派	60
	白石天河	577	庐江小河沿	巢湖	34.5
	柘皋河	518	巢湖芝麻咀	河口	35.2
	兆河	504	缺口	巢湖	34
	十五里河	111	江淮分水岭	河口	27
	烔炀河	92	巢湖秦树村	巢湖	22.8
	鸡裕河	82	肥东蛮山	巢湖	20
	蒋口河	73	肥西丰乐镇	巢湖	19
	塘西河	50	江淮分水岭	河口	12.7
	其他区间	851	50 km^2 以下的众多入湖小河流		
小计		9153			

续表

流域名称	河流名称	集水面积/km²	起点	终点	河道长度/km
	裕溪河	3929	巢湖闸	裕溪河口	60.5
	西河	(2305)	缺口	黄雒镇	84.7
巢湖闸下	清溪河	(235)	含山丘陵	入裕溪河口	25.7
	牛屯河	404	蟹子口	江口	49.2
	小计	4333			
	备注		裕溪河流域面积含所属支流西河、清溪河		
合计		13486			

五、社会经济与土地利用

巢湖流域 2012 年常住人口 963 万人,经济总量 4611.09 亿元。随着经济社会的快速发展,流域人口经济快速增加,2019 年流域常住人口约 1085 万人,经济总量约 10567.8 亿元,以占安徽省 9.6%的土地面积和 17.3%的人口,贡献了安徽全省 28.9%的经济总量。特别是位于巢湖西部集水域的合肥市,近年来社会经济更是突飞猛进,人口从 2015 年的 779.0 万增加至 2019 年的 818.9 万,加上流动人口,合肥市人口总量已过千万,GDP 由 2015 年的 5660.27 亿元,增加至 2019 年的 9409.40 亿元,2020 年 GDP 总量 10045.72 亿元,上到万亿台阶。2015 年三次产业结构为 4.7:54.7:40.6,按常住人口计算,人均 GDP 为 73102 元;2019 年三次产业结构为 3.1:36.3:60.6,全员劳动生产率 172887 元/人,按常住人口计算,人均 GDP 为 115623 元。2015~2019 年巢湖流域粮食产量基本在 300 万 t 左右。这使得巢湖成为世界上特有的上游有特大型城市、受人类活动高强度影响的大型浅水湖泊。

巢湖流域的土地利用类型包括耕地、林地、草地、湿地、水体、建设用地全部 6 个一级类,以及 19 个二级类。其中耕地约 630 万亩(图 4.3)。

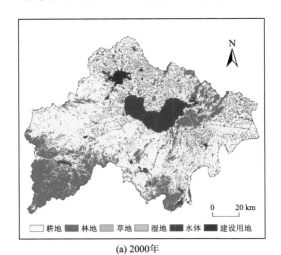

耕地　林地　草地　湿地　水体　建设用地

(a) 2000年　　　　　　　　　　　　　　(b) 2010年

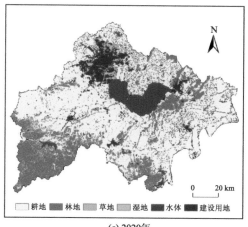

(c) 2020年

图 4.3 巢湖流域土地利用分布（2000 年、2010 年、2020 年）

第二节 巢湖水环境现状及演变过程

一、水量和水位

（一）出入湖水量

环湖河流多年平均流入巢湖的径流总量约为 $42.5×10^8m^3$，最大年径流总量出现在 1991 年，达到 $108.8×10^8m^3$，折合平均入湖流量为 $342 \ m^3/s$。2014~2020 年平均径流总量为 $47.5×10^8m^3$，年内和年际变化很大，2020 年入湖总水量高达 $79.8×10^8m^3$，而 2019 年仅为 $24.1×10^8m^3$，相当于 2020 年的 30.2%。在主要河流中，杭埠河 2014~2020 年年均注入巢湖的径流总量达到 $22.1×10^8 \ m^3$，占入湖总水量的 46.5%；其次为南淝河，年均径流总量为 $10.5×10^8m^3$，占入湖总水量的 22.2%（表 4.2）。

表 4.2 2014~2020 年巢湖流域主要河流出入湖水量统计 （单位：10^8m^3）

河流	2014 年	2015 年	2016 年	2017 年	2018 年	2019 年	2020 年	平均
杭埠河	18.69	19.29	31.19	16.16	22.27	10.46	36.48	22.08
南淝河	9.05	9.92	14.88	8.00	9.54	5.96	16.33	10.53
派河	3.20	3.59	5.3	2.57	3.96	2.00	5.91	3.79
白石天河	3.03	2.82	5.69	2.05	3.25	1.66	5.94	3.49
兆河	2.51	−2.16	0	2.32	−0.68	0.99	3.60	0.94
柘皋河	2.21	2.04	4.79	1.77	2.70	1.15	5.26	2.85
双桥河	0.86	1.03	1.63	0.63	0.90	0.46	2.09	1.09
十五里河	0.75	0.79	1.09	0.71	0.88	0.57	1.21	0.86
塘西河	0.40	0.30	0.59	0.27	0.34	0.19	0.55	0.38
炯炀河	0.38	0.43	0.69	0.29	0.40	0.21	0.75	0.45
鸡裕河	0.35	0.41	0.76	0.28	0.37	0.20	0.70	0.44
蒋口河	0.27	0.31	0.56	0.27	0.36	0.15	0.63	0.36
花塘河	0.18	0.19	0.42	0.15	0.21	0.11	0.38	0.23
裕溪河	−45.78	−43.18	−68.2	−38.84	−47.9	−20.58	−87.16	−50.23

注：各河流出入湖水量利用模型计算得到（Peng et al., 2019），−表示出湖。

（二）湖泊蓄水量

由于巢湖闸的调控作用，巢湖年均蓄水量总体较为稳定（图 4.4），2003~2020 年巢湖多年平均蓄水量为 26.79×10^8 m³。最大年均蓄水量为 2020 年，达到 32.51×10^8 m³；2017 年年均蓄水量最小，为 24.36×10^8 m³。

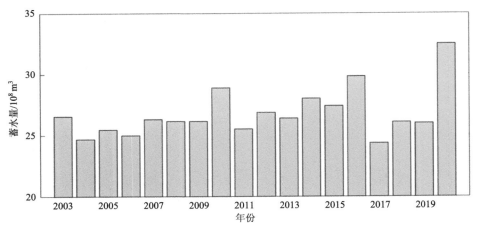

图 4.4　2003~2020 年巢湖年均蓄水量变化

虚线代表多年平均蓄水量

虽然巢湖蓄水量年际变化比较平稳，但汛期降水径流入湖量大，蓄水量快速上升。图 4.5 显示了 2014~2020 年间巢湖逐日蓄水量变化过程，可以看出，2016 年和 2020 年夏季受洪水入湖影响，蓄水量远高于枯水期和平水期。其中 2020 年 7 月 22 日蓄水量达到 60.91×10^8 m³，为有统计数据以来的历史最大值。

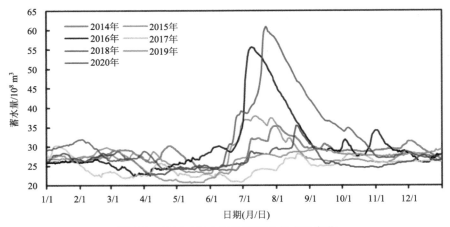

图 4.5　2014~2020 年巢湖逐日蓄水量变化

（三）水位

受长江水位和巢湖流域内山丘区诸支流来水综合影响，巢湖水位在汛期具有陡涨缓落的特点。1962 年巢湖闸建成之前，年平均最低水位为 1948 年的 7.11m，瞬时最低水位为 1958 年的 6.03m，最高水位为 1954 年的 12.93m（张之丽和徐昭国，1992）。在巢湖闸建成投入使用至 2002 年巢湖闸改扩建工程竣工期间，巢湖平均水位抬升幅度较大，年平均最低水位出现在 1966 年，为 7.23m，瞬时最低水位出现在 1978 年，为 6.33 m[①]；最高水位（巢湖忠庙站）为 12.72 m，出现在 1991 年 7 月 13 日（张之丽和徐昭国，1992）。2003 年以来为满足航运、供水等需求，巢湖水位得到了进一步抬升，平均水位为 9.00 m，最低和最高水位分别为 7.75 m 和 13.43 m（图 4.6）。最高和最低年平均水位出现在 2020 年和 2017 年，分别为 9.73 m 和 8.69 m。

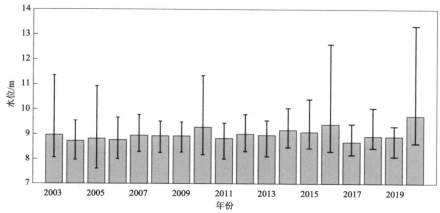

图 4.6　2003~2020 年巢湖全湖平均水位逐年变化情况

柱状图代表年平均水位；线段上下端分别代表年最高和最低水位

由于湖面在河水进出湖或湖面风场作用下会出现不同程度的倾斜，因此在同一时刻巢湖不同湖区水位也会有所差异（图 4.7）。巢湖水位总体呈现中部湖区最高、西部次之、东部湖区最低的趋势，其中中部湖区水位相比东部湖区平均高 0.11 m 左右，同一时刻不同湖区间水位差最大可达 0.5 m 以上。

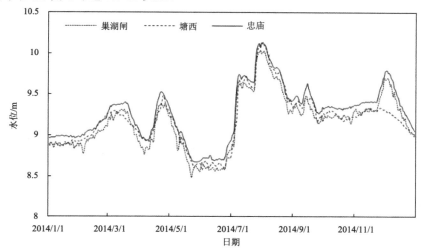

图 4.7　巢湖闸、塘西、忠庙水位站 2014 年逐日水位过程线

① 合肥市巢湖沿岸水环境治理及生态修复工程变更设计报告（修订本），2013。

二、透明度

1984 年巢湖水体透明度冬季最低，平均值为 13.7 cm；秋季最高，平均值为 19.0 cm；全年平均为 16.3 cm （蒙仁宪和刘贞秋，1988）。1987 年与 1988 年巢湖水体透明度分别为 26 cm 与 25 cm （屠清瑛等，1990）。2000~2019 年，巢湖水体透明度在 40 cm 左右波动（图 4.8（a））。2020 年巢湖透明度变化范围为 10~70 cm，年度均值为 41 cm。从年内季节变化来看，透明度在 1 月较低，平均为 34 cm，然后开始逐渐升高，3、4 月达 43cm，然后波动式下降（图 4.9（a））。从巢湖西北湖湾区向湖心、东部湖区，水体透明度呈总体增大趋势（Zhang et al.，2021）。

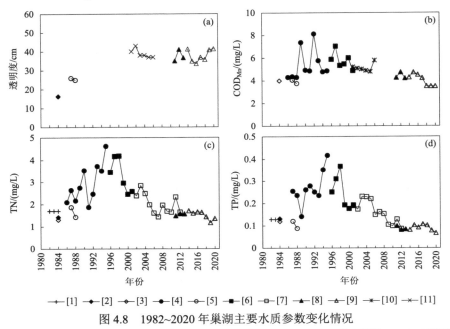

图 4.8　1982~2020 年巢湖主要水质参数变化情况

（数据来源：[1]邓英春等，1997；[2]蒙仁宪和刘贞秋，1988；[3]Yin 和 Bernhardt，1992；[4]张之源等，1999；[5]屠清瑛等，1990；[6]张海燕和李箐，2005；[7]刘允和孙宗光，2014；[8]2013 巢湖健康状况报告（安徽省巢湖管理局，2014）；[9]2020 巢湖健康状况报告（安徽省巢湖管理局，2021）；[10]中国环境状况公报（2001~2006 年）（国家环境保护总局，2002，2003，2004，2005，2006，2007）；[11]王凤，2007）

三、溶解氧（DO）

Yin 和 Bernhardt（1992）于 1987~1988 年对巢湖忠庙附近水域 DO 进行观测研究，DO 变化范围为 6.1~12.0 mg/L，平均值为 8.3 mg/L。2002~2003 年，巢湖水体 DO 在 6.9~23 mg/L，平均为 11.4 mg/L（Yang et al.，2006）。2016~2017 年巢湖 DO 为 6.23~15.8 mg/L，平均为 9.93 mg/L，水体 DO 饱和度为 93%~112% （Zhang et al.，2021）。巢湖水体 DO 在冬季最高，进入 3 月后受温度升高的影响逐渐下降，夏季 DO 整体在 8mg/L 左右，进入 10 月后 DO 开始逐渐回升（图 4.9（b））。由于巢湖西半湖浮游植物密度较高，水体 DO 也相对较高（Zhang et al.，2021），夏季巢湖西北部蓝藻水华易发区有溶解氧超饱和现象出现（何凯等，2021）。

四、pH

蒙仁宪和刘贞秋（1988）曾于 1984 年对巢湖 pH 做过季节性观测，其中冬季最低，为 7.54，夏季最高，为 8.24，全年平均为 7.93。Yin 和 Bernhardt（1992）于 1987~1988 年对巢湖忠庙附近水域 pH 进行观测，pH 平均值为 8.0。最近几年，巢湖水体 pH 基本上在 8.0~8.4 范围内波动。从年内季节变化来看，绝大部分时间巢湖水体 pH 平均值在 8.0 以上，其中 4 月较低，6~9 月由于气温升高、水体光合作用强烈，水体 pH 为全年较高时段，平均值维持在 8.3 以上（图 4.9（c））。但在巢湖西北部蓝藻水华易发区，曾有 pH 达到 10 的情况出现（何凯等，2021）。这可能是因为水体中浮游植物大量繁殖，快速消耗水体中 CO_2，水体中原有碳酸平衡被破坏，造成 pH 暂时升高。

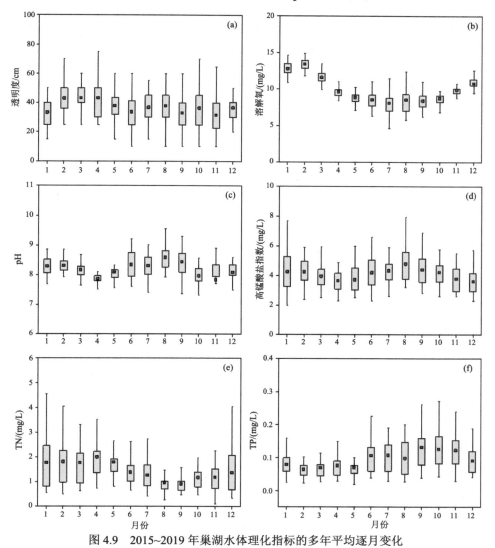

图 4.9　2015~2019 年巢湖水体理化指标的多年平均逐月变化

五、高锰酸盐指数（COD$_{Mn}$）

巢湖 COD$_{Mn}$ 在 1984 年为 4.0 mg/L（水质类别Ⅱ，参考《地表水环境质量标准》（GB 3838—2002），下同），随后也逐渐升高，最高达到 8.1 mg/L（水质类别Ⅳ），但升高幅度不及 TN、TP，2000 年后降低到 5.0 mg/L 左右；2012 年巢湖 COD$_{Mn}$ 为 4.75 mg/L（水质类别Ⅲ），随后呈波动式下降，2020 年达到 3.50 mg/L（水质类别Ⅱ），相较 2012 年下降了 26%（图 4.9（d））。

巢湖水体 COD$_{Mn}$ 在 1 月平均为 4.3 mg/L，随后逐渐下降并在 4 月降到最低 3.7 mg/L，从 5 月开始逐渐升高，8 月达到最高 4.8 mg/L，然后逐渐下降，和 TP 的变化具有部分一致性（图 4.9）。5 月水温已经升到 20℃以上，藻类开始大量繁殖，这是造成水体 COD$_{Mn}$ 在 5 月后逐渐升高的一个原因；另外，进入夏季之后降水增加，外源有机质输入也会增大，这是 COD$_{Mn}$ 升高的另一个原因。进入 10 月之后水温不断降低，蓝藻生长变缓，藻源性有机质不断分解、减少，与此同时，外源有机质输入伴随降水量的减少而减少，使得水体 COD$_{Mn}$ 在 9 月后呈现不断下降的趋势（图 4.9（d））。COD$_{Mn}$ 在空间变化上亦表现为自西北湖湾区向东南依次降低的趋势（图 4.10（a））。

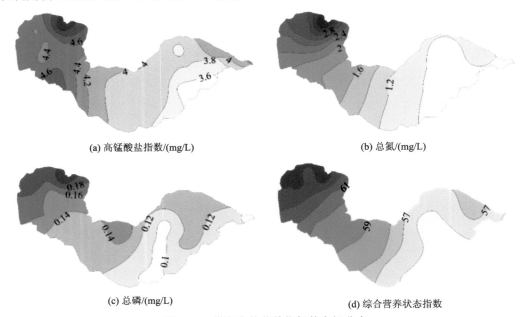

(a) 高锰酸盐指数/(mg/L)　　　　　　　　　　(b) 总氮/(mg/L)

(c) 总磷/(mg/L)　　　　　　　　　　(d) 综合营养状态指数

图 4.10　巢湖水体营养指标的空间分布

六、总氮（TN）

巢湖水体 TN 在 1982~1984 年浓度为 1.31~1.70 mg/L（水质类别Ⅳ~Ⅴ），然后不断升高，在 1994 年与 1995 年达到最高值，转而开始逐渐下降。2012 年以来巢湖 TN 呈波动式下降，TN 水质类别维持在Ⅳ~Ⅴ类：2012 年 TN 为 1.58 mg/L，2020 年为 1.36mg/L，降低了 14%（图 4.8（c））。

在年内季节变化上，巢湖水体 TN 从 1 月开始逐渐升高，4 月达到最高（平均为2.01 mg/L）；随后气温升高、藻类大量繁殖使其下降，在 9 月达到年度最低值（平均为 0.92 mg/L）；进入 10 月后气温不断降低、藻类光合作用减弱，TN 又开始逐步升高（图 4.9（e））。因此，TN 总体表现为冬春相对较高、夏秋相对较低的季节变化趋势。叶琳琳等（2015）对氨氮与硝态氮的研究表现出一致的结果。巢湖溶解有机氮（dissolved organic nitrogen, DON）的变化表现为 8、9 月最低，然后逐渐升高并在春季 3、4 月达到最高，再逐渐降低。

从空间分布来看，巢湖 TN 总体上表现为西部高、东部低的情形（图 4.10（b）），在南淝河入湖区 2018 年均值高达 3.40 mg/L，然后向东南方向依次降低，在忠庙以东绝大部分区域 TN 小于 1.20 mg/L，东湖区中的较大区域 TN 小于 1.0 mg/L。

七、总磷（TP）

TP 在 1982~1984 年平均浓度为 0.129 mg/L（水质类别Ⅴ；邓英春等，1997），蒙仁宪和刘贞秋（1988）与 Yin 和 Bernhardt（1992）观测的 1984 年 TP 分别为 0.132 mg/L与 0.120 mg/L（水质类别Ⅴ）。张崇岱等（1997）在巢湖布设了 12 个研究点，分别在 2、5、8 月对水质进行了观测，所获 1987 年与 1988 年平均 TP 分别为 0.255 mg/L 与 0.236 mg/L（水质类别劣Ⅴ）。屠清瑛等（1990）在巢湖布设了 29 个采样点，所获 1987 年 10 月与1988 年 8 月全湖 TP 浓度分别为 0.121 mg/L（水质类别Ⅴ）与 0.088 mg/L（水质类别Ⅳ）。随后巢湖 TP 不断增高，在 1995 年超过 0.4 mg/L 达到最高值（水质类别劣Ⅴ）。然后开始逐渐下降，2001~2005 年维持在 0.2 mg/L 左右，在 2009 年下降到 20 世纪 80 年代初的水平。2012 年巢湖平均总磷 TP 为 0.081mg/L，然后出现先升高后下降的情况，水质类别在Ⅳ~Ⅴ类之间波动，2020 年巢湖平均总磷为 0.066mg/L，相较于 2012 年降低了 18%（图 4.8（d））。与太湖等长江中下游其他湖泊相比，巢湖水体 TP 这 30 余年来一直相对较高，除与周围人类活动影响相关外，也与其自然磷本底高有关（范成新等，2012）。

TP 季节变化趋势不同于 TN，在前 5 个月维持在较低水平，在 6 月上升到 0.10 mg/ L，并且一直维持到 11 月，12 月再次降低。自 5 月的升高除了与降水增加、外源输入增加有关外，还与温度升高后沉积物间隙水中溶解态磷浓度升高、自沉积物向水体的迁移通量增大有关。10 月后外源输入减少，沉积物中磷释放速率随温度降低减小，使得水体中TP 亦减少（图 4.9（f））。

TP 的空间变化趋势与 TN 分布类似：西部高、东部低（图 4.10（c））。TP 在南淝河入湖区高达 0.22 mg/L，递减趋势与 TN 一致，在忠庙以东的大部分区域 TP 均小于 0.12 mg/L。

整体而言，巢湖西北湖区由于受南淝河等河流污染物输入的影响显著，营养指标是全湖水平最高的区域。由于巢湖水体复氧良好，在水体自净等作用下，水体在向东流动过程中氮磷浓度等逐渐减小。可见，巢湖西北入湖河流在巢湖水质空间变化上起到了关键的作用，是引发巢湖氮磷水平高、蓝藻水华严重的主要原因，在目前巢湖水环境治理中，西北入湖河流水质的改善仍是重中之重。

八、叶绿素 a

1987 年 8 月与 1988 年 10 月巢湖水体叶绿素 a 分别为 11.81 µg/L 与 5.76 µg/L（屠清瑛等，1990）。2001~2006 年叶绿素 a 分别为 13.99 µg/L、20.44 µg/L、91.19 µg/L、21.35 µg/L、17.74 µg/L、23.09 µg/L（王凤，2007）。近年来巢湖叶绿素 a 呈不断升高的趋势，这种升高在西湖区、中湖区和东湖区各湖区都有类似的增长趋势；2020 年巢湖水体叶绿素 a 平均为 44.9 µg/L（图 4.11）。

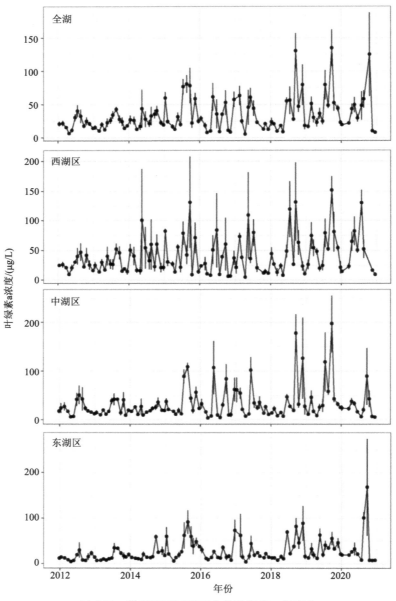

图 4.11　巢湖及不同湖区水体叶绿素 a 年变化

从空间分布来看，西湖区为巢湖叶绿素 a 水平最高的区域，其次为中湖区，东湖区为全湖相对水平较低区域，这与水体营养盐的空间分布相一致。从季节变化上来看，巢湖夏、秋季水体叶绿素 a 水平较高，年内叶绿素 a 浓度可以相差两个数量级。

九、营养状态

屠清瑛等（1990）分别于 1987 年 8 月与 1988 年 10 月对全湖进行了全面调查，根据其调查结果，巢湖 1987 年与 1988 年综合营养状态指数分别为 58.0 与 53.9，处于轻度富营养状态（图 4.12）。2001~2006 年巢湖综合营养状态指数一直处于 60 以上，处于中度富营养状态；2009 年以来一直保持在轻度富营养状态；其中 2012 年综合营养状态指数为 56.8，2020 年综合营养状态指数下降到 55.6。综合营养状态指数的变化与上述水质指标变化在长时间序列上具有一致性，但近几年水质指标持续改善，而富营养化指数变幅相对较小，表明巢湖水质营养指标的改善，尚未对巢湖富营养化状态产生显著改变效果。

基于 2018 年的巢湖综合营养状态指数评估结果，巢湖西北部南淝河、塘西河入湖区域处于中度富营养状态（TLI（Σ）>60），其他区域则处于轻度富营养状态（50<TLI（Σ）≤60）（图 4.10（d））。营养状态指数变化趋势与前述氮磷、COD_{Mn} 空间变化趋势一致：自西北湖湾向东南逐渐减小。

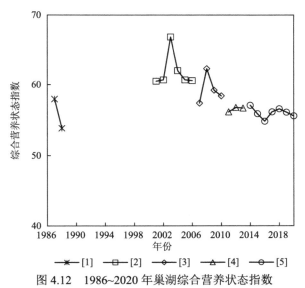

图 4.12　1986~2020 年巢湖综合营养状态指数

（数据来源: [1]屠清瑛等，1990; [2]王凤，2007; [3]中国环境状况公报（2007~2010 年）（环境保护部，2008, 2009, 2010, 2011）; [4]2013 巢湖健康状况报告（安徽省巢湖管理局，2014）; [5]2020 巢湖健康状况报告（安徽省巢湖管理局，2021）。轻度富营养化: 50<综合营养状态指数≤60，中度富营养化: 60<综合营养状态指数≤70）

十、沉积物氮磷

（一）氮磷时空分布与储量

巢湖沉积物 TN、TP 含量整体上呈西部湖区高、东部次之、中部最低的空间分布特征（图 4.13）。表层沉积物 TN 含量在 750~1680 mg/kg，平均值为 1088 mg/kg；底层沉积物 TN 含量在 280~1873 mg/kg 之间，平均值为 666 mg/kg。其中，西湖区表层沉积物 TN 平均含量为 1342 mg/kg，显著高于中湖区（797 mg/kg）和东湖区（1069 mg/kg）；而西湖区底层 TN 平均含量为 814 mg/kg，与中湖区（551 mg/kg）和东湖区（628 mg/kg）均无显著差异。表层沉积物 TP 含量在 263~1194 mg/kg，平均值为 585 mg/kg；底层沉积物 TP 含量在 190~1184 mg/kg，平均值为 509 mg/kg。其中，西湖区表层沉积物 TP 平均含量为 754 mg/kg，显著高于中湖区（416 mg/kg）和东湖区（560 mg/kg）；西湖区底层沉积物 TP 平均含量为 607 mg/kg，与中湖区（359 mg/kg）差异显著，但与东湖区（521 mg/kg）差异不显著。

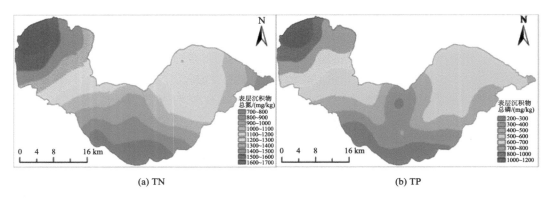

(a) TN　　　　　　　　　　　　　　　　(b) TP

图 4.13　2015 年巢湖表层沉积物 TN 和 TP 含量空间分布特征

　　巢湖沉积物中 TP 含量由 1980 年的 560 mg/kg 增至 2010 年的 1127 mg/kg，随后有所下降，并保持相对稳定（图 4.14）；其中西湖区 TP 含量增加明显，在 2010 年西湖区和东湖区分别达到最高值，分别为 1502 mg/kg（10 月）和 706 mg/kg（7 月）。底泥 TN，自 2008 年 6 月（584 mg/kg）之后，其含量显著增加，在 2013 年 7 月达到最大值（2080 mg/kg）。值得注意的是，相比 2013 年，2015 年沉积物 TP 含量有所下降，这与沉积物采样厚度差异有关。2015 年采集的沉积物深度为 0~15 cm，而以往学者采集的沉积物深度多为 0~1 cm、0~2 cm、0~5 cm 和 0~10 cm。沉积物深度在 0~20 cm，随深度增加，TP 含量明显下降。

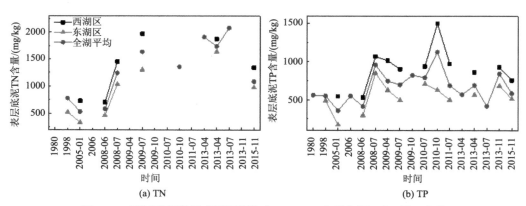

(a) TN　　　　　　　　　　　　　　　　(b) TP

图 4.14　不同时期巢湖表层沉积物中 TN、TP 含量年际（年-月）变化

由图 4.15 可知，巢湖沉积物厚度空间差异较大，总体上西湖区沉积物平均厚度为（80.89±29.8）cm，中湖区为（33.14±18.4）cm，东湖区为（64.00±18.4）cm，全湖平均为（56.65±29.9）cm。基于巢湖全湖平均 TN（（877±302）mg/kg）、TP 含量（（547±168）mg/kg），估算出现状条件下沉积物 TN 和 TP 储量分别为 $4.9×10^4~32×10^4$ t 和 $3.2×10^4~19.7×10^4$ t，平均氮磷储量分别为 $15.8×10^4$ t 和 $9.8×10^4$ t。与 2008 年相比，巢湖沉积物平均厚度增加了约 22 cm，氮磷总储量随之增加。

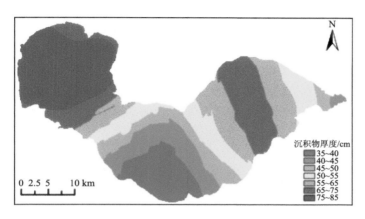

图 4.15　2015 年巢湖沉积物厚度空间分布特征

（二）氮磷来源

巢湖表层沉积物氮磷空间分布特征与其外源污染输入有关。巢湖水体污染物主要来源于农业面源污染和城镇生活污水，两者占 80%以上，内源氮、磷负荷分别占外源负荷的 14.2%和 32.9%。巢湖西部重污染汇流湾区的表层沉积物污染水平相对较高，主要由于西部入湖河流中南淝河、十五里河和塘西河等流经合肥市，而此区域人口密集，流域内工农业活动较多，排放的大量氮磷营养盐随地表径流汇入巢湖，进而沉降至沉积物中，导致沉积物污染水平高于中湖区和东湖区。十五里河入湖口附近表层沉积物 TN、TP 含量最高，分别为 2127 mg/kg 和 1194 mg/kg，约为全湖表层平均值（TN 1088 mg/kg和 TP 585 mg/kg）的 2 倍。南淝河入湖口处的氮磷含量较低，这与该区域多次实施生态疏浚有关。东湖区相比中湖区氮磷污染水平相对偏高，这是因为巢湖闸建成后改变了水文条件，大量污染物不能及时出湖，淤积在东部湖区；巢湖东北部烔炀河流域土壤分布着富磷矿层，且东湖区流域土壤氮磷含量显著高于西湖区流域，磷矿石及土壤中的部分氮磷组分随着地表径流进入巢湖，造成污染；巢湖北部入湖河流双桥河水质长期为劣 V类，其入湖口位置距离巢湖市自来水厂取水口仅 500 m，虽然当地政府在 2010 年对此河道实施了沉积物疏浚工程，但在疏浚 15 个月后和 2 年后沉积物 TN 和 TP 含量均恢复甚至超过疏浚前水平，而柘皋河两侧土地利用以农田为主，农田氮素流失也是导致巢湖东湖区氮污染指数相对较高的主要原因。兆河是巢湖南部的主要入湖河流，兆河小流域人口较少，农田相对较多，南部湖体主要污染来自农业面源污染。

（三）氮磷污染特征

基于表 4.3 中污染等级阈值，巢湖表层沉积物氮、磷单项污染指数呈西湖区高、东湖区次之、中湖区较低，且北部高于南部的分布特征（图 4.16）。TN、TP 单项污染指数范围分别为 0.40~2.13 和 0.63~2.84，全湖平均分别为 1.09（轻度污染）和 1.39（中度污染）；综合污染指数范围为 0.59~2.67，全湖平均为 1.32（轻度污染）（表 4.4）。全湖约 53%点位的 TN 为轻度污染；西湖区、中湖区和东湖区的表层沉积物污染分别为轻度（S_{TN}=1.34）、清洁（S_{TN}=0.80）和轻度污染（S_{TN}=1.07），其中西湖区十五里河入湖口附近已达到重污染水平（S_{TN}>2.0）。全湖约 60%点位的 TP 属于中度污染；西湖区、中湖区和东湖区的表层沉积物污染分别为重度（S_{TP}=1.80）、轻度（S_{TP}=0.99）和中度污染（S_{TP}=1.33），西湖区 67%点位的 TP 达到重度污染水平（S_{TP}>1.5）。巢湖西湖区、中湖区和东湖区的综合污染指数分别为 1.69（中度）、0.94（清洁）和 1.27（轻度）。

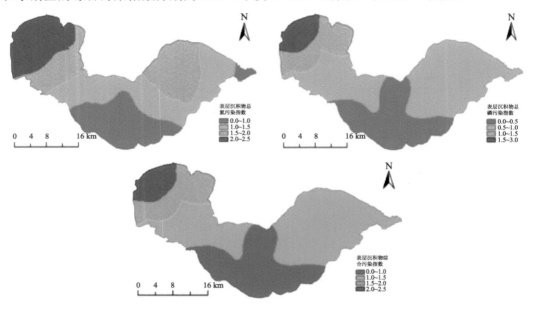

图 4.16　2015 年巢湖表层沉积物氮、磷单项与综合污染指数分布

表 4.3　不同标准体系下巢湖表层沉积物氮和磷污染综合评价指数

评价基准值		S_{TN}	污染程度	S_{TP}	污染程度	FF	污染程度
TN/（mg/L）	TP/（mg/L）						
550.00[a]	600.00[a]	1.94	中度	0.96	轻度	1.75	中度
670.00[b]	440.00[b]	1.60	中度	1.31	中度	1.57	中度
1000.00[c]	420.00[c]	1.09	轻度	1.39	中度	1.32	轻度
1111.00[d]	457.00[d]	0.96	清洁	1.26	中度	1.21	轻度

注：a 表示评价值采用加拿大安大略省环境和能源部 1992 年发布的指南中沉积物能引起最低级别生态风险效应的 TN 和 TP 阈值；b 表示评价值采用 1960 年太湖沉积物中的氮磷背景值；c 表示评价值采用美国沉积物基准值；d 表示评价值采用中国东部典型湖泊（多数位于安徽省）沉积物 TN 和 TP 基准值阈值。S_{TN}、S_{TP} 和 FF 分别表示总氮污染指数、总磷污染指数以及总氮总磷耦合污染指数。

表 4.4　巢湖不同湖区表层沉积物氮和磷污染综合评价指数

研究区域	TN 评价指数		TP 评价指数		综合污染指数	
	S_{TN}	污染程度	S_{TP}	污染程度	FF	污染程度
西湖区	1.34	轻度	1.80	重度	1.69	中度
中湖区	0.80	清洁	0.99	轻度	0.94	清洁
东湖区	1.07	轻度	1.33	中度	1.27	轻度
全湖平均	1.09	轻度	1.39	中度	1.32	轻度

第三节　巢湖水生态系统结构与演化趋势

一、浮游植物

（一）浮游植物群落组成

巢湖浮游植物最早的调查研究始于 20 世纪 60 年代初，春夏季节藻细胞密度较低，平均为 2.5×10^4 个/L，其中蓝藻占比为 97.9%，优势藻类是微囊藻。60 年代末到 70 年代，藻细胞密度升高至 16.4×10^4 个/L，蓝藻占比为 95.9%，微囊藻依然是优势种类。

1984 年巢湖浮游植物调查，共计发现浮游植物 8 门 86 属 277 种，其中蓝藻门 13 属，绿藻门 39 属，硅藻门 18 属，隐藻门 4 属，裸藻门 6 属，黄藻门、甲藻门和金藻门各 2 属。1987~1988 年蒙仁宪等再次对巢湖的浮游植物进行调查，发现 8 门 71 属 196 种，其中蓝藻门 14 属 28 种，绿藻门 32 属 81 种，硅藻门 12 属 52 种，裸藻门 6 属 25 种，隐藻门 2 属 4 种，甲藻门 2 属 2 种，金藻门 2 属 3 种，黄藻门 1 属 1 种，此时春季长孢藻占据优势，其他季节仍以微囊藻为优势种类（蒙仁宪和刘贞秋，1988）。

2002~2003 年浮游植物调查，共发现浮游植物 8 门 191 种，其中优势种类为长孢藻和微囊藻（Deng et al., 2007），且长孢藻的生物量超过了微囊藻。2011~2020 年多年连续的浮游植物调查，共鉴定发现 8 门 128 属 225 种浮游植物，优势种为长孢藻和微囊藻。可见，巢湖浮游植物生物量自 20 世纪 60~70 年代开始急剧升高，近十年来年平均生物量约为 16.8 mg/L，保持在较高水平范围内波动；浮游植物优势类群在 20 世纪 80 年代开始逐渐转变，由 60 年代的微囊藻单一优势类群逐步转变为近年来的长孢藻和微囊藻共同占据优势。

（二）浮游植物年内时空变化

根据 2011~2020 年巢湖浮游植物的调查，近年来巢湖浮游植物在门类组成上变化不大，其中绿藻门的种类最多，其次是蓝藻和硅藻，其他门类的组成较少。以 2017~2018 年年内组成变化为例，基于优势度（Y）来评价群落的生态特征和种群构成，$Y \geq 0.02$ 则判定为该区域的优势种，发现巢湖优势种群共有 5 门 7 属 14 种，绿藻、硅藻和蓝藻是构成巢湖水体浮游藻类的主要类群。从图 4.17 可以看出，全年生物量较高的分别是长孢藻（36.43%）、微囊藻（26.15%）、卵形隐藻（9.48%）、颗粒直链藻（7.13%），其余的生物量较低，都在 6%以下。微囊藻和长孢藻为巢湖的主要优势种，其生物量高达62.58%。

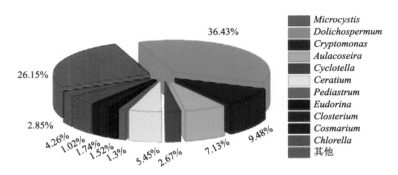

图 4.17　巢湖浮游植物优势种种群构成

1. 浮游藻类优势种的时间变化

长孢藻的优势度在 1~6 月、11 月较高，在 4 月达到最大值，其他月份较低；微囊藻在 6 月的西湖区以及 7 月、9~12 月相对较高，占绝对优势；8 月以颗粒直链藻为主，其他优势种群在不同月份以及点位也有少量出现（图 4.18）。巢湖的浮游植物具有明显的季节性演替模式，春季到夏初时段和秋末到冬季时段以长孢藻为优势种，夏季中后期至秋初以微囊藻为优势种。

2. 浮游藻类优势种的空间变化

从空间上来看，全湖范围内的优势种群的生物量也存在分布的差异性，长孢藻主要分布在中部湖区以及东部湖区，个别月份全湖均存在，微囊藻则以西部湖区为主（Guan et al., 2020）。然而，不同月份、不同点位间的优势种既有交叉又有演替：在夏初长孢藻在东部以及中部成为优势种，而微囊藻在西部成为优势种；在初冬长孢藻为优势种时，微囊藻也占有相当大的比例（图 4.18）。

浮游植物的污染指示种是生物学评价水质的重要参数。根据巢湖近 10 年的浮游植物组成可以发现，以微囊藻和长孢藻为主的蓝藻门浮游植物占比超过 60%，表明巢湖为α-中污带富营养化水体；表征中营养状态的隐藻门浮游植物占比约 10%，表明巢湖仅有少部分季节或湖区处于中营养状况；而表征贫营养、清洁水体特征的金藻和黄藻门物种在巢湖非常少见。巢湖浮游植物的 Shannon-Wiener 多样性指数变化范围在 0.39~3.10，平均值为 0.87，这一指数数值较低，也表明巢湖的水体富营养化程度较高，已影响湖泊浮游植物的多样性组成。巢湖的硅藻指数（generic index of diatom, GI）的变化范围为0~3.5，明显偏低，也指示巢湖为富营养状态，污染较重。因此，无论从指示种、多样性还是硅藻指数，都可以看出巢湖处于严重的富营养化状态。

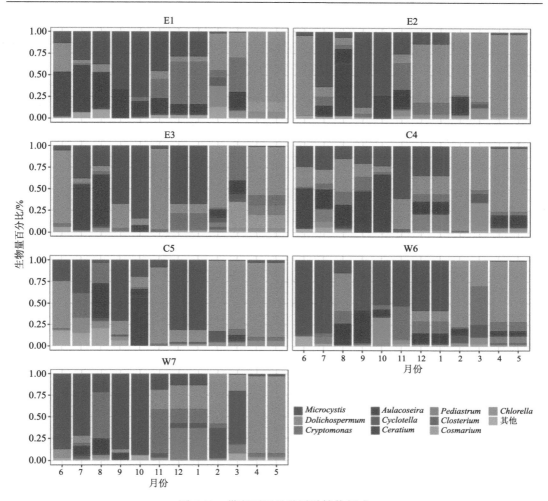

图 4.18　巢湖不同月份浮游植物组成

E 表示东部湖区，C 表示中部湖区，W 表示西部湖区

浮游植物作为水域生态系统的重要初级生产者，其在生态系统的物质和能量传递的过程中起重要作用。巢湖目前浮游植物组成中，可食性藻类比例偏低，而不易被捕食的群体形态微囊藻和丝状形态的长孢藻的比例非常高，这些藻类即使被捕食，其被吸收利用的比例也较低，因此巢湖的浮游植物组成已经严重影响了水域生态系统食物链的物质和能量传递功能，并且进一步影响了更高营养级生物的组成和多样性，导致物种组成单一及小型化，如小型的野杂鱼成为巢湖的主要鱼类类群。

（三）浮游植物水华蓝藻

1. 水华蓝藻的演变特征

巢湖的蓝藻水华发生由来已久，最早可以追溯至 20 世纪初，但是频繁的蓝藻水华发生始于 20 世纪 80 年代。近 10 年来巢湖的水华蓝藻主要为长孢藻和微囊藻。

2011~2020 年巢湖浮游植物总生物量呈现不断波动的状态，其中西湖区波动相对较小，而中湖区和东湖区生物量各年间波动较大。浮游植物总生物量波动的主要贡献者是长孢藻，通过长孢藻的生物量变化趋势可以发现，总生物量相对较高的年份，长孢藻的生物量也较高，而微囊藻的生物量除 2012~2013 年较高外，各年间变化总体平稳（图 4.19）。通过巢湖两种主要藻类占总生物量的比值变化趋势可以发现，巢湖的微囊藻生物量占比呈现明显的升高趋势，而长孢藻呈现下降趋势（图 4.20）。

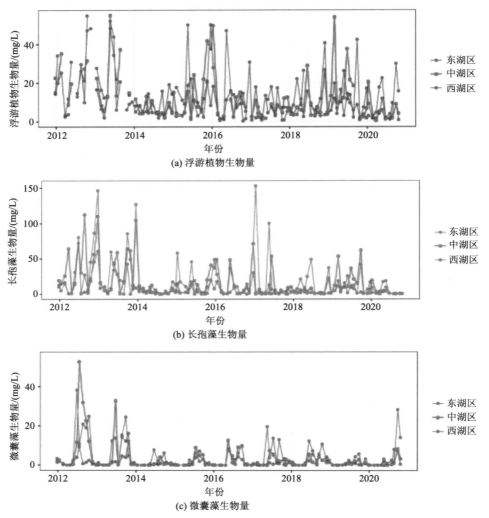

(a) 浮游植物生物量

(b) 长孢藻生物量

(c) 微囊藻生物量

图 4.19　巢湖浮游植物生物量、长孢藻及微囊藻生物量的变化趋势

2. 水华蓝藻演变的驱动因素

温度和营养盐是影响巢湖优势水华蓝藻演变的主要驱动因素（Zhang et al., 2020）。氮磷营养盐水平影响水华蓝藻微囊藻和长孢藻生物量的长尺度变化，同时它们同两种藻之间的关系又受对方以及温度的影响。分析结果显示，微囊藻生物量与总磷的线性关系

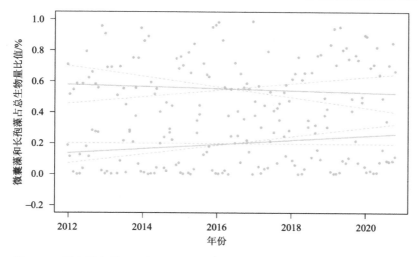

图 4.20 巢湖微囊藻（绿色）和长孢藻（金色）占总生物量比值的变化趋势
绿色和金色实线为微囊藻和长孢藻的拟合回归线，各自的虚线为各自拟合线的 95%置信区间

斜率均为正值，表明二者具有显著的正相关关系，这一斜率在总氮浓度低于约 2 mg/L 时，波动较大，而当总氮浓度超过约 2 mg/L 时，随着总氮浓度的增加而增加，同时斜率在温度 15~20℃时达到最大值，温度过低和过高，斜率均有所下降。微囊藻生物量与总氮的线性关系显著性受总磷和温度的影响。当总磷浓度低于 0.15 mg/L 时，微囊藻生物量与总氮具有显著的负相关关系，其斜率不受总磷浓度的影响，当总磷浓度高于 0.15 mg/L 时，微囊藻生物量与总氮之间的关系不显著。当温度低于约 21℃时，微囊藻生物量与总氮具有显著的负相关关系，其斜率随着温度的升高，呈现先降低后升高的趋势，17~18℃时斜率最低，当温度高于约 21℃时，微囊藻生物量与总氮之间的关系不显著。

长孢藻生物量与总磷浓度之间的关系在大部分总氮和温度范围内均不具有显著性，表明长孢藻基本不受总磷浓度的影响。但是长孢藻生物量与总氮浓度之间的关系明显受总磷和水体温度的影响。当磷浓度低于 0.09 mg/L 时，长孢藻生物量与总氮浓度间具有显著的负相关关系，当磷浓度高于 0.09 mg/L 时，关系不显著。当温度低于约 21℃时，大部分测试样本中，长孢藻生物量与总氮浓度具有显著的负相关关系，当温度高于约 21℃时，长孢藻生物量与总氮浓度之间的关系不显著。

因此，微囊藻生物量对磷浓度变化敏感的正反馈响应是其水华形成的重要机制之一，在高温高磷条件下，微囊藻可以快速繁殖，并竞争性排除长孢藻，从而形成优势；而长孢藻可以通过温度生态位和固氮两种方式占据优势，在氮浓度相对较低，且温度低于微囊藻形成水华的温度范围时，长孢藻可以依靠温度生态位的优势形成水华，而在氮限制的条件下，即使在夏季高温时，长孢藻依然可以利用固氮作用形成水华。

2015 年以前，巢湖中东部水华呈现缓慢增加的趋势（Zhang et al., 2015; 唐晓先等，2017），夏季巢湖东部主要以长孢藻为优势水华蓝藻种类，虽然部分时间也能发现微囊藻水华，但是通常持续时间较短。由于长孢藻相对喜欢偏低的温度，因此受夏季高温影响，长孢藻的生物量并不高。但是 2018 年夏季巢湖中东部，由于总磷浓度的升高，促进了优势蓝藻的演替，原来的优势种类长孢藻被微囊藻替代，相对于长孢藻，微囊藻更喜欢高温（Reynolds, 2006），在高磷、高温环境的共同作用下，微囊藻快速繁殖。另外，相对于长孢藻，微囊藻具有更强的上浮能力，因此大量繁殖的微囊藻更容易上浮集聚，形成表面可见的蓝藻水华，并在风的作用下水平迁移扩散，这是造成 2018 年巢湖蓝藻水华异常的重要原因。

巢湖 2011~2020 年水质和藻情的变化是相互联动的，虽然西部巢湖的入湖河流和湖体营养盐水平有所下降，但是距离控制蓝藻水华发生的营养盐阈值仍有较大差距，因此其蓝藻水华强度并未减弱；而中东部巢湖，入湖河流污染的增加，导致湖体内营养盐水平提高，以及连锁的优势水华蓝藻种类转变，进一步增大了蓝藻水华的强度（张民等，2020）。可见巢湖近年来水质的转变有导致蓝藻水华强度增加、呈全湖分布的趋势，增加了巢湖蓝藻水华治理的难度，同时微囊藻的增加，提升了东部湖区的藻毒素水平（Krüger et al., 2010; Yu et al., 2014），增加了巢湖市饮用水安全的风险。

二、浮游动物

（一）浮游动物历史变化

2005 年 6 月~2006 年 6 月在巢湖姥山岛以东区域发现浮游动物 153 种（王凤娟等，2006），其中原生动物 43 属 59 种（占比 38.6%）、轮虫 20 属 48 种（占比 31.4%）、枝角类 14 属 26 种（占比 17.0%）、桡足类 20 种（占比 13.1%）（表 4.5）。浮游动物密度最高值出现在 6 月，达到 9770 ind./L；最低值出现在 12 月，为 1102 ind./L；全年变化表明浮游动物密度随着温度的升降而有所增减。浮游动物的 Margalef 指数为 0.99~5.45，其中秋季最低，春季最高。

表 4.5　不同年份巢湖浮游动物种类调查结果统计表

分类	2005~2006 年[1]	2013~2014 年[2]	2017~2019 年[3]
原生动物	59	39	38
轮虫	48	65	60
枝角类	26	20	24
桡足类	20	6	19
浮游动物	153	130	141

注：[1]王凤娟等，2006; [2]吴利等，2017; [3]安徽省巢湖管理局，2020。

2013 年 9 月~2014 年 6 月在巢湖发现浮游动物 130 种（吴利等，2017），其中原生动物 39 种（占比 30.0%），轮虫 65 种（占比 50.0%），枝角类 20 种（占比 15.4%），桡足类 6 种（占比 4.6%）。巢湖浮游动物密度平均为 40 576 ind./L，其中原生动物占比 65.2%，轮虫占比 25.1%，枝角类占比 1.3%，桡足类占比 8.3%。浮游动物生物量为 35.99 mg/L，其中原生动物占比 3.7%，轮虫占比 34.0%，枝角类占比 29.6%，桡足类占比 32.8%。同时发现巢湖浮游动物种类数与密度低于周围的杭埠河、柘皋河和南淝河等入湖河流。

2017~2019 年的季度监测中，共鉴定到浮游动物 141 种（表 4.5）。其中原生动物 38

种（占比 27.0%）、轮虫 60 种（占比 42.6%）、枝角类 24 种（占比 17.0%）、桡足类 19 种（占比 13.5%）。

（二）浮游动物群落组成与生物多样性

2019 年度全湖浮游动物平均密度为 1760 ind./L，西半湖（1880 ind./L）略高于东半湖（1687 ind./L）。在季节变化上，春季密度最高（2960 ind./L），夏季密度最低（574 ind./L）。2019 年度全湖浮游动物平均生物量为 3.72 mg/L，西半湖（4.45 mg/L）高于东半湖（3.28 mg/L）。在季节变化上，秋季生物量最高（6.49 mg/L），夏季生物量最低（1.63 mg/L）。

各类群密度占比方面，轮虫占比最高（49.3%），原生动物次之（41.2%），枝角类占6.3%，桡足类占 3.2%。群落生物量方面，枝角类占比最高（46.4%），轮虫次之（27.8%），桡足类占 24.8%，原生动物占 1.0%。

2019 年巢湖浮游动物 Shannon-Wiener 多样性指数平均为 1.70，东半湖（1.72）略高于西半湖（1.66），均处于轻度受损水平。2019 年不同季节之间，冬季最高（2.23），夏季最低（1.10）。

在 2005 年以来开展的调查中，巢湖浮游动物总的种类数量基本上稳定。

三、底栖动物

（一）底栖动物群落组成与优势种

1980 年底栖动物调查显示，巢湖共鉴定出 46 种底栖动物，其中软体动物门 30 种，占 65.2%，环节动物门 7 种，占 15.2%，节肢动物门 9 种，占 19.6%。底栖动物中河蚬分布最广，数量最多，是绝对优势种；沼蛤数量次之，方格短沟蜷在湖岸地带常见。2009年，鉴定出巢湖底栖动物 23 种，其中环节动物门 9 种，占 39.1%，节肢动物门 11 种，占 47.8%，软体动物门 3 种，占 13.0%，其中霍甫水丝蚓是绝对优势种（表 4.6）。2019年共鉴定到底栖动物 3 门 5 纲 17 种，其中寡毛纲和摇蚊科各 7 种，各占 41.2%，多毛纲、软体动物和甲壳动物各 1 种（各占 5.9%）。2019 年巢湖春季底栖动物优势种为小摇蚊、霍甫水丝蚓、中国长足摇蚊、正颤蚓、红裸须摇蚊和菱跗摇蚊，夏季优势种为小摇蚊、霍甫水丝蚓和多毛管水蚓，秋季优势种为霍甫水丝蚓、正颤蚓、厚唇嫩丝蚓、中国长足摇蚊和菱跗摇蚊，冬季优势种为多毛管水蚓、正颤蚓、霍甫水丝蚓和指鳃尾盘虫。

与 1980 年相比，2019 年巢湖湖体底栖动物物种数仅占 1980 年的 37.0%，减少了 29种，其中软体动物门物种变化最大，减少了 29 种。与 2009 年相比，2019 年巢湖底栖动物现存数量占 2009 年的 73.9%，未鉴定到的物种为参差仙女虫、水蛭、恩非摇蚊、钩虾、中国淡水蛭和铜锈环棱螺等。随着社会经济快速发展，合肥市生产总值由 1996 年的 48亿元增加至 2020 年的 10045.72 亿元，增加了 208 倍。巢湖水质由Ⅱ类水演变成Ⅴ类水，导致巢湖底栖动物种类和密度下降，且霍甫水丝蚓等耐污种成为优势物种。

表 4.6　1980~2019 年巢湖底栖动物名录

物种名称	1980 年	2009 年	2017 年	2018 年	2019 年
环节动物门					
**　寡毛纲**					
疣吻沙蚕	+				
巨毛水丝蚓	+	+	+	+	+
正颤蚓	+	+	+	+	+
苏氏尾鳃蚓	+	+	+	+	+
头鳃虫	+				
颗体虫	+				
金线虫	+				
参差仙女虫		+	+		
指鳃尾盘虫		+		+	+
多毛管水蚓		+	+	+	+
厚唇嫩丝蚓		+	+	+	+
霍甫水丝蚓		+	+	+	+
**　多毛纲**					
寡鳃齿吻沙蚕		+	+	+	+
节肢动物门					
**　蛭纲**					
水蛭		+	+	+	
**　水生昆虫纲**					
摇蚊幼虫	+				
Aeschna 幼虫	+				
Libellnla 幼虫	+				
半翅目幼虫	+				
水龟	+				
小摇蚊		+	+	+	+
隐摇蚊		+	+	+	+
中国长足摇蚊		+	+	+	+
菱跗摇蚊		+	+	+	+
红裸须摇蚊		+	+	+	+
恩非摇蚊		+		+	
羽摇蚊		+	+		+
鞘翅目一种		+			+
**　甲壳纲**					
日本沼虾	+				
锯齿新米虾	+				
钩虾	+	+	+	+	
秀丽白虾	+	+			+

续表

物种名称	1980 年	2009 年	2017 年	2018 年	2019 年
软体动物门					
中华圆田螺	+				
石环棱螺	+				
铜锈环棱螺	+	+		+	
长角涵螺	+				
光滑狭口螺	+				
中国淡水蛏	+	+		+	
方格短沟蜷	+	+	+		+
耳萝卜螺	+				
尖萝卜螺	+				
纹沼螺	+				
凸旋螺	+				
淡水壳菜（沼蛤）	+				
圆顶珠蚌	+				
扭蚌	+				
射线裂脊蚌	+				
三角帆蚌	+				
短褶矛蚌	+				
剑状矛蚌	+				
圆头楔蚌	+				
背瘤丽蚌	+				
背角无齿蚌	+				
圆背角无齿蚌	+				
椭圆背角无齿蚌	+				
鱼形背角无齿蚌	+				
蚶形无齿蚌	+				
褶纹冠蚌	+				
橄榄蛏蚌	+				
萝卜螺	+				
河蚬	+				
刻纹蚬	+				

注："+"代表有出现。

（二）底栖动物群落结构与多样性

2019 年巢湖底栖动物平均密度为 1280 ind./m²，西半湖（1316 ind./m²）略高于东半湖（1258 ind./m²），其中湖滨密度最高（2776 ind./m²）、西湖心最低（428 ind./m²）（图 4.21），且秋季底栖动物密度（1400 ind./m²）明显高于其他季节。2017~2019 年巢湖底栖动物密度呈上升趋势（图 4.21）。2019 年全湖底栖动物平均生物量为 1.41 g/m²，西半湖（1.66 g/m²）高于东半湖（1.27 g/m²），其中忠庙最高（3.35 g/m²）、黄麓最低（0.17 g/m²）。2019年春季生物量最高（2.35 g/m²），夏季最低（0.796 g/m²）。2017~2019年中，2018年生物量最高（1.48 g/m²），2017年最低（1.22 g/m²）（图4.21）。2019年巢湖底栖动物群落密度中，寡毛纲占比最高（65.7%），摇蚊幼虫次之（33.3%），多毛纲占0.7%，软体动物和甲壳动物仅占0.3%。底栖动物群落生物量方面，摇蚊幼虫最高（62.5%），寡毛纲次之（11.9%），软体动物和甲壳动物占24.2%，多毛纲占1.4%（图4.22）。

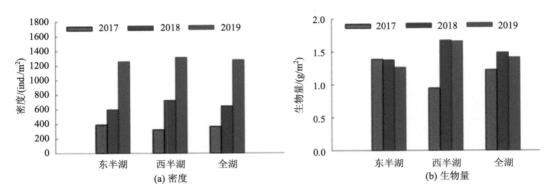

图4.21　2017~2019年巢湖底栖动物密度和生物量变化

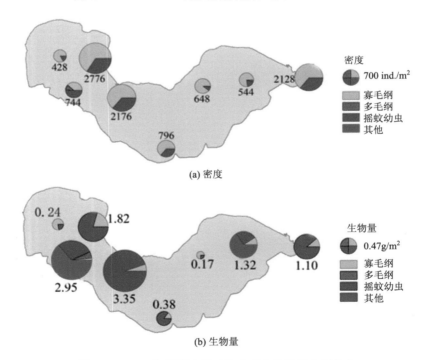

图4.22　2019年巢湖底栖动物密度和生物量空间分布

比较1980年、2009年和2019年巢湖东、西半湖底栖动物密度与生物量变化（图4.23），可发现：①1980~2019年，巢湖东、西半湖底栖动物密度呈增加趋势，尤其是近10年来底栖动物密度显著增加，且各时期西半湖底栖动物密度均高于东半湖；②1980 年巢湖东、西半湖底栖动物密度分别为 65.7 ind./m^2 和 102.7 ind./m^2，低于 2009 年的 193.1 ind./m^2 和 947.2 ind./m^2，均显著低于 2019 年的 1258 ind./m^2 和 1316 ind./m^2；③1980~2019 年，巢湖东、西半湖底栖动物生物量呈下降趋势，尤其 2009~2019 年，巢湖底栖动物生物量下降显著，且各时期西半湖底栖动物生物量均高于东半湖；④1980 年东半湖底栖动物生物量（17.9 g/m^2）高于 2009 年东半湖的（11.7 g/m^2）、高于 2019 年东半湖的（1.27 g/m^2），1980 年西半湖底栖动物生物量（18.1 g/m^2）稍低于 2009 年西半湖的（18.8 g/m^2）、高于 2019 年西半湖的（1.66 g/m^2）。尽管当前巢湖湖体底栖动物密度显著增加，但其生物量显著下降，而且霍甫水丝蚓等耐污种密度增加，河蚬等清洁型物种已经消失，表明巢湖水质呈持续下降趋势。

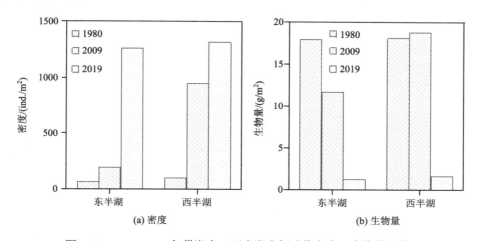

图 4.23　1980~2019 年巢湖东、西半湖底栖动物密度、生物量比较

2019 年巢湖底栖动物 Shannon-Wiener 多样性指数平均为 1.14，东半湖（1.16）略高于西半湖（1.09），其中巢湖船厂多样性最高（1.48），兆河入湖区最低（0.89）。春季多样性最高（1.33），夏季最低（0.973）。2017~2019 年底栖动物多样性呈现下降的趋势（图4.24）。

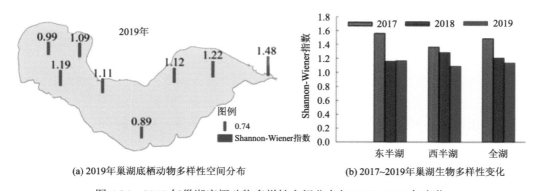

图 4.24　2019 年巢湖底栖动物多样性空间分布与 2017~2019 年变化

（三）环境因子对底栖动物分布的影响

底栖动物物种对外界环境的耐受力和敏感程度存在差异，因此底栖动物的种群结构、优势种类等变化能反映环境因素情况。氮磷营养盐反映了水体的营养现状，并与底栖动物有着密切的关系。从图 4.25 中可以看出，其能够较好地解释底栖动物和环境因子之间的关系，前两轴解释了 50.1% 的属种信息，其中第一轴解释了 30% 的属种信息。NH_4^+ 是对巢湖底栖动物影响最大的环境因素，且不同环境因子对底栖动物影响存在较大差异。刘玉等（1998）指出较高浓度的 NH_4^+-N 和 PO_4^{3-}-P 导致了底栖动物以耐低氧的颤蚓类组成为主导，与本次调查结果相似。霍甫水丝蚓和各类营养盐之间有着非常好的正相关性，说明高浓度营养盐有利于霍甫水丝蚓生存，即霍甫水丝蚓具有较高的耐污性。

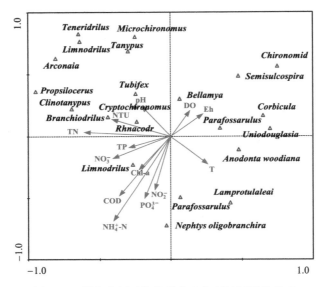

图 4.25　巢湖底栖动物物种分布与环境因子的关系

四、水生植物

（一）水生植物历史状况分析

1962 年巢湖出口控制枢纽工程（巢湖闸）建成并投入使用，巢湖进入水位调控阶段，水位快速上升，由 7.36 m（1956~1960 年）提升至 9.09 m（2008~2012 年）。水位的抬升可影响水生植物茎与根、叶与根之间的生物量分配平衡关系，以及营养生长与生殖生长之间的平衡，可能对水生植物的分布产生影响。根据 Kong 等（2017）的研究结果，在巢湖闸建成之前（1930~1960 年），水生植物盖度约保持在 30%；巢湖闸建成后，1960~1970 年是巢湖水生植物盖度下降最快的阶段，至 20 世纪 70 年代末，全湖水生植物盖度已由 30% 左右下降至 5% 以下。

　　至 20 世纪 80 年代初，随着水位抬升及湖泊富营养化状况的发展，巢湖水生植物盖度进一步降低。根据卢心固（1984）于 1981~1983 年对巢湖水生植物的调研结果，巢湖共有水生植物 54 种，分属 29 科 44 属。其中，双子叶植物占 57%，单子叶植物占 35%，蕨类植物仅 4 种。水生植物多分布在西湖区，覆盖面积共计约 1913 hm^2，仅占湖泊面积的 2.54%。禾本科和眼子菜科是分布面积相对较大的水生植物，其次还有水鳖科、龙胆科、小二仙草科和蓼科等。主要优势种是菹草和芦苇，分别占全湖植被面积的 43.40% 和 38.29%。其中，菹草主要分布于大兴圩—杭埠河口一带，群落中还有竹叶眼子菜、苦草和黑藻等相伴生；芦苇主要分布在长临河湾、殷湾—派河口、江过河口、张家圩、同春、谷圣河口、马尾河口—槐林、烔炀河口、芦席咀和河口阳等区域。其余主要水生植物还包括竹叶眼子菜、黑藻、荇菜和苦草等。

　　2010 年对巢湖沉水植物群落结构的调查结果表明：沉水植物共计有 4 科 5 属 6 种，为马来眼子菜、菹草、穗花狐尾藻、金鱼藻、轮叶黑藻和欧亚苦草。其中马来眼子菜是巢湖沉水植物优势种，其余 5 种沉水植物仅有零星分布（表 4.7）。此外，湖滨带还分布较大面积的芦苇、香蒲和茭草等挺水植物和少量菱和荇菜等浮叶植物。全湖沉水植物生物量约为 8077.8 t，分布面积占巢湖总面积的 1.54%，其中，东半湖是沉水植物主要分布湖区，主要分布于沿岸带（水深 0~1.5 m）水域。

表 4.7　2010 年巢湖主要沉水植物分布状况（任艳芹和陈开宁，2011）

沉水植物	盖度/%	密度/（株/m^2）	面积/km^2	单位面积生物量/（g/m^2）	群丛生物量/t	占植被总面积百分比/%	占总生物量百分比/%
马来眼子菜	23	10.5	10.90	735.3	8014.8	90.7	99.22
金鱼藻	1	5.0	0.60	50.0	30.0	5.0	0.37
穗花狐尾藻	1	5.0	0.40	75.0	30.0	3.3	0.37
黑藻	5	15.0	0.12	25.0	3.0	1.0	0.04
合计	30	35.5	12.02	885.3	8077.8	100.0	100.00

　　2019 年对巢湖水生植物的进一步调研记录到水生植物 32 科 59 属 80 种，以挺水植物和湿生植物为主要生活型（安徽省巢湖管理局，2020）。水生植物类型主要有挺水植物、沉水植物、浮叶植物和漂浮植物，其中挺水植物主要分布在沿岸水陆交错带及滨岸带湿地，沉水植物零星分布在东半湖近岸区域，浮叶植物零星分布在东半湖和西半湖西北部的近岸区域，漂浮植物在全湖水域零散分布。挺水植物分布较多的种有芦苇、水烛、南荻和喜旱莲子草等；沉水植物分布较多的种有穗状狐尾藻、轮叶黑藻、竹叶眼子菜、菹草和粉绿狐尾藻；浮叶植物分布较多的种有荇菜、睡莲；漂浮植物分布较多的种有菱、四角刻叶菱、水鳖、凤眼蓝、浮萍和槐叶蘋。湿生植物分布较多的种有稗、酸模叶蓼、头状穗莎草和萎蒿等。常见的水生植物分布如图 4.26 所示。

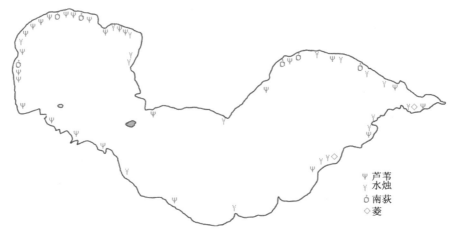

图 4.26　巢湖常见水生植物分布图（2019 年）

（二）湖滨带水生植物面积和分布现状

1. 湖滨带植物类型及分布现状

近年来环巢湖湿地带的建设，形成了较大规模的植物群落带，覆盖度可达 60%~90%，以挺水植物和湿生植物占绝对优势。常见科有禾本科、香蒲科、水鳖科、莎草科、蓼科、苋科、菊科，常见属有芦苇属、香蒲属、芒属、莎草属、蓼属、稗属、莲子草属、菱属和凤眼莲属等，常见种有芦苇、水烛、南荻、喜旱莲子草、凤眼蓝、长芒稗、酸模叶蓼和菱蒿等。主要湿地带及植物分布状况如表 4.8 所示。这些物种丰富了巢湖水生植物群落结构，有利于促进巢湖生态系统的逐步完善。

表 4.8　巢湖湿地带植物分布特征

湿地带	主要物种	湿地带	主要物种
柘皋河口	喜旱莲子草、水蓼、欧菱、芦苇、金鱼藻、水鳖、头状穗莎草	派河口	喜旱莲子草、凤眼蓝、芦苇、双穗雀稗、金丝草
月亮湾湿地	南荻、水蓼、牛鞭草、丛蓼草	余家墩湖滨	欧菱、芦苇、菰、水鳖、细果野菱、大狼杷草
振湖湖滨	水烛、喜旱莲子草	高林湖滨	荻、芦苇、酸模叶蓼和喜旱莲子草
合肥滨湖湿地	水烛、南荻、喜旱莲子草、芦苇、荆三棱	船厂	水烛、芦苇、竹叶眼子菜

2. 水生植物分布现状

巢湖水生植物主要分布在沿岸浅水区，分布面积约 7.9 km²，约占巢湖面积的 1.03%。其中，忠庙—南淝河—派河—杭埠河—白石天河沿岸区域优势种以芦苇为主，其次为水烛和南荻；白石天河—裕溪河—柘皋河—炯炀河—黄麓沿岸区域优势种为水烛和芦苇。全湖典型水生植物主要分布区域及数量见表 4.9。

表 4.9 巢湖部分常见水生植物分布区域及生物量

中文名	分布区域	数量/（株/m²）
芦苇	全湖沿岸分布，北岸居多	76
水烛	全湖沿岸分布，东半湖居多	24
南荻	主要分布于月亮湾湿地、合肥滨湖湿地，其他区域零散分布	23
荻	合肥滨湖湿地、高林湖滨	43
菰	巢湖西部水域、西南沿岸区域	72
喜旱莲子草	全湖沿岸分布	111
竹叶眼子菜	东半湖	10
菱（属）	东半湖	31
水鳖	东半湖及西半湖西北部	14
凤眼蓝	全湖水域	78
水蓼	全湖周湿地带分布	27
长芒稗	全湖周湿地带分布	12
头状穗莎草	全湖周湿地带分布	11
荆三棱	全湖周湿地带分布	14

注：数量（生物量）表示该植物种（属）聚集区的平均生物量。

五、鱼类

（一）群落结构的历史变化

巢湖鱼类调查研究始于 20 世纪 50 年代（表 4.10），在已有文献记录中，1959~1963 年发现鱼类 12 目 22 科 96 种。1973~1980 年发现鱼类 12 目 21 科 86 种，较上一次调查在目水平上无变化，在科水平上减少了鲟科，总科数减少 1 种；在种水平上增加了银鱼、宽鳍鱲、越南鱊、似鮈、粗唇鮠、细体鮠和克氏鰕虎 7 种，减少了中华鲟、中华鳗、唇鲭、华鳈、隐须颌须鮈、长薄鳅、长须黄颡鱼、长吻鮠、钝尾鮠、短尾鮠、长身鳜、花鲈、暗塘鳢、葛氏鲈塘鳢、窄体舌鳎、弓斑东方鲀和红鳍东方鲀 17 种，总种数减少 10 种。

表 4.10 巢湖鱼类群落结构的历史变化

分类	1959~1963 年[1,2]	1973~1980 年[2]	2002~2004 年[3]	2017~2020 年[4]
目	12	12	9	8
科	22	21	16	15
种	96	86	54	45

注：[1]王岐山，1987；[2]吴先成等，1981；[3]过龙根等，2007；[4]安徽省农业科学院水产研究所，2020。

2002~2004 年的调查，共发现鱼类 9 目 16 科 54 种，较上一次调查在目水平上减少了鲟形目、鲽形目、鲀形目 3 目，在科水平上减少了匙吻鲟科、鲱科、胭脂鱼科、舌鳎科、鲀科 5 科，在种水平上减少了 32 种。2017~2020 年的调查表明，巢湖目前有鱼类 8 目 15 科 45 种，较上一次调查在目水平上减少了鲱形目，在科水平上减少了青鳉科，在种水平上减少了南方马口鱼、鳡、银飘鱼、寡鳞银飘鱼、似鳔、贝氏鳘、团头鲂、彩石鳑鲏、无须鱊、黑鳍鳈、银色颌须鮈、吻鮈、长蛇鮈、黄沙鳅和青鳉 15 种，增加了拟尖头鲌、黄尾鲴、中华鳑鲏、瓦氏黄颡鱼、圆尾拟鲿、须鳗鰕虎鱼 6 种。

与历史记录相比，巢湖目前降海洄游性鱼类和江湖洄游性鱼类急剧减少，现存的江湖洄游性鱼类如鲢、鳙，主要依靠人工增殖放流，自繁鱼类主要为湖泊定居性鱼类，且生态类型相对单一，主要为滤食性和杂食性。20 世纪 60 年代，巢湖闸和裕溪闸的修建，隔断了巢湖与长江的自然连通，鱼道收效甚微，导致了巢湖洄游性鱼类急剧减少。建闸后巢湖水位升高，沉水植物减少，导致植食性鱼类的饵料和依靠水生植物产卵鱼类的繁殖场所减少，过度捕捞和外源污染造成一些鱼类减少。须鳗鰕虎鱼是巢湖近年出现的一种外来鱼类，食性杂、繁殖快、耐受性强且具有攻击性，外形丑陋，会通过捕食本地鱼类、与生态位接近的本地鱼类形成种间竞争，对巢湖生态系统产生潜在威胁。

（二）渔获物现状

2018 年巢湖排在前三的鱼类优势种依次为刀鲚、太湖新银鱼和鲫。数量占比方面，刀鲚和太湖新银鱼占据绝对优势，占到所有渔获的 77.1%；质量占比方面，除了刀鲚外，鲫、鳙、鲤和鲢等大鱼及翘嘴鲌也占比较高（安徽省农业科学院水产研究所，2018）。其中刀鲚的质量和数量百分比均最高。优势鱼类刀鲚、太湖新银鱼、鲢、鳙和鲫等均以 1 龄和 2 龄个体为主，大部分未达其生长拐点或初次性成熟，低龄化现象突出。另一方面，刀鲚和太湖新银鱼主要以浮游动物为食，占比过高则不利于藻类的控制，对于巢湖这样蓝藻水华易暴发的湖泊来说，是不适合的渔业结构（安徽省农业科学院水产研究所，2018）。

2020 年，巢湖鲢的单位刺网捕捞量为 3.3 kg，鳙的单位刺网捕捞量为 1.6 kg，总体上 2020 年鲢鳙单位刺网捕捞量较 2018 年提高 36%。但鲢、鳙均以 3 kg 以下个体为主，表明种群尚处在恢复期（图 4.27）。刀鲚个体体重较 2019 年下降 40%，个体小型化进一步加剧，质量占小型鱼类的 86.5%，太湖新银鱼质量占 10.1%（安徽省农业科学院水产研究所，2020）。

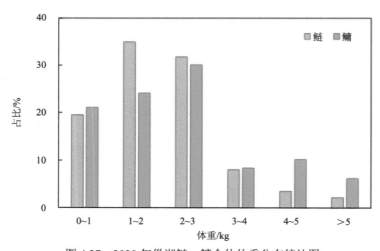

图 4.27　2020 年巢湖鲢、鳙个体体重分布统计图

巢湖中须鳗鰕虎鱼资源量较大，尤其是河口区域。例如南淝河口的渔获中须鳗鰕虎鱼的生物量占到将近 10%。巢湖中外来鱼类需要持续密切关注，并开展相关生态学研究（安徽省农业科学院水产研究所，2018）。

第四节 巢湖生态环境总体态势与关键问题分析

一、生态环境演变的总体态势

（一）湖泊水质有所好转，但仍处于轻度富营养状态

过去 40 年巢湖水质经历快速下降，然后逐渐好转的一个历史演化过程。根据《地表水环境质量标准》（GB 3838—2002），水质类别从 V 类恶化为劣 V 类，然后逐渐好转为 IV 类；富营养化状态由轻度富营养变化为中度富营养、又好转为轻度富营养状态。2012年以来巢湖水质进一步改善，2012 年巢湖总磷、总氮、高锰酸盐指数等关键水质指标浓度分别为 0.081 mg/L、1.58 mg/L、4.75 mg/L，2020 年分别下降到 0.066 mg/L、1.36 mg/L、3.50 mg/L，下降幅度分别为 18%、14%、26%。2012 年巢湖综合营养状态指数为 56.8，2020 年进一步下降到 55.6。表明近些年巢湖生态环境治理与保护工作取得了良好的效果。但巢湖水质中氮磷浓度仍然较高，相当部分湖区 TN、TP 尚未达到 III 类水质要求（TN≤1 mg/L，TP≤0.05 mg/L），不能满足饮用水等水环境功能要求。同时，当前巢湖水体氮磷浓度仍为藻类快速增殖提供了良好的条件，造成水体叶绿素 a 浓度还处于较高水平，阻碍着巢湖水体透明度的提升与富营养化水平的下降。巢湖水质改善仍需统筹巢湖氮磷营养物质的外源污染负荷削减与内源污染控制，促进巢湖水质持续向好发展。

（二）蓝藻水华压力大，浮游植物生物量高位波动

在 50~100 年的时间尺度上，巢湖浮游植物的演变主要受巢湖水动力条件和营养盐条件变化的驱动，其中 20 世纪 60 年代巢湖闸的建设直接改变了巢湖的水动力条件，导致巢湖整个生态系统的改变，间接加速了巢湖浮游植物群落的演变。而 20 世纪 80 年代，社会经济发展导致的外源污染负荷增加，巢湖富营养化加剧，直接提升了巢湖浮游植物演变的速度。水华蓝藻是浮游植物生物量的主要贡献者，年均贡献超过 60%。蓝藻水华主要蓝藻种类为长孢藻和微囊藻，其中长孢藻的全年生物量高于微囊藻，这两个属的水华蓝藻在季节和空间上呈现不同的分布规律，两者交替占据不同湖区和不同季节的优势地位，其中夏季的主要贡献种类为微囊藻，春季和秋冬季节为长孢藻，长孢藻的全年贡献超过微囊藻。而在近 10 年或者季节尺度上，浮游植物的演变主要受温度和营养盐组成及空间分布的影响，其中温度是影响浮游植物季节性变化的最主要驱动因素，而营养盐的浓度及组成影响了浮游植物的年际变化和空间分布。具体到特定的水华蓝藻种类，其中微囊藻主要受磷浓度的影响，磷水平越高，微囊藻生物量越高，长孢藻主要受氮浓度的影响，但这一影响受温度以及总磷浓度的调节，长孢藻的比例逐渐降低，而微囊藻的占比逐渐增加。目前高有害水华蓝藻生物量导致了蓝藻水华的频发，成为威胁巢湖生态系统安全、东部湖区供水、西部湖区景观等最主要的环境问题。

（三）水生态系统结构仍处于失衡状态，底栖动物和鱼类多样性下降

自 20 世纪 60 年代至今，巢湖湖滨带湿地不断萎缩。其中，60~70 年代是水生植物盖度下降最快的阶段，由 60 年代的 30%左右迅速降至 70 年代末的 5%以下；进入 80 年代后，水生植物盖度进一步由 2.54%降至如今的 1%左右。目前仅存的水生植物以挺水植物为主，沉水植物盖度极低，仅在部分湖滨带零星分布，无法发挥沉水植物水质净化作用。巢湖已成为完全意义上的"藻型浊水"湖泊。

与 1980 年、2009 年相比，2019 年巢湖底栖动物物种数量分别下降了 39 种、6 种。巢湖底栖动物平均密度为 1280 ind./m^2，但其空间差异明显，湖滨密度最高，西半湖略高于东半湖；巢湖底栖动物 Shannon-Wiener 多样性指数平均为 1.14，多样性指数偏低，2017~2019 年呈现下降的趋势。尽管当前巢湖底栖动物优势物种存在季节差异，但均以种霍甫水丝蚓等耐污种为主。

20 世纪 50 年代末以来，巢湖和长江自由连通被阻断、巢湖水位升高、水环境质量下降所带来的生态环境变化，以及相当长时间内的过度捕捞，导致巢湖鱼类不断减少，目前巢湖鱼类种类仅有历史记载的约一半。巢湖渔获物中刀鲚占比高，呈现出大鱼低龄化、小型化现象，且外来鱼类入侵现象明显。巢湖于 2019 年禁渔后，2020 年鱼类调查发现，鱼类组成及其多样性出现趋好迹象。

（四）沉积物氮磷含量高，污染严重

巢湖全湖沉积物总氮、总磷含量空间分布整体表现为西部高、东部次之、中部最低。表层沉积物总氮与总磷含量在西湖区和中湖区均呈极显著正相关，表明西湖区和中湖区沉积物氮磷存在相同的污染源。依据污染指数评价标准，十五里河、南淝河等西部入湖区域表层沉积物总磷污染水平已达 4 级，为重度污染，中湖区为轻度污染，东湖区为中度污染，全湖平均呈中度污染；全湖平均单项氮污染和综合污染等级均为 2 级，呈轻度污染。1980 年以来，巢湖沉积物总磷、总氮含量呈增加趋势，总磷含量由 1980 年的 560 mg/kg 增至 2010 年的 1127 mg/kg，随后有所下降，并保持相对稳定，其中西湖区总磷含量增加明显，在 2010 年西湖区和东湖区分别达到最高值，分别为 1502 mg/kg（10月）和 706 mg/kg（7 月）。底泥总氮在 2008 年 6 月达 584 mg/kg 后，增加显著，至 2013 年 7 月最大值达到 2080 mg/kg。

二、关键问题分析

（一）入湖污染叠加内源释放造成污染负荷居高不下

2014~2020 年，环湖河道年均入湖总氮、总磷、高锰酸盐指数和氨氮总量分别达到16344.4t、935.5t、24236.5t 和 7064.5t。丰水年如 2016 年和 2020 年入湖 TN 总量分别为21276.8t 和 20903.7t，入湖 TP 总量分别为 1221.2t 和 1217.4t；枯水年如 2019 年入湖 TN和 TP 则分别仅为 10163.4t 和 459.4t，相当于 2016 年 TN 和 TP 入湖总量的 47.8%和 37.6%。其中，南淝河、派河、十五里河等西部入湖河流以 31.7%的入湖水量分别贡献了 59.0%

和60.8%的TN和TP入湖总量,仅南淝河就贡献了44.1%和46.5%的入湖TN和TP总量。

另外,中华人民共和国成立以来,巢湖流域先后建设了裕溪闸、巢湖闸、新桥闸、凤凰颈闸、兆河闸等众多控制性水利工程,大幅提高了对河湖水文水动力的调控能力,但同时也极大地改变了自然条件下的流域水文节律,导致巢湖水体水力停留时间和换水周期的延长。1962年巢湖闸建设之前,巢湖水体呈自然出湖状态,滞留时间变化幅度较大,变化范围介于110~228d,平均约为140d;建闸后至1993年,平均滞留时间增至170d;1995年后,巢湖水体平均滞留时间进一步增至200d。2011~2020年巢湖水体滞留时间稳定在210~226d,与巢湖闸建设之前相比,水体平均滞留时间增加50%以上。换水周期的延长导致流域氮磷污染物在湖体滞留时间的延长,污染物沉积于湖内的量也随之增加。"十三五"水专项研究成果显示,2017年约有591.5t磷净滞留在巢湖沉积物中,加重了巢湖内源污染负荷。"十三五"巢湖水专项基于巢湖底泥释放通量观测研究估算出2018年底泥中氮年释放量为2325.93t,磷年释放量为308.0t。按2014~2020年河道入湖通量计算,2018年内源氮磷释放量分别为入湖负荷量的14.23%和32.9%。因此,巢湖内源释放不容忽视。

(二)湖体水质未稳定达标造成水资源供给形势严峻

巢湖水质类别经历从V类恶化为劣V类,然后又逐步好转,2020年巢湖TP浓度为0.066 mg/L,TN浓度为1.36 mg/L,COD_{Mn}浓度为3.5 mg/L;整体水质为IV类(TN不参与评价),营养水平处于轻度富营养状态,水体叶绿素a浓度仍处于较高水平。巢湖水质离饮用水水源地为III类国家标准仍存在较大的距离,尤其是水质还存在较大空间差异,西巢湖离备用水源地水质标准差异较大。近年来随着流域经济社会的快速发展和人口的不断增加,对水资源的需求量与日俱增。1999~2019年有统计数据的17年中,流域内的合肥市有8年供水量大于水资源总量,有9年供水量大于地表水资源量,水资源供给形势较为严峻。特别是2011年巢湖流域经过行政区划调整后,合肥市经济社会发展进一步提速,年供水总量迅速上升到30亿m³以上,多年平均达到31.5亿m³,虽然仍小于平均水资源量的34.1亿m³,但二者的差距已经迅速缩小,且在2011~2020年有统计数据的6年中,有3年供水量大于水资源量;在枯水年,如2019年,水资源量缺口在5亿m³以上。另一方面,因巢湖水质不达标,质量合格的有效水资源量实际不到前述水源量,这使得水资源不足的问题更加凸显,已逐渐成为制约流域经济社会发展的重大不利因素。

(三)蓝藻水华频繁暴发导致生态系统结构与功能退化

巢湖闸的建成导致湖泊水位显著抬升。随着水位抬升,湖滨带水生植物盖度逐渐降低。其中,闸门建成初期至70年代水生植物盖度下降最快,由30%左右迅速降至5%以下;1981~1983年,水生植物盖度约为2.5%;2010年调研结果显示,沉水植物面积仅为全湖面积的1.54%,且主要分布于东半湖沿岸带水深0~1.5 m区域内;至2019年,水生植物面积仅占巢湖面积的1.03%,且以挺水植物为主,沉水植物盖度仅为0.53%,湖滨带湿地基本丧失了水质改善作用,整个湖泊自净能力显著下降。

不同营养级的上行效应和下行效应相结合维持着生态系统生物群落结构的稳定。沉水植物对营养盐的吸收和钝化，抑制上行效应对浮游植物的促进作用，降低水华暴发的可能性。沉水植物群落结构促进肉食性鱼类生长，保证生态系统中下行效应的发挥，即肉食性鱼类捕食草食性鱼类、食浮游生物鱼类，优化鱼类种群结构，降低沉水植物、浮游动物被大量捕食的压力，达到控制浮游植物的效果。水生植物严重缺乏导致水体营养盐较高、上行控藻的效果差，巢湖的鱼类小型化也导致下行作用弱。巢湖的捕捞渔获构成中，以刀鲚、虾类、鲢和鳙鱼为主，占渔业总产量的90%左右，其中刀鲚的比例最高，比例超过一半，说明湖泊鱼类小型化现象较为严重；鲢、鳙鱼与前几年比下降明显。鱼类小型化现象导致浮游动物数量减少，对藻类的控制作用下降。鲢、鳙鱼比例与数量下降，对蓝藻水华的直接滤食作用减弱。目前巢湖底栖动物资源持续衰竭，螺、蚌仅零星分布于湖的西南部。大型底栖动物资源持续衰竭，也导致对水体蓝藻的滤食和底层藻类的刮食作用减弱。生态系统结构与功能退化，降低了生态系统的净化能力，直接抵消了巢湖氮磷等下降抑制藻类生长的效果。到目前为止，巢湖藻类水华仍频繁暴发，且面积仍较大。

（四）气候变暖加剧蓝藻增殖及水华形成

水温是影响藻类生长和水华暴发的重要条件，因此气候变暖对蓝藻水华加剧有非常显著的影响。据统计，1980~2020年巢湖流域内气温升高了1.5℃，1996~2020年太湖水温上升了0.93℃，尤其春季升温特别明显，这也是近年巢湖和太湖蓝藻水华高位波动的原因。巢湖除了微囊藻外，还有鱼腥藻、束丝藻、颤藻和小环藻（硅藻）等。微囊藻最适生长温度为25℃或以上，3~4月，巢湖地区日均温低于25℃，不利于微囊藻生长，鱼腥藻占据优势形成水华；5~9月，日均温超过25℃，微囊藻占据优势形成水华；10月以后，日平均温度再次低于25℃，蓝藻水华再次以鱼腥藻为主导。事实上，蓝藻生长由营养盐和温度共同影响。在营养水平相似的年份，蓝藻对于气温，特别是前一年的冬季水温比较敏感，暖冬很容易导致第二年蓝藻水华大规模暴发；而在同样气温或水温条件下，营养盐高的年份蓝藻水华暴发规模较大、时间更长。

综上所述，巢湖水体营养水平高、蓝藻水华暴发是流域入湖污染负荷过高、巢湖水质下降、生态系统退化导致的结果。具体机制表现在：巢湖水体营养盐水平较高、外源磷输入量过大、自然本底磷高和内源氮磷存量较大、春季高水位管理、湿地和水生植物缺乏、鱼类结构不合理，这些问题共同导致巢湖蓝藻大量生长，并不断暴发水华。

第五节　对策与建议

一、强化内外源综合治理，削减湖体污染负荷

控制好流域污染总量，削减入湖污染负荷，减轻湖泊消纳净化污染的压力，使水质逐步稳定向好。当前巢湖流域河流入湖污染负荷仍然居高不下，其中南淝河和杭埠河等西部河流是巢湖污染的重要来源，建议重点加强两河流域点面源污染控制。尤其是南淝河流域，采用老城区雨污收集、生活污水深度处理、生活尾水湿地净化提升、引流扩容

修复等综合措施；对水质良好的杭埠河流域，应从省级层面加强农村生活污水及垃圾处理、畜禽养殖控制及污水处置和清水源头保护。

加强河道溪流等近自然生态建设和保护，提升河流对营养盐的拦截能力。结合清洁小流域建设和河道综合整治，因地制宜加强清水河流近自然改造和保护。强化流域内清水河流形态，特别是底床边滩、深潭等横、纵向起伏地形和植被保护，并对平直河道（河床平坦，无起伏，岸线为直线状），采用多级堰、梯级塘、天然弯曲形态营造等手段构建缓流区，促进悬浮颗粒物沉降，缓解水流落差对下游河道底床的侵蚀和底泥磷的冲刷与迁移。进行河道水系近自然改造，进一步提高沟溪河道拦截流失磷的能力，避免过度硬化和去弯取直，损害其近自然特性。

鉴于巢湖底泥磷富集及其高释放通量，应高度重视巢湖湖体内污染释放及累积性污染，建议利用针对浅水湖泊特点研发的湖泊表层低密度流泥水动力扫除技术、湖底捕获槽收集技术、自身重力压实脱水与定期清除技术，即湖底抽槽水动力捕获污泥和藻种一体化技术，减少巢湖底泥磷累积，降低底泥磷内源污染。加快推进重点河口重污染底泥清淤试点工程，结合环湖矿山修复、湖滨湿地修复，消化处置疏浚底泥，实现资源循环利用。

二、强化生态系统修复和建设，逐步恢复巢湖健康生态系统

从兼顾流域防洪减灾、灌溉供水、航运发展和生态修复等综合角度，结合多水共济水循环系统，研究基于湖泊多目标综合利用的生态水位调控方案，实现巢湖水位节律能基本按环湖湿地出露、晒滩及芦苇生长要求实施调度。研究通过航道疏浚降低冬春季水位，从兼顾巢湖航运发展与生态修复综合角度制定巢湖水生态水位调控方案，逐步增加巢湖水生植被的覆盖度和生物量，提升生态系统污染物净化能力。

依据巢湖水深、基底、吹程等条件，利用沉积物吹填、消浪促淤、植物种植等技术，按照先易后难、先急后缓和从小水域到大水面、从封闭水域到开放水面的分步实施思路，分区分批加快开展不同层级水生植物种植。充分借鉴环巢湖湿地建设已取得的经验成果，重点建设合肥市新城区湖滨带湿地、长临河湖湾湿地、莲花村一罗大郢湖滨湿地、杭埠河口湖内湿地等湖滨带湿地，修复湖滨湿地全系列水生植物，增加湖滨带水生植被面积，提升湖滨带生态系统拦截和净化污染物的能力，缩减藻类生长空间，抑制蓝藻水华暴发，增加湖体无机物的转化途径，促进良性生态系统建设。

鱼类处于湖泊生态系统食物链顶层，通过下行效应作用对水质和藻类具有显著影响。针对鱼类种群下行效应不利于巢湖藻类控制的问题，建议加强巢湖渔业资源调查，填补巢湖渔业资源本底数据空白，开展渔业资源保护，通过增殖放流调控巢湖鱼类种群结构，降低鱼类捕食浮游动物及大型底栖动物压力，提升浮游动物等对巢湖藻类滤食压力，抑制蓝藻快速生长，加速巢湖健康生态系统恢复。

三、完善蓝藻水华预测预警体系，提升蓝藻应急防控和处置能力

在当前湖体高营养水平和全球气候变暖背景下，每年 5~10 月蓝藻水华暴发和高存量维持成为巢湖常态。蓝藻水华预测预警，有助于及时掌握巢湖蓝藻水华的发生、分布

范围、发展趋势和灾害影响。因此，做好蓝藻水华的预测预警、应急防控、消除水华发生次生灾害工作就显得十分重要。由于受湖区水文气象观测和预报条件等因素的限制，巢湖蓝藻水华暴发的预测预报精度有待提高。建议开发影响巢湖氮磷、水质和藻类生长的水文气象指标监测系统，完善蓝藻水华预测预警体系。

完善蓝藻水华应急打捞、藻水分离站、加压控藻井、藻水分离磁捕船和仿生环保过滤船、湿地蓝藻清除装置等设施设备及储备。创新近岸带拦藻围隔结构和布置形式及管理方式，结合流场合理布置围隔，将重点保护滨湖区域湖面蓝藻大流量引入肥东、肥西方向，在肥东、肥西建设离岸湿地和敞水区鱼类控藻工程，实现导藻湿地消化和鱼类摄食目的；结合布置大流量蓝藻处置设施，在水域原位开展无任何化学添加剂的藻水物理过滤分离，实现清水入湖、藻泥上岸资源化。建设完善蓝藻水华末端治理体系，基本解决蓝藻水华对敏感岸线和重点水域的影响。探索环保型蓝藻应急处置新材料，强化蓝藻应急防控手段。创建防波堤新型应急围隔结构与管理模式，实现超百年一遇洪水条件下的蓝藻有效防控。

四、强化水污染控制的支撑保障，实现污染物精准管控

强化制度和标准支撑。建立水质水量并重，TN、TP 并举的考核体系。在湖长制框架下，构建全流域氮磷污染物总量控制保障工程，确定新的水质、水量指标，分解制定入湖河流污染物控制限值，提出各河流逐年度削减目标，并建立科学合理的考核评价体系、生态补偿机制，创建一套指标体系，实现水质提升、水量控制，稳定巢湖水质持续向好态势，促进历史性拐点的早日到来。

强化科技支撑。"十三五"期间，巢湖流域围绕流域水污染数字化精准管控和湖区蓝藻水华防控，实施了水体污染控制与治理重大专项、数字巢湖等项目，整合了各部门有关污染源、水质、水文气象数据，打通了污染物排放与河道、湖体水质变化的联系通道，研发了河湖水动力水量水质模型、水质与蓝藻水华预测预警模型、湖泊水质目标管理系列模型，有效支撑了河湖水环境的精细化、科学化管理。建议进一步加大巢湖综合治理科研投入，设立巢湖综合治理科学研究重大课题专项基金，制定科学合理的科研成果绩效评价办法，为巢湖污染治理与生态修复提供强有力的科技支撑。

完善全流域智慧管理平台。加强流域生态综合调查与水环境问题解析，开展流域氮磷营养控制过程监测与绩效评估，做到时间、地点、类别和总量的四个识别，预测预警生态环境风险，完善基于网格化精细管理的流域污染的长效管理平台，支撑环境污染控制方案修订，完善包括生态补偿、土地管控、绿色发展和公众参与等管理政策。

致谢：感谢安徽省巢湖管理局提供的部分水质资料。

参 考 文 献

安徽省巢湖管理局. 2014. 2013 巢湖健康状况报告.

安徽省巢湖管理局. 2020. 2019 巢湖健康状况报告.

安徽省巢湖管理局. 2021. 2020 巢湖健康状况报告.

安徽省农业科学院水产研究所. 2018. 2018 年巢湖鱼类资源调查报告.

安徽省农业科学院水产研究所. 2020. 2020 年巢湖增殖放流效果评估报告.

邓英春, 曾昭慈, 陈昌新. 1997. 巢湖水环境问题探讨. 安徽水利科技, (3): 5-8.

范成新, 汪家权, 羊向东, 等. 2012. 巢湖磷本底影响及其控制. 北京: 中国环境科学出版社.

国家环境保护总局. 2002. 中国环境状况公报 2001.

国家环境保护总局. 2003. 中国环境状况公报 2002.

国家环境保护总局. 2004. 中国环境状况公报 2003.

国家环境保护总局. 2005. 中国环境状况公报 2004.

国家环境保护总局. 2006. 中国环境状况公报 2005.

国家环境保护总局. 2007. 中国环境状况公报 2006.

过龙根, 谢平, 倪乐意, 等. 2007. 巢湖渔业资源现状及其对水体富营养化的响应研究. 水生生物学报, 31(5): 700-705.

何凯, 王洪伟, 胡晓康, 等. 2021. 巢湖不同富营养化区域甲烷排放通量与途径. 中国环境科学, 41(7): 3306-3315.

环境保护部. 2008. 2007 中国环境状况公报.

环境保护部. 2009. 2008 中国环境状况公报.

环境保护部. 2010. 2009 中国环境状况公报.

环境保护部. 2011. 2010 中国环境状况公报.

刘玉, 李适宇, 李耀初, 等. 1998. 仙湖浮游藻类生态现状及其富营养化评价. 中山大学学报(自然科学版), 37(s2): 208-211.

刘允, 孙宗光. 2014. 2001—2012 年全国水环境质量趋势分析. 环境化学, 33(2): 286-291.

卢心固. 1984. 巢湖水生植被调查. 安徽农学院学报, 2: 95-102.

蒙仁宪, 刘贞秋. 1988. 以浮游植物评价巢湖水质污染及富营养化. 水生生物学报, 12(1): 13-26.

彭兆亮, 陈昌仁, 万骏, 等. 2020. 基于拉格朗日方法的洪泽湖与巢湖河流出入湖水体追踪计算. 海洋与湖沼, 51(6): 1275-1287.

任艳芹, 陈开宁. 2011. 巢湖沉水植物现状(2010 年)及其与环境因子的关系. 湖泊科学, 23(3): 409-416.

唐晓先, 沈明, 段洪涛. 2017. 巢湖蓝藻水华时空分布(2000~2015 年). 湖泊科学, 29(2): 276-284.

屠清瑛, 顾丁锡, 尹澄清, 等. 1990. 巢湖——富营养化研究. 合肥: 中国科学技术大学出版社.

万能胜, 齐鹏云. 2021. 巢湖流域 2020 年特大洪涝灾害应对实践与思考. 中国防汛抗旱, 31(4): 37-41.

王凤. 2007. 巢湖水体营养状态分析及富营养化防治对策. 江苏环境科技, 20(s1): 47-49.

王凤娟, 胡子全, 汤洁, 等. 2006. 用浮游动物评价巢湖东湖区的水质和营养类型. 生态科学, 25(6): 550-553.

王岐山. 1987. 巢湖鱼类区系研究. 安徽大学学报(自然科学版), 11(2): 70-78.

吴利, 周明辉, 沈章军, 等. 2017. 巢湖及其支流浮游动物群落结构特征及水质评价. 动物学杂志, 52(5): 792-811.

吴先成, 刁铸山, 姚闻卿. 1981. 巢湖鱼类区系//安徽省巢湖开发公司. 1981. 巢湖渔业资源增殖研究资料(第 1 集): 36-40.

夏文博, 朱青. 2018. 基于"城湖共生、绿色发展"理念的巢湖治理与保护策略研究. 中国防汛抗旱,

28(12): 30-32.

叶琳琳, 吴晓东, 刘波, 等. 2015. 巢湖溶解性有机物时空分布规律及其影响因素. 环境科学, 36(9): 3186-3193.

张崇岱, 王培华, 张之源. 1997. 巢湖水域近十年水质状况及特征分析. 安徽地质, 7(4): 31-34.

张海燕, 李箐. 2005. 巢湖水体富营养化成因分析及对策研究. 疾病控制杂志, 9(3): 271-272.

张民, 史小丽, 阳振, 等. 2020. 2012—2018 年巢湖水质变化趋势分析和蓝藻防控建议. 湖泊科学, 32(1): 11-20.

张之丽, 徐昭国. 1992. 巢湖流域 1991 年洪水分析及其对防洪规划的验证. 安徽水利科技, (2): 10-14.

张之源, 王培华, 张崇岱. 1999. 巢湖营养化状况评价及水质恢复探讨. 环境科学研究, 12(5): 45-48.

Deng D G, Xie P, Zhou Q, et al. 2007. Studies on temporal and spatial variations of phytoplankton in Lake Chaohu. Journal of Integrative Plant Biology , 49(4): 409-418.

Guan Y, Zhang M, Yang Z, et al. 2020. Intra-annual variation and correlations of functional traits in *Microcystis* and *Dolichospermum* in Lake Chaohu. Ecological Indicators, 111: 106052.

Kong X, He Q, Yang B, et al. 2017. Hydrological regulation drives regime shifts: evidence from paleolimnology and ecosystem modeling of a large shallow Chinese lake. Global Change Biology, 23(2): 737-754.

Krüger T, Wiegand C, Kun L, et al. 2010. More and more toxins around–analysis of cyanobacterial strains isolated from Lake Chao (Anhui Province, China). Toxicon, 56(8): 1520-1524.

Peng Z L, Hu W P, Liu G, et al. 2019. Estimating daily inflows of large lakes using a water-balance-based runoff coefficient scaling approach. Hydrological Process, 33(19): 2535-2550.

Reynolds C S. 2006. The Ecology of Phytoplankton. Cambridge: Cambridge University Press.

Yang H, Xie P, Xu J, et al. 2006. Seasonal variation of microcystin concentration in Lake Chaohu, a shallow subtropical lake in the People's Republic of China. Bulletin of Environmental Contamination and Toxicology, 77(3): 367-374.

Yin C, Bernhardt H. 1992. A case study of shallow and eutrophic lakes in China. Journal of Environmental Sciences, 4(2): 5-16.

Yu L, Kong F X, Zhang M, et al. 2014. The dynamics of microcystis genotypes and microcystin production and associations with environmental factors during blooms in Lake Chaohu, China. Toxins, 6(12): 3238-3257.

Zhang L, Liao Q, Gao R, et al. 2021. Spatial variations in diffusive methane fluxes and the role of eutrophication in a subtropical shallow lake. Science of the Total Environment, 759: 143495.

Zhang M, Yang Z, Yu Y, et al. 2020. Interannual and seasonal shift between *Microcystis* and *Dolichospermum*: A 7-year investigation in Lake Chaohu, China. Water, 12 (7): 1978.

Zhang Y, Ma R, Zhang M, et al. 2015. Fourteen-year record (2000–2013) of the spatial and temporal dynamics of floating algae blooms in Lake Chaohu, observed from time series of MODIS images. Remote Sensing, 7(8): 10523-10542.

第五章 鄱 阳 湖

　　鄱阳湖是我国最大的淡水湖泊、国家首批国际重要湿地之一，也是亚洲最大的候鸟越冬地，在全球候鸟生物多样性保护上具有重要地位。鄱阳湖高变幅的水位波动情势，造就了独特的湿地生态过程，水文水动力与水质、水生态、生物生境状况之间的联动关系尤为显著，其相对完整的湿地景观和生态系统，在世界湖泊生态系统中极具代表性和研究价值。近年来，气候变化和流域重大水利工程造成鄱阳湖的水文节律发生显著改变，逐步影响湿地生态系统的完整性和稳定性。鄱阳湖正面临着水环境质量下降、水域和湿地生态系统结构和功能退化等诸多问题。随着长江经济带绿色发展和长江大保护等国家战略的逐步实施，鄱阳湖的水生态环境问题已提升到一个新高度，亟需全新而系统的认识与理解。

　　本章主要依托江西鄱阳湖湖泊湿地生态系统国家野外科学观测研究站（以下简称"鄱阳湖站"）长期收集、监测的生态环境数据以及地方有关部门提供的资料，系统分析了鄱阳湖生态环境状况、存在问题及治理保护的对策建议，以期为鄱阳湖水资源优化配置、水环境保护与治理、湿地生态系统的保育与管理以及生态文明建设等提供科学支撑。

第一节　鄱阳湖及其流域概况

一、地理位置

　　鄱阳湖位于江西省境内北部，长江中游南岸，是我国最大的淡水湖泊。上接江西省境内赣江、抚河、信江、饶河与修水五大河流，下通长江（图 5.1），具有水量大、水质优、生态环境好、生态功能强、生态安全地位突出的独特优势和特殊作用，素有"长江之肾"的美誉，承担着涵养水源、调洪蓄水、生物保护、调节气候、降解污染等多种生态功能，在江西、长江流域乃至全国社会经济发展和生态安全格局中具有十分重要的战略地位（杨桂山等，2022；纪伟涛等，2017）。鄱阳湖南北长约 173 km，最宽处 70 km，平均宽度为 16.9 km，进入长江水道最窄处的屏峰卡口仅为 3 km 左右，湖岸线总长约 1200 km，星子站水位 20.63 m 时，鄱阳湖通江水体面积达 3656 km²，容积可达 312 亿 m³，是长江中下游重要的水资源补给地（Deng et al.，2019）。

　　鄱阳湖形状类似于一个葫芦形平面，以松门山为界线，分为南、北两部分。具有"高水似湖，低水似河，枯水成沟"的特点（图 5.2）。南部宽阔，为主湖面，北部较为狭窄，为入长江的水道区。总体上，湖区地貌主要由水道、洲滩、岛屿（约 40 多个）、内湖及一些汊港（约 20 处）组成（王苏民等，1998）。就整个鄱阳湖湖盆来说，高程主要介于12.5~16 m 之间（吴淞高程），占全湖面积的 2/3 左右。以湖区松门山为界，湖区地形整体上南高北低，且松门山以南湖床平坦，地势较高，南北高差约为 6 m（刘诗古，2018）。

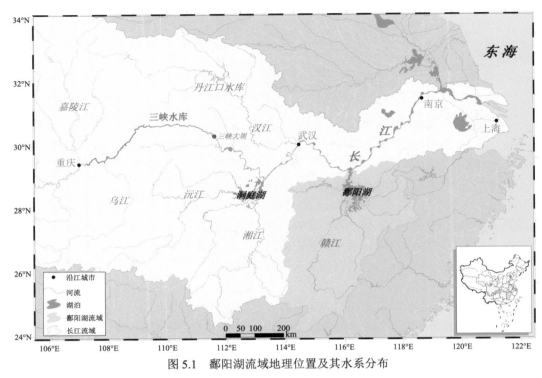

图 5.1　鄱阳湖流域地理位置及其水系分布

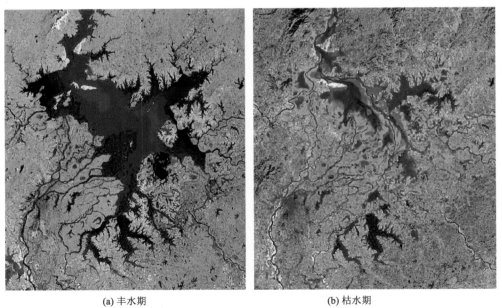

(a) 丰水期　　　　　　　　　　　　　　　　(b) 枯水期

图 5.2　鄱阳湖丰水期与枯水期水域及滩地范围对比

二、地质地貌

鄱阳湖流域山地多分布于流域的东、南、西侧边缘。主要有蜿蜒于东北部的怀玉山脉、沿闽赣省界延伸的东部武夷山脉、南部粤赣边界的大庾岭和九连山，湘赣边界的罗霄山脉以及西北部的幕阜山脉和九岭山。中南部丘陵区位于流域边缘山地内侧和鄱阳湖平原区外侧的广大地区，地形复杂，低山、丘陵、岗地和盆地交错分布，海拔一般在200~600 m。鄱阳湖平原区集中分布在省内北部、五河水系下游尾闾和鄱阳湖滨湖地区。鄱阳湖平原是长江和鄱阳湖水系冲积形成的平原，地势坦荡、江湖水系交织，河网密集，湖泊众多，面积约 $4×10^4$ km^2（韩志勇等，2010）。平原外侧边缘，低丘岗地广布，此起彼伏，海拔在 50~100 m，多以梯级方式开垦，以旱作物为主（图 5.3）。内侧的滨江滨湖圩区，海拔多在 20 m 以下，地势低平，港汊纵横，草洲滩地连片，塘沼稻田相间，平原的北端为鄱阳湖（梅丽辉和马逸琪，2004）。

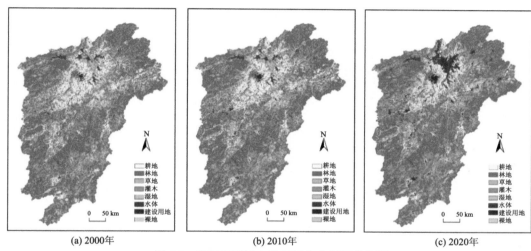

(a) 2000年　　　　(b) 2010年　　　　(c) 2020年

图 5.3　鄱阳湖流域土地利用分布年际变化图

鄱阳湖流域地层较为古老，山体组成成分主要包括碳酸盐岩、变质岩、紫色页岩、花岗岩、红砂岩等。流域土壤资源丰富，主要有红壤、黄壤、山地黄棕壤、山地草甸土、紫色土、潮土、石灰土和水稻土等类型（朱宏富，1982）。红壤是流域内分布范围最广、面积最大的地带性土壤，约占总面积的56%，是流域最重要的土壤资源，且分布在海拔20 m 以上的丘陵岗地到海拔 500~600 m 的高丘和低山。黄壤主要分布在海拔 700~1200 m 的山地，约占总面积的10%。山地黄棕壤主要分布在海拔 1000~1400 m 以上的山地。山地草甸土分布面积小，主要分布在海拔 1400~1700 m 高山的顶部。紫色土主要分布在赣州、抚州和上饶的丘陵地区，其他丘陵区也有小面积的零星分布，并常和丘陵红壤交错分布，约占总面积的 3%。潮土主要分布在鄱阳湖沿岸和五河水系的河谷平原。石灰土分布面积不大，主要分布于石灰岩山地丘陵区。水稻土广泛分布于全省山地丘陵谷地和河湖平原阶地。可见，鄱阳湖流域土壤分布具有明显的地带性和地域性规律。

三、气候气象

鄱阳湖流域地处亚热带湿润季风气候区，流域气候复杂多变（曹宇贤等，2022；Wu et al.，2021）。年降水量一般为1400~1900 mm，多年平均为1675 mm。各季节降水量分布不均，汛末秋冬季的 10 月至翌年 2 月降水量不多，约为全年降水量的 25%；3~6 月降水量猛增，约为全年的 55%，降水量多而集中，时常发生洪涝灾害；7~9 月有地方性雷阵雨，夏末秋初偶有台风暴雨，降水量约为全年的 20%。流域多年平均陆面蒸发量在 700~800 mm，多年平均水面蒸发量在 800~1200 mm，大部分地区为 1000~1100 mm。多年平均水资源总量为 $1422×10^8$ m^3（Xiao，2020）。由于流域内降水时空分布不均，年际变化幅度大，年内分配也极不均匀，洪旱灾害频发。

受流域及长江来水双重影响，鄱阳湖多年月平均水位以 7 月最高，1 月最低，年内水位变幅大，季节性水位相差 10 m 左右；年际水位变幅更大，最高水位与最低水位相差可达 16.7 m（胡振鹏和林玉茹，2012），湖区呈现"洪水一片，枯水一线"的景象，是最为典型的过水性、吞吐性、季节性湖泊湿地。鄱阳湖主河道水流速度快，入江水道等区域最大流速可超过 1.0 m/s（Li et al.，2014），周边滩地等洪泛区水流速度较小，洪水季节基本小于 0.1 m/s。鄱阳湖换水周期整体较快，主河道换水周期约小于 20 天，一些局部湖湾长达 200 多天（Li et al.，2015）。

四、水文水系

鄱阳湖流域水系发达，河流众多，主要包括赣江、抚河、信江、饶河和修水五大河流（张奇，2021），来水汇入鄱阳湖后经湖口注入长江，鄱阳湖主要的水系及水文站点分布如图 5.4 所示。

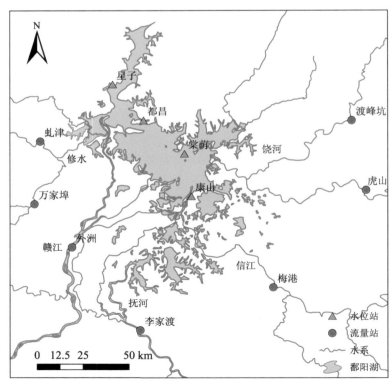

图 5.4　鄱阳湖主要水文站点分布

（1）赣江：位于鄱阳湖西南部，是鄱阳湖流域最大水系，也是江西省第一大河流，干流全长 766 km，赣江下游控制站（外洲）以上流域面积 $8.09×10^4$ km^2，占鄱阳湖流域总面积的近 50%。赣江多年平均的年入湖水量为 $680×10^8$ m^3，占流域五河入湖总水量的 57%。

（2）抚河：位于鄱阳湖南部，干流长 349 km，抚河下游控制站（李家渡）以上流域面积为 $1.58×10^4$ km^2，约占鄱阳湖流域总面积的 11%。抚河多年平均的年入湖水量为 $127×10^8$ m^3，占流域五河入湖总水量的 11%。

（3）信江：位于鄱阳湖东南部，主河全长 312 km，信江下游控制站（梅港）以上流域面积为 $1.55×10^4$ km^2。信江多年平均的年入湖水量为 $181×10^8$ m^3，占流域五河入湖总水量的 15%。

（4）饶河：位于鄱阳湖东北部，饶河左支为乐安河，全长 313 km，乐安河下游控制站（虎山）以上流域面积为 6374 km^2；饶河右支为昌江，全长 267 km，昌江下游控制站（渡峰坑）以上流域面积为 5013 km^2。饶河多年平均的年入湖水量为 $118×10^8$ m^3，占流域五河入湖总水量的 10%。

（5）修水：位于鄱阳湖西北部，河长 389 km，修水下游控制站包括虬津和潦河万家埠，虬津以上流域面积为 $0.99×10^4$ km^2，万家埠以上流域面积为 $0.35×10^4$ km^2。修水多年平均的年入湖水量为 $106×10^8$ m^3，占流域五河入湖总水量的 7%（谭国良等，2008；张奇等，2018）。

除五大河流水系之外，还有一些较小的直接汇入鄱阳湖的河流。河长大于 30 km 的河流有 14 条，其中流域面积大于 1000 km^2 的河流有博阳河、漳田河、潼津河和清丰山溪（姜加虎等，2009）。

五、社会经济

鄱阳湖流域 97% 的区域均位于江西省境内，流域边界基本与江西省行政边界重合。截至 2020 年 6 月，江西省共辖 11 个设区市、27 个市辖区、12 个县级市、61 个县。以 2019 年为例，江西省生产总值（GDP）24 757.5 亿元，比上年增长 8.7%。其中，第一产业增加值 2057.6 亿元，增长 3.0%；第二产业增加值 10 939.8 亿元，增长 8.0%；第三产业增加值 11 760.1 亿元，增长 9.0%。三次产业结构为 8.3∶44.2∶47.5，三次产业对 GDP 增长的贡献率为 3.4%、49.9% 和 46.7%。人均国内生产总值 53 164 元。2019 年末全省常住人口 $4666.1×10^4$ 人，比上年末增加 $18.6×10^4$ 人。其中，城镇常住人口 $2679.3×10^4$ 人，占总人口的比重（常住人口城镇化率）为 57.4%，比上年末提高 1.4 个百分点。

鄱阳湖是江西人民的"母亲湖"，素有"鱼米之乡""赣抚粮仓"美誉（He et al.，2022）。湖区包括 14 个县（市）和南昌、九江两市，总面积 26 284 km^2，占江西省面积的 16.2%。2019 年，湖区所涉县乡人口 $4661×10^3$ 人、耕地面积 6536.7 km^2，分别占江西省的 28.1%、23.2%；湖区年粮食产量 $576.6×10^4$ t，占江西省的 28.8%；国民生产产值 2865 亿元，占江西省的 11.6%。鄱阳湖是鄱阳湖生态经济区的核心组成部分，是将鄱阳湖生态经济区建设成为世界性生态文明与经济社会发展协调统一、人与自然和谐相处的生态经济示范区的重要保障。

第二节　鄱阳湖水环境现状及演变过程

一、水位与水量

水文过程是鄱阳湖诸多生态安全问题分析的重要基础，水文变化很大程度上决定了鄱阳湖及其湿地系统一系列的物理、化学和生物过程（胡振鹏，2020）。受流域五河和长江来水脉冲的叠加影响，鄱阳湖独特的季节性水文变化不仅具有区域特色，同时与水文变化相关的生态环境问题也是全球大江大河大湖所面临的共性问题。

（一）水位

一般情况下，鄱阳湖湖区水位因湖盆高程的空间复杂性和异质性，空间水位具有一定的差异性，但不同区域水位的年内变化规律和趋势基本一致，本节根据鄱阳湖星子、都昌和康山水位站的观测资料对湖区空间水位变化现状展开分析。从年内变化来看，现状年份条件下湖区水位均高于历史多年平均状况，主要表现在洪水期和退水期两个典型时段（7~11月），水位增幅基本介于2~3 m，但上游康山水位的最大增幅可达4 m。通过星子站水位进一步分析，其2020年的平均水位为13.9 m，多年平均水位约12.8 m，可知湖区现状水位总体上呈偏高的变化态势，但5~6月的湖泊水位要总体上低于湖区多年平均水位（图5.5）。此外，从洪水分析的视角而言，鄱阳湖历史最高水位记录为1998

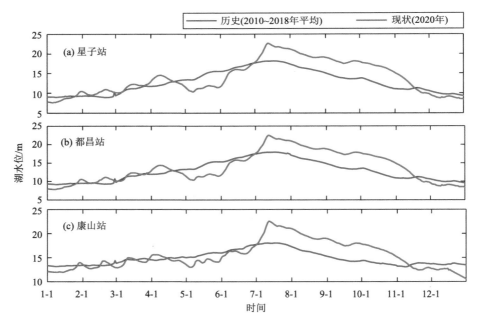

图5.5　鄱阳湖代表性水文站的水位现状变化分析

年的 22.52 m，但近年来其历史极值水位被不断突破，湖泊水位于现状年（2020 年）7月中旬超过 1998 年的历史最高水位，记录水位为 22.60 m（图 5.6）。由此表明，现状年湖泊水位总体上较历史水平呈偏高趋势，且湖泊水位突破了有水文数据纪录以来的历史极值。

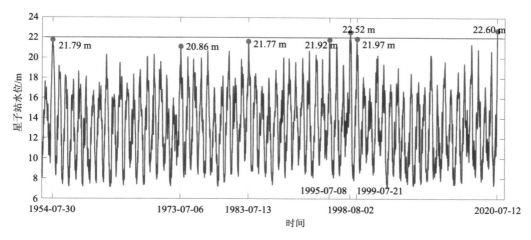

图 5.6 鄱阳湖星子站长序列观测水位及其极值水位变化

（二）出入流量

江西省水文局提供的数据资料显示，鄱阳湖流域五大水系赣江、抚河、信江、饶河和修水的日流量均呈明显的季节性动态变化，夏季的日入湖径流量要明显高于冬季等其他季节（图 5.7）。其中，赣江的日最大入湖径流量约可达 20 000 m³/s。与流域五河入流的历史多年平均状况比较（2010~2018 年），总体上 2020 年现状条件下的五河日径流量在年内大多时期要小于多年平均水平，但夏季五河来水却高于历史平均年份。进一步分析得出，赣江多年平均入湖径流约 2319 m³/s，现状年的平均入湖径流为 1991 m³/s；抚河多年平均径流为 450 m³/s，现状年的平均入湖径流为 331 m³/s；信江多年平均径流为 646 m³/s，现状条件的平均入湖径流为 610 m³/s；饶河多年平均径流为 174 m³/s，现状条件的平均入湖径流为 222 m³/s；修水多年平均径流为 159 m³/s，现状条件的平均入湖径流为 151 m³/s（图 5.7）。由此可知，现状条件下的鄱阳湖流域五河径流均呈现较为明显的下降态势，尤其体现在春季和冬季等流域来水偏少的季节。计算得出，从年入湖总水量上，以 2020 年为现状条件的五河水量下降幅度可达 12%左右。

湖口站是鄱阳湖和长江交汇处的唯一水位观测站点，湖口流量变化体现了江湖作用关系与作用强度。与 2010~2018 年的历史平均状况比较，年内变化上，2020 年的湖口出流量在整个年内呈现明显的波动变化态势和较强的变异性，但统计发现鄱阳湖向长江干流的下泄水量（出湖量）有所减少。从日平均水量上来看，鄱阳湖多年平均的日出湖流量约 5448 m³/s，2020 年的日平均出湖流量约 4944 m³/s，鄱阳湖出湖的年流量累计减少10%左右（图 5.8）。从江湖作用关系上，据江西省水文局数据资料统计发现，2010~2016

年发生的长江倒灌鄱阳湖次数为 3~5 次，2017 年长江倒灌鄱阳湖次数达 14 次。尽管 2020 年鄱阳湖水位总体偏高，但受鄱阳湖夏季第 1 号洪水和长江干流顶托影响，在 7 月 6~8 日观测到 2 次长江倒灌鄱阳湖现象，倒灌总水量估计约 3 亿 m³（图 5.8）。

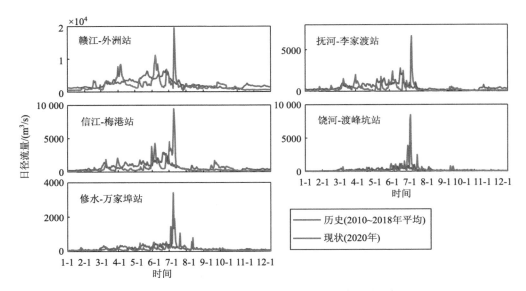

图 5.7　鄱阳湖流域五河代表水文站的径流现状分析

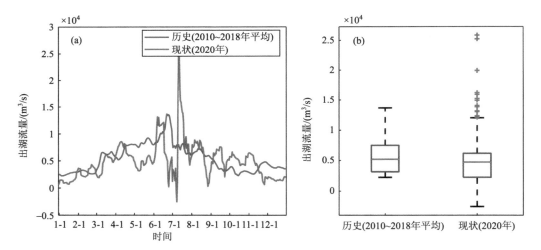

图 5.8　鄱阳湖湖口站出流量现状变化图

正值表示湖水排泄至长江，负值表示长江水倒灌湖泊

（三）蓄水量

本节采用水位-面积和水位-蓄水量曲线估算湖泊水面积和蓄水量变化。与历史多年平均状况相比，鄱阳湖现状条件下，2020 年的水面积和蓄水量在前半年要低于历史同期水平。然而，水面积和蓄水量在后半年总体上明显大于历史同期水平，主要是因为 2020

年夏季特大洪水事件，导致后半年的湖泊水面积、蓄水量均随着水位动态变化而明显超出同期平均状况。由此可见，2020 年鄱阳湖水面积和蓄水量在年内极值上偏大偏高，主要体现在夏秋季节，明显超过历史同期水平（图 5.9 和图 5.10）。2020 年夏季 7~8 月，水面积超过 3000 km²，而湖泊蓄水量则高达近 300 亿 m³。

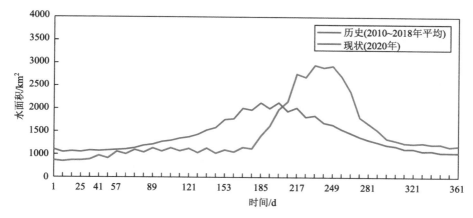

图 5.9 鄱阳湖湖区水面积现状变化图

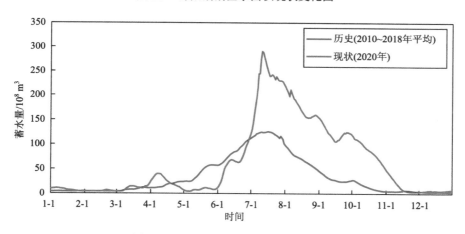

图 5.10 鄱阳湖湖区蓄水量现状变化图

鄱阳湖高度变异的水文节律变化是通江湖泊的一个主要特点，对湖泊水文现状的清晰认识有助于深刻理解湖泊水资源以及湿地生态安全等。通过与历史多年平均（2018 年之前）水文状况的比较，认为现状条件下（2020 年）鄱阳湖流域五河径流出现较为明显的下降趋势，尤其是春、冬季节的流域来水，且年入湖总水量下降幅度接近 12%，但夏季五河来水增加趋势较为明显。现状条件下鄱阳湖水位高于历史平均状况，主要表现在洪水和退水时期，水位增加幅度基本介于 2~3 m，但局部地区可达 3~4 m。同时，2020年夏季湖区出现特大洪水，湖泊水面积和蓄水量也明显高于历史同期平均水平，湖口出流量在年内呈现明显的波动态势和变异性，但湖泊向长江干流的年下泄水量约减少 10%。总体上，在年尺度上，鄱阳湖当前水文情势趋于平稳；在季节尺度上，鄱阳湖当前水文情势动态及一些极端事件的发生主要体现在夏、秋等典型时期。

二、透明度

水环境采样点位如图 5.11 所示。

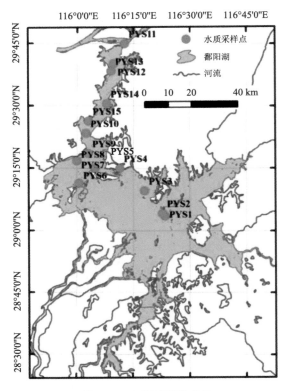

图 5.11　水环境采样点位

2009~2020 年，鄱阳湖透明度呈现轻微的增加趋势，年增加幅度约为 0.01 m/a，但是其增加幅度并不显著。同时可以发现，不同采样点之间的透明度差异较大。从透明度的年内分布状况可以发现，透明度的年内变化范围为 0.30~0.65 m，年内变异系数为 17.31%。鄱阳湖在年内的透明度呈现出春夏较高、秋冬较低的特征，透明度最高的月份为 7 月（图 5.12）。

三、溶解氧（DO）

2009~2020 年，鄱阳湖溶解氧并没有呈现显著的趋势（年变化趋势为 –0.0573mg/（L·a）），溶解氧含量在 9 mg/L 附近波动。同时可以发现，鄱阳湖的溶解氧存在一定的空间差异。从年内变化来看，鄱阳湖溶解氧呈现秋冬较高、夏季最低的趋势（图 5.13）。

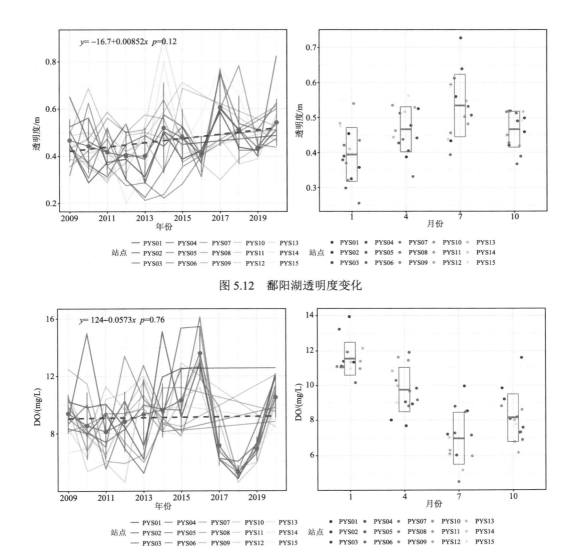

图 5.12　鄱阳湖透明度变化

图 5.13　鄱阳湖溶解氧变化

四、pH

鄱阳湖的 pH 动态变化如图 5.14 所示。2009~2020 年，鄱阳湖水体 pH 呈现显著的下降趋势，下降幅度为$-0.0495a^{-1}$。从 2009 年到 2020 年，鄱阳湖 pH 总体由偏碱性向中性转变。年内变化表明，鄱阳湖的水体 pH 呈现秋冬较高、春夏较低的特征，但是总体差异不大。

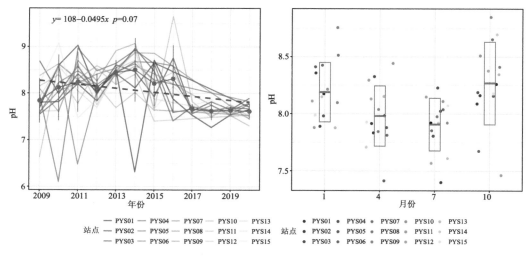

图 5.14　鄱阳湖 pH 动态变化

五、高锰酸盐指数（COD_Mn）

鄱阳湖高锰酸盐指数的动态变化过程如图 5.15 所示。2009~2020 年，鄱阳湖的高锰酸盐指数呈现显著的上升趋势，上升幅度为 0.0327 mg/（L·a）。年内分布显示，鄱阳湖高锰酸盐指数没有明显的年内分布特征，最高值在夏季，最低值在春季。高锰酸盐指数的年内变化范围为 2.13~3.58 mg/L，年内变异系数为 11.05%。

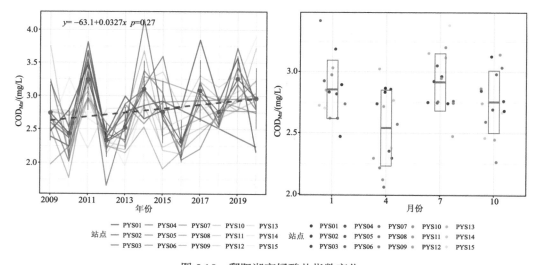

图 5.15　鄱阳湖高锰酸盐指数变化

六、总氮（TN）

鄱阳湖的总氮动态变化过程如图 5.16 所示。2009~2020 年，鄱阳湖总氮浓度呈现出显著的上升趋势，上升幅度为 0.0443mg/（L·a）。同时可以发现，鄱阳湖总氮浓度存在一定的空间分异。年内变化显示，鄱阳湖总氮浓度呈现秋冬较高、春夏较低的分布特征，最低值出现在夏季（7 月）。总氮的年内变化范围为 1.24~3.22mg/L，年内变异系数为 24.68%。

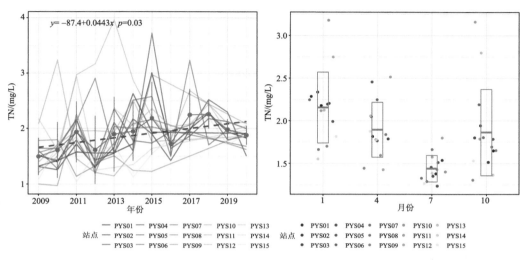

图 5.16 鄱阳湖 TN 动态变化过程

七、总磷（TP）

鄱阳湖的总磷动态变化过程如图 5.17 所示。2009~2020 年，鄱阳湖总磷浓度呈现出轻微的上升趋势，上升幅度为 0.00852mg/（L·a）。同时可以发现，鄱阳湖总磷浓度存在一定的空间分异。年内变化显示，鄱阳湖总磷没有明显的年内分布特征，最高值出现在春季（4 月），最低值出现在夏季（7 月）。秋冬两季的浓度介于春夏之间。总磷的年内变化范围为 0.05~0.35mg/L，年内变异系数为 37.61%。

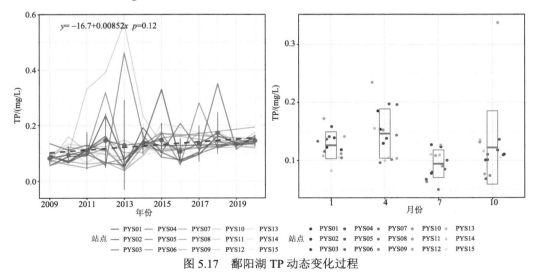

图 5.17 鄱阳湖 TP 动态变化过程

八、叶绿素 a

2009~2020 年鄱阳湖的叶绿素 a 浓度呈现显著的上升趋势，上升速率为 0.462 mg/（L·a）（图 5.18），到 2020 年鄱阳湖平均叶绿素 a 浓度已由 2009 年的 3.5 mg/L 升至 2019 年的 10 mg/L，增幅明显。年内变化显示，鄱阳湖的叶绿素 a 浓度存在显著的季节差异，其中，夏季和秋季浓度显著高于其余季节，且夏季和秋季鄱阳湖的叶绿素 a 浓度存在明显的空间分异，不同点位的浓度差异较大，冬季和春季鄱阳湖叶绿素 a 的浓度空间差异较小。鄱阳湖叶绿素 a 的年内变化范围为 1.84~11.87 mg/L，年内变异系数为 53.74%。

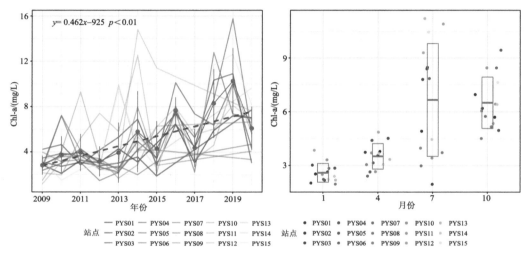

图 5.18　鄱阳湖叶绿素 a 动态变化过程

九、营养状态

鄱阳湖的富营养化程度由综合营养状态指数（TLI）评估。2009~2020 年鄱阳湖的 TLI 呈现显著的上升趋势，上升幅度为 0.514 a^{-1}。2019 年鄱阳湖的年均 TLI 值最大，为 53.58，为轻度富营养状况。总体而言，鄱阳湖的水体富营养化程度虽然在不断增加，但是仍未出现重度富营养化的现象（图 5.19）。

由图 5.20 可以发现，在研究时段（2009~2020 年）内，鄱阳湖湖区轻度富营养化的比例总体呈现上升趋势，说明湖区水质逐渐富营养化。不过，在 2018 年，中营养、轻度富营养和中度富营养占比分别为 3%、93% 和 4%；2019 年开始，中度富营养状态消失，中营养占比上升至 9%，轻度富营养的比例为 91%，总体上水质有所改善。

鄱阳湖湖区综合营养状态指数的年内变化特征如图 5.21 所示。其中 TLI<30 为贫营养；30≤TLI≤50 为中营养；50<TLI≤60 为轻度富营养；60<TLI≤70 为中度富营养；TLI>70 为重度富营养。各个营养级之间的阈值如图中虚线所示。

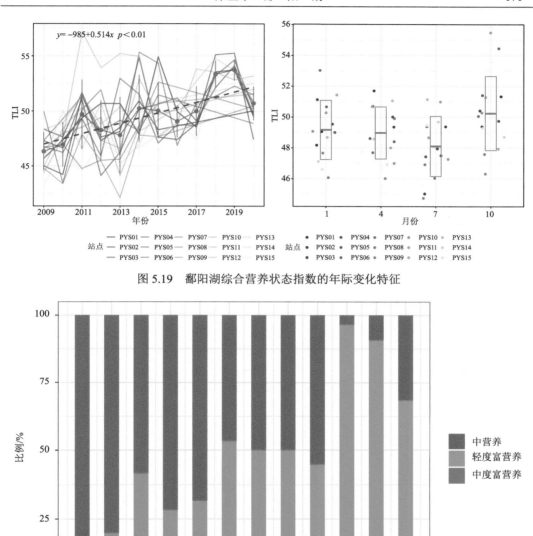

图 5.19 鄱阳湖综合营养状态指数的年际变化特征

图 5.20 鄱阳湖营养状态比例的年际变化特征

由图 5.21 可以发现,鄱阳湖湖区年内综合营养状态指数存在明显的季节性差异。总体上来说,鄱阳湖全湖的综合营养状态指数在年内呈现先下降后上升的趋势(春季 50.15、夏季 48.56、秋季 50.02 和冬季 46.06)。冬季和夏季鄱阳湖在年内水体平均处于中营养水平,春季和秋季鄱阳湖处于轻度富营养状态。另外,鄱阳湖的综合营养状态存在一定的空间分异,并且各个季节的分异特征不同。其中,在秋季,鄱阳湖全湖各点位的综合营养状态指数都处于中营养和轻度富营养之间,空间分异并不显著。值得注意的是,在水质较好的夏季，鄱阳湖有部分点位在 2011 年出现了贫营养的状态。2016~2020 年，TLI 值持续增大，2016 年春季和冬季多数处于中营养状态，夏季和秋季处于轻度富营养化状态；2017~2020 年，全年基本处于轻度富营养化状态，且 2018~2020 年夏季和秋季有向中度富营养化转变的趋势。

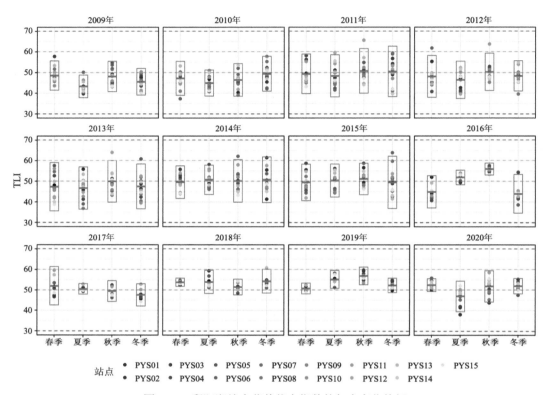

图 5.21　鄱阳湖综合营养状态指数的年内变化特征

十、泥沙

鄱阳湖的泥沙来源于鄱阳湖流域赣江、抚河、信江、饶河、修水五大河流水系，流域区间河流以及长江的倒灌，以鄱阳湖流域来沙为主。

（一）入湖泥沙

鄱阳湖流域五大水系赣江、抚河、信江、饶河、修水的日输沙量呈现季节性动态变化，雨季要明显高于枯水期（图 5.22）。与流域五河入湖泥沙的多年平均（2012~2017 年）状况比较，2018 年五河入湖泥沙在年内大多时期要小于多年平均水平。从总量来看，2012~2017 年入湖泥沙量为 697.81×10⁴ t，2018 年入湖泥沙量为 330.10×10⁴ t，较 2012~2017 年平均值下降幅度超过 50%，呈明显下降态势。

长江倒灌是鄱阳湖另一个潜在的泥沙输入源。倒灌沙量年际波动明显（表 5.1）。现状 2018 年没有发生倒灌鄱阳湖现象。2017 年倒灌天数 14 d，2012~2016 年发生的倒灌鄱阳湖天数约为 3~5 d。从倒灌发生时间来看，主要集中在 7~9 月。长江倒灌沙量总体较小，2016 年倒灌沙量最大，为 24.06×10^4 t。长江泥沙随江水倒灌入湖，倒灌沙量与倒灌时长、水量和含沙量有关。

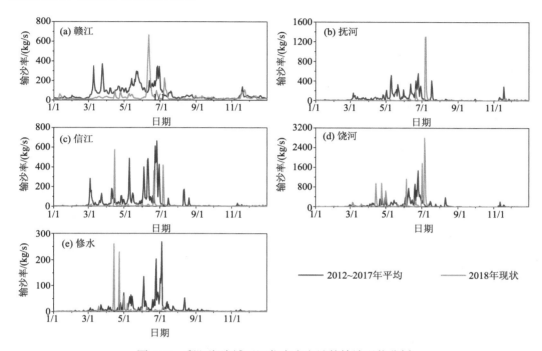

图 5.22　鄱阳湖流域五河代表水文站的输沙现状分析

表 5.1　2012~2018 年长江倒灌鄱阳湖沙量现状统计

年份	倒灌天数/d	发生月份	倒灌沙量/10^4 t
2012	3	7	12.77
2013	4	9~10	0.99
2014	3	9	0.68
2015	0		
2016	5	7	24.06
2017	14	10	23.03
2018	0		

（二）出湖泥沙

鄱阳湖泥沙经由湖口水道进入长江。据湖口站资料统计（图 5.23），出湖沙量大幅度减少。从时间上看，现状 2018 年出湖泥沙在年内大多时期也要小于 2012~2017 年平均水平。从总量上看，现状 2018 年出湖总沙量为 391.44×10^4 t，较近年（2012~2017 年）

多年平均的年出湖总沙量（1096.53×10⁴ t）减少64%。

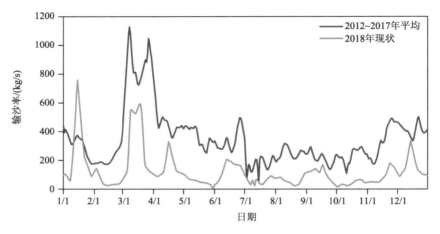

图5.23　鄱阳湖湖口站日输沙率现状变化

（三）沙量平衡

鄱阳湖2018年出湖沙量391.44×10⁴ t，五河控制站输入沙量为330.10×10⁴ t。与多年平均（2012~2017年）相比，出湖沙量与五河控制站入湖沙量间差值下降。若不考虑区间来沙，2018年现状条件下4~7月鄱阳湖淤积作用减弱，其他各月被冲蚀的作用也发生不同程度的减小（图5.24）。

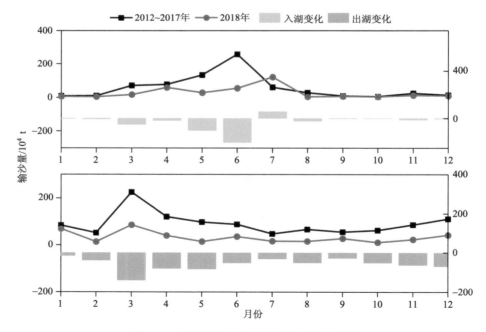

图5.24　鄱阳湖湖口站日输沙量现状变化图

鄱阳湖的冲淤规律主要受五大河流及江湖作用综合影响。1~3 月鄱阳湖水位较低，呈河流特征，此时湖面比降大，流速快，水流的挟沙能力强，水流对湖床产生冲刷，出湖沙量大于入湖沙量，在 3 月冲刷量最大，2018 年现状条件下的最大冲刷量较多年平均减少了近 50%。4 月开始，五河进入汛期，湖水位升高，随着鄱阳湖水表面积的增大，湖泊水面比降减小，水流缓慢，入湖泥沙开始在湖区淤积，现状 2018 年 4~6 月各月的泥沙淤积量明显减少，且 6 月不同于多年平均，是淤积最明显的月份，现状 2018 年泥沙淤积最大值发生在 7 月。

对比历史多年平均输沙状况可知，现状鄱阳湖流域入湖泥沙出现明显下降，降幅超过 50%。现状鄱阳湖出湖泥沙在年内大多数时期也要小于多年平均水平。根据出入湖沙量数据，鄱阳湖当前泥沙情势总体处于冲蚀状态，但冲蚀力度减弱。

第三节　鄱阳湖水生态系统结构与湿地生态系统演变趋势

一、浮游植物

（一）浮游植物群落组成

2020 年四个季度定量样品中共鉴定出浮游植物 7 门 63 种（属），其中绿藻门和硅藻门种属数较多，分别为 24 种（属）和 21 种（属），分别占比 38% 和 33%。蓝藻门 7 种（属），占比 11%。2019 年丰水期鄱阳湖全湖 133 个样点调查共发现浮游植物 7 门 65 种（属），其中以绿藻门为主，共计 33 种（属）；其次为硅藻门和蓝藻门，分别为 13 种（属）和 9 种（属）。最常见藻类为蓝藻门的微囊藻、浮游鱼腥藻和浮游蓝丝藻，其次为蓝藻门的卷曲鱼腥藻、螺旋藻、颤藻、席藻；隐藻门的卵形隐藻；硅藻门的颗粒直链硅藻；绿藻门的栅藻、二角盘星藻、空球藻、实球藻、网状空星藻和小球藻。

（二）生物量

2020 年浮游植物细胞丰度年均值 122×10⁴ cells/L，最大值在秋季（175.77×10⁴ cells/L），最小值在春季（82.04×10⁴ cells/L）。导致这种季节动态变化的主要门类为蓝藻门和硅藻门，蓝藻门在秋季丰度较高，为 125.18×10⁴ cells/L；春季最低，为 59.61×10⁴ cells/L（图 5.25）。硅藻门在春季和秋季细胞丰度较高，分别为 15.44×10⁴ cells/L 和 43.44×10⁴ cells/L。浮游植物生物量年均值 55mg/L，季节动态主要受硅藻门影响，表现为秋季最高、冬季最低，分别为 0.86 mg/L、0.39 mg/L。

鄱阳湖 2021 年夏季主湖区细胞丰度均值 524.2×10⁴ cells/L，阻隔湖泊浮游植物丰度均值为 2130.9×10⁴ cells/L，显著高于鄱阳湖主湖区。鄱阳湖主湖区浮游植物群落结构与阻隔湖泊浮游植物群落存在明显差异，其差异主要由绿藻门和蓝藻门导致（表 5.2）。主湖区浮游植物以绿藻门类为主，生物量占比高达 37.73%，其次为硅藻门（19.78%）及甲藻门（15.75%），蓝藻门占比为 11.36%。阻隔湖泊中，浮游植物生物量以蓝藻门占优，占比高达 41.37%，其次为甲藻门（17.09%）及硅藻门（16.75%），绿藻门占比为 15.73%。

蓝藻门浮游植物主要有微囊藻、卷曲鱼腥藻、浮游鱼腥藻、螺旋藻、浮游蓝丝藻、颤藻、席藻、色球藻和平裂藻，其中尤以微囊藻生物量占主导。

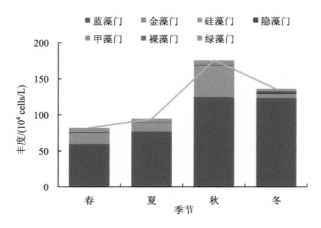

图 5.25　鄱阳湖 2020 年浮游植物丰度组成季节动态

表 5.2　鄱阳湖主湖区及阻隔湖泊夏季浮游植物丰度和生物量组成

门类	鄱阳湖主湖区				阻隔湖泊			
	丰度/（10⁴ cells/L）	占比/%	生物量/（mg/L）	占比/%	丰度/（10⁴ cells/L）	占比/%	生物量/（mg/L）	占比/%
蓝藻门	297.6	56.77	0.31	11.36	1908.7	89.57	2.42	41.37
绿藻门	181.3	34.59	1.03	37.73	153.1	7.18	0.92	15.73
硅藻门	27.3	5.21	0.54	19.78	50.5	2.37	0.98	16.75
隐藻门	11.3	2.16	0.34	12.45	15.9	0.75	0.48	8.20
裸藻门	1.7	0.32	0.07	2.56	1.3	0.06	0.05	0.85
甲藻门	3.9	0.74	0.43	15.75	1.4	0.07	1.00	17.09
金藻门	1.1	0.21	0.01	0.37	0	0	0	0
合计	524.2	100	2.73	100	2130.9	100	5.85	100

　　夏季浮游植物细胞丰度空间分布呈现南北高、中间低的特征，最高值为 2100.2× 10⁴ cells/L，最低值为 127.0×10⁴ cells/L。南北湖区及入湖口区域蓝藻门丰度普遍偏高，最高值 2036.7×10⁴ cells/L，最低值 43.8×10⁴ cells/L。湖心区绿藻门细胞丰度较高，最高值 545.3×10⁴ cells/L，最低值 13.1×10⁴ cells/L。主湖区浮游植物生物量均值为 2.73 mg/L，空间差异较丰度小，介于 0.49~13.02 mg/L。绿藻门和硅藻门占据主导，丰度均值分别为 1.03（0.03~3.62）mg/L、0.54（0.60~2.51）mg/L，蓝藻门生物量介于 0.04~ 11.04 mg/L（图 5.26）。

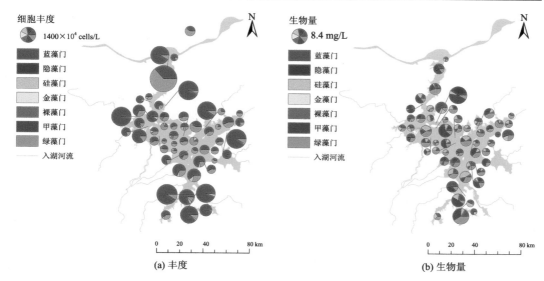

图 5.26　鄱阳湖主湖区及阻隔湖泊夏季浮游植物丰度和生物量组成

浮游植物 Shannon-Wiener 多样性指数在湖心区最高（2.70），入湖以及出湖水域多样性较低，最低值 0.51，平均值为 1.92，阻隔湖泊与主湖区差异较大，主湖区为多样性热点地区。其他两种多样性指数与 Shannon-Wiener 多样性指数在空间上的分布方式较为一致，Pielou 均匀度指数均值 0.73，最大值 0.92，最小值为 0.25。

（三）关键环境影响因子

鄱阳湖主湖区浮游植物群落结构在空间上存在明显差异，其中影响群落差异的环境因子分为两种类型。以氮磷营养盐等为主的浮游植物生长所必需的营养元素为一类，自东向西再向北的浮游植物群落变化伴随着叶绿素 a 浓度的升高（范围 0.08~75.38 μg/L），营养物质浓度逐渐升高（TN 范围 0.648~2.01 mg/L，TP 范围 0.011~0.082 mg/L）。与之相反的电导率和 DOC 含量的增加对浮游植物群落同样存在重要影响。南部湖区与其他湖区相比点位较为聚集，说明群落同质化程度较高，西部湖区相对较为分散（图 5.27），这可能与该水域多变的水文条件密切相关。

（四）浮游植物群落演变

20 世纪 80 年代至今，鄱阳湖浮游植物种属数目趋于减少。1983~1987 年，记录到浮游植物 154 属，2009~2011 年，浮游植物总属数目下降至 67 属，一些清水型种类如金藻门和黄藻门的种类数在减少。除此之外，浮游植物优势种属基本组成发生明显变化，80 年代鄱阳湖优势种属多样性丰富，而 2010 年以后其优势种属基本构成单一。绿藻门的栅藻、鼓藻，硅藻门的直链藻、脆杆藻以及蓝藻门的微囊藻在 2010 年后是优势种属。

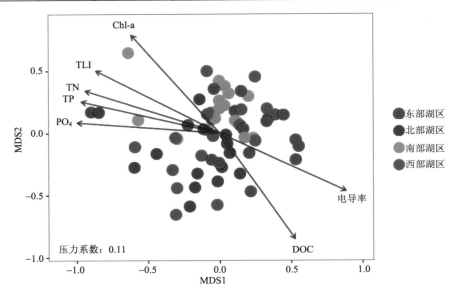

图 5.27　鄱阳湖浮游植物与环境因子的非度量多维尺度分析

　　结合历史资料，分析发现鄱阳湖浮游植物细胞丰度和生物量具有增加趋势（徐彩平，2013）。1987 年全年调查结果中全年平均细胞丰度为 51.52×10^4 cells/L，全年最大值 118.2×10^4 cells/L，最小值 19.6×10^4 cells/L，夏季平均丰度为 35.26×10^4 cells/L。优势种多为绿藻门，如纤维藻、盘星藻和栅藻等。1988 年浮游植物年均值 47.6×10^4 cells/L，最大值 355×10^4 cells/L，最小值 27×10^4 cells/L。1999 年 9 月调查显示全湖平均细胞丰度增长至 240×10^4 cells/L，最大值 1080×10^4 cells/L，最小值 12.8×10^4 cells/L。2015 年浮游植物年均丰度为 225×10^4 cells/L，最大值 1014×10^4 cells/L，最小值 7.75×10^4 cells/L，其中蓝藻细胞丰度最高，年均值达到 158×10^4 cells/L，远大于硅藻和绿藻约 27×10^4 cells/L。2016 年年均丰度减少至 104×10^4 cells/L，最大值 930×10^4 cells/L，最小值 13×10^4 cells/L；蓝藻细胞丰度下降至 171×10^4 cells/L，仍维持在较高水平。2017~2020 年蓝藻细胞丰度维持在（56~142）$\times 10^4$ cells/L，硅藻和绿藻交替增多。

　　2009~2016 年平均生物量分别为 0.044 mg/L、0.252 mg/L、0.335 mg/L、6.379 mg/L、3.945 mg/L、2.912 mg/L、3.562 mg/L 和 1.550 mg/L。这期间硅藻门为浮游植物优势门类。总体来说，鄱阳湖浮游植物生物量呈增加趋势。其中 2009~2011 年浮游植物生物量较低，但营养浓度较高。浮游植物总生物量，特别是蓝藻生物量在 2012 年 10 月明显较高，表现为以小细胞形态的鱼腥藻、平裂藻、微囊藻、空球藻和实球藻等开始占优。微囊藻和鱼腥藻均为易形成水华的蓝藻类群，在 2012~2016 年期间成为优势类群，这也证实了该时期鄱阳湖的某些水域发生的蓝藻聚集现象。

　　总体来看，2020 年及 2019 年夏季鄱阳湖浮游植物调查结果显示，物种以绿藻门、硅藻门和蓝藻门为主，占总物种数的 84%。浮游植物细胞丰度年均值 122×10^4 cells/L，生物量年均值 0.55 mg/L。夏季调查结果显示，浮游植物空间分布上主湖区丰度均值为 524×10^4cells/L，主要以蓝藻门和绿藻门占优。鄱阳湖主湖区浮游植物丰度和生物量显著低于周边阻隔湖泊，且阻隔湖泊蓝藻丰度和生物量占比更高。水体营养状态、电导率等因子与夏季浮游植物空间分异特征显著相关。与历史资料相比，鄱阳湖浮游植物群落发生明显演替，其中包括细胞丰度和生物量的增加，物种数减少，群落经历绿藻为主到硅藻占优再到蓝藻占优的三个阶段（Qian et al.，2021）。优势种由 1987 年的纤维藻、盘星藻和栅藻等绿藻门占优物转变为当前的微囊藻、鱼腥藻等蓝藻门占优物。

二、浮游动物

（一） 浮游动物群落组成

2021 年夏季调查定量样品共鉴定出浮游动物 70 种，其中轮虫 45 种，占比 64.29%，枝角类 13 种，占比 18.57%；桡足类 12 种，占比 17.14%。根据优势度指数确定优势种17 种，其中轮虫 12 种，枝角类 3 种，桡足类 2 种（表 5.3）。在北部通江湖区，镰状臂尾轮虫、有棘螺形龟甲轮虫和曲腿龟甲轮虫优势度较高；撮箕湖区以有棘螺形龟甲轮虫和曲腿龟甲轮虫为主要优势种，其中脆弱象鼻溞是该湖区的特有优势种；赣江入湖区的角突臂尾轮虫优势度最高，扁平泡轮虫和共趾腔轮虫为特有优势种；南部中心湖区以角突臂尾轮虫、镰状臂尾轮虫和曲腿龟甲轮虫为主；三江入湖区无枝角类和桡足类优势种，晶囊轮属、萼花臂尾轮虫和尾突臂尾轮虫为特有优势种。其中角突臂尾轮虫、镰状臂尾轮虫、剪形臂尾轮虫和曲腿龟甲轮虫为全湖区优势种。

表 5.3 鄱阳湖浮游动物优势种及优势度空间变化

浮游动物	北部通江湖区	撮箕湖区	赣江入湖区	南部中心湖区	三江入湖区
简弧象鼻溞	0.096	0.080	0.021	0.043	—
脆弱象鼻溞	—	0.031	—	—	—
颈沟基合溞	0.023	0.036	—	0.020	—
剑水蚤幼体	0.044	0.027	0.033	—	—
无节幼体	0.044	—	0.024	—	—
晶囊轮属	—	—	—	—	0.033
角突臂尾轮虫	0.092	0.080	0.229	0.128	0.134
扁平泡轮虫	—	—	0.023	—	—
萼花臂尾轮虫	—	—	—	—	0.027
尾突臂尾轮虫	—	—	—	—	0.051
裂足臂尾轮虫	—	—	—	0.022	0.084
镰状臂尾轮虫	0.173	0.066	0.045	0.183	0.146
剪形臂尾轮虫	0.027	0.027	0.036	0.041	0.036
有棘螺形龟甲轮虫	0.141	0.134	0.073	0.057	—
曲腿龟甲轮虫	0.154	0.212	0.038	0.217	0.160
共趾腔轮虫	—	—	0.025	—	—
等棘异尾轮虫	0.037	0.083	—	0.063	0.115

（二）密度与生物量

鄱阳湖夏季浮游动物平均密度为 263.5 ind./L，平均生物量为 0.303 mg/L。在空间上，浮游动物平均密度从高到低依次为北部通江湖区（394.8 ind./L）、南部中心湖区（283.3 ind./L）、三江入湖区（262.9 ind./L）、撮箕湖区（242.0 ind./L）、赣江入湖区（123.8 ind./L）；平均生物量从高到低依次为北部通江湖区（0.653 mg/L）、撮箕湖区（0.338 mg/L）、三江入湖区（0.283 mg/L）、南部中心湖区（0.258 mg/L）、赣江入湖区（0.095 mg/L）。北部通江湖区浮游动物平均密度和生物量最高，赣江入湖区平均密度和生物量最低。

轮虫群落占鄱阳湖浮游动物密度的 70% 以上，但在大部分湖区轮虫生物量不占优（图 5.28），在北部通江湖区，枝角类占该湖区总生物量的 64.4%，桡足类占 26.7%，轮

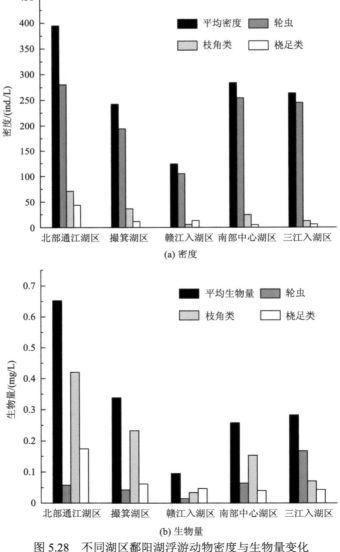

(a) 密度

(b) 生物量

图 5.28　不同湖区鄱阳湖浮游动物密度与生物量变化

虫只占 8.9%；在撮箕湖区和南部中心湖区，枝角类都是浮游动物生物量的主要贡献者；桡足类在赣江入湖区生物量高于枝角类和轮虫；轮虫仅在三江入湖区生物量最高，达到 0.168 mg/L（图 5.29）。

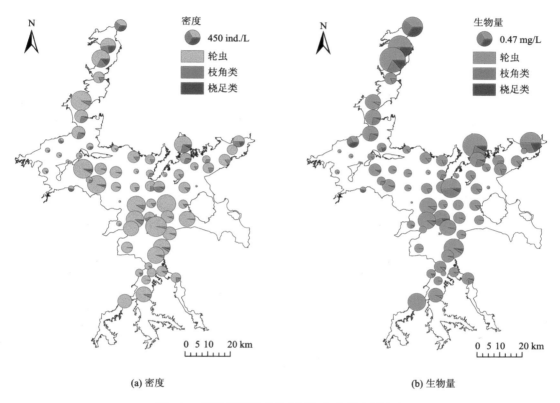

(a) 密度   (b) 生物量

图 5.29 鄱阳湖浮游动物密度与生物量空间分布

（三）浮游动物群落多样性

鄱阳湖浮游动物 Shannon-Wiener 多样性指数（H'）平均为 2.15（1.33~2.72），北部通江湖区最高，为 2.38，赣江入湖区最低，为 1.95；Margalef 指数（D）平均为 3.37（1.39~5.83），北部通江湖区最高；Pielou 均匀度指数（J）平均为 0.75（0.53~0.91），北部通江湖区最高，为 0.77（图 5.30）。在北部通江湖区、撮箕湖区和三江入湖区拥有更多多样性指数较高的采样点（图 5.31）；丰富度指数较高的采样点集中在北部通江湖区和三江入湖区。赣江入湖区多样性指数低于其他采样点，可能是由于修水与赣江入湖口水动力较强，不利于浮游动物栖息繁殖（刘宝贵等，2016）。

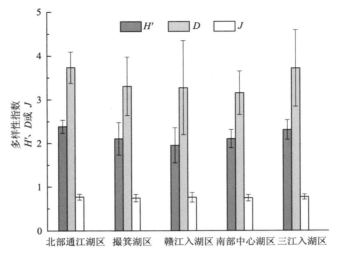

图 5.30　鄱阳湖浮游动物群落多样性及湖区差异

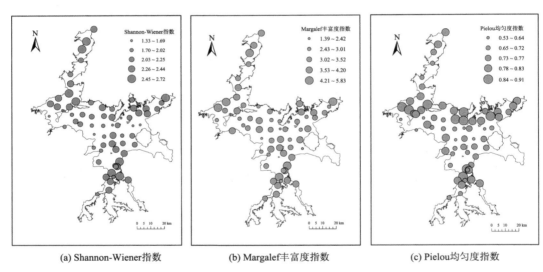

(a) Shannon-Wiener指数　　　(b) Margalef丰富度指数　　　(c) Pielou均匀度指数

图 5.31　鄱阳湖浮游动物群落多样性及空间变化

（四）环境影响因子

基于冗余分析（redundancy analysis，RDA），通过前向选择共筛选出 6 种环境因子（$p<0.05$），前两轴共解释了 76.01%的环境因子对浮游动物群落的变异程度（图 5.32）。水深、总磷和叶绿素 a 是影响浮游动物群落的关键环境因子，枝角类和桡足类主要受到水深的影响，有棘螺形龟甲轮虫与水深呈显著正相关；尾突臂尾轮虫和裂足臂尾轮虫与叶绿素 a 高度相关，轮虫群落主要受到叶绿素 a 和总磷的影响。叶绿素 a 对夏季浮游动物群落结构类型的划分和分布具有重要的影响，夏季温度较高，是浮游生物重要的繁殖期，夏季浮游植物密度的迅速增长及群落结构变化主要影响小型轮虫的分布（陈佳琪等，

2020）。已有研究表明，浮游动物群落结构组成趋向小型化，主要是受浮游植物等饵料生物的上行效应以及鱼类摄食的下行效应影响（吕乾等，2020）。

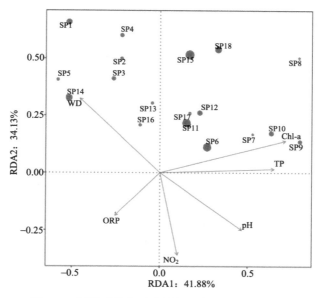

图 5.32 浮游动物主要种属与环境因子的冗余分析

SP1.简弧象鼻溞; SP2.脆弱象鼻溞; SP3.颈沟基合溞; SP4.剑水蚤幼体; SP5.无节幼体; SP6.角突臂尾轮虫; SP7.蒲达臂尾轮虫; SP8.萼花臂尾轮虫; SP9.尾突臂尾轮虫; SP10.裂足臂尾轮虫; SP11.镰状臂尾轮虫; SP12.剪形臂尾轮虫; SP13.无棘螺形龟甲轮虫; SP14.有棘螺形龟甲轮虫; SP15.曲腿龟甲轮虫; SP16.刺盖异尾轮虫; SP17.圆筒异尾轮虫; SP18.等棘异尾轮虫

总体而言，北部通江湖区和三江入湖区的浮游动物物种多样性丰富，赣江入湖区浮游动物密度和多样性较低，可能受到入湖口水动力条件的限制。浮游动物群落分布主要受到水深、总磷和叶绿素 a 的作用，其中曲腿龟甲轮虫、镰状臂尾轮虫和角突臂尾轮虫等富营养水体指示种在全湖范围内分布广泛且密度较高，结合群落多样性指数分析，表明鄱阳湖夏季水体处于寡污至中污状态，部分区域表现为富营养特征。

三、底栖动物

（一）底栖动物群落组成

2020 年四个季度定量样品中共发现底栖动物 40 种，其中软体动物种类最多，共计 20 种，包括双壳类 13 种和腹足类 7 种；水生昆虫次之，共计 13 种，主要为摇蚊科幼虫；水栖寡毛类较少，共 2 种；多毛类采集到 1 种，为寡鳃齿吻沙蚕；大螯蜚等其他种类 4 种。

鄱阳湖底栖动物密度和生物量被少数种类所主导。密度方面，河蚬、大螯蜚、淡水壳菜、寡鳃齿吻沙蚕、梯形多足摇蚊的相对密度较高，分别占总密度的 41.1%、14.6%、14.0%、7.4%、3.7%，平均密度分别为 98.4 ind./m²、35.0 ind./m²、33.5 ind./m²、17.7 ind./m²、8.9 ind./m²。生物量方面，软体动物个体较大，河蚬、洞穴丽蚌、背瘤丽蚌、扭蚌、铜锈环棱螺等软体动物在总生物量中占据优势，分别占总生物量的 43.6%、14.5%、11.7%、

12.6%、2.2%，平均生物量分别为 77.68 g/m²、25.81 g/m²、11.70 g/m²、22.56 g/m²、4.13 g/m²。从各物种的出现频率来看，河蚬、寡鳃齿吻沙蚕、苏氏尾鳃蚓、淡水壳菜、大螯蜚是较为常见的种类。综合底栖动物的密度、生物量以及各物种的出现频率，优势度指数显示第一优势种为河蚬，优势度远高于其他种类，淡水壳菜、大螯蜚、寡鳃齿吻沙蚕、铜锈环棱螺、苏氏尾鳃蚓等种类优势度也较高。

（二）密度和生物量

鄱阳湖底栖动物平均密度和生物量空间分布具有一定的差异。密度方面，各采样点年均密度介于 52.4~977.7 ind./m²，平均值为 246.0 ind./m²。低值出现在赣江入湖口和修水监测点，分别为 52.4 ind./m² 和 86.2 ind./m²，该监测点水流较急，底质主要为沙质，从而底栖动物较少。生物量方面，年平均值介于 24.3~469.9 g/m²，平均值为 117.2 g/m²。生物量低值亦主要出现在蚌湖口、修水、赣江入湖口等。

从不同类群底栖动物所占比重可以看出：密度方面，大部分点位密度为双壳类（主要是河蚬）所主导，介于 23.1%~81.4%，腹足类、水生昆虫在大部分点位也占据一定比例密度，其在各样点所占比例均值分别为 7.75%、7.3%。多毛类的寡鳃齿吻沙蚕在都昌至湖口的通江水域所占比重较高，该物种属于河口性种类，在鄱阳湖的广泛分布是因为鄱阳湖与长江连通；生物量方面，由于软体动物个体较大，双壳类和腹足类在各监测点占据绝对优势，各样点分别占总生物量的比例介于 49.7%~99.4%、0~49.7%，均值分别为 88.3%、10.9%（图 5.33）。相比之下，腹足类较双壳类在生物量中所占比重较低，

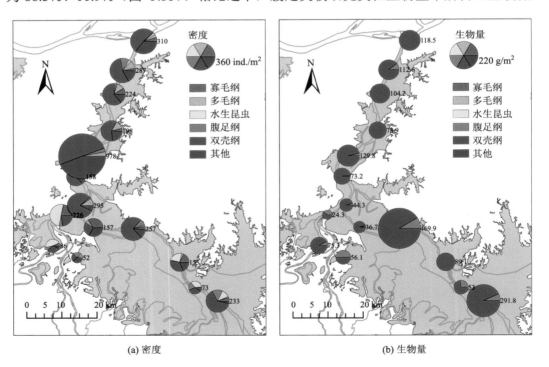

(a) 密度　　　　　　　　　　　　　　　　(b) 生物量

图 5.33　鄱阳湖 2020 年底栖动物年均密度和生物量空间分布格局

其较低的优势度是因为其摄食方式主要为刮食，通过刮食基质和水生植物上附着生物或沉积物表层的有机碎屑，而鄱阳湖主湖区的底质条件不稳定、含沙量高，不利于其摄食。寡毛类、多毛类及水生昆虫（主要是摇蚊幼虫）由于个体小、密度低，在总生物量所占比重均较低。

（三）关键环境影响因子

与沉积物参数作典范对应分析（canonical correspondence analysis, CCA）筛选出 2 个环境因子（图 5.34），第 1 排序轴与烧失量（loss on ignition, LOI）相关性较高，第 2 排序轴与砂（>63 μm）相关性较高，CCA 分析第 1 轴和第 2 轴的特征值分别为 0.241 和 0.161，分别解释 10.4%的物种数据方差变异和 44.07%的物种-环境关系变异。底栖动物密度与水体理化因子 CCA 分析最终筛选出 5 个环境因子。第 1 排序轴与水深、叶绿素 a、TP、DO 相关性较高，第 2 排序轴与浊度相关性较高，CCA 分析的第 1 轴和第 2 轴的特征值分别为 0.318 和 0.293，分别解释 11.2%的物种数据方差变异和 33.95%的物种-环境关系变异。

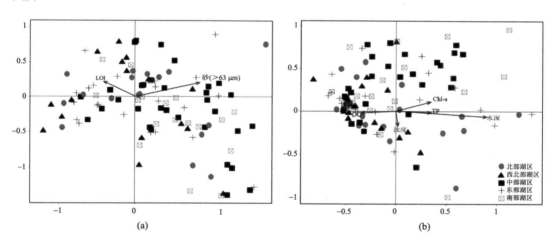

图 5.34　鄱阳湖底栖动物物种与沉积物（a）、水体理化因子（b）典范对应分析

（四）底栖动物群落演变

根据历史调查资料和近年监测结果（表 5.4），对比发现底栖动物的总密度和生物量呈降低趋势，但这种趋势在不同生物类群间存在差异。其中软体动物的密度降低趋势最为明显，从 1992 年的 578 ind./m² 降低至 2020 年的 142 ind./m²，水生昆虫的密度也有降低的趋势，相比之下，环节动物的密度变化不大。进一步分析不同年份底栖动物的类群组成，发现软体动物均是鄱阳湖底栖动物的优势类群，占总密度的 57.7%~79.8%，表明底栖动物门类组成方面未发生显著变化。底栖动物中寡毛类是水质有机物污染的指示生物。相关研究认为颤蚓类的密度低于 100 ind./m² 时水体污染程度轻，2012~2020 年调查结果以及历史资料中寡毛类密度全湖均低于 100 ind./m²，表明鄱阳湖底质有机污染程度较低。

表 5.4　鄱阳湖底栖动物密度和生物量变化趋势

年份	软体动物		环节动物		水生昆虫		总量	
	密度 / (ind./m²)	生物量 / (g/m²)	密度 / (ind./m²)	生物量 / (g/m²)	密度 / (ind./m²)	生物量 / (g/m²)	密度 / (ind./m²)	生物量 / (g/m²)
1992	578	249	56	0.58	90	0.96	724	250
1998	342	149	94	0.4	106	1.15	555	151
2004	213	—	29	—	46	—	313	—
2008	172	244	38	0.3	12	1.26	223	246
2012	149	114	36	0.39	21	0.19	228	131
2016	147	123	25	0.26	16	0.16	205	124
2020	142	116	29	0.25	18	0.09	246	117

　　分析不同年代底栖动物的优势种发现，与 1992 年相比，底栖动物优势种发生了较大变化，1992 年底栖动物优势种种类较多，且包括较多的大型软体动物蚌类。现阶段底栖动物优势种明显减少，且部分耐污种（如苏氏尾鳃蚓、霍甫水丝蚓）亦在部分水域成为优势种（表 5.5）。相关研究表明，近 20 年来由于环境变化及人类活动对鄱阳湖的干扰愈加频繁（邹亮华等，2021），底栖动物的资源状况发生了变化，尤其是淡水蚌类受威胁最为严重，许多种类已很难采到活体标本，如龙骨蛏蚌、巴氏丽蚌等。鄱阳湖大型底栖动物的密度在降低，特别是软体动物的密度大幅度下降。不同类群底栖动物对底质的喜好差异较大。一般而言，颤蚓类和摇蚊幼虫喜好栖居于淤泥底质中，而双壳类喜好砂质淤泥。这种变化预示着底质环境变化改变了底栖动物的群落结构，其原因可能是因为鄱阳湖近年来大规模的采砂破坏了底栖动物的栖息环境，其对大个体软体动物蚌类危害可能更大，一方面采砂可能将蚌类直接取走；另一方面，蚌类生活周期长，频繁的干扰不利于其完成整个生活史过程。高浓度无机悬浮颗粒物可能会显著降低蚌存活率。相反，小个体软体动物、寡毛类、摇蚊幼虫对环境的适应能力更强，特别是寡毛类和摇蚊幼虫，喜好栖息于淤泥底质，采砂后留下的细颗粒沉积物更有利于其生长繁殖（Tan et al., 2021；邹亮华等，2021）。

表 5.5　鄱阳湖底栖动物优势种组成变化

年份	优势种	文献
1992	河蚬、环棱螺、淡水壳菜、方格短沟蜷、萝卜螺、背瘤丽蚌、洞穴丽蚌、天津丽蚌、圆顶丽蚌、矛蚌、鱼尾楔蚌、扭蚌、背角无齿蚌、三角帆蚌、褶纹冠蚌、摇蚊幼虫和水丝蚓等	谢钦铭等（1995）
1998	河蚬、齿吻沙蚕、纹沼螺、长角涵螺、钩虾	Wang 等（1999）
2007	河蚬、多鳃齿吻沙蚕、环棱螺、苏氏尾鳃蚓、大沼螺、长角涵螺、方格短沟蜷	欧阳珊（2009）
2012	河蚬、多鳃齿吻沙蚕、淡水壳菜、钩虾、苏氏尾鳃蚓、环棱螺	Cai 等（2014）
2016	河蚬、淡水壳菜、铜锈环棱螺、寡鳃齿吻沙蚕、大沼螺、大螯蜚	未发表数据
2020	河蚬、淡水壳菜、大螯蜚、寡鳃齿吻沙蚕、铜锈环棱螺、苏氏尾鳃蚓	未发表数据

　　总体而言，鄱阳湖底栖动物的主要优势种为河蚬、淡水壳菜、大螯蜚、寡鳃齿吻沙蚕、铜锈环棱螺、苏氏尾鳃蚓，不同湖区的种类数、优势种均存在显著差异。空间上，水深、溶解氧、浊度、总磷、叶绿素a、烧失量和底质类型是鄱阳湖底栖动物群落结构的显著影响因子。与20世纪90年代相比，鄱阳湖底栖动物的物种数呈下降的趋势，优势种从大型软体动物逐渐演变成小型软体动物，部分区域耐污类群优势度高，鄱阳湖底栖动物群落结构变化可能与富营养化、采砂、水文情势变化、水生植被衰退等因素有关。

四、湿地植物

　　鄱阳湖水位具有季节性变化极大的特点，高、低水位之间具有广阔的洲滩。洲滩可分为沙滩、草洲和泥滩，高程14~18 m间多为草洲，植被指数0.2以上的草洲面积约1500km²，14 m以下多为泥滩，沙洲面积较小，多分布于主航道两侧及洲滩下沿。鄱阳湖湿地高等植物约600种，其中湿地植物193种，占本区高等植物总数的32%。全湖都有植物生长，从岸边至湖心，随着湖底高程和相应水深的变化，植被类型呈现出有规律的环带状变化。其中洲滩湿地植被沿高程从高至低依次分布芦苇/南荻群落、蒌蒿群落、灰化薹草群落、藕草群落等（徐力刚等，2019）。

（一）典型洲滩植被群落地表生物量

1. 灰化薹草群落生物量

　　1965~2020年鄱阳湖洲滩薹草（*Ulva*）群落生物量（鲜重，下同）在1717~2659 g/m²，均值为2339 g/m²（图5.35）。除1994年测定值较低外，其余年份差异不明显。20世纪80年代第一次鄱阳湖考察时鄱阳湖洲滩薹草平均生物量为2402 g/m²，相比较而言，1994年薹草生物量仅1717 g/m²，明显低于20世纪80年代调查数据，可能与当年的水文情势有关。相关研究也表明，洲滩每提前出露10天，薹草群落生物量增加57 g/m²左右（叶春等，2013）。不同历史时期，薹草生物量略有差异，但差异不明显。1994年之前灰化薹草平均地表生物量为2211 g/m²，2008年鄱阳湖站开始长期定位观测后这一期间灰化薹草平均地表生物量为2014 g/m²，生物量略有下降，但年度差异也不显著，与历史时期相比也未见长期性的趋势性上升或下降（Yao et al., 2021）。

2. 芦苇/南荻群落生物量

　　鄱阳湖南荻与芦苇多以混生状态形成带状植物群落。结合第一次鄱阳湖考察数据以及文献查阅资料，图5.36显示了鄱阳湖芦苇/南荻群落生物量年际变化趋势特征。1983~2020年鄱阳湖芦苇/南荻群落生物量在2025~5411 g/m²，其中以1994年最低，为2025 g/m²，而以2011年最高。从不同历史时期来看，1994年前芦苇/南荻群落平均地表生物量为2926 g/m²，2008年鄱阳湖站开始长期定位观测后这一期间芦苇/南荻平均地表生物量为3962 g/m²，生物量比历史时期上升明显。这可能是因为鄱阳湖洪水期高水位不高且持续时间较短，导致高滩植被淹没天数下降，使得芦苇/南荻等高滩植物定期淹没，影响南荻等植物的优势度与生物量。

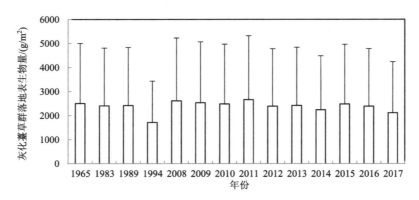

图 5.35　鄱阳湖洲滩灰化薹草群落地表生物量

1965 年、1989 年和 1994 年数据为蚌湖洲滩薹草生物量（鲜重），引自鄱阳湖第一次考察数据以及吴建东等（2010）

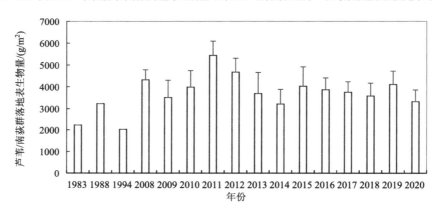

图 5.36　鄱阳湖芦苇/南荻群落地表生物量年际动态变化

（二）典型洲滩植被群落生物多样性

图 5.37 表征了典型洲滩群落生物多样性指数季节动态。芦苇群落 2 月群落多样性指数（Shannon-Wiener index）为 1.154，高于其他群落；3 月和 4 月分别为 1.833 和 2.375，呈增加趋势；5 月略有下降。秋草期多样性指数在 0.642~1.575，低于春草期。蒌蒿群落 2 月多样性指数相对较低，为 0.303，3~5 月增至 0.7~0.8。秋草期多样性指数在 0.314~0.577，略低于春草期。灰化薹草群落多样性指数相对较低，调查中有时保持单一植物物种分布态势，2 月仅为 0.045，其后略有增加，但最高也仅为 0.328（5 月）。藨草群落生物多样性也相对较低。与其他群落相反，春草期生长初期多样性指数相对较高，为 0.517，其后呈下降趋势，4 月和 5 月分别为 0.164 和 0.177。秋草期 11~12 月多样性指数则略有上升。

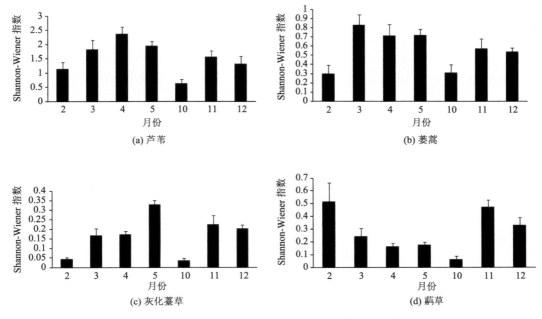

图 5.37 典型洲滩群落生物多样性指数季节动态

（三）洲滩湿地植被景观变化

1987~2020 年鄱阳湖湿地景观分类结果如图 5.38 所示。植被覆盖面积在近 34 年呈现波动上升的趋势。湿生植物和水生植物以 8.9 km²/a 的速度自湖岸向湖中心方向扩张；部分海拔较高的区域植被向旱生化方向演替。在典型丰水年，如 2000 年和 2020 年，植被覆盖面积很小，分别仅有 227.7 km² 和 120.3 km²。而在枯水年，植被覆盖面积较大。例如 2013 年秋季，星子站水位长期低于 9 m，此时植被覆盖面积达到最大值 1429.4 km²。近年来，鄱阳湖水位主要呈现低枯化的趋势（Yuan et al.，2021）。水位下降导致洲滩出露时间变长，为植被生长提供了适宜的条件。因而，植被的显著增加可能和鄱阳湖水位低枯有一定的关系。

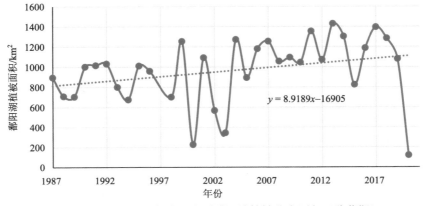

图 5.38 1987~2020 年鄱阳湖洲滩湿地植被分布面积（秋草期）

总体而言，鄱阳湖洲滩湿地植物丰富，植被保存完好，类型多样，群落结构完整，季相变化丰富，是亚热带难得的巨型湖泊湖滨沼泽湿地景观，在对湖泊水位变化节律的长期适应过程中，形成了独有的植物生长发育节律和植物群落动态。从长期演变趋势来看，鄱阳湖灰化薹草生物量没有发生明显变化，但芦苇群落生物量波动较大。与20世纪80年代相比，近十几年来芦苇群落生物量有较大提高，尤其是2008~2012年生物量显著上升，这可能与当时湖区水位偏枯、高滩植物生长周期延长有关。2012年后鄱阳湖湿地洲滩植被生物量年际变化平缓，植物群落生物量变化幅度相对较小。当前鄱阳湖洲滩湿地代表性植物群落及其结构特征与历史时期相比没有发生明显变化。2012年以来，鄱阳湖湿地典型洲滩植物群落的优势种重要值均保持在0.6以上，显示了极为稳定的群落结构状态，对鄱阳湖生态系统结构稳定与生态功能维持起到了重要的支撑作用。

五、鱼类

（一）鱼类种群结构

鄱阳湖独特的水文特征与江湖关系，以及复杂多样的生境条件，为丰富多样的鱼类提供了适宜的栖息地条件，典型的有四大家鱼等河海洄游性、河湖洄游性鱼类，在长江中自然繁育后进入鄱阳湖育肥、生长、越冬，鄱阳湖为其提供洄游通道或繁殖场所（张堂林和李钟杰，2007）。历史上鄱阳湖鱼类资源十分丰富，根据《长江流域水生生物完整性指数评价办法（试行）》，文献资料记载鄱阳湖共有鱼类约136种，其中鲤科鱼类占据绝对优势地位，鳅科和鳅科鱼类也较为丰富（方春林等，2016；杨少荣等，2015）。2010年4~11月对鄱阳湖鱼类进行调查，共调查到鱼类72种（杨少荣等，2015）；2012~2013年对鄱阳湖主湖区鱼类资源考察，监测到鱼类89种（方春林等，2016）；2019年鄱阳湖湖区共监测到鱼类78种，主要渔获物种类为"四大家鱼"、鲤、鲫、鲇、黄颡鱼、鳜、鲌等；2021年5月对鄱阳湖主湖区进行鱼类监测，单次监测共采集到鱼类43种，其中优势种为似鳊、光泽黄颡、鲫、贝氏鳘、鲤、短颌鲚、兴凯鱊、斑条鱊。

相比历史时期，现阶段鄱阳湖鱼类多样性明显下降，物种数不超过100种（方春林等，2016），其中主要由鲤科、鳅科和鳅科组成，物种多样性均比历史时期较低，且湖泊定居性鱼类居于绝对优势地位，占比79.18%；江湖洄游性鱼类次之，占比14.69%；河流洄游鱼类占比6.12%，主要分布在各支流；河海洄游性鱼类较少。从食性上看，鄱阳湖鱼类以浮游生物和底栖生物食性的鱼类个体数量占比较多，肉食性鱼类较少。综合来看，1990年以前物种较为丰富，1990年以后新发现物种仅为4种，而未发现物种则有30余种，物种多样性下降明显，特别是洄游性鱼类种群规模衰减严重。

（二）鱼类资源演变

根据钱新娥等（2002）统计研究，1990年以前，鄱阳湖鱼类年渔获量维持在1.002×10^4~2.99×10^4 t之间（1954年除外），常年比较稳定；1990~1999年鄱阳湖鱼类年渔获量均超过3×10^4 t，1996年达到5.889×10^4 t，1998年达历史最高峰的7.191×10^4 t。2000~2009年鄱阳湖渔获量整体上比较平均，维持在$(3.0 \pm 0.65) \times 10^4$ t的水平。根据《长

江流域渔业生态公报（2018 年）》《长江流域水生生物资源及生境状况公报（2019 年）》，2018 年、2019 年鄱阳湖天然捕捞总产量分别为 2.8×10^4 t、2.9×10^4 t。鄱阳湖鱼类资源主要由"四大家鱼"、鲤、鲫、鲇、黄颡鱼、鳜、翘嘴鲌及短颌鲚等组成，以湖泊定居性鱼类为主。在 2000~2009 年间，渔获物中鲴类产量占比极小，四大家鱼占比相对历史时期逐渐下降，从 20 世纪的 16.29%下降至 6.96%，其中 2006 年最低，为 6.46%。长期来看，长江鱼苗对鄱阳湖四大家鱼资源的影响力明显下降，刘绍平等（2004）通过分析发现，长江鲢卵苗发生总量及相对比例均显著下降：1964 年为 13.5%，1965 年达 31%，而自 1981 年葛洲坝截流以来一直未超过 3%，甚至达 0.3%，21 世纪的 2001 年仅占 2.4%。与 20 世纪 70 年代相比，渔获物的数量和规格均发生较大改变，其中江湖半洄游性鱼类草鱼、青鱼、鲢所占比例分别为 1.40%、5.37%、3.95%，数量明显下降。鲚类在 2001 年以后基本难以达到规模渔获量，在禁渔政策的保护下，近些年有所恢复，尤其是在长江全流域禁渔之后的 2020 年和 2021 年，恢复趋势明显（姜涛等，2022）。鲤、鲇等深水鱼类渔获量稳步增加；鳊、鲌类渔获量占比较为稳定；黄颡鱼类产量则呈现出一定的波动。

　　栖息地生境方面，鄱阳湖的水位季节性消长形成的大面积湿地生境为鲤、鲫等鱼类提供了良好的产卵、觅食场所。根据中国科学院 1963~1964 年对鄱阳湖水产资源普查结果，鄱阳湖南部主要鲤产卵场有 33 处，其中 14 个湖区为良好产卵场，10 个湖区为较好产卵场，9 个湖区为较差产卵场；70 年代初，由于围垦筑圩，水文变化，捕捞强度增加，禁渔期、禁渔区执行不严，湖区自然环境发生变化，南部鲤鱼产卵场也随之发生变迁。20 世纪 80 年代，鄱阳湖鲤鱼产卵场仍然有 29 处，面积 417.89 km^2；但是 2013 年 3~5 月对鄱阳湖鲤、鲫鱼产卵场进行现场考察发现，鄱阳湖鲤、鲫鱼产卵场有 33 处，总面积大幅萎缩，约 379.19 km^2。2018 年调查数据显示，鄱阳湖有鲤、鲫鱼产卵场 29 处，面积约 355 km^2。

（三）驱动因素分析

　　鄱阳湖与长江及赣江、抚河、信江、饶河、修水等构成了一个独特的江湖生态系统，江湖相互影响、相互依赖，为鱼类提供了多样化的、适宜的栖息地环境。但是受湖区航运、采砂、垦殖、过度捕捞，以及流域水利工程建设（特别是上游支流）、水污染等人类活动的影响，鄱阳湖面临着生境萎缩、破碎化、栖息地丧失等问题，鱼类资源量明显下降，群落结构低龄化和小型化特征明显。主要驱动因素可以归纳为以下几个方面：

　　（1）过度捕捞。禁渔前酷渔滥捕是鱼类资源衰退的主要原因，随着渔船、网具等捕捞设施的进步，以及堑秋湖作业的屡禁不绝，鄱阳湖鱼类资源受到极大威胁；近几十年来，鄱阳湖渔业资源一直处于过度开发的状态，渔获物结构低龄化、小型化、低质化问题尚未得到根本缓解。

　　（2）大规模采砂。采砂是鄱阳湖湖区鱼类资源和鱼类多样性显著下降的重要因素之一。洄游鱼类的通道被阻，致使江湖之间洄游的青、草、鲢、鳙等经济鱼类资源锐减，鲥鱼近乎绝迹。采砂会影响到一些鱼类的正常繁殖，如鲴类、鲂类等一些鱼产黏性卵，靠粘在水草等物体上完成孵化，悬浮泥沙使黏性卵脱黏而沉入湖底，造成无法孵化。浑浊水体使湖内的初级生产量降低，鱼类的饵料短缺。悬浮泥沙堵塞鱼类的鳃和呼吸孔，尤其对鱼苗的呼吸系统有较大危害。

（3）水质下降。随着周边经济发展、人口增加，鄱阳湖水域点源、面源污染加剧，局部水域污染事件时有发生。鄱阳湖湖区水质受河流径流以及浮游植物的影响较大，目前磷污染比较严重，尤其是枯水季；水体因水域不同而呈现不同富营养化状态，其中，河道水域富营养化程度较为严重。水污染及水体富营养化严重影响了鱼类生物多样性的维持，对水质要求较高的鱼类类群的生存和繁殖影响尤为严重。

（4）水文情势变化。鄱阳湖长期低枯水位是鱼类资源衰退的重要自然因素，2000 年以后，受气候变化和上游水利工程运行影响，鄱阳湖低枯水位提前或延长的情况频频发生，甚至部分湖区水域低于枯水期历史最低水位。异常的枯水位导致湖区鱼类资源受到压缩，直接导致渔业资源量下降。此外，水位降低导致各种人类活动和水生生物栖息地空间重叠，水生生物趋于向深水区集中的趋势，深水区航运和采砂等高强度人类活动对鱼类产生威胁。

（5）河湖生境连通性下降。流域内大型水利工程和气候变化的双重影响，不仅改变了鄱阳湖水文情势，还导致河流连通性下降，水生生物生境阻隔，使得河流、湖泊生态系统片段化，人为地阻隔原有种群的基因交流，阻断鱼类的洄游路线。20 世纪以来，在赣江、抚河等大型河流兴建的水利枢纽工程，导致半洄游性"四大家鱼"不能进入江河产卵，江河鱼苗不能进入湖区育肥，阻隔了鱼类洄游通道。此外，一些地方筑堤围湖、堵塞河道，破坏了湖区生态环境，阻碍了鱼类洄游、繁殖，严重影响了鱼类的群体补充。如赣江现阶段鲥鱼种群数量极低，属功能性消失，与赣江干流的水利设施建设、过度捕捞、水环境污染等原因分不开。赣江峡江段是重要产卵场，水利枢纽工程建设后，大坝截断河流，对洄游性鱼类最直接的影响是切断了其洄游通道，使一些需要洄游到河道上游产卵的鱼类无法产卵，将导致数量明显下降。

六、长江江豚

（一）种群动态

长江江豚（以下简称江豚），是长江中最后仅剩的鲸豚类动物，主要生活在长江干流中下游及其大型通江湖泊（洞庭湖和鄱阳湖），鄱阳湖是江豚最重要的栖息地之一。受生存空间压缩、栖息地环境质量下降，以及饵料资源匮乏等不利因素的影响，江豚种群数量规模不断萎缩，2013 年起被列为极度濒危物种，2021 年调整为国家一级保护野生动物。根据张先锋等（1993）的研究结果，20 世纪 90 年代，长江中下游江豚数量约为 2700 头；根据傅培峰等（2017）的研究结果，2005~2006 年江豚数量约为 1800 头，其中丰水期鄱阳湖约有 380 头；中国科学院水生生物研究所发布的《2012 长江淡水豚类考察报告》显示，从宜昌至长江口的长江江段估算种群数量为 505 头，沿长江纵向呈集群性分布，鄱阳湖和洞庭湖分别为 450 头和 90 头，共计为 1045 头；就长江干流而言，2006 年考察估算结果为 1225 头，2012 年种群数量下降幅度超过 50%，年均下降速率达到 13.73%。根据《长江流域渔业生态公报（2018 年）》，2017 年长江江豚数量约为 1012 头，其中长江干流 445 头，洞庭湖 110 头，鄱阳湖 457 头。根据《长江流域水生生物资源及生境状况公报（2019 年）》，2019 年鄱阳湖共监测到江豚 1049 头次，洞庭湖监测到江豚 252 头次，这是目前较为系统的江豚种群数量考察结果。总体来看，鄱阳湖江豚种群数量总体稳定，但江豚的濒危状态没有根本改变，其保护形势依然相当严峻。

江豚对栖息地的选择较为复杂，对生境的变化敏感，多栖息于河流汊湾处、支流河口、湖口与长江交汇处，或具江心洲滩分布的河道曲流河段，具有一定的集群特性，主要捕食中上层鱼类，鄱阳湖区江豚在不同时期食性不同，其中年内较长时间主要以半洄游性鱼类为食，3 月份则主要以非洄游鱼类为捕食对象。鄱阳湖流域江豚主要分布在主湖区，赣江、信江、抚河等主要支流的中下游和支流入湖的湖口附近亦有分布，其种群数量及分布区域随季节、水位、饵料资源的变化而呈现出相应的动态变化。根据肖文和张先锋（2002）的研究结果，20 世纪末鄱阳湖江豚约为 100~400 头，主要分布在鄱阳湖湖区及赣江、信江、抚河等主要支流的中下游和支流入湖的湖口附近。受鄱阳湖的水文条件变化的影响，鄱阳湖区江豚的分布也呈现出一定的时空变化——冬季江豚主要分布于鄱阳湖东南湖区以及赣江、抚河、信江等支流；春季江豚主要分布于都昌至瓢山的主航道以及信江下游康山河；夏季考察发现江豚较少；秋季集中分布在朱袍山至黄尖咀、大矶山至星子以及鞋山至湖口大桥等湖区。

（二）威胁因素

鄱阳湖是江豚最重要的栖息地之一，估算目前鄱阳湖江豚种群数量约 450 头，近年来种群数量总体稳定，形势在一定程度上趋于缓解。导致江豚种群数量下降、群体规模变小的主要原因是饵料资源匮乏、生存空间受人类活动挤压（于晋海和胡国良，2019），以及栖息地环境质量降低等因素，前期无序挖砂等导致的栖息地质量下降乃至生存环境的破坏，以及渔业资源过度捕捞等直接导致的伤亡或造成鱼类资源衰退是江豚生存的主要威胁因素。江豚面临的主要威胁，概括起来包括以下几个方面。

1. 航运及涉水作业

研究表明，航运、涉水工程建设，尤其是船舶航行挤占了江豚在湖区的活动空间，同时船舶航行过程中的噪声对江豚声呐系统产生干扰，影响江豚摄食等活动，螺旋桨亦可能误伤江豚（王克雄和王丁，2015；傅培峰等，2017）。研究指出，鄱阳湖采砂作业和航运导致长江江豚出现应激状态，进而会影响其生活状态。采砂作业会破坏江豚的栖息地，其主要危害体现在：①采砂作业改变了局地水文特征，采砂区河床下降，枯水期水位降低，水域面积缩小，压缩江豚在湖区的活动空间；②采砂作业使得水体透明度降低，影响了江豚栖息地水体环境，同时采砂活动还会严重破坏底栖生物和鱼类栖息地环境，导致水生生物的栖息地丧失，渔业资源下降，进而影响江豚食物来源；③采砂作业产生噪声污染，干扰长江江豚的捕食和繁殖（于晋海和胡国良，2019）。

2. 栖息地碎片化

江豚具有一定的集群特性，其栖息地的萎缩和碎片化给江豚种群交流及群落结构的优化带来了较大负面影响（于晋海和胡国良，2019）。当某一物种种群数量较少且被限制在狭小的空间时，容易近亲繁殖，近亲繁殖会导致遗传多样性的减少、繁殖适合度降低及死亡率增加等，不利于长江江豚的种群发展及对环境的适应。江豚在长江干流的分布区域呈斑块状连续不均匀状态，且20头以上的群体占比极小，武汉以上江段甚至存在多个空白分布区。刘磊等（2016）调查研究发现，长江江豚在鄱阳湖主要分布在湖口至渚溪河口水域及主要支流的入湖口附近，鄱阳湖生境退化将会对江豚种群产生负面影响。

3. 饵料资源过度捕捞

渔业资源是影响鄱阳湖江豚生长、存活的关键因素之一（梅志刚等，2011），过度捕捞严重破坏了江豚栖息地的饵料资源，渔业资源的衰退导致江豚捕食难度增加。江豚以小型鱼类为食，几乎没有其他的食物来源。过度捕捞导致鱼类群落组成日趋小型化、低龄化，渔业资源量严重下降，影响了江豚的生存。食物短缺一方面影响了江豚的生存质量；另一方面，导致江豚为了获得足够的食物不得不冒险捕食，这又增大了受到意外伤害，甚至是非正常死亡的风险。

4. 水环境污染

水体污染物对长江江豚有一定的影响。江豚位于长江水生生态系统食物链的顶端，在污染水体中摄食会导致重金属等污染物在江豚体内富集（于晋海和胡国良，2019），如铅（Pb）、镉（Cd）等具有强烈毒性的元素，会严重威胁生物的生长和发育，如氯硝柳胺可损伤 DNA，并可导致哺乳动物胎儿骨骼畸形（阚雪洋等，2021）。

七、候鸟

（一）候鸟概况

自 1980 年冬鄱阳湖越冬白鹤种群被首次发现报道以来，鄱阳湖越冬水鸟及其栖息地的状况开始引起了各方面的广泛关注。1981 年江西省林业厅牵头首次对鄱阳湖地区鸟类资源进行了比较系统全面的调查（He, 2010），调查报道了鄱阳湖地区共有鸟类 15 目 37 科 150 种。近年来根据多年野外观测结果并结合已有的文献报道和调查记录，目前鄱阳湖湿地共有鸟类种数 227 种（表 5.6），约占江西省鸟类种数 481 种的 47.2%。其中，雀形目鸟类种类在本地区鸟类区系中占有明显的优势地位，共有 24 科 52 属 91 种，占现存鸟类总种数的 40.1%，其中又以鹟科和鹀科最多，分别为 12 种和 9 种，其他种数较多的雀形目鸟类科还包括画眉科、鹡鸰科和鸦科，分别为 8 种、8 种和 7 种。而非雀形目鸟类共有 26 科 72 属 136 种，占该地区鸟类总种数的 59.9%。与江西鄱阳湖地区典型的湿地生态环境相适应，本地区非雀形目鸟类具有典型的湿地鸟类群落分布特点，以游禽和涉禽为主。在科分类界元上，雁形目鸭科和鸻形目鹬科鸟类占有明显多的种类数，分别达到 29 种和 19 种，其他种数较多的科还包括鹳形目鹭科、隼形目鹰科和鹤形目秧鸡科，分别为 13 种、8 种和 8 种。

表 5.6　鄱阳湖鸟类科属种分布现状

目	科数	属数	种数
鸊鷉目 Podicipediformes	1	2	3
鹈形目 Pelecaniformes	2	2	2
鹳形目 Ciconiiformes	3	10	16
雁形目 Anseriformes	1	10	29
隼形目 Falconiformes	2	6	11
鸡形目 Galliformes	1	3	3
鹤形目 Gruiformes	2	9	12
鸻形目 Charadriiformes	7	17	41
鸽形目 Columbiformes	1	1	3
鹃形目 Cuculiformes	1	3	6
鸮形目 Strigiformes	1	1	1
佛法僧目 Coraciiformes	2	5	6
戴胜目 Upupiformes	1	1	1
䴕形目 Piciformes	1	2	2
雀形目 Passeriformes	24	52	91
总数	50	124	227

（二）候鸟变化趋势

根据鄱阳湖国家级自然保护区监测数据,1999~2020 年间鄱阳湖越冬候鸟种类数在 16~104 种,其中以 2005 年冬季调查种类数最多,而以 1999 年最少。2006 年以后鸟类种类数在 51~98 种,变化态势趋于稳定（图 5.39,图 5.40）。1999~2004 年的种类数明显低于 2005~2020 年,这可能与这一期间保护区候鸟调查人员对候鸟种类的认知水平有关,2005 年后保护区通过与国际鹤类基金会的合作,大幅提升了调查人员的技术手段与鉴定水平,因而在 2005 年后候鸟的种类数年际变幅相对较小；2014 年后候鸟种类数量略有下降,但稳定保持在年均 50 种以上水平。1999~2020 年间鄱阳湖区越冬鸟类数量调查过程中,发现有 24 种水鸟至少一次调查的个体数量达到了全球数量 1% 的标准,这些种类包括普通鸬鹚、东方白鹳、白琵鹭、鸿雁、豆雁、白额雁、小白额雁、灰雁、小天鹅、赤麻鸭、罗纹鸭、斑嘴鸭、中华秋沙鸭、绿翅鸭、青头潜鸭、灰鹤、白头鹤、白枕鹤、白鹤、黑尾塍鹬、大杓鹬、鹤鹬、黑腹滨鹬和反嘴鹬。其中,东方白鹳、白琵鹭、鸿雁、小天鹅、赤麻鸭、白枕鹤和白鹤越冬数量每年均超过了全球数量 1% 的标准,且白鹤、东方白鹳和鸿雁在鄱阳湖区越冬数量历年均达到了全球数量的 30% 以上,这也表明鄱阳湖作为国际重要湿地,在全球生物多样性保护中发挥着极为重要的作用。

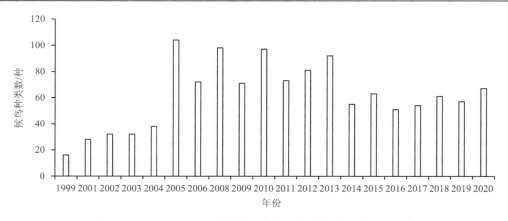

图 5.39　1999~2020 年鄱阳湖越冬候鸟种类数量年际动态变化

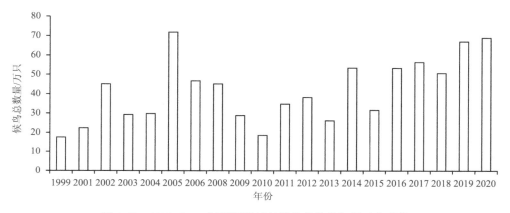

图 5.40　1999~2020 年鄱阳湖越冬候鸟总数量年际动态变化

　　鄱阳湖历年越冬候鸟总数量在（17.6~71.8）×10^4 只，平均为 41.8×10^4 只，其中以 2005 年最高，而以 1999 年最低。2010 年后鄱阳湖越冬候鸟总数量呈递增趋势，2014~2020 年间总数量稳定在 55×10^4 只左右水平，这也从另一方面显示了近 10 年来鄱阳湖栖息地质量相对较好并保持在平稳状态。

　　鄱阳湖属吞吐性湖泊，每年 10 月至翌年 3 月为枯水期，水位下降，湖水面积减至约 500 km^2，整个湖泊被分成大小不同的子湖泊，形成大面积浅水湖泊、草洲和沼泽湿地，而在这些不同环境中的水草、螺、蚌等便成了候鸟丰盛的食物来源。整个鄱阳湖地区 13.5~17m 地带为候鸟最适宜栖息地。白鹤、白头鹤、白枕鹤以及鹭类和鹬类等涉禽主要栖息在湖边、泥滩或浅水区域中，小天鹅、白额雁等雁鸭类游禽栖息于深水域中，而赤麻鸭等雁鸭类多栖息在草滩或湖边的泥滩上。越冬期鄱阳湖湖区水位相对较低且湖区地形地貌复杂多样。随着水位逐日缓慢消退，湖区拥有草洲、泥滩、浅水、深水、溪流等多种湿地生境条件，不同种类候鸟均能在鄱阳湖找到相对合适的栖息地与觅食场所，这也是鄱阳湖能支撑如此巨大数量候鸟越冬的重要原因。

第四节　鄱阳湖生态环境总体态势与关键问题分析

一、生态环境总体态势

鄱阳湖作为长江流域最典型和最大的通江湖泊与湿地复合系统，水文水资源与生态环境的重要意义，不言而喻。但受气候变化和人类活动的叠加影响，水文情势变化及其导致诸多生态环境问题的联动效应，使得鄱阳湖生态环境质量朝着不确定性和复杂性方向发展，近年来一直处于国内外湖泊湿地关注的焦点。本节着重围绕鄱阳湖的水文水资源与生态环境问题，归纳鄱阳湖总体变化态势以及潜在风险。

（1）鄱阳湖流域入湖水量和沙量总体上呈现减少趋势，湖泊水文要素动态变化剧烈，且湖泊流域水文均存在洪季偏洪、枯季偏枯的分布态势，未来鄱阳湖面临的风险因素仍是极端水文事件和洪旱灾害。与历史多年平均相比，现状条件下鄱阳湖流域五河径流出现较为明显的下降趋势，但夏季五河来水增加趋势显著，年内分异存在加剧态势。鄱阳湖流域入湖泥沙近年出现较为明显的下降趋势，出湖沙量也同步下降，当前鄱阳湖泥沙情势处于较弱的冲刷状态。受湖泊外部来水条件影响，现状条件下鄱阳湖水位总体上高于历史平均状况，水位增加幅度约 2~3 m，局部地区可达 4 m。湖口出流量在年内呈现明显的波动态势和变异性，湖泊向长江干流的年下泄水量约减少 10%。总体而言，鄱阳湖当前水文情势存在年际波动，但水文变化主要体现在季节尺度上，尤其是夏季高洪水位和秋季退水季节，极端水文事件和自然灾害的发生，将会影响整个湖区的生态环境质量。

（2）根据现状调查结果，2009~2020 年期间，鄱阳湖大多数水环境参数如叶绿素 a、TN 和 NO_3-N 呈现显著的增加趋势，其增加速率分别为 0.462mg/（L·a）、0.0443mg/（L·a）和 0.029mg/（L·a）。TLI 指数也呈显著的上升趋势，上升幅度为 $0.514a^{-1}$，呈现逐步富营养化的趋势。然而近 3 年来，鄱阳湖水质呈现好转的态势，主要污染物 TP 浓度有所下降。并且于 2019 年开始，鄱阳湖中度富营养状态消失，中营养占比上升至 9%，轻度富营养的比例为 91%。

（3）鄱阳湖浮游植物总体以硅藻、绿藻、蓝藻占优，现阶段主湖区浮游植物密度不高，但局部湖湾、缓流区藻类密度已具备水华发生条件。与历史时期相比，鄱阳湖浮游植物密度和生物量呈增加趋势，富营养种类丰度和优势度明显增加。但相比较而言，鄱阳湖主湖区浮游植物密度和生物量显著低于周边阻隔湖泊，且阻隔湖泊蓝藻密度和生物量占比更高。鄱阳湖底栖动物优势类群以腹足纲、双壳纲为主，与 20 世纪 90 年代相比，鄱阳湖底栖动物多样性下降明显，优势种由大型软体动物逐渐演变成小型软体动物和昆虫类，部分区域耐污类群优势度高。鄱阳湖鱼类与历史相比物种多样性下降，鱼类资源呈衰退趋势，优势种变化明显，主要表现为鱼类资源小型化、低龄化、低质化特征。现阶段鱼类资源结构主要由"四大家鱼"、鲤、鲫、鲇、黄颡鱼、鳜、翘嘴鲌及短颌鲚等组成，以湖泊定居性鱼类为主。

（4）长江江豚在鄱阳湖种群数量约 450 头，近年来种群数量总体稳定。前期大规模挖砂及过度捕捞等造成的栖息地质量下降、饵料资源衰退和船舶航行直接导致的伤亡等是鄱阳湖江豚生存的主要威胁因素。十年禁渔计划的实施预期将改善江豚的生境条件与食物来源，有利于种群的恢复与增长。

（5）鄱阳湖洲滩湿地植物丰富，植被保存完好，类型多样，群落结构完整，季相变化丰富，是亚热带难得的巨型洪泛湖泊洲滩湿地景观。在对湖泊水位变化节律的长期适应过程中，鄱阳湖形成了独有的植物生长发育节律和植物群落动态。从长期演变趋势来看，鄱阳湖中低滩典型植被群落生物量没有发生明显变化，年际差异不显著，但高滩典型植被群落生物量与 20 世纪 80 年代相比有较大提高，尤其是 2008~2012 年间生物量显著上升。从群落结构看，近 20 年鄱阳湖湿地典型洲滩植物群落的优势种重要值均在 0.5以上，对鄱阳湖生态系统结构稳定与生态功能维持具有重要作用。此外，鄱阳湖洲滩湿地面积近 30 年来呈现显著的增加趋势，总体呈高滩植被挤占中滩植物生长空间、中低滩植被分布空间下延态势，湿地景观连通性下降。

（6）鄱阳湖历年越冬候鸟总数量年均 40×10^4 只以上，近年来候鸟总数量有所增加，2014 年后稳定维持在 55×10^4 只左右。越冬候鸟物种数量年际变化相对较大，近 20 多年年际变幅为 16~104 种，2014 年后候鸟年际种类数量变化趋于平稳，保持在年均 50 种以上。东方白鹳、白琵鹭等 24 种候鸟在鄱阳湖区越冬数量每年均超过了全球数量 1%的标准，其中白鹤、东方白鹳和鸿雁更是历年均达到了全球数量的 30%以上，凸显了鄱阳湖在全球生物多样性保护中的重要地位。

二、关键问题分析

鄱阳湖作为长江中游典型的大型通江湖泊，其水文情势变化与区域水资源、水环境、水生态及社会经济发展等诸多问题息息相关。在过去 60 年里，受气候变化与人类活动的双重影响，鄱阳湖水文情势已发生了不同程度的变化，江湖关系的变化使得鄱阳湖区域水资源、水环境、水生态及社会发展等面临一系列问题。尤其是 2000 年以来，该区域面临极端水文事件频发、季节性水资源紧张、湖泊萎缩、水环境质量下降、水域和湿地生态系统结构与功能退化等一系列生态环境问题。这些变化使鄱阳湖面临着前所未有的水安全和生态安全压力，也引起了国内外科学界和社会舆论的广泛关注。鄱阳湖面临的关键生态环境问题主要体现在以下几方面。

（一）极端洪旱灾害仍然是湖区生产生活的主要威胁

鄱阳湖与周围水系的水量交换关系复杂，再叠加气候变化与人类活动的影响，使近年来鄱阳湖的水文情势发生了巨大变化，主要表现为季节性水资源紧缺、汛后水位消退加速、湖泊面积萎缩等一系列干旱化问题。尤其是 2003 年以来，受流域及湖区强人类活动的干扰和长江上游大型水利工程的影响，江湖关系改变，引起鄱阳湖水量平衡关系变化，湖区干旱事件更为频繁，且日趋严重，枯水位屡创新低，给湖区工农业生产和人民生活带来了巨大挑战。与此同时，鄱阳湖的洪水灾害频发，20 世纪 90 年代，鄱阳湖洪水发生的频率和强度显著增加，比历史上任何时段都更为频繁。1998 年特大洪水湖口实测水位最高达22.52 m，为当时有记录以来的最高水位。2019年和2020年鄱阳湖又连续出现大洪水，其中2020年更是遭遇历史超大洪水，最高水位超过了1998年大洪水，导致673.3万人受灾，15 920 km²农作物受灾，直接经济损失达 313.3 亿元，给人民生命财产安全和经济社会发展带来严重影响和威胁。

人类活动在不同时间和空间尺度上影响着鄱阳湖河-湖系统的演变，随着长江经济带高质量发展战略、鄱阳湖生态经济区建设的不断推进和流域开发强度的持续加大，以资源开发和利用为主的人类活动对鄱阳湖水文与水动力过程的影响可能呈越发严重的态势。针对未来气候异常和局部区域的趋势性严重干旱，鄱阳湖水资源短缺问题及其应对策略将成为我们面临的重大问题。应加强人类活动定量表征的研究，强化人文与自然要素的耦合，提出新的动力学本构关系，建立新一代湖泊流域水文模型，预估河湖水资源量的变化，评估经济社会用水和生态需水安全，应对全球气候变化，保障鄱阳湖流域水资源和水生态安全。

（二）流域重大水利工程对鄱阳湖及其湿地的生态环境影响仍需深入评估

随着长江中上游三峡工程等控制性枢纽工程相继建成并投入运行，长江上游来水来沙条件随之变化，驱动长江中游江湖关系进入新一轮的调整，对鄱阳湖水生态环境及洲滩湿地生态等带来严峻挑战。虽然三峡工程大大提高了长江中下游地区的防洪标准和防洪能力，有效削减了长江洪水对鄱阳湖的影响，减轻了鄱阳湖的防洪压力，但同时，三峡水库的秋季蓄水，却进一步加剧了鄱阳湖日益严重的秋季干旱问题，造成鄱阳湖枯水期提前、枯水期水位降低、枯水持续时间拉长，广大洲滩湿地提前出露、出露面积扩大且时间延长。这些水文情势的变化对湿地植物的萌发和生长、栖息地生境、湿地生态系统的完整性和稳定性存在一系列潜在的影响。

当前，我国水资源开发与利用仍处于深化阶段，大型水利工程建设方兴未艾，尤其是长江流域，目前已建或在建水库中，调节库容大于 5 亿 m³的有近 20 个，还有一批如鄱阳湖水利枢纽工程等正在规划论证中。这些重大工程建成运行，必将进一步改变长江上游来水来沙条件，影响中游江湖的互动关系，导致鄱阳湖水文水动力情势变化，并进一步引起河湖水文节律、水生态环境及洲滩湿地生态的变化。因此，亟须深入研究重大水利工程建设对鄱阳湖江湖关系、水文节律、水生态环境及洲滩湿地生态等的影响。同时从经济社会可持续发展和生态环境保护的角度出发，探索出一条既能解决或减小对水生态环境和洲滩湿地生态的负面影响，又能全面发挥各项重大工程的最大效益的有效路径，从而维护鄱阳湖流域河-湖系统的健康，保障鄱阳湖水安全，避免生态灾变。

（三）水文连通性在鄱阳湖江-河-湖洪泛生态系统中将担当重要角色

鄱阳湖洪泛湿地系统中广泛分布的碟形湖对维持鄱阳湖水生态环境健康具有重要作用，主湖区、碟形湖及其周边洪泛区之间具有高度动态的水文联系，水文连通性的动态变化与转换对水环境、水生态和湿地生境状况造成联动影响，并触发反馈作用。鄱阳湖的水文连通性，主要体现在通江的外部连通以及湖泊湿地的内部连通。从现阶段鄱阳湖低枯水位频繁出现、长江倒灌鄱阳湖频次有所降低等诸多问题来看，水文连通性的时空分布格局与程度已然发生改变。

水文连通性的变化导致淹没深度、流速和水位等关键水动力参数的改变，这对水循环、泥沙输运以及水鸟、鱼类、浮游植物和大型无脊椎动物的种群动态产生重大影响。研究发现，鄱阳湖大部分越冬候鸟的适宜水深约 20~30 cm，利于候鸟栖息以及捕食，而适宜的水位总体上与鱼类和藻类等分布密切相关。从生境的空间分布来看，鄱阳湖潜在的水鸟栖息地主要分布于碟形湖和洪泛区滩地，与候鸟保护区的范围基本吻合。鱼类生境主要分布于湖泊航道和一些深水湖湾区，且夏季生境面积分布最大。而水深和流速的影响程度若超过一定阈值，会造成湖区鱼类和候鸟等关键物种栖息地的空间转换与迁移，这与水文连通性的变化直接相关。因此，进一步深入评估当前改变的水文连通性，并揭示其与鱼类繁殖、候鸟分布等的关系及阈值特征，是鄱阳湖鱼类资源与候鸟保护所面临的关键问题之一。

第五节　对策与建议

一、提升鄱阳湖及其流域水系统研究与流域综合管理水平

加强鄱阳湖及其流域水循环与水资源配置、防洪抗旱、水生态环境演变与治理修复、水土流失监控与防治、生态水利等方面的基础理论研究，尤其是加强鄱阳湖流域自然过程与人类活动的耦合机理研究，揭示流域尺度水量时空变化格局以及人类活动影响下鄱阳湖水文情势变化趋势与驱动机制，阐明江湖关系改变对鄱阳湖水位、湖泊水沙平衡、湖泊水动力场及洲滩湿地生态的影响。开展长江干流与五河流域水利工程的联合调度，加快实施"上拦""中蓄""下泄"的流域性系统措施。实施山水林田湖生态保护和修复工程，构建流域生态廊道，保护生物多样性，全面提升森林、河湖、湿地、农田等自然生态系统稳定性和生态服务功能。全面加强水生态保护，连通江-河-湖-库水系，推进水土流失综合治理，强化江河源头和水源涵养区生态保护。切实解决流域水资源、水环境、水生态、水灾害等问题。

构建"山水林田湖草沙"作为生命共同体的流域综合治理模式，建立鄱阳湖流域山水林田湖草沙系统保护与综合治理制度体系，将流域自然资源、生态环境和社会经济作为完整的系统，打破行政区域界限，进行统筹兼顾、整体部署，实施流域一体化和综合性管理模式。促进经济社会发展与流域资源环境承载力相协调，实现水-生态-经济的综合协调管理，形成鄱阳湖流域生态、经济、社会协调发展新模式。

二、注重鄱阳湖与长江的自然连通属性以及江湖阻隔的长期影响研究

鄱阳湖是长江中游仍与长江保持自然连通的极少数湖泊之一。正是这种江-湖的自然连通性，使鄱阳湖得以保持着"高水似湖、低水似河"的独特自然景观，形成了洪水期 3000km² 以上的水域和枯水期近 2000km² 的洲滩湿地。从鄱阳湖的演变形成和其水情变化规律来看，其高变幅水位波动的自然属性造就了鄱阳湖的历史和现状。鄱阳湖目前优良的生态环境状况，很大程度上依赖于与长江快速的水体交换、发育良好的洲滩湿地。

江-湖连通性受阻会显著改变鄱阳湖原有的枯水期水位的自然消退节律,虽可能会抬升鄱阳湖枯水期的水位,有望缓解枯水问题,但也必然会改变湖泊水文、水动力的时空格局,引起湖泊内部污染物质的输移过程,改变湖泊的水环境容量,在特定的条件下可能导致局部水体环境质量下降和藻华的发生。同时,这些变化又影响着湖泊湿地植被的生长和发育,改变湿地栖息地生境,进而影响水域及湿地生态系统结构和功能等。另外,江-湖阻隔的现实例子,如洪湖和巢湖,也警示我们不当的江湖关系改变,会破坏原有的湿地复合生态系统,大大降低湖泊生态服务功能和生物多样性。因此,加强鄱阳湖与长江的自然连通属性以及江湖阻隔的长期影响研究,重构健康的、江湖两利的江湖关系格局对保障长江中下游通江湖泊水安全与湿地生态安全具有重要的意义,也是国家长江大保护战略"共抓大保护、不搞大开发"的基本要求。

三、加强入湖污染物管控与珍稀濒危鱼类、候鸟及湿地保护

根据鄱阳湖五河流域的社会经济状况和水污染特点以及对鄱阳湖水环境的影响,河道污染治理应该坚持统一规划、突出重点、标本兼治、分步实施的原则,采取多种措施进行综合治理。重点加强五河流域生活、工业污染源和农村面源污染控制。加快城镇污水处理厂建设进程,完善污水收集管网,提高污水处理效率和处理深度,最大限度地降低城镇生活污水对五河水质的影响。

重视保护鄱阳湖的主要经济鱼类、珍稀及濒危鱼类的生境,对保护区内的经济鱼类、珍稀濒危鱼类等进行常年监测并开展相关科学研究和科学规划,建立鄱阳湖鱼类生境保护区,控制人类活动对鱼类的干扰,尽量恢复其栖息地的自然属性。同时,从候鸟保护角度出发,对国家级自然保护区内的所有湖泊进行管理,施行保护区承包市场运作、政府划拨、生态渔业补偿等方式获取湖泊管理权,以保护候鸟的栖息环境。

加快鄱阳湖区生态红线划定,并制定相应的管控措施,严格执行生态红线管理,减少人为干扰。实施湖滨带植被与生境恢复工程、自然保护区核心区栖息地重建工程,在湖区内选取具有典型性和代表性的珍稀野生动植物栖息地和集中分布区,进行封闭保育,创造良好的生境等。大力推行湿地生态补偿机制,对鄱阳湖重要湿地因保护候鸟等野生动物而遭受的损失或影响给予补偿。

致谢:江西省生态文明研究院、江西鄱阳湖国家级自然保护区管理局、江西省水文局、江西省水利科学院和江西省农业农村厅渔业渔政局等单位为本章提供了相关数据,在此一并致谢。

参 考 文 献

曹宇贤, 徐力刚, 范宏翔, 等. 2022. 1960 年以来气候变化与人类活动对鄱阳湖流域生态径流改变的影响. 湖泊科学, 34(1): 232-246.

陈佳琪, 赵坤, 曹玥, 等. 2020. 鄱阳湖浮游动物群落结构及其与环境因子的关系. 生态学报, 40(18): 6644-6658.

方春林, 陈文静, 周辉明, 等. 2016. 鄱阳湖鱼类资源及其利用建议. 江苏农业科学, 44(9): 233, 243.

傅培峰, 王生, 贺刚. 2017. 浅谈江西省鄱阳湖长江江豚保护. 江西水产科技, (3): 44-46, 48.

韩志勇, 李徐生, 张兆干, 等. 2010. 鄱阳湖湖滨沙山垄状地形的成因. 地理学报, 65(3): 331-338.

胡振鹏. 2020. 鄱阳湖水文生态特征及其演变. 北京: 科学出版社.

胡振鹏, 林玉茹. 2012. 气候变化对鄱阳湖流域干旱灾害影响及其对策. 长江流域资源与环境, 21(7): 897-904.

纪伟涛, 等. 2017. 鄱阳湖——地形·水文·植被. 北京: 科学出版社.

姜加虎, 窦鸿身, 苏守德. 2009. 江淮中下游淡水湖群. 武汉: 长江出版社.

姜涛, 杨健, 轩中亚, 等. 2022. 长江禁渔对鄱阳湖溯河洄游型刀鲚资源恢复效果初报. 渔业科学进展, 43(1): 24-30.

阚雪洋, 尹登花, 方昕, 等. 2021. 长江下游及鄱阳湖长江江豚体内元素累积特征比较. 大连海洋大学学报, 36(5): 775-784.

刘宝贵, 刘霞, 吴瑶, 等. 2016. 鄱阳湖浮游甲壳动物群落结构特征. 生态学报, 36(24): 8205-8213.

刘磊, 胥左阳, 杨雪, 等. 2016. 枯水期鄱阳湖重点水域长江江豚种群数量、分布及行为特征. 南昌大学学报(理科版), 40(3): 276-280.

刘绍平, 陈大庆, 段辛斌, 等. 2004. 长江中上游四大家鱼资源监测与渔业管理. 长江流域资源与环境, 13(2): 183-186.

刘诗古. 2018. 鄱阳湖的地理变迁与圩田开发//刘诗古. 资源、产权与秩序: 明清鄱阳湖区的渔课制度与水域社会: 56-85.

吕乾, 胡旭仁, 聂雪, 等. 2020. 鄱阳湖丰水期水位波动对浮游动物群落演替的影响. 生态学报, 40(4): 1486-1495.

梅丽辉, 马逸琪. 2004. 江西省鄱阳湖区堤防整险加固的环境地质论证. 中国地质灾害与防治学报, 15(4): 73-78.

梅志刚, 郝玉江, 郑劲松, 等. 2011. 长江江豚种群衰退机理研究进展. 生命科学, 23(5): 519-524.

欧阳珊, 詹诚, 陈堂华, 等. 2009. 鄱阳湖大型底栖动物物种多样性及资源现状评价. 南昌大学学报(工科版), 31(1): 9-13.

钱新娥, 黄春根, 王亚民, 等. 2002. 鄱阳湖渔业资源现状及其环境监测. 水生生物学报, 26(6): 612-617.

谭国良, 龙兴, 邢久生. 2008. 江西省五大水系对鄱阳湖生态影响研究. 2008 年水生态监测与分析学术论坛: 135-141.

王克雄, 王丁. 2015. 航道整治工程对长江江豚影响及缓解措施分析. 环境影响评价, 37(3): 13-17.

王苏民, 窦鸿身, 陈克造, 等. 1998. 中国湖泊志. 北京: 科学出版社.

吴建东, 刘观华, 金杰峰, 等. 2010. 鄱阳湖秋季洲滩植物种类结构分析. 江西科学, 28(4): 549-554.

肖文, 张先锋. 2002. 鄱阳湖及其支流长江江豚种群数量及分布. 兽类学报, 22(1): 7-14.

谢钦铭, 李云, 熊国根. 1995. 鄱阳湖底栖动物生态研究及其底层鱼产力的估算. 江西科学, 13(3): 161-170.

徐彩平. 2013. 鄱阳湖浮游植物群落结构特征研究. 北京: 中国科学院大学.

徐力刚, 赖锡军, 万荣荣, 等. 2019. 湿地水文过程与植被响应研究进展与案例分析. 地理科学进展, 38(8): 1171-1181.

杨桂山, 陈剑池, 张奇, 等. 2022. 长江中游通江湖泊江湖关系演变及其效应与调控. 北京: 科学出版社.

杨少荣, 黎明政, 朱其广, 等. 2015. 鄱阳湖鱼类群落结构及其时空动态. 长江流域资源与环境, 24(1): 54-64.

叶春, 赵晓松, 吴桂平, 等. 2013. 鄱阳湖自然保护区植被生物量时空变化及水位影响. 湖泊科学, 25(5):

707-714.

于晋海, 胡国良. 2019. 鄱阳湖生境变化对于长江江豚的影响. 中国兽医杂志, 55(12): 131-134.

张奇. 2021. 湖泊流域水文学研究现状与挑战. 长江流域资源与环境, 30(7): 1559-1573.

张奇, 等. 2018. 鄱阳湖水文情势变化研究. 北京: 科学出版社.

张堂林, 李钟杰. 2007. 鄱阳湖鱼类资源及渔业利用. 湖泊科学, 19(4): 434-444.

张先锋, 刘仁俊, 赵庆中, 等. 1993. 长江中下游江豚种群现状评价. 兽类学报, 13(4): 260-270.

朱宏富. 1982. 从自然地理特征探讨鄱阳湖的综合治理和利用. 江西师院学报(自然科学版), (1): 44-58.

邹亮华, 邹伟, 张庆吉, 等. 2021. 鄱阳湖大型底栖动物时空演变特征及驱动因素. 中国环境科学, 41(6): 2881-2892.

Cai Y J, Lu Y J, Wu Z S, et al. 2014. Community structure and decadal changes in macrozoobenthic assemblages in Lake Poyang, the largest freshwater lake in China. Knowledge and Management of Aquatic Ecosystems, 414: 9.

Deng P X, Bing J P, Jia J W, et al. 2019. Impact of the three gorges reservoir operation on the hydrological situation of Poyang Lake. IOP Conference Series: Earth and Environmental Science, 344: 012088.

He M F, Bu F X, Delang C O, et al. 2022. Historical environmental changes in the Poyang Lake basin (Yangtze River, China) and impacts on agricultural activities. The Holocene, 32(1-2): 17-28.

He Z M. 2010. The effect on wind farm of Po-yang Lake area development on migratory birds. Journal of Anhui Agricultural Sciences, 38(6): 3039-3042.

Li Y L, Zhang Q, Yao J, et al. 2014. Hydrodynamic and hydrological modeling of the Poyang Lake catchment system in China. Journal of Hydrologic Engineering, 19(3): 607-616.

Li Y L, Zhang Q, Yao J. 2015. Investigation of residence and travel times in a large floodplain lake with complex lake-river interactions: Poyang Lake (China). Water, 7(5): 1991-2012.

Qian K M, Dokulil M, Lei W, et al. 2021. The effects of water-level changes on periphytic algal assemblages in Poyang Lake. Fundamental and Applied Limnology, 194(4): 311-320.

Tan C Z, Sheng T J, Wang L Z, et al. 2021. Water-level fluctuations affect the alpha and beta diversity of macroinvertebrates in Poyang Lake, China. Fundamental and Applied Limnology, 194(4): 321-334.

Wang H Z, Xie Z C, Wu X P, et al. 1999. A preliminary study of zoobenthos in the Poyang Lake, the largest freshwater lake of China, and its adjoining reaches of Changjiang River. Acta Hydrobiologica Sinica, 23: 132-138.

Wu Q, Xu B, Wang Y H, et al. 2021. Intraseasonal evolution and climatic characteristics of hourly precipitation during the rainy season in the Poyang Lake Basin, China. Geomatics, Natural Hazards and Risk, 12(1): 1931-1947.

Xiao L Y. 2020. Spatio-temporal Analysis of Precipitation data in the Poyang Lake Basin, China. E3S Web of Conferences, 144: 01006.

Yao X C, Cao Y, Zheng G D, et al. 2021. Ecological adaptability and population growth tolerance characteristics of *Carex cinerascens* in response to water level changes in Poyang Lake, China. Scientific Reports, 11(1): 4887.

Yuan Z, Xu J J, Wang Y Q, et al. 2021. Analyzing the influence of land use/land cover change on landscape pattern and ecosystem services in the Poyang Lake Region, China. Environmental Science and Pollution Research International, 28(21): 27193-27206.

第六章　洪　泽　湖

　　洪泽湖是我国第四大淡水湖，也是南水北调东线工程沿线最大的调蓄湖泊及输水通道，素有"淮上明珠""鱼米之乡"的美誉，在保障北方地区水资源供应方面发挥着重要作用。洪泽湖位于江苏省西北部淮河下游，跨淮安、宿迁两市。作为连接淮河中游和下游的重要枢纽，洪泽湖承泄淮河流域上中游 15.8 万 km^2 的来水，长期承担调控上中游洪水的重任，保障着周边 3000 多万人民群众饮用水供给和 170 万 hm^2 农田灌溉。

　　长期以来，洪泽湖在促进区域社会经济发展中发挥了重要作用，但是受粗放式发展模式限制，围湖造田、圈圩围网养殖、非法采砂等人类活动导致洪泽湖水体富营养化、湖面萎缩、局部水域蓝藻水华、生态系统退化等问题日趋严重，极大地影响了湖泊生态服务功能正常发挥。国家和地方高度重视洪泽湖保护治理工作，先后实施了全面禁止采砂、退圩（渔）还湖、渔民上岸、污染治理、生态修复等一系列治理修复措施，洪泽湖生态环境趋于好转。2022 年 3 月 31 日，江苏省十三届人大常委会第二十九次会议审议通过了《江苏省洪泽湖保护条例》，这是继《江苏省太湖水污染防治条例》之后，江苏为省域内湖泊制定的又一省级地方性法规，并于 2022 年 5 月 1 日起施行。条例对洪泽湖规划与管控、资源保护与利用、水污染防治、水生态修复等作出了明确规定，将洪泽湖高标准保护修复推向了新高度。

　　中国科学院南京地理与湖泊研究所自 20 世纪 80 年代起便关注洪泽湖生态环境问题，本章以 2015~2020 年多年水体生态环境调查数据为主，结合遥感解译、资料收集及历史文献，系统分析洪泽湖生态系统状况及存在问题，以期为支撑洪泽湖及类似过水性湖泊生态环境治理及幸福河湖建设提供科学参考。

第一节　洪泽湖及其流域概况

一、地理位置

　　洪泽湖地处淮河流域中下游接合处，苏北平原中部偏西，地理位置在北纬 $33°06'\sim33°40'$，东经 $118°10'\sim118°52'$ 之间，是由黄河夺淮和"蓄清刷黄济运"不断修筑洪泽湖大堤而形成。行政区域涉及江苏省淮安市的盱眙县、洪泽区、清江浦区、淮阴区和宿迁市的泗阳县、宿城区、泗洪县（图 6.1）。洪泽湖西北部为成子湖湾，西部为溧河洼，西南部为淮河干流入湖口，洲滩发育，东部为洪泽湖大堤。洪泽湖属典型浅水湖泊，面积约 1488 km^2，在蒋坝水位 12.5 m（废黄河基面，下同）时，平均水深 1.9 m，湖泊最大长度约 60.0 km，最大宽度为 55 km，平均宽度约 24.4 km。

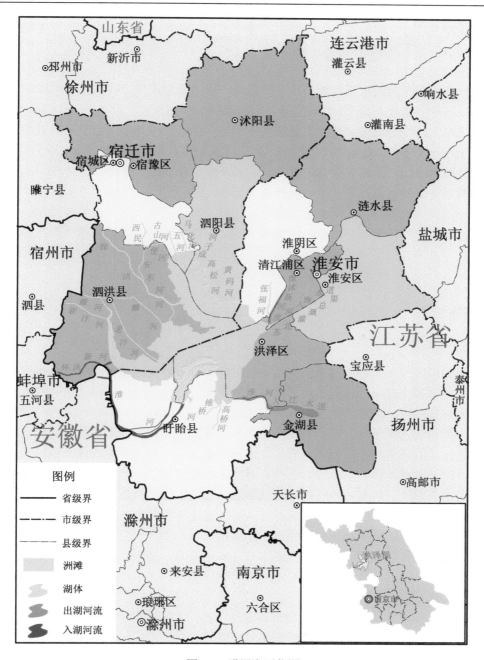

图 6.1　洪泽湖区位图

二、地质地貌

洪泽湖位于华北地台鲁苏隆起的南端，扬子淮地台苏北凹陷的西部，是白垩纪—新生代的凹陷区，郯庐断裂带于湖西侧通过。郯庐断裂带是第四纪活动断裂，与洪泽湖大堤的直线距离较近。湖西地区位于郯庐断裂带东侧,经过长期的地质运动及地貌演化,形成了宽窄不等、高低相间的岗垅和洼地,这些岗垅和洼地又俗称"四岗三洼"(朱松泉等,1993)。

洪泽湖东南部的蒋坝至西南部的盱眙县城一线,属湖南区。蒋坝位于洪泽湖大堤的最南端,旧称"秦家高岗",其南面地形由海拔 30 m 逐渐升高至 100 m 以上。盱眙县城至老子山为连绵的低山,是淮阴断裂带东侧的一组隆起,其山顶由西南向东北,渐次从海拔 150 m 降至 50 m。老子山以北,由于受到与山脉走向正交的老子山-石坝断裂切割,山脉断然终止。湖东、湖北主要是河、湖冲刷堆积而成的平原,地势低下,呈簸箕口形,特别是武墩至高家堰一带,地势最为低下。

洪泽湖属浅水型湖泊,湖盆呈浅碟形,岸坡平缓,由湖岸向湖心呈缓慢倾斜,湖底较平坦,湖底高程在 10.00~11.00 m,呈西北高、东南低趋势。这种湖盆形态的差异与入湖河流的分布有关,同时在很大程度上也是与黄河改道南徙夺淮以来的巨大影响分不开的。

三、气候气象

(一)气候特征

洪泽湖地区气候具有中国南北气候带过渡的特点,受亚热带季风气候影响显著,四季分明。冬季为来自高纬度大陆内部的气团所控制,寒冷干燥,多偏北风,降水稀少;夏季为来自低纬度的太平洋偏南风气流所控制,炎热、湿润、降水高度集中,且多暴雨,是地区内降水的主要形式;春季和秋季是由冬入夏及由夏转冬的过渡季节,气温、降水及湿度等随之而发生相应的变化。春季,洪泽湖地区以来自太平洋的洋面季风为主,多东南风,空气暖湿,降水量增加,因冷、暖气团活动频繁,天气多变,乍暖乍寒,平均风力则为全年最大。秋季,冷气团迅速代替暖气团,太平洋高压势力减弱,蒙古高压势力向南逼近,当大气层结处于稳定状态时,便出现秋高气爽的少云多晴朗天气。10月以后,蒙古冷高压继续南扩,近地面层以极地大陆气团为主,高空的西风环流已南移至西藏高原以南,湖区凉秋骤寒,进入隆冬季节(朱松泉等,1993;周玲等,2012)。

(二)风速风向

据 1956~2020 年泗洪气象站观测资料统计分析,受东亚季风气候影响,洪泽湖东风、东偏南风和东偏北风的出现频率远高于其他风向。1956~2020 年长序列风场数据分析结果表明:东风在所有 16 风向中占比最高,各年平均达到 11.43%;其次是东偏南风,占比达到 11.28%;再次为东偏北风,占比为 10.47%,其他风向占比都在 8%以下,西南风和西风出现频率最低,在所有 16 风向中的占比分别只有 3.43%和 3.52%,洪泽湖区多年平均风速为 2.78 m/s。分月来看,3 月的平均风速最高,为 2.55 m/s;其次为 2 月,平均风速为 2.52 m/s;8 月平均风速最低,仅为 1.91 m/s。从年际的风速变化趋势来看(图 6.2),洪泽湖地区呈现风速逐渐降低的态势,由 1956~1965 年的十年平均风速 4.11 m/s 下降至 2006~2015 年十年平均风速 2.10 m/s。

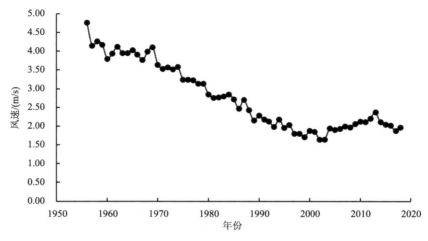

图 6.2　1950~2020 年洪泽湖地区（泗洪站）平均风速变化

（三）气温、降水

据 1956~2020 年泗洪气象站观测资料统计分析，洪泽湖地区多年平均气温为 14.77 ℃。冬季气温低，平均气温为 2.16 ℃；夏季气温较高，平均气温为 26.38 ℃；春季和秋季的平均气温分别为 14.45 ℃和 15.90 ℃。地区极端最高气温达 44.4 ℃，最低气温为−22.9 ℃。从多年平均气温变化趋势来看（图 6.3），洪泽湖地区的气温呈现逐渐上升的态势。

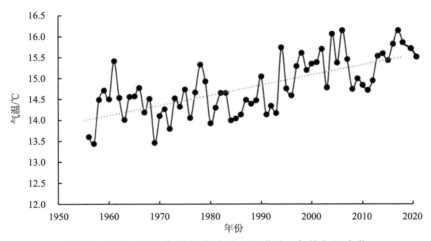

图 6.3　1950~2020 年洪泽湖地区（泗洪站）年均气温变化

据 1956~2020 年泗洪县气象站观测资料统计分析，洪泽湖区平均年降水量为 921.39 mm。其中，冬半年因受冬季风控制，降水量少；夏半年因东南季风从海洋面上带来丰富的水汽，降水量增加，有梅雨、气旋雨、雷暴雨、台风雨等产生，汛期（6~9 月）的降水量为 500.66 mm，占年降水量的 54.34%，降水量的年内分配以 7 月为最多，8 月次之，1 月最少。洪泽湖的降水年际变化大，最大年降水量为 1526 mm（2003 年），最小年降水量为 521.6 mm（2004 年）。

2020 年，洪泽湖湖区降水量为 1056.0 mm，降水量较历年均值偏多 14.6%。6~8 月降水最多（图 6.4），分别为 251.0 mm、237.5 mm、207.5 mm，分别占全年的 23.8%、22.5%、19.6%。最大日降水量为 93.9 mm（6 月 28 日）。

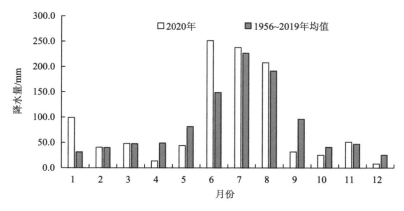

图 6.4　洪泽湖 2020 年降水量与多年平均对比

四、水文水系

洪泽湖承泄淮河流域上中游 15.8 万 km² 的来水，入湖河流主要在湖西侧，主要有淮河、怀洪新河、池河、新汴河、老汴河、新（老）濉河、徐洪河、安东河、西民便河、朱成洼河和团结河等，在湖北侧和南侧主要有古山河、五河、肖河、马化河、高松河、黄码河、淮泗河、赵公河、张福河、维桥河和高桥河等，其中淮河入湖水量一般占总入湖水量的 70% 以上。出湖主要河流有淮河入江水道、入海水道、淮沭新河和苏北灌溉总渠等，其中淮河入江水道为洪泽湖的主要泄洪通道，约 70% 的洪水由三河闸下泄，后经入江水道流入长江；其余洪水由二河闸下泄，经入海水道流入黄海，或由高良涧闸下泄，经苏北灌溉总渠流入黄海（图 6.5）。

洪泽湖正常蓄水位为 12.5~13.0 m，水位除受湖泊水量平衡各要素的变化和湖面气象条件影响外，还受其周围泄水建筑物启闭等的影响。由于人类活动干扰，自 20 世纪 50 年代以来，洪泽湖周边修建了大量的水利工程，对洪泽湖的水位产生了明显影响。洪泽湖水位不仅受到入湖河流流量的控制，还受到人工调节，从而为灌溉、航运和渔业提供服务。因此，洪泽湖水位的变化很大程度上取决于涵洞和水闸的启闭运行，人工出湖口门有效调控了洪泽湖水位的涨落速度（Yin et al., 2013；Wu et al., 2018）。

五、社会经济与土地利用

根据 2020 年《淮安市统计年鉴》《宿迁市统计年鉴》，洪泽湖地区七个区县总人口 475.46 万人，总面积 10400 km²，见表 6.1。洪泽湖周边地区以农业、渔业经济为主，乡镇工业起步较晚，规模较小、效益不佳。粮食作物主要有水稻、小麦、玉米、大豆等，经

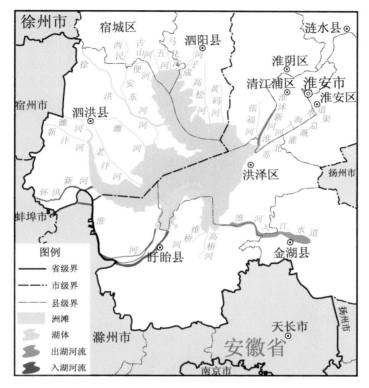

图 6.5 洪泽湖区域水系图

济作物主要有花生、棉花、油菜等。渔业经济也成为周边地区重要经济来源,围网、围栏养殖较为发达;精养鱼塘也给地方经济带来很大收益。经过多年的治理和发展,周边地区由中华人民共和国成立前"水落随人种,水涨随水淹"的自然状态逐步发展形成了目前具有一定规模的高产、稳产农业及渔业经济,同时新进盐、硝矿业及相关化工业发展势头也很迅猛。洪泽湖地区 2020 年 GDP 近 3377.87 亿元,其中农业产值 612.65 亿元,工业产值 1502.12 亿元(表 6.1)。

表 6.1 洪泽湖周边区县社会经济状况（2020 年）

地级市	区县	面积 /km²	人口 /万人	工业产值 /亿元	农业产值 /亿元	GDP /亿元
淮安市	淮阴区	1307	74.88	210.75	78.67	549.76
	洪泽区	1273	28.51	189.90	77.02	343.65
	清江浦区	310	58.01	134.87	13.20	591.98
	盱眙县	2497	60.72	139.42	124.70	435.32
宿迁市	宿城区	941	84.51	209.62	45.72	403.22
	泗洪县	2694	85.87	286.57	149.08	525.41
	泗阳县	1378	82.96	330.99	124.26	528.53
合计		10400	475.46	1502.12	612.65	3377.87

    2010 年环湖区县耕地面积及面积占比较 2000 年出现小幅下降，面积降至 5487.27 km²，面积占比为 79.97%，水域（551.39 km²）和建设用地（522.20 km²）面积占比增加至 8.04%和 7.61%；2020 年较 2010 年耕地面积占比进一步减少至 71.82%，水域面积占比增加至 8.98%，建设用地面积出现较大幅度增长，面积达到 866.27 km²，占比 12.63%。总体来看，1990~2020 年洪泽湖环湖地区土地利用总体格局基本一致（图 6.6），虽然耕地面积在此期间出现明显下降，面积占比减少了 9.45%，但是土地利用类型仍以耕地为主，其各年面积占比均超过了 70%；建设用地和水域面积均出现小幅增长，面积占比分别增加至 12.63%和 8.98%；林地、草地和未利用地的面积及面积占比未出现明显变化（表 6.2）。

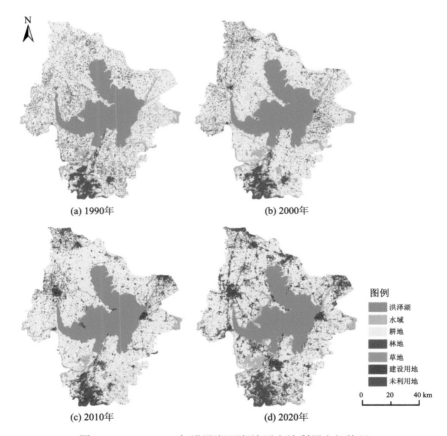

图 6.6 1990~2020 年洪泽湖环湖地区土地利用空间格局

表 6.2 1990~2020 年洪泽湖环湖地区各土地利用类型面积及占比

土地利用类型	1990 年		2000 年		2010 年		2020 年	
	面积/km²	占比/%	面积/km²	占比/%	面积/km²	占比/%	面积/km²	占比/%
耕地	5576.10	81.27	5587.83	81.44	5487.27	79.97	4927.91	71.82
水域	521.44	7.60	511.63	7.46	551.39	8.04	615.98	8.98
林地	401.78	5.86	355.55	5.18	276.36	4.03	396.17	5.77

续表

土地利用类型	1990 年		2000 年		2010 年		2020 年	
	面积/km²	占比/%	面积/km²	占比/%	面积/km²	占比/%	面积/km²	占比/%
草地	37.52	0.55	29.10	0.42	17.59	0.26	49.60	0.72
建设用地	312.98	4.56	370.32	5.40	522.20	7.61	866.27	12.63
未利用地	11.46	0.17	7.15	0.10	6.67	0.10	5.34	0.08

第二节 洪泽湖水环境现状及演变过程

一、水量与水位

2020 年洪泽湖主要控制站入湖水量 449.7 亿 m³，出湖水量 451.2 亿 m³。淮河是入湖水量的主要来源，全年有 84.0%入湖水量来自淮河；入江水道和二河是主要出湖口门，出湖水量分别占总出湖水量的 68.8%、17.8%（表 6.3）。

表 6.3 2020 年全年洪泽湖主要控制站出入湖水量

	入湖			出湖	
序号	河道/工程名称	水量/亿 m³	序号	河道/工程名称	水量/亿 m³
1	淮河	377.8	1	入江水道	310.6
2	新汴河	7.7	2	二河	80.1
3	池河	10.5	3	灌溉总渠	54.7
4	怀洪新河	22.9	4	洪金洞	2.4
5	新濉河	8.9	5	周桥洞	3.4
6	老濉河	1.3			
7	徐洪河	9.9			
8	南水北调工程	10.7			
	合计	449.7		合计	451.2

洪泽湖季节水位变化与其他江淮湖泊不同，呈现夏季低、冬季高的格局。据蒋坝站水位统计，2020 年上半年洪泽湖水位较多年平均日水位偏低。受本地降雨及上游来水等影响，水位 6 月中下旬后明显上涨，2020 年 6 月 23 日~7 月 16 日，洪泽湖水位在 12.20~12.50 m 之间波动。受 2020 年淮河 1 号洪水影响，淮河干流持续大流量行洪，水位自 7 月 17 日明显上涨，8 月 10 日洪泽湖水位涨至当年最高水位 13.53 m，低于警戒水位 0.07 m。之后水位处于缓慢回落状态。汛后，洪泽湖水位在 12.50~13.20 m 之间波动运行。2020 年全年蒋坝站平均水位 12.53 m，较多年均值偏低 0.06 m；全年最高水位 13.53 m（8 月 10 日），最低水位 11.46 m（6 月 17 日），水位最大变幅 2.07 m（图 6.7）。

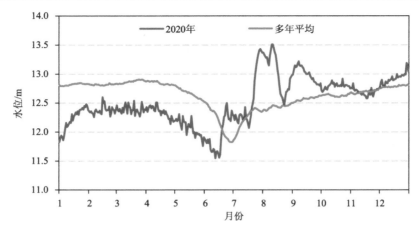

图 6.7　洪泽湖 2020 年日平均水位与多年（1990~2020 年）均值比较图

二、透明度

2020 年洪泽湖透明度介于 10~100 cm 之间，年均值为 31 cm，与 2015~2019 年持平。不同月份之间，透明度差异较大，这主要是由水位变动及采样期间风浪扰动强度变化等因素造成。空间上，洪泽湖透明度差异明显，北部的成子湖区域由于风浪较小，水动力扰动相对较小，透明度高于其他湖区（图 6.8）。

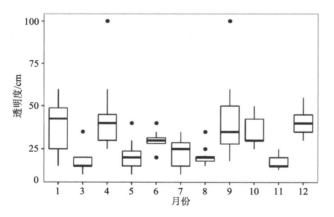
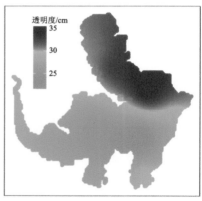

图 6.8　洪泽湖透明度时空分布变化

2 月份由于是农历新年，无快艇协助开展调查。下同

三、溶解氧（DO）

受温度的影响，洪泽湖溶解氧浓度季节变化显著，2020 年监测结果显示，洪泽湖溶解氧浓度介于 6.1~13.5 mg/L，年均值为 9.9 mg/L。空间上，蒋坝附近监测点位年均值相对较低，而成子湖区域略高于其他湖区（图 6.9）。

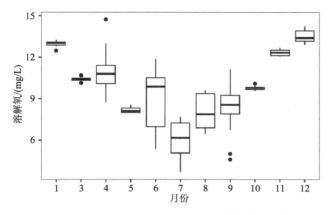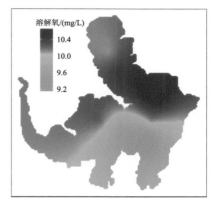

图 6.9 洪泽湖溶解氧时空分布变化

四、pH

2020 年洪泽湖 pH 均值为 8.3，不同月份而言，1~7 月 pH 相对较高，随后逐月降低。空间分布上，由于洪泽湖属于浅水过水性湖泊，水体混合较为充分，各点位之间 pH 相差较小（图 6.10）。

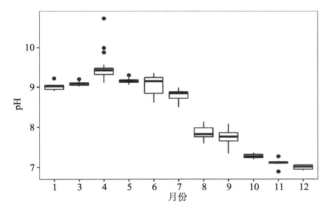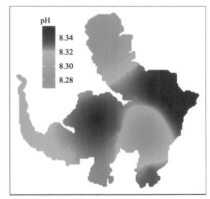

图 6.10 洪泽湖 pH 时空分布特征

五、高锰酸盐指数（COD$_{Mn}$）

2020 年监测中，洪泽湖高锰酸盐指数年均值为 4.89 mg/L，介于 2.81~7.33 mg/L。高锰酸盐指数季节变化明显，可能受到藻类在各季节不同增殖速率及外源输入变化的影响。空间上，成子湖及溧河洼区域相对较高，湖心开阔区域及蒋坝区域浓度相对较低。这主要是由于成子湖区域水体相对较为封闭，藻类生物量高，导致高锰酸盐指数增加，溧河洼为入湖河口处，承接流域上带来的污染，而湖心及蒋坝区域水体流速较快，水体交换速率高，藻类不易大量集聚，也没有直接接纳大量污染物，高锰酸盐指数相对较低（图6.11）。

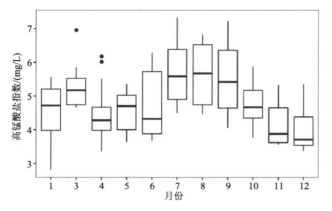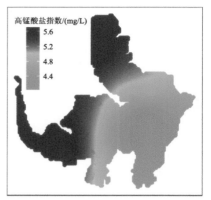

图 6.11　洪泽湖高锰酸盐指数时空分布特征

六、总氮（TN）

2020 年洪泽湖 TN 浓度介于 0.56~3.40 mg/L 之间，均值为 1.49 mg/L。年内 TN 波动较大，其中 6、7 月份浓度最高，分别为 1.94 mg/L、2.49 mg/L。由于淮河和入江水道为洪泽湖主要出入湖河道，淮河入湖口至入江水道区域（三河闸）TN 浓度受淮河影响显著而相对其他区域为高（图 6.12）。20 世纪 90 年代至今（图 6.15），洪泽湖 TN 年均值浓度变化大体可以分为三个不同的阶段：1989~1994 年为第一阶段，此阶段洪泽湖 TN 浓度快速增加，从 1990 年的 0.93 mg/L 增加到 1994 年的 5.1 mg/L；1995~1998 年前后为第二阶段，此阶段 TN 浓度快速下降，从 5.1 mg/L 下降到 2.1 mg/L 左右，这一变化与洪泽湖上游淮河污染及后期治理紧密相关；1999 年至今为第三阶段，这一时期洪泽湖 TN 浓度维持在 2.1 mg/L 左右，相对较为稳定。

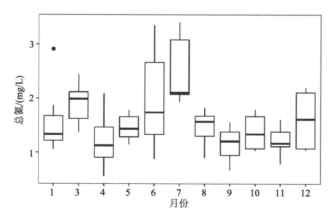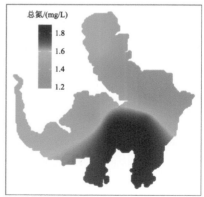

图 6.12　洪泽湖总氮时空分布特征

七、总磷（TP）

2020 年洪泽湖 TP 浓度介于 0.014~0.19 mg/L 之间，均值为 0.088 mg/L。不同月份间波动较大，其中 3 月份 TP 浓度为 0.133 mg/L，为所有月份中第二高，水位变化叠加不同月份监测期间风浪扰动可能是导致这种不同月份间变化差异的主要原因。空间上，与 TN 浓度变化相似，淮河入湖口至入江水道区域（三河闸）TP 浓度较高（图6.13）。

1989 年以来，洪泽湖 TP 浓度变化较大（图 6.15）。其中 1989~2006 年，TP 年均值浓度在 0.069~0.20 mg/L 之间波动；2007~2012 年，TP 浓度相对较为稳定，维持在 0.15 mg/L 左右；2013 年开始，洪泽湖 TP 浓度从 0.132 mg/L 下降到 2020 年的 0.088 mg/L。

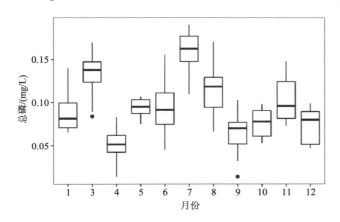 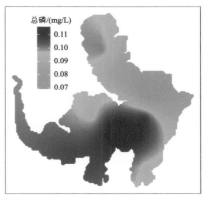

图 6.13　洪泽湖总磷时空分布特征

八、叶绿素 a

洪泽湖全年叶绿素 a 浓度介于 1.14~67.95 μg/L 之间，均值为 15.95 μg/L。受长换水周期影响，洪泽湖叶绿素 a 浓度较邻近的太湖低，没有发生大规模蓝藻水华，但在成子湖东部沿岸带，则观测到了局部蓝藻水华发生。时间上，除了夏季浓度相对较高外，3 月叶绿素 a 浓度也相对较高，这与 2020 年度的春季温度异常高于往年及水位偏低等因素有关，以洪泽湖附近淮阴气象站为例，其 2020 年 2 月平均温度较 2019 年高 3.5 ℃，为 2000 年以来第二高。洪泽湖叶绿素 a 浓度与水体流动性高低密切相关，成子湖和溧河洼区域叶绿素 a 浓度相对较高（图 6.14）。长期来看，总氮、总磷下降趋势明显。2010 年以来，水体总磷浓度下降趋势明显。洪泽湖叶绿素 a 年平均浓度一直维持在 10~20 μg/L，变化相对较小，但较 2003~2005 年期间监测结果明显增加（图 6.15）。

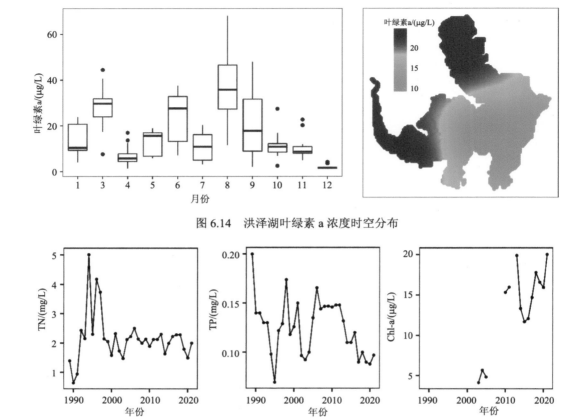

图 6.14　洪泽湖叶绿素 a 浓度时空分布

图 6.15　洪泽湖营养盐及叶绿素 a 变化

九、营养状态

受叶绿素浓度的影响，洪泽湖综合营养状态指数（TLI）季节差异显著，多数年份 7、8 月 TLI 得分明显高于其余月份。空间上，多年来成子湖区域 TLI 得分略均低于其余湖

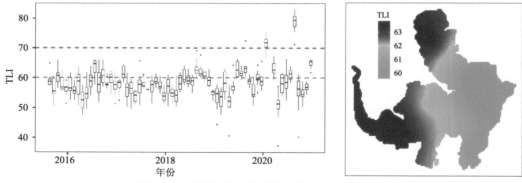

图 6.16　洪泽湖综合营养状态指数变化时空变化

区。各点位的监测结果显示，洪泽湖本次调查 TLI 得分介于 37.3~67.5，均值为 56.2，为轻度富营养，均值略低于往年监测值（2015~2019 年 TLI 均值为 57.7）。空间上，尽管成子湖区域营养盐浓度较低，但受换水周期长等因素影响，叶绿素浓度较高，因此其 TLI 并不低。相对较低的区域是营养盐和叶绿素浓度均不高的东部过水通道（图 6.16）。

第三节 洪泽湖生态系统结构与演化趋势

一、生态空间

（一）水域空间演变

1984~1990 年，洪泽湖圈圩面积基本维持在 80 km²，圈圩分布区域基本不变，以溧河洼南北岸、泗洪县龙集镇、成子湖北部、淮沭新河入湖口为主要分布区，盱眙县沿湖地区也有零星分布。1995~2000 年，湖区圈圩扩张率为 144%，圈圩总面积达 319.7 km²，主要驱动因素是经济效益，湖泊围垦形式从过去的农业种植为主，发展到精细特种养殖，圈圩养殖在洪泽湖迅速扩张，泗洪县、泗阳县、淮阴区、洪泽区、盱眙县沿湖区域均在原有圈圩基础上向湖区进一步扩张，其中以溧河洼南北岸扩张最为明显，到 2000 年，洪泽湖圈圩格局基本形成，面积超过 300 km²。2015 年后，随着相关政策出台，退圩还湖政策施行，近年来圈圩面积略有减少，但仍维持较高水平，减少较为明显的区域为退圩实施较早的溧河洼、淮阴区沿湖区域，退圩还湖效果明显。

遥感解译结果显示，洪泽湖大面积围网养殖首先出现在 2005 年，面积为 22.87 km²，主要分布在湖区西部泗洪县沿湖地区，宿城区、泗阳县沿湖地区也有零星分布。随后五年内洪泽湖围网养殖急剧扩张，总面积达 224.26 km²，呈现爆炸式的增长，主要扩张方式是在原有圈圩的基础上向湖区内部继续扩张。近年来，围网养殖逐步退出，围网养殖面积减少了 113.92 km²，达近年来最低值，湖区围网养殖的无序扩张得到了有效遏制（图 6.17）。

（二）滨岸缓冲区土地利用

洪泽湖滨岸三公里缓冲区土地利用现状以耕地、坑塘和建设用地为主，占比分别为 65.02%、19.32% 和 10.36%，小型湖泊占比最低，为 0.29%，总面积仅为 2.97 km²，表明湖滨缓冲区开发利用土地类型占比较高，人类干扰程度较强，人类活动影响显著（图 6.18，图 6.19）。从空间分布上看，缓冲区坑塘主要分布在成子湖北岸、溧河洼以及泗阳县沿湖地带。建设用地主要分布区则为洪泽区城区、泗洪县城及双沟镇。

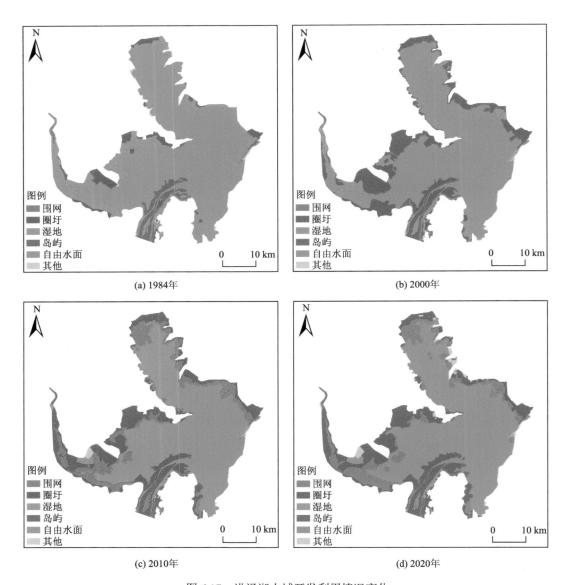

图 6.17　洪泽湖水域开发利用情况变化

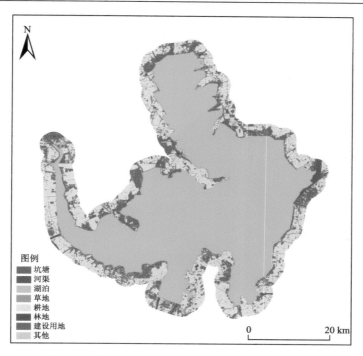

图 6.18 洪泽湖湖滨缓冲区土地利用现状空间解译图

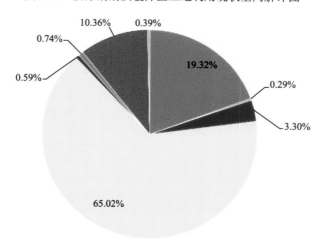

图 6.19 洪泽湖湖滨缓冲区土地利用现状饼图

二、浮游植物

（一）群落组成

根据 2015~2020 年洪泽湖浮游植物调查结果，共鉴定出浮游植物 8 门 102 属 310 种

（变种）（图6.20）。优势门类主要为绿藻门和硅藻门，其次为蓝藻门和隐藻门。绿藻门优势属有栅藻、四角藻、小球藻，硅藻门优势属有直链藻、小环藻，蓝藻门优势属有微囊藻、长孢藻，隐藻门优势属有隐藻。

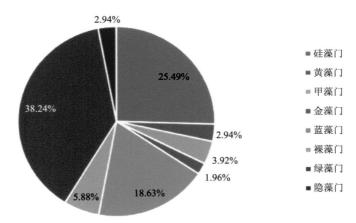

图6.20　洪泽湖浮游植物种类数组成百分比

（二）生物量

20世纪70年代在对洪泽湖10个采样点的生态特性和富营养状态进行调查时发现，藻细胞丰度仅为（4.62~16.5）×10^4 cells/L（韩爱民等，2002）。2002年洪泽湖共发现藻类8门141属165种，其中以绿藻门、硅藻门和蓝藻门的种类最多（戴洪刚和杨志军，2002）。2011~2013年在两个监测周期中浮游藻类年平均细胞丰度分别达到157×10^4 cells/L和604×10^4 cells/L（舒卫先等，2016），2011年比2008年细胞丰度增长近1倍，2013年也明显超过湖泊水华阈值（大于100×10^4 cells/L）（舒卫先等，2016），说明洪泽湖部分水域在一定时间内发生过水华。

2015~2020年浮游植物细胞丰度在（370~1050）×10^4 cells/L，平均为635×10^4 cells/L。细胞丰度2015~2018年持续增加，2015年细胞丰度（370×10^4 cells/L）主要由绿藻门和蓝藻门贡献，分别占总丰度的63.45%、32.16%，之后蓝藻门丰度持续增大。在2018年蓝藻门细胞丰度（603×10^4 cells/L，占比57.21%）达到最大值，同时硅藻门细胞丰度（298×10^4 cells/L，28.35%）也显著增加，成为第二大贡献门类。2019年细胞丰度显著下降，细胞丰度主要由蓝藻门和绿藻门贡献，二者分别占总丰度的45.19%、48.23%，硅藻门细胞丰度（28×10^4 cells/L，占比6.23%）显著下降。2020年绿藻门成为优势门类，占总丰度的59.83%。

2015年，藻类生物量主要由绿藻门（0.59 mg/L）贡献，占比58.84%。2016年藻类生物量（2.28 mg/L）是2015年藻类生物量（0.95 mg/L）的2倍多，主要由硅藻门（0.78 mg/L，占比34.28%）和绿藻门（0.62 mg/L，占比27.24%）共同贡献。2017年藻类生物量（1.53 mg/L）有所下降，蓝藻门的生物量增多，硅藻门生物量减少，主要由绿藻门（0.59 mg/L，占比38.68%）和蓝藻门（0.31 mg/L，占比20.65%）贡献。2018年总生物量（2.50 mg/L）最大，硅藻门成为优势门（生物量 1.54 mg/L），贡献 61.6% 的生物量。2019 年和 2020 年硅藻门生物量逐渐减少，绿藻门生物量逐步增长，成为优势门（图 6.21）。

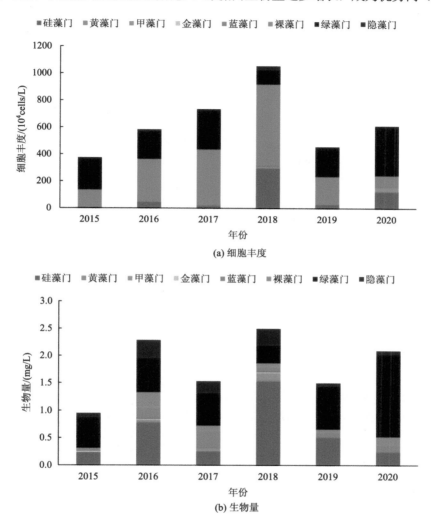

图 6.21　2015~2020 年洪泽湖浮游植物细胞丰度和生物量变化趋势

（三）季节变化

2015~2020 年蓝藻门丰度最高值出现在 6 月（1327.96×10⁴ cells/L），最低值出现在 1 月（10.17×10⁴ cells/L）。从季节变化角度来看，春季平均细胞丰度为 464.41×10⁴ cells/L，其中绿藻门 234.55×10⁴ cells/L，在 5 月细胞丰度主要由绿藻门和硅藻门贡献，并且春季蓝藻门的细胞丰度持续增加；夏季平均细胞丰度 1466.34×10⁴ cells/L，其中蓝藻门最高，为 826.53×10⁴ cells/L，其次为绿藻门 404.34×10⁴ cells/L；秋季平均细胞丰度为 608.91×10⁴ cells/L，蓝藻门 290.47×10⁴ cells/L，绿藻门 182.39×10⁴ cells/L；冬季平均细胞丰度为 119.35×10⁴ cells/L，绿藻门 62.85×10⁴ cells/L（图 6.22）。

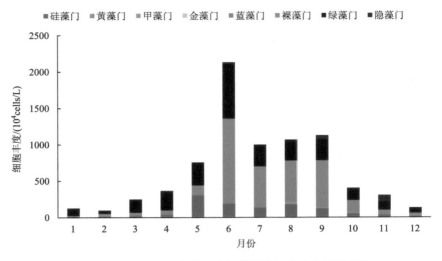

图 6.22　2015~2020 年洪泽湖浮游植物细胞丰度季节变化

　　从生物量的季节变化角度上看，春季生物量平均值为 2.65 mg/L，其中硅藻门为 1.13 mg/L，绿藻门为 0.83 mg/L；夏季平均生物量 2.24 mg/L，其中绿藻门最高（0.98 mg/L），硅藻门次之（0.68 mg/L）；秋季生物量平均值为 1.51 mg/L，绿藻门生物量最高（0.82 mg/L），其次为隐藻门和硅藻门，生物量分别为 0.27 mg/L、0.26 mg/L；冬季平均生物量为 1.25 mg/L，硅藻门 0.55 mg/L，其次是绿藻门 0.38 mg/L。春夏季由于水温开始上升、光照条件改善，是浮游植物的生长季节，因此浮游植物生物量较高，在 3 月生物量达到最大值，但是 3 月的细胞丰度较低，主要原因是 3 月藻类中硅藻门物种占优，导致生物量较大（图 6.23）。

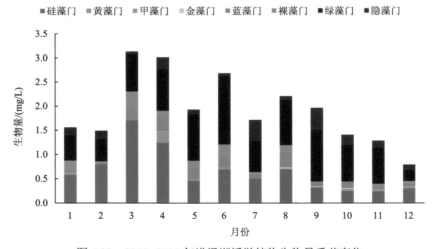

图 6.23　2015~2020 年洪泽湖浮游植物生物量季节变化

（四）浮游植物空间格局

　　密度方面，各湖区均值从高到低依次是成子湖区、过水区和溧河洼区。其中成子湖区细胞丰度最高，均值为 1041.33×10^{4}cells/L，过水区各点分布不均，细胞丰度均值为 556.41×10^{4}cells/L，最高值为 1058.37×10^{4}cells/L，最低值为 350.54×10^{4}cells/L；溧河洼区细胞丰度均值为 536.47×10^{4}cells/L，其中溧河洼区细胞丰度是其余两个采样点的 2 倍多。所有湖区的细胞丰度主要由蓝藻门和绿藻门贡献（图 6.24）。

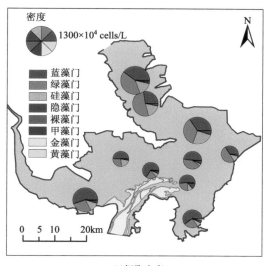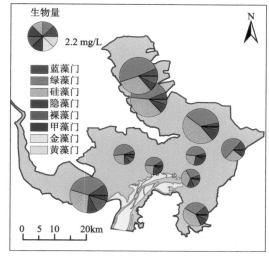

(a)细胞丰度 (b)生物量

图 6.24　洪泽湖浮游植物细胞丰度和生物量空间分布

　　生物量方面，2015~2020 年生物量均值从高到低的湖区依次为成子湖区、溧河洼区和过水区。成子湖区年均生物量 3.32 mg/L；溧河洼区年均生物量为 1.73 mg/L，最大值为 3.41 mg/L，最小值为 0.76 mg/L；过水区分布不均匀，年均值为 1.52 mg/L，最大值为过水区的 2 号点位 3.08 mg/L，最小值为 0.82 mg/L（图 6.24）。

　　基于各采样点的细胞丰度和生物量结果，成子湖区细胞丰度主要由蓝藻门和绿藻门贡献，硅藻门次之，而生物量主要是由绿藻门和硅藻门贡献，成子湖区总体生物量较高主要是因为细胞体积较大，细胞丰度较高，其群落主要由绿藻门和硅藻门构成。

三、浮游动物

（一）群落组成

　　2020 年，洪泽湖 10 个采样点共采集并鉴定到浮游动物 55 种，其中原生动物 15 种、轮虫 18 种、枝角类 12 种和桡足类 10 种，在种类组成上轮虫占优势（32.7%）。其中有 12 个物种在洪泽湖 10 个采样点均有分布，包括侠盗虫、螺形龟甲轮虫、曲腿龟甲轮虫、针簇多肢轮虫、简弧象鼻溞、老年低额溞、脆弱象鼻溞、微型裸腹溞、汤匙华哲水蚤、广布中剑水蚤、中华哲水蚤和无节幼体等。

　　2017~2020 年，洪泽湖浮游动物物种总数分别为 78 种、81 种、83 种和 55 种，呈先微量增加后明显减少的趋势（图 6.25）。前三年间洪泽湖的原生动物物种数增加明显，桡足类有少量增加，而轮虫与枝角类物种数较为稳定；至 2020 年，原生动物、枝角类和桡足类物种数显著减少。

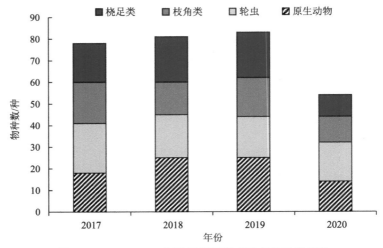

图 6.25　2017~2020 年洪泽湖浮游动物的物种数变化

（二）空间分布格局

2017~2020 年洪泽湖浮游动物年平均密度的空间分布存在较大变化性。总体而言，高良涧闸出湖水域、溧河洼水域、成子湖高湖区域和洪泽湖湖心敞水区浮游动物密度较高，而蒋坝水域和渔沟水域密度相对较低。然而，浮游动物年平均生物量与密度的空间格局存在较大变化，成子湖和渔沟水域的生物量高，而湖心敞水区生物量低（图 6.26）。造成浮游动物密度和生物量空间分布不均的主要因素可能有：①与洪泽湖的水文特征和

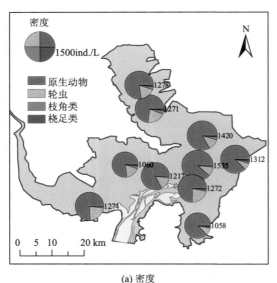
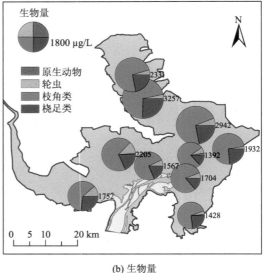

(a) 密度　　　　　　　　　　　　　　　　　(b) 生物量

图 6.26　2017~2020 年洪泽湖浮游动物年平均密度和生物量空间分布

水域功能密切相关，如溧河洼水域流速慢，水文特征稳定，因此浮游动物密度保持较高的水平，生物量较高；而蒋坝水域为重要过水性区域，因此现存浮游动物密度和生物量较低；②不同物种对环境因子的偏好差异较大，其中食物资源是影响浮游动物群落结构的重要生态因子，过水区饵料资源在一定程度上也限制了浮游动物现存量。

（三）季节演替

从密度来看，2017~2020 年洪泽湖原生动物密度的季节间波动相对最小，春、夏、秋季较高，冬季密度较低。轮虫和枝角类在任何年份均是在秋季为发生高峰，桡足类是夏秋季密度高峰（图 6.27）。然而，就生物量而言，不一致现象比较普遍，如原生动物的生物量在春季和春夏之交更高，且在夏末也有一次高峰；而轮虫生物量在 2017 年的夏初和秋季有两个高峰（主要贡献者是螺形龟甲轮虫和矩形龟甲轮虫），在 2018~2020 年均在夏季为高峰期（主要贡献者是萼花臂尾轮虫和镰状臂尾轮虫）。枝角类的生物量高峰值分布与密度特征较为相似，均为秋季；桡足类的生物量高峰期也在春夏之交，这与一些大型种类的优势种（如兴凯侧突水蚤、锯缘真剑水蚤和中华哲水蚤等）在春末的暴发性增殖有关（图 6.28）。此外，浮

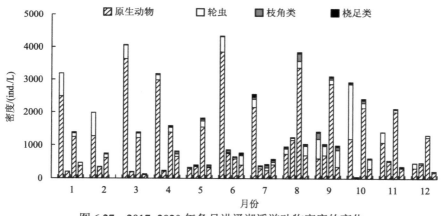

图 6.27　2017~2020 年各月洪泽湖浮游动物密度的变化

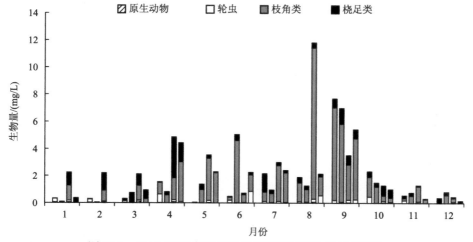

图 6.28　2017~2020 年各月洪泽湖浮游动物生物量的变化

游动物的季节变化明显与水温和摄食饵料藻类的季节性波动相关，冬季水温偏低，且叶绿素浓度低，食物量少，造成冬季浮游动物生物量明显降低。但原生动物的密度和生物量在冬季却不受饵料藻类的制约，而更多地受到水体理化指标（如 pH、氨氮和总磷等）的影响。

四、底栖动物

（一）群落组成

2016~2020 年期间洪泽湖共记录到底栖动物 55 种（属），其中节肢动物门种类最多，共计 23 种，包括昆虫纲 17 种和甲壳纲 6 种，分别占总物种数的 31% 和 11%；软体动物门种类次之，共 22 种，其中双壳纲和腹足纲分别发现 13 和 9 种，占比分别为 24% 和 16%；环节动物门种类最少，为 10 种，其中寡毛纲和多毛纲均出现 4 种，而蛭纲则仅发现 2 种（图 6.29）。各采样点物种数介于 18~31 种，平均值为 23.3 种，其中老子山北部水域、洪泽湖湖心敞水区和高良涧闸出湖水域的物种数相对较低，溧河洼水域物种数最高。优势种方面，综合底栖动物的密度、生物量以及各物种的出现率，利用重要性指数确定优势种类，显示现阶段优势种主要为河蚬、大螯蜚、寡鳃齿吻沙蚕、背蚓虫和霍甫水丝蚓等。可以看出洪泽湖现阶段的优势类群主要为双壳类、甲壳类、多毛类和寡毛类。

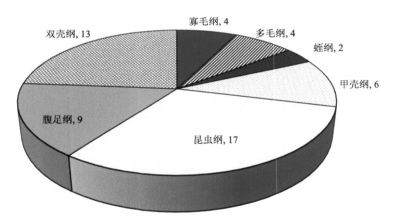

图 6.29　2016~2020 年洪泽湖底栖动物种类组成

（二）时空格局

2016~2020 年洪泽湖底栖动物密度和生物量的空间分布格局如图 6.30 所示。各采样点底栖动物年际总密度均值介于 34.8~271.2 ind./m²，平均值为 121.4 ind./m²，密度高值出现在溧河洼水域和成子湖高湖水域，而过水区的高良涧闸出湖水域密度较低。各样点年际总生物量均值介于 2.50~130.3 g/m²，最高值约为最低值的 50 倍，平均总生物量为 56.93 g/m²，生物量空间格局与密度空间格局差异较大，生物量高值出现在过水区的老子山北部水域和溧河洼区域，其中溧河洼包括渔沟水域和溧河洼水域两个样点，低值多数出现在东部沿岸的过水区（高良涧闸出湖水域和蒋坝水域）和成子湖北部水域。

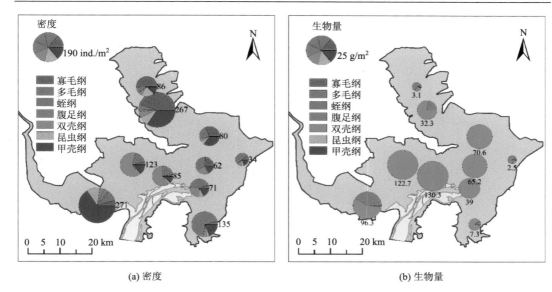

图 6.30 洪泽湖底栖动物平均密度和生物量空间分布格局（2016~2020 年）

从类群组成来看，密度组成的空间差异较大，其中各样点平均密度占比最高的类群为甲壳类，密度均值达 39.0 ind./m²，占比总密度的 32%，高值主要出现在溧河洼水域和成子湖高湖区域；其次为多毛类，密度分布多集中在东部的过水区，可见其分布很可能与引江入湖和南水北调工程有关，各样点密度均值达 26.2 ind./m²，占比总密度的 22%；寡毛类密度占比较高的样点主要分布在成子湖水域和东部的过水区，各样点密度均值为 23.6 ind./m²，占比总密度的 19%；双壳类密度占比较高的样点主要分布在老子山东部和北部水域，各样点密度均值为 20.7 ind./m²，占比总密度的 17%。生物量方面，生物量较高的样点均为双壳类（主要是河蚬）所主导，而腹足类生物量占据优势主要出现在成子湖和溧河洼水域。

（三）群落变化

底栖动物栖息地比较固定、活动范围小、生活周期较长，对环境变化也较为敏感，因此在受到围网养殖、水体污染和采砂等因素影响时，其种类组成、群落结构以及时空分布等特征都会发生变化。20 世纪 80 年代末，洪泽湖调查发现底栖动物 75 种，其中环节动物 3 纲 6 科 7 属 7 种，软体动物 2 纲 11 科 25 属 43 种，节肢动物 3 纲 22 科 25 属 25 种（朱松泉等，1993）；高方述等（2010）报道底栖动物在 1988~2003 年间减少了 25 种，减至 2003 年的 50 种；中国科学院南京地理与湖泊研究所在 2012~2013 年、2016 年、2017 年、2018 年、2019 年和 2020 年度分别采集到底栖动物 30 种、32 种、32 种、27 种、30 种和 37 种。对比历次调查结果发现，近 10 年来较 20 世纪 90 年代和 21 世纪初有明显降低趋势，且以软体动物减少最多，最多年份物种数减少达 33 种（相比 2012~2013 年）；其次节肢动物的物种数也降低明显，最多年份减少达 16 种（相比 2018 年），而环节动物的总物种数基本保持不变（图 6.31）。分析不同年代底栖动物的优势种发现，2005

年之前洪泽湖底栖动物优势门类主要为软体动物，以螺蚬为主。而近十年来，除了河蚬一直为优势种不变外，优势门类螺蚬的优势度在不断降低，而寡毛类的耐污种、多毛类和甲壳类部分物种的优势度在不断增高。

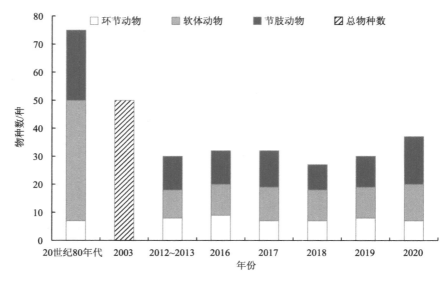

图6.31　洪泽湖底栖动物物种组成变化

　　根据历史资料和近几年监测结果，发现底栖动物的总密度和生物量总体上呈降低趋势，但这种趋势在不同生物类群间差异也较大。其中软体动物降低趋势最为明显，密度从2005年的287.5 ind./m² 降至2020年的21.1 ind./m²，对应年度生物量也从431.50 g/m² 降低为47.04 g/m²（表6.4）。河蚬作为各阶段的优势种，其密度和生物量的变化，直接影响到软体动物的总密度及生物量的波动。近年来随着捕捞力度的增大、底拖网具的使用、前期大规模采砂（刘燕山等，2021），以河蚬为主的双壳类的底质生境直接遭到破坏，特别是从2007年开始涌现的非法采砂（严登余，2015），使河蚬的密度从2005年的106.7 ind./m² 降低到2020年的15.3 ind./m²，生物量也从对应年度的120.84 g/m² 降低到2016~2017年的4.44 g/m²，随后呈缓慢恢复趋势。环节动物和节肢动物的密度则有先升高再降低的变化趋势，其中环节动物的变化更为明显，环节动物密度从20世纪80年代的9.5 ind./m² 增至2012~2013年的260.6 ind./m²（主要是多毛类密度的骤增），随后密度介于42.5~57.2 ind./m²；节肢动物则从20世纪80年代的3.3 ind./m² 增至2012~2013年的152.7 ind./m²，随后在近五年介于17.8~106.5 ind./m²。

表6.4　洪泽湖底栖动物密度和生物量变化趋势

调查时间	软体动物		环节动物		节肢动物		总量		来源
	密度	生物量	密度	生物量	密度	生物量	密度	生物量	
	/（ind./m²）	/（g/m²）	/（ind./m²）	/（g/m²）	/（ind./m²）	/（g/m²）	/（ind./m²）	/（g/m²）	
1981~1982	161.7	172.02	9.5	0.33	3.3	0.05	174.5	172.40	朱松泉等，1993
1989	101.1	89.87	13.3	0.31	24.3	1.66	138.7	91.85	朱松泉等，1993

续表

调查时间	软体动物		环节动物		节肢动物		总量		来源
	密度 /（ind./m²）	生物量 /（g/m²）	密度 /（ind./m²）	生物量 /（g/m²）	密度 /（ind./m²）	生物量 /（g/m²）	密度 /（ind./m²）	生物量 /（g/m²）	
1990~1991	137.0	123.96	—	—	—	—	—	—	袁永浒等，1994
2005	287.5	431.50	0.8	0.20	—	—	288.3	431.70	严维辉等，2007
2010~2011	24.8	49.55	7.0	0.60	13.8	2.28	45.5	52.43	张超文，2012
2012~2013	34.6	42.34	260.6	2.12	152.7	1.03	447.8	45.49	本章节
2014	—	—	—	—	—	—	193.0	—	袁哲等，2017
2015	—	—	—	—	—	—	186.0	—	袁哲等，2017
2016	12.8	71.99	44.3	0.59	106.5	0.68	163.7	73.26	本章节
2017	28.4	23.64	49.0	0.43	36.4	0.30	113.8	24.37	本章节
2018	28.0	53.71	42.5	0.36	17.8	0.21	88.3	54.28	本章节
2019	25.6	84.72	56.8	0.24	29.4	0.20	111.8	85.16	本章节
2020	21.1	47.04	57.2	0.25	51.3	0.28	129.5	47.57	本章节

五、大型水生植物

（一）群落组成

2020 年共记录到大型水生植物 28 种。按生活型分，有挺水植物 12 种、沉水植物 9 种、浮叶植物 3 种、漂浮植物 4 种。挺水植物优势种为芦苇和莲，沉水植物优势种为穗状狐尾藻和篦齿眼子菜，浮叶植物优势种为菱和荇菜，漂浮植物优势种为浮萍和水鳖（表 6.5）。

表 6.5　洪泽湖大型水生植物群落物种名称

生活型	属	中文名	5 月	8 月
沉水植物	金鱼藻属	金鱼藻	√	√
	轮藻属	轮藻	√	√
	黑藻属	黑藻	√	√
	狐尾藻属	穗状狐尾藻	√	√
	眼子菜属	菹草	√	
	眼子菜属	微齿眼子菜	√	√
	眼子菜属	竹叶眼子菜	√	√
	篦齿眼子菜属	篦齿眼子菜	√	√
	苦草属	苦草	√	√
浮叶植物	睡莲属	芡	√	√
	荇菜属	荇菜	√	√
	菱属	菱	√	√
漂浮植物	满江红属	满江红	√	√
	水鳖属	水鳖	√	√
	浮萍属	浮萍	√	√
	槐叶蘋属	槐叶蘋	√	√

续表

生活型	属	中文名	5 月	8 月
挺水植物	莲子草属	喜旱莲子草	√	√
	芦竹属	芦竹	√	√
	稗属	稗	√	√
	灯心草属	灯心草	√	√
	李氏禾属	李氏禾	√	√
	荻属	荻	√	√
	莲属	莲	√	√
	芦苇属	芦苇	√	√
	蓼属	水蓼	√	√
	一枝黄花属	加拿大一枝黄花		√
	香蒲属	水烛	√	√
	菰属	菰	√	√

2020 年 5 月，菹草、穗状狐尾藻和篦齿眼子菜的频度最高，分别达到了 28%、22% 和 17%。2020 年 8 月，穗状狐尾藻出现频度最高，达到了 23%；菱和金鱼藻频度紧随其后，分别为 18% 和 16%（图 6.32）。

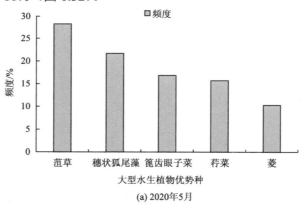

(a) 2020年5月

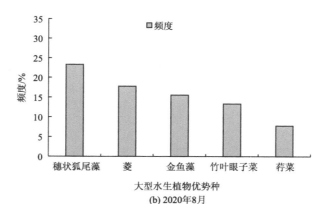

(b) 2020年8月

图 6.32　大型水生植物群落优势种频度分布

水生植物群落优势种频度时空分布差异明显。春季，成子湖物种频度由高至低依次为穗状狐尾藻、篦齿眼子菜和菹草；夏季，物种频度由高至低依次为穗状狐尾藻、竹叶眼子菜和篦齿眼子菜。春季溧河洼物种频度由高至低依次为荇菜、菹草和穗状狐尾藻；夏季，物种频度由高至低依次为穗状狐尾藻、菱和喜旱莲子草。过水区主要为敞水区，水体受风浪扰动强度高，水体透明度低，植物种类少，生物多样性低。春季过水区物种频度由高至低依次为菹草、荇菜和菱；夏季，物种频度由高至低依次为金鱼藻、菱和穗状狐尾藻。

（二）群落分布

2020 年 5 月和 8 月，洪泽湖水生植物分布面积分别约为 217 km² 和 232 km²。5 月物种分布面积明显小于 8 月，主要原因是春季多数植物开始萌发，处于生长初期，植物个体小，盖度低。

植物盖度空间分布示意图（图 6.33）显示，敞水区水生植物分布较少，植物主要分布在沿岸带，尤其是北部和西部湖湾的沿岸带，东部岸带大型水生植物分布较少，仅有竹叶眼子菜和篦齿眼子菜零星分布。植被的垂直地带分布特征显示，分布面积均沿垂直岸线方向逐步降低，水下地形坡降较低的水域，水生植物分布的面积较广，而在坡度较陡的岸带，水生植物分布宽度通常较小。

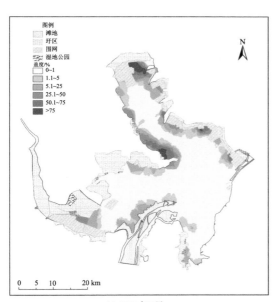
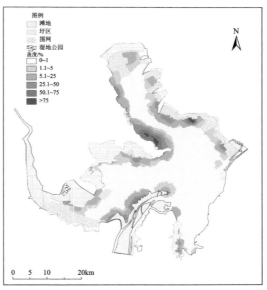

(a) 2020年5月   (b) 2020年8月

图 6.33　大型水生植物群落盖度分布格局

（三）生物量

洪泽湖水生植物 5 月生物量介于 1~2 kg/m²、2~3 kg/m² 和大于 3 kg/m² 的水域面积分别为 69 km^2、58 km^2 和 181 km^2。8 月，生物量介于 1~2 kg/m^2、2~3 kg/m^2 和大于 3 kg/m^2 的水域面积分别为 62 km^2、64 km^2 和 157 km^2。无论春季或夏季，大型水生植物群落的生物量低（<0.5 kg/m^2）的水面占比较高（图 6.34）。5 月和 8 月，全湖水生植物生物量分别为 4.2 万 t 和 4.1 万 t，生物量季节波动较小。空间分布方面，大型水生植物生物量空间分布特征与盖度分布特征基本相似。

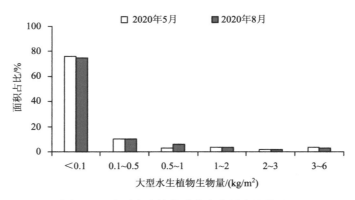

图 6.34　大型水生植物群落生物量占比统计

（四）群落长期演替

朱松泉等（1993）在 1988 年和 1989 年对洪泽湖大型水生植物进行系统调查，描述了大型水生植物的种类、生态分布、生物量等指标，将洪泽湖的大型水生植物划分为挺水植物带、浮叶植物带、沉水植物带。挺水植物主要分布在 12~13 m 高程滩地上，优势种为菰、芦苇和水烛；浮叶植物分布在 11.5~12 m 高程滩地上，优势种为荇菜和菱；沉水植物带分布的面积最大，主要分布在 11~11.5 m 高程滩地上，优势种为马来眼子菜、菹草、金鱼藻和苦草，约占群落总面积的 84%。调查共记录水生植物 81 种，隶属于 36 科 61 属。

近年来植物优势种发生较大变化。在春季，2016 年优势种为菱、篦齿眼子菜和菹草；2018 年优势种依次为菱、穗状狐尾藻和荇菜；2019 年优势种变更为菹草、穗状狐尾藻和篦齿眼子菜。春季穗状狐尾藻和菹草频度显著增加，而菱频度呈现下降趋势，穗状狐尾藻和篦齿眼子菜的优势地位相对稳定，其他物种优势度排序变更较频繁。夏季，2016 年优势种为菱、金鱼藻和竹叶眼子菜；2018 年，优势种依次为菱、穗状狐尾藻和金鱼藻；2020 年，优势种变更为穗状狐尾藻、菱和金鱼藻。竹叶眼子菜频度显著降低，穗状狐尾藻频度显著增加，菱和金鱼藻的频度排序相对稳定，一直位于较高水平。

综上所述，湖区优势种存在年际波动，春季优势种更迭相对频繁。与 10 年前相比，微齿眼子菜频度显著降低，而菱和穗状狐尾藻频度显著上升。微齿眼子菜属底层水生植物，对水质要求高；菱和穗状狐尾藻可在水面形成冠层，具备可持续生长的茎叶，耐污程度高，适应能力强，能有效抵抗外界环境干扰。优势种的更替反映湖区水生态尚未出现明显转好趋势。

植物群落面积：2020 年 5 月水生植物面积为 216 km²；8 月为 232 km²。与 10 年前相比（刘伟龙等，2009），洪泽湖大型水生植物分布面积偏小。近 5 年，湖区植物覆盖面积呈现先下降、后缓慢上升趋势（图 6.35）。

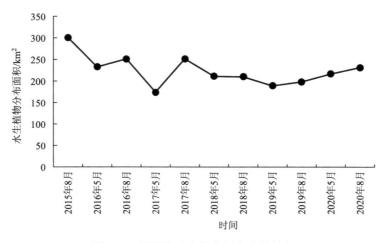

图 6.35 洪泽湖水生植物面积变化特征

六、鱼类

洪泽湖鱼类区系的系统研究始于 20 世纪 60 年代，至今累计记录鱼类 88 种，隶属 19 科，其中鲤科鱼类 48 种，占总种数的 55%，其次为鳅科种类 9 种，占 10%，再次是鳅科种类 7 种，占总种数的 8%，银鱼科种类 4 种，占 5%，其他科种类数均小于 3 种。近年来的调查发现鱼类 63 种，隶属 17 科 44 属，其中鲤科鱼类 40 种，占鱼类总数的 63%，其他各科均在 5 种以下。1960 年，长江水产研究所和江苏省水产科学研究所共鉴定出鱼类 15 科 55 种（孙坚等，1990）。1973 年江苏省地理研究所调查发现鱼类 67 种。1981~1982 年，江苏省洪泽县水产科学研究所发现鱼类 84 种。1989~1990 年，中国科学院南京地理与湖泊研究所调查发现鱼类 67 种，分属 9 目 16 科 50 属（朱松泉等，1993）。

根据 2017~2018 年在洪泽湖湖心、成子湖湾、保护区湖湾和淮河入湖口进行的鱼类资源调查（毛志刚等，2019），共采获鱼类 51 种，隶属 10 目 16 科 41 属，其中鲤形目种类最多（32 种），占总数的 62.7%；其次是鲈形目（6 种），其他各目 1~3 种。在科的水平上，鲤科（31 种）种类最多，银鱼科 3 种，鳅科、塘鳢科、鰕虎鱼科各 2 种，其他 11 科各 1 种。洪泽湖湖心、成子湖湾、保护区湖湾和淮河入湖口分别采集到鱼类 32 种、35 种、29 种和 36 种，且各湖区均以鲤形目鱼类为主，分别占总数的 71.4%~79.3%，其他目的种类数较少。

洪泽湖鱼类按其栖息环境和洄游方式可分为 3 种生态类型。①降海性洄游性鱼类：鳗鲡、刀鲚、大银鱼、乔氏新银鱼、陈氏短吻银鱼和间下鱵6 种，占洪泽湖洄游鱼类物种总数的 11.8%；其中除鳗鲡外，刀鲚、大银鱼等 5 种鱼类因长期陆封，逐渐适应了湖内的生态条件，并能在湖中自然繁殖，成为次生的定居性种类。②江湖半洄游性鱼类：

鲢、鳙、赤眼鳟等 7 种鱼类，占总数的 13.7%，其中四大家鱼主要依靠人工增殖放流维持。③湖泊定居性鱼类：共有 38 种，占总数的 74.5%，这些鱼类为洪泽湖鱼类资源的主体，且均能在湖区水域内完成繁殖生长。

鱼类群落优势种为鳙、鲹、鲫、刀鲚、红鳍原鲌、黄颡鱼和鲢 7 种，其在不同水域的优势度则存在一定差别，其中鳙在湖心和成子湖湾优势程度显著，鲹在保护区湖湾分布优势明显，而鲫在淮河入湖口区域占绝对优势。鱼类群落的丰富度指数、多样性指数和均匀度指数处于一般至较丰富水平，分别介于 3.32~4.13、1.72~2.22 和 0.32~0.62之间。

2020 年洪泽湖水产品总量达到 5.24 万 t，其中养殖产量 2.09 万 t、捕捞产量 3.15 万 t，养殖产量明显下降，其中河蟹 1.16 万 t，占比 56%；捕捞产量有所增加，其中刀鲚 1.03 万 t、鲢/鳙鱼 0.62 万 t、鲫鱼 0.57 万 t、银鱼 0.47 万 t、秀丽白虾 0.072 万 t、青虾 0.062 万 t、克氏原螯虾（俗称小龙虾）0.009 万 t，鱼类占捕捞产量的 85%。

第四节　洪泽湖生态环境总体态势与关键问题分析

一、生态环境总体态势

（一）退圩还湖实施后水域面积显著增加，但自由水面率仍有待提高

当前洪泽湖蓄水范围内圈圩和围网面积近 450 km^2，侵占湖泊面积，圈圩、围网主要分布在成子湖及西部湖区，水产养殖严重威胁湖滨带水质。近 10 年，随着退圩（渔）还湖等湖泊保护政策的实施，洪泽湖圈圩和围网养殖逐步退出，湖泊水域面积呈增加趋势，湖泊蓄水量和水环境容量有所提升，未来需要持续推进退圩还湖工程，增加洪泽湖水域面积。

（二）近年来湖泊水质稳中转好，局部水域存在水华暴发风险

近 10 年，洪泽湖水质稳定在Ⅳ~Ⅴ类，主要限制因子为总氮和总磷。2020 年洪泽湖TN、TP 均值分别为 1.49 mg/L、0.088 mg/L，为近 5 年来最低值。水体叶绿素浓度近年来变化不大，但夏季成子湖部分水域仍然出现蓝藻水华。洪泽湖总体处于轻度富营养状态，空间上过水通道低于成子湖和西部湖区。

（三）大型水生植物分布面积缩减，富营养种类占据优势

洪泽湖水生植物优势种在不同湖区存在年际波动，春季优势种更迭相对频繁。与 10年前相比，微齿眼子菜频度显著降低，而菱和穗状狐尾藻频度显著上升。微齿眼子菜属底层水生植物，对水质要求高；菱和穗状狐尾藻可在水面形成冠层，具备可持续生长的茎叶，耐污程度高，适应能力强，能有效抵抗外界环境干扰。优势种的更替反映湖区水生态尚未出现明显转好趋势。空间方面，成子湖西南侧水生植物群落分布面积较大。与30 年前相比，大型水生植物分布面积显著降低。近 5 年，无论春季或夏季，植物分布面积呈现先降低、后小幅度波动上升趋势。

（四）浮游植物细胞丰度总体偏低，局部湖区存在蓝藻水华暴发风险

2015~2020 年浮游植物共记录到 310 种，优势种主要为富营养种类，细胞丰度在（370~1050）×10^4cells/L 之间，平均为 635×10^4cells/L，细胞丰度近几年有下降的趋势。空间上成子湖区细胞丰度和生物量显著高于其他湖区。从生物量来看，浮游植物群落表现为 2015 年的硅藻门和绿藻门为主，转变至 2016 年和 2017 年的硅藻门和绿藻门为主，隐藻门、裸藻门和蓝藻门为辅的浮游植物群落结构，再转变到 2018 年的以硅藻门为绝对优势的浮游植物群落结构，最后在 2019~2020 年又转回至以绿藻门和硅藻门为主的特征。尽管浮藻植物密度较区域内其他湖泊不高，但由于湖泊营养水平较高，水体流动性较弱的成子湖在夏秋季微囊藻丰度相对较高，局部区域有水华暴发风险存在。

（五）底栖动物物种完整性缺失，全面禁止采砂后河蚬种群密度呈恢复态势

近年来洪泽湖共记录到底栖动物 55 种，现阶段优势种主要为河蚬、霍甫水丝蚓、大螯蜚、苏氏尾鳃蚓和寡鳃齿吻沙蚕等，优势类群主要为双壳类、寡毛类和甲壳类等。底栖动物物种数较20世纪90年代和21世纪初降低明显，且以软体动物减少最为明显。2005年之前底栖动物优势门类主要为软体动物，且以螺蚬为主。2017 年全面禁止采砂后，底栖动物资源呈恢复态势，河蚬种群密度恢复趋势初显，但尚未恢复至最佳时期。

（六）鱼类物种多样性下降，小型化趋势明显

与历史资料相比，洪泽湖鱼类的物种多样性下降明显，现阶段以鳙、鲞、鲫、刀鲚、红鳍原鲌、黄颡鱼和鲢等定居性鱼类为主，降海性洄游性鱼类和江湖洄游性鱼类减少或消失。鱼类资源组成结构发生较大变化，小型化、低龄化特征明显，前期捕捞强度过大、水位波动和水质污染是洪泽湖鱼类资源衰退的主要驱动因素。

二、关键问题分析

（一）圈圩和围网降低水环境容量和调蓄库容，导致湿地资源显著缩减

洪泽湖蓄水保护范围为 1780 km^2，但长期以来大规模围垦和水产养殖等人类活动已造成洪泽湖面积大幅缩减，现阶段圈圩、围网面积近 450 km^2，洪泽湖自由水面率不足75%。因渔业生产抗风险能力较弱，为保障渔业生产的收益，圈圩呈现连片、封闭等现象，导致圈圩区域难以参与调蓄洪泽湖中、小洪水，使得湖区调蓄面积缩小严重，湖泊库容减少了约 3.4×10^8 m^3，降低了洪泽湖调蓄中、小洪水的能力，给地区的防洪安全带来不利影响。湖泊面积缩减极大降低洪泽湖水环境容量和调蓄库容，未来气候变化会造成极端旱涝事件频发，降低洪泽湖流域和淮河整体的防洪抗旱能力。同时，湖泊萎缩导致洪泽湖天然湿地植被面积锐减，严重破坏洪泽湖生物多样性和生态资源，降低湖泊拦截和降解外源污染物的自净能力，客观上加重了洪泽湖面源污染。近年来，洪泽湖退圩还湖力度不断加大，水域空间呈逐步恢复态势，但力度亟待加强。

（二）水污染与蓝藻水华暴发风险并存，威胁流域供水和南水北调安全

2020 年洪泽湖营养盐平均浓度：TN 1.49 mg/L（Ⅲ~劣Ⅴ类），TP 0.088 mg/L（Ⅲ~Ⅴ类）。对比历史数据发现，TP 浓度从 1989 年至 2010 年呈现波动，但未有增加趋势，2010年至今 TP 浓度有下降趋势。根据湖泊营养状态评价标准，大部分年份水体 TP 浓度均超过 0.10 mg/L，达到富营养水平。由于叶绿素 a 历史数据较少，但将 2010~2019 年与2003~2005 年结果相比，发现该阶段叶绿素 a 浓度约为 2003~2005 年的 3 倍，分别为11.7~19.90 μg/L 和 4.10~4.81 μg/L，且 2013 年叶绿素 a 浓度高于 2010~2011 年。近年来，TN 相对稳定、TP 下降以及叶绿素浓度增加表明（图 6.15），现阶段营养盐可能不是洪泽湖藻类生长最主要的限制因素。但微囊藻密度较营养盐相当的太湖低很多，这可能与洪泽湖夏季的高换水率有关，夏季洪泽湖入湖径流量大，湖水流速较快，湖水浑浊，这不利于微囊藻生长、增殖和聚集，这也可以从湖心区藻类密度较低看出。

然而，对于水流流动性较差的水域，在其他条件符合蓝藻生长的情况下，就可能会发生蓝藻水华，如成子湖、溧河洼调查显示，各湖区细胞密度均值从高到低依次为成子湖、过水区和溧河洼。其中成子湖细胞密度平均值为 1041×10⁴ cells/L，而过水区细胞密度均值为 556×10⁴ cells/L。生物量上来看三个湖区均值从高到低依次为成子湖、溧河洼和过水区。成子湖年均生物量 3.32 mg/L，其中最大值为 3.89 mg/L；溧河洼生物量分布不均匀，年均值为 1.73 mg/L；过水区为 1.52 mg/L。在实际调查中，发现洪泽湖近岸带时有水华发生，早在 2013 年，洪泽湖局部区域已发生过蓝藻水华，近年来在洪泽湖成子湖东岸夏季蓝藻水华时有发生。目前洪泽湖水环境保护处于关键阶段，在环境条件合适的情况下藻类水华很有可能持续发生，这将较大程度威胁区域供水和南水北调工程的顺利实施。

（三）湖泊草型生态系统急剧退化，生态服务功能降低

20 世纪 90 年代洪泽湖水生高等植物约占湖泊面积的 34%，而现阶段占比不足 12%。无论春季或夏季，洪泽湖大型水生植物的面积均出现不同程度的降低，水生植物出现明显衰退的现象。影响大型水生植物的因素是综合的，各湖区具体条件不尽相同而有主次之分。基于现有资料的分析，水位剧烈波动可能是影响植物群落波动的主要因子。此外，圈圩围网导致湖滨带生境发生了巨大变化，直接侵占了浅水区水生植物生境，导致其分布面积缩减，局部湖区水生植物分布面积降幅超过 20%；植物群落多样性锐减，植物群落发生逆行演替，群落优势种由清水型物种向耐污型物种转变，表现在清水型物种显著降低，如微齿眼子菜和苦草；而耐污种逐渐形成单优群落，如菱和水鳖等。

洪泽湖浮游植物以绿藻门、硅藻门和蓝藻门等为主要优势门类，丝藻属、直链硅藻、脆杆藻和小环藻等是主要的优势属，说明洪泽湖目前仍处于富营养化水平。Shannon-Wiener 多样性指数，平均值为 0.7~2.0，说明洪泽湖总体处于中污染水平。成子湖区多圈圩和围网，并伴随着较高的营养物质和静水环境，有利于浮游植物生长，部分水域蓝藻水华严重。此外，成子湖隐藻门维持较高密度和生物量代表着此处有机物含量较高，需关注有机物污染。

洪泽湖鱼类资源也呈退化趋势，洄游性鱼类种类比 20 世纪 60 年代减少 17 种，四大家鱼等大型经济鱼类占比持续下降，而保有鱼类资源也趋于小型化。对比历史资料，大中型鱼类的比例由 1949 年的 59.1%逐步下降至 33.1%~44.0%；刀鲚和银鱼等小型浮游动物食性鱼类的比重不断增加，在数量及生物量上均占绝对优势，鱼类主要优势种由大中型鱼类逐渐转变成小型鱼类，渔业资源整体质量已明显下降。但值得庆幸的是，过去几年随着洪泽湖水质越来越好，很多消失多年的鱼类又重现湖中。洪泽湖鱼类群落与资源结构在长时间尺度上呈现出优势种单一化和小型化的特征，很大程度上是人为因素和环境因素共同作用的结果：①高强度捕捞是渔业资源衰退和生物多样性降低的主要影响因素，持续的较高强度捕捞下，个体较大、生命周期较长的高营养级捕食者逐步减少，并导致渔获物的组成向个体较小、营养层次较低、经济价值不高的种类转变；②水利工程建设隔阻鱼类洄游通道，影响四大家鱼等大型经济鱼类入湖育肥，水生植物资源衰退也影响了鲤和鲫等产黏性卵鱼类的繁殖成功率。

第五节　对策与建议

一、解析污染物来源，开展污染源核算，制定科学减排目标

上游客水污染、区域内陆源输入、湖泊内源污染是洪泽湖的主要污染源，此外，近年来湖滨带的不合理开发导致湖泊形态、水文条件发生变化，加之不合理的圈圩围网养殖，也改变了洪泽湖的环境容量和生态系统结构。因此，需要从外源污染、内源污染等方面综合考虑，以区域内集水区和湖区为重点区域，通过污染排放负荷核算，污染源-水质响应关系构建，污染源贡献精细化解析，建立主要污染源清单，明确污染物主要来源及对洪泽湖水生态环境的影响。

开展区域内工业污染、种植业面源污染、城镇生活污水、农村生活污水、畜禽养殖、圈圩围网养殖、底泥内源释放、区域外河道输入等污染调查，确定工业与城镇生活污染排放、村落与分散居民点生活污水排放、畜禽养殖排放、种植业面源污染排放等污染源的排放系数，建立主要陆源污染的排放参数和排放强度数据库，弄清主要入湖河流外源污染物的来源。分析洪泽湖沉积物的氮磷污染负荷空间分布格局，确定底泥高氮磷负荷污染的分布区，估算湖泊底泥氮磷释放速率和释放通量。

构建洪泽湖水动力-水质耦合模型，以水环境数值模拟为技术手段，基于外源污染和内源污染核算结果，建立各类污染负荷与典型断面水质的时空响应关系，解析各类污染源负荷对主要考核断面水质的时空贡献，识别关键污染源及其时空影响特征，明确主要断面污染源的贡献区域、源类型等特征，形成污染源清单，制定减排目标。

二、加强流域污染削减，保障区域内饮用水和南水北调供水安全

由于上游来水水质不稳定，洪泽湖已经多次发生污染事件，严重损害水产养殖经济利益和生态系统安全，因此加强入湖水质管控尤为重要。目前，洪泽湖除上游来水水质不稳定外，区内养殖水体随意排放也较为严重，导致入湖区域水体污染严重。洪泽湖作

为南水北调东线最大的调蓄湖泊，必须加强各类污染源控制治理力度，充分保证南水北调供水水质和水源地水质安全。

（1）养殖水体污染治理。环湖池塘养殖塘换水时所排放的水体直接排入河流进而流入洪泽湖，这类水体含有大量营养物质。为治理养殖水体污染，建议对养殖水体集中排放，建立湿地缓冲带，待污水净化后再排入洪泽湖。

（2）加强湖滨带与入湖河口区湿地建设。优先修复湖滨带与河口区等生态敏感空间。在退圩还湖基础上，全面开展洪泽湖湖滨带生态保护，清退湖滨湿地和湖岸线不合理占用，实施乔-灌-草种植和生态优化配置，开展湖滨带生境保护与修复，形成湖泊生态缓冲带，提升生态防护功能。推进维桥河、马化河、高桥河、古山河、黄码河、西民便河等入湖污染物浓度较高的入湖河流河口湿地建设，恢复河口湿地水质净化、生态屏障与景观美化等生态功能。

（3）推进农业面源污染治理。在主要农业种植区泗阳、泗洪、盱眙、淮阴等区县，要改革不利于生态环境绿色发展的运行机制，充分考虑当地农民的实际利益，制定出台相关政策，鼓励农业生产者发展生态农业、循环农业。积极推进生态循环农业、现代生态农业产业化建设，推动农业废弃物资源化利用试点和有机肥替代化肥建设，推动生态循环农业示范基地建设，积极探索高效生态循环农业模式，构建现代生态循环农业技术体系、标准化生产体系和社会化服务体系。

（4）重点开展成子湖富营养化控制与蓝藻水华防治。近年来，成子湖夏季蓝藻水华时有暴发，因此蓝藻水华治理已经刻不容缓。对于成子湖，其蓝藻水华暴发主要受以下几个方面影响：①换水周期较长，水体交换慢，为蓝藻生长提供了良好的生长基础；②成子湖沿岸地区有大量的农田，面源污染为蓝藻水华暴发提供了大量的营养物质。因此建议将成子湖作为富营养化控制与蓝藻水华防治的重点关注区域。

三、高站位推进退圩（渔）还湖（湿），高标准实施湖滨带生态修复工程

洪泽湖自 2012 年开展清障行动，历时 3 年经过两轮洪泽湖清障行动累计清除非法圩圩 372 处、面积 5260 hm^2，共恢复洪泽湖调蓄库容 1 亿 m^3。2016 年，实施网格化管理以来，网格长加强巡查，基本实现了新增圩圩的及时发现和及时处置，洪泽湖非法圩圩达到"零增长"目标。2020 年，江苏省政府批复了《江苏省洪泽湖退圩还湖规划》，各区县当前正在积极落实退圩还湖规划，编制实施方案。目前洪泽湖圩圩面积仍然较大，因此需根据规划稳步推进退圩还湖。

对于退圩还湖腾让出来的水面，应及时开展生态修复。可依据退圩还湖区的防洪、供水、生态与景观等功能需求，结合湖盆湖岸地形地貌特征与功能类型分布格局，在系统分析水文、水质、底质以及生物特征等基础上，集成生态护坡、微地形改造、基质改良、滨岸生态廊道以及河口湿地等技术，并兼顾湖流通畅、生物友好与景观优美等期望，开展洪泽湖退圩还湖区湖滨带生态系统重构，扩大水生植物分布面积。同时结合典型退圩还湖区开展水文、水质与水生态多要素联合观测与跟踪评估，定量评价洪泽湖退圩还湖工程生态环境效益。

四、优化禁渔制度，调整鱼类群落结构，实施大水面生态渔业

为落实《长江流域重点水域禁捕和建立补偿制度实施方案》，江苏省农业农村厅发布公告，决定于 2020 年 10 月 10 日收回洪泽湖省管水域渔业生产者捕捞权，撤回捕捞许可，全面停止捕捞作业。洪泽湖不属于关键物种重点保护湖泊，在禁渔实施一段时期后，应当优化禁渔制度，开展合理利用富余渔业资源，协调生态环境保护和渔业经济利益获取。同时建议实施大水面生态渔业。目前洪泽湖受到江湖阻隔、富营养化和过度捕捞的影响，湖内鱼类生物多样性和渔业资源降低明显，洪泽湖的大水面鱼苗投放量明显不足，导致其渔获物大幅度降低。目前洪泽湖增殖放流鱼种中，以鲢、鳙为主，增殖放养规模偏低，应充分发挥食物链的作用，提高湖泊水环境的质量。建议适当扩大洪泽湖四大家鱼的投放量，尤其是鲢鱼和鳙鱼，同时扩大其他鱼种的投放量，保证湖内鱼类多样性的稳定性。更重要的是，其可提高对浮游植物的控制能力，提高水体透明度。

五、建立跨省协调机制，完善洪泽湖管理体制，实现精细化管理

完善安徽和江苏两省共管的淮河-洪泽湖水环境水生态联动保护机制和机构，明确跨省交界断面的责任主体，建立有区域针对性的生态补偿方法和补偿标准，推动跨省生态补偿机制，签订流域环境共管协议，由国家和地方共同出资推动整个流域的污染治理。

以《江苏省洪泽湖保护条例》为指导，协调多部门行动，用法律条例保护湖泊水质安全、岸线资源、水资源和生物资源不受侵害。结合洪泽湖"湖长制"工作，逐步完善洪泽湖管理与保护体制机制，落实属地管理，明确相关部门和沿湖区县权责。有序推进洪泽湖自然生态空间统一确权登记，形成归属清晰、权责明确和监管有效的自然资源资产产权制度。

致谢：江苏省水文水资源勘测局、江苏省洪泽湖水利工程管理处、江苏省洪泽湖渔业管理委员会办公室等单位为本章提供了部分数据和帮助，在此表示衷心感谢。

参 考 文 献

戴洪刚, 杨志军. 2002. 洪泽湖湿地生态调查研究与保护对策. 环境科学与技术, 25(2): 37-39.

高方述, 钱谊, 王国祥. 2010. 洪泽湖湿地生态系统特征及存在问题. 环境科学与技术, 33(5): 1-5.

韩爱民, 杨广利, 张书海, 等. 2002. 洪泽湖富营养化和生态状况调查与评价. 环境监测管理与技术, 14(6): 18-20, 22.

刘伟龙, 邓伟, 王根绪, 等. 2009. 洪泽湖水生植被现状及过去 50 多年的变化特征研究. 水生态学杂志, 2(6): 1-8.

刘燕山, 张彤晴, 殷稼雯, 等. 2021. 洪泽湖双壳类调查. 水产学杂志, 34(1): 60-67.

毛志刚, 谷孝鸿, 龚志军, 等. 2019. 洪泽湖鱼类群落结构及其资源变化. 湖泊科学, 31(4): 1109-1119.

舒卫先, 张云舒, 韦翠珍. 2016. 洪泽湖浮游藻类变化动态及影响因素. 水资源保护, 32(5): 115-122.

孙坚, 汤道言, 季步成, 等. 1990. 洪泽湖渔业史. 南京: 江苏科学技术出版社.

严登余. 2015. 洪泽湖采砂管理分析. 江苏科技信息, 31: 49-50.

严维辉, 潘元潮, 郝忱, 等. 2007. 洪泽湖底栖生物调查报告. 水利渔业, 27(3): 65-66.

袁永浒, 王兴元, 陈安来, 等. 1994. 洪泽湖螺蚬资源调查报告. 水产养殖, (6): 15-16.

袁哲, 奚璐翊, 吴燕. 2017. 洪泽湖流域生态环境现状调查与研究. 给水排水, 43(S1): 77-80.

张超文, 张堂林, 朱挺兵, 等. 2012. 洪泽湖大型底栖动物群落结构及其与环境因子的关系. 水生态学杂志, 33(3): 27-33.

周玲, 郭胜利, 张涛, 等. 2012. 洪泽湖区域气候变化与水位的灰色关联度分析. 环境科学与技术, 35(2): 25-29, 33.

朱松泉, 窦鸿身, 等. 1993. 洪泽湖——水资源和水生生物资源. 合肥: 中国科学技术大学出版社.

Wu Y, Dai R, Xu Y F, et al. 2018. Statistical assessment of water quality issues in Hongze Lake, China, related to the operation of a water diversion project. Sustainability, 10(6): 1885.

Yin Y X, Chen Y, Yu S T, et al. 2013. Maximum water level of Hongze Lake and its relationship with natural changes and human activities from 1736 to 2005. Quaternary International, 304: 85-94.

第七章　滇　　池

滇池是我国云贵高原上面积最大的淡水湖泊、昆明的"母亲湖"，也是长江上游生态安全格局和我国西南生态安全屏障的重要组成部分，对保障全国和区域生态安全具有极其重要的地位。滇池是支撑昆明成为云南省政治、经济、文化、科技、交通中心，西部地区重要的中心城市和滇中城市经济圈核心，以及中国面向东亚大陆与中南半岛、南亚次大陆的区域性国际中心城市的重要因素。滇池位于昆明主城区南部，处于长江、红河、珠江分水岭地带，流域面积 2920 km²。它形似弦月，一碧万顷，波光粼粼，与峰峦叠嶂的周边环境交相辉映。清代孙髯"五百里滇池，奔来眼底，披襟岸帻，喜茫茫空阔无边……"的 180 字大观楼长联，描绘出了滇池的美景，使滇池这颗"高原明珠"闻名于世。

滇池的保护治理受到党和国家高度重视，"九五"以来，国家将滇池保护治理列为全国生态环境保护和水污染治理的标志性工程，连续 4 个五年将滇池治理纳入"三河三湖"治理重点。2015 年 1 月，习近平总书记考察云南时提出"综合推进滇池、洱海、抚仙湖等高原湖泊水环境综合治理"。2020 年 1 月，习近平总书记再次考察云南时强调"滇池是镶嵌在昆明的一颗宝石，要拿出咬定青山不放松的劲头，按照山水林田湖草沙是一个生命共同体的理念，加强综合治理、系统治理、源头治理，再接再厉，把滇池治理工作做得更好"，充分体现滇池治理保护的重要性和紧迫性。

第一节　滇池及其流域概况

一、地理位置

滇池位于云南省昆明市，东经 102°36′~102°47′，北纬 24°40′~25°02′（图 7.1），湖面正常高水位为 1887.5 m，面积约为 309.5 km²，南北长 42 km，东西宽 12.5 km，湖岸线长 163 km。1996 年西园隧洞建成后，滇池被海埂大坝分隔为两部分，海埂以南称外海，是滇池的主体部分，占滇池总面积的 97%，平均水深 5.3 m；海埂以北称内海，又名草海，平均水深 2.3 m。滇池呈南北向弓形，弓背向东，东侧入湖各河流下游都有三角洲发育，相互连接成为滇池盆地内的湖滨平原，构成滇池的绝大部分砂泥质湖岸，其中以盘龙江下游的三角洲最为发达，呈鸟足状伸入滇池，沉积砂泥质湖岸约占 90%。由于分水岭紧邻盆缘，无明显湖西岸入湖水系，主要为重力堆积发育区。滇池是典型的宽浅型半封闭高原浅水湖泊，湖底平均坡度不足 2%。

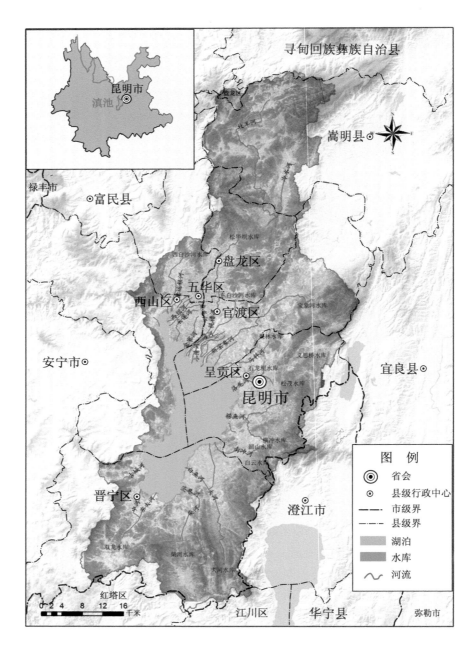

图 7.1　滇池流域位置图（含水系）

来自 2020 年《滇池保护治理规划（2018~2035 年）》上报稿

二、地质地貌

滇池流域地形起伏大，变化趋势明显，为北边高南部低、南北狭长的山间盆地构造地形。受地质构造影响，中心形成了典型的构造湖泊——滇池，为西南地区最大的淡水湖。滇池流域西有横断山脉，东临滇中高原，整个流域为南北狭长的盆地，以滇池为中心，呈现环状阶梯地貌形态。流域海拔基数较高，海拔差异较大，最高海拔为 2840 m，最低海拔为 1887.5 m，盆地北面与南面相对高差 250 m 左右，北部山区山地与谷地间高差最大值为 900 m，不少地区超过 500 m。整个地形为山地丘陵、淤积平原和滇池盆地三个层次，可概括为"七山一水二平原"。

滇池流域南北长 114 km、东西平均宽 25.6 km，土壤类型复杂多样。全流域共有红壤、紫色土、水稻土、棕壤、黄棕壤、冲积土和沼泽土 7 种土壤，12 个亚类、26 个土属。其中，尤以红壤、水稻土和紫色土的分布最为广泛。丘陵山地的自然土壤为山原红壤和紫色土，在海拔较高处发育有棕壤等，平原和台地主要是农业耕作土。环湖盆地和丘陵主要集中在滇池周围 0°~25°坡度分级上，而山地主要集中在滇池周围大于 25°坡度分级上，呈条状分布，土层薄。滇池集中分布在平坡梯度上。另外，滇池沿岸是云南省内最大的坝子，坡度在 8°以内，可耕种面积多。《史记》载："蹻至滇池，方三百里，旁平地，肥饶数千里。"整个流域内坡度 8°~15°的土地面积约占总面积的 26%，15°~25°的土地面积约占总面积的 30%，25°~35°的土地面积约占总面积的 14%，大于 35°的土地面积约占总面积的 4%，坡度小于或等于 8°的土地面积约占 26%。整个流域的地形坡度大，相对高差大，是导致水土流失的重要因素之一，同时滇池周边的平地长期接受来自上游的侵蚀物质，土层较厚。

三、气候气象

滇池流域位于我国西南地区低纬高原腹地，地理环境复杂。由于海拔较高，夏季气温比同纬度低海拔地区低。冬季，中纬度的西风带南移，由于青藏高原的屏障作用，西风气流分成两支，分别绕过青藏高原的南北两侧，滇池流域位于东南侧，正好位于南支西风急流的控制之下。在高空南支西风急流的引导下，近地面主要盛行的是来自较低纬度的大陆内部的西方干暖气流。在此气流控制下，晴朗、暖和、干燥成为滇池流域冬季天气的主要特点。其次，北方南下的冷空气前锋与西方干暖气流相遇在昆明与贵阳之间（东经 104°左右）形成准静止锋，使得滇池流域所在的云贵高原东经 104°以西地区冬季日照充足、气候温和。

滇池流域气温的年内变化特点是春季（3~5 月）升温迅速，夏季（6~8 月）温暖而不炎热，秋季（9~11 月）降温平缓，冬季（12 月~次年 2 月）温凉而不寒冷。冬半年和夏半年控制本地的气团性质截然不同，有明显的干季、雨季之分，从而形成了降水季节变化大的特点。干季（11 月~次年 4 月）受大陆气团控制，昆明站降水量为 116 mm，占全年的 11.6%；雨季（5~10 月）受西南暖湿气流影响，降水量为 888 mm，占全年降水量的 88.4%。

四、水文水系

滇池的补给水源丰富,主要入湖河流有 35 条,但出湖河流仅有西南部的海口河一条,且流量不大,总体特征是缺乏清洁水源,源近流短,水体交换慢,自净能力弱。其中径流面积大于 100 km² 的河流有盘龙江、宝象河、捞鱼河、洛龙河、白鱼河、柴河、东大河 7 条(图 7.1)。

外海湖岸线长 140 km,正常高水位为 1887.5 m,湖容 15.35 亿 m³,注入外海的主要河流有 28 条,多年平均入湖径流量为 9.03 亿 m³,湖面蒸发量 4.26 亿 m³;草海正常高水位为 1886.80 m,平均水深 2.3 m,湖面面积 10.8 km²,湖岸线长 23 km,湖容 0.25 亿 m³,注入草海的主要河流有 7 条,多年平均入湖径流量为 0.67 亿 m³,湖面蒸发量 0.14 亿 m³。

五、社会经济

滇池流域涉及昆明市五华区、盘龙区、官渡区、西山区、呈贡区以及晋宁区,共计 54 个街道办和 3 个镇,既是昆明市目前的主要社会经济活动区,又是昆明市乃至滇中地区未来发展的重要空间资源,也是全国重点保护流域之一。根据 2020 年第七次全国人口普查,滇池流域常住总人口 545.4 万人,其中城镇人口 515.6 万人,农村人口 29.8 万人。2020 年滇池流域地区生产总值(GDP)5161.3 亿元,占昆明市地区生产总值的 77%,三次产业结构比为 4.6:31.2:64.2。

昆明市是滇中城市群的核心城市,承担着面向东南亚、南亚开放的“桥头堡”核心功能,农业发展出以“斗南花卉”和“呈贡蔬菜”为代表的国内知名品牌;工业以冶金、机械、烟草为主,第三产业比重日益增大。滇池流域的发展对于云南省和昆明市具有举足轻重的地位。近 30 年来,随着流域经济的快速发展,土地资源供需矛盾、滇池污染与水资源短缺问题十分突出,成为制约流域社会经济发展的控制性因素。

六、土地利用

滇池流域面积 2920 km²,土地利用类型在不同时期均以建设用地、耕地、林地、未利用地和水域为主(表 7.1)。截至 2020 年,滇池流域的土地利用/覆被类型以林地和建设用地为主,林地面积为 903.98 km²,占整个流域面积的 30.96%,建设用地面积为 928.59 km²,占整个流域面积的 31.80%,其他土地利用类型依次是未利用地面积 443.43 km²、水域面积 259.32 km²、耕地面积 219.77 km² 和草地面积 164.91 km²,占比分别为 15.19%、8.88%、7.53% 和 5.65%。

从土地利用类型的面积、结构变化来看(图 7.2),1988~2020 年未利用地面积大幅减少,从 1550.42 km² 减少到 443.43 km²,占流域总面积的比例由 53.10% 下降到 15.19%,说明滇池流域 1988~2020 年土地利用效率提高;水域和耕地面积分别减少了 46.28 km² 和 203.79 km²,水域面积占流域总面积比例由 10.47% 下降到 8.88%,耕地面积占流域总面积比例由 14.51% 下降到 7.53%;草地面积增加了 92.72 km²,占流域总面积的比例小幅增加，由 2.47%增加至 5.65%；林地和建设用地面积大幅增加，分别增加了 564.46km² 和 699.88 km²，占流域总面积的比例大幅增加，分别由 11.63%和 7.83%增加至 30.96%和 31.80%。

表 7.1　滇池流域 1988~2020 年土地利用类型面积

年份	水域		林地		建设用地		耕地		草地		未利用地	
	面积 /km²	占比/%	面积 /km²	占比/%	面积 /km²	占比/%	面积 /km²	占比/%	面积 /km²	占比/%	面积 /km²	占比/%
1988	305.60	10.47	339.52	11.63	228.71	7.83	423.56	14.51	72.19	2.47	1550.42	53.10
2000	292.96	10.03	623.25	21.34	443.39	15.18	315.14	10.79	81.22	2.78	1164.04	39.86
2010	280.55	9.61	769.00	26.34	486.20	16.65	267.80	9.17	101.74	3.48	1014.71	34.75
2020	259.32	8.88	903.98	30.96	928.59	31.80	219.77	7.53	164.91	5.65	443.43	15.19

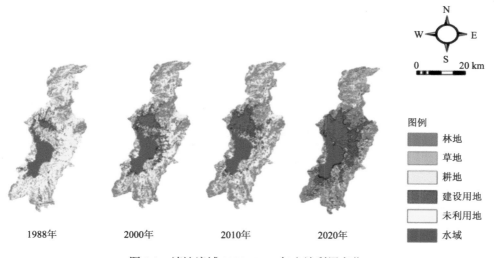

图 7.2　滇池流域 1988~2020 年土地利用变化

从土地利用类型来看，1988~2020 年内滇池流域土地利用结构变化总体上呈现水域面积、耕地面积和未利用地面积减少，草地、建设用地和林地增加的趋势。32 年来，水域面积变化率小幅度降低，为–0.46%、主要是耕地面积增加导致的；耕地和未利用地面积变化率小幅变化，分别为 0.24%和–2.16%，建设用地面积变化率为 5.28%，产生这一现象的原因可能主要是 2000 年以后的 10 年内，昆明市人口增长，经济发展和城市化进程的加快、工业发展等导致城市大规模扩大；林地和草地增幅均较大，分别为 5.01%和 3.89%，实施"退耕还湖"政策和政府加强对滇池的保护措施是林地和草地面积增加的主要原因。综合来看，1988~2020 年，滇池流域土地类型变化速度较快，人类活动对自然的影响较大。

第二节　滇池水环境现状及演变过程

一、水量与水位

（一）水量水位现状

滇池水位近60年来一直受到人为调控，雨季为了防洪将水位控制在汛限水位以下，水位较低；旱季为了储存水资源及满足农田灌溉的需求，维持较高水位。2020~2021年滇池外海平均水位1887.25 m，1月平均水位最高，为1887.37 m；5~8月平均水位较低，其中6月平均水位全年最低，为1887.12 m（图7.3）；外海平均蓄水量15.19亿 m^3；1~3月平均蓄水量较大，其中1月平均蓄水量最大，为15.53亿 m^3；5~8月平均蓄水量较小，其中6月平均蓄水量最少，为14.88亿 m^3（图7.4）。滇池外海的唯一出水口海口河出流量为3.36亿 m^3；1~5月出流量较小；7月出流量最大，为1.04亿 m^3，占到全年出流量的30.95%（图7.5）。2020~2021年草海全年平均水位1886.56 m，9月平均水位最高，为1886.76 m；7月平均水位最低，为1886.28 m（图7.3）。2020年草海平均蓄水量2310.32万 m^3，9月平均蓄水量最大，为2543.50万 m^3；6月、7月平均蓄水量最小，均为2037.64万 m^3（图7.4）。草海的出水口西园隧道出流量为183.25×10^6 m^3；其中7月出流量最大，为2383万 m^3；12月出流量最小，为798万 m^3（图7.5）。

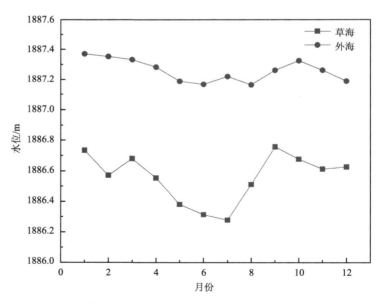

图7.3　2020~2021年滇池各月平均水位

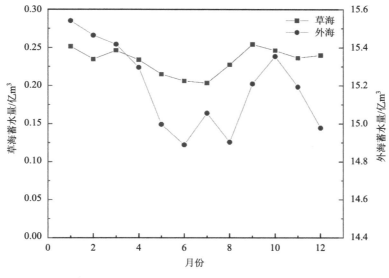

图 7.4　2020~2021 年滇池各月平均蓄水量

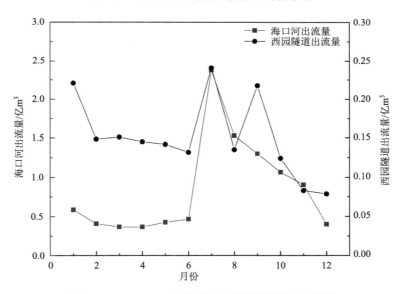

图 7.5　2020~2021 年海口河及西园隧道各月出流量

（二）水位演变过程

　　根据 20 世纪 50~80 年代水位数据统计结果，滇池年均水位在 1885.5~1886.8 m 范围内变动。为了提升滇池外海的防洪、蓄水能力，同时避免草海污染物进入外海，随着 1997 年西园隧洞的建成以及 90 年代初最后一次滇池防浪堤除险加固工程的实施，草海和外海实现了完全分隔，按照各自运行水位控制。从 1993 年至 1997 年，滇池外海平均水位逐年提高至 1887.35 m。2013 年滇池开始执行的《云南省滇池保护条例》确定了新的滇池正常高水位为 1887.5 m。在执行高水位的要求下，通过提升滇池的蓄水能力、增加环境容量，滇池的年均水位得以保持在较高水位。同时年内水位变幅也逐年减小，除 2010 年干旱年景水位变幅为 1 m 外，从 1998 年至今滇池每年水位变幅逐步减小至 1 m 以内（图 7.6）。

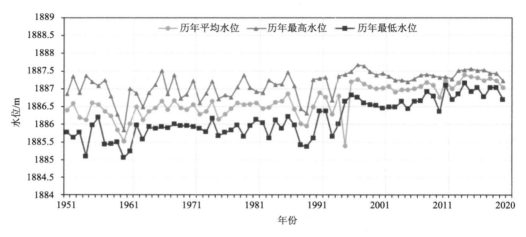

图 7.6　1951~2020 年滇池水位变化图

二、透明度

2020~2021 年滇池全湖透明度各月均值为 37.2~68.8 cm，其中草海为 35.7~130.33 cm，外海为 37.4~66.4 cm。草海春季（1~3 月）和冬季（10~12 月）透明度相对较高；外海 2 月和 7 月的透明度较高（图 7.7）。草海透明度于 1988~2019 年呈波动上升的趋势，并于

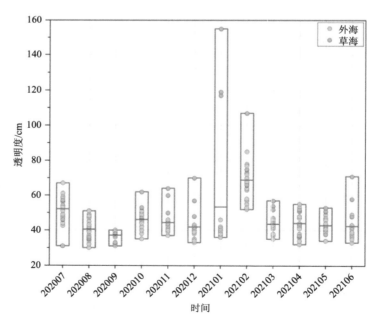

图 7.7　2020~2021 年滇池透明度

2010 年从 51.70 cm 增大至 94.25 cm，最小值在 1993 年，为 24.70 cm；外海透明度在 1988~2010 年呈波动下降的趋势，并于 2002 年突然从 48.39 cm 增至 73.06 cm，而后又归于与之前年份相似的水平，最小值在 2010 年，为 34.44 cm，2011~2019 年均值为 44.03 cm（图 7.8）。

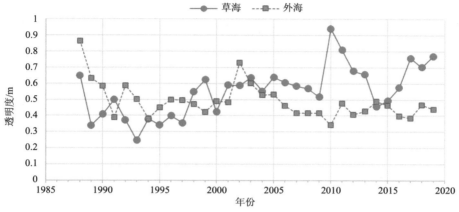

图 7.8　1988~2019 年滇池草海和外海透明度变化
（数据来源于昆明市环境监测中心）

三、溶解氧（DO）

2020 年 7 月~2021 年 6 月月平均浓度，滇池 DO 各月均值为 5.62~10.12 mg/L，其中草海为 6.19~13.00 mg/L，外海为 5.52~9.97 mg/L（图 7.9）。草海 DO 在 1987~2006 年间呈波动下降趋势，最小值位于 1993 年，2007~2019 年呈波动增加的趋势；外海 DO 在 1987~2019 年波动幅度较小，均值 7.71 mg/L（图 7.10）。

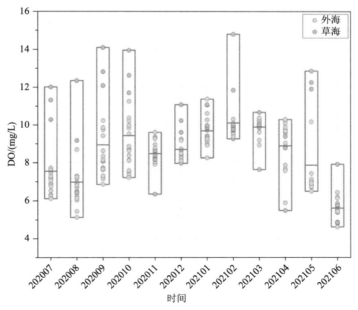

图 7.9　2020~2021 年滇池溶解氧

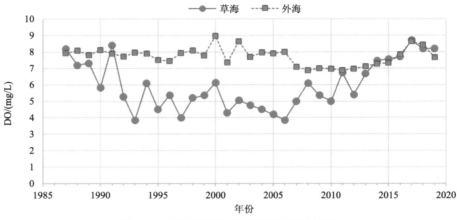

图 7.10　滇池草海与外海溶解氧历史变化

四、pH

2020~2021 年滇池 pH 各月均值为 8.57~9.28，最大值在 10 月，最小值在 7 月，其中草海为 8.63~9.07，外海为 8.51~9.32（图 7.11）。1987~2019 年草海 pH 变化不大，最小值为 2010 年的 7.22，2011~2019 年呈波动上升的趋势，2019 年达到最大值 8.58；1987~2019 年外海 pH 波动较大，最大值在 2003 年，为 9.01，最小值在 2007 年，为 7.29（图 7.12）。

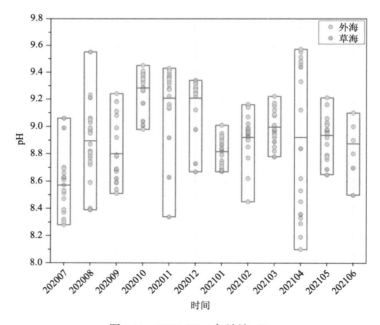

图 7.11　2020~2021 年滇池 pH

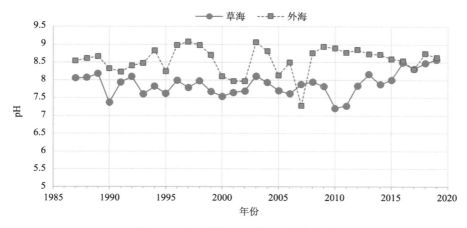

图 7.12　滇池草海与外海 pH 多年变化

（数据来源于昆明市环境监测中心）

五、总氮（TN）

2020~2021 年滇池 TN 各月均浓度为 1.98~3.06 mg/L，最大值在 12 月，最小值在 6 月，其中草海为 2.02~5.76 mg/L，外海为 1.82~2.58 mg/L（图 7.13）。草海 TN 浓度在 1989~2009 年之间持续攀升，在 2009 年到达最高点 16.79 mg/L，而后在 2009~2013 年迅速下降，在 2013~2019 年平稳降低；外海 TN 浓度在 1987~2007 年呈波动上升的趋势，在 2007 年到达多年最大值 2.95 mg/L，在 2007~2019 年呈波动下降的趋势，并且近 5 年来，外海 TN 浓度稳定在Ⅲ~Ⅴ类水标准，其中 2019 年外海 TN 浓度达到Ⅲ类水标准（图 7.14）。

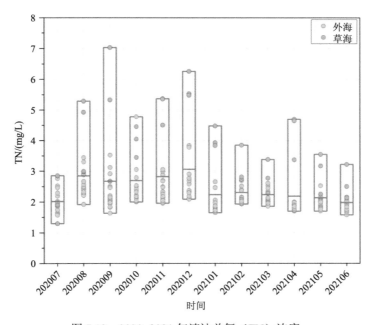

图 7.13　2020~2021 年滇池总氮（TN）浓度

图 7.14　1988~2019 年滇池草海和外海总氮（TN）浓度变化

（数据来源于昆明市环境监测中心、中国科学院南京地理与湖泊研究所及昆明市滇池高原湖泊研究院实地调查）

六、总磷（TP）

　　2020~2021 年滇池全湖 TP 各月均浓度为 0.07~0.18 mg/L，最大值在 9 月，最小值在 2 月，其中草海 TP 为 0.06~0.24 mg/L，外海为 0.06~0.17 mg/L（图 7.15）。1987~2009 年 TP 浓度同 TN 浓度表现出相似的变化曲线趋势：草海 TP 浓度在 1987~2009 年呈现增加的趋势，并在 2009 年达到最大值 1.46 mg/L，而后在 2009~2013 年迅速降低，在 2013~2019 年缓慢降低，并在 2015 年后稳定在Ⅳ~Ⅴ类水标准；外海 TP 浓度在 1987~2019 年呈波动变化，在 1999 年达到最大值 0.33 mg/L，而后下降并长久维持在Ⅳ~Ⅴ类水标准，近 5 年来维持在Ⅳ类水标准（图 7.16）。

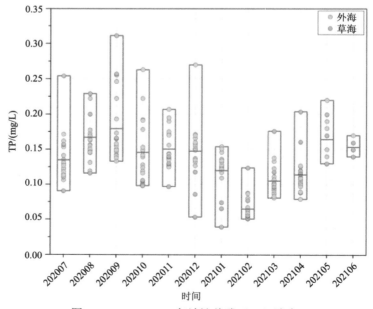

图 7.15　2020~2021 年滇池总磷（TP）浓度

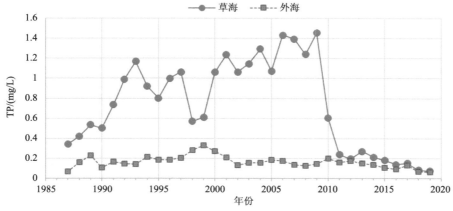

图 7.16　1987~2019 年滇池草海和外海总磷（TP）浓度变化

（数据来源于昆明市环境监测中心）

七、化学需氧量（COD）

2020~2021 年滇池化学需氧量各月均值为 34.00~60.30mg/L，最大值在 9 月，最小值在 2 月，其中草海为 13.00~51.67 mg/L，外海为 36.41~61.82 mg/L。滇池化学需氧量全年呈现双峰趋势，以春末（4~5 月）和秋初（9~10 月）的化学需氧量较高；草海和外海化学需氧量总体格局和全湖相似，但是外海化学需氧量显著高于草海（图 7.17）。草海化学需氧量在 1993~2019 年呈波动下降趋势，在 2000 年突然从 74.33 mg/L 增大至 145.88 mg/L；外海化学需氧量在 1993~2012 年呈波动变化，并在 2012 年达到最大值 79.8 mg/L，而后在 2012~2019 年呈现下降趋势（图 7.18）。

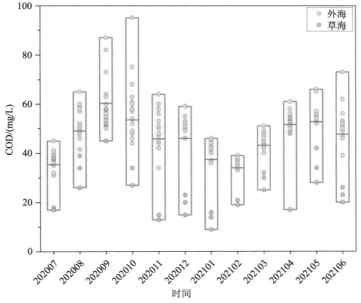

图 7.17　2020~2021 年滇池化学需氧量

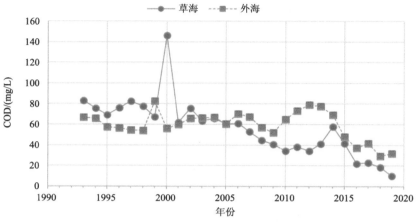

图 7.18　滇池草海和外海化学需氧量历史变化

八、叶绿素 a

　　2020~2021 年滇池叶绿素 a（Chl-a）浓度各月均值为 30.3~140.00 µg/L，其中草海为 23.67~149.67 µg/L，外海为 31.47~148.88 µg/L。全湖 Chl-a 浓度呈现双峰格局，4 月和 9 月浓度较高；草海和外海 Chl-a 浓度的总体格局和全湖相似（图 7.19）。草海 Chl-a 浓度在 1999~2020 年总体呈波动下降趋势，于 2002 年达到峰值 191 µg/L。外海 Chl-a 浓度在 1999~2020 年总体变化趋势与草海相似，但波动幅度略小于草海，并在 1999 年达到最大值 97.01 µg/L（图 7.20）。

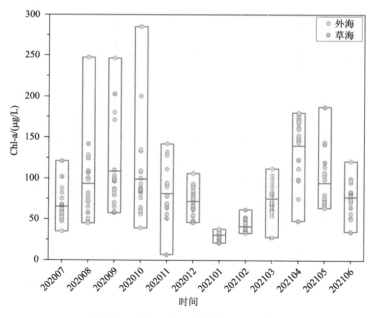

图 7.19　2020~2021 年滇池 Chl-a 浓度

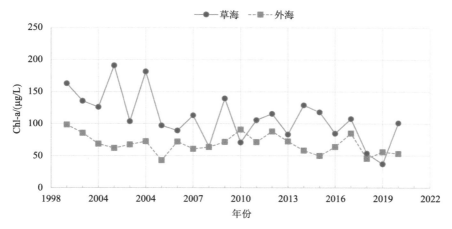

图 7.20 滇池草海和外海 Chl-a 浓度历史变化
（数据来源于昆明市环境监测中心）

第三节 滇池生态系统结构与演化趋势

一、浮游植物

（一）群落组成

根据 2020~2021 年中国科学院南京地理与湖泊研究所和昆明市滇池高原湖泊研究院的实地调查，浮游植物季度调查结果显示，草海共调查到 6 门 58 属 100 种浮游植物，其中蓝藻门 23 种，绿藻门 39 种，硅藻门 21 种，隐藻门 9 种，裸藻门 2 种，甲藻门 2 种，金藻门 4 种。草海浮游植物优势种冬季为硅藻门小环藻属，而其他季节为蓝藻门微囊藻属（惠氏微囊藻、挪氏微囊藻、铜绿微囊藻等）。

外海浮游植物优势种以蓝藻门微囊藻属的挪氏微囊藻、惠氏微囊藻和鱼害微囊藻为主，在春季伴有绿色微囊藻和鱼腥藻大量出现。冬季浮游植物仍以微囊藻占优，硅藻门直链藻和小环藻数量较多。

（二）生物量

根据 2020~2021 年调查结果，时间尺度上，草海浮游植物细胞丰度依次表现为夏季＞秋季＞冬季＞春季；外海秋季最高，其他季节差异较小（图 7.21）。空间尺度上，草海、外海不同季节差异不同，具体如下：

（1）夏季草海浮游植物细胞丰度波动范围为（533.79~4750.52）×10^5 cells/L，平均值为 2256.12×10^5 cells/L；外海浮游植物细胞丰度波动范围为（1133.12~2553.57）×10^5 cells/L，平均值为 1784.56×10^5 cells/L，草海略高于外海，但不显著。空间分布上，草海浮游植物细胞丰度北部湖区＞中部湖区＞南部湖区；外海则是东南部湖区显著高于其他湖区。

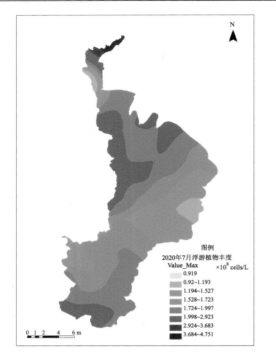
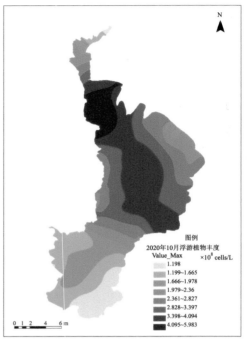
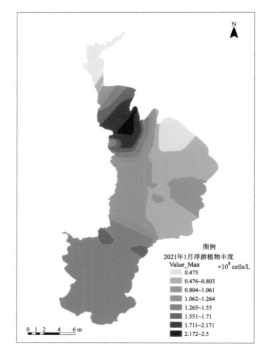
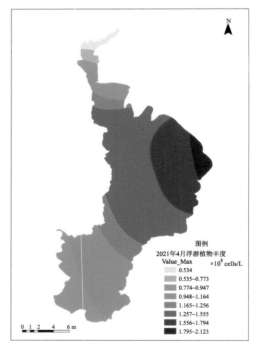

图 7.21　不同季节滇池浮游植物细胞丰度空间分布

（2）秋季草海浮游植物细胞丰度波动范围为（1169.75~2427.38）×10⁵ cells/L，平均值为 1980.31×10⁵ cells/L；外海浮游植物细胞丰度波动范围为（941.97~5983.32）

×10⁵cells/L，平均值为2871.99×10⁵ cells/L，外海显著高于草海。空间分布上，草海浮游植物细胞丰度南部湖区＞中部湖区＞北部湖区；外海则是北部区域显著高于其他湖区。

（3）冬季草海浮游植物细胞丰度波动范围为（57.38~109.48）×10⁵ cells/L，平均值为91.72×10⁵cells/L；外海浮游植物细胞丰度波动范围为（184.33~2499.62）×10⁵ cells/L，平均值为1206.82×10⁵cells/L，外海显著高于草海。空间分布上，草海南部湖区高于北部和中部，中部湖区细胞丰度最低；外海浮游植物细胞丰度较高的区域位于北湖区，而中部湖区丰度最低。

（4）春季草海浮游植物细胞丰度波动范围为（205.17~1139.16）×10⁵ cells/L，平均值为626.46×10⁵ cells/L；外海浮游植物细胞丰度波动范围为（878.12~2123.18）×10⁵ cells/L，平均值为1346.24×10⁵ cells/L，外海显著高于草海。空间分布上，草海浮游植物细胞丰度南部湖区＞中部湖区＞北部湖区；外海则是东北部显著高于其他湖区。

（三）演化过程及趋势

20世纪50年代滇池优势浮游植物为盘星藻、鼓藻与硅藻。其中，盘星藻科以单角盘星藻为优势种，鼓藻纲以鼓藻、新月藻和角星鼓藻为优势种，硅藻门以龙骨硅藻为主。

20世纪80年代初的调查发现浮游植物共有205种，各类群占比从大到小依次为：绿藻门（43.9%）、硅藻门（23.4%）、蓝藻门（22%）、裸藻门（5.4%）、甲藻门（3.4%）、金藻门（1%）、隐藻门（0.5%）、黄藻门（0.5%）（钱澄宇等，1985）。

1988年1月~1989年9月的调查结果表明，滇池浮游植物主要优势类群为绿藻门、蓝藻门和硅藻门。其中，绿藻门占全湖总种数的58.4%，硅藻门占17.6%，蓝藻门占13.6%。草海浮游植物种类较少，以裸藻门和绿藻门为主。微芒藻、纤维藻、十字藻、囊裸藻、裸藻等富营养指示物种较多。外海浮游植物以蓝藻门与绿藻门占优，主要优势种为水华束丝藻、弱细颤藻和四角转板藻。随着富营养化的加剧，藻类生物量在20世纪90年代呈现出更为显著的升高趋势（Zhou et al., 2016）。

2000~2005年，在滇池外海发现浮游植物106种，绿藻门、硅藻门与蓝藻门种类较多，分别占总种数的47.2%、31.1%与17.9%。从数量上来看，铜绿微囊藻占绝对优势，其次为惠氏微囊藻（张梅等，2006）。

2008~2009年通过对滇池北湖湖区一周年的藻类群落调查，共鉴定出浮游植物97种，其中以绿藻门、蓝藻门与硅藻门为主，分别为53种、20种与17种。优势种群四季更替，1月硅藻占优势，3~5月主要优势种为水华束丝藻，6月为惠氏微囊藻，12月为绿色微囊藻（代龚圆等，2012）。

2012年5月及12月对滇池41个点位共进行2次调查，共发现浮游植物159种。其中优势类群为绿藻门、蓝藻门与硅藻门，分别占全湖总种数的53.46%、20.12%与17.61%。5月全湖微囊藻属为优势种，其次为绿藻门的栅藻属，分别占全湖总种数的75.81%与16.70%。12月外海仍以蓝藻门中的微囊藻属为优势种群，草海浮游植物群落绿藻占草海总种群的47.55%，高于蓝藻。受到气候与流场等因素的影响，外海藻类生物量显著高于草海，草海绿藻占比较外海高，与外海藻类构成存在差异（施择等，2014）。

2015~2016年滇池全湖调查发现，绿藻门与蓝藻门分别占全湖总种数的59.2%、

16.67%。2018 年滇池调查共鉴定出浮游植物 53 属，绿藻门种属多达 23 属，为主要优势种，其次为硅藻门，12 属，占全湖总属数的 22.6%，再次为蓝藻门，11 属，占全湖总属数的 20.8%（冯秋园等，2020）。

2020~2021 年滇池调查共发现浮游植物 110 种，其中绿藻门 58 种，其次硅藻门 16 种，蓝藻门 25 种，甲藻门 2 种，隐藻门 8 种，裸藻门 1 种。以蓝藻门微囊藻属为优势种，除此之外并无其他优势种。

有记录的 1970 年来，滇池浮游植物物种数呈降低趋势，近年来虽然水质状况有所改善，但滇池浮游植物种属数仅略微增加，仍为单一优势种为主的浮游植物群落结构（图 7.22）。

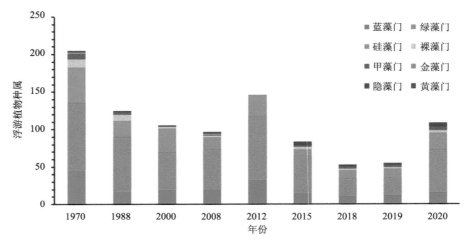

图 7.22　浮游植物种属变化

（四）蓝藻水华的变化特征

由于富营养化严重，蓝藻常年为水体中的绝对优势藻类，滇池成为我国蓝藻水华较为严重的大型浅水湖泊之一。从 1992 年第一次全面暴发至 2020 年，滇池水华由最开始的遍布整个湖面，到 2000 年主要集中在北部的海埂处，2004 年主要分布在北部与西部，2008 年分布在北部、西部和东部，2011 年和 2013 年除湖心区域外基本都有大面积水华暴发，"十二五"后大面积蓝藻水华发生频次有所减少，发生区域主要集中在北部和东部沿岸，2020 年中度以上蓝藻水华发生频次较 2015 年减少约 84.3%。

滇池蓝藻水华暴发格局总体呈现"北重南轻"的分布态势，水华较严重的区域集中在草海和外海北部。卫星遥感监测发现，1 月滇池没有明显的水华暴发区域，只在沿岸区域有零星水华；水华于 4 月出现，主要分布在草海南部、海埂等北部沿岸一带；7 月水华全面暴发达到最盛，除南部沿岸一带基本遍布整个湖面；9 月水华开始减少，只在海埂、西北部沿岸区域有大片分布，其他沿岸区域有零星分布；12 月水华基本退去，只在沿岸以及海埂区域少量分布。滇池水华小面积分布时主要是集中在外海北部，外海西岸及东岸湖湾区域也是易堆积区。滇池中部以南区域水华发生相对较少，但在高发时期，水华会蔓延到滇池南部海口一带，几乎覆盖整个滇池外海中北部区域。水华最初在草海区域、海埂一带暴发，然后向东南沿岸一带蔓延，接着向西北沿岸发展，最终全湖范围内均出现蓝藻水华暴发现象。消退时最先在东部及南部区域消退，然后西北沿岸区域开始消退，最后集中在草海南部、海埂一带，直至全部消退。

滇池蓝藻水华面积的年内变化受气温、降水量和风速的影响较大（Wang et al., 2022），蓝藻水华开始日期的年际变化主要受气温年际变化的影响。风速和风向对滇池蓝藻水华空间分布的变化，尤其是南北方向上空间分布的变化，存在一定的影响。滇池北部较高的氮、磷浓度可能是蓝藻水华主要发生在此处的原因。

二、浮游动物

（一）群落组成

根据 2020~2021 年浮游动物季度调查结果，滇池共鉴定出浮游动物 68 种，其中轮虫 16 属 36 种，枝角类 10 属 19 种，桡足类 3 属 13 种。从季节上来看，春、夏、秋、冬浮游动物分别为 18 属 31 种、26 属 49 种、21 属 39 种和 21 属 31 种，季节间种类组成差异不明显。

（二）丰度

从表 7.2 可以看出，草海和外海浮游动物丰度被少数种类所主导。草海年平均丰度最大的浮游动物为须足轮虫种类，平均丰度达到 776.75 ind./L，其次为多肢轮虫，平均丰度达到 619.00 ind./L，相对丰度最大的种类为多肢轮虫，相对丰度达到 25.10%。外海年平均丰度最大为须足轮虫，平均丰度达到 149.31 ind./L，其次为异尾轮虫，平均丰度达到 145.39 ind./L，相对丰度最大的种类为须足轮虫，相对丰度达到 24.85%。

表 7.2　2020~2021 年草海和外海浮游动物种群结构组成

种类	种名	平均丰度/（ind./L）		占比/%	
		草海	外海	草海	外海
枝角类	粗毛溞属	0.00	0.05	0.00	0.01
	基合溞属	0.02	0.00	0.00	0.00
	尖额溞属	0.02	0.07	0.00	0.01
	裸腹溞属	0.83	0.00	0.03	0.00
	盘肠溞属	3.61	14.85	0.15	2.47
	平直溞属	0.00	0.01	0.00	0.00
	溞属	32.98	13.57	1.34	2.26
	网纹溞属	0.55	1.77	0.02	0.29
	象鼻溞属	15.18	27.97	0.62	4.66
	秀体溞属	3.22	0.87	0.13	0.14
桡足类	剑水蚤	41.28	11.56	1.67	1.92
	无节幼体	62.45	16.17	2.53	2.69
	哲水蚤	1.43	6.91	0.06	1.15

种类	种名	平均丰度/(ind./L)		占比/%	
		草海	外海	草海	外海
轮虫类	臂尾轮属	54.61	29.90	2.21	4.98
	单趾轮属	85.86	35.31	3.48	5.88
	多肢轮属	619.00	47.63	25.10	7.93
	龟甲轮属	59.17	32.50	2.40	5.41
	龟纹轮虫	10.97	5.75	0.44	0.96
	晶囊轮属	44.56	2.75	1.81	0.46
	聚花轮属	92.08	1.26	3.73	0.21
	六腕轮属	2.06	0.00	0.08	0.00
	轮虫属	1.25	31.25	0.05	5.20
	泡轮虫属	75.56	9.32	3.06	1.55
	腔轮属	2.61	0.00	0.11	0.00
	三肢轮属	97.25	16.34	3.94	2.72
	须足轮属	776.75	149.31	31.50	24.85
	异尾轮属	372.67	145.39	15.11	24.20
	疣毛轮属	10.00	0.35	0.41	0.06

（三）时空分布

图 7.23 为草海、外海浮游动物丰度和生物量全年平均值的空间分布格局。总体而言，浮游动物丰度及生物量空间差异较大，草海浮游动物丰度和生物量显著高于外海，丰度分别为 2465.96 ind./L 和 600.86ind./L，生物量分别为 6.53 mg/L 和 1.71 mg/L。草海丰度最大值出现在北部，为 2772.23 ind./L，外海丰度最大值出现在北部，为 1359.67ind./L；草海生物量最大值出现在南部，为 11.33 mg/L，外海生物量最大值出现在南部，为 3.31 mg/L。

（四）演化过程及趋势

滇池浮游动物的最早研究是在 20 世纪 40 年代，该时段主要针对滇池浮游甲壳动物进行了调查，共发现 46 种，含枝角类 25 种，桡足类 21 种（张玺和易伯鲁，1945）。

1957 年调查发现，滇池浮游动物主要的常见种包括曲腿龟甲轮虫、对棘同尾轮虫、角突臂尾轮虫等（黎尚豪等，1963）。1982~1983 年调查到浮游动物 171 种，其中原生动物鉴定出 62 种（王忠泽，1985）。

1988~1989 年"七五"规划调查共发现浮游动物 61 种，其中，轮虫与枝角类为全湖优势种，分别占浮游动物总数的 60.6%、19.6%。草海与外海浮游动物的优势种由于湖区富营养程度不同存在差异。草海主要为萼花臂尾轮虫、广布中剑水蚤、蚤状溞，外海优势种为螺形龟甲轮虫、针簇多肢轮虫。

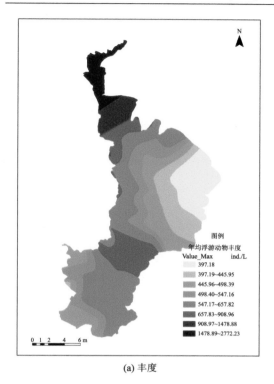

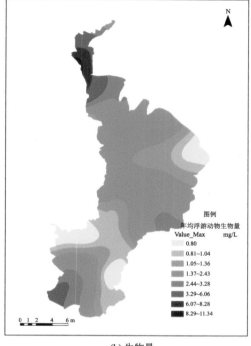

图 7.23　2020~2021 年草海、外海浮游动物年均丰度和生物量空间分布格局

受水体富营养化、外来鱼类增多、水生植物退化等环境影响，滇池浮游动物种群中贫营养指示种慢慢减少或消失，逐步演变为以富营养指示种为主（Liu et al., 2013）。1994年滇池的 4 次调查共发现浮游动物 52 属，其中原生动物为主要优势种群。随着季节的更替，全湖浮游动物的优势种群也发生变化。3 月象鼻溞属、三肢轮属、聚花轮属为优势类群，7 月象鼻溞属、低额溞属、溞属为优势类群，10 月象鼻溞属、盘肠溞属、溞属为优势类群（彭琼英，1995）。

根据 2009 年滇池海东湾的周年浮游动物调查，共发现 78 种浮游动物，轮虫占绝对优势，为 34 种；其次为原生动物，共鉴定出 21 种；再次为枝角类，共 14 种（孙长青，2010）。

2011 年滇池的浮游动物调查发现浮游动物共 63 种，含原生动物 26 种，轮虫 15 种，枝角类 12 种，桡足类 9 种，蛛形纲 1 种。其中甲壳纲的剑水蚤、盘肠溞为绝对优势种，其次为原生动物以及轮虫纲（刘春燕等，2016）。

2013 年对滇池底栖环境进行调查时发现，浮游动物共 31 种，其中轮虫为优势种群，约占总种群的 45.2%，其次为枝角类，9 种，约占总种群的 29.0%；原生动物为 5 种，约占 16.1%；桡足类 3 种，约占 9.7%（王华等，2016）。

2018 年以鱼控藻项目的浮游动物跟踪调查发现，滇池浮游动物共 49 属，其中原生动物为绝对优势种群，约占总种群的 42.9%，其次为轮虫属，约占 24.5%；枝角类与桡足类分别为 8 属，均占总种群的 16.3%。

　　2020~2021 年的调查中共调查到浮游动物 68 种，枝角类浮游动物物种最多，为 36 种，其次轮虫类浮游动物物种 19 种，桡足类浮游动物物种 13 种。2020 年 7 月、2020 年 10 月和 2020 年均以有棘螺形龟甲轮虫和暗小异尾轮虫为优势种；并且分别在 2020 年 7 月和 2020 年 10 月作为群落的极优势种（表 7.3）。

表 7.3　滇池浮游动物历史种类演变

年份	浮游动物种（属）	枝角类	桡足类	轮虫	其他	文献来源
1940~1949	46	25	21			张玺和易伯鲁，1945
1982~1983	171	35	22	52	68	王忠泽，1985
1994	52 属	8 属	7 属	14 属	23 属	彭琼英，1995
2009	78	14	9	34	21	孙长青，2010
2011	63	9	12	15	27	刘春燕等，2016
2013	31	9	3	14	5	王华等，2016
2018	49 属	8 属	8 属	12 属	21 属	昆明市水产科学研究所，2018
2020	68	36	19	13		中国科学院南京地理与湖泊研究所调查数据

三、底栖动物

（一）群落组成

　　根据 2020~2021 年底栖动物调查结果，滇池 4 次采样共鉴定出底栖动物 14 种（属），见表 7.4，其中摇蚊 6 种（属），寡毛类 7 种（属），软体动物 1 种。

表 7.4　2020~2021 年滇池底栖动物季节变化特征

	种类	2020 年 7 月	2020 年 10 月	2021 年 1 月	2021 年 4 月
摇蚊	摇蚊属	+	+	+	+
	中华摇蚊	+	+	+	+
	前突摇蚊属	+	+	+	+
	多巴小摇蚊	+	+		+
	中国长足摇蚊	+	+	+	+
	黄色羽摇蚊	+	+	+	+
寡毛类	霍甫水丝蚓			+	+
	克拉泊水丝蚓	+		+	+
	巨毛水丝蚓			+	
	正颤蚓			+	
	颤蚓属			+	+
	苏氏尾鳃蚓	+	+	+	+
	坦氏泥蚓			+	
软体动物	铜锈环棱螺属	+		+	

从表 7.5 中可以看出，草海和外海底栖动物丰度较低。丰度方面，草海水域寡毛类的水丝蚓属和摇蚊幼虫类的长足摇蚊属丰度较大，分别占总丰度的 40.5%和 21.3%，外海水域也是寡毛类的水丝蚓属和摇蚊幼虫类的长足摇蚊属丰度较大，分别占总丰度的 60.4%和 21.0%。从 9 个属的出现频率来看，摇蚊属、长足摇蚊属、水丝蚓属和尾鳃蚓属等是滇池常见的属，在大部分采样点均能采集到。草海和外海现阶段的底栖动物优势种主要为长足摇蚊属、水丝蚓属和尾鳃蚓属。

表 7.5　2020~2021 年草海和外海底栖动物丰度

种类		平均丰度/（ind./m²）		占比/%	
		草海	外海	草海	外海
摇蚊	摇蚊属	43.11	0.00	19.04	0.00
	长足摇蚊属	48.11	12.98	21.25	20.98
	前突摇蚊属	13.11	0.00	5.79	0.00
	小摇蚊属	13.67	0.62	6.03	10.14
寡毛类	水丝蚓属	91.67	37.37	40.48	60.41
	尾鳃蚓属	11.00	7.54	4.85	12.20
	颤蚓属	1.67	2.74	0.73	4.43
	泥蚓属	0.00	0.58	0.00	0.95
软体动物	环棱螺属	4.11	0.00	1.81	0.00

（二）生物量

滇池底栖动物丰度和生物量的空间差异很大（图 7.24）。草海底栖动物年平均丰度为 226.4 ind./m²，丰度最大值分布在北部，其值为 304.3 ind./m²，最小值分布在南部，其值为 151.6 ind./m²；外海底栖动物年平均丰度为 61.9ind./m²，丰度最大值分布在东北部，其值为 153.7ind./m²，最小值分布在东南部，其值为 31.0 ind./m²。由于寡毛类和摇蚊幼虫个体差异较大，因此生物量空间分布与丰度空间分布呈现不同趋势。从图 7.24 可以看出，草海年平均生物量为 10.4 g/m²，生物量最大值分布在北部，其值为 25.0 g/m²，最小值分布在南部，其值为 1.0 g/m²；外海年平均生物量为 0.4 g/m²，生物量最大值分布在南部，其值为 2.3 g/m²，最小值分布在东南部，其值为 0.14 g/m²。

（三）演化过程及趋势

1978~1983 年的调查结果表明，滇池共出现大型底栖动物 58 种，其中腹足类最多，共 30 种，为优势种，其次为瓣鳃类，共 12 种，再次为甲壳类，为 5 种，摇蚊类最少，为 2 种（高礼存等，1990）。

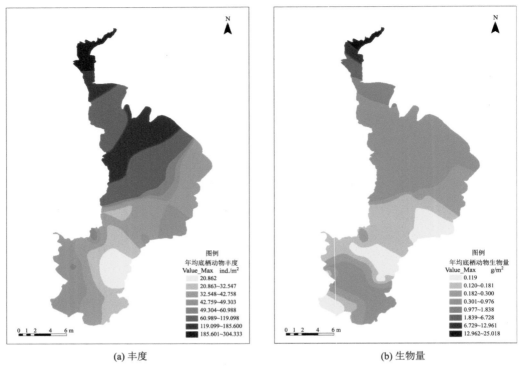

(a) 丰度　　　　　　　　　　　　　　　(b) 生物量

图 7.24　2020~2021 年草海、外海底栖动物年平均丰度和生物量空间分布格局

　　1982~1983 年的跟踪调查发现滇池底栖动物种群数共 57 种，约一半物种为新增加。软体动物曾报道共 55 种，而该时间段共发现滇池软体动物 24 种，种群数出现明显减少，许多种类趋向灭亡；羽摇蚊、日本沼虾、卵形沼梭成为全湖浅水区的优势种类；寡毛类受影响较小，苏氏尾鳃蚓仍为优势种（王丽珍，1985）。

　　1988~1989 年的调查共发现底栖动物 11 种，软体动物 6 种，寡毛类 3 种，水生昆虫 2 种。滇池草海与外海底栖动物的种类组成、数量存在差异。草海由于富营养化，底栖动物相较于外海普遍少得多。外海由于水环境较草海好，其底栖动物种群数呈增加的趋势，优势种群为富营养化指标种的羽摇蚊。1995 年的调查共发现滇池底栖动物 21 种，主要为摇蚊幼虫和寡毛类，滇池优势种群呈现结构单一化的趋势（罗民波等，2006）。

　　2001~2002 年滇池 6 次调查采集到底栖动物 13 种，其中环节动物 7 种，软体动物 1 种，摇蚊科幼虫 4 种，甲壳类 1 种。目前滇池优势类群主要由极度耐污的寡毛类与摇蚊科幼虫组成（王丽珍等，2007）。2009~2010 年的调查共采集到底栖动物 32 种，包括寡毛纲 10 种，昆虫纲 14 种，软体动物 6 种，蛭纲 1 种，甲壳纲 1 种（王丑明等，2011）。

　　2015~2017 年的调查表明，滇池底栖动物有 25 种，其中软体动物为 9 种，占 36.0%，水生昆虫 5 种，占 20.0%，环节动物 3 种，占 12.0%，甲壳动物 8 种，占 32.0%（图 7.25）。

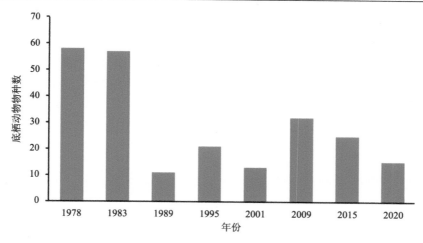

图 7.25 滇池底栖动物物种数历史演变

2020~2021 年对滇池敞水区底栖动物进行调查分析，共调查到底栖动物 14 种（属），节肢动物门物种数最多，为 7 种（属），其次是环节动物门 6 种（属），软体动物门仅调查到铜锈环棱螺 1 种，环节动物门水丝蚓为群落的极优势种。生物量方面，耐污种密度显著降低，寡毛类和摇蚊虫类底栖动物密度比"十二五"初期显著下降。

四、大型水生植物

（一）水生植物群落组成

昆明市滇池高原湖泊研究院 2011~2020 年的多年持续调查结果显示，"十三五"期间滇池水生植被物种组成及分布呈相对稳定的状态。滇池湖滨及湖内维管束植物有 111 科 248 属 303 种，其中水生植物 59 种，包括挺水植物 28 种，漂浮植物 7 种，浮叶植物 7 种，沉水植物 17 种。全湖优势种为篦齿眼子菜、野菱、穗状狐尾藻、芦苇、茭草及香蒲。主要存在外来入侵种 4 种，分别是凤眼蓝、喜旱莲子草、大薸和粉绿狐尾藻。

耐污物种篦齿眼子菜仍然是全湖的优势物种，但其出现频度较 2014 年有所降低。喜清水物种马来眼子菜、微齿眼子菜、穿叶眼子菜的出现频度有所提高，马来眼子菜等在部分季节和局部水域甚至能够达到优势物种的水平。国家 Ⅱ 级重点保护野生植物——野菱，在滇池水体中也有较大面积分布。20 世纪 50~60 年代的优势物种轮藻、海菜花、苦草在滇池局部水域有自然分布。草海沉水植被盖度明显提升，由"十二五"期间的 1%~5% 增加至 10%~15%。

（二）生物量

2020 年滇池大型水生植物生物量鲜重约为 5.84×10^4 t，干重约为 0.81×10^4 t。通过对比不同历史时期的调查数据，可以了解滇池水生植物生物量的变化情况。20 世纪 50~60 年代，滇池大型水生植物生物量（鲜重）高达 81.6×10^4 t；80 年代末，全湖水生植物生物量显著降低，仅有 2.79×10^4 t；1995~1997 年调查结果显示全湖水生植物总生物量为

$4.1×10^4$ t，略有增加；2009 年水生植物生物量（鲜重）约为 $3.7×10^4$ t，变化幅度不大；滇池大型水生植物生物量（鲜重）约为 $5.95×10^4$ t，干重约为 $0.86×10^4$ t，其中生物量（鲜重）所占比例最大的是沉水植被，占 74.47%，其余挺水（湿生）植被和漂浮（浮叶）植被分别占比 22.24% 和 3.29%。相较于 2009 年，滇池大型水生植物生物量出现一定增长，主要得益于 2009~2014 年开展的"四退三还"（退人、退房、退田、退塘，还湖、还水、还湿地）生态建设，在滇池环湖区域规划并实施湿地建设工程，使得挺水植被分布面积有了显著性的增长，生物量大幅度增加。

（三）分布现状

挺水植物群落主要分布在近岸季节性淹水的区域，通过近 10 年的生态修复工作，在适宜挺水植被生长的部分区域人工引种了芦苇，加之底泥中保存的种子库，芦苇呈扩散式生长，在 2011 年后形成了较大面积的群落；湖滨所清退的鱼塘、水较浅的区域也自然恢复形成了较大面积的双穗雀稗群落，且有继续增大的趋势；2019~2021 年外来入侵种粉绿狐尾藻群落在滇池东南和西南岸湖滨湿地有明显扩大趋势；菰群落主要为原有人工种植茭瓜的区域遗留下来而成，在白鱼河口及红映等湖滨区域具有一定规模。

漂浮植物群落是滇池分布面积较大的水生植物群落，主要分布在水体流动较少、相对静水的区域，但也会随着水流与风浪而迁徙。浮萍+满江红群落主要分布在湖滨湿地的静水区；外来入侵物种凤眼蓝、大藻所组成的漂浮植物群落主要在滇池南部及东部湿地有少量分布。

滇池浮叶植物群落包含野菱群落和睡莲群落。野菱群落目前在滇池水体中有一定存量，多呈集中分布，夏季在滇池西岸晖湾、海口出水口及淤泥河口湖湾内 2m 以内分布较多；睡莲群落则主要由人工引种分布在湿地范围内。

沉水植物群落的分布受制于水体的透明度和水深，透明度不足的情况下只能在水较浅的区域分布。近年来滇池草海、外海水体透明度为 0.4~0.5m 的月份占多数，受到水体透明度的限制，沉水植物分布的最大水深是 2.5m，适宜区域是 1.5m 以内的水域，因此沉水植被从湖岸线向湖心延伸 200~500 m 的水体中呈条带状分布。基于实地调查结果和卫星及无人机遥感影像，2019 年沉水植被分布约占滇池全湖水域面积的 3.77%，2020 年沉水植被分布面积约占 3.69%，相较而言变化不大。

（四）演化过程及趋势

根据文献记载，滇池水生植物的研究可追溯至 1957 年，该时期滇池水生植物主要为黑藻、马来眼子菜以及小茨藻（黎尚豪等，1963）。1957~1963 年滇池水生植物群落的研究表明，滇池沉水植物共发现 19 种（唐廷贵，1963；王寿兵等，2016）。

1975 年滇池沉水植物群落以菹草、狐尾藻、马来眼子菜、红线草以及苦草为主（曲仲湘和李恒，1983）。1977 年的滇池水生植物的调查，共发现挺水植物 8 种，漂浮植物 5 种以及沉水植物 11 种（李恒，1980）。

从总体演变趋势看，1957~1977 年的 20 年是滇池沉水植物消失最快的阶段，这与这一时期湖滨生境破坏与外来鱼类物种引进密不可分。在 50~70 年代的围湖造田中，滇池很多重要的湖湾、沿岸"沟潭"被夷为平地，滇池水生植被遭受了严重破坏。围湖造田使滇池水体直接损失了近 30 km² 水生植物分布较多的重点区域,滇池生物多样性遭受严重破坏,生态系统稳定性下降,自净能力降低。此外,1958 年人工大量引进外来鱼种后,滇池鱼类增至 52 种,鱼类区系成分发生了明显的变化,种间关系的复杂性变高,大幅增加了水生植物被取食的压力;尤其是 1958 年起大量引进的草鱼被认为是导致海菜花等本土水生植物从滇池湖体消失的直接原因。

1981~1983 年滇池水生植物增长至 44 种,其中沉水植物种群数最多,为 13 种,其次为挺水植物,12 种,漂浮植物种群数最少,为 6 种(戴全裕,1985,1986)。1988~1989 年"七五"滇池科研项目调查发现水生植物 20 种,其中沉水植物 12 种。

1995~1997 年滇池水生植物的跟踪调查,共采集到水生植物 22 种,沉水植物种群数最多,为 11 种,约占水生植物总种群的 50.0%,挺水植物共 7 种,约占植物总种群的 31.8%,漂浮植物 4 种,约占 18.2%。喜旱莲子草、水葫芦与龙须眼子菜为该时段滇池水生植物的优势种,其次为满江红、菹草与苦草。轮藻、马来眼子菜等对污染较为敏感的水生植物并未在该时段的调查中发现(余国营等,2000)。

2001 年 3 月、5 月的春季调查发现,滇池沉水植物为 4 种,以篦齿眼子菜为优势种;漂浮植物为 3 种,挺水植物 6 种,浮叶植物 2 种。2001 年 8 月与 12 月的调查共发现沉水植物 10 种,多于春季的种群数(杨赵平等,2004)。2008 年 6 月与 12 月的滇池采样发现,沉水植物 8 种,浮叶植物 2 种,漂浮植物 6 种,挺水植物群落数最多,为 14 种。

2011 年以来,随着水生态修复的有效推进,滇池水生植物的种类数量得到了显著的提升,2020 年的调查发现滇池沉水植物种类已逐步恢复至 15 种,其中篦齿眼子菜和马来眼子菜为主要优势种,另外,挺水植物、漂浮植物和浮叶植物也分别恢复至 28 种、7 种和 7 种(图 7.26)。

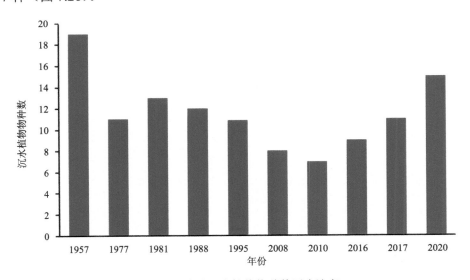

图 7.26 滇池沉水植物物种数历史演变

五、鱼类

（一）种群组成

2020 年 1 月、3 月、5 月、7 月、12 月昆明市水产科学研究所进行的 5 次鱼类资源调查，共采集和调查到鱼类 23 种，隶于 7 目 14 科 22 属（图 7.27，表 7.6）。其中，鲤形目鱼类最多，有 13 种，占总数的 56.52%；其次为鲈形目 3 种，占总数的 13.04%；鲑形目和鲇形目各 2 种，分别占总数的 8.70%；鳉形目、颌针鱼目、合鳃目各 1 种，分别占总数的 4.35%。

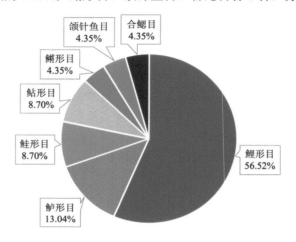

图 7.27　2020 年滇池鱼类种类组成

表 7.6　滇池鱼类种类组成

目	科	种
鲑形目	银鱼科	太湖新银鱼
	胡瓜鱼科	池沼公鱼
鲤形目	鳅科	泥鳅
		大鳞副泥鳅
		鳙
		鲢
		鳑鲏
	鲌亚科	红鳍原鲌
		银白鱼
		似鱎
	鮈亚科	麦穗鱼
		棒花鱼
	鲃亚科	金线鲃
	鲤亚科	鲤
		鲫

续表

目	科	种
鲇形目	鲇科	南方大口鲇
	鲿科	黄颡鱼
鳉形目	胎鳉科	食蚊鱼
颌针鱼目	鱵科	间下鱵
合鳃目	合鳃科	黄鳝
鲈形目	塘鳢科	黄鲺鱼
	鰕虎鱼科	子陵栉鰕虎鱼
		波氏栉鰕虎鱼

滇池鱼类资源目前以外来鱼类为主，现存土著鱼类中仅鲫因每年都增殖放流，目前已形成一定产量，其他种类现存数量都极少甚至达到濒危状态。虽然加大了土著鱼的保护力度，也增加了滇池金线鲃等鱼种的增殖放流体量，但在 2020 年开展经济鱼类试捕的过程中，并未发现除银白鱼以外的土著鱼类，只在走访市场的过程中发现滇池金线鲃的少量个体。本年度在进行红鳍原鲌试捕工作中，捕捞到野生银白鱼个体 2 次，这说明银白鱼在滇池中的种群数量在不断增加，向利好趋势发展。长江十年禁捕政策的实施，以及滇池水环境的不断改善，为滇池土著鱼的种群恢复提供了重要的契机。

（二）演化过程及趋势

1957 年前滇池鱼类物种数为 26 种，整体组成较为简单，无特有属，但物种分化明显（陈自明等，2001）。1958 年由于人工引进 29 种，滇池鱼类增至 51 种，但由于人工引种不慎，产生了种间争食、外来种排挤土著种的问题。

1977~1978 年共发现鱼类 40 种，其中 11 种为人工放养种类（高礼存等，1990）。1981~1983 年滇池鱼类调查共发现 30 种，土著鱼类 7 种，分别为杞麓鲤、青鳉、云南密鲴、银白鱼、鲫、黄鳝及曼尾泥鳅，与 1980 年前数量相比，1981~1983 年这些土著鱼类已明显减少，成为滇池的稀有种（何纪昌和刘振华，1985）。2017~2019 年发现滇池土著鱼类 7 种，外来鱼类 17 种。鲤形目鱼类最多，14 种，占总数的 58.3%；鲈形目 3 种，约占 12.5%（图 7.28）。

2011~2015 年，滇池渔业资源量由秀丽白虾>太湖新银鱼>鲤鲫>红鳍原鲌>鲢鳙，逐步转变为鲢鳙>滇池高背鲫>鲤>红鳍原鲌>秀丽白虾>银鱼。2016 年红鳍原鲌的资源量已逐步超越鲤，成为资源量第二的经济鱼类。随着近年连续的开湖捕捞，鲢鳙等大型经济鱼类数量大幅减少，红鳍原鲌成为滇池最大的优势种群。目前，滇池土著鱼类已出现回归的趋势，消失多年的滇池高背鲫、滇池金线鲃和云南光唇鱼 3 种土著鱼类已经回归。

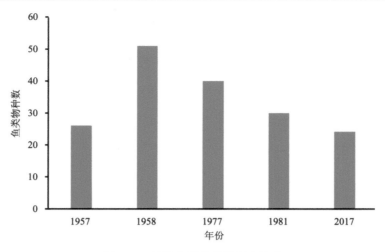

图 7.28　滇池鱼类物种数历史演变

六、珍稀鸟类

随着滇池周边生态系统的持续向好，滇池珍稀鸟类物种逐渐增加，2014 年滇池全范围的调查中，记录到 9 种国家二级保护鸟类，多数为隼形目鹰科的鸟类（表 7.7）。调查到中澳共同保护鸟类 31 种，其中包括夏候鸟 2 种，冬候鸟 6 种，旅鸟 16 种。其中以鸻形目鸟类数量最多，为 19 种（表 7.8）。

表 7.7　滇池候鸟——国家二级保护鸟类

目	科	种	记录时间
隼形目	鹰科	黑翅鸢	2014 年
		黑鸢	2014 年
		白腹鹞	2014 年
		凤头鹰	2014 年
		松雀鹰	2014 年
		普通鵟	2014 年
	隼科	红隼	2014 年
		游隼	2014 年
鹦鹉目	鹦鹉科	灰头鹦鹉	2014 年
鹳形目	朱鹮科	彩鹮	2020 年
	鹭科	草鹭	
雁形目	鸭科	灰雁	

表 7.8 滇池珍稀鸟类——中澳共同保护鸟类（2014 年）

目	科	种	居留型
鹳形目	鹭科	牛背鹭	留鸟
		黄苇鳽	夏候鸟
雁形目	鸭科	白眉鸭	冬候鸟
		琵嘴鸭	冬候鸟
鸻形目	水雉科	水雉	迷鸟
	彩鹬科	彩鹬	冬候鸟
	燕鸻科	普通燕鸻	旅鸟
	鸻科	金斑鸻	冬候鸟
		金眶鸻	留鸟
		蒙古沙鸻	旅鸟
		铁嘴沙鸻	旅鸟
	鹬科	斑尾塍鹬	旅鸟
		中杓鹬	旅鸟
		红脚鹬	旅鸟
		泽鹬	旅鸟
		青脚鹬	冬候鸟
	鹬科	林鹬	冬候鸟
		矶鹬	留鸟
		翻石鹬	旅鸟
		红颈滨鹬	旅鸟
		长趾滨鹬	旅鸟
		尖尾滨鹬	旅鸟
		弯嘴滨鹬	旅鸟
	燕鸥科	白额燕鸥	夏候鸟
		白翅浮鸥	旅鸟
雀形目	燕科	家燕	留鸟
	鹡鸰科	白鹡鸰	留鸟
		黄头鹡鸰	留鸟
		黄鹡鸰	旅鸟
		灰鹡鸰	旅鸟
	莺科	极北柳莺	旅鸟

数据来源：滇池高原湖泊研究院。

"十三五"期间，滇池及周边地区共记录鸟类 7 目 12 科 139 种，其中水禽 59 种（游禽 20 种，涉禽 39 种）。国家级及省级重点保护鸟类 9 种，其中彩鹬为国家Ⅰ级重点保护野生动物；国家Ⅱ级重点保护野生动物 7 种，分别为紫水鸡、黑翅鸢、黑鸢、普通鵟、红隼、游隼、草鹭；灰雁为省级保护动物。每年冬季均有大量红嘴鸥（2020 年 12 月数量超过 4 万只）、骨顶鸡和赤膀鸭等水鸟飞至昆明越冬，表明滇池是候鸟迁徙中的重要通道和中转站。

第四节　滇池生态环境总体态势与关键问题分析

一、生态环境总体态势

　　滇池生态环境经历了由好变坏再好转的过程。20 世纪 60 年代以前,滇池生态环境优良。80 年代开始,随着滇池流域人口增长及社会经济的发展,滇池污染负荷逐步增加。到 80 年代末、90 年代初,滇池进入了富营养化阶段。浮游藻类在湖泊中占绝对优势,透明度严重下降,造成湖中水生植物分布面积缩小,生物量降低,很多耐受性差的物种如海菜花等甚至消失,促使滇池由"草型"湖泊转向"藻型"湖泊,水生生态系统呈典型"藻型"湖泊特征。1987 年以来,滇池长期面临水质下降及蓝藻水华频繁暴发等问题。21 世纪,在国家与地方政府持续开展水污染治理与生态保育的努力下,滇池保护治理由"九五"和"十五"期间以点源污染控制为主,到"十一五"和"十二五"期间的六大工程综合治理,再到"十三五"期间的科学治理、系统治理、集约治理、依法治理,通过综合治理、系统治理、源头治理,尤其是近年来滇池实施了"退、减、调、治、管"五个支撑性举措,滇池全湖水质持续稳步改善,全湖水质 2016 年消除劣Ⅴ类,2018 年持续保持在Ⅳ类,水质提升效果显著。随着水环境治理效果的显现,湖区水体富营养化状态也有所改善,草海综合营养状态指数 2011 年起从多年的重度富营养状态转变为中度富营养状态;外海多年维持在中度富营养水平,2020~2021 年间 80%以上的监测点位已经呈现轻度富营养状态。

　　在水质改善的基础上,滇池整体水生生态系统结构与功能也有所提升。①与 10 年前相比,2020~2021 年湖区浮游动物物种数量与生物多样性显著增加,但底栖动物群落结构恢复尚不明显。②20 世纪滇池土著鱼类资源因环境污染、引种不慎、围湖造田、酷渔滥捕等众多因素的影响急剧减少,一些种类甚至绝迹,银白鱼、云南鲴、滇池金线鲃、中鲤、昆明鲇、中臀拟鲿、金氏䰲7 种滇池特有鱼类已经被列入《中国濒危动物红皮书:鱼类》。2019 年调查表明滇池鱼类物种上升至 24 种,濒危银白鱼、滇池金线鲃等滇池特有物种又逐渐重现。③20 世纪 50~70 年代大范围的围湖造田,以及 80~90 年代外海沿岸修筑的防洪堤岸使得滇池湖滨湿地受到极大破坏,鸟类数量与物种数急剧下降。近 20 年来,随着退田还湖、堤岸拆除以及环湖湿地建设等生态修复措施的实施,滇池周边生态系统持续向好,鸟类数量显著上升,珍稀鸟类物种逐渐增加,2018~2019 年调查中记录到国家二级保护鸟类高达 9 种。④近年来,随着滇池水污染治理以及湖滨湿地生态修复的开展,草海以及环湖湖滨水域水生植物盖度与物种数有所提升,苦草与轮藻种群分布区域扩大,海菜花等本土植物物种重新出现,但当前湖区沉水植物分布面积仍然较低,水生生态系统结构与功能还未发生根本性改善。

　　以自然恢复为主,辅以必要的人工强化措施,持续在水质改善基础上开展水生生态修复依然是滇池生态治理与保护的必由之路。

二、关键问题分析

（一）流域发展需求与环境承载力不匹配，导致生态空间被挤占

昆明市 14% 的土地承载了全市 60% 以上的人口，创造了全市 77% 的经济生产总值，是全市人口最密集、城市建设和经济产业最集中的区域，也是全市生态空间、农业空间、城镇空间矛盾最突出的地区，环湖区域发展迅速，开发建设与湖滨生态带之间缺少保护缓冲带，滇池生态空间被挤占，生态完整性遭到严重破坏。

（二）流域水资源时空分布不均，用水供需矛盾突出

流域内人均水资源量不足 200 m³，水资源开发利用率远超国际公认合理开发 40% 的上限，水资源供给主要靠外流域调水，水资源短缺问题尚未得到有效解决，遇到干旱年景降雨减少，会出现滇池缺少生态补水、水动力不足、水质下降的问题，再生水利用率较低，健康水循环体系还不完善，2020 年五甲宝象河、六甲宝象河、虾坝河存在全年断流情况，东大河、白鱼河、老宝象河出现旱季断流。水资源年内分配与需水过程相差较大，汛期水多且有局部暴雨多发的特点，防洪压力较大；枯水期水少，却又是农业和生态用水的高峰期，导致灾害频发。

（三）水污染防治存在短板，湖体水质仍不稳定

经过近 30 年的治理，滇池流域河湖水质有了极大的改善，湖体主要指标如总氮、氨氮、总磷等呈持续改善趋势，集中式饮用水水源地水质良好。2016 年全湖水质由持续了 20 多年的劣Ⅴ类上升为Ⅴ类，2018 年以来持续保持在Ⅳ类，2015~2020 年营养水平从重度富营养转变为中度富营养。然而，污染防治工作还存在薄弱环节，水质性缺水及河流生态健康形势不容乐观：入湖河流部分为Ⅴ类或劣Ⅴ类水质；流经城区的河流均为Ⅳ类至劣Ⅴ类水质，几乎全部受到不同程度的污染。农业农村面源污染还未能得到有效控制，截污治污系统不完善，城区雨天溢流污染较为普遍。河口、湖湾区等区域内源污染负荷高，释放通量大，外海大部分地区沉积物有机污染突出，由此导致湖体水质波动大，面临反弹风险，部分考核断面、入湖河流、饮用水源地难以持续达标，总磷、总氮等关键因子相对水环境功能要求未得到有效控制，特别是在雨季水质波动较大，环境风险隐患仍然存在。

（四）水生态系统仍然脆弱，服务功能尚需提升

20 世纪 70 年代，滇池流域开始进行围湖造田工程，草海面积大幅减少，导致水草大范围消退，沉水植被覆盖范围减小，影响了流域地表径流的截流和控制能力，滇池水生态系统发生了根本性的转变，由水草丰茂的草型湖泊转变为藻型湖泊。同时，近滇池区域和北部区域流域内的人类活动，导致流域生态系统缓冲能力下降或丧失。20 世纪 50 年代开始外来鱼类的人工引种、过度捕捞以及水生态环境的改变导致了土著鱼类和特种鱼类的锐减，鱼类结构遭到破坏。近年来土著鱼类增殖放流虽初见成效，但鱼类结构仍

处于失衡状态，无法发挥其对滇池生态系统的下行控制效应功能。浮游植物丰度常年处于高水平，水华蓝藻为常年优势种群，底栖动物丰度低，且以耐污种为主。由于生态系统结构极其单一，生态系统结构和功能的稳定性降低，同时伴随出现生态系统服务功能丧失的问题。

（五）蓝藻水华暴发风险高，防控措施仍需加强

20 世纪 80 年代末、90 年代初开始出现的大面积蓝藻水华，给滇池的水生态健康带来了巨大的负面影响。滇池蓝藻水华的暴发总体呈现"北重南轻"的格局。"十三五"以来，滇池蓝藻水华的发生规模和频次有所下降，外海北部水域中度以上水华发生天数由 2015 年的 32 天，降至 2019 年的 6 天。但蓝藻水华仍将在较长时间内存在，周年性暴发风险较大。其中，微囊藻、束丝藻等水华蓝藻丰度在春季至秋季一直处于较高水平（10^8cells/L），100 km^2 以上蓝藻水华仍然每年发生，其分布范围主要位于北部与西部水域，特别是在一些湖湾、河口等静水区域容易聚集堆积，不仅严重影响了湖面观感，还加剧了水生态系统的失衡。

第五节　对策与建议

一、优化流域发展空间布局，强化科学立法和执法

全面贯彻落实习近平生态文明思想和习近平总书记考察云南重要讲话精神，优化流域发展空间布局，彻底改变环湖开发、环湖造城格局，让湖泊休养生息。坚持依法治湖，明确"离湖布局、远湖发展"的思路，结合滇池流域治理需求与实际发展情况，积极推进《滇池保护条例》的修订，以及"两线"（湖滨生态红线和湖泊生态黄线）"三区"（生态保护核心区、生态保护缓冲区和绿色发展区）的划定，优化调整滇池分级保护范围，缓解流域人口压力，依托滇中城市群战略和生态产品价值体系，推动产业发展绿色转型，优化提升产业布局与质量。从法律上为流域管理提供坚实的后盾，保障流域管理工作能够顺利开展。建立健全水环境法规体系，制定有关标准和规程规范等政策，为水环境的科学管理提供强有力的支撑。强调区域管理与流域管理、分级管理与统一管理的有机结合，明确责任主体和职权范围等内容。

二、发挥外流域调水多重效益，优化水资源合理配置

加快滇中引水工程建设，解决滇池流域水资源供需矛盾突出问题，提高流域内人均水资源量。在满足防汛安全需求的条件下，保证现有河道、水闸、泵站、尾水系统等设施的高效运行，最大限度控制雨季溢流、打捞清除蓝藻。依托云龙水库、清水海、牛栏江等引水工程，构建流域水资源的良性梯次循环利用体系，实行联合调度，充分发挥引水工程的作用，提高滇池流域水资源的有效供给和安全保障水平。科学运用牛栏江-滇池补水，合理分配草海、外海水量，增强水动力，加速水体置换，扩大水环境容量。基于滇池来水条件实施水位动态调控，后汛期考虑积蓄优质水资源，保障滇池水位恢复至高

运行水位；春季考虑水生植物生长需求，适当降低滇池运行水位，促进水生植物繁殖生长，恢复水生态。

三、推动水环境长效治理，持续改善河湖水质

多措并举，改善河湖水质。通过河道清淤、人工复氧、跌水曝气等技术集成，深化海河、广普大沟等污染较重入湖河流及支流沟渠的污染综合整治，推动河道岸线专项治理，加快沿河（沿沟）截污、清淤、生态环境修复等专项建设。科学运用生物膜修复、人工湿地、生态浮岛、固定化生物酶以及曝气增氧等污染水体生态治理技术，改善河湖水体的生态系统结构，持续稳定提升滇池湖体及主要入湖河道水质及其功能。制定和实施冷水河、牧羊河、洛龙河、盘龙江等优良水体污染防治与保护方案，加快建设入湖河道应急截污设施提标改造、清水入滇微改造等工程，加大突发环境事故水体污染防控力度。

四、开展以水生植被恢复为主的生态修复，构建健康稳定的水生态系统

明确滇池生态修复目标和路径，选取适宜的优先修复区，主要采取人工辅助、自然恢复的方式恢复滇池沉水植被。保护滇池南部和北部底泥种子库，实施草海和外海西岸水生植被恢复工程。加强海洪湿地、海东湿地、斗南湿地、江尾村湿地、乌龙湿地、郑和故里湿地、古城河湿地水域的沉水植物恢复。针对河口及湖湾底泥富含有机质、高有机污染，限制沉水植物生长的水域，需要及时疏浚。同时，制定增殖放流总体规划和年度实施方案，完善保护地的结构和布局，筹划特有鱼类和水产种质资源保护区，保护典型土著鱼类物种。科学开展增殖放流与生态打捞，修复与构建湿地、水域、河漫滩、跌水等丰富多样的鱼类产卵场和栖息繁衍地生境。构建健康持续稳定的滇池水生生态系统，复苏滇池生态环境，全面提升滇池生态和社会服务功能。

五、提升滇池信息化管理水平，实现污染精准治理与蓝藻水华科学防控

开展"智慧滇池"研发工作，全面提升滇池保护治理的信息化管理水平，实现全流域水资源、水环境和水生态综合状况的"把脉问诊"、异常信息的"未卜先知"、突发事件的"精准施策"，保障对滇池数字化、智慧化、动态化和一体化管控。一方面，优化滇池蓝藻水华预警监控体系，提升蓝藻水华天地一体化的监测与预警平台，制定滇池蓝藻水华的全过程控制方案，实现全过程控制与管理，支撑滇池蓝藻水华的应急处置工作；另一方面，开展以水质目标为约束的流域污染物精准减排，实现流域不同河流水系和网格单元的水量和水质的过程模拟和预测，核算河流水系、网格单元和入湖污染物总量，精细解析不同污染物入湖过程和不同水系、不同网格单元贡献，确定责任主体和污染物削减量，实现流域污染精准管控。

致谢：昆明市环境监测中心、昆明市滇池管理局、滇池高原湖泊研究院、昆明市滇池水

生态管理中心、昆明市城市排水监测站、昆明市水产科学研究所提供了部分数据，余仕富、杜劲松、潘珉等老师在文稿撰写过程中提供了帮助，在此表示衷心感谢。

参 考 文 献

陈自明, 杨君兴, 苏瑞凤, 等. 2001. 滇池土著鱼类现状. 生物多样性, 9(4): 407-413.

代龚圆, 李杰, 李林, 等. 2012. 滇池北部湖区浮游植物时空格局及相关环境因子. 水生生物学报, 36(5): 946-956.

戴全裕. 1985. 云南抚仙湖、洱海、滇池水生植被的生态特征. 生态学报, 5(4): 324-335.

戴全裕. 1986. 云南滇池水生植被的观察与分析. 海洋湖沼通报, (2): 65-75.

冯秋园, 王殊然, 刘学勤, 等. 2020. 滇池浮游植物群落结构的时空变化及与环境因子的关系. 北京大学学报(自然科学版), 56(1): 184-192.

高礼存, 庄大栋, 郭起治, 等. 1990. 云南湖泊鱼类资源. 南京: 江苏科学技术出版社.

何纪昌, 刘振华. 1985. 从滇池鱼类区系变化论滇池鱼类数量变动及其原因. 云南大学学报(自然科学版), 7(s): 29-36.

昆明市水产科学研究所. 2018. 2018 年滇池渔业及水生生物监测报告.

黎尚豪, 俞敏娟, 李光正, 等. 1963. 云南高原湖泊调查. 海洋与湖沼, 5(2): 87-114.

李恒. 1980. 云南高原湖泊水生植被的研究. 云南植物研究, 2(2): 113-139, 141.

刘春燕, 余艳惠, 王蓉, 等. 2016. 滇池浮游生物多样性特征. 西部林业科学, 45(1): 74-80.

罗民波, 段昌群, 沈新强, 等. 2006. 滇池水环境退化与区域内物种多样性的丧失. 海洋渔业, 28(1): 71-78.

彭琼英. 1995. 滇池浮游动物的调查分析. 水利渔业, (6): 22-24, 26.

钱澄宇, 邓新晏, 王若南, 等. 1985. 滇池藻类植物调查研究. 云南大学学报(自然科学版), 7(s): 9-28.

曲仲湘, 李恒. 1983. 滇池植物群落和污染//《滇池污染与水生物》研究课题协作组. 滇池污染与水生物. 昆明: 云南人民出版社.

施择, 李爱军, 张榆霞, 等. 2014. 滇池浮游藻类群落构成调查. 中国环境监测, 30(5): 121-124.

孙长青. 2010. 滇池浮游动物的群落结构和种群数量变化的研究. 昆明: 云南大学.

唐廷贵. 1963. 昆明滇池水生植物群落的初步研究//中国植物学会. 中国植物学会三十周年年会论文摘要汇编. 北京: 中国科学技术情报研究所: 281-283.

王丑明, 谢志才, 宋立荣, 等. 2011. 滇池大型无脊椎动物的群落演变与成因分析. 动物学研究, 32: 212-221.

王华, 杨树平, 房晟忠, 等. 2016. 滇池浮游植物群落特征及与环境因子的典范对应分析. 中国环境科学, 36(2): 544-552.

王丽珍. 1985. 滇池的大型无脊椎动物. 云南大学学报(自然科学版), 7(s): 73-84.

王丽珍, 刘永定, 陈亮, 等. 2007. 滇池底栖无脊椎动物群落结构及水质评价. 水生生物学报, 31(4): 590-593.

王寿兵, 徐紫然, 张洁. 2016. 滇池高等沉水植物 50 年变迁状况对生态修复的启示. 水资源保护, 32(6): 1-5, 18.

王忠泽. 1985. 滇池浮游动物的初步调查. 云南大学学报(自然科学版), 7(s): 53-72.

杨赵平, 张雄, 刘爱荣. 2004. 滇池水生植被调查. 西南林学院学报, 24(1): 27-30.

余国营, 刘永定, 丘昌强, 等. 2000. 滇池水生植被演替及其与水环境变化关系. 湖泊科学, 12(1): 73-80.

张梅, 李原, 王若南. 2006. 滇池浮游植物种类的动态变化. 云南大学学报(自然科学版), 28: 73-77.

张玺, 易伯鲁. 1945. 滇池枝角类及桡足类的研究. 北平研究院动物研究所汇刊, 22: 1-11.

Liu G M, Liu Z W, Chen F Z, et al. 2013. Response of the cladoceran community to eutrophication, fish introductions and degradation of the macrophyte vegetation in Lake Dianchi, a large, shallow plateau lake in southwestern China. Limnology, 14: 159-166.

Wang Q, Sun L, Zhu Y, et al. 2022. Hysteresis effects of meteorological variation-induced algal blooms: A case study based on satellite-observed data from Dianchi Lake, China (1988–2020). Science of The Total Environment, 812: 152558.

Zhou Q C, Zhang Y L, Lin D M, et al. 2016. The relationships of meteorological factors and nutrient levels with phytoplankton biomass in a shallow eutrophic lake dominated by cyanobacteria, Lake Dianchi from 1991 to 2013. Environmental Science and Pollution Research, 23: 15616-15626.

第八章 抚 仙 湖

　　抚仙湖是我国最大的深水型淡水湖泊，是我国西南地区的重要战略水资源和西南生态屏障的重要组成部分，也是"绿水青山"的典型代表和"美丽中国"的靓丽名片。抚仙湖位于珠江源头，是我国最为古老的湖泊之一，形成于300多万年前的古近纪末期，是云贵高原抬升过程中形成的断陷湖泊，平均水深约 90m，最大水深 156m。抚仙湖蓄水量占云南省九大高原湖泊总蓄水量的 68.3%，占全国淡水湖泊总蓄水量的 9.16%，占全国优于Ⅱ类淡水资源总量的 50%，对于支撑我国西部地区的可持续发展具有重要意义。抚仙湖汇水面积小、汇流时间短、湖泊换水周期长、水量变化小，导致湖泊污染物滞留率高、生态自净能力弱，一旦污染，治理与恢复极其困难。党的十八大以来，抚仙湖流域开展了一系列的污染治理和生态修复工程，湖区和流域环境得到较大改善，入湖总磷和总氮持续下降，湖泊水质总体优于地表水Ⅱ类，成为我国重要的战略储备淡水资源；湖滨缓冲带与滨湖湿地显著恢复，鸟类等生物多样性增加，红嘴鸥等候鸟在冬季较大规模出现和停留；通过人工放流等恢复与保护措施，鱇浪白鱼等土著鱼类种群逐步恢复，湖泊生态系统完整性逐步提升。由于抚仙湖流域内的经济发展和人口的持续增长，加之抚仙湖生态系统脆弱和全球气候暖化等叠加影响，其生态环境保护仍面临巨大压力。目前抚仙湖的营养水平在低位波动，局部水域的水质有时会超过Ⅰ类水质标准；受全球气候变暖和极端气候事件影响，湖泊热力学分层的面积、强度和持续时间在增加，湖泊深水区的缺氧区面积有扩大的趋势，如何在面临气候暖化和人类活动增强的背景下，进一步保护这一优质淡水资源面临持续的挑战。

　　本章根据中国科学院抚仙湖高原深水湖泊研究站（以下简称"抚仙湖站"）的生态环境监测数据，结合抚仙湖历史资料和研究成果，系统分析了抚仙湖水质和生态系统现状、演变趋势，揭示了生态环境的关键问题，提出了具有针对性的对策和建议，以期为抚仙湖生态环境保护提供科学依据。

第一节　抚仙湖及其流域概况

一、地理位置

　　抚仙湖位于云南省中部，隶属于云南省玉溪市（图 8.1），位于北纬 24°21′28″~24°38′00″、东经 102°49′12″~102°57′26″之间，湖区目前由玉溪市下属的澄江市管理。湖泊面积 212.7 km²，平均水深约 90 m，最大水深 156 m，是我国已知的第二深水湖泊，也是我国最大的深水湖泊。抚仙湖是我国蓄水量最大的淡水湖泊，蓄水量约为 190.9 亿 m³（黄海基面水位 1722.25 m），占全国淡水湖泊蓄水总量约 9.16%，是具有重大战略意义的国家资源。抚仙湖在维系区域生物多样性和生态平衡、维持区域经济社会发展等方面具有极其重要的作用（中国科学院南京地理与湖泊研究所，1990）。

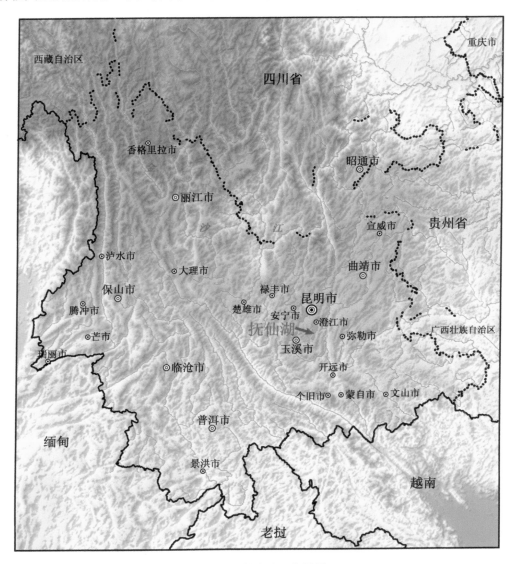

图 8.1 抚仙湖地理位置图

自 2010 年以来，为保护抚仙湖的生态环境，地方政府在抚仙湖沿岸离湖岸线 110 m 区域内划定一级保护区，启动了湖区居民的搬迁移民工作，将所有建筑用地退还为生态用地。目前在一级保护区内已经没有商业建筑，只保留极少的用于开展抚仙湖的保护和执法的建筑。抚仙湖的岸线利用很少，除了少量科研和执法用途的基础设施外，抚仙湖其他的岸线均为自然岸线（玉溪市抚仙湖管理局，2007），滨湖湿地等自然岸线系统几乎得到完全恢复。此外，在一级保护区和部分生态缓冲区已建设了约 8 km² 的类型各异的滨湖湿地系统。

二、地质地貌

抚仙湖位于澄江盆地之中。盆地四周群山环绕，是云南高原在新近纪—古近纪抬升过程中形成的断陷湖盆。周围多为海拔 1500~2500 m 的断块侵蚀山地。山地呈阶梯状，南北向延伸，西部高于东部，北部高于南部；海拔在 2500~2820 m 的山脉分布在湖泊的北部、西部和东南部，主要有梁王山、老母猪山、老虎山、飞都山、鸡街子山和磨豆山，其中梁王山最高海拔 2820 m，为抚仙湖流域内海拔最高的山脉。湖泊南部中间有一石灰岩孤岛。

抚仙湖位于小江断裂带西支的深断裂带上，近期的新构造运动强烈，历史上发生过多次破坏性地震，记录显示自 1733~1970 年共计发生 87 次破坏性地震。由于受到西翼上升和东翼相对下沉的左旋拉张作用，抚仙湖盆地属于地堑式的断陷盆地。湖泊形态上表现为湖泊岸带陡峭，50 m 水深以下的湖床坡度突然减小，100 m 水深以下的湖床较为平坦，水深大于 100 m 的湖泊面积占全湖面积的 45.5%，湖泊形态指标较低，仅为 15.5。因此湖泊水体的搅动混合微弱，水体分层较为明显（中国科学院南京地理与湖泊研究所，1990）。

三、气候气象

抚仙湖位于亚热带季风气候区，属于亚热带半湿润季风气候。每年 11 月至次年 4 月（冬半年）盛行西南季风，主要包括来自孟加拉湾的冬季湿润海洋西南季风和来自北非大陆的冬季大陆西南季风。区域气候温和，降雨充沛，日照充足。每年 5~10 月份（夏半年）主要受到赤道西南季风和热带海洋东南季风的影响，形成云南地区的雨季。本地区的主要气候特征是：雨旱季分明，四季如春，表现为春暖干旱，夏无酷暑，秋凉雨少，冬无严寒。国家气象中心 1951~2020 年数据显示，抚仙湖流域年均气温 15.8℃，月平均温度最高在 6 月，为 20.8℃，最低在 1 月，为 8.7℃。月平均温度的年较差为 12.1℃。气温的日较差多年平均为 10.6℃。该地区的气温年较差小、日较差大，是本地区的一个重要气候特点。年日照时数 2207.2 h，无霜期 332 d。多年平均年降水量 930.5 mm，5~10 月的雨季降水量占年降水量的 86%左右，月降水量以 7~8 月最大，2 月份最少。多年平均蒸发量 1421.8 mm。湖区多年平均水温 17.3℃，多年月平均最高水温 22.4℃（8 月），多年月平均最低水温 12.1℃（2 月）。1950 年以来存在明显气候变暖趋势，1981 年以来的平均气温增温率为 0.27℃/10a，累积增温约 1.1℃。

四、水文水系

抚仙湖流域共有大小入湖河流 103 条（含季节河、农田排灌沟等）（图 8.2），其中非农灌沟的河道有 60 多条（较大的有 27 条，集水面积大于 30 km² 的有 3 条，10~30 km² 的有 6 条，小于 10 km² 的有 18 条）。河流普遍短小，最长的梁王河约 21 km，其次是东大河 19.9 km，其余多在 10 km 以下。常以坡面漫流和细小沟溪等途径直接汇入湖泊，导致河水暴涨暴落，枯季断流，河川径流的调节能力较低。湖岸周围有地下水补给，例如东岸老鹰地溶洞、猪嘴山溶洞群、禄充大洞、甸朵大洞，北岸的西龙潭，东岸的大湾、热水塘等。海口河是抚仙湖历史上唯一的明河出水口，从海口村起东流约 14.5 km 入南盘江。出流改道实施后，隔河流向改变，也成为抚仙湖的主要出湖河流之一，抚仙湖水经隔河泄入星云湖。因此，抚仙湖为半封闭的山间盆地淡水湖。湖水主要靠降雨和四周山间小溪汇集补给，从石灰岩洞中流出的小股泉水也是湖水补给的来源。由于流域面积小，出口流量甚微，加上湖泊本身的滞缓调节，因此湖水水位年变化幅度不大（侯长定和吴献花，2002）。

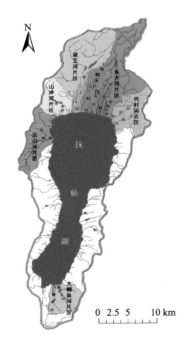

图 8.2　抚仙湖流域和主要入湖河流分布示意图

　　抚仙湖流域补给系数较低，仅为 4.92。入湖河流短，流量不大，吞吐流对湖水运动的影响较小，影响湖泊水流运动的因素主要包括风情、湖盆形态和温度垂直分布等。极低的湖泊形态指标和独特的亚热带高原气候导致抚仙湖具有独特的湖流特点，与温带深水湖泊不同，在抚仙湖的垂直断面内形成双层和三层的湖泊环流，且随着季节的变化，环流的流向发生反转。这种多层环流在分层的深水湖泊水体内的物质和能量的垂直输送中起着极其重要的作用。上层环流的强度直接影响到上层水体的热量和物质向下层较冷水体的传输的强度和深度，而温跃层的涡动交换会进一步将表层热量和物质传输到更深的水层。即使在有温跃层的季节，这种环流机制也可以促进湖泊上下层之间的物质与能量交换，对湖泊生态系统功能的维持具有极其重要的意义（王银珠和濮培民，1982；王洪道和史复祥，1980）。

五、社会经济与土地利用

抚仙湖流域面积 674.69 km², 跨澄江市、江川区、华宁县。其中澄江市涉及凤麓街道、龙街街道、右所镇、九村镇及海口镇；江川区涉及路居和江城 2 个镇；华宁县仅涉及青龙 1 个镇。流域共 8 个镇，总计 42 个行政村或社区。抚仙湖流域内 2015 年末总人口 164 951 人。其中澄江县流域内总人口 124 111 人，农村人口 77 735 人，城镇人口 46 376 人；江川区流域内总人口 31 979 人，农村人口 27 079 人，城镇人口 4900 人；华宁县流域内总人口 8861 人，农村人口 7761 人，城镇人口 1100 人。2014 年，抚仙湖流域内 3 县 8 镇的生产总值达到 829 960 万元，其中第一、二、三产业产值分别占生产总值的 21.73%、38.67%、39.60%。

抚仙湖流域土地利用类型以湖泊水面和林地为主，其次是旱地、农业用地和建设用地等（图 8.3）。湖泊水面面积为 214.73 km²，占流域总面积的 31.83%；林地面积

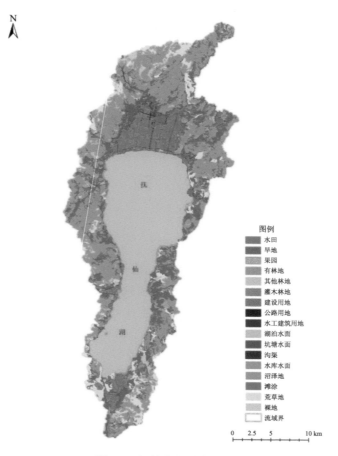

图 8.3　抚仙湖土地利用图

（引自玉溪市人民政府的《云南省抚仙湖山水林田湖生态保护修复工程试点项目实施方案》）

为 187.46 km²，占流域总面积的 27.78%，主要分布在流域北部与西部的面山区域；旱地面积为 108.46 km²，占流域总面积的 16.08%，主要分布在北部水田周围及东部区域的华宁县青龙镇和澄江市路居镇；水田面积为 45.25 km²，占流域总面积的 6.71%，主要分布在北部澄江市的凤麓街道、右所镇、龙街镇和南部的路居镇；建设用地面积为 33.13 km²，占流域总面积的 4.91%，主要分布在北部的澄江城区、右所镇、龙街镇等乡镇以及南部的路居镇；荒草地面积为 45.66 km²，占流域总面积的 6.75%，主要分布在流域的西北部；其他土地利用类型中，果园面积为 4.9 km²，其他林地为 6.75 km²，灌木林地为 10.42 km²，水库水面为 2.05 km²，坑塘水面为 1.06 km²，沟渠为 0.33 km²，滩涂为 0.31 km²，沼泽地为 0.16 km²，公路用地为 6.79 km²，水工建筑用地为 0.19 km²，裸地为 7.16 km²（云南省统计局，2020）。

抚仙湖流域土地利用情况出现城镇用地面积逐年增加、耕地面积逐年递减的趋势。城镇用地面积由 1988 年的 5.89 km²，增长到 2014 年的 18.45 km²，城镇用地比重增加 1.86 个百分点。耕地面积由 1988 年的 67.46km²，减少到 2014 年的 45.23km²，耕地比重减少 2.89 个百分点。1988 年后，抚仙湖流域没有出现围垦现象，水域面积随抚仙湖年平均水位波动而变化，而 2009 年后由于降雨减少，抚仙湖水位下降、湖面面积减小。流域城镇化快速发展，造成了土地利用格局的改变，城镇化区域污染源及污染物排放量不断增加，所产生的生活污水、垃圾没有全部收集处理，对湖泊生态安全的威胁日趋加大（玉溪市人民政府，2018）。

第二节 抚仙湖水环境现状及演变过程

一、水位与水量

1988 年以来抚仙湖的平均水位为 1722.25 m（黄海基面），最高年平均水位为 1723.14 m，出现在 2008 年，最低年平均水位为 1720.87 m，出现在 2014 年。1988 年以来，水位变化先后经历了上升、平稳、下降 3 个阶段。受 2009~2012 年 4 年连续干旱的影响，抚仙湖水位在 2010~2014 年间下降明显，并在 2014 年出现近 20 多年来的最低水位，近年来水位虽然有所恢复，但是总体上处于低水位（图 8.4）。

抚仙湖湖水主要依赖湖面降水、地表径流补给，另有少量的地下水补给。抚仙湖的蓄水量与水位密切相关（图 8.5），蓄水量约为 190.9 亿 m³（海拔 1721.78 m）。抚仙湖流域多年平均径流量 16 092 万 m³，最大径流量是 27 930 万 m³（1966~1967 年），最小径流量是 5442 万 m³（1992~1993 年）。近 40 年来流域径流量 2 亿 m³ 以上的年份有 13 年，占 32.5%；1.0 亿~2.0 亿 m³ 的年份有 22 年，占 55%；0.5 亿~0.9 亿 m³ 的年份有 5 年，占 12.5%。尽管抚仙湖蓄水量很大，但是能被开发利用的水资源量有限，抚仙湖流域的多年平均的人均水资源量约为 710 m³，低于全国和云南省平均水平。

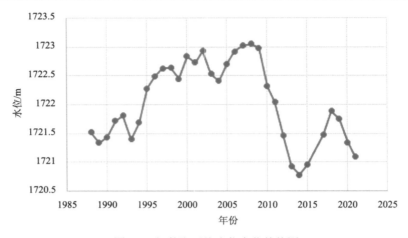

图 8.4　抚仙湖平均水位变化趋势图

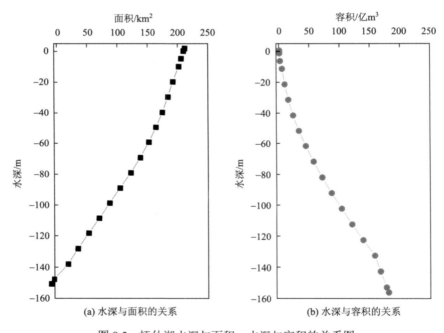

图 8.5　抚仙湖水深与面积、水深与容积的关系图

二、水温

　　2016 年 7 月抚仙湖全湖 68 个采样点表层水的温度范围为 22.46~25.39℃（图 8.6）。抚仙湖湖心点水温存在明显的年内变化。2010~2017 年最高温度多出现在 7 月和 8 月，偶尔出现在 6 月、9 月和 10 月；最低温度多出现在 12 月、1 月和 2 月。年际变化上，2017 年总体上温度偏高，年最高温度、最低温度和平均值均高于其他年份（2010~2016 年）。2016 年 7 月监测抚仙湖最深点 0.5 m、10 m、20 m、30 m、40 m、50 m、60 m、100 m、120 m、150 m 处湖水温度，发现在 50 m 以上，温度降低较快，平均每米降低 0.193℃；

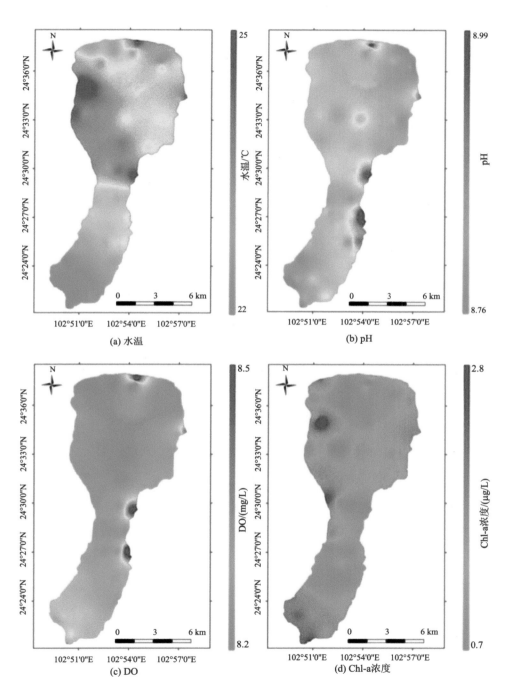

图 8.6 抚仙湖表层水环境因子分布图

在 50 m 以下为均温层，温度变化很小。2020 年 1 月、4 月、7 月和 10 月利用 YSI 仪器对抚仙湖最深点进行了密集测量，数据显示，1 月温跃层厚度仅为 3.1 m，深度为 32.7 m，强度为 0.284℃/m。4 月温跃层厚度与 1 月类似。7 月温跃层厚度为 12.258 m，深度为 29.4 m，强度为 0.225℃/m。10 月温跃层厚度为 9.5 m，深度为 33.5 m，强度为 0.472℃/m（图 8.7）。2012~2013 年连续监测的水温数据同样表明，抚仙湖的水温跃层一般发生在 5~12 月，多发生在 40 m 之上，极少会下降到 40 m 或者更深（付朝晖，2015）。

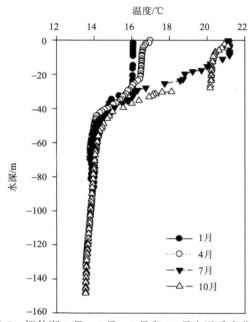

图 8.7　抚仙湖 1 月、4 月、7 月和 10 月水温垂直分布图

对比 20 世纪 70 年代后期的抚仙湖水温垂直分布可以发现，40 年前的抚仙湖 1~2 月表层水温 13~14℃，上下水体温度比较均匀，上下水体的最大温差只有 1℃左右，而 2020 年 1 月抚仙湖表层水温约 16℃，表层水温升高明显，同时上下水体的最大温差达 4℃。这些数据显示抚仙湖水体增温显著，分层增强，水体的上下混合能力显著减弱。与此相一致的是抚仙湖地区的气温变化特征，长期气象观测数据显示，抚仙湖流域 1981 年以来存在明显气候变暖趋势，累积增温约 1.6℃。深水湖泊水体的夏季分层和冬季的翻转与上下水体的混合对深水湖泊的营养盐分布和生物群落结构等具有重要的影响，而抚仙湖流域气候暖化导致的温跃层的面积、强度和持续时间将可能进一步增强，势必将对抚仙湖生态系统的结构产生重要而深远的影响。

三、透明度

2016 年 7 月份的多点监测数据显示，抚仙湖透明度一般在 4.5~7 m，仅在靠近河岸的采样点（东经 102°54′28.65″，北纬 24°37′42.17″）透明度为 1.5 m。1982 年的调查显示，由于浮游植物和水中悬浮颗粒物质存在年内季节变化，抚仙湖的透明度具有较明显的季节特征，秋、冬季的透明度均高于春、夏季（中国科学院南京地理与湖泊研究所，1990）。

2010~2017 年的监测数据显示，除 2011 年具有明显的季节性变化外，其余年份透明度的季节性变化不明显。2018~2020 年监测数据显示，抚仙湖透明度在 4.6~7.2 m，多数点位透明度在 5.0~6.5 m 之间，无明显的季节变化。抚仙湖水体透明度总体呈现逐步下降的趋势，例如 20 世纪 60 年代初抚仙湖水体透明度平均约 9 m；80 年代初平均约为 7.9 m，与 60 年代比较，抚仙湖水体透明度下降了近 50%（中国科学院南京地理与湖泊研究所，1990）。但是近 10 多年来的水体透明度变化不大，抚仙湖仍然是我国不可多得的水质优良的湖泊。抚仙湖水体透明度下降与抚仙湖水体营养水平上升和水体浮游藻类的数量增加密切相关。

四、溶解氧（DO）

2016 年全湖多点监测数据显示（图 8.6），抚仙湖 10 m 以上水层中溶解氧丰富，一般为 8.2~8.5 mg/L，10 m 以下水层中溶解氧为 4.80~ 6.49 mg/L（Wang et al., 2020）。抚仙湖敞水区表层水体的溶解氧年内变化不明显。近 10 年来的监测数据显示，2010 年溶解氧年内变化较大（±0.73 mg/L），2011~2017 年溶解氧月度变化不明显，波动为 ±0.09 mg/L 至±0.37 mg/L。2014 年 7 月抚仙湖底层 DO 浓度曾低至 2~3 mg/L，已出现溶解氧降低的迹象（王琳杰等，2017）。2018~2020 年监测结果显示，抚仙湖表层湖水溶解氧范围为 6.76~8.67 mg/L，多数表层点位溶解氧值在 7.5 mg/L 左右。2020 年 1 月、4 月、7 月和 10 月对抚仙湖最深点垂直剖面的监测显示：1 月份 0~80 m 垂直剖面溶解氧范围为 1.85~8.04 mg/L；4 月份 0~131 m 垂直剖面溶解氧范围为 0.31~8.19 mg/L，7 月份 0~87 m 垂直剖面溶解氧范围为 4.04~7.51 mg/L，10 月份 0~148 m 垂直剖面溶解氧范围为 0.3~7.3 mg/L，抚仙湖深层水体缺氧明显（图 8.8）。

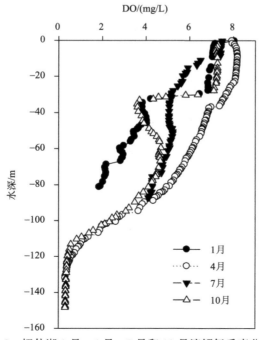

图 8.8　抚仙湖 1 月、4 月、7 月和 10 月溶解氧垂直分布图

对近年来的抚仙湖分层期间的溶解氧垂直分布进行比较发现，抚仙湖深层水体缺氧区的体积有不断扩大的现象，缺氧区上边界深度不断减小，呈现快速增加的趋势（图8.9）。抚仙湖深水区域的缺氧现象与抚仙湖深水湖泊的热力学分层具有密切的关系，随着抚仙湖流域气候暖化的持续，湖泊水体温跃层的面积、强度和持续时间将可能进一步增强，进一步限制上下水层的翻转和交换，减少表层水体溶解氧对底层水体的补给。

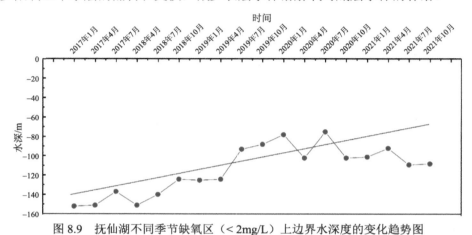

图 8.9　抚仙湖不同季节缺氧区（＜2mg/L）上边界水深度的变化趋势图

五、pH

抚仙湖水属于弱碱性水（图8.6）。表层水体（10m以上水层）pH 一般为 8.76~8.99。最深处 10m 以下水层 pH 的垂直分布为 8.01~8.43。pH 有明显的垂直变化，一般表层高、底层低。2010~2017 年湖心表层水体 pH 为 8.34~8.96，仅在 2013 年 4 月 pH 为 7.8。年内变化不明显，在 2 月或 3 月略低，6~10 月略高。

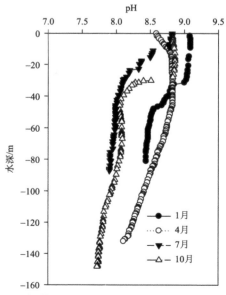

图 8.10　抚仙湖 1 月、4 月、7 月和 10 月 pH 垂直分布图

2020 年抚仙湖湖心点垂直剖面监测结果显示，表层湖水 pH 明显高于底层，pH 随着湖水深度增加呈逐渐下降趋势。2020 年 1 月实测，表层 pH 为 9.09，水深 80 m 处 pH 为 8.43。2020 年 4 月实测表层 pH 为 8.83，133m 湖底为 8.11。2020 年 7 月实测表层 pH 为 8.8，87m 处为 7.88。2020 年 10 月实测表层 pH 为 8.78，149m 湖底为 7.72（图 8.10）。垂直剖面 pH 监测显示，表层水体 pH 大于下层水体 pH，表层 pH 年内变化不明显，湖底 pH 冬季略高于夏季。

六、总氮（TN）

2020 年监测数据显示，抚仙湖 1 月湖心点不同深度检测出总氮浓度范围为 0.326~0.544 mg/L，变化幅度为 0.218 mg/L，平均值为 0.42 mg/L。最高值出现在 150 m 水深处，最低观测值位于水深 20 m 处。TN 浓度随水深变化不大（图 8.11）。4 月湖心点不同深度 TN 浓度范围为 0.26~0.376 mg/L，变化范围为 0.116 mg/L，平均值为 0.33 mg/L。最高值出现在水深为 120 m 处，最低值为湖泊表层。水深与 TN 浓度关系较弱。7 月中心点不同深度 TN 浓度范围为 0.242~0.371 mg/L，变化范围为 0.129 mg/L，平均值为 0.31 mg/L。最高观测值位于 60 m 水深处，最低观测值出现在 40 m 水深处。10 月中心点不同水深 TN 浓度范围为 0.156~0.311mg/L，变化范围为 0.155 mg/L，平均值为 0.26 mg/L。2020 年 TN 年平均值为 0.33 mg/L，1 月 TN 均值最高，为 0.42 mg/L，10 月 TN 均值最低，为 0.29 mg/L（图 8.11）。总体来说，抚仙湖水体总氮浓度的垂直分布差异不大，只是在冬季的下层水体总氮浓度高于表层；此外，无论是表层水体还是深层水体，冬季的水体总氮浓度高于夏季。

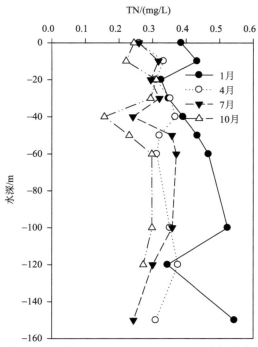

图 8.11 抚仙湖 2020 年 1 月、4 月、7 月和 10 月总氮浓度垂直分布图

对 2013 年以来抚仙湖表层水体总氮浓度的比较发现,抚仙湖表层水体总氮浓度波动较大，个别月份总氮浓度接近或者超过国家地表Ⅱ类水的浓度，显示抚仙湖水体总体营养水平较低，处于贫-中营养状态，但是富营养化的趋势是存在的（图 8.12）。

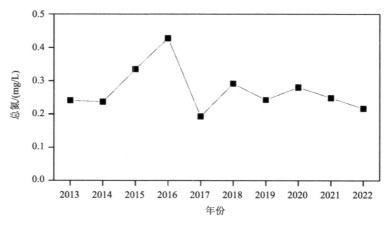

图 8.12　抚仙湖表层总氮浓度变化趋势

七、总磷（TP）

2020 年监测数据显示，抚仙湖 1 月中心点不同深度检测出总磷浓度范围为 0.021~0.044 mg/L，变化范围为 0.023 mg/L，平均值为 0.028 mg/L。最高值出现在 50 m 水深处，最低观测值位于湖表层，TP 浓度与水深无显著关系。4 月中心点不同深度 TP 浓度范围为 0.02~0.044 mg/L，变化范围为 0.024 mg/L，平均值为 0.031mg/L。最高值出现在水深为 30 m 处，最低值为湖泊 20 m 水深处。水深大于 30 m 时，TP 与水深呈显著负相关。7 月中心点不同深度 TP 浓度范围为 0.029~0.036 mg/L，变化范围为 0.007 mg/L，平均值为 0.031 mg/L。7 月 TP 与水深呈显著正相关。最高观测值位于 150 m 水深处，最低观测值位于湖泊表层。10 月中心点不同水深 TP 浓度范围为 0.027~0.069 mg/L，变化范围为 0.042 mg/L，平均值为 0.043 mg/L。10 月份的 TP 在 40 m 水深以内，与深度呈现显著负相关；在 40 m 以上呈显著正相关。2020 年 TP 年平均值为 0.033 mg/L，10 月 TP 均值最高，为 0.043 mg/L，1 月 TP 均值最低，为 0.028 mg/L（图 8.13）。总体来说，温跃层期间，湖泊下层的总磷浓度高于表层水体。

对 2013 年以来抚仙湖表层水体总磷浓度的比较发现,抚仙湖表层水体总磷浓度波动较大，个别月份总磷浓度接近或者超过国家地表Ⅱ类水的浓度，显示抚仙湖水体总体营养水平较低，处于贫-中营养状态，但是富营养化的趋势是存在的（图 8.14）。

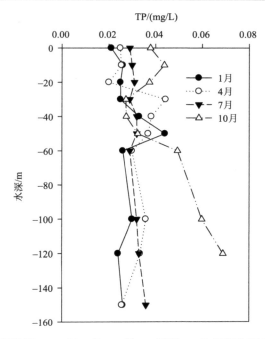

图 8.13 抚仙湖 2020 年 1 月、4 月、7 月和 10 月总磷浓度垂直分布图

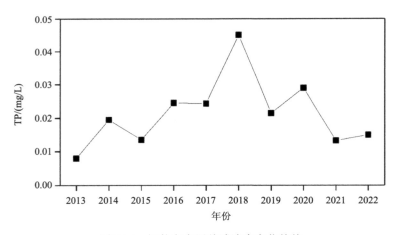

图 8.14 抚仙湖表层总磷浓度变化趋势

八、叶绿素 a

2020 年监测数据显示，抚仙湖 1 月中心点不同深度检测出叶绿素 a（Chl-a）浓度范围为 2.46~4.91 μg/L，变化范围为 2.45 μg/L，平均值为 3.49 μg/L。最高值出现在 150 m 水深处，最低观测值位于 100 m 水深处。Chl-a 浓度与水深无显著关系，但在 100 m 以上水深显著增加（图 8.6）。4 月中心点不同深度 Chl-a 浓度范围为 2.19~2.75 μg/L，变化范围为 0.56 μg/L，平均值为 2.47 μg/L。4 月湖泊水体 Chl-a 浓度随水深变化不大。7 月中心点不同深度 Chl-a 浓度范围为 1.63~3.24 μg/L，变化范围为 1.61 μg/L，平均值为

2.18 μg/L。7 月 Chl-a 在 20 m 以内与水深呈显著负相关，水深 20 m 以上无显著关系。最高观测值出现在湖泊表层，最小观测值出现在水深 100 m 处。10 月中心点不同水深 Chl-a 浓度范围为 0.02~3.9 μg/L，变化范围为 3.88 μg/L，平均值为 1.067 μg/L。10 月 Chl-a 最高值出现在 10 m 水深附近，在 40 m 水深以内，Chl-a 与深度呈现显著负相关，40 m 之后 Chl-a 浓度值较低。2020 年 Chl-a 年平均值为 2.303 μg/L，1 月均值最高，为 3.49 μg/L，10 月 Chl-a 均值最低，为 1.067 μg/L（图 8.15）。

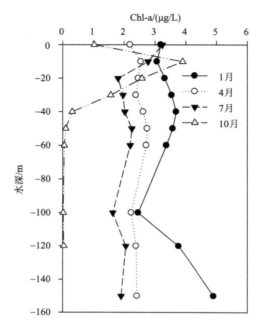

图 8.15　抚仙湖 2020 年 1 月、4 月、7 月和 10 月 Chl-a 浓度垂直分布图

　　对 2013 年以来抚仙湖表层水体 Chl-a 浓度的比较发现，抚仙湖表层水体 Chl-a 浓度有增加趋势，显示抚仙湖水体富营养化进程加快（图 8.16）。对照我国湖泊富营养化评价指标，Chl-a 浓度显示抚仙湖已经处于贫中营养状态。

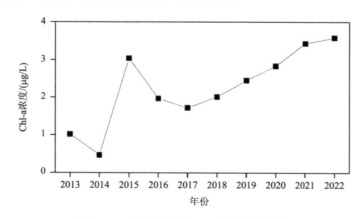

图 8.16　抚仙湖表层 Chl-a 浓度变化趋势

九、高锰酸盐指数（COD_Mn）

抚仙湖湖水高锰酸盐指数常年维持在 I 类水标准限值以内（≤2 mg/L）。2021 年 9 月监测结果显示，抚仙湖表层湖水高锰酸盐指数为 1.69~1.89 mg/L。湖心点垂直剖面高锰酸盐指数表层为 1.81 mg/L，底层湖水（150 m 水深处）高锰酸盐指数为 1.33 mg/L，表层湖水高锰酸盐指数明显高于底层湖水。在 0~40 m，高锰酸盐指数呈逐渐下降趋势，在底部 60~100 m 处会出现一段高锰酸盐指数较高的现象（图 8.17）。

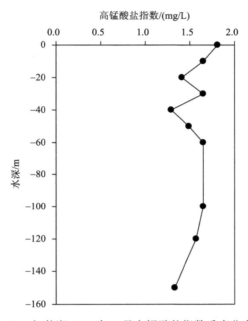

图 8.17　抚仙湖 2021 年 9 月高锰酸盐指数垂直分布图

第三节　抚仙湖水生态系统结构与变化趋势

一、浮游和附生藻类

（一）群落组成

抚仙湖沿岸带附生藻类以绿藻和硅藻为主，优势种以刚毛藻和丝藻为主，主要附着基质为砾石和沉水植物，因卵形藻附着在刚毛藻上，故也是抚仙湖附生藻类的优势种之一，刚毛藻生物量在附生藻类中占绝对优势。抚仙湖有 3 种刚毛藻，分别是团集刚毛藻、脆弱刚毛藻和疏枝刚毛藻。空间分布上，夏季抚仙湖全岸线以团集刚毛藻为优势种，脆弱刚毛藻和疏枝刚毛藻则主要分布在南、北岸，在西岸分布较少。虽然团集刚毛藻在抚仙湖的空间分布较广，但是出现时间较脆弱刚毛藻和疏枝刚毛藻短。抚仙湖沿岸带刚毛藻生物量平均为 118.2 g/m²，最高生物量出现在北岸月亮湾附近，高达 558.4~613.8 g/m²。

东岸世家村—塘子村沿线刚毛藻生物量次之，其值为 151.6 g/m²。其次是南岸隔河村和路居镇，刚毛藻生物量分别为 56.8 g/m² 和 86.7 g/m²。刚毛藻在抚仙湖沿岸带水深 4 m 以内的水域中大量分布，生物量呈现深水植被区＞浅水植被区＞浅水植被区基质＞无植被区基质的规律。相较于裸露基质，附着在沉水植物上的刚毛藻生物量更大。在无植被区，刚毛藻附着在砾石和沙子上；在浅水植被区，刚毛藻在植物冠层和裸露基质上均有分布，被附着的沉水植物包括光叶眼子菜、穗花狐尾藻、篦齿眼子菜、轮藻类、苦草和伊乐藻等；在 2~4 m 的较深植被分布区，刚毛藻附着在植物冠层，被附着的植物主要是穗花狐尾藻。一般附着在裸露基质上的刚毛藻颜色偏黄，而缠绕在植物上的刚毛藻则呈亮绿色。

2018~2020 年监测结果显示，抚仙湖浮游植物共检出 8 门 67 属。从细胞丰度来看，12 个季度监测中有 9 个季度优势藻类属种为转板藻。2018 年 10 月优势种为假鱼腥藻，各点位假鱼腥藻细胞丰度为 20000~48000 cells/L，生物量最高的藻类属种为多甲藻。2019 年 7 月，抚仙湖表层湖水优势藻类为泽丝藻，细胞丰度最高值为 59100 cells/L，生物量最大为多甲藻。2020 年监测结果显示，抚仙湖不同季节浮游植物属种有明显差异，1 月份湖泊表层以水华束丝藻、泽丝藻为优势藻类，南湖区泽丝藻最高丰度为 62500 cells/L，北湖区水华束丝藻最高值为 28500 cells/L，表层湖水转板藻生物量最大为 0.043 mg/L。4 月份抚仙湖表层湖水优势藻类为水华束丝藻、小球藻，南湖区以小球藻为主，最高丰度为 5500 cells/L，北湖区水华束丝藻最高丰度为 5250 cells/L，生物量最大为多甲藻，最大生物量为 0.044 mg/L。7 月份抚仙湖表层湖水优势藻类和最大生物量属种均为转板藻，转板藻最大丰度为 10800 cells/L，最大生物量为 0.065 mg/L。10 月份优势藻类仍为转板藻，且相比 7 月份细胞丰度明显增加，北湖区丰度为 41375 cells/L，生物量为 0.121 mg/L，南湖区丰度为 37125 cells/L，生物量为 0.109 mg/L。湖心点垂直剖面浮游植物生物量自上而下呈明显减少趋势，以 2020 年 10 月份为例，湖泊表层浮游植物总生物量为 0.238 mg/L，底层为 0.007 mg/L。

近 10 年的监测结果显示，抚仙湖在 2018 年 2~3 月暴发过一次水华束丝藻水华，以北湖区最为严重，面积占到全湖的 2/3。在北湖区西岸禄充尖山一带水域，水华束丝藻细胞密度约 8×10⁶ cells/L，生物量为 0.66 mg/L。2022 年 3 月初，在抚仙湖也出现较大面积的水华束丝藻水华，水华分布面积约占全湖面积的 30%，水华束丝藻细胞生物量为 0.56 mg/L。除 2018 年和 2022 年年初监测到大范围暴发水华束丝藻水华以外，近 10 年来均未监测到大面积的藻类水华。

（二）群落演变

抚仙湖浮游植物丰度随时间变化显著增加。1980 年，丰度为 1.28×10⁵ ind./L，1993 年，浮游植物丰度减少到原来的 2/3，为 8.72×10⁴ ind./L，到 21 世纪初，其丰度明显增加，变化范围为 5.66×10⁵~9.06×10⁵ ind./L。与 21 世纪初相比，2014~2015 年浮游植物丰度变化不大，2016 年丰度减小，为 1.74×10⁵ ind./L。2017 年抚仙湖浮游植物丰度有明显增加，其值为 13.5×10⁵ ind./L（图 8.18）。夏季浮游植物丰度随时间变化趋势与全年变化趋势相似。总体来看，夏季浮游植物丰度随时间明显增加，在 2016 年出现了一个较低值，其丰度值为 9.66×10⁴ ind./L。

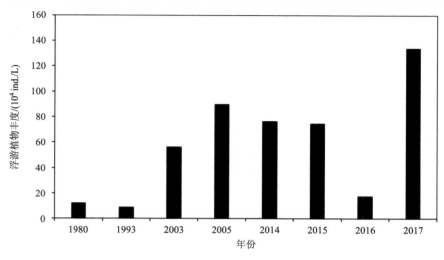

图 8.18　抚仙湖浮游植物丰度变化

20 世纪 60 年代，抚仙湖的浮游藻类中角星鼓藻、葡萄藻、小环藻、蓝隐藻和角甲藻共同占优势。葡萄藻适应清洁变温层的水体环境，蓝隐藻适应中至富营养浅水湖泊的清洁混合层。此后，抚仙湖中葡萄藻的优势地位不存在，而蓝隐藻仅在 2015 年出现。从 2000 年开始，转板藻逐渐成为抚仙湖的优势种，并一直处于绝对优势地位，这类藻有长的丝状细胞，能利用较深水下光照，适合生长于深水湖泊中。转板藻对营养缺乏敏感，适宜生长在营养充足的水体。在特定时间抚仙湖部分湖区会出现适应低氮环境生长的蓝藻，如水华束丝藻、浮丝藻和席藻在 21 世纪初和 21 世纪 10 年代均有出现，说明抚仙湖营养水平升高。对 2018 年和 2022 年 2~3 月的水华束丝藻水华发生的原因进行初步分析后发现，水华束丝藻水华发生之前的上年 12 月~2 月，抚仙湖地区均出现长时间的低温天气，甚至出现了大雪和低于 0℃的极端天气，推测极端的低温天气促进了抚仙湖表层水和深层缺氧和富含磷的水体的强烈交换，导致表层水体磷浓度迅速增加，监测也显示 2018 年和 2022 年的 3 月抚仙湖表层水体的总磷浓度均超过 0.020mg/L，而总氮浓度偏低，较低的氮磷比和适宜的水温（12~15℃）有助于固氮蓝藻水华束丝藻的迅速生长，进而形成水华。尤其值得关注的是，大部分的水华束丝藻可以产生藻毒素，对以抚仙湖作为饮用水源地的湖区居民健康会产生潜在的危害。

20 世纪 80 年代以前，抚仙湖平均磷浓度不超过 0.005 mg/L，氮浓度不超过 0.1 mg/L，沿岸带沉积物瘠薄，沉水植物生物量低。20 世纪 80 年代至 2000 年，平均磷浓度在 0.01~0.02 mg/L；2000 年后磷浓度维持在 0.02 mg/L 左右，氮浓度最高达 0.4 mg/L，但水体透明度仍较高，介于 4.9~12.5 m 之间。从 2002 年开始流域治理之后，虽然入湖氮磷负荷以及全湖整体氮磷浓度下降，但沿岸带水体中的营养盐浓度依然较高。1980 年调查显示，抚仙湖刚毛藻的生物量尚不大，只附着在水深 1 m 以内的砾石上，以春季和夏初为生长繁殖的盛期。2017~2018 年抚仙湖刚毛藻的生物量已经非常大，而且在沉水植物冠层上的生物量远远大于赤裸基质。同时，刚毛藻覆盖的水域，沉水植物的种类仅 1~3 种，低于无刚毛藻水域的物种丰富度。目前，抚仙湖占据优势的正是这些大型的沉水植物种类，如果这些种类的优势度进一步扩大，刚毛藻也将会继续增殖。另一方面，抚仙湖营养盐浓度的继续增加，会促进浮游植物的生长，引起水体透明度下降，从而削弱到达沉水植物冠层的光照，可能会导致刚毛藻和沉水植物逐渐消失，浮游植物占优势。

二、浮游动物

（一）群落组成

历史资料（1957~2005 年）共记载抚仙湖浮游动物枝角类 23 种，桡足类 21 种，轮虫 94 种。2016 年夏季，抚仙湖全湖调查共采集到浮游甲壳动物 12 属 15 种，其中，枝角类 7 属 10 种，桡足类 5 属 5 种，各样点平均物种数为 5 种。从空间上来看，南部湖区和北部湖区物种组成相似，均以桡足类舌状叶镖水蚤和枝角类长额象鼻溞和盔形溞为主。从 2016 年夏季全湖 160 多个样点的调查结果来看，出现率超过 10%的种类共 7 种，长额象鼻溞出现率最高，达 98.5%，其次是舌状叶镖水蚤（88.3%），盔形溞、网纹溞、中剑水蚤、盘肠溞和尖额溞的出现率分别为 72.7%、60.6%、52.1%、18.2%和 18.2%。

抚仙湖浮游甲壳动物平均密度为 26.7 ind./L，最大值 94.5 ind./L，最小值 0.1 ind./L；平均生物量为 114.9 μg/L，最大值 443.4 μg/L，最小值 0.03 μg/L。垂直分布上，浮游甲壳动物密度和生物量均在 10 m 左右的真光层最高，占水柱的 80%左右，表层较少，10 m 以下逐渐减少。表层浮游甲壳动物平均密度和平均生物量分别为 6.4 ind./L 和 28.3 μg/L，真光层分别为 74.2 ind./L 和 318.8 μg/L。水平分布上，岸带浮游甲壳动物密度和生物量均低于敞水区，北部湖区浮游甲壳动物平均密度和平均生物量分别是南部湖区的 1.76 倍和 1.77 倍，北部湖区密度最高的种类为象鼻溞，而南部为舌状叶镖水蚤。北部湖区剑水蚤多于南部，大型枝角类少于南部。

（二）群落演变

桡足类西南荡镖水蚤是 20 世纪云南湖泊的主要优势种（沈嘉瑞和宋大祥，1979），在 1957 年和 1978~1980 年的调查中，西南荡镖水蚤是抚仙湖浮游动物的优势种类，但在 2002~2003 年和 2005 年的调查中，没有发现西南荡镖水蚤，取而代之的是舌状叶镖水蚤，在随后的研究中，也未发现西南荡镖水蚤。浮游动物优势种的变化与 20 世纪 80 年代末太湖新银鱼进入抚仙湖有关，由于舌状叶镖水蚤逃避捕食的能力要强于西南荡镖水蚤，太湖新银鱼对舌状叶镖水蚤的选择性并不高，滇池太湖新银鱼的肠含物分析表明，不同月份中银鱼的主要食物均是西南荡镖水蚤（刘正文和朱松泉，1994）。21 世纪以来，舌状叶镖水蚤成为抚仙湖的优势种与银鱼种群的扩大密切相关。

不同历史时期的抚仙湖浮游甲壳类的密度变化显著，从 1957 年以来（黎尚豪等，1963），总体上浮游甲壳类的密度逐渐下降，但三大类群的变化趋势不同，桡足类密度呈现减少的趋势，而枝角类和轮虫呈现增加的趋势（图 8.19）。1957 年 7~10 月的调查表明，枝角类丰度只有 1 ind./L，桡足类小于 20 ind./L；1980 年的调查，枝角类丰度为 1.9 ind./L，桡足类 10.5 ind./L；2002~2003 年的调查，枝角类丰度为 3.1 ind./L，桡足类

4.9 ind./L；2014~2017 年，枝角类平均丰度 7.3 ind./L，桡足类丰度平均只有 2.6 ind./L。

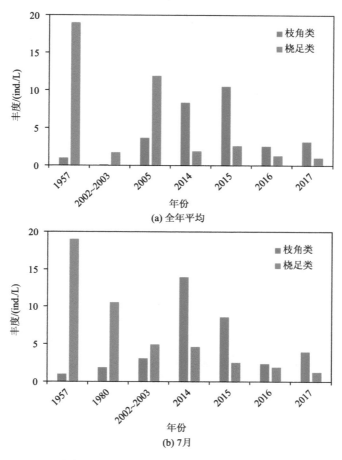

图 8.19　不同时期浮游甲壳动物丰度变化

1957 年为 7~10 月数据

　　抚仙湖的轮虫密度也呈现增加的趋势，与枝角类相比增加的幅度更大。1957 年轮虫丰度小于 10 ind./L，1980 年轮虫的丰度只有 0.1 ind./L。2013~2014 年，抚仙湖表层水体轮虫的年均丰度为 32 ind./L，10 m 水层的年均丰度为 39 ind./L；2015~2017 年，表层轮虫的年均丰度为 119 ind./L，10 m 水层的年均丰度为 133 ind./L。

　　浮游动物的密度变化主要受两个因素的控制，包括太湖新银鱼的引入和湖泊水体的富营养化。太湖新银鱼倾向选择个体较大的浮游动物，例如哲水蚤和溞等取食，导致抚仙湖大型桡足类密度显著下降。湖泊富营养化则有利于小型枝角类象鼻溞和轮虫生长，密度显著增加。总体上因为银鱼的强烈捕食作用和富营养化，抚仙湖浮游动物个体向小型化发展。

三、微生物

（一）群落组成

抚仙湖水体细菌主要的组成门类，包括放线菌门、变形菌门、拟杆菌门、疣微菌门、浮霉菌门、酸杆菌门、厚壁菌门、硝化螺旋菌门、装甲菌门和绿弯菌门等（周天旭等，2022）。放线菌门、变形菌门和拟杆菌门在水体中占据绝对的主导地位（相对丰度合计>70%），拟杆菌门相对丰度年际变化大于其他两个细菌门类。此外，水体样品中也可以检测到奇古菌门古菌。群落中相对丰度前50位的运算分类单元（operational taxonomic unit, OTU）与环境因子的相关性分析表明，主要细菌门类对环境因子变化的响应存在特异性。叶绿素a浓度与多数OTU呈现正相关关系，温度和电导率主要与变形菌门呈显著的正相关关系，与水体总氮显著相关的细菌全部属于放线菌门，与总磷相关性强的细菌属于放线菌门和拟杆菌门（高培鑫，2021）。抚仙湖浮游细菌存在显著的年际变化特征，特别是在2016年前后，抚仙湖水体细菌发生了明显的演替；总体上，空间差异不显著。抚仙湖固氮微生物多样性高，主要类群为变形菌、浮霉菌、蓝藻、拟杆菌、疣微菌门等，这是首次在淡水生态系统中发现拟杆菌门和浮霉菌门中的潜在固氮微生物（Wang et al.，2020）。固氮微生物存在显著的空间异质性，水体表层固氮微生物多样性在沿岸带显著高于敞水区，而且两个区域群落结构存在显著差异。影响抚仙湖固氮微生物群落空间分布差异的主要因子为水体浊度、亚硝态氮和总磷。水体颗粒物对固氮微生物的空间分布可能具有决定作用（王丽娜，2020）。

2002年的一项研究从抚仙湖沉水木头、竹子和树根等材料上分离获得64株真菌菌株，这是中国湖泊水生真菌群落的首次报告（Cai et al.，2002）。*Aniptodera chesapeakensis*，*Dictyosporium heptasporum* 和 *Savoryella lignicola* 主要分离自木头样品。对同一季节滇池和抚仙湖木材基质上的真菌群落进行比较，发现2个湖泊存在明显差异，抚仙湖真菌Shannon-Wiener指数（H'=3.808）高于滇池（H'=3.368）（Luo et al.，2004）。郭小芳等（2016）从抚仙湖湖水中分离获得553株酵母菌并进行系统分类，研究可培养酵母菌多样性。抚仙湖水体中分布有22属52种和1个潜在新分类单元的酵母菌，湖水总有机碳浓度对酵母菌丰度和群落结构存在显著的影响（郭小芳等，2016）。抚仙湖所有测试酵母菌菌株至少都能产1种胞外酶，且主要产植酸酶、菊粉酶和淀粉酶；其次为脂肪酶、纤维素酶、木聚糖酶、锰依赖过氧化物酶和木质素过氧化物酶（谭金连等，2018）。抚仙湖生存着大量产类胡萝卜素的酵母菌，"红色酵母"（red yeasts）具有较强的产类胡萝卜素的能力，红冬孢酵母属和红酵母属是抚仙湖产类胡萝卜素酵母菌的主要类群（樊竹青等，2017）。

抚仙湖超微真核藻类（PPEs）存在明显的季节动态变化和空间分布特征。抚仙湖超微藻类对叶绿素a和初级生产力的贡献率分别达到50.1%和66.1%，其中超微蓝藻丰度显著高于超微真核藻（Shi et al.，2019）。超微藻类主要由富含藻红蛋白的超微蓝藻（PE-cells）和超微真核藻类（PPEs）组成。高通量测序结果表明，聚球藻是主要的PE-cells类型，金藻纲、横裂甲藻纲、绿藻纲和大眼藻纲等是主要的PPEs类型。抚仙湖PPEs存在显著的季节演替，春季主要为绿藻纲和共球藻纲，其优势在夏季被金藻纲和定鞭藻纲科取代。大眼藻纲和绿藻纲是秋季 PPEs 的主要类群，横裂甲藻纲在冬季成为丰度最高的 PPEs。超微藻类存在明显的水平和垂直空间异质性：超微藻丰度在沿岸带较高，敞水区相对较低；表层水体以金藻纲、硅藻纲、甲藻纲为主；而在深层水体中超微真核藻的多样性降低，金藻纲为优势种（吴凡等，2021）。超微藻丰度与环境因子的相关分析显示，水体的浊度、pH 以及总磷对超微真核藻丰度有显著影响，而超微蓝藻的丰度主要是受到总磷的影响。从抚仙湖分离到一株新的微藻单针藻属菌株，其具有生产生物柴油的巨大潜力（Yu et al.，2012）。

混合期抚仙湖底层水体微生物群落结构和功能的研究表明，湖水上下层混合不充分、湖下层存在缺氧情况。湖泊底层微生物驱动的硝酸盐转运、反硝化、硝化和硫酸盐还原等缺氧代谢途径显著富集。在深层水体中获得了大量具有分解复杂有机质功能且耐受低氧的浮霉菌门微生物基因组，其所具有的硝酸盐还原代谢途径是首次在浮霉菌门中报道。抚仙湖水体翻转混合期携带氧气的下沉水无法缓解底部的缺氧情况。在此情景下，可溶性磷酸盐释放量增加，通过水体混合过程向上输送到真光层，引发来年春季藻类的快速增殖。湖泊表层积累的有机质向下层转移量的增加，可能进一步加剧湖泊底层水体的耗氧过程。此外，湖泊底部的缺氧促进脱氮和沉积物磷释放，导致底部水体的氮磷比值下降，而随着湖泊冬季的上下水体混合，水体表层出现较低的氮磷比，进而可能有利于固氮蓝藻在浮游植物群体中占有一定的优势（Xing et al.，2020）。

（二）固氮微生物群落演变

近 10 年来的观测发现，抚仙湖固氮微生物群落内部出现从异养固氮细菌向固氮蓝藻的演替，总磷浓度和水温是驱动群落演替的主要环境因子（王丽娜，2020）。当温度低于 20 ℃时，固氮蓝藻相对丰度与总磷呈现弱相关，固氮蓝藻和异养固氮微生物交替占据优势。当温度高于 20 ℃时，总磷浓度从低于 12.3 μg/L 增长到大于 32.0 μg/L 时，固氮微生物群落从以异养固氮微生物占据优势的状态，转变为固氮蓝藻占据优势的状态；总磷浓度在 12.3~32.0 μg/L 时，固氮微生物群落处于不稳定状态，固氮蓝藻和异养固氮微生物随机占据优势（图 8.20）。因此，随着温度和总磷浓度的升高，固氮微生物群落在异养固氮微生物占据优势的状态和固氮蓝藻占据优势的状态之间演替，但是没有呈现明显的季节变化规律。固氮蓝藻占据优势后会降低固氮微生物的多样性，气候变暖和磷富集可能对功能冗余有潜在的威胁。

四、底栖动物

（一）群落组成

2016 年在抚仙湖全湖共采集到底栖动物 41 属 52 种，其中，寡毛纲 7 属 12 种、摇蚊科幼虫 11 属 16 种、腹足纲 11 属 11 种、双壳纲 1 属 1 种、软甲纲 4 属 4 种、蛭纲 2 属 3 种、其他水生昆虫 3 属 3 种、线形动物门 1 种和扁形动物门 1 种。各样点平均物种数为 9 种，从空间上来看，南部湖区的物种丰富度相对北部湖区更高，沿岸带的物种丰

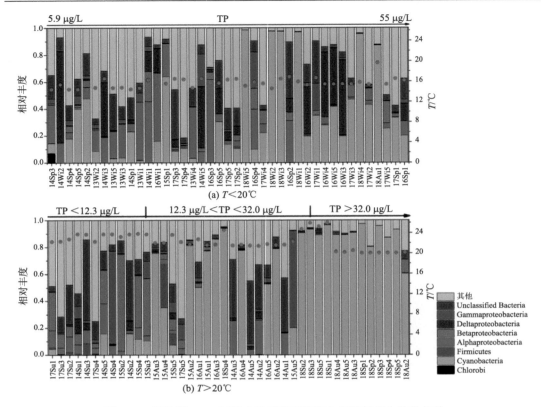

图 8.20　抚仙湖 2013 年以来固氮蓝藻逐渐占据固氮微生物的优势

富度相对湖心区更高。从物种组成来看，北部湖区的寡毛纲和摇蚊科幼虫物种数较多，而南部湖区的腹足纲、寡毛纲和摇蚊科幼虫的物种数占优势。

从全湖调查结果来看，出现率超过 10%的种类共 24 种，霍甫水丝蚓出现率最高，达 86.8%；前突摇蚊属一种、羽摇蚊、苏氏尾鳃蚓、拟沼螺、长角涵螺、瘤拟黑螺、膀胱螺属一种、方格短沟蜷和尖口圆扁螺的出现率也较高，分别为 56.6%、54.7%、50.9%、49.1%、47.2%、45.3%、43.4%、43.4%和 41.5%。

抚仙湖底栖动物密度和生物量分布呈现出显著的空间差异（图 8.21）。全湖底栖动物平均密度为 1195 ind./m²，最大值可达 10380 ind./m²，最小值只有 20 ind./m²。全湖底栖动物平均生物量为 43.53 g/m²，最大值可达 377.7 g/m²。空间分布上，沿岸带底栖动物密度和生物量均高于湖心区域，南部湖区的底栖动物密度和生物量均高于北部湖区。从密度组成来看，寡毛纲在北部湖区占绝对优势，而腹足纲在南部湖区占绝对优势。从生物量组成来看，腹足纲在全湖占绝对优势，寡毛纲在北部湖区部分样点具有优势地位。整体而言，腹足纲和双壳纲主要分布在沿岸带，摇蚊科幼虫主要分布在湖心区，寡毛纲主要分布在北部湖区。

从水深梯度来看，沿岸带与湖心区的底栖动物群落结构特征差异显著，沿岸带的底栖动物密度、生物量及物种多样性指数均高于湖心区。底栖动物总密度、寡毛纲密度、腹足纲密度、多样性等均与水深呈显著正相关。寡毛纲和腹足纲在水深小于 50 m 时的

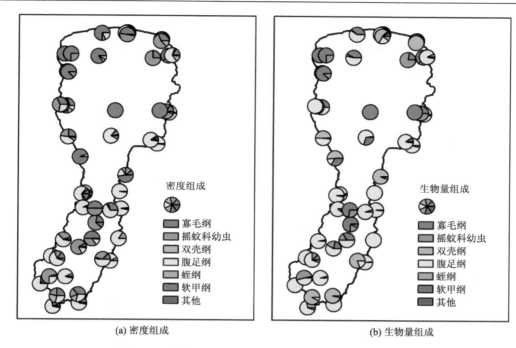

图 8.21 抚仙湖底栖动物物种类群组成的空间分布特征

平均密度最高，并且随着水深的增加而降低；摇蚊幼虫的密度在水深小于 50 m 和 50~100 m 范围内变化不明显，但在水深大于 100 m 时密度较低；双壳纲在水深 50~100 m 范围内的平均密度最高，其密度随着水深的增加呈先升高、后降低的趋势。多样性随着水深的升高而逐渐降低，但均匀度在水深为 50~100 m 范围内最高，水深小于 50 m 范围内最低。

（二）群落演变

根据 1980 年（中国科学院南京地理与湖泊研究所,1990）、2002~2003 年（Cui et al.,2008）、2005 年（熊飞等, 2008b）和 2016 年对抚仙湖的调查，不同阶段抚仙湖底栖动物群落结构差异较大。四个阶段调查结果显示，寡毛纲种类组成和优势种变化不大，但密度和生物量却显著下降。从 1980 年到 2003 年，密度平均值由 560 ind. /m^2 降到了 91 ind. /m^2，生物量也由 5.28 g/m^2 降到 0.16 g/m^2。之后的两次调查结果表明，寡毛纲密度和生物量均有一定回升，但仍低于 1980 年。2005 年与 2016 年的寡毛纲平均密度差异不大，但 2016 年的寡毛纲平均生物量稍低于 2005 年（Cui and Wang, 2009, 2012）。

1980 年前后的优势种为花纹前突摇蚊和库蚊型前突摇蚊，占全湖摇蚊平均密度的 93%；2002 年前后的摇蚊幼虫优势种为前突摇蚊和长跗摇蚊，占全湖摇蚊平均密度的 87%；2005 年的优势种为花纹前突摇蚊和羽摇蚊，占全湖摇蚊平均密度的 93%；2016 年的优势种为前突摇蚊和羽摇蚊，占全湖摇蚊平均密度的 76%。四次调查结果的第一优势种均为前突摇蚊，第二优势种不同年份稍有差异，羽摇蚊的优势地位上升明显（熊飞等,2007）。

四次调查中腹足纲在物种数上变化不大，为 8~11 种，但优势种类发生了一定变化。

螺蛳曾是抚仙湖腹足类的主要种类，但随着环境的变化，已趋于衰落。1980 年调查发现抚仙湖大部分湖岸的石块上都栖息着仿雕石螺，优势种主要为仿雕石螺（Lithoglyphopsis sp.）和短沟蜷（Semisulcospira sp.）。2002~2003 年的调查中仍有仿雕石螺，但密度很低。2005 年和 2016 年的调查表明，螺蛳和仿雕石螺已在抚仙湖消失，但其他螺类都得到了显著的发展，腹足类的生物多样性有一定的增加，如长角涵螺、环棱螺、方格短沟蜷、拟沼螺等种类的密度和分布范围均有增加，这可能与抚仙湖沉水植物在全湖沿岸带的迅速发展有关（熊飞等，2008a）。

抚仙湖双壳纲物种分布较少。1980 年曾记录有无齿蚌（Anodonta sp.），2003 年在隔河附近也少量发现，但 2005 年和 2016 年的在采样中未发现，双壳纲仅有河蚬一个种类。此外，抚仙湖的钩虾（属软甲纲）密度变化也较大，平均密度由 1980 年前后的 19 ind./m^2 增加到了 2016 年的 191 ind./m^2。

抚仙湖底栖动物物种多样性呈现显著的空间差异。Shannon-Wiener 指数均值为 1.34，最大值为 2.38，其在沿岸带及部分湖心区点位较大，南部湖心区、北部湖心区和北部沿岸带较低，整体呈现南部湖区高于北部湖区的趋势。Margalef 指数均值为 1.21，最大值为 2.61。Simpson 指数均值为 0.59，最大值为 0.88。Margalef 指数和 Simpson 指数的空间格局与 Shannon-Wiener 指数基本一致。Pielou 指数均值为 0.62，其在沿岸带和南部湖心区较高，南部湖区整体高于北部湖区，但南部湖区沿岸带有部分点位的 Pielou 指数稍低。寡毛类密度均值为 158 ind./m^2，在 54.7% 的样点低于 100 ind./m^2，43.4% 的样点介于 100~1000 ind./m^2，属轻污染。Goodnight-Whitley 指数方面，79.2% 样点属于轻污染，有 7.6% 和 13.2% 的样点分别处于中污染和重污染。空间上，污染较重的点位主要位于北部湖区，可能受到入湖污染的影响。

水体污染和沿岸带生境改变是驱动抚仙湖底栖动物群落发生变化的主要因素。面对强烈人类活动，抚仙湖底栖动物群落呈现一定退化趋势，表现为底栖动物群落小型化，螺蛳和仿雕石螺衰退严重，耐污类群寡毛类和摇蚊幼虫在部分样点急剧增加。

五、大型水生植物

（一）群落现状

抚仙湖水深 10 m 以内的水域仅占全湖面积的 4.1%，其余湖床坡度陡峭且为坚硬的岩石，植物无法扎根。在理论上，适合高等水生植物分布的最大沿岸水域面积仅有 8.65 km^2。缺少滩涂也导致抚仙湖沿岸挺水植物和浮叶植物难以生存，水生高等植物基本为沉水植物。2016 年 7 月的全湖调查显示，抚仙湖沿岸带沉水植物分布面积为 5.14 km^2，占湖泊总面积的 2.4%，占理论上适合大型水生植物分布的最大沿岸水域面积的 59.4%。沉水植物最大密度出现在水深 1~4 m 处，群落边沿在水深 6 m 处，极少水域（如月亮湾）可以分布到 20 m 水深，但密度极低。沉水植物生物量密度平均为 9.8 kg/m^2，沉水植物总现存量（鲜重）约 5.02×10^4 t（高竻明等，2021）。

1957~2016 年多次调查显示，抚仙湖曾经出现过的高等沉水植物一共 13 种，包括穗花狐尾藻、扭叶眼子菜、穿叶眼子菜、苦草、篦齿眼子菜、马来眼子菜、微齿眼子菜、小眼子菜、金鱼藻、黑藻、光叶眼子菜、菹草、伊乐藻，另外还有密度较高的低等植物轮藻类（熊飞等，2006）。2016 年的全湖调查采集到高等植物 12 种，未调查到扭叶眼子菜。高等沉水植物在 2016 年夏季平均生物量最大为金鱼藻，高达 7.13 kg/m^2，最小的是菹草，仅 0.004 kg/m^2（图 8.22）。在 41 个样点中，出现频率最高的是穗花狐尾藻，频度为 78%；最低的是菹草，仅 2.44%。12 个种类中，穗花狐尾藻的优势度最高，达 29%；菹草的优势度最低，不足 1%。穗花狐尾藻、苦草、穿叶眼子菜、小眼子菜、金鱼藻、伊乐藻会在部分样点形成单优群丛；穗花狐尾藻与伊乐藻、篦齿眼子菜、穿叶眼子菜、金鱼藻、苦草和黑藻等种类也会组成双优群丛；苦草也有跟微齿眼子菜和小眼子菜形成的双优群落；部分水域也有少量微齿眼子菜+篦齿眼子菜、篦齿眼子菜+光叶眼子菜的双优群丛；多物种混合群丛较少，仅在少部分样点见穗花狐尾藻+篦齿眼子菜+穿叶眼子菜以及苦草+穗花狐尾藻+黑藻组成的混合群丛。低等植物轮藻在浅滩区能形成单优群落，也有部分跟篦齿眼子菜或穗花狐尾藻形成混合群丛。抚仙湖苦草平均冠层高度达 1.2 m，穗花狐尾藻、穿叶眼子菜、伊乐藻和金鱼藻等群丛平均冠层高度均在 3~4 m。

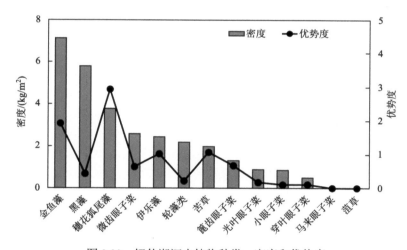

图 8.22　抚仙湖沉水植物种类、密度和优势度

（二）群落演变

抚仙湖沉水植物群落在 1957~1980 年处于发育初期阶段，物种少、生物量和分布面积都极低（黎尚豪等，1963；中国科学院南京地理与湖泊研究所，1990）。20 世纪的后 20 年缺乏沉水植物调查数据。自 2000 年开始，沉水植物物种数、生物量和分布面积开始逐渐增加。到 2005 年，沉水植物物种数达到 12 种，跟 1980 年相比，全湖总生物量增加近 48 倍，分布面积增加近 15 倍。2010 年之后，沉水植物物种数变化不大，但生物量密度和分布面积却大幅度增加，2016 年的分布面积和全湖总生物量分别是 2005 年的 1.6 倍和 2.6 倍。60 年来抚仙湖沉水植物分布面积、生物量、物种数和群落冠层高度都呈现明显的增加趋势。1957~2005 年间，抚仙湖的沉水植物优势种以苦草、穗花狐尾藻和眼子菜科植物为主。2005~2015 年间，低等植物轮藻类的优势度不断增加，金鱼藻和黑藻

也逐渐成为优势种。但至 2016 年,沉水植物群落结构发生较大变化,优势种演变为黑藻、金鱼藻、苦草、穗花狐尾藻和伊乐藻等植物,轮藻类已经失去优势地位。眼子菜科的沉水植物种类变化显著。最早仅发现 1 种(马来眼子菜),之后出现了微齿眼子菜、篦齿眼子菜、光叶眼子菜、小眼子菜、穿叶眼子菜、扭叶眼子菜和菹草 7 种眼子菜科的沉水植物。多年来,抚仙湖沉水植物的最优势种类沿着苦草—眼子菜科植物—轮藻类—金鱼藻+穗花狐尾藻的趋势演变,总体从以低矮的草甸型植物为主演变成以高大的冠层型植物为主。此外,外来物种伊乐藻自 2014 年第一次调查发现后,到 2016 年已经成为次优势种。从沉水植物的角度分析,抚仙湖生态演化存在以下特点。

(1)富营养化类型的沉水植物越来越占据优势。水体富营养化过程会引起透明度下降,茎或分枝长、植冠高大、生长迅速的富营养化物种对光和空间的竞争能力强,会逐渐在群落中占据优势。抚仙湖沉水植物群落目前的优势物种穗花狐尾藻和金鱼藻等,正是典型的富营养化类型的物种,这预示着沉水植物向富营养化湖泊的群落结构方向发展。

(2)外来物种伊乐藻发展迅速。外来物种伊乐藻于 2014 年在抚仙湖首次发现,在 2016 年的调查中已成为优势度较高的物种之一。伊乐藻有耐寒的特性,于冬春至初夏生长,生长迅速,能快速占据冬春生态位,很可能会在春末对抚仙湖本土物种形成遮蔽,影响本土沉水植物的萌发和生长。但也可能刚好填补了抚仙湖沿岸带沉水植被区的冬季生态位空档,有助于抚仙湖沉水植物的发育。外来物种伊乐藻对抚仙湖沉水植被的影响值得进一步观察研究。

(3)丝状藻类大量增殖。在之前的调查中,抚仙湖丝状藻的生物量尚不大,只附着在水深 1 m 以内的砾石上生长,未引起大部分调查者的注意(中国科学院南京地理与湖泊研究所,1990)。但到 2016 年丝状藻的存量已经非常大,而且在沉水植物植冠上的生物量远远大于赤裸基质。同时,丝状藻覆盖的水域,沉水植物的种类低于无丝状藻水域的物种丰富度。大量丝状藻附着在沉水植物上,会影响沉水植物获得光资源;丝状藻死亡分解后也会迅速释放可溶性营养盐进入上覆水上层,引起浮游植物生长,导致水体浑浊,影响中下层沉水植物的生长。丝状藻需要高光照环境,因此,其主要附着在穗花狐尾藻、黑藻和金鱼藻等高大的沉水植物植冠上。同时,这些沉水植物细碎的叶片和多分枝的结构也有利于丝状藻的附着。目前抚仙湖占据优势的正是这些高大的沉水植物种类,如果这些种类的优势度进一步扩大,丝状藻也将会继续增殖。丝状藻对抚仙湖沉水植被和沿岸带水质的影响同样值得进一步调查研究。

(4)滨湖湿地湿生植物分布面积扩大。2010 年以来,抚仙湖流域开展了大规模的生态修复工程,其中的退人、退房、退田、退塘、还湖、还水、还湿地等措施,不仅极大地恢复了湖泊自然岸线,有力地促进了湖滨带水生植物的恢复和发展,而且在生态缓冲区建设了超过 8 km^2 的滨湖湿地,形成了国家湿地公园。这些湿地中分布了大量的湿生植物,不完全统计的水生高等植物物种数量超过 300 种,其中以芦苇、香蒲、美人蕉、莎草等为主要物种。湿地面积的扩大和湿地植物的发展,促进抚仙湖鸟类的多样性提升,本区域记录到的鸟物种数量达到创纪录的 196 种,冬季候鸟的数量也明显增加,近年来,标志性的候鸟红嘴鸥冬季在抚仙湖大规模出现和停留,凸显抚仙湖良好的生态环境。

基于以上分析,抚仙湖流域的水生植物物种丰富,分布面积增加,也促进了鸟类多样性的提升。抚仙湖沿岸带尚有可供沉水植物分布的区域面积，但随着透明度下降、群落向富营养化方向演化、外来种发展和丝状藻增殖，未来群落分布面积和生物量也有可能会下降。目前很可能是抚仙湖沉水植物群落生物量、分布面积和多样性最高的阶段，是维持和保护的关键时期。

六、鱼类

由于抚仙湖为半封闭性湖泊，与外界河流基本没有鱼类交流，湖中鱼类大都属于静水水体鱼类。1983 年以来对抚仙湖鱼类共进行过 5 次调查：1983 年，鱼类种类数共 34 种，其中土著鱼 25 种，外来鱼 9 种；1991 年，鱼类种类数共 39 种，其中土著鱼 25 种，外来鱼 14 种；2001 年，鱼类种类数共 42 种，其中土著鱼 18 种，外来鱼 24 种；2005 年，鱼类种类数共 40 种，其中土著鱼 14 种，外来鱼 26 种；2015 年，鱼类种类数共 38 种，其中土著鱼 14 种，外来鱼 24 种。总体上来看，抚仙湖土著鱼种类数不断减少，外来鱼种类数不断增加，与 20 世纪 80 年代的调查数据相比较，抚仙湖土著鱼种减少了 11 种，降幅 44%，外来鱼种增加了 15 种，增幅 167%（图 8.23）。抚仙湖鱼类资源的变化，以土著鱼类鱇浪白鱼资源的衰竭和外来鱼类——太湖新银鱼资源的增长最为典型。太湖新银鱼作为一个典型的外来鱼类，1990~2009 年平均产量达 1657 t，而鱇浪白鱼种群数量已急剧减少。2010 年以来，为了保护抚仙湖鱼类资源和多样性，抚仙湖开展了一系列的措施，例如禁止机动船和拖网捕鱼，开展抚仙湖土著鱼类鱇浪白鱼、抚仙湖金线鲃的人工繁殖和增殖放流等，目前的抚仙湖鱇浪白鱼等土著鱼类的种群数量得到了较大的恢复，消失多年的鱇浪白鱼鱼群已经重现，湖泊生态系统结构得到了逐步的恢复。

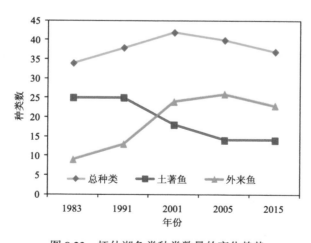

图 8.23　抚仙湖鱼类种类数量的变化趋势

第四节　抚仙湖生态环境总体态势与关键问题分析

一、生态环境总体态势

中国科学院南京地理与湖泊研究所在 2016 年 7~8 月组织多学科专家对抚仙湖近 300 个样点的水质和生态进行多学科调研与分析。结果显示,平均只有 37% 样点水质属 I 类水,主要集中在抚仙湖湖心区域和南部水域;其他样点水质属于 II 类水,广泛分布于抚仙湖沿岸带、河口和北部水域,水质指标中的重金属和有机污染物含量极低,主要污染指标为总氮,其次为总磷,其中总氮最高浓度达 0.79 mg/L。近 10 年来抚仙湖站的监测数据显示,抚仙湖表层水的总磷和总氮浓度均在地表 I~II 类水之间波动,个别月份超过地表 II 类水的标准。总体上来说,抚仙湖水质优于地表水 II 类水,水质优良。对比分析玉溪市环境监测站的抚仙湖监测数据可以发现,抚仙湖水质和环境质量最差的年份主要是 21 世纪初,经过抚仙湖出流改道工程、"四退三还"、抚仙湖小流域综合治理、城镇污水收集与治理等一系列措施,21 世纪初期的抚仙湖水质快速下降的趋势得到极大缓解。

尽管抚仙湖水质优良,但是抚仙湖站的监测结果显示,抚仙湖水体的营养水平呈上升趋势,目前综合营养状态指数约为 20 世纪 80 年代 3 倍(高伟等,2013)。此外,抚仙湖藻类数量持续增加,藻类组成变化也较为明显,由清水型种类向喜营养型种类演替,局部水体出现蓝藻水华种类——铜绿微囊藻和水华束丝藻等;抚仙湖湖滨带附生藻类在近 20 年内有了明显的增加,尤其是北部湖区湖滨水体中各类基质上的刚毛藻的数量和生物量急剧增加,并严重危及沉水植物的生存;湖泊透明度持续下降,平均值从 20 世纪 80 年代初的 7.9 m 降至目前的 5.6 m,降幅达 30%;沉水植物中耐污染的穗花狐尾藻等物种逐渐占据优势,而轮藻等清水型物种逐渐消失。很明显,随着湖泊富营养化的发展,生物群落也发生着显著的变化,湖泊生态系统结构与功能出现逐渐退化的迹象。

抚仙湖已经成为一个封闭性湖泊,流域尺度上随着河流、降雨和降尘等途径进入湖泊的氮磷等营养物质最终积累在湖泊中,抚仙湖出现富营养化等问题成为一个必然。未来的关键是控制抚仙湖富营养化的发展趋势,努力维持抚仙湖优于地表 II 类水水质和贫-中营养型的状态,并避免抚仙湖水质和生态出现重大变化。

二、关键问题分析

(一)流域水资源失衡造成湖泊水资源紧缺

抚仙湖水资源总储量丰富,但水资源动态可用量按多年平均统计人均水资源量 710 m³,仅为云南省人均水资源量的 17% 左右,属于水资源紧缺的地区。根据历史资料统计分析,流域每年能被开发利用的水资源量仅在 6000 万 m³ 左右。受气候条件、用水情况和星云湖水入抚仙湖被截断等影响,近年来抚仙湖水位持续下降,水量减少,长期处于低水位。2014 年 10 月,抚仙湖最低水位为 1720.87 m,与《云南省抚仙湖保护条例》规定的最低运行水位相比,水位下降了 0.78 m,水量减少约 1.65 亿 m³。伴随着湖区周边旅游、房地产等产业的发展，抚仙湖水资源紧缺可能会愈加严重。目前的海口出水口已经多年没有出湖记录，抚仙湖已经逐渐成为一个封闭的内流湖泊。通过水资源合理优化配置，缓解和扭转水资源失衡成为当前亟须面对的重要任务。

导致抚仙湖流域水资源平衡缺失的主要原因有以下几个方面。①水源区生产活动普遍。抚仙湖流域集水面积有限，湖泊补给系数低。山区地势普遍陡峭，水源涵养区的保护至关重要。流域高海拔区域降水相对丰沛，是抚仙湖的重要水源区，但以海拔高程大于 1900 m 山地范围来看，旱地十分普遍，总面积约 56 km²。其中，1900 m 以上坡度大于 25° 范围达 10 km²，加剧了水土流失，不利于水源涵养。需要进一步通过流域山地水源区的规划，促进山区退耕还林，提高水源涵养能力。②环湖区排水污染严重。按照《云南省抚仙湖保护条例》，抚仙湖水位低于法定最低运行水位时即禁止从抚仙湖取水，但抚仙湖周边居民和单位仍存在直接从抚仙湖取水用于生活、生产的情况，致使抚仙湖流域水资源紧缺的矛盾更加突出。同时，大量的农灌回归水通过地表和地下径流直接入湖。由于一些入湖污染突出的河流水质属于劣Ⅴ类水，尤其是洪水季节污染物浓度升高，造成了湖泊水环境的局部污染加剧，突出表现在抚仙湖北岸的部分区域水质已经达到Ⅲ类水标准。③农灌消耗大量优质水资源。抚仙湖流域农业为第一耗水大户，在现有种植方式下，年直接灌溉需水量达 2524 万 m³。流域以传统农业种植为主，现有灌溉方式下水资源利用效率总体较低。因此，通过种植方式和产业结构调整，灌溉水资源使用量、灌溉回归水的收集和再利用方面都存在着一定的调整空间。尤其是灌溉农田分布集中的北部澄江坝区，可以作为提高农业水资源利用效率重点改进区域。④流域清污混流造成优质水资源浪费。抚仙湖流域目前的入湖河流都是清污混流，山区的清洁水源与坝区的污染水混合在一起后排入抚仙湖，既造成大量的清洁水资源浪费，也增加了水污染治理的难度和成本。以澄江坝区为例，坝区利用上游水库拦蓄的优质水资源（澄江境内总库容4035 万 m³，年农灌用水 2016 万 m³）进行农灌，利用泉水进行城乡供水，干旱年份还要从抚仙湖抽水补充。降雨时上游山区径流汇集坝区径流（道路、城镇、村落、农田）后进入抚仙湖，将平时积累在地表、沟渠、河道中的污水和固体污染物一并冲刷入湖，形成严重污染；旱季污水厂尾水、农灌尾水、剩余泉水在河道中混合后进入抚仙湖。现有的水资源利用方式存在两大弊端：大量优质水资源被一次利用之后就排入抚仙湖，尤其是农业大水漫灌浪费了过多的优质水资源；另一方面庞大的山地径流（上游清洁河水）裹挟着坝区污染排水进入抚仙湖，增加了坝区污水拦蓄净化的难度。

（二）底层水水质问题突出

近 10 年来的监测数据显示，抚仙湖持续脱氧，深部缺氧区面积扩大，存在磷释放和其他生态风险。在抚仙湖分层季节，2018~2021 年的垂直剖面监测数据显示，10 月份温跃层内氧气亏损，下层水体溶解氧低于 2 mg/L，湖泊最深处出现厌氧状况。从长期监测的数据来看，抚仙湖最深点深层水体溶氧量明显出现降低趋势，抚仙湖缺氧区域上边界深度逐渐减少，抚仙湖缺氧区域范围在扩大，底层湖水中溶解氧缺乏将促进沉积物中累积的磷的释放，湖泊内部更多区域将成为抚仙湖污染负荷来源，逐渐加剧抚仙湖富营养化过程。抚仙湖沉积物中蓄积的磷已经成为影响抚仙湖水质的一个风险点。

　　导致抚仙湖底层水体缺氧和水质下降的主要原因有以下几个方面。①长期气象观测数据显示，抚仙湖流域 1950 年以来存在明显气候变暖趋势，1981 年以来的平均气温增温率为 0.46℃/10a，累积增温约 1.6℃。气候变暖造成深水湖泊热力和溶氧分层强度增加，分层时间延长，致使湖泊下层水体出现厌氧和缺氧环境。②抚仙湖外源污染物质以及湖泊内产生的有机物质大部分积累在湖泊底部，抚仙湖沉积物富含铁，大部分磷是和铁结合存在于沉积物中，厌氧和缺氧环境会促进沉积物磷的释放，加剧湖泊内源污染和湖泊富营养化水平，成为巨大内源污染风险（图 8.24）。③抚仙湖的富营养化会导致水体中浮游藻类等生物量的增加，藻类大量沉降和蓄积在沉积物表面和底层水体，会分解消耗大量的氧气，持续的富营养将进一步削减下层水体的氧含量，从而加剧沉积物营养的释放并引发潜在生态风险，最终形成一个正向反馈。

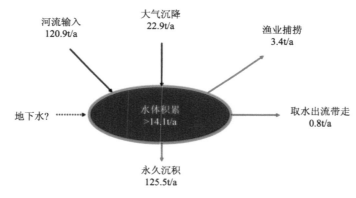

图 8.24　抚仙湖磷平衡分析图

（三）藻类异常增殖风险增加

　　随着抚仙湖富营养化的发展，抚仙湖出现局部性和季节性的藻类异常增殖甚至藻类水华风险显著增加。目前，抚仙湖北部水域中总氮和总磷浓度已超过地表Ⅱ类水水平，具备发生藻类水华的物质基础。2018 年 3 月初，抚仙湖北部水域出现约 $120~km^2$ 的水华束丝藻水华，凸显抚仙湖蓝藻水华暴发风险。2019 年 6 月，在抚仙湖北部的沿岸光亮带水域出现绿藻门的刚毛藻和水绵等丝状藻类暴发式生长，主要分布在水深约 15 m 以内的沿岸水域，面积约 3 km^2。湖岸积累的刚毛藻在死亡腐烂后，会导致底部缺氧和有毒有害物质释放，进而影响湖泊水质，降低抚仙湖的景观价值。2020 年的 3 月，抚仙湖北部湖区出现了较大面积的水华束丝藻水华。与蓝藻水华暴发和附生藻类生物量的快速增加有关，抚仙湖沿岸带等局部水域水污染事件时有发生，主要包括"黑色漂浮物""黑水团"等现象，这是由于内外源有机污染物在沉积物表面积累和缺氧分解，产生的气体托带着菌胶团上浮，在风力作用下随表面水流扩散迁移，并裹挟了浮游藻类在岸边聚集，形成可见的黏稠黑色漂浮物，严重影响湖泊水质和景观。

　　导致抚仙湖富营养化和蓝藻水华暴发风险的原因有以下几个主要方面。第一，入湖河流水质有待改善。近10年来，各级政府围绕抚仙湖保护开展了持续的污染控制和环境保护，和2012年比较，2021年入湖的总磷和总氮下降了约25%。但是入湖河流的水质距离抚仙湖Ⅰ类水的保护目标仍然存在较大差距。抚仙湖流域入湖河流众多，主要入湖河流污染严重，尤其总氮浓度超标十分严重，主要来自：①农村农业面源污染。除抚仙湖流域东岸外，其他区域入湖河流两岸均分布大量村庄以及农田，村落生活污水大部分未经处理直接排放，汇入入湖河流；农灌沟渠散布于田间，并与入湖河流相互连通，农田面源污染也汇入入湖河流。因此，农村农业面源污染是入湖河流水污染主要来源。②磷矿山和磷化工污染。抚仙湖东北部代村河、东大河径流区内分布着丰富的磷矿资源，其上游磷矿山开采企业和磷化工企业数量较多，磷污染通过降尘、地下渗透、雨水冲刷等途径进入河流。③澄江市区生活污染。窑泥沟等入湖河流经过澄江市区，而市区人口密集，污水收集系统尚不健全，致使部分生活污水直接进入河流。第二，污染防治工程效果有待提升。近10多年来，环抚仙湖流域实施建设了50多个污染防治工程和项目，但这些环保工程和项目效果还有待进一步评估。首先，这些在建或已建工程还需一段时间才可体现出效果，工程削减的入湖氮磷等污染物质总量也有待进一步分析和评估；其次，鉴于抚仙湖巨大的水体容量，工程措施对湖泊水质与生态改善需若干年以后才得以显现；最后，环保工程实施效果很大程度上取决于工程的运行、管理和维护，而环保工程重建设、轻管理现象在抚仙湖流域普遍存在。第三，外来物种引发生态系统结构突变。20世纪80年代后期，外来鱼种入侵抚仙湖，以太湖短吻银鱼为代表的外来物种数量急剧上升，仅几年时间就形成了稳定种群，导致土著鱼类资源逐渐衰退，对抚仙湖生态系统产生负面影响。入侵的太湖短吻银鱼和间下鱵鱼对抚仙湖生态系统结构影响尤为显著，这些鱼类对浮游动物尤其是那些滤食浮游藻类能力强的大型浮游动物具有很强的捕食能力，导致抚仙湖中大型浮游动物数量急剧下降，间接导致在较低氮磷浓度条件下，抚仙湖浮游藻类数量的持续增加。第四，气候暖化造成浮游植物生长的物候提前、物候期延长，增加了蓝藻生长竞争优势，有利于蓝藻水华形成。尤其是早春季节的增温（图8.25）和极端低温的冬季水体翻转从湖泊深部带来的磷等营养元素，会显著促进春季水华束丝藻水华的暴发（王丽娜，2020），2018年和2022年2~3月在抚仙湖暴发的水华束丝藻水华就是一个显著的例子，水华束丝藻水华暴发对湖泊水质和生态产生重大影响。未来气候变化尤其是极端气候的增加，将使得抚仙湖生态系统更加不稳定，更加频繁地发生局部藻类水华，并存在最终从清水态湖泊突变为浑水态湖泊的稳态转换风险。

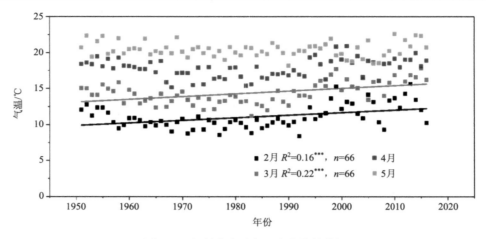

图 8.25　抚仙湖春季气温变化的趋势图

第五节　对策与建议

一、合理布局人口和经济规模，科学规划空间和土地利用

　　抚仙湖流域总人口约 17 万人，游客每年约 800 万人，湖泊已难以支撑更多人口和更大经济规模。建议在现有人口规模基础上，着力调整产业结构，提高经济发展质量。①发展高端旅游业，控制旅游规模。目前抚仙湖流域旅游业比较低端，缺少注重企业品牌和生态环境保护的大型旅游企业。建议注重高端旅游业发展，突出抚仙湖流域好山、好水、好空气的度假养生胜地之名。通过压缩在建项目或拟实施项目，将旅游用地总规模控制在 5 万亩内。②压缩农业规模，调整产业结构。流域内农业面源污染是抚仙湖主要污染源之一，建议发展高效生态农业、调整产业结构，或实施土地流转等措施，最大限度减少农业氮磷面源污染对抚仙湖生态环境产生的影响。③提高城镇化率。以集中治理和管理污染物质排放，提高流域污染控制效果。建议将流域居民逐步集中到核心城镇，按生态村及生态镇标准建设新型城镇、中心村或新型社区，将抚仙湖流域城镇化率提升到 80% 以上。

　　根据抚仙湖地理特征和承担的生态功能，建议将抚仙湖流域划分为湖面区、滨湖平原区和山地水源区，在山地水源区实施封山育林及退耕还林，建设成抚仙湖的良好清洁水源涵养区，使抚仙湖流域陆地森林覆盖率由现在的 39% 左右提高至 60% 左右，形成绿色流域。在湖面区建设环湖生态保护带，筑起抚仙湖防治污染的绿色围墙。以抚仙湖流域环境承载力为依据，合理控制滨湖平原区开发强度及总量，切实做好国土空间规划，将抚仙湖流域污染物入湖量控制在环境承载力之内。

二、优化水资源配置，恢复星云湖和抚仙湖的自然水系连通

抚仙湖流域集水面积有限，湖泊补给系数小、换水周期长。抚仙湖水资源保护除了要保证上游径流形成区径流补给外，也要保证山区来水水质良好。尤其是出山径流流经污水负荷较为严重的坪坝区时，需要做好清污分流以保证入湖水源的清洁。水资源优化配置是实现水资源合理开发和可持续利用的基础。抚仙湖北岸集水区是抚仙湖的最主要水源地，澄江坝区则是抚仙湖流域人类活动最集中区域，占抚仙湖流域陆域面积不足10%，承载着50%以上的人口、城镇和产业，消耗了大部分优质水资源。尤其是坝区内水浇地，在传统灌溉生产方式下存在较大规模的水资源浪费。首先需要建设清污分流系统（清水通道），对山区径流（上游河水及面山径流）进行收集导流，通过大型河道直接补给抚仙湖。然后建设坝区水资源循环利用系统，对坝区污水厂尾水、地表径流、浅层地下渗流进行收集、调蓄和再利用，主要用于无动力节水灌溉，减少农业对优质水资源的消耗，控制坝区对抚仙湖的排水污染（地表径流、地下渗流）。实施清污分流工程后，可将抚仙湖流域北部山区的径流汇集后分别引入东大河、梁王河和山冲河，直接排入抚仙湖，每年为抚仙湖提供清洁水源约 8000 万 m^3，该措施将获得节水、减污双重功效。

玉溪市在 2003 年实施了星云湖-抚仙湖出流改道工程，该工程使得过去的星云湖流向抚仙湖变为抚仙湖流向星云湖，有效截断星云湖 V 类水进入抚仙湖。该工程缓解了抚仙湖水体向富营养化发展的速度，并利用抚仙湖水逐步补充更换星云湖水，改善星云湖水质。但该工程导致抚仙湖每年减少了约 7000 万 m^3 的补水，而在实际运行过程中，抚仙湖可以补给星云湖的水几乎没有。因此，从流域的生态系统平衡来说，有必要恢复星云湖和抚仙湖的自然水系连通，解决抚仙湖面临的水资源短缺问题。目前恢复星云湖和抚仙湖的水系连通的主要挑战是星云湖水质差，直接引入将对抚仙湖水质产生重大负面影响，建议将星云湖污染治理纳入抚仙湖一体化污染防治体系，采用给水工艺和技术，结合湿地深度处理等措施，将星云湖的水处理到地表水 II~III 类水标准，再补给抚仙湖。

另外也可以考虑域外调水补给抚仙湖的可能性，但是域外调水面临水化学组成不同、外来物种入侵等各类环境与生态安全风险，建议可以结合星云湖和抚仙湖的自然水系连通措施，外域调水先进入星云湖这个前置库，经过深度处理以后再根据水资源平衡需求引入抚仙湖。

三、提高污水收集与处理效率和标准，严格控制入湖污染物

抚仙湖水质保护目标是 I 类水质，气候暖化和富营养化的叠加效应是抚仙湖保护面临的最大挑战，而气候暖化未来一段时间是不可避免的，因此需要严格控制污染物入湖排放，着力提高进入抚仙湖的水质，降低气候暖化对富营养化的放大效应，才可以有效延缓抚仙湖富营养化的发展趋势，重点考虑做好以下几方面工作。①根除流域内的磷污

染源。对抚仙湖山地水源区 19 个磷矿开采场地和 3 个磷矿堆场进行场地治理与修复，对磷矿区下游河道实施生态修复工程，彻底根除抚仙湖流域积累的磷污染。②加快污水管网建设，提高污水收集率，大幅提升污水处理效率。在抚仙湖流域污染源精细化解析的基础上，针对抚仙湖坝区污水收集率偏低的现状，建议结合澄江的城市化建设，增强管网建设的紧迫感，全面启动城市及近郊农村管网建设，全面提高污水收集率。鉴于抚仙湖的保护目标是维持Ⅰ类水水质，氮、磷污染是引起水质下降和藻类暴发的主因，在有效收集污水基础上，有必要提高目前的污水处理厂的氮、磷排放标准，使得污水处理厂氮、磷的处理率达到 95%以上，入湖水的水质达到地表Ⅱ~Ⅲ类水标准。③全面提升环抚仙湖污染控制湿地氮磷的处理能力和效率。环抚仙湖湿地是控制入湖氮磷污染和保护抚仙湖生态的最后一道屏障，需要在现有环抚仙湖的各种类型构造湿地基础上，通过生态净化技术、物化强化处理外源污染技术、低污染水氮磷深度去除的人工湿地组装技术的集成，全面改造环抚仙湖湿地，构建复合型人工强化湿地系统，实现低污染水氮磷高效稳定去除，大幅度提升氮磷削减能力和效率。形成深度净化、景观构建及生态恢复三位一体的湿地集成技术体系，保证入湖水质能达到地表Ⅲ类水标准，总氮浓度低于 1 mg/L，总磷浓度低于 50 μg/L。④适时开展抚仙湖水体中氮磷的生态调控。基于生态学中的营养级联和下行效应理论，通过人工放流来增加抚仙湖中花䱂鲤等肉食性鱼类种群数量，控制银鱼等小型食浮游动物鱼类的种群数量，进而可以减少抚仙湖中浮游藻类数量，降低水体中氮磷浓度，且通过对大型肉食性鱼类的捕捞，增加渔获物的氮磷输出，提高渔业经济效益。⑤强化工程实施和水资源循环利用。在实施入湖污染控制多项工程措施同时，落实好工程运行、管理和维护，杜绝重建设、轻管理，满足目标污染物削减量，力争所有入湖河流水质至少达到Ⅲ类水标准。强化坝区水资源循环利用，以减少入湖污染物质，有效缓解抚仙湖水资源短缺矛盾。

四、强化湖泊流域监测与预警，建立精准化管理体系

强化抚仙湖流域生态环境的精准化管理，建立全方位、立体、实时的流域环境监控网络、信息平台及管理机构。①对湖泊水质水生态变化进行实时监控，为抚仙湖流域生态环境分析与预测提供良好的数据基础。②建立完善的信息平台，实现对环境生态治理业务流程的规范管理，推进抚仙湖监管体系的发展；对各类环境监测数据进行分析挖掘，分析抚仙湖流域生态环境变化规律，指导各类工作有序进行。③推进抚仙湖流域污染源精细化解析和精准管控。抚仙湖流域污染控制成效有限的原因之一是对污染来源了解不精准，目前需要在抚仙湖流域开展污染源清单编制与排放格局分析，并构建以点位、地块、城区或镇区为基本空间单元的污染分类排放数据体系；综合模拟主要入湖河流断面污染通量及湖区周边坡面和沟渠的污染入湖通量，精细化分析陆域截流和河道传输截流空间特征，解析目标水体污染物来源，并依据入湖限排量确定减排的主要类别和空间范围。④要准确识别抚仙湖底层缺氧和沉积物内源磷污染风险。抚仙湖换水周期长，大量

的氮磷和有机质最终蓄积在抚仙湖沉积物中,成为抚仙湖环境保护面临的一个重大挑战,迫切需要阐明深水区缺氧的发生机制、评估沉积物中的磷释放潜力与效应,提出控制对策。⑤建立研究机构,支撑保护和决策。引进国内外湖泊生态环境治理高端人才,支撑抚仙湖流域环境观测、基础研究和科学实验,增强对抚仙湖流域生态环境保护的研究能力,支撑云南省"湖泊革命"各项措施的精准实施。⑥创新抚仙湖流域生态环境保护的管理机制,发挥、强化和补充抚仙湖的保护与治理等各项工程的总体性和协同性效益。⑦各级政府需要实事求是地看待抚仙湖的水质状况,尽管"国控断面"的水质监测结果显示抚仙湖表层水体水质总体上优于Ⅱ类水质,但是鉴于抚仙湖这样一个大型深水湖泊的环境异质性和深层水体水质低于Ⅰ类水的现状,有必要适当调整保护和考核的水质目标。

致谢:玉溪市抚仙湖管理局、玉溪市生态环境局、玉溪市环境监测站、澄江市抚仙湖管理局、玉溪市生态环境局澄江分局、玉溪绿源环境科学技术咨询有限公司提供了部分数据,罗文磊、苏雅玲、冯慕华、黄江凌、李荫玺等老师在文稿撰写过程中提供了帮助,中国科学院抚仙湖高原深水湖泊研究站的唐曙、李任娇参与了水质和生物群落的分析,在此表示衷心感谢。

参 考 文 献

樊竹青, 李治滢, 董明华, 等. 2017. 云南抚仙湖产类胡萝卜素酵母菌的资源调查. 微生物学通报, 44(2): 296-304.

付朝晖. 2015. 抚仙湖水温跃层研究. 海洋湖沼通报, (1): 9-12.

高培鑫. 2021. 抚仙湖水体细菌多样性和群落结构研究. 北京: 中国科学院大学.

高伟, 陈岩, 徐敏, 等. 2013. 抚仙湖水质变化(1980~2011年)趋势与驱动力分析. 湖泊科学, 25(5): 635-642.

高弋明, 殷春雨, 刘霞, 等. 2021. 抚仙湖近60年来沉水植物群落变化趋势分析. 湖泊科学 33(4): 1209-1219.

郭小芳, 李治滢, 董明华, 等. 2016. 云南高原湖泊抚仙湖酵母菌空间分布及其与环境因子的关系. 湖泊科学, 28(2): 358-369.

侯长定, 吴献花. 2002. 抚仙湖—星云湖出流改道工程环境影响分析. 云南地理环境研究, 14(2): 80-88.

黎尚豪, 俞敏娟, 李光正, 等. 1963. 云南高原湖泊调查. 海洋与湖沼, 5(2): 87-114.

刘正文, 朱松泉. 1994. 滇池产太湖新银鱼食性与摄食行为的初步研究. 动物学报, 40(3): 253-261.

沈嘉瑞, 宋大祥. 1979. 哲水蚤目//沈嘉瑞. 中国动物志: 淡水桡足类. 北京: 科学出版社.

谭金连, 李治滢, 周斌, 等. 2018. 云南高原湖泊抚仙湖和星云湖的酵母菌胞外酶活性. 微生物学通报, 45(2): 302-313.

王洪道, 史复祥. 1980. 我国湖泊水温状况的初步研究. 海洋湖沼通报, (3): 21-31.

王丽娜. 2020. 中国湖泊固氮微生物的多样性、分布格局研究. 北京: 中国科学院大学.

王琳杰, 余辉, 牛勇, 等. 2017. 抚仙湖夏季热分层时期水温及水质分布特征. 环境科学, 38(4): 1384-1392.

王银珠, 濮培民. 1982. 抚仙湖水温跃层的初步研究. 海洋湖沼通报, (4): 1-9.

吴凡, 任名栋, 陈非洲, 等. 2021. 抚仙湖超微型浮游藻类群落结构空间分布特征. 生态学报, 41: 737-746.

熊飞, 李文朝, 潘继征, 等. 2006. 云南抚仙湖沉水植物分布及群落结构特征. 云南植物研究, 28(3): 277-282.

熊飞, 李文朝, 潘继征. 2007. 云南抚仙湖摇蚊幼虫的空间分布及其环境分析. 应用生态学报, 18(1): 179-184.

熊飞, 李文朝, 潘继征. 2008a. 抚仙湖底栖软体动物的种类组成与空间分布. 生态学杂志, 27: 122-125.

熊飞, 李文朝, 潘继征. 2008b. 高原深水湖泊抚仙湖大型底栖动物群落结构及多样性. 生物多样性, 16(3): 288-297.

玉溪市抚仙湖管理局. 2007. 云南省抚仙湖保护条例.

玉溪市人民政府. 2018. 云南省抚仙湖山水林田湖生态保护修复工程试点项目实施方案(2017—2020 年).

云南省统计局. 2020. 云南统计年鉴-2020, 北京: 中国统计出版社.

中国科学院南京地理与湖泊研究所. 1990. 抚仙湖. 北京: 海洋出版社.

周天旭, 罗文磊, 笪俊, 等. 2022. 抚仙湖垂向分层期间水体细菌群落结构组成及多样性的空间分布. 湖泊科学, 34(5): 1642-1655.

Cai L, Tsui C K M, Zhang K Q, et al. 2002. Aquatic fungi from Lake Fuxian, Yunnan, China. Fungal Diversity, 9: 57-70.

Cui Y D, Wang H Z. 2009. Three new species of Tubificinae, Oligochaeta, from two plateau lakes in Southwest China. Zootaxa, 2143: 45-54.

Cui Y D, Wang H Z. 2012. Three new species of Potamothrix (Oligochaeta, Naididae, Tubificinae) from Fuxian Lake, the deepest lake of Yunnan Province, Southwest China. Zookeys, 175: 1.

Cui Y D, Liu X Q, Wang H Z. 2008. Macrozoobenthic community of Fuxian Lake, the deepest lake of southwest China. Limnologica, 38(2): 116-125.

Luo J, Yin J, Cai L, et al. 2004. Freshwater fungi in Lake Dianchi, a heavily polluted lake in Yunnan, China. Fungal Diversity, 16: 93-112.

Shi X, Li S, Li H, et al. 2019. The Community structure of picophytoplankton in Lake Fuxian, a deep and oligotrophic mountain Lake. Frontiers in Microbiology, 10: 2016.

Wang L, Xing P, Li H, et al. 2020. Distinct intra-lake heterogeneity of diazotrophs in a deep oligotrophic mountain lake. Microbial Ecology, 79: 840-852.

Xing P, Tao Y, Luo J H, et al. 2020. Stratification of microbiomes during the holomictic period of Lake Fuxian, an alpine monomictic lake. Limnology and Oceanography, 65(s1): S134-S148.

Yu X, Zhao P, He C, et al. 2012. Isolation of a novel strain of *Monoraphidium* sp. and characterization of its potential application as biodiesel feedstock. Bioresource Technology, 121: 256-262.

第九章　青　海　湖

　　青海湖又名库库诺尔、错温布，古称西海、鲜水和卑禾羌海，"青海"一名始于北魏，最早记载于郦道元的《水经注》。青海湖地处青藏高原东北部，祁连山的东南部，属构造断陷湖，是中国最大的湖，也是中国第一大咸水湖。青海湖 1992 年入选中国首批国际重要湿地名录，拥有极具影响力和代表性的鱼鸟共生系统。1997 年经国务院批准为国家级自然保护区，名列我国八大鸟类自然保护区之首；2005 年 10 月被《中国国家地理》杂志评为"中国最美的五大湖泊"之首；2006 年被建设部列入国家自然遗产预备名录；2007 年博鳌国际旅游论坛上，青海湖景区被授予"国家旅游名片"称号；2011 年，青海湖荣膺青藏高原首个国家 5A 级旅游景区。青海湖流域是青海省"两屏三区"生态安全格局的重要组成部分，在维系青藏高原北部生态安全、控制西部荒漠化向东蔓延、保障东部生态安全等方面发挥了重要生态屏障作用。青海湖流域是一个原真完整的自然社会复合生态系统，具有"山水林田湖草沙"多样化生态地理要素，是我国 35 个生物多样性保护优先区域之一，是重要的高原生物基因库，生物多样性丰富，是普氏原羚的唯一分布区。2021 年 6 月 8 日，习近平总书记实地察看青海湖环境综合治理、生物多样性保护工作成效，并深情嘱托："要把青海生态文明建设好、生态资源保护好，把国家生态战略落实好、国家公园建设好。"

第一节　青海湖及其流域概况

一、地理位置

　　青海湖位于北纬 36°32′~37°15′，东经 99°36′~100°46′，湖面海拔 3196 m。地跨青海省海北、海南藏族自治州海晏、刚察和共和 3 县。青海湖面积 4540.7 km²，最大水深 27.0 m，平均水深 17.9 m，蓄水量 830.0×10⁸ m³。湖中有沙岛、海心山、鸟岛、海西山和三块石 5 个岛屿，其中沙岛最大。

　　青海湖流域面积 29 661 km²，湖泊补给系数 5.83，流域范围介于北纬 36°15′~38°20′，东经 97°50′~101°20′之间。地跨青海省海北、海西、海南藏族自治州海晏、刚察、天峻和共和 4 县。流域北靠大通山，东临日月山，南依青海南山，西靠阿木尼尼库山（图 9.1）。

二、地质地貌

　　青海湖形成于早—中更新世，成湖初期属外流淡水湖，经东南倒淌河穿野牛山与曲乃亥相连，流入黄河。晚更新世初，青海湖东部地壳强烈上升，堵塞古青海湖出口演变成为闭流类湖泊，倒淌河随之倒流入湖。在全新世冰后期高温期（12.1 ka B. P.）后随气候变化湖面出现多次波动，形成四级湖积阶地。约在 3.5~3.0 ka B. P.存在一次更强的冷波动，湖盆进入新的演化阶段。以后，湖盆周围地势继续上升，气候复趋干燥，水位下降，湖面渐趋缩小（王苏民和窦鸿身，1998）。

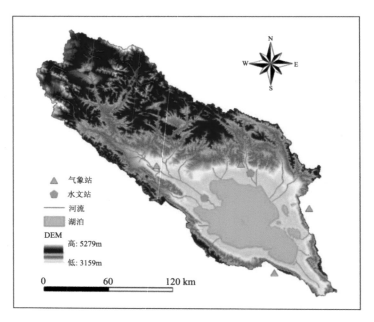

图 9.1 青海湖及流域

青海湖流域作为柴达木盆地与东部湟水谷地、南部江河源头与北部祁连山地之间的封闭式内陆盆地，呈北西西—南东东走向，周围山体平均海拔超过 4000 m。从青海湖湖面到四周山岭之间，呈环带状分布着风积地貌、冲积地貌和构造剥蚀地貌，地貌类型包括湖滨平原、冲积平原、低山丘陵、中山和高山、冰原台地和现代冰川等。流域内山地面积占总面积的 68.6%，河谷和平原面积占 31.4%，主要分布在河流下游和湖周。青海湖西、北岸以河口三角洲、河漫滩、阶地等河积-湖积地貌为主；湖南岸山麓地带多侵蚀沟谷，山麓与平原交接带多坡积裙、洪积和冲积扇，下为向湖倾斜的洪积-湖积平原，平原之间为砂砾质卵石堤；湖东岸地势低，为沼泽湿地；湖东北沿岸分布有沙地，耳海和沙岛附近发育有固定和半固定沙丘和沙垄等（许伟林等，2019）。

三、气候气象

青海湖流域属高原温带大陆性半干旱气候，地处西风带、高原季风和东亚季风的交错带，气候多变。流域年均气温–1.1~4℃，最高月平均气温 11.0℃，最低月平均气温–13.5℃，气温自西北向东南递增。湖区年均气温 1.2℃，1 月平均气温–12.6℃，7 月平均气温 15℃。青海湖冰期长达 6 个月。流域年均降水量 291~579 mm，湖区多年平均降水量 352 mm，5~9 月总降水量占年降水量的 85%以上。流域多年平均蒸发量 1300~2000 mm，湖区蒸发量 925.0 mm，6~9 月总蒸发量约占年蒸发量的 60%以上。日照时数 3040.0 h，日照百分率 70%~80%。盛行西北风，最大风速 22.0 m/s，年均风速 3.1~4.3 m/s；

9 月~翌年 4 月为大风期，月最大风速 22.0 m/s，5~8 月风力最小，平均风速低于 16.0 m/s。

　　青海湖流域多年平均气温为 1℃ 左右。自 20 世纪 60 年代后，气温整体处于上升状态，气温倾向率约为 0.40℃/10a。到了 20 世纪 80 年代后，上升趋势更为显著，气温倾向率达 0.54℃/10a（图 9.2）。2000 年后，流域气温处于较高状态，2004 年后的年平均气温相比 20 世纪 60 年代上升了 1.3℃（张令振等，2019）。

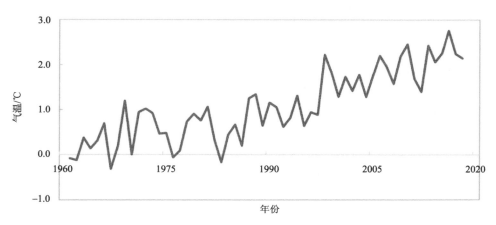

图 9.2　青海湖流域年平均气温长期变化

四、水文水系

　　青海湖湖水主要依赖地表径流和湖面降水补给，入湖河流中流域面积大于 5 km² 的河流有 48 条，多为季节性河流。西部和北部水系发达，东部和南部相反。主要入湖河流包括布哈河、沙柳河、哈尔盖河、泉吉河、甘子河、倒淌河、黑马河和吉尔孟河，这 8 条河流的总流量占入湖总径流量的 90%，其中布哈河最长，达 286 km，流域面积 14384 km²，其次是沙柳河和哈尔盖河，河长分别为 106 km 和 110 km。

　　青海湖流域年径流总量 16.11×10⁸ m³，年总输沙量 4.88×10⁸ kg。径流年内分配主要集中于夏、秋两季，5~9 月流量约占年径流量的 70%~85%。流域内河流一年内有两个湖汛，4~5 月的冰雪融水为春汛，流量较小；6~8 月为夏汛，水量大，占年总水量的 70%~80%。流域内面积大于 0.03 km² 的湖泊有 70 多个，现仅剩 40 余个，大于 1 km² 的湖泊有 12 个。湖泊水位下降时，湖周分离出了尕海、海晏湖、沙岛湖、耳海等子湖（王苏民和窦鸿身，1998；许伟林等，2019）。

五、自然资源

　　青海湖流域内土壤沿海拔升高依次为栗钙土、黑钙土、山地草甸土、高山草甸土和高山寒漠土等，栗钙土分布在湖滨平原和冲积平原，面积占流域面积的 3.4%；黑钙土分布在海拔 3200~3500 m 的山前冲积和洪积平原，占流域总面积的 3%。另有非地带性风沙土分布在湖滨沙地，非地带性沼泽土分布于河源地带和河谷滩地，非地带性盐碱土分布在环湖排水不畅的湖滨洼地。

流域内湿地总面积 6840.43 km^2（2010 年），其中河流湿地、沼泽湿地和湖泊的面积分别为 303.8 km^2、2210.3 km^2 和 4326.4 km^2，分别占流域总面积的 1.02%、7.45% 和 14.59%。沼泽湿地主要包括草甸沼泽和灌丛沼泽，其中草甸沼泽面积 2099.12 km^2，分布在西北部与北部的河源地区，灌丛沼泽面积 111.19 km^2，主要分布在布哈河、沙柳河、哈尔盖河、倒淌河中游或下游及平坦的冲积、洪积三角洲等地（李小雁等，2016）。

青海湖流域内有维管束植物 74 科 269 属 759 种。主要植被类型为灌丛、寒温带针叶林、温性沙生林、草甸、草原、高山苔原和栽培植物（油菜、燕麦和青稞等）。青海湖常见湿地植物有西藏嵩草、芦苇、杉叶藻、狸藻、水葱、二柱头藨草、荸荠、西伯利亚蓼等，沉水植物包括篦齿眼子菜、丝叶眼子菜、小眼子菜、角果藻和川蔓藻等。

流域内有野生脊椎动物 68 科 202 属 323 种。珍稀野生动物包括普氏原羚、盘羊、岩羊、雪豹、藏雪鸡、野牦牛、藏原羚、藏野驴、白唇鹿、黑颈鹤、玉带海雕等。青海湖国家级自然保护区有鸟类 53 种，隶属 6 目 13 科，其中鸟岛是保护区鸟类重要的栖息地。数量较多的鸟类包括普通鸬鹚、斑头雁、渔鸥、凤头潜鸭、赤嘴潜鸭、赤膀鸭、红头潜鸭、绿翅鸭等，国家 Ⅰ 级保护鸟类 1 种——黑颈鹤，Ⅱ 级保护鸟类 4 种——角䴙䴘、白琵鹭、灰鹤和大天鹅。青海湖现有鱼类 4 种，分别是青海湖裸鲤、硬刺高原鳅、斯氏高原鳅、隆头高原鳅（陈耀东，1987；罗颖，2011；李小雁等，2016；代云川等，2018）。

21 世纪以来，青海湖流域生物多样性保护成效显著，极度濒危物种普氏原羚种群数量由 2007 年的 300 余只增加到 2021 年的 2800 余只；水禽种类和数量显著增加，2021 年分别达到 96 种和 57.1 万只；关键鱼类青海湖裸鲤种群得到极大恢复，资源量由 2012 年的 3.45 万 t 增加到 2021 年的 10.85 万 t。

六、社会经济与土地利用

青海湖流域人口密度低，每平方公里人口低于 5 人。2020 年刚察县、海晏县、天峻县、共和县人口分别为 4.07 万人、3.77 万人、2.32 万人和 13.34 万人，其中城镇人口占比 29.8%~38.7%，乡村人口占比 61.3%~70.2%。流域内有多民族聚集，包括藏族、汉族、蒙古族、回族、土族、撒拉族等 30 个民族。

刚察县面积 8138 km^2，2020 年地区生产总值 19.25 亿元，其中第三产业占 45%，其次是第一产业。种植业和畜牧业稳步增长，工业生产呈现负增长。全县居民人均可支配收入 2.41 万元。海晏县面积 4853 km^2，2020 年地区生产总值 21.30 亿元，其中第三产业占 63%，其次是第二产业。畜牧业发达，是环青海湖现代高效畜牧业重要生产基地、环湖地区重要畜产品集散地，构建了生态畜牧业联动循环模式、"4+4"的农牧业现代生态发展新模式，"海晏牦牛"和"海晏羔羊肉"两个农产品地理标志通过农业农村部认证。全县居民人均可支配收入 2.58 万元。天峻县面积 2.57 万 km^2，2019 年地区生产总值 21.33 亿元，其中第二产业占 48%。畜牧业是全县的主导产业，畜产品、煤炭、旅游业是推动天峻经济发展的优势资源，煤储量、石灰石岩矿（D 级）储量、品位均居全省前列。共和县面积 17 209 km^2，2019 年地区生产总值 83.43 亿元，其中第二产业占 50%。

全县居民人均可支配收入 3.33 万元。

流域内土地利用类型主要包括水域、湿地、草地、耕地、林地、灌木地、冰川、建设用地和裸地，2020 年草地、水域、裸地面积分别占流域面积的 76.66%、15.12% 和 5.27%。与 2000 年相比，湿地和草地面积分别减少 46.3% 和 5.0%，林地、冰川（常年积雪）、建设用地和裸地面积分别增加 4.7 倍、6.8 倍、1.2 倍和 2.0 倍，水域和耕地面积分别增加 3.2% 和 2.4%（图 9.3，表 9.1）。

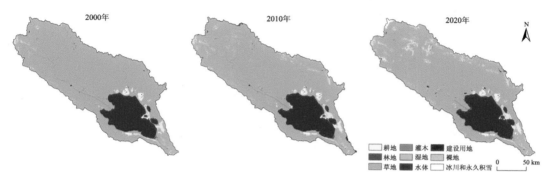

图 9.3　青海湖流域 2000 年、2010 年和 2020 年土地利用变化

表 9.1　青海湖流域 2000 年、2010 年和 2020 年土地利用类型

分类	2000 年		2010 年		2020 年	
	面积/km²	占比/%	面积/km²	占比/%	面积/km²	占比/%
水域	4341.91	14.658	4367.66	14.745	4479.76	15.123
湿地	352.59	1.191	274.38	0.926	189.24	0.639
草地	23899.51	80.683	23426.67	79.087	22708.97	76.664
耕地	470.8	1.589	446.29	1.507	482.23	1.628
林地	0.29	0.001	3.54	0.012	1.66	0.006
灌木地	0	0	23.31	0.079	13.68	0.046
冰川	17.78	0.060	40.18	0.136	137.82	0.465
建设用地	20.53	0.069	18.41	0.062	46.08	0.156
裸地	517.95	1.749	1020.92	3.446	1561.92	5.273

第二节　青海湖水环境现状及演变过程

一、降水和蒸发

青海湖及周边区域多年平均降水量约为 352 mm/a，年均最大降水量可达 500 mm 以上，最小不足 300 mm（图 9.4）。1961~2004 年间，降水量呈波动变化，但自 2004 年之后，降水量快速增加，多年平均降水量达 417 mm，相比 2004 年前增加 18.5%。山区降水量增加尤为明显，降水量由湖北山区向南逐渐减小。

青海湖流域陆面多年平均蒸发量 217.7 mm。由于陆面蒸发受水分供给影响显著，蒸发过程与降水在趋势上较为一致。同时，由于受降水和温度影响的差异，流域陆面蒸发和湖面蒸发虽然长期趋势较为相似，但在部分年份上存在较大差异。整体上，2004 年前蒸发呈较微弱的波动上升过程，之后出现显著跃升。2004 年后年均蒸发量较 1961~2003 年年均蒸发量升高了 26.3 mm。青海湖湖面多年平均蒸发量为 974.1 mm，湖面蒸发与陆面蒸发近年来均呈上升趋势（图 9.5）（张令振等，2019）。

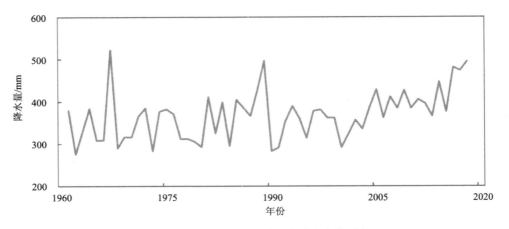

图 9.4　青海湖湖区及周边多年降水变化过程

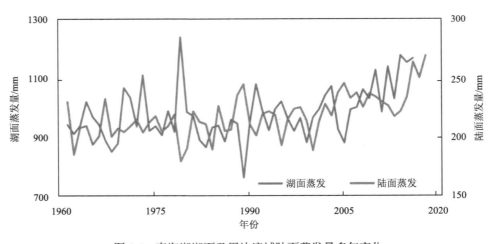

图 9.5　青海湖湖面及周边流域陆面蒸发量多年变化

二、水量和面积

　　青海湖水位年内波动较小，但多年趋势性变化明显。2004 年前，青海湖水位总体呈下降趋势，并在 2004 年达到最低水位。1961~2004 年间，湖泊水位下降了 3 m 多，平均下降幅度为 7.6 cm/a。2004 年后，在经历了长期下降过程之后，青海湖水位开始快速上升，至 2018 年最高水位距离 20 世纪 60 年代的最高值仅相差不足 0.5 m，湖泊年平均水位上升达 18.1 cm（图 9.6）。

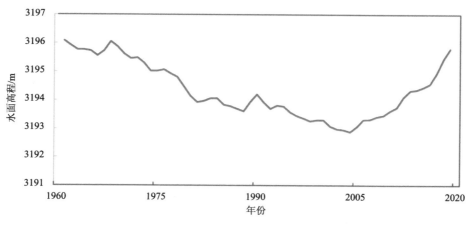

图 9.6 青海湖水位多年变化

根据不同时期实测湖底地形，并结合流域地形图以及高精度 DEM 构建了青海湖湖泊水位-面积-容积曲线（图 9.7），曲线图显示 1961 年青海湖面积约为 4635 km²，相应的湖泊蓄水量达 866 亿 m³。到了 2004 年，湖泊面积缩减为不足 4254 km²，湖泊蓄水量下降至 720 亿 m³ 左右，42 年间湖泊蓄水量减少了近 150 亿 m³，年平均水量亏缺达 3.4 亿 m³。2004 年后，随着青海湖水位的快速上升，至 2018 年，湖泊蓄水量增加 110 余亿 m³，年均增加近 7.2 亿 m³。

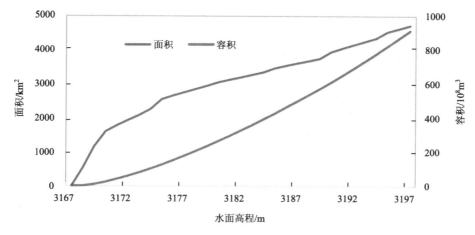

图 9.7 青海湖湖泊水位-面积-容积曲线

青海湖水面面积自 20 世纪 70 年代到 21 世纪初呈波动下降趋势，1975~2004 年呈快速下降趋势，下降幅度 207 km²，年均下降 7 km²；2004~2020 年，面积呈现出波动增加的趋势，2020 年湖泊面积达到 4540.7 km²，年均升高 20 km²（图 9.8）。

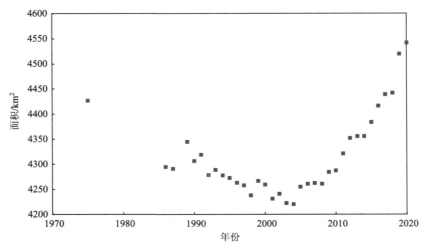

图 9.8　青海湖面积多年变化

三、冰期

　　青海湖每年 11 月进入冰期，12 月上旬形成稳定冰盖，12 月底或翌年 1 月初完全封冻，至 3 月冰盖消融，4 月上旬完全消融，封冻期 100~129 d，冰厚 0.5 m，最大冰厚 0.7 m。青海湖湖冰发育过程持续时间长，消融时间短。1978~2018 年间平均 12 月 27 日完全封冻，但封冻日推迟趋势明显，推迟速率为 0.23 d/a，40 年间封冻日推迟 9d。1978~2017年间平均 3 月 30 日开始消融，消融日提前趋势明显，提前速率为 0.33 d/a，40 年间消融日提前 13d。1978~2018 年间，封冻期最长 123d（1985 年），最短 73d（2016 年），封冻期减少速率为 0.57 d/a。青海湖湖冰厚度最大出现在 2 月，整体呈现波动减少的趋势，最大湖冰厚度平均每年减少 0.34 cm（王苏民和窦鸿身，1998；汪关信，2020）。

四、矿化度

　　青海湖属咸水湖，其矿化度自 20 世纪 60 年代起波动上升。20 世纪 60 年代青海湖矿化度为 12.25~13.20 g/L，1966~2016 年矿化度上升幅度达 0.21 g/（L·10a），目前矿化度超过 15 g/L（许伟林等，2019），矿化度整体变化幅度较小。青海湖矿化度存在空间差异，南部和东南部矿化度较高，除了 Ca^{2+} 和 CO_3^{2-} 浓度北部较高外，其他离子浓度南部和东南部较高。

　　青海湖湖水以 Na^+ 和 Cl^- 为主，属氯化物盐类钠组 II 型水。20 世纪 60 年代，青海湖 Na^+ 和 Cl^- 含量分别为 3258.2 mg/L 和 5274.7 mg/L，1991 年分别为 3930.0 mg/L 和 5790.0 mg/L；2003 年夏季分别为 3600 mg/L 和 6202mg/L；2009 年分别为 4921.8 mg/L 和 7231.2mg/L。半个世纪以来 Na^+ 和 Cl^- 浓度分别升高 51% 和 37%（中国科学院兰州地质研究所等，1979；孙大鹏等，1991；史建全等，2004；张琨等，2010）。

五、透明度

20 世纪 60 年代青海湖的透明度较高，且空间差异显著，靠近岸带的透明度较低，深水区透明度较高，岸带透明度低与湖浪造成的沉积物再悬浮有关。全湖透明度与水深有密切关系，水深小于 14 m 时，透明度变化范围 1.0~3.0 m；水深 14~23 m 时，透明度变化范围在 3.0~5.5 m；水深大于 23 m 时，透明度变化范围在 5.0~9.5 m。到 21 世纪青海湖透明度仅维持在 1~5 m，深水区透明度明显比 20 世纪 60 年代低。2006~2007 年青海湖夏季平均透明度分别为 3.5 m 和 3 m，2011~2019 年夏季平均透明度为 2.2~4.7 m（中国科学院兰州地质研究所等，1979；杨建新等，2008；郝美玉等，2020），2020 年青海湖夏秋季透明度变化范围为 1.8~4.3 m，平均为 3.45 m。

根据遥感数据计算每 5 年平均透明度，1986~1990 年、1991~1995 年、1996~2000 年、2001~2005 年、2006~2010 年、2011~2015 年和 2016~2020 年平均透明度分别为 3.01 m、2.97 m、3.19 m、3.06 m、2.91 m、3.23 m 和 3.21 m，从分布情况来看，湖区南部、西部和北部透明度较低（图 9.9）。与 20 世纪 60 年代相比，21 世纪青海湖透明度显著降低。

六、溶解氧（DO）和 pH

20 世纪 60 年代，青海湖溶解氧含量平均在 3.81~8.66 mg/L 波动，其中春、夏、秋、冬季溶解氧平均含量分别为 5.44 mg/L、4.62 mg/L、3.81 mg/L 和 8.66 mg/L。2011~2019 年夏季青海湖溶解氧含量平均为 6.5~8.9 mg/L（郝美玉等，2020）。

青海湖 pH 从 20 世纪 60 年代到 21 世纪经历了先升高、后略微下降的过程。20 世纪 60 年代青海湖 pH 在 9.1~9.4 之间波动，到 21 世纪初水位最低点附近年份升到较高值，2006 年和 2007 年分别为 9.60 和 9.77，2011~2019 年湖水 pH 在 8.9~9.5 之间波动（杨建新等，2008；郝美玉等，2020），2020 年夏秋季 pH 平均为 8.5。

七、总氮（TN）、总磷（TP）和高锰酸盐指数 （COD_{Mn}）

青海湖氮含量从 20 世纪 60 年代到 21 世纪初呈现升高的趋势。20 世纪 60 年代总氮（TN）浓度为 0.08 mg/L 左右，到 21 世纪初 TN 浓度上升到 0.8 mg/L，增加 9 倍。而后缓慢上升，到 2017 年超过 1 mg/L，部分湖区超过 2 mg/L。氨氮浓度在 20 世纪 60 年代仅 0.04 mg/L，到 21 世纪初达到 0.28 mg/L，增加 6 倍。2011~2020 年夏季氨氮平均浓度在 0.12~0.57 mg/L 波动。硝态氮（NO_3-N）浓度在 20 世纪 60 年代仅 0.036 mg/L，到 21 世纪初达到 0.2 mg/L，增加 5 倍。2020 年 NO_3-N 浓度达到 0.54 mg/L（中国科学院兰州地质研究所等，1979；陈学民等，2013；郝美玉等，2020）。从空间分布看，总氮浓度呈现北部高、东南部低的特点。

青海湖 2003~2004 年夏季总磷浓度为 0.015 mg/L，2009~2020 年夏季总磷浓度变化范围为 0.020~0.084 mg/L，平均 0.04 mg/L。从空间分布看，总磷浓度呈现北部高、东南部低的特点。2011~2019 年夏季青海湖高锰酸盐指数（COD_{Mn}）浓度变化范围为 2.00~4.67 mg/L，平均 2.87 mg/L（郝美玉等，2020）。

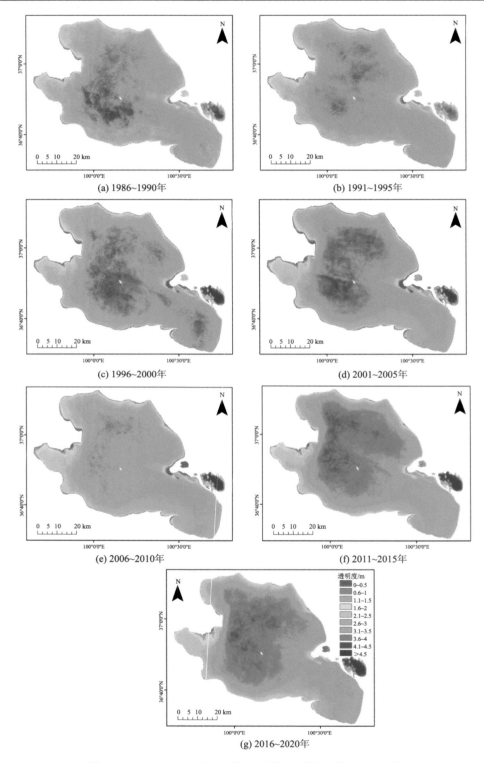

(a) 1986~1990年

(b) 1991~1995年

(c) 1996~2000年

(d) 2001~2005年

(e) 2006~2010年

(f) 2011~2015年

(g) 2016~2020年

图 9.9 1986~2020 年七个时间段青海湖平均透明度空间变化

八、叶绿素 a

青海湖叶绿素 a 浓度较低，2009~2020 年波动范围为 0.12~4.80 μg/L，总体呈现缓慢增加的趋势，遥感信息数据显示从 2003 年到 2017 年非冰期叶绿素 a 的浓度呈现增加的趋势，尤其是后期增加明显，冰期缩短对叶绿素 a 浓度的增加有一定的促进作用。青海湖叶绿素 a 浓度在夏末秋初最高，湖泊表层叶绿素 a 浓度低于底层浓度。从水平分布来看，春季全湖叶绿素 a 浓度较一致，夏季和初秋表层叶绿素 a 浓度南部和西部较高，而底层叶绿素 a 浓度大抵呈现西低东高的模式（陈学民等，2013；毕荣鑫等，2018；Feng et al., 2019；苗世玉等，2020）。

九、沉积物

青海湖 20 世纪 60 年代以来平均沉积速率较低且空间分布差异较大，沉积速率范围从 0.09 cm/a 到 0.32 cm/a，平均沉积速率为 0.17 cm/a。在空间分布上，湖区西部的布哈河入湖河口三角洲范围内的沉积速率较快，沙岛附近受沙岛影响的湖区沉积速率也比较高，而湖区中心位置沉积速率较低（图 9.10）。1960 年以来，流域陆源物质的输入可能控制了青海湖沉积速率空间分布，由于水动力因素，布哈河口区及近岸带沉积速率相对较快，南部、北部及东南湖盆中心区域沉积速率相对较低。此外东北部沙岛附近湖区受风力搬运粉尘的影响，沉积速率较高。

沉积速率
/(cm/a)

- 0.0~0.1
- 0.1~0.2
- 0.2~0.3
- 0.3~0.4

图 9.10 青海湖 20 世纪 60 年代以来沉积速率空间分布

颗粒的粗细是沉积物最重要的物理特征，青海湖岩芯沉积物的粒度分布存在多峰，峰的位置主要在 0.5 μm、10 μm、60 μm 和 400 μm 附近，几乎所有样品的粒度都包含 0.5 μm 和 10 μm 左右的峰。青海湖湖泊沉积物总体上以粉砂为主，黏粒和粗砂次之。空间上呈现西侧粗、东侧细的特点，湖心海心山附近粗粒较多，北部湖区的颗粒较细。从 20 世纪 60 年代到 21 世纪 10 年代，青海湖中值粒径呈现逐渐变粗的趋势，特别是湖心地区，这可能是流域土壤侵蚀及气候变化引起的河流径流增加以及湖面下降共同作用所导致的（张志杰等，2019）。

碳、氮等营养元素是沉积物的重要组成部分，青海湖沉积物中总有机碳含量空间分异较大，最小值为 0.14%，最大值为 4.90%，平均值为 2.20%。空间上，布哈河口的湖滨浅水区持续保持最低值，同时，总有机碳（total organic carbon, TOC）含量相对较高但波动较大的岩芯集中在北部湖区（Chen et al., 2021）。过去一百年来，总有机碳含量大体呈上升趋势，特别是 20 世纪 90 年代后，增加趋势明显。青海湖各沉积岩芯 20 世纪 60 年代以来 TN 与 TOC 具有显著的线性关系，C/N 比在 5.52~13.95 之间，平均为 8.55，内源水生藻类对有机碳的贡献较大。

碳酸盐是青海湖沉积物中最多的自生矿物，青海湖沉积物中碳酸盐主要以文石矿物为主，方解石次之，白云石含量最低，碳酸盐含量变化较大，最低为 18%，最高为 46%（Chen et al., 2021）。在空间上，西北湖区低，湖心和东部湖区高（Chen et al., 2021）。这可能与布哈河等河流输入的淡水导致湖泊盐度变低或者输入的大量碎屑物质稀释了碳酸盐等有关。

基于沉积速率、干容重和总有机碳含量，我们估算了百余年来有机碳埋藏速率与埋藏通量。百余年来有机碳埋藏速率在 4.2~566.7 Gg/a 之间，时间尺度上差异较大，不同时期的空间差异小，主要受沉积速率的影响，表现为布哈河口浅水湖区的高值。平均值在 1990 年以前较低，可能与这一时期偏暖干的区域气候导致的湖水盐度升高不利于水生植物生长有关。受气候的暖湿化以及人类活动的影响，20 世纪 90 年代至今青海湖初级生产力有所提升，有机碳埋藏显著升高。通过有机碳埋藏速率和沉积年龄以及湖泊面积的乘积估算，近百年来青海湖沉积物大约固存了（6.3±1.4）Tg 有机碳，对区域碳循环具有巨大贡献。

第三节　青海湖生态系统结构与演化趋势

一、浮游植物

青海湖属贫营养湖泊，作为初级生产者的浮游植物无论是密度还是生物量一直保持较低的水平。1961~1962 年青海湖共记载浮游植物 35 属，常年可见的有 8 属，包括小环藻、舟形藻、菱形藻、双眉藻、卵形藻、卵囊藻、蓝隐藻和囊裸藻。浮游植物年平均密度为 $5.88×10^4$ cells/L，年均生物量 0.07 mg/L。冬季密度最高（$7.61×10^4$ cells/L），春季最低（$3.20×10^4$ cells/L）。全年硅藻密度占比较高（32.4%~88.9%），甲藻在冬季占比较高（50.0%）。从浮游植物的空间分布看，浅水区多于深水区，湖的西南部多于东北部（春、夏、秋季），而冬季为东北部多于西南部（中国科学院兰州地质研究所等，1979）。

1964~1965 年，青海湖记录有浮游植物 53 属，其中硅藻占优势，数量较多的属有双菱藻、舟形藻、布纹藻、小环藻和针杆藻等。浮游植物年平均密度 $14.6×10^4$ cells/L。与 1961~1962 年调查的结果不同，春季密度最高（$2.09×10^5$ cells/L），冬季最低（$9.1×10^4$ cells/L）。全年硅藻平均密度占比 78.7%，其次是蓝藻（19.4%），绿藻和裸藻较少，甲藻未检出。从空间分布看，湖湾和河口区浮游植物密度较高（王基琳等，1975）。

2006~2010 年夏季调查分析共检出浮游植物 29 属 34 种，其中出现频率最高的有斯潘塞布纹藻、尖布纹藻、小环藻和二形栅藻。浮游植物平均密度为 $6.13×10^4$~$11.73×10^4$cells/L，平均生物量为 0.76~1.09 mg/L。群落组成以硅藻为主，其中布纹藻占优势，2006~2007 年夏季硅藻生物量占总生物量的 28.7%~46.2%。2008 年后硅藻的优势度进一步增加，2006~2010 年夏季 5 年间硅藻的平均密度和平均生物量分别占浮游植物的 70.93%和 84.36%（杨建新等，2008；姚维志等，2011）。近年来，蓝藻门的优势度逐渐增加，2020 年 8 月对青海湖浮游植物的调查结果显示，蓝藻门细鞘丝藻、绿藻门卵囊藻和硅藻门小环藻占优势。

二、附生藻类

刚毛藻属于绿藻门刚毛藻科附生藻类，分布于淡水、半咸水和海水中。青海湖属咸水湖，由于透明度高，光照充足，刚毛藻能在湖里广泛分布。20 世纪 50~60 年代，刚毛藻在青海湖中几乎遍布全湖。1959 年，二郎剑和黑马河等湖湾中有大量漂浮的刚毛藻（混杂根枝藻），并堆积成"绿色的堤岸"，厚达 0.5 m 以上，宽度至 1 m，长达 100 m 以上。1961~1962 年，冬春季虽然表面未观察到，但沉积样品中出现，分布最深可达 22m。在靠近布哈河口的鸟岛和西北部靠近乌哈阿兰河口的沙陀寺沿岸观察到大量刚毛藻。离岸 10 km 内的区域，沉积物表面刚毛藻生物量较高，高于 50 g/m²，最高 2360 g/m²，离岸 10 km 以外的区域生物量一般低于 50 g/m²。到了 90 年代，刚毛藻依然是青海湖底栖藻类的优势种，现存量估计有 $9.42×10^4$ t（黎尚豪和李光正，1959；中国科学院兰州地质研究所等，1979；杨洪志和王基琳，1997）。

2006~2010 年夏季的调查发现，刚毛藻在青海湖极少出现。2013 年后，青海湖丝状藻类大量出现。2019 年的调查结果表明鸟岛和布哈河口周边区域刚毛藻生物量最大，8 月的平均生物量达到 5213.4 g/m²。通过遥感数据分析发现，刚毛藻主要分布在青海湖西部及西北部湖湾及入湖河口附近，1987~2019 年间刚毛藻覆盖面积呈先下降、后上升趋势，1995~2006 年刚毛藻覆盖面积较低，2008~2016 年覆盖面积显著增加，2016 年后覆盖面积稍有下降，刚毛藻覆盖面积与青海湖水位呈显著正相关关系。半个世纪以来，青海湖刚毛藻经历了繁盛—衰退—繁盛的过程，这可能与青海湖的水位变化及盐度变化有关（姚维志等，2011；郝美玉等，2020）。

三、浮游动物

20 世纪 60 年代初，研究者对青海湖浮游动物进行了三个时期的调查，分别是 1960 年、1961~1962 年和 1964~1965 年，三个时期分别检出浮游动物 31 种、17 属和 26 种。其中原生动物采样分析方法可能有差异，故不能比较其群落组成和数量。后生浮游动物优势种类相同，分别为环顶六腕轮虫、裸腹溞和咸水北镖水蚤。其他数量比较多的种类有尖削叶轮虫、爱德里亚狭甲轮虫、矩形龟甲轮虫、短肢角猛水蚤和后进角猛水蚤。1960 年后生浮游动物轮虫、枝角类和桡足类年平均密度分别为 3.8 ind./L、0.2 ind./L 和 13.2 ind./L，1961~1962 年分别为 10 ind./L、0.8 ind./L 和 18.7ind./L，1964~1965 年分别为 7.0 ind./L、

0.3 ind./L 和 14.0 ind./L。三个时期年平均密度相似，均以桡足类最多，其次是轮虫，枝角类最少。后生浮游动物密度最高出现在夏季，春季和秋季次之，冬季最少。1961~1962年春、夏、秋、冬季后生浮游动物的密度分别为 30 ind./L、56 ind./L、31 ind./L 和 2 ind./L。从空间分布来看，三个优势种在全湖分布比较均匀，相比而言，部分轮虫（褶皱臂尾轮虫、壶状臂尾轮虫、爱德里亚狭甲轮虫、尖削叶轮虫、矩形龟甲轮虫等）和桡足类（锯缘真剑水蚤、近邻剑水蚤等）在沿岸、河口和湖湾分布较多（陈瑗，1964；王基琳等，1975；中国科学院兰州地质研究所等，1979）。

2006~2007 年夏季青海湖优势浮游动物与 20 世纪 60 年代相同，2006 年轮虫、枝角类和桡足类全湖平均密度分别为 7.9 ind./L、2.3 ind./L 和 13.4 ind./L，2007 年分别为 2.8 ind./L、0.3 ind./L 和 6.5 ind./L。2014 年夏季对青海湖浮游动物的调查显示，浮游动物平均密度为 56.0 ind./L（变化范围为 18.7~178.3 ind./L），平均生物量为 0.29 mg/L（变化范围为 0.06~0.74 mg/L）。优势种包括咸水北镖水蚤、锯缘真剑水蚤、爱德里亚狭甲轮虫、多肢轮虫和萼花臂尾轮虫。枝角类数量很少。从空间分布看，湖湾、河口和北部湖区浮游动物数量较多，最多出现在黑马河口（罗颖等，2020）。

四、底栖动物

青海湖大型底栖动物群落组成均以摇蚊为主，其次为钩虾。1961~1962 年全湖调查结果表明，青海湖共有底栖动物 19 属，其中摇蚊平均密度和生物量分别为 400ind./ m^2（0~1540 ind./m^2）和 0.97g/m^2（0~4.96 g/m^2），占总底栖动物的 90% 和 84%。其他包括软体动物、寡毛类和其他水生昆虫，除此之外，尚有很多介形虫和线虫。青海湖的底栖动物以西南部居多，分布在水较浅、底质为淤泥的区域（中国科学院兰州地质研究所等，1979）。

1964~1965 年的调查表明，青海湖底栖动物以摇蚊为主，平均密度为 317ind./m^2（0~1141ind./m^2），呈现全湖分布模式。钩虾和软体动物密度较低，主要栖息在丝状藻上，因此在湖中主要分布在河口和岸带区域。除了这些类群外，尚发现高密度的介形虫，平均 73 180ind./m^2（王基琳等，1975）。2006~2008 年夏季调查的 14 个点位中，只在南部和西南部点位采集到大型底栖动物。青海湖底栖动物平均密度和平均生物量分别为 278ind./m^2 和 0.44g/m^2。群落组成依然以摇蚊和钩虾为主，摇蚊幼虫密度和生物量占总底栖动物的 39.76%~47.65% 和 37.53%~48.51%，钩虾密度和生物量占总底栖动物的 39.12%~50.81% 和 45.53%~57.54%。同期调查发现介形虫，但数量较少，密度和生物量分别占总底栖动物的 8.22%~14.05% 和 4.93%~7.08%。2011~2012 年夏季青海湖大型底栖动物调查共检出底栖动物 9 种，以摇蚊和钩虾为主，平均密度和平均生物量分别为 455.8 ind./m^2 和 1.18 g/m^2。东南部沿岸带底栖动物的密度和生物量最高，湖心区最低；布哈河、菜挤河等入湖河口附近的底栖动物密度最高。分析表明青海湖大型底栖动物的分布主要受 pH、水深、总氮和盐度等环境因子的影响（姚维志等，2011；孟星亮等，2014）。

介形虫属小型底栖动物，Li 等（2010）调查了青海湖及附近水体和土壤的介形虫，共发现 34 种，青海湖中有 16 种，其中敞水区只发现特异湖浪介和胖真星介，密度均较高，其他 14 种分布在岸带。通过比较分析，介形虫对盐度有很好的指示意义。胖真星介和特异湖浪介均能耐受较高盐度（4.63~36.62 g/L），二者分别在盐度范围 7.90~27.88 g/L和 4.63~14.74 g/L 内密度最高，其中胖真星介在较低盐度下没有分布。

五、大型水生植物

受风浪、湖流、底质等因素影响，青海湖大型水生植物稀少，以沉水植物为主，分布在湖湾和入湖河口的浅水区，包括眼子菜和轮藻。其中眼子菜共有 5 种，分别是篦齿眼子菜、丝叶眼子菜、小眼子菜、角果藻和川蔓藻。湖边尚分布有少量的挺水植物荸荠和蔗草等。20 世纪 60 年代调查发现，在沙柳河口、甘子河口、黑马河口和海晏湖均发现有轮藻分布，而菜挤河口和黑马河口分布有篦齿眼子菜，1962 年 8~9 月，黑马河口轮藻生物量为 52 g/m²。20 世纪 80 年代对青海湖眼子菜的物种调查表明，眼子菜主要分布在西北部、北部和南部，东部未有分布（中国科学院兰州地质研究所等，1979；陈耀东，1987；李柯懋等，2018）。自此以后，由于大型水生植物在青海湖中分布较少，人们对其的生态调查也较少关注。

六、鱼类

青海湖现有鱼类 4 种，分别是青海湖裸鲤、硬刺高原鳅、斯氏高原鳅和隆头高原鳅，入湖河流甘子河尚有甘子河裸鲤，其中青海湖裸鲤是优势鱼类，也是湖区唯一的水生经济动物，1964 年青海湖裸鲤被列为我国重要或名贵水生动物。青海湖裸鲤栖息于水体中下层，繁殖力低、耐寒冷、耐盐碱。20 世纪，由于青海湖水位持续下降、湖水矿化度增加、入湖河流水量减少、产卵场面积缩小、过度捕捞等因素影响，青海湖裸鲤的种群数量急剧减少，产量从 20 世纪 60 年代初的 1.88 万~2.85 万 t 降低到 1990 年的 2000 t（图 9.11），

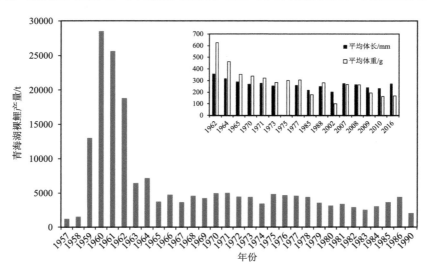

图 9.11 不同年份青海湖裸鲤产量、平均体长和体重

90 年代年均产量只有 2263 t（叶沧江，1992；史建全和祁洪芳，2018）。1979 年国务院发布的《水产资源繁殖保护条例》中将青海湖裸鲤列入保护对象，2004 年在《中国物种红色名录》中，青海湖裸鲤被列为濒危物种。

　　为减缓裸鲤资源的快速衰退，青海省政府从 1982 年起到现在，先后进行 5 次封湖育鱼措施，2020 年开始进入第六次封湖育鱼期，其中 2001 年开始全面禁止捕捞。在封湖育鱼的同时，通过放流增加裸鲤的资源量，从 2002 年到 2021 年，累计向青海湖投放裸鲤种苗 1.7 亿尾，估算的裸鲤资源量由 2002 年的 0.24 万 t 增加到 2020 年的 10 万 t（图 9.12），裸鲤增殖放流有效遏制了其种群衰退的态势。

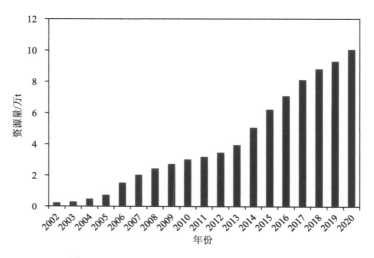

图 9.12　2002~2020 年青海湖裸鲤资源量估算

　　青海湖裸鲤的资源量虽然显著提高，但其平均体长、体重和年龄却没有恢复到 20 世纪 60 年代的水平。60 年代初，青海湖裸鲤平均体长超过 300 mm，平均体重超过 400 g，平均年龄达到 10 龄，而后体长和体重均呈下降趋势，裸鲤种群呈小型化趋势（图 9.11）。随着裸鲤资源保护力度的加大，21 世纪初裸鲤的体长和体重均比 20 世纪 90 年代稍有提高，平均年龄也由 5 龄增加到 6 龄，小型化趋势稍有缓解（叶沧江，1992；史建全等，2016）。

第四节　青海湖生态环境总体态势与关键问题分析

一、青海湖生态环境演变的总体态势

　　青海湖生态环境整体变化主要表现在水位（面积）和矿化度波动增加、水体富营养化和生物群落改变等方面。2004 年前，青海湖水位和面积总体呈下降趋势，并在 2004 年达到最低水位。之后随着水位升高，湖泊面积随之增加，2020 年湖泊面积达到 4540.7 km^2。近年伴随湖泊水位的上涨，湖面扩大致使湖泊周边数十万亩草场被淹没。青海湖矿化度在 1966~2016 年间呈现逐渐上升的趋势，上升幅度达 0.21 g/(L·10a)。根据

国家《地表水环境质量标准》（GB 3838—2002），不考虑盐度影响，青海湖 20 世纪 60 年代湖水属 I 类，近些年来基于 TN 为 III~V 类，基于 TP 为 II~IV 类，基于 COD_{Mn} 为 I 类。

青海湖营养水平、水位和矿化度的变化不但促进了水生生物数量的增加，也改变了其群落结构。与 20 世纪 60 年代相比，21 世纪浮游植物生物量呈增加趋势，虽然优势类群以硅藻为主，但优势种类由先前的小环藻、舟形藻等为主转变为目前的布纹藻。附着藻类（主要是刚毛藻）是青海湖生态系统的重要组成部分，半个世纪以来，青海湖刚毛藻经历了繁盛—衰退—繁盛的过程，这与青海湖的水位及盐度变化有关。浮游动物数量比 20 世纪 60 年代有显著增加，一些耐污种类（萼花臂尾轮虫、多肢轮虫等）逐渐占优势。大型底栖动物群落以摇蚊和钩虾为主，半个多世纪以来，底栖动物密度经历了从减少到增加的过程，分布受水深、总氮和盐度等环境因子的影响。青海湖裸鲤是青海湖生态系统的关键物种，自 20 世纪中叶到 21 世纪初裸鲤的资源量持续下降，通过封湖育鱼和增殖放流等措施，青海湖裸鲤资源量由 2002 年的 0.24 万 t 增加到 2020 年的 10 万 t，有效地遏制了其种群衰退的态势。

二、关键问题分析

（一）气候变化主导青海湖水位和面积动态变化

作为内陆湖泊，青海湖的水位变化主要受入湖径流、湖面降水和水面蒸发控制。从青海湖两个最大入湖河流布哈河与沙柳河多年入湖水量变化过程来看，2004 年前，除 1989 年等个别年份外，入湖径流整体呈微弱的下降趋势，多年平均入湖径流量约为 32.1 亿 m^3。2004 年后，径流量开始持续上升，多年平均径流量达 54.2 亿 m^3（图 9.13）。年均入湖径流量较 2004 年前增加了 68.8%，与之相对应，青海湖水位也随之快速上升。青海湖流域人类活动强度较弱，多年平均耗水量不足 1.0 亿 m^3，且年际变化幅度较小。因此，人类生产生活耗水对青海湖湖泊水位变化影响十分有限。

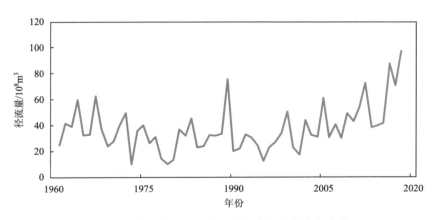

图 9.13　青海湖主要入湖河流入湖径流量多年变化

从流域水文过程看，流域总径流深占降水量的比重由 2004 年前的 55%上升到之后的 77%，在部分年份甚至出现了总径流深大于降水量的现象（图 9.14）。表明在 2004 年后，除了流域降水量的增加对入湖径流的直接贡献外，在温度上升影响下，流域冰雪融水径流的增加也起到了直接的推动作用，地表温度的变化间接反映了冻土消退的综合效应。青海湖流域从 20 世纪 80 年代到 21 世纪 10 年代，冻土面积呈现波动下降的趋势，90 年代冻土面积减少速率最大，达到 $1.8×10^4$ km²/a，到 21 世纪 10 年代由于气温上升较缓（图 9.2），冻土面积减少速率趋缓（许伟林等，2019）。

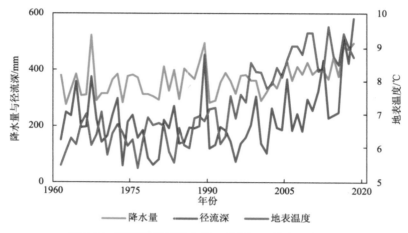

图 9.14　青海湖流域降水量、径流深及地表温度变化

青海湖流域上游有着广泛的冰川和冻土分布，在垂直地带性的作用下，冰川和冻土对流域水循环具有多年调节作用。低温时期，降水补充冰川冻土，形成具有年际调节作用的"固体水库"；随着温度上升，这些储存的水分又以融水形式补给河川径流。而由于气温的变化同时影响了蒸散发及融水径流过程，因此气温变化对青海湖水量平衡的影响比较复杂。从图 9.15 可以看出，平均气温与湖泊水位在 2004 年前表现为负相关特征，

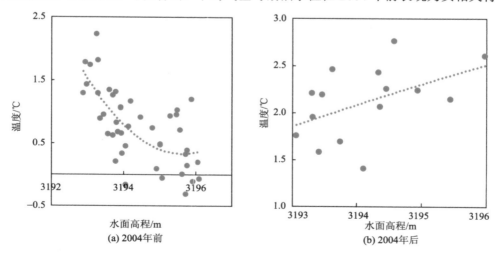

图 9.15　2004 年前、后青海湖水位与气温变化关系

但在 2004 年后转为正相关,这个关系的转变过程与湖泊水情拐点的出现具有较好的一致性。说明 2004 年后,持续的高温状态成为影响流域产流及湖泊水量平衡的正向因素。但总体上,流域降水增加依然是青海湖近年湖泊水位上升的主控因素。

(二)湖泊水量平衡变化和流域农业活动改变水体矿化度

青海湖矿化度在 1966~2016 年呈现逐渐上升的趋势,上升幅度达 0.21 g/(L·10a)(许伟林等,2019),尽管自 2004 年以来青海湖面积扩大,容量上升,但没有使青海湖矿化度发生明显的下降趋势,未来矿化度变化的不确定性增加。湖水矿化度受流域岩石风化、水体的蒸发/结晶作用、大气降水(雨、雪)物质输入和地表径流等因素的影响。通过对青海湖流域不同水样的分析,2006~2007 年青海湖流域雨水、枯水期河水、丰水期河水、地下水和湖水的 TDS 平均含量分别为 68.1 mg/L、284.5 mg/L、348.2 mg/L、464.8 mg/L 和 15 500 mg/L,其中雨水和河水的阳离子和阴离子分别以 Ca^{2+}和 HCO_3^-为主,地下水以 Na^++K^+和 HCO_3^-为主,湖水以 Na^++K^+和 Cl^-为主。青海湖湖水矿化度主要受流域岩石风化以及湖水蒸发/结晶作用影响,河水和地下水主要受岩石风化影响,雨水主要受大气 $CaCO_3$ 颗粒溶解控制(侯昭华等,2009)。分析表明布哈河和黑马河离子含量受蒸发岩溶解影响强于其他河流,蒸发岩主要由氯化物、硫酸盐、硝酸盐(钾、钠等)和硼酸盐组成。布哈河和黑马河多年平均径流量 $6.90×10^8$ m^3,占主要河流径流量的 60%,对湖水 Na^+和 Cl^-的贡献较大。

除了流域和雨水的影响外,积雪对湖水矿化度也有一定的影响。2019 年 1 月的调查表明,青海湖积雪 TDS 含量平均为 8026.95 mg/L(76.60~38 496.08 mg/L),其中 Na^+、Mg^{2+}、Cl^-、SO_4^{2-}平均含量(变幅)分别为 2427.28 mg/L(20.29~11 894.86 mg/L)、484.19 mg/L(3.55~1591.05 mg/L)、2933.05(32.29~11 179.79) mg/L 和 2093.91(10.53~14 204.06)mg/L,积雪离子含量较高与其消融过程中的淋溶作用或大气降水的粉尘源区有关(靳惠安等,2020)。

除了湿沉降外,干沉降也可能对青海湖的矿化度有影响。青海湖区盛行西北风,最大风速 22.0 m/s,年均风速 3.1~4.3 m/s;9 月~翌年 4 月为大风期,月最大风速 16.0~22.0 m/s,5~8 月风力最小,平均风速 16.0 m/s 下(王苏民和窦鸿身,1998)。青海省沙尘暴天气虽不及周边干旱地区,但沙尘天气对湖泊矿化度的影响值得关注。历史监测数据表明,青海春季沙尘暴 3 个高发区中,流域内刚察是高发区,年平均达 14 次,春季平均 7 次。青海湖南部的兴海站记录的沙尘暴次数从 20 世纪 80 年代开始有上升的趋势,与局地海拔高、植被退化有关。最新研究表明,柴达木盆地降尘中 Na^+、Ca^{2+}、Cl^-、SO_4^{2-}这四种离子占全部水溶性离子的 74%~95%,沙漠对盐尘的影响较小,而雅丹、盐滩影响较大,大气降尘是盐湖成盐物质的补给源之一(耿鋆等,2021)。

表层土壤盐分会通过地表径流影响湖水的矿化度。贾殿纪(2019)通过雷达影像分析了青海湖流域内鸟岛和刚察县附近土壤盐分的变化,显示土壤全盐含量的最小值为 0.45g/kg,最大值为 55 g/kg,平均值为 2.62 g/kg,鸟岛附近土壤盐分含量高于刚察县,可能的原因是鸟岛的降水量和补给水量比刚察县高,较多的水量使地下水位上升,将地下盐分带到地表上来,在强烈的阳光照射下,蒸发使盐分滞留在地表,促使地表盐分增多。

（三）入湖负荷增加与流域水文过程决定营养盐时空格局与长期趋势

青海湖营养盐含量从 20 世纪 60 年代到 21 世纪呈现升高的趋势。湖泊营养盐含量的升高主要受外源的影响，包括河流输入、地表径流和大气沉降等，同时内源（沉积物）的状态也会影响营养盐含量的波动。20 世纪 60 年代，青海湖入湖河流 NH_4^+、NO_3^- 和 PO_4^{3-} 浓度分别为 0.042 mg/L、0.096 mg/L 和 0.028 mg/L，氮浓度以黑马河、哈尔根河和沙柳河较高，磷浓度以黑马河、布哈河和沙柳河较高。2011~2013 年，流域内几条主要河流总氮平均浓度 1.25 mg/L（0.78~3.14 mg/L），浓度较高的包括黑马河、哈尔根河和沙柳河；氨氮平均浓度 0.34 mg/L，浓度较高的包括布哈河、黑马河和倒淌河；硝态氮平均浓度 0.48 mg/L，浓度较高的包括黑马河、布哈河和倒淌河。与 20 世纪 60 年代相比，氨氮和硝态氮浓度分别提高 7 倍和 4 倍。2019 年夏季对沙柳河流域的调查表明，河水中 NH_4^+、NO_3^- 平均浓度分别为 0.05 mg/L（0~0.26 mg/L）和 2.71 mg/L（0.68~4.65 mg/L），地下水（主要是井水）中 NH_4^+、NO_3^- 平均浓度分别为 0.02 mg/L（0~0.05 mg/L）和 8.09 mg/L（0.29~20.99 mg/L）。2019 年 1 月的调查表明，青海湖积雪中 NO_3^- 平均含量为 1.95 mg/L，变幅为 0.71~4.69 mg/L（Ao et al.，2014；祁玥等，2015；牛海林，2018；毕荣鑫等，2018；季雨桐等，2021；靳惠安等，2020）。

2004 年前，青海湖入湖径流整体呈缓慢下降趋势，多年平均入湖径流量约为 32.1 亿 m³。2004 年后，径流量持续上升，多年平均径流量达 54.2 亿 m³，年均入湖径流量较 2004 年前增加了 68.8%。1956~2017 年布哈河径流量呈增加趋势，年均径流量 8.78 亿 m³，最大径流量出现在 2016 年，为 23.25 亿 m³。地下水入湖径流约为 6.56 亿 m³。水量平衡分析表明青海湖补给水量构成中，湖面降水量、地表入湖径流量和地下水入湖补给量分别占 40.3%、43.5% 和 16.2%（杜嘉妮等，2020）。不同来源入湖水中氮或磷的含量均较高，导致了青海湖的富营养化。

从空间分布看，总氮和总磷浓度呈现北部高、东南部低的特点。结合时间尺度的变化来看，青海湖出现富营养化与流域内经济社会活动增强和人口增加有关。流域内人口 2004 年为 8.56 万人，2019 年增加到 23.54 万人，青海湖年游客人数由 2008 年的 32 万人次增至 2018 年的 396.5 万人次。除此之外，植被覆盖度下降，土地荒漠化加剧，降水量的增加加重了区域的水土流失，从而增加入湖的物质输入。

（四）土地利用类型的变化加剧了水土流失，加速了湖泊沉积过程

青海湖 20 世纪 60 年代以来整体平均沉积速率从 0.09 cm/a 升高至 21 世纪 10 年代的 0.32 cm/a，主要与气候变暖背景下人类活动对湖区生态环境干扰的加重，导致流域入湖物质输入的增加有关。进入 21 世纪以前，气温持续升高但降水无明显变化，青海湖水位和面积也随之呈现减小的趋势，大片沙质湖底出露，在风力作用下，沙漠化土地迅速蔓延。湖滨地区 1960 年后渐被发展为流域内主要的农牧业基地，同时，20 世纪 60 年代开垦的草原，后因不适宜耕种而大量弃耕，造成原生草原植被破坏（陈桂琛等，2008）。滥采中草药和灌丛植被，无节制开采沙石等行为，造成了土地植被覆盖度降低甚至裸露，

水土流失加剧，河流中泥沙含量猛增，河口冲积扇持续扩大。公路、铁路修筑，城镇居民点的扩建，工矿企业的发展，旅游业的兴起，也加剧了草原面积的减少。据调查，湖区的优良草场由 20 世纪 50 年代的 201 万 hm² 下降到 90 年代末的 109 万 hm²（刘进琪等，2007），过度开垦和放牧导致区域草地面积锐减，植被覆盖度下降，土地荒漠化加剧，加重了区域的水土流失，从而增加入湖的物质输入。

20 世纪 60 年代以来青海湖沉积物的粒度呈现总体上变粗的趋势，砂粒组分逐渐增多，黏粒和细粒组分逐渐减少。除了青海湖东南地区，青海湖沉积物的中值粒径在 21 世纪 10 年代明显大于 20 世纪 60 年代。类似地，砂粒组分也是 21 世纪 10 年代明显高于 20 世纪 60 年代，粉砂组分变化相对较小，21 世纪 10 年代的粒度仅轻微地大于 20 世纪 60 年代，黏粒组分明显地减少。21 世纪 10 年代的径流量明显大于 20 世纪 60 年代的径流量，加上人类活动对流域植被的破坏和土地开垦加剧，粗颗粒碎屑物被更多地带入湖中。风尘输入是影响湖泊粒度的一个重要的因素，特别是在风尘活动强烈的干旱半干旱区域。青海湖位于柴达木盆地沙漠的下风向，距离沙漠仅 200 km，同时，在青海湖东侧沙岛附近存在零星的沙漠分布，因此，风尘输入可能对沉积物粒度产生重要影响。

20 世纪 60 年代以来青海湖沉积物有机碳埋藏速率均值由 16.0 g/（m²·a）升高至 55.0 g/(m²·a)，21 世纪 10 年代全湖均值约为 20 世纪 60 年代的 3 倍。20 世纪 60 年代后流域人口数量增多，碳埋藏速率呈现出的上升趋势可能与居民大范围化学肥料的使用和畜牧养殖污水造成的湖泊富营养化有关。进入 21 世纪，随着降水、径流逐渐增多，湖水位回升，湖面积也持续扩大。青海湖旅游资源被大力开发，各类工商业也伴随旅游业的发展而迅速兴起。1960 年青海湖水体年均浮游植物细胞丰度为 5.88×10⁴ cells/L，2012 年增至 6.85×10⁴ cells/L（Ao et al.，2014）。氮磷浓度在各入湖河流中都比湖泊高，同时靠近河口的湖区营养盐浓度要高于其他湖区（牛海林，2018），说明流域人口的增加，以及伴随的农业活动、生产生活污染物输入的营养盐浓度升高是导致青海湖营养水平和初级生产力提高的主要原因，并在很大程度上加快了湖泊有机碳的积累。

（五）　青海湖水环境变化改变了湖泊生态系统结构

近年来青海湖出现的附生藻类（主要是刚毛藻）生物量异常增殖引起关注。半个世纪以来，青海湖刚毛藻经历了繁盛—衰退—繁盛的过程，这与青海湖的水位、透明度、营养盐及盐度变化有关。刚毛藻广泛分布于全球淡水及沿海浅水水域。从影响刚毛藻生长和分布的环境因素来看，光照、温度和营养盐是主要的影响因素，此外水动力和基质特征也会影响刚毛藻的分布，对青海湖而言，盐度的变化也会影响。光照是影响刚毛藻分布的关键因素，20 世纪 60 年代，青海湖透明度能达到 5~10 m，按照真光层深度计算，光能达到水面下 12.5~25.0 m，因此彼时沉积物表面也有很多刚毛藻分布，分布最深达 22 m。到了 21 世纪透明度降低幅度较大，只有 1~5 m，因此在调查的沉积物表面的刚毛藻就很少，近些年来刚毛藻有增加的趋势，也主要分布在河口和岸带，这些区域不受光的限制。除了不受光限制外，这些区域浅水环境也是促发刚毛藻快速生长的因素，青海湖水位在 20 世纪逐渐下降，2004 年后水位逐步上升，淹没的区域主要是岸带坡度较小地带，因此水较浅，为刚毛藻生长提供了附着环境。地表径流使得青海湖附近流域的营养盐输入湖体，刚毛藻首先利用了这些营养盐，研究表明，氮磷含量会限制刚毛藻的生长，而流域内径流的营养盐输入则满足了刚毛藻的生长，在鸟岛附近由于营养盐浓度较高，刚毛藻的生物量也是最高的区域。水温也是影响刚毛藻生长的重要因素，21世纪青海湖非冰期表层水温较20世纪60~70年代上升了2℃，也促进了刚毛藻的生长。青海湖是咸水湖，矿化度达到15 g/L，而刚毛藻能很好地生长，说明其能适应一定范围的矿化度环境，但随着青海湖矿化度的缓慢上升，其能否适应需要进一步观察。

半个多世纪以来青海湖浮游植物密度和生物量呈现缓慢上升的趋势，同时组成也有明显的变化，1961~1962年数量较多的硅藻包括小环藻、舟形藻、菱形藻、双眉藻等，布纹藻虽然全年出现，但数量较少。到了21世纪，硅藻在青海湖浮游植物群落中依然占优势，但优势种类变为布纹藻，其密度占浮游植物总密度的25.33%~38.62%，生物量占总生物量的28.73%~52.28%（姚维志等，2011）。相比较小环藻，可能与布纹藻能适应更高的盐度环境（64‰~95‰）有关。

与20世纪60年代相比，21世纪浮游动物数量显著增加，群落结构也发生了变化。浮游动物密度的增加与捕食和食物有关。青海湖浮游动物组成中，枝角类数量较少，主要是桡足类哲水蚤和轮虫，青海湖裸鲤是杂食性鱼类，且哲水蚤游泳速度较快，有能力逃避鱼类捕食，因此鱼类捕食对其种群增长产生的影响较小。如上所述，青海湖富营养化促使了藻类的增加，同时食物中碎屑、小型动物的数量相应增加，食物数量的增加有利于浮游动物种群数量的升高。与20世纪60年代相比，21世纪青海湖浮游动物中枝角类和桡足类的优势种均未发生变化，轮虫优势种发生了变化，从环顶六腕轮虫转变为耐污种类（多肢轮虫、萼花臂尾轮虫等），这与湖体富营养化水平升高有关。从空间分布看，湖湾、河口和北部浮游动物数量较多，说明空间分布与湖体营养水平存在较强的一致性。

半个多世纪以来，青海湖大型底栖动物群落组成未发生根本变化，优势种类以摇蚊为主，其次为钩虾，其密度经历了从减少到增加的过程。湖泊富营养化有利于底栖动物数量的增加，如前所述，青海湖目前正经历富营养化过程，湖体氮磷浓度的升高促使大型底栖动物数量的增加。通过与矿化度较高的尕海相比，青海湖底栖动物以喜盐摇蚊、前突摇蚊和钩虾为主，而尕海以蠓和水甲为主，且生物多样性比青海湖低。对青海湖而言，矿化度的提高对底栖动物也是潜在的威胁。目前青海湖大型底栖动物优势种摇蚊主要分布在西部和北部等靠近河口的区域，矿化度相对较低。

青海湖裸鲤是青海湖生态系统的关键物种。20世纪，由于入湖河流水量减少、青海湖水位持续下降、湖水矿化度增加、产卵场面积缩小、过度捕捞等因素影响，青海湖裸鲤的种群数量急剧减少，种群呈小型化趋势。青海湖裸鲤生长缓慢，性成熟期较晚，繁殖率较低，体重250 g的青海湖裸鲤，需要生长5~6年，500g的需要生长8~10年，早期的过度捕捞降低了基本种群的数量。产卵场破坏也是制约青海湖裸鲤数量增长的重要因素，20世纪50年代湖区共有大小河流108条，随着全球气候暖干化及人类活动的加剧，湖区大部分河流已干涸，仅剩4条主要产卵河道，加上河道建坝设闸、引水灌溉，阻断了青海湖裸鲤产卵繁殖通道。为减缓青海湖裸鲤资源的快速衰退，青海省政府从1982年起到现在，先后进行6次封湖育鱼措施并增殖放流，有效遏制了其种群衰退的态势，但种群小型化问题未得到根本解决。

第五节　对策与建议

近几十年来，随着气候变化和人类活动的影响，青海湖流域存在不同程度的草地退化、沙化土地扩张、水体富营养化、渔业资源减少、野生生物生存环境恶化等问题。针对出现的这些问题，当地政府采取了减少牲畜、退耕还林还草、禁牧育草、植被恢复、河流治理、湿地生态补偿、提高森林覆盖率等一系列治理措施改善青海湖流域生态环境并初见成效。《青海省"十四五"生态环境保护规划》进一步强调了建设人与自然和谐共生的现代化，坚持系统治理，改善本省生态环境质量，所设置的生态环境 27 项主要指标，涵盖了生态保护、环境治理、应对气候变化和环境风险防控。湖泊作为流域物质的受纳体，其生态环境变化能很好地指示流域环境的变化。21 世纪青海湖的生态环境已发生变化，包括气候变化影响下的湖泊水文、富营养化、生物群落结构改变等，如何精准分析变化的原因需要长期系统的调查，在此基础上采取针对性的流域管理措施，可以更好地服务区域可持续发展。

一、开展青海湖流域"山水林田湖草沙"生态保护和修复

半个多世纪以来，青海湖已出现了富营养化趋势，而这种趋势与全球变化和人类活动息息相关。青海湖流域草地退化、沙化土地扩张、人口（包括旅游人口）增加、社会经济发展等因素无疑给湖体水质带来了压力。青海湖与其他湖泊不同，环青海湖经济发展不均匀，造成对青海湖影响的区域性较强。这种条件下，在做到流域内生态环境精准解析的基础上，采取针对性的措施，缓解青海湖的生态压力。对湖泊生态环境的监测，要兼顾湖体和流域两个方面。目前青海湖生态环境的调查，流域方面较多，而湖体调查研究较分散，系统调查研究不足。湖体是流域物质的受纳体，其变化能很好地指示流域环境的变化，同时能很好地判别水环境的改善程度，利于青海湖流域综合治理措施的适时调整。目前青海湖生态系统结构已发生变化，精准分析变化的原因需要长期系统的监测。因此，建议构建青海湖生态系统长期监测体系，包括流域、湖水、沉积物和水生生物类群的监测，建设流域生态环境综合监测预警网络体系，形成青海湖流域山水林田湖草沙综合生态保护实施方案，在强化《青海湖流域生态环境保护条例》的基础上，推进《青海湖生态保护规划（2021—2035 年）》的落实。

二、控制入湖污染物和湖泊富营养化

根据近年来青海湖氮、磷和叶绿素 a 的空间分布来看，浓度较高的区域集中在西部和北部，青海湖营养盐浓度的升高与几条主要入湖河流（包括黑马河、哈尔根河、沙柳河等）的输入有关，而这几条河流流域均是人类活动相对集中的区域。氮、磷浓度在各入湖河流中都比湖泊高，同时靠近河口的湖区营养盐浓度要高于其他湖区，说明流域人口的增加，以及相应的农业活动、生产生活污染物输入的营养盐浓度升高是导致青海湖营养水平和初级生产力提高的主要原因，并在很大程度上促进了青海湖富营养化。针对

流域内经济发展和人口分布情况，为进一步降低入湖污染负荷，提出以下建议：①青海湖水质空间差异较大，应通过系统调查进一步明确空间水环境特性，为针对性流域管理提供数据支撑；②加强城镇污水处理力度，完善乡镇污水管网建设，提高生活污水的回收率，减少或避免生活污水直接排入河道或湖体；③有效控制面源污染，加强农业取退水管理，控制农药、化肥入河量；整治农村生活垃圾、农业生产废弃物以及畜禽粪便，减少其产生量，加强流域城镇垃圾处理建设，避免垃圾堆集地对河湖水质的污染；④加强旅游管理，完善旅游设施，控制旅游带来的污水及其他废弃物对湖体水质的影响；⑤加大环湖湿地修复、建设和保护。由于农业、旅游活动、水位和盐度变化等因素，青海湖湖滨湿地发生了不同程度的退化，作为拦截流域污染物的天然屏障，恢复和保护湖滨湿地可有效降低入湖污染负荷。

三、加强湖泊流域水文水资源和矿化度关系研究

青海湖水文过程受全球气候变化影响且流域水文过程的调节机制复杂。气候上，由于深居内陆，处于不同环流影响的交错带，不同环流变化引起的降水和气温变化在此交错叠加。明晰不同时期影响青海湖水文变化的主控环流对于认识湖泊水文长期趋势变化具有重要意义。同时，青海湖流域地形变化幅度大，除了降水和蒸散外，流域陆面水文过程受到冰川、冻土、积雪，以及覆被等变化的多年调节作用。这种调节过程在不同阶段对气候变化的影响具有缓冲或加剧的叠加作用。因此，量化陆面水文过程与气候变化的动态机制研究，可以更好地评估和预测湖泊未来水情趋势、周期，以及极端过程对青海湖生态系统的影响。矿化度增加也会造成水环境质量下降，其会直接影响湖泊生态系统的结构和功能。青海湖属咸水湖，目前生产力尚维持在一定的水平，但随着矿化度的变化，生态系统的结构和功能也会发生改变。我国西北干旱区许多湖泊中都存在矿化度增加的风险。青海湖水位虽然自 2004 年后有所提高，但矿化度却有波动增加的趋势，尽管很多因素都会导致矿化度的提高，但具体因素、相对贡献和变化趋势尚不明确。因此，在生态环境系统监测的基础上，针对青海湖矿化度变化的不确定性，建议：①通过研究矿化度时空变化规律，揭示导致矿化度变化的原因；②在揭示矿化度升高原因的基础上，采取相应的流域管理措施缓解矿化度的升高，包括进一步恢复植被等。

四、重视气候变化与富营养化影响下湖泊生态系统响应

气候变化与富营养化会影响湖泊生态系统的结构，从而影响其生态功能。青海湖地处青藏高原东北部，其受到的影响具有自身的特点，重视双重影响下湖泊生态系统的响应对适时调整治理措施具有重要的指导意义。建议：①与相关机构合作建立青海湖生态系统监测站，对生态系统进行长期定点监测；②与历史数据对比，进行时间序列青海湖生态系统变化的分析，预测变化趋势；③针对近些年来刚毛藻增多的情况，通过调查判别空间分布和生物量的差异，分析刚毛藻增多的原因；对生物量较高的区域部分清除，对生物量不高的区域不进行清除，维持系统完整性。

五、推进生物多样性保护与渔业资源利用

　　青海湖裸鲤是青海湖生态系统中的关键物种。虽然自 20 世纪中叶后青海湖裸鲤资源量快速衰退，但随着封湖育鱼、增殖放流等措施的实施，青海湖裸鲤资源量由 2002 年的 0.24 万 t 增加到 2020 年的 10 万 t，有效地遏制了其种群衰退的态势。目前已进入第六次封湖育鱼期。青海湖属贫营养水体，封湖育鱼、增殖放流等措施虽然能够提高青海湖裸鲤的资源量，但湖体的饵料资源能满足多大的资源量尚不清楚。因此，建议：①系统调查青海湖裸鲤资源量与饵料资源量之间的关系，剖析青海湖对裸鲤的最大承载量；②在此基础上，如果超过最大承载量，对青海湖裸鲤进行适当捕捞，维持青海湖裸鲤的最优种群数量；③进一步改善入湖河流的生态环境，逐步由增殖放流向自然增殖转变。

致谢：段洪涛提供青海湖流域土地利用数据，张运林提供透明度遥感数据，青海湖裸鲤救护中心罗颖提出修改意见，在此表示衷心感谢。

参 考 文 献

毕荣鑫, 张虎才, 李华勇, 等. 2018. 青海湖 2015 年水质参数特征及其变化. 水资源研究, 7(1): 74-83.

陈桂琛, 陈孝全, 苟新京. 2008. 青海湖流域生态环境保护与修复. 西宁: 青海人民出版社.

陈学民, 韩冰, 王莉莉, 等. 2013. 青海湖总磷、水温及矿化度与叶绿素 a 相关性分析. 农业环境科学学报, 32(2): 333-337.

陈学民, 朱阳春, 罗永清, 等. 2012. 青海湖氮素分布特征及其对藻类生长的影响. 安全与环境学报, 12(2): 119-123.

陈耀东. 1987. 青海湖眼子菜科植物的研究. 水生生物学报, 11(3): 228-235.

陈瑗. 1964. 青海湖的浮游动物. 动物学杂志, (3): 125-128.

代云川, 王秀磊, 马国青, 等. 2018. 青海湖国家级自然保护区水鸟群落多样性特征. 林业资源管理, (2): 74-80.

杜嘉妮, 李其江, 刘希胜, 等. 2020. 青海湖 1956~2017 年水文变化特征分析. 水生态学杂志, 41(4): 27-33.

耿鋆, 张西营, 郭晓宁, 等. 2021. 柴达木盆地大气降尘可溶盐物源探讨及其资源与环境影响. 地质学报, 95(7): 2082-2098.

郝美玉, 朱欢, 熊雄, 等. 2020. 青海湖刚毛藻分布特征变化及成因分析. 水生生物学报, 44(5): 1152-1158.

侯昭华, 徐海, 安芷生. 2009. 青海湖流域水化学主离子特征及控制因素初探. 地球与环境, 37(1): 11-19.

季雨桐, 曹生奎, 曹广超, 等. 2021. 青海湖沙柳河流域夏季河水和地下水水化学特征. 青海师范大学学报(自然科学版), 37(2): 63-75.

贾殿纪. 2019. 环青海湖流域土壤盐分含量极化 SAR 反演研究. 北京: 中国地质大学.

靳惠安, 姚晓军, 高永鹏, 等. 2020. 封冻期青海湖水化学主离子特征及控制因素. 干旱区资源与环境, 34(8): 140-146.

黎尚豪, 李光正. 1959. 青海湖的理化性质和生物学特性. 科学通报, 17: 551-552.

李柯懋, 高桂香, 简生龙. 2018. 青海省水生植物名录及分布. 青海农林科技, (4): 44-47.

李小雁, 李凤霞, 马育军, 等. 2016. 青海湖流域湿地修复与生物多样性保护. 北京: 科学出版社.

刘进琪, 王一博, 程慧艳. 2007. 青海湖区生态环境变化及其成因分析. 干旱区资源与环境, (1): 32-37.

罗颖. 2011. 浅谈青海湖周边环境对青海湖渔业资源的影响. 青海环境, 21(4): 170-174.

罗颖, 祁洪芳, 闫丽婷, 等. 2020. 夏季青海湖浮游动物群落结构特征. 海洋湖沼通报, (2): 137-143.

孟星亮, 何玉邦, 宋卓彦, 等. 2014. 青海湖区大型底栖动物群落结构与空间分布格局. 水生生物学报, 38(5): 820-827.

苗世玉, 刘扬, 李呈燕, 等. 2020. 青海湖 Chl-a 浓度时空分布特征及与环境因子相关性分析. 青海大学学报, 38(3): 89-106.

牛海林. 2018. 大型湖泊水环境时空变化特征及其受气候与人类活动的影响. 北京: 中国科学院大学.

祁玥, 王维, 周双喜, 等. 2015. 青海湖总氮、总磷及溶解氧时空变化特征. 江苏农业科学, 43(8): 357-359.

史建全, 祁洪芳. 2018. 青海湖裸鲤增殖放流技术集成及示范. 青海科技, 25(1): 24-28.

史建全, 祁洪芳, 杨建新, 等. 2016. 青海湖裸鲤增殖放流效果评估. 农技服务, 33(12): 128-129.

史建全, 祁洪芳, 杨建新. 2004. 青海湖自然概况及渔业资源现状. 淡水渔业, 34(5): 3-5.

孙大鹏, 唐渊, 许志强, 等. 1991. 青海湖湖水化学演化的初步研究. 科学通报, 15: 1172-1174.

汪关信. 2020. 青海湖湖冰特征及其变化. 兰州: 兰州大学.

王基琳, 郑英敏, 邢定介. 1975. 青海湖裸鲤饵料基础调查报告//青海省生物研究所. 青海湖地区的鱼类区系和青海湖裸鲤的生物学. 北京: 科学出版社.

王苏民, 窦鸿身. 1998. 中国湖泊志. 北京: 科学出版社.

许伟林, 马思锦, 罗银飞, 等. 2019. 青海湖流域生态环境地质. 武汉: 中国地质大学出版社.

杨洪志, 王基琳. 1997. 青海湖底栖生物及其生产力分析. 青海科技, 4(3): 36-39.

杨建新, 祁洪芳, 史建全, 等. 2008. 青海湖夏季水生生物调查. 青海科技, (6): 19-25.

姚维志, 史建全, 祁洪芳, 等. 2011. 2006~2010 年夏季青海湖浮游植物研究. 淡水渔业, 41(3): 22-28.

叶沧江. 1992. 青海湖渔业资源评估及其演变趋势. 青海环境, 2(2): 65-70.

张琨, 蓝江湖, 沈振兴, 等. 2010. 青海湖流域水化学分析及水质初步评价. 地球环境学报, 1(3): 162-168.

张令振, 文霞, 祁小娟. 2019. 青海湖流域气候变化特征及其影响. 青海科技, 26(3): 84-91.

张志杰, 周玉文, 陈嵘, 等. 2019. 1960 年以来青海湖沉积物粒度的时空分布及其控制因素. 高校地质学报, 25(4): 623-632.

中国科学院兰州地质研究所, 中国科学院水生生物研究所, 中国科学院微生物研究所, 等. 1979. 青海湖综合考察报告. 北京: 科学出版社.

Ao H Y, Wu C X, Xiong X, et al. 2014. Water and sediment quality in Qinghai Lake, China: a revisit after half a century. Environmental Monitoring and Assessment, 186: 2121-2133.

Chen X, Meng X, Song Y, et al. 2021. Spatial patterns of organic and inorganic carbon in Lake Qinghai surficial sediments and carbon burial estimation. Frontiers in Earth Science, 9: 714936.

Feng L, Liu J G, Ali T A, et al. 2019. Impacts of the decreased freeze-up period on primary production in Qinghai Lake. International Journal of Applied Earth Observation and Geoinformation, 83: 101915.

Li X Z, Liu W G, Zhang L, et al. 2010. Distribution of Recent ostracod species in the Lake Qinghai area in northwestern China and its ecological significance. Ecological Indicators, 10(4): 880-890.

第十章 色 林 错

色林错是我国第二大咸水湖、西藏第一大湖，也是青藏高原高寒湖泊湿地生态系统的典型代表。1993 年色林错黑颈鹤自然保护区成立，2003 年晋升为国家级自然保护区，2018 年被列为国际重要湿地。色林错位于羌塘高原中部，其流域是西藏最大的内陆湖水系，西藏地区流域面积最大的内流河（扎根藏布）和最长的内流河（扎加藏布）都分布在此区域。由于气候变化影响，色林错近年来发生显著扩张，水位上涨，湖泊盐度及矿化度大幅下降，引发湖泊流域一系列生态环境效应，成为影响当地生态系统的主要因素，引起了社会各界的广泛关注。通过气象观测、遥感以及湖泊现代过程调查等方法手段，对色林错流域的气象气候特征和环境因子变化及其生态环境效应开展了大量的工作，然而对色林错湖泊生态系统特征及水环境演化的研究仍然十分有限。

本章根据第二次青藏高原科学考察 2018~2021 年的色林错湖泊生态环境调查数据，结合色林错历史研究成果，系统研究了色林错水量变化、水环境和生态系统演化特征，为进一步开展气候变化影响下青藏高原湖泊变化及其生态环境效应研究提供科学依据。

第一节 色林错及其流域概况

一、地理位置

色林错又名奇林湖、色林东错，位于羌塘高原中南部，地理范围为北纬 31° 32.7′ ~ 32° 7.8′；东经 88° 31.7′~ 89° 21.7′（图 10.1），海拔约为 4542 m（Gyawali et al., 2019）。色林错是西藏地区最大的内陆湖，中国第二大咸水湖，2017 年湖泊面积 2389 km^2（Zhu et al., 2019；朱立平等，2021）。色林错边界形状不规则，东西最宽约 80 km，南北最长约 70 km，最大水深可达 59 m，据调查 2017 年蓄水量可达 558.38×10^8 m^3（孟恺等，2012; Zhu et al., 2019；朱立平等，2021）。

色林错流域面积 45 530 km^2，湖泊补给系数约为 19（Zhu et al., 2019; Liu et al., 2022）。流域内河网密布，与越恰错、格仁错、吴如错和恰规错等 23 个湖泊相互连接组成一个封闭的内陆湖泊群（易桂花和张廷斌，2017；Liu et al., 2022）。流域土地利用与覆盖类型主要为草地（83.8%）和水体（9.4%）。土地利用类型在 1990~2015 年间基本保持稳定，但是显著扩张的湖泊淹没了附近的一些草地和盐碱地（Zhu et al., 2019；朱立平等，2021）。

色林错湿地是青藏高原高寒湖泊湿地生态系统的典型代表，色林错自然保护区成立于 1993 年，最初为黑颈鹤自治区级自然保护区，2003 年，经国务院批准更名晋升为"西藏色林错国家级自然保护区"。在 2018 年被列为国际重要湿地。作为西藏最大的内陆湖水系，色林错流域内分布着西藏地区流域面积最大的内流河（扎根藏布）和最长的内流河（扎加藏布）。色林错地区同时是青藏高原高寒地区中湿地类型最为丰富的区域，包含河流湿地、湖泊湿地、泉水湿地、冰雪融水湿地、沼泽化草甸湿地和盐沼等各类湿地1780 km² （赵培松，2008；朱立平等，2021）。

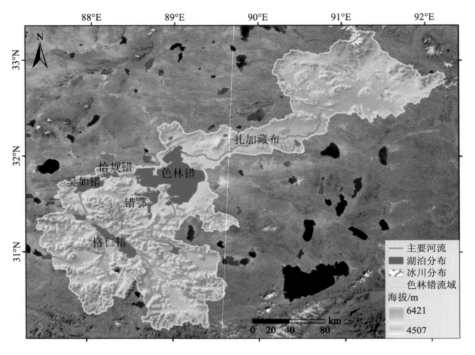

图 10.1　色林错流域分布图

二、地质地貌

　　色林错属于地质构造湖，湖泊周围的地层主要由下白垩统、中新统和第四系组成（Yu et al., 2019）。湖盆区是在新生代古近纪初开始发育的班戈断陷盆地基础上，在第四纪继承发育而成的新生断陷盆地，构造上处于班公湖—怒江缝合带中段（吕鹏等，2003）。湖泊地质成分为石灰岩、砂岩、硅质岩、熔岩、石英岩、火山岩、玄武质岩等，周围区域由石灰岩基岩和一些古湖相沉积物组成（Kashiwaya et al., 1991; Yuan et al., 2007）。色林错周边残留了近 40 级古湖岸线，最高古湖岸线高程达 4640 m，位于北部半岛及色林错东部与班戈错之间的大坝上。在高位古湖线时期，色林错与周边几个湖泊，如吴如错、错鄂、雅根错、班戈错等连为一体，湖面高程约为 4593m（孟恺等，2012）。在早全新世（10~7 ka B.P.），色林错在冰川、冻土融水和降水的补给下处于一个较稳定的高湖面时期，由于融水补给和降水减少，7~6 ka B.P.间水位出现一个快速回落，此后维持较低水平直至 2.4 ka B.P.（Hou et al., 2021）。

　　色林错流域地形整体南北高、中部低，海拔为 4532~6406 m，北接唐古拉山，南有甲岗雪山，山峰高处有冰川发育。据中国第一次冰川编目（吴立宗和李新，2004），1980年色林错地区共有 297 条冰川，总面积约为 423.09 km²，约占整个流域面积的 1%，冰川面积与色林错湖泊面积之比约为 1:4（Hou et al., 2021）。由于气候变暖，1980～2001 年冰川面积减小了 25.9 km²，2001~2010 年减小了 139.1 km²，30 年内总计减小了原有面积的 39%（Liu et al., 2022）。

色林错流域东北部海拔较高，常年冻土发育，面积为 1.3 × 10⁴ km²。南部海拔较低，仅有小面积季节性岛状冻土发育。流域内储存地下冰量约为 148.4 km³，由于气候变化，色林错流域的冻土正在加速融化，进一步加剧了色林错的扩张（Liu et al., 2022）。

三、气候气象

色林错位于印度洋夏季风和西风带相互作用的过渡区域，属于高寒半干旱气候，据班戈气象站记录，1988~2017 年平均气温 0℃、降水量 345.5 mm（Liu et al., 2022）。遥感和实地观测的结果显示，色林错全年的蒸发量为（1294.7±59）mm，其中湖面无冰期时为（1139.5 ±73.3）mm（Wang et al., 2020）。色林错最冷和最热月份分别为 1 月和 7 月，月均温分别为–12.5 ℃和 8.1 ℃（王坤鑫等，2020）。降雨主要集中于 5~9 月，从 4 月开始逐渐上升至 7 月达最大值，随后逐渐下降。蒸发量从 1 月逐渐上升到 4 月，然后下降至 9 月，后继续上升，最终在 10 月到达最大值（Liu et al., 2022）。近几十年，降水量以年均 1.38 mm 的速度增加，气温以年均 0.05 ℃的速度上升，而蒸发量则以年均 10.68 mm 的速度下降（Liu et al., 2022）。色林错在 12 月上旬至次年 4 月下旬处于冰冻期，由于气候变暖，色林错开始冻结日期逐渐推迟，冻结期呈缩短趋势（郜雪楠等，2021）。

四、水文水系

色林错主要依赖地表径流补给，入湖常年或季节性河流主要有扎根藏布、扎加藏布、波曲藏布和阿里藏布。其中源于唐古拉雪山当玛岗北坡的扎加藏布全长 409.0 km，流域面积 14 850 km²，河口宽 500~600 m，由北岸入湖。源于冈底斯山脉甲岗雪山北麓的扎根藏布全长 355 km，流域面积 15 315 km²，沿程流经格仁错、孜桂错、吴如错和恰规错等一系列湖泊，最终由色林错西岸汇入。西南岸入湖的阿里藏布，长 245.0 km，流域面积 7145 km²，属于时令河。东岸入湖的波曲藏布，长 85.0 km，流域面积 1360 km²（王苏民和窦鸿身，1998）。四个河流子流域中，扎加藏布流域冰川覆盖面积最大，约 201 km²；其次是扎根藏布和阿里藏布流域，冰川覆盖面积分别为 123 km² 和 2 km²；最小的波曲藏布流域没有冰川发育（Tong et al., 2016）。

五、动植物

色林错流域为许多珍稀动植物提供了理想生境。色林错自然保护区内分布兽类 10 科 23 种，鸟类 28 科 97 种，两栖类 1 科 1 种，爬行类 2 科 3 种，鱼类 2 科 8 种，昆虫 15 科 36 种（唐芳林等，2017；吕伟祥，2020；朱立平等，2021）。其中黑颈鹤（*Grus nigricollis*）、雪豹（*Panthera uncia*）、藏羚羊（*Pantholops hodgsonii*）、盘羊（*Ovis ammon*）、藏野驴（*Equus kiang*）、藏雪鸡（*Tetraogallus tibetanus*）、玉带海雕（*Haliaeetus leucoryphus*）、

白尾海雕（*Haliaeetus albicilla*）等被列为国家一级保护动物，重点保护对象黑颈鹤已被《濒危野生动植物种国际贸易公约》收录。色林错裸鲤（*Gymnocypris selincuoensis*）是色林错仅有的一种鱼类，已被国家列为重要水生资源加以保护（陈毅峰等，2002）。鞘翅目为保护区内种类最多的昆虫类群，其次为双翅目和鳞翅目，而缨尾目和螳螂目仅含有单个种，是保护区内的稀有类群（吕伟祥，2020）。

色林错区域植被主要类型为高寒草原，共有植物 36 科、143 属、360 种和 42 个变种或者亚属，其中包含 2 个中国特有属羽叶点地梅（*Pomatosace*）和马尿泡（*Przewalskia*）及一些西藏特有种（Zhu et al., 2019）。主要植被类型有紫花针茅（*Stipa purpurea*）草原，分布在海拔 4500~5100 m 的丘陵和山地区域；羽柱针茅（*Stipa subsessiliflora* var. *basiplumosa*）草原，分布同样普遍但面积小于前者；藏沙蒿（*Artemisia wellbyi*）草原，主要分布于湖盆外缘和一些石灰质山坡；康藏嵩草（*Carex littledalei*）沼泽化草甸，主要分布于河滩湖滨等湿地。由于海拔高、气候寒冷且降雨少，流域除圆柏属（*Sabina*）外，无其他乔木生长（中国植被编辑委员会，1980）。

六、社会经济

据《2020 中国县域统计年鉴（县市卷）》（国家统计局农村社会经济调查司，2021），色林错地区主要三县（班戈县、尼玛县、申扎县）户籍人口为 9.8 万人，以藏族为主。2020 年区域生产总值为 25 亿元，以畜牧业为主，饲养牦牛、山羊和绵羊等家畜。工业较为薄弱，主要为畜产品加工业。手工业以卡垫、金银首饰加工为主。特产有雪莲花、雪鸡、金银器、藏帽等。主要矿产有硼、砂金、锡、铬铁、盐、油页岩、玉石、云母、紫水晶等。近年来兴起的生态旅游业为该地区的经济注入了新的活力。

第二节　色林错水环境现状及演变过程

一、水位与水量

（一）水位

基于 Hydroweb 数据整理得到 1998~2018 年色林错长时序水位信息，并通过多时间尺度分解处理分别得到湖泊的年平均水位、多年逐月平均水位、逐年干湿季水位差异，用于分析色林错水位的年际变化、年内季节性变化以及极端年份变化特征。

色林错在 1998~2018 年的水位变化趋势分为两个不同阶段：①快速上升阶段（1998~2010 年），从 1998 年 5 月到 2010 年 12 月，色林错水位从 4533.66 m 上涨到 4543.77 m，上升速度超过 0.8 m/a；②低速上升阶段（2011~2018 年），2010 年后，色林错水位上升速度显著减缓，2018 年底水位达到 4545.72 m，上升速度降为 0.24 m/a。从年际变化结果看（图 10.2（b）），色林错水位下降只发生在 2015 年和 2016 年，其他年份水位都有不同程度的上涨，21 年间水位累计上升了 11.98 m，有 4 年（2000 年、2001 年、2002 年、2005 年）的水位上升幅度超过 1 m，其中 2000 年上升幅度最大（1.55 m）。

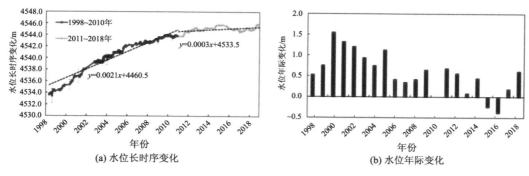

(a) 水位长时序变化　　　　　　　　(b) 水位年际变化

图 10.2　色林错水位长时序变化和水位年际变化

从图 10.3（a）中可以看出，色林错水位在 1~6 月变化较小，最大水位差仅 0.06 m，从 6 月开始水位持续上升，至 10 月已经达到年内最高水位，比 1 月最低水位高出 0.78 m。11、12 月因为降雨量持续减少，导致水位有所降低。由图 10.2（b）和图 10.3（a）的结果进行比较分析，可以看出色林错年际与年内水位变化差比较一致。依据干湿季划分（湿季：5~10 月；干季：上一年的 11 月至当年的 4 月），干季水位变化即当年 4 月平均水位减去上一年 10 月的平均水位，湿季水位变化即当年 10 月平均水位减去当年 4 月的平均水位。基于逐年的湖泊干湿季水位变化量（图 10.3（b）），可以探测到水位发生异常变化的年份。例如从 1999 年开始，色林错湿季水位变化一直处于一个高增幅状态，特别是在 2000 年、2001 年、2002 年、2005 年等年份，部分年份干季水位变化也是正变化，也就导致了色林错水位自 2000 年以来的急剧上涨。直到 2011 年湿季水位增长才有所减缓，甚至在 2015 年出现逆转，湿季水位变化出现负值，色林错也发生了自 1998 年以来第一次年内水位下降。

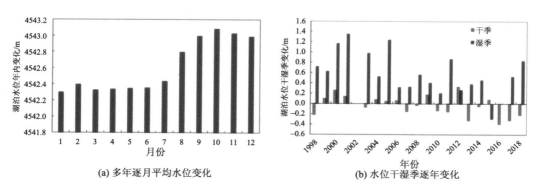

(a) 多年逐月平均水位变化　　　　　　(b) 水位干湿季逐年变化

图 10.3　色林错 1998~2018 年多年逐月平均水位变化和水位干湿季逐年变化

（二）水域面积

从图 10.4 中可以看出，2000~2011 年时段内色林错水域范围变化明显，色林错北部湖面扩张十分剧烈，这与图 10.2 显示的水位快速上涨一致。从图中可以看出，色林错的变化明显区域都有稳定径流补给，例如色林错北部入湖的扎加藏布、西岸的扎根藏布以及从东岸嘎日秋汇入的波曲藏布。色林错湖泊从 1997 年开始迅速扩张,湖面面积从 2000 年到 2011 年扩张了 424.00 km²,年增长率高达 42.40 km²/a。2011 年之后,湖面面积增长速率逐渐恢复平稳,截至 2018 年 10 月,湖面面积在 8 年间增加了 109.60 km²,面积年增长率为 13.70 km²/a。总体上,湖泊水域面积从 2000 年 11 月的 1930.04 km² 扩张到 2018 年 10 月的 2463.65 km²,湖泊面积累计增长了 533.61 km²,增幅高达 27.65%,面积年均增长率为 29.65 km²/a,在 2002 年前后色林错快速扩张,取代了纳木错成为西藏第一大湖。

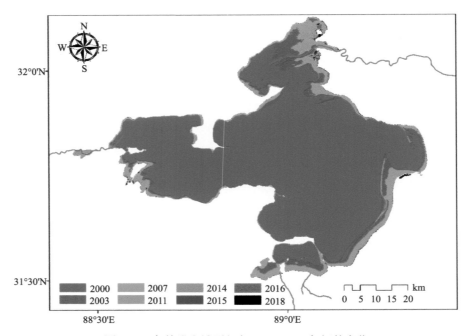

图 10.4　色林错水域面积在 2000~2018 年间的变化

(三)水量

对面积不规则的湖泊,其体积近似按圆台的体积计算,所以根据水位以及湖泊面积变化,可以估算水量变化。通过选用对应时段的色林错面积和测高水位数据构建统计模型(图 10.5(a)),可以看出色林错水位和面积具有统计显著相关性(R^2=0.9805)。因此,基于水位或水域面积重建对应时刻的水域面积或水位,进而估算湖泊水量变化信息具有较高的可靠性。由图 10.5(b)可以看出,水位变化和水量变化同样表现出良好的相关性(R^2=0.9918),其中,水位、水量变化分别指代相邻两个时段(2000 年、2003 年、2007 年、2011 年、2014 年、2015 年、2016 年和 2018 年)之间水位、水量差异。总体而言,色林错在 2000~2018 年间水量累计增加 19.64 km³,年均增长率达 1.09 km³/a,其水量变化的时间规律与水位保持较好的一致性。

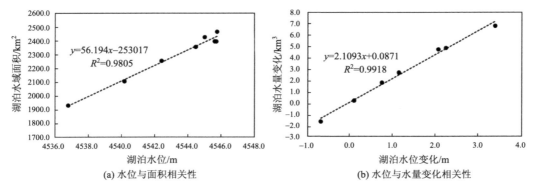

图 10.5 色林错水位与面积相关性和水位与水量变化相关性

二、湖冰

（一）湖冰物候特征

由于色林错自然条件恶劣，湖冰很少受到人类活动的直接影响，主要受气候控制，因此湖面冰情变化能够反映当地气候变化。基于 MODIS 数据提取色林错 2000~2020 年湖冰特征发现，色林错于每年 11 月下旬至 12 月中下旬开始冻结，每年的 12 月底到次年 1 月上中旬完全冻结。3 月下旬到 4 月中旬湖冰开始消融，于 4 月中旬到 5 月初完全消融。色林错平均冻结期为 31d，最短为 20d（2014~2015 年），最长为 46d（2006~2007 年）；湖冰消融期平均为 15d，最短为 7d（2015~2016 年），最长为 30d（2005~2006 年）。湖冰完全冻结到开始消融持续时间平均为 92d，最短和最长持续时间分别为 66d（2017~2018 年）和 111d（2001~2002 年）。湖冰存在期平均为 139d，最短为 107d（2016~2017 年），最长为 158d（2004~2005 年）（邰雪楠等，2022）。

（二）湖冰时空变化

近 20 年来，色林错开始冻结日期整体呈现逐渐推迟的波动趋势，推迟率大约为 11.3d/10a。色林错开始消融日期整体呈现缓慢推迟的趋势，推迟趋势为 3.3d/10a。完全消融日期呈现缓慢的提前趋势，提前率为 2d/10a。色林错湖冰冻结期整体呈现波动缩短的趋势，平均变化率为–7.7d/10a。但在 2007 年之前，湖冰冻结期呈现显著的延长趋势，2007~2020 年为波动缩短趋势。消融期整体上略呈缩短趋势，平均缩短率为 5.3d/10a。在 2002~2007 年间，消融期年际变化幅度较大，且各年的消融日数均大于平均消融期。色林错湖冰存在期整体上呈缩短趋势，缩短率为 13.5d/10a；湖冰完全冻结期变化略呈缩短趋势，但变化趋势并不明显（邰雪楠等，2022）。

色林错冻结消融空间模式受到湖水深度、浑浊度、透明度及当地风向等要素综合影响（姚晓军等，2015）。从色林错冻结消融空间模式上看，色林错先从北部、东部湖岸及南岸雅根错（2005 年之后）开始冻结，之后逐渐向中部湖心处扩张冻结，至 12 月底到次年 1 月份完全封冻。色林错湖冰消融模式与冻结模式相反，湖冰中心冰面先破裂，湖北岸、西岸及东岸最后消融，至 4 月底 5 月初，湖冰基本完成消融。湖冰冻结消融空间模式主要受到水深差异的影响（祁苗苗等，2018），湖冰开始冻结一般在水深较浅的地方，这是陆地（相当于冷源）与水之间的热量交换强度大所致。色林错东岸、北岸及西岸湖水浅，而湖中心与南岸为深水区，所以湖水冻结首先在东岸和北岸的浅水区形成岸冰，随着固定岸冰形成，冻结逐渐向湖中心深水区扩张，在湖面上形成稳定连续的冰盖。在每年的 3 月末 4 月初，色林错湖中部深水区开始破裂消融，这是由于湖中部深水区冻结最晚，湖冰厚度积累较小。随着气温逐渐升高，湖面不断储存热量，湖内部持续消融并向湖岸浅水区推进（邰雪楠等，2022）。

三、矿化度

色林错湖水 20 世纪 70 年代矿化度为 18.27~18.81 g/L（王苏民和窦鸿身，1998），1966~2016 年矿化度大幅度下降，2016 年矿化度为 6.93 g/L（闫露霞等，2018），2014 年平均矿化度为 10.94~11.59 g/L（朱立平等，2021），2019 年夏季色林错矿化度为 7.84 g/L，电导率为（10 846.8±30.6）μS/cm。

色林错湖水中阳离子以 Na^+ 为主，K^+ 次之，2021 年夏季 Na^+ 和 K^+ 含量分别为 79 270 mmol/L 和 10 723 mmol/L，阴离子以 Cl^- 为主，SO_4^{2-} 次之，二者含量分别为 62 mmol/L 和 54 mmol/L。

四、透明度

色林错湖水通常呈深蓝色，20 世纪 70 年代该湖透明度在 7.5~8.5 m（王苏民和窦鸿身，1998）。2014~2016 年该湖的透明度为 3~3.5m（朱立平等，2021）。通过 Landsat 影像揭示的色林错多年平均透明度空间分异主要表现为北部浅水区及东部沿岸带浅水区透明度较低，湖心深水区透明度高（图 10.6）。这表明外源河流携带的泥沙输入加之湖泊风浪引起的底泥再悬浮是全湖透明度空间分异的主要决定因素。通过长时间序列 Landsat 影像反演结果发现，1980 年以来色林错全湖透明度整体呈上升趋势，2015 年以来上升趋势尤为明显（图 10.7），这与近年来色林错流域降水量增加息息相关。一方面，降水量增加，草场繁茂，水土流失减弱，入湖河流携沙量大幅下降；另一方面，入湖水量大增导致湖泊水位上升，减弱了风浪引起的底泥再悬浮过程，从而降低了湖内悬浮颗粒物浓度，使湖泊透明度上升。

五、溶解氧（DO）和 pH

20 世纪 90 年代，色林错主湖区表层水溶解氧范围在 4.62~5.02 mg/L，次浅水区为 4.67~5.08mg/L，深水区为 4.64~5.12mg/L（陈毅峰等，2001）。色林错溶解氧在不同深度差异较小，变幅仅为 0.03~0.35mg/L。2014 年 8 月色林错深水区水质剖面结果显示溶解氧在湖上层约为 5.8mg/L，下层最高处为 7mg/L（朱立平等，2021）。2016 年色林错溶解氧含量为 7.69 mg/L（闫露霞等，2018），2019 年夏季溶解氧含量平均值为（5.7±0.03）mg/L。

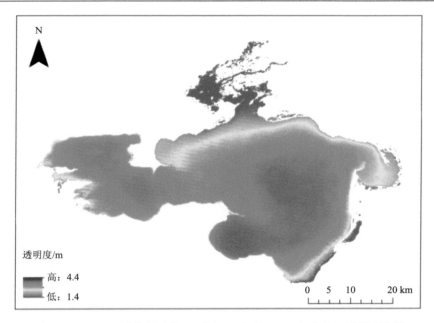

图 10.6 Landsat 影像揭示的 20 世纪 80 年代~2020 年色林错透明度均值

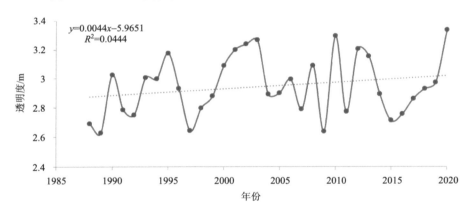

图 10.7 Landsat 影像揭示的 20 世纪 80 年代~2020 年色林错透明度均值逐年变化特征

20 世纪 90 年代至 21 世纪 20 年代，色林错的 pH 先下降后升高。20 世纪 90 年代，色林错 pH 在 9.4~9.7 之间波动，2014 年 pH 观测值为 9.19~9.49（杜丁丁等，2019），2019 年 pH 观测值为 9.22。

六、营养盐

2019 年色林错总氮（TN）和溶解性总氮（DTN）浓度分别为（0.73±0.02）mg/L 和（0.65±0.05）mg/L。2019 年色林错湖泊亚硝态氮（NO_2^--N）、硝态氮（NO_3^--N）、铵态氮（NH_4^+-N）含量分别为（0.001±0.000）mg/L、（0.03±0.004）mg/L 和（0.044±0.003）mg/L。2021 年 NO_2^--N、NO_3^--N、NH_4^+-N 浓度分别为（0.001±0.000）mg/L、（0.02±0.001）mg/L

和（0.04±0.002）mg/L。整体来看，从 2019 年到 2021 年，色林错湖亚硝态氮、硝态氮和铵态氮含量并无显著变化。2019 年色林错总磷（TP）和溶解性总磷（DTP）浓度分别为（0.03±0.003）mg/L 和（0.03±0.002）mg/L。2019 年色林错磷酸盐含量为（9.96±0.61）μg/L，2021 年含量为（9.5±2.24）μg/L。色林错 2014 年一个水质剖面的叶绿素 a 浓度在湖上层为 3.5μg/L，随水深变大增加至 7μg/L，在剖面的最底部可达 37μg/L（朱立平等，2021），2019 年实测数据波动范围为 0.77~5.16 μg/L，平均值为（2.32±2.01）μg/L。2021 年夏季色林错高锰酸盐指数为 3.85 mg/L，表明色林错湖内有机质含量相对较低。

七、营养状态

色林错水体的营养状态评价采用中国环境监测总站 2001 年发布的《湖泊（水库）富营养化评价方法及分级技术规定》（总站生字〔2001〕090 号）的方法，依据水体高锰酸盐指数、总氮、总磷、叶绿素 a 和透明度 5 项指标进行评价。2021 年色林错 5 项营养指数分别为 50.7、41.5、37.0、34.1 和 27.4，平均营养指数为 37.1，处于贫-中营养过渡状态。

八、溶解性有机物（DOM）

2019 年色林错 DOM 光谱吸收系数 a_{254} 平均值为（4.73±0.11）m^{-1}，范围在 4.58~4.86 m^{-1}；2021 年 a_{254} 平均值为（6.88±0.23）m^{-1}，范围在 6.57~7.11 m^{-1}，较 2019 年有所升高。色林错 2019 年和 2021 年溶解性有机碳（DOC）浓度平均值分别为（5.58±0.25）mg/L 和（7.2±0.02）mg/L。2019 年和 2021 年色林错紫外吸收 SUVA$_{254}$（该值越高，DOM 芳香性水平越高）的平均值分别为（0.37±0.01）L/(mg·m) 和 0.41±0.01 L/(mg·m)。2019 年色林错反映陆源 DOM 输入信号的腐殖化指数（humification index, HIX）和荧光峰积分比值 I_C/I_T 分别为（0.37±0.02）和（1.89±0.12），2021 年两个指标的平均值分别为（0.87±0.1）和（3.76±0.6），较 2019 年腐殖化程度有所升高。2019 年色林错与 DOM 陆源输入信号反相关的吸收系数比值 a_{250}：a_{365} 和光谱吸收斜率 $S_{275~295}$ 的平均值分别为（21.43±1.41）和（43.1±2.14）μm^{-1}，2021 年分别为（9.85±0.2）和（28.6±0.47）μm^{-1}，这两个指标与 DOM 相对分子量呈反比例关系，这表明从 2019 年到 2021 年色林错 DOM 相对分子量升高，这与色林错腐殖化程度和芳香性水平升高有着一定的联系。

DOM 三维荧光测定后，完成拉曼、瑞利散射及内滤波效应校正，并将三维荧光信号定标为当天测量的超纯水拉曼峰得到拉曼单位，运用平行因子分析结合对半检验及随机初始化和残差分析，发现 6 个荧光组分能有效揭示所有 DOM 三维荧光信号（图 10.8）。组分 1 及组分 6 光谱组成类似于类色氨酸，组分 2 为典型陆源土壤淋溶输入荧光信号，组分 3 为类酪氨酸，而组分 4 和组分 5 为微生物作用类腐殖酸，通常表征微生物及光化学降解陆源有机质的产物。

整体来看，6 个荧光组分荧光强度在 2021 年夏季调查期间均高于 2019 年（图 10.9）。尤其陆源组分 C2 在 2021 年要显著高于 2019 年（图 10.9）。这表明 2021 年夏季色林错流域暖湿化加剧，降水量增多，降雨径流过程冲刷携带大量土壤淋溶 DOM 输入至色林错，造成其腐殖化与芳香性水平的升高。随着暖湿化的发展，可以预见未来色林错内将有更多的鲜活陆源有机碳支撑湖内异养型微生物新陈代谢过程。

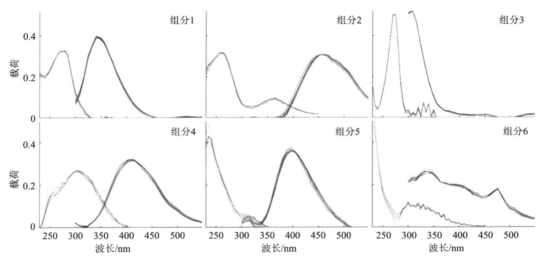

图 10.8 平行因子解析色林错 DOM 三维荧光图谱得到 6 个荧光组分对半检验结果

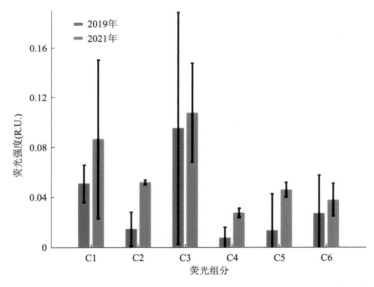

图 10.9 2019 年及 2021 年夏季调查期间色林错 DOM 荧光组分变化特征

第三节 色林错水生态系统结构与演化趋势

一、浮游植物

青藏高原区域藻类的调查最早可见于 19 世纪，主要是国外学者进行的小范围样品采集，所报道种类不多。中华人民共和国成立后，中国科学院青藏高原综合科学考察队先后于 1961 年、1966 年、1973~1976 年对青藏高原地区藻类进行了 6 次考察，共鉴定出硅藻 906 种、蓝藻 308 种、裸藻 199 种、绿藻 468 种、红藻 1 种、甲藻 11 种、金藻 13 种、黄藻 18 种、轮藻 8 种。这些调查主要针对不同类型生境，包括河流、水塘、沼泽、温泉、湖泊、潮湿岩壁等。其中关于湖泊的调查主要是在少数湖泊的岸边取样进行了种类鉴定，未进行湖泊敞水区的组成及丰度调查。

全国性的湖泊调查活动共进行过两次，第一次是 20 世纪 60~90 年代，第二次是 2006~2011 年，共调查了青藏高原 346 个湖泊，但是涉及浮游植物的湖泊仅有 11 个，色林错未列其中。色林错最早可见的浮游植物报道样品采集于 2012 年 6~7 月，此次调查共鉴定出浮游植物 14 种，具体为半丰满鞘丝藻、弱细颤藻、变绿脆杆藻头端变种、钝脆杆藻、尖针杆藻、尖针杆藻极狭变种、可赞赏泥栖藻、双头舟形藻和卵形双菱藻，其中优势种为卵形双菱藻，优势度为 0.376（王捷等，2015）。

2019 年 8 月，中国科学院南京地理与湖泊研究所在第二次青藏高原科学考察项目中，对色林错敞水区浮游植物进行了调查。发现色林错敞水区浮游植物种类数量较少，共鉴定出浮游植物 15 种属，具体为梅尼小环藻、小形异极藻、扁圆卵形藻、肘状针杆藻、湖生卵囊藻、长圆舟形藻、角甲藻、冠盘藻、卵形双菱藻、波缘羽纹藻、光滑鼓藻、鞍型藻、辐节藻、菱形藻和内丝藻属。这些藻类多为广布种和常见种，适宜淡水或微咸水环境，主要优势种为梅尼小环藻和湖生卵囊藻。浮游植物生物量较低，平均生物量为 55.2 μg/L。与 2012 年调查结果相比，两次调查浮游植物种类数虽然相似，但是组成变化明显。

2019 年 8 月调查的分子测序结果发现（图 10.10），色林错浮游植物共 9 门 263 种，其中绿藻门最多，为 139 种，占总数的 52.9%，其次是蓝藻门 40 种，占总数的 15.2%，硅藻门 34 种，占比为 12.9%，甲藻门 20 种，占比为 7.6%，金藻门 15 种，占比为 5.7%，褐藻门和定鞭藻门各 6 种，占比均为 2.3%，黄藻门 2 种，隐藻门 1 种，二者占比均不到

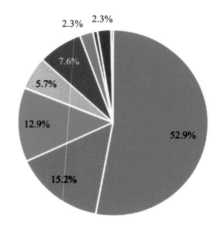

■绿藻　■蓝藻　■硅藻　■金藻　■甲藻　■褐藻　■黄藻　■定鞭藻　■隐藻

图 10.10　色林错浮游植物种类组成（分子鉴定）

1%。与同期调查的青藏高原纳木错、羊卓雍错和当惹雍错等几个大湖对比，纳木错 399 种、羊卓雍错 385 种、当惹雍错 280 种，可以发现色林错的浮游植物种类数明显少于上述三湖，表明色林错调查样品中的浮游植物种类组成相对单一。

二、浮游动物

2018 年 8 月对色林错南部进行了浮游动物的调查，共鉴定出浮游甲壳动物 1 科 1 属 1 种，轮虫 7 科 9 属 9 种。其中浮游甲壳动物为桡足纲哲水蚤目镖水蚤科北镖水蚤属咸水北镖水蚤，轮虫有臂尾轮科叶轮属鳞状叶轮虫，臂尾轮科臂尾轮属壶状臂尾轮虫，臂尾轮科龟甲轮属矩形龟甲轮虫，镜轮科镜轮属盘镜轮虫，疣毛轮科多肢轮属针簇多肢轮虫，六腕轮科六腕轮属奇异六腕轮虫，旋轮科轮虫属橘色轮虫，腔轮科腔轮属尖爪腔轮虫，狭甲轮科鞍甲轮属卵形鞍甲轮虫。咸水北镖水蚤为色林错的绝对优势种。此外，轮虫的优势种为鳞状叶轮虫和盘镜轮虫。此外，2019 年 8 月采集了沿岸带表层环境 DNA 样品进行高通量测序，检测到中型六腕轮虫和团状聚花轮虫。

色林错浮游动物密度为 16.2 ind./L，其中浮游甲壳动物密度为 13 ind./L，轮虫密度为 3.1 ind./L。与纳木错和羊卓雍错相比，色林错的浮游动物密度最高。纳木错的浮游动物密度仅 3.9 ind./L，其中浮游甲壳动物密度为 2.7 ind./L，轮虫密度为 1.2 ind./L。羊卓雍错的浮游动物密度约为 9.3 ind./L，其中浮游甲壳动物密度为 9.3 ind./L，轮虫密度为 0.02 ind./L（图 10.11）。

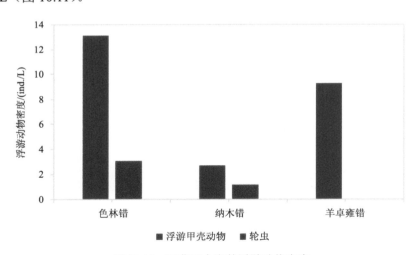

图 10.11 西藏三大湖的浮游动物密度

北镖水蚤在西藏的许多湖泊占据优势，色林错的优势种咸水北镖水蚤密度达到 7.9 ind./L。纳木错以梳刺北镖水蚤占优势，密度为 1.5 ind./L。值得注意的是，夏季调查时在色林错和纳木错中通常仅能发现北镖水蚤，而没有其他浮游甲壳动物种类。羊卓雍错浮游甲壳动物的多样性高于色林错和纳木错，夏季调查时，羊卓雍错以长刺溞占优势，密度为 5.0 ind./L；其次是新月北镖水蚤，密度为 3.4 ind./L（图 10.12）。此外，羊卓雍错还发现了方形网纹溞和英勇剑水蚤。西藏的大湖中一般以浮游甲壳动物占优势，轮虫所占的比重很小。色林错轮虫的优势种为鳞状叶轮虫和盘镜轮虫，密度分别为 0.7 ind./L 和 0.9 ind./L。

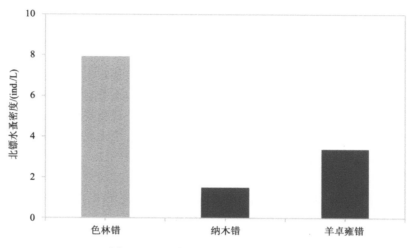

图 10.12 西藏三大湖北镖水蚤的密度

色林错浮游动物的物种丰富度高于纳木错和羊卓雍错。色林错共发现 10 种浮游动物，其中 9 种为轮虫；纳木错共发现 5 种浮游动物，其中浮游甲壳动物 1 种，轮虫 4 种；羊卓雍错共发现 5 种浮游动物，其中浮游甲壳动物 4 种，轮虫 1 种（图 10.13）。

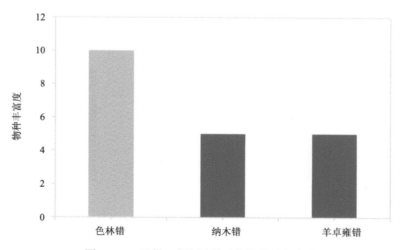

图 10.13 西藏三大湖浮游动物的物种丰富度

三、底栖动物

色林错大型底栖动物研究较为薄弱，第二次青藏高原科学考察项目开展之前，无论是第一次青藏科考报告，还是高校、科研院所的常规研究，近半个世纪以来均未涉及色林错的底栖动物。虽然近期开展了色林错昆虫资源的调查（吕伟祥，2020），但是涉及的水生类群仅有 1~2 种。由于客观地理条件限制，色林错敞水区（深水区）获取底泥样品困难，本章内容仅基于三次沿岸带的样品，部分摇蚊种类整合了蛹皮数据。三次采样共获得底栖动物 262 头，隶属于 1 门 2 纲 6 科 13 种，分别为甲壳纲的湖泊钩虾和昆虫纲的墨黑摇蚊、小长跗摇蚊、冰川长跗摇蚊、简异环足摇蚊、网纹环足摇蚊、拟突摇蚊、巴比刀突摇蚊、前突摇蚊某种、水蝇某种、舞虻某种、水龟虫、滑蜣等，尚未检出青藏高原地区常见的螺类和寡毛类。

从物种组成来看，无论是丰度还是物种多样性，摇蚊类群均占绝对优势，三次采样中，摇蚊幼虫占比分别为 74.4%、95.2% 和 79.3%，其次是钩虾以及少量甲虫，见图 10.14。从年际变化来看，物种丰度和物种数目差异较小，仅个别物种略有区别，比如，水蝇、舞虻以及水甲的种类仅在 2019 年的样品中出现，而水蜣仅在 2021 年的样品中出现，一定程度上说明小种群的随机分布性较强，易受采样当时水体状态及风浪大小的影响。三次采样均出现的种类共 4 种，分别为湖泊钩虾、冰川长跗摇蚊、简异环足摇蚊以及盐生环足摇蚊。

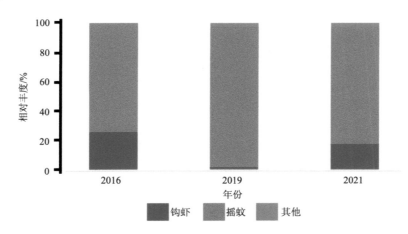

图 10.14　色林错主要底栖类群在不同年份的相对丰度

底栖动物密度在不同年份也略有不同，2019 年密度最高，达 126 ind./m^2，明显高于其他两年（图 10.15），可能与沿岸带采样力度不同相关。

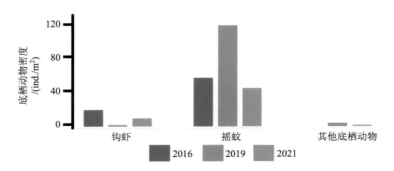

图 10.15　色林错三种主要底栖类群的丰度年际对比

从群落多样性看,Shannon-Wiener 多样性最高的年份出现在 2016 年,而底栖动物密度最高、物种数目最多的 2019 年,Shannon-Wiener 多样性最低(图 10.16)。

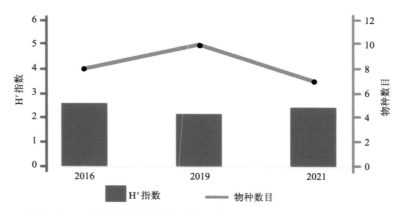

图 10.16　色林错底栖动物物种数目和 Shannon-Wiener 多样性指数

四、细菌

2018 年 7 月,在色林错设置 6 个采样点分别采集表层水样(水下 50 cm)。各水样分别收集两种粒径细菌样品:5 μm 及以上的颗粒物附着细菌,0.2~5 μm 的浮游细菌。通过对色林错 12 个水体细菌样品 16S rRNA 基因高通量测序,获得 9449 个运算分类单元(OTU,相似度≥97%)。色林错水体浮游和颗粒物附着细菌的 α 多样性(OTU 数、Shannon-Wiener 指数)存在显著性差异($p<0.05$;图 10.17)。颗粒物附着细菌 OTU 数是浮游细菌的近 3.5 倍,其 Shannon-Wiener 指数约是浮游细菌的 1.5 倍(图 10.17)。

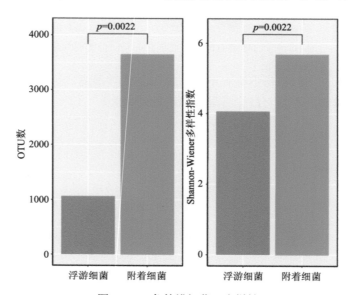

图 10.17　色林错细菌 α 多样性

在门水平上，色林错水体浮游和颗粒物附着细菌群落结构具有较高的相似性，优势菌群主要包括变形菌门、蓝细菌门、疣微菌门、放线菌门、拟杆菌门、浮霉菌门、厚壁菌门、梭杆菌门、酸杆菌门、绿弯菌门、异常球菌-栖热菌门和芽单胞菌门等（图10.18）。其中，变形菌门、蓝细菌门、疣微菌门、放线菌门和拟杆菌门在水体中占据绝对的主导地位，各类群细菌相对丰度均大于10%，总和大于90%。然而，色林错浮游细菌和颗粒物附着细菌在门水平上也存在一定差异，具体表现为前者的变形菌门相对含量相对较高（35.45%），后者的放线菌门相对含量较高（27.15%）。

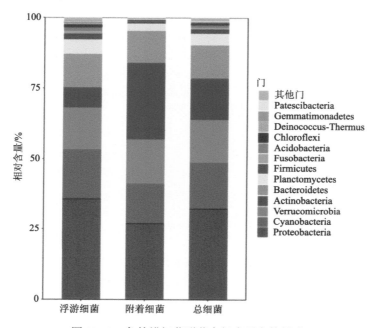

图 10.18　色林错细菌群落在门水平上的组成

在属水平上，色林错水体浮游和颗粒物附着细菌群落结构的差异性相对较大。在色林错水体两种粒径的细菌中共发现 1122 个可确定到属的 OTU，相对含量最大的 20 个OTU 是细菌的主要组成部分，其总的相对含量为 43.60%，在浮游和颗粒物附着细菌中所占的比例分别为 48.41%、34.55%（图 10.19）。这些占优势的 OTU 主要包括Verrucomicrobia 中的 *LD29*，Cyanobacteria 中的 *Cyanobium_PCC-6307*，Gammaproteobacteria 中 的 *Acinetobacter*、*Delftia*、*Stenotrophomonas*、*Kerstersia*、*Pseudomonas*，Alphaproteobacteria 中的 *Loktanella*、*Paracoccus*，Verrucomicrobia 中的 *Luteolibacter*，Planctomycetes 中的 *Roseimaritima*，Actinobacteria 中的 *hgcI_clade*、*CL500-29*、*Rhodoluna*、*Candidatus_Aquiluna*、*ML602J-51*、*Ilumatobacter*，Bacteroidetes 中 的 *Aquiflexum*、*Shivajiella*、*Belliella*，以及 Fusobacteria 中的 *Cetobacterium*（图 10.19）。其中，*LD29*、*Cyanobium_PCC-6307* 和 *Acinetobacter* 在两种粒径细菌中的相对含量均大于 4.86%；其余 OTU 在两种粒径细菌中的相对含量存在明显差异，*Stenotrophomonas*、*Delftia*、*Roseimaritima*、*Loktanella*、*Aquiflexum*、*Shivajiella*、*Cetobacterium* 和 *Paracoccus* 在浮游

细菌中的相对含量较高，而 *hgcI_clade*、*Rhodoluna*、*Candidatus_Aquiluna* 和 *ML602J-51* 在颗粒物附着细菌中的相对含量较高（图 10.19）。

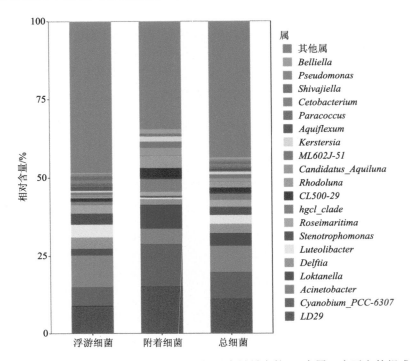

图 10.19　色林错细菌群落在属（平均相对含量最大的 20 个属）水平上的组成

第四节　色林错生态环境总体态势与关键问题分析

一、生态环境总体态势

作为我国第二大咸水湖，色林错矿化度及盐度水平整体而言不高，矿化度自 20 世纪 70 年代的约 18 g/L 快速下降至 2019 年的 7~8 g/L，降幅显著，这与近 20 余年来色林错流域气候暖湿化息息相关。大量降水通过河流等水体携带输入至色林错，加之扎加藏布上游各拉丹冬雪山上冰雪大幅消融，大量淡水注入导致湖泊面积迅速扩大。1975~2008 年色林错湖面面积扩大了 574.5 km²，其中，1999~2008 年湖面面积扩张了 20%（边多等，2010）。

色林错目前整体处于贫-中营养过渡状态，整体营养水平不高。流域内因近年来降水量增多，牧草逐步繁茂，水土流失问题有所减轻，加之湖泊水量增加，透明度呈上升态势，水质趋于改善。流域内初级生产力水平上升意味着每年有大量有机质在流域范围内积累沉淀下来，并随降水径流注入色林错。该部分鲜活溶解性有机碳的注入，必将在一定程度上提升色林错生态系统中新陈代谢所需碳库基质的库容，从而一定程度上加速色林错全湖碳循环过程。

在色林错水体环境逐步淡化的过程中，群落中的部分物种发生更替，一些适宜在咸水中生活的物种如果不能调节渗透适应，将逐步被微咸水或淡水种替换。根据青藏高原湖泊调查结果，随着盐度的降低，湖泊中的生物多样性逐步增加，表现为各生物类群的物种数增多。在生态功能方面，系统内部交互作用逐渐增强，资源分配模式也将发生根本的转变。水体的初级生产力增加，系统稳定性进一步提高，食物网的层级关系也越来越复杂，使得系统内外能量的流动通路变得更加错综如织，系统熵朝向更低方向发展。色林错生态系统在响应盐度降低的过程中，也可能遵循上述变化趋势，生物多样性和系统复杂性变化规律亟待加强研究。

二、关键问题分析

（一）湖泊短期内还将持续扩张，增加区域生态安全风险

色林错是青藏高原湖泊在过去几十年扩张最为显著的湖泊，已经由西藏第二大湖上升为第一大湖。在过去 20 年，色林错水域面积增长了近 600km^2（增幅高达 28%），水位上升近 12m，增加了相当于 200 亿 m^3 左右的蓄水量。根据未来气候变化情景模拟结果，目前的暖湿气候条件在短期内还将持续，色林错将会继续扩张、水位上涨。

由于湖泊水量增加，色林错湖泊矿化度相对 20 世纪 60~70 年代显著下降。根据 MODIS 遥感数据与实测水样建立的反演模型研究结果表明，近 20 年色林错水体透明度升高。水文条件与水环境参数的显著变化，势必会打破该湖泊原有的生态系统平衡。除了湖泊自身的生态环境响应，湖泊水域范围的快速扩张也给周边人居设施（道路、居民点）和放牧草场带来了较大的风险和潜在威胁。色林错是西藏重要的旅游景点，同时该流域生活着不少当地牧民，不断扩张的湖泊水域势必对周边人类生存环境造成破坏。早在 21 世纪初，色林错北岸的 S301 公路被淹没，新的 S301 公路被迫继续北迁。从现有遥感评估结果来看，在未来 20 年，色林错流域将有超过 90 个居民点被扩张的湖泊淹没，色林错周边 3 条主要道路（2 条省道 S301 与 S302，及 1 条县道 X535）部分路段将面临被淹没的风险。色林错持续扩张及其灾害影响为开展青藏高原湖泊的灾害监测预警和生态环境研究提供了强烈的预警信号，因为青藏高原湖泊普遍面临水位上涨和湖面扩张问题，增加了区域冰湖溃决洪水风险。

（二）湖泊水量增加的变化趋势及驱动机制有待深入厘清

色林错的湖泊水量平衡除了受降水影响外，还与流域内的冰川与冻土融水、湖面蒸发及流域蒸散发过程等紧密联系。流域面积 4.5 万 km^2，流域内冰川主要分布在北部唐古拉山脉的各拉丹冬，覆盖面积约占流域的 0.6%，由于面积占比相对较低，冰川消融提供的融水补给并非该湖近年来水量快速增长的主要贡献因素。现有遥感定量估算结果表明，色林错流域内冰川融水补给对湖泊水量增加的贡献低于 10%。针对 1979~2013 年色林错湖泊水量平衡模拟结果也可以看出（Zhou et al., 2015），其间湖面蒸发减小对色林错湖泊扩张的贡献为 14.0%，而湖面降水、非冰川径流和冰川融水的增加对色林错湖泊扩张的贡献分别为 9.5%、67.0% 和 9.5%。因此，过去几十年色林错湖泊扩张的主导因素是

流域气候（降水与蒸散发）变湿，而非冰川融水补给。

虽然湖泊水量变化受气候变湿主导的信号已比较明确，但相应的气候变化机制和精细化流域水文过程并不清楚。未来研究需进一步探索气候变化影响降水和蒸散发的时空格局，特别应关注年代际甚至多年代际气候变率对水汽传输的影响。此外，随着冰川积雪萎缩和冻土层变薄，融水径流将会减少，入湖河流径流量会出现由增转减的"拐点"，这将导致流域的水量平衡面临新的问题和转变。

（三）盐度下降引起的生态系统演变趋势亟待系统评估

在气候变化的背景下，色林错流域内气候明显暖湿化，降水增多，加之扎加藏布上游各拉丹冬冰川加速消融，大量淡水注入降低了湖水的盐度和矿化度。20 世纪 70 年代以来，矿化度由 18 g/L 快速下降至当前的 7~8 g/L，水体逐步淡化，湖泊的生态类群可能发生相应的演替。预计色林错的生物多样性将呈现逐步增加的趋势，微咸水和淡水种比例上升，咸水种优势度下降。由于水体营养限制，较之东部平原地区，水生生物的物种数和密度在将来一段时间内可能仍维持在一个相对较低的水平。鉴于目前缺乏长期监测数据，基于古湖沼学的研究将有利于厘清生态系统对环境气候变化的响应过程。未来亟须尝试利用诸如沉积物环境 DNA 等方法手段开展较长时间尺度下的生态系统演化效应研究。

随着湖泊生态系统结构的演变，湖泊生态系统的功能也将随之变化。首先，根据遥感影像反演结果，色林错的透明度多年来呈现逐步上升趋势，光照补偿层逐渐向下推移，水下平均可利用光增加，将有助于提升湖泊初级生产力，进而通过上行作用影响整个生态系统。因此，在未来全球升温的背景下，色林错生态系统将发生一系列复杂变化。这种变化对湖泊生态系统的生物群落组成及其稳定性和弹性的影响仍难以预测，需要进一步的监测和研究。

第五节　对策与建议

一、建设青藏高原高寒区湖泊流域水土气生综合立体监测体系

色林错作为青藏高原腹地高寒区脆弱湖泊生态系统的代表，对气候变化响应非常敏感，不仅通过不同类型的补给变化反映气候及各要素的影响过程，而且在湖泊理化性质和生态条件上产生一系列连锁效应。色林错国家级自然保护区在高寒草原生态系统中是珍稀濒危生物物种最多的地区，也是生态环境脆弱区，随着青藏高原国家公园群建设构想的提出，色林错位于色林错-普若岗日国家公园潜在建设区，在推进国家公园建设中，需要国家加大投入脆弱生态系统综合监测，为构建色林错-普若岗日国家公园高寒生态系统的合理保护方案提供科学支撑。

需要加强色林错湖泊及流域观测体系的构建和完善，从高原湖泊流域地表过程与环境变化研究的科学意义与实际需求出发，推进湖泊本身及流域水文过程、土壤过程、大气过程和生态过程的野外科学观测站建设和联网观测；充分发挥卫星遥感的大范围、全覆盖、周期性重复观测及历史时序重建等优势，获取色林错湖泊水文要素与水环境指标

的时序变化资料，开展与流域尺度的气温、降水、蒸发、冰川融水、冻土变化等要素联合监测；结合卫星遥感、探空与地面等多源观测手段，从湖泊站点观测拓展到流域系统观测，完善从上游冰川到终端湖泊的高寒水土气生综合立体观测网络，厘清气候要素变化如何影响湖泊变化以及区域生态环境效应。

二、构建青藏高原湖泊扩张引发的灾害预测预警和防控应急体系

现有研究报道和实地调查显示，近年来青藏高原上包括色林错在内的许多内陆湖泊由于水位快速上涨，已经发生了湖水外溢淹没道路、居民点和草场等自然灾害，严重影响到流域生态环境和人居环境，湖泊扩张带来的社会经济影响不容忽视。同时，伴随着冰川加速消退、融水迅速增加，青藏高原及周边高山冰湖溃决风险发生的频次和强度也有所增加，已严重影响到不少下游居民的生命财产安全。及时监测和预测湖泊动态对于评估区域环境变化、理解流域气候与水文变化，以及预测未来水灾害风险和制定可持续管理计划至关重要。

在加强监测和预警方案构建的同时，需要研究气候变化背景下的风险缓解方案，建议当地政府部门加强对湖边、地势低洼地段以及可能存在湖水溢出危险点的实时监控，结合地理和水文因素从流域的层面上对扩张明显的区域制定合理的洪水防护措施，比如通过加高交通要道附近的湖岸、开挖引河等措施减小淹没范围及淹没损失。统筹优化流域内生态功能区和牧区的空间格局，加大基础设施和基本公共服务投入，引导居住在自然条件恶劣、自然灾害危险区、自然保护地核心区的农牧民有序向低海拔、河谷地带、"一江两河"（雅鲁藏布江、拉萨河、年楚河）地区聚集，制定科学合理的搬迁选址方案，实施生态搬迁工程。

三、开展青藏高原典型湖泊生态系统响应全球变化的系统性研究

色林错作为我国第二大咸水湖，在气候变化的背景下，目前正处于由咸转淡的过程中，高紫外线辐射条件下，水体透明度升高导致透光性增加，一系列水环境的改变，导致了湖泊生态系统的强烈响应。色林错生态系统转变案例，对于指示青藏高原湖泊整体生态系统的转变极具典型性和代表性。

建议结合现场观测及水色遥感等诸多手段加强色林错湖泊矿化度、水质及有机碳储量监测以及关键入湖河口区域碳、氮、磷等营养元素入湖通量野外现场调查，尤其是极端降雨事件大量陆源有机碳脉冲式输入的监测，揭示河口区盐度、矿化度对极端暴雨径流过程的响应机制，研究水文气候变化影响下色林错碳循环过程与规律。同时，加强色林错全湖范围内的生物监测工作，跟踪生态系统演变过程，开展生态系统各类群生物如何响应水体环境的改变等相关研究，从而揭示青藏高原湖泊生态系统响应全球变化的过程。

四、加强色林错国家级自然保护区生物多样性保护措施的动态调整

近年来，随着对色林错国家级保护区保护力度的不断加强，多种保护措施不断实施，

在有效保护濒危物种和生态脆弱地区、服务于政策导向方面发挥了重要作用。作为重要的保护措施之一，色林错流域的草场和湖泊周围建设了大量的保护围栏，主要用于退化草地恢复和防止过路旅客擅闯保护区。随着湖面上升，很多围栏已经接近现代湖面，阻隔藏羚羊、盘羊和藏野驴等动物的饮水、迁徙路线等，进一步可能导致生境破碎化，大量存在的围栏也使得野生鸟类屡遭折翼等伤害野生动物的事件时有发生。因此需要定期评估色林错保护区诸如围栏等保护措施对生物多样性保护的影响，并采用有效动态调整手段，降低其潜在风险。

致谢：色林错野外科考得到第二次青藏高原综合科学考察研究领导小组办公室、西藏自治区科学技术厅、那曲市科学技术局、那曲市林业和草原局、申扎县科学技术局、申扎县林业和草原局的帮助，中国科学院南京地理与湖泊研究所陈非洲、詹鹏飞、张毅博、隆浩、吴庆龙、薛滨、李万春、谭蕾等对本章提供不同形式的贡献，在此一并表示感谢。

参 考 文 献

边多, 边巴次仁, 拉巴, 等. 2010. 1975—2008 年西藏色林错湖面变化对气候变化的响应. 地理学报, 65(3): 313-319.

陈毅峰, 陈自明, 何德奎, 等. 2001. 藏北色林错流域的水文特征. 湖泊科学, 13(1): 21-28.

陈毅峰, 何德奎, 曹文宣, 等. 2002. 色林错裸鲤的生长. 动物学报, 48(5): 667-676.

杜丁丁, Mughal M S, Blaise D, 等. 2019. 青藏高原中部色林错湖泊沉积物色度反映末次冰盛期以来区域古气候演化. 干旱区地理, 42(3): 551-558.

国家统计局农村社会经济调查司. 2021. 2020 年中国县域统计年鉴(县市卷). 北京: 中国统计出版社.

吕鹏, 曲永贵, 李庆武, 等. 2003. 藏北地区色林错, 班戈错湖盆扩张及现代裂陷活动. 吉林地质, 22(2): 15-19.

吕伟祥. 2020. 基于国家级自然保护区的昆虫种类调查——以西藏色林错为例. 农家参谋, (21): 112.

孟恺, 石许华, 王二七, 等. 2012. 青藏高原中部色林错区域古湖滨线地貌特征、空间分布及高原湖泊演化. 地质科学, 47(3): 730-745.

祁苗苗, 姚晓军, 李晓锋, 等. 2018. 2000~2016 年青海湖湖冰物候特征变化. 地理学报, 73(5): 932-944.

邰雪楠, 王宁练, 吴玉伟, 等. 2022. 近 20 a 色林错湖冰物候变化特征及其影响因素. 湖泊科学, 34(1): 334-348.

唐芳林, 高军, 郭倩. 2017. 西藏色林错自然保护区生态旅游路径初探. 林业建设, (2): 8-13.

王捷, 李博, 冯佳, 等. 2015. 西藏西南部湖泊浮游藻类区系及群落结构特征. 水生生物学报, 39(4): 837-844.

王坤鑫, 张寅生, 张腾, 等. 2020. 1979~2017 年青藏高原色林错流域气候变化分析. 干旱区研究, 37(3): 652-662.

王苏民, 窦鸿身. 1998. 中国湖泊志. 北京: 科学出版社.

吴立宗, 李新. 2004. 中国第一次冰川编目数据集. 寒区旱区科学数据中心.

闫露霞, 孙美平, 姚晓军, 等. 2018. 青藏高原湖泊水质变化及现状评价. 环境科学学报, 38(3): 900-910.

姚晓军, 李龙, 赵军, 等. 2015. 近 10 年来可可西里地区主要湖泊冰情时空变化. 地理学报, 70(7): 1115-1124.

易桂花, 张廷斌. 2017. 色林错流域——世界地理数据大百科辞条. 全球变化数据学报, 1(2): 242.

赵培松. 2008. 西藏色林错地区湿地遥感研究. 成都: 成都理工大学.

中国植被编辑委员会. 1980. 中国植被. 北京: 科学出版社.

朱立平, 王君波, 等. 2021. 西藏色林错地区环境变化综合科学考察报告. 北京: 科学出版社.

Gyawali A R, Wang J B, Ma Q F, et al. 2019. Paleo-environmental change since the Late Glacial inferred from lacustrine sediment in Selin Co, central Tibet. Palaeogeography, Palaeoclimatology, Palaeoecology, 516: 101-112.

Hou Y, Long H, Shen J, et al. 2021. Holocene lake-level fluctuations of Selin Co on the central Tibetan plateau: Regulated by monsoonal precipitation or meltwater? Quaternary Science Reviews, 261: 106919.

Kashiwaya K, Yaskawa K, Yuan B, et al. 1991. Paleohydrological processes in Siling‐CO (lake) in the Qing‐Zang (Tibetan) Plateau based on the physical properties of its bottom sediments. Geophysical Research Letters, 18(9): 1779-1781.

Liu W, Liu H, Xie C, et al. 2022. Dynamic changes in lakes and potential drivers within the Selin Co basin, Tibetan Plateau. Environmental Earth Sciences, 81(3): 1-17.

Tong K, Su F, Xu B. 2016. Quantifying the contribution of glacier meltwater in the expansion of the largest lake in Tibet. Journal of Geophysical Research: Atmospheres, 121(19): 11158-11173.

Wang B, Ma Y, Su Z. et al. 2020. Quantifying the evaporation amounts of 75 high-elevation large dimictic lakes on the Tibetan Plateau. Science Advances, 6(26): eaay8558.

Yu S, Wang J, Li Y, et al. 2019. Spatial distribution of diatom assemblages in the surface sediments of Selin Co, central Tibetan Plateau, China, and the controlling factors. Journal of Great Lakes Research, 45(6): 1069-1079.

Yuan B, Huang W, Zhang D. 2007. New evidence for human occupation of the northern Tibetan Plateau, China during the Late Pleistocene. Chinese Science Bulletin, 52(19): 2675-2679.

Zhou J, Wang L, Zhang Y, et al. 2015. Exploring the water storage changes in the largest lake (Selin Co) over the Tibetan Plateau during 2003—2012 from a basin-wide hydrological modeling. Water Resources Research, 51(10): 8060-8086.

Zhu L, Wang J, Ju J, et al. 2019. Climatic and lake environmental changes in the Serling Co region of Tibet over a variety of timescales. Science Bulletin, 64(7): 422-424.

第十一章 博 斯 腾 湖

博斯腾湖是我国最大的内陆淡水湖泊，也是干旱区最具代表性的湖泊之一，博斯腾湖流域作为"一带一路"建设的重点核心区域，其水安全与生态安全保障是国家重大战略与地区社会经济发展的共同需求。作为塔里木河的主要配水湖泊及塔克拉玛干大沙漠和库鲁克沙漠之间绿色走廊水源的重要补给湖泊，博斯腾湖对保障流域的生态安全具有举足轻重的作用。同时，博斯腾湖具有重要的旅游观光价值，2002 年，博斯腾湖湖区被评为国家重点风景名胜区，2014 年 5 月，博斯腾湖景区被评为国家 5A 级旅游景区。博斯腾湖地处我国西北干旱-半干旱地区，总降水量稀少、补给来源单一、蒸发作用强烈、水量短缺且时空分布不均，加之干旱区社会经济发展过程中对水的依赖程度极高，生态环境极为脆弱、生态系统抗干扰能力小，使得博斯腾湖的生境易受气候变化和人类活动的双重影响。20 世纪 60 年代以来，博斯腾湖面临水位持续下降、湖面萎缩，湖水矿化度升高，部分水域富营养化、生态系统退化等干旱区湖泊的共性生态环境问题。近年来，博斯腾湖流域气候发生了明显的"暖湿化"转型，加之国家及各级地方政府加大对水环境治理的投入，2014 年以来博斯腾湖水位明显回升，生态环境有所好转，但仍未得到彻底改善且未来演变的不确定性增加。

本章根据博斯腾湖水环境、水生态系统的监测数据及相关资料和研究成果，依托国家水专项等重大项目开展，系统分析了博斯腾湖生态环境状况、存在问题及治理保护的对策建议，以期为博斯腾湖水资源优化配置、水生态保护与修复、湿地生态系统的保护与管理、"一带一路"及中蒙俄经济走廊建设提供科学支撑。

第一节 博斯腾湖及其流域概况

一、地理位置

博斯腾湖，古称"西海"，位于中国天山南麓焉耆盆地东南部低洼处，坐落在新疆巴音郭楞蒙古自治州（简称"巴州"）博湖县境内，地理位置介于 41°46′~42°08′N 和 86°19′~87°28′E 之间，海拔 1047~1048 m，在罗布泊干涸、艾比湖持续萎缩的情况下，目前是新疆境内的第一大湖，属冰雪融水、降水和地下水混合补给型湖泊，曾是我国最大的内陆淡水湖。博斯腾湖分为大、小两个湖区。大湖区是湖体的主要部分，在水位 1047 m 时（1985 国家高程基准），其东西长约 62.8 km，最大宽 35.2 km，平均宽约 20 km，水面面积为 1064 km²，蓄水量为 73×10⁸ m³，平均水深为 8 m，最大水深为 16 m，湖盆呈深碟状，中间低平，靠近湖岸湖盆急剧抬升。湖泊总集水面积约 4.4×10⁴ km²，流域地表水资源量 40×10⁸ m³（程其畴，1993；李卫红和袁磊，2002）。湖区西部的开都河入口处，为开都河三角洲，由于河流泥沙的沉积，湖水较浅，一般为 2~6 m，宽度为 8~10 km。其余岸边一般深入湖区 1.5~2.0 km 后，就迅速增至 6 m，最深处在湖的南边第一道海心山附近。博斯腾湖除大湖区外，周围还有约 400 km² 的芦苇沼泽和大小不等的湖荡。芦苇沼泽主要分布在大湖西南及西北角。西南部的芦苇沼泽区中有 10 余个小湖，湖间由孔雀河古河道相连，水深 1~4 m，水面总面积约 60 km²，总蓄水量约 3×10⁸ m³。这些小湖最早都属于大湖的整体，后因开都河南部河堤的整治，大湖和小湖区之间修建了一道人工堤，导致大湖与小湖不再有汊流相通，仅在人工堤上设有涵闸，用于保障生态用水的双向贯通。

博斯腾湖是我国最大的吞吐内陆湖，既是上游开都河、黄水沟等水系的尾闾，又是下游孔雀河水系的源头，是开都河-孔雀河（以下简称开-孔河）流域的"心脏"（图 11.1）。开-孔河流域主要由开都河流域（包含博斯腾湖）和孔雀河流域两部分组成（杨美临，2008；高光等，2013）。博斯腾湖位于开都河流域最低处，是开都河流域最重要的组成部分，故开都河流域也被称为博斯腾湖流域（本书用博斯腾湖流域代称）。流域上游包含小尤勒都斯盆地、大尤勒都斯盆地以及开都河发源的外围山区，下游出大山口后进入焉耆盆地。该区长 320 km，平均宽 137 km，面积 4.4×10⁴ km²，包括和静、和硕、焉耆、博湖四个县。孔雀河流域位于塔里木河盆地东北部，北至霍拉山，西界轮台县，东界库鲁克塔格山中部和南部，流域包括库尔勒市、尉犁县、兵团农二师三个农业团场，流域面积 6.66×10⁴ km²。

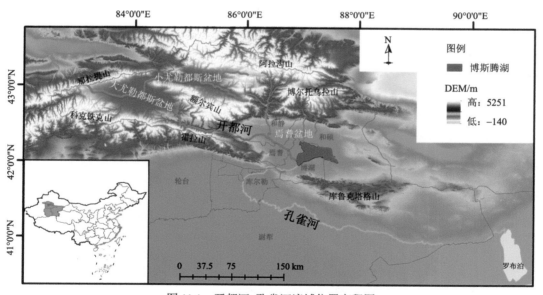

图 11.1　开都河-孔雀河流域位置高程图

二、地质地貌

利用中国科学院计算机网络信息中心地理空间数据云平台下载的 GDEMV3 30 m 分辨率数字高程图，绘制的开-孔河流域及博斯腾湖流域高程及主要水系见图 11.1 及图 11.2。博斯腾湖流域北倚天山山脉，南临塔里木盆地，地势西北高、东南低（邱冰等，

2010）。流域西北部为山区产流区，大、小尤勒都斯盆地之间的额尔宾山海拔最高，约4800 m（图 11.1）。地貌分区属于天山大区，包括天山山地、尤勒都斯盆地和焉耆盆地三个小区。在焉耆盆地东南部，海拔 1049 m 以下的低凹地，是焉耆盆地的侵蚀基准面，汇合四周山地河流（其中以开都河为主），形成博斯腾湖。博斯腾湖地质构造上为天山西褶皱带内部的拗陷区，属中生代断陷湖（高光等，2013）。

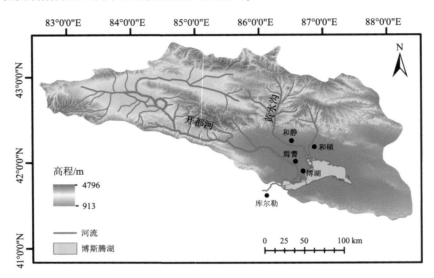

图 11.2　博斯腾湖流域高程图（低处为焉耆盆地）

湖的南部高大沙丘间有湖相疏松粉砂亚砂土层；北岸有古湖岸遗迹；东北岸古湖底微倾斜地形较明显，与今日近湖岸地形相似。湖周尚未发现湖成阶地。湖东、南两岸，各形成一片沙漠，宽约 5~10 km。在当地特殊风流状况下，形成密集的巨大新月形沙链，尤其在南岸丘高一般达到 100 m 左右，沙链彼此相连，丘上无植被。沙漠边缘有小沙丘分布，并出现稀疏植被。

博斯腾湖流域属大陆性干旱荒漠区，土壤类型主要有绿洲潮土、棕漠土、荒漠林土、草甸土、沼泽土、盐土、棕钙土、风砂土、龟裂土、残余盐土、残余沼泽土等。流域内主要有胡杨、尖果沙枣、柽柳、胀果甘草、芦苇、疏叶骆驼刺等不依赖天然降水的非地带性植被，分布在地下水位较高的河漫滩、低阶地、湖滨及低洼地，形成断断续续、宽窄不一的乔、灌、草组成的植被带，依靠洪水漫溢或地下水维持生命。流域中焉耆盆地边缘的山前洪积扇群为砾石、砂砾石戈壁带，植被稀少。荒漠植物主要有麻黄、梭梭、沙拐枣、骆驼刺、假木贼、盐穗木、盐节木、黑果枸杞、柽柳、盐爪爪、红砂、白刺等；草甸植物主要有马兰、罗布麻等；沼泽植物主要有三棱草、水葱、香蒲、芦苇等（郑逢令，2006）。

三、气候气象

博斯腾湖流域深居欧亚大陆腹地，远离海洋。南有青藏高原阻滞印度洋水汽北上，西有帕米尔高原，北有天山及多条平行山脉阻滞西风气流携带的水汽补给，形成独特的区域气候。流域内平原地区呈现出极端干旱的大陆性气候特征。总的特点是四季分明、冬冷夏热、昼夜温差大；春季升温快而不稳，秋季短暂而降温迅速；多晴少雨、光照充足、空气干燥、风沙较多。山区则属于高寒半湿润、半干旱气候，只有冷、暖半年之分，天气多变、雨雪较多、高寒风大，终年可见霜雪。湖区气候虽受平原区大的气候条件控制，但由于湖泊水体的储温效应，昼夜温差和年际差小于陆地，局部风向风速也与陆地有所不同。

博斯腾湖区属温带大陆性气候，年均气温 8.3℃，多年平均日照时数 3109 h，无霜期 222 d。年均降水量 64.7 mm，最大年降水量 154.6 mm（2016 年），最小年降水量 16.2 mm（1985 年），年均蒸发量 1881 mm。

博斯腾湖流域上游巴音布鲁克站（海拔高程 2459 m）及下游焉耆站（海拔高程 1057 m）1958~2020 年气温及降水量观测结果显示：博斯腾湖流域上下游气温均有显著升高的趋势，特别是焉耆地区，年均气温从 20 世纪 60 年代的 7.5℃左右升到 2019 年的 10.1℃，其上升幅度为 0.31℃/10a（图 11.3）。近 60 年来，焉耆地区的年降水量没有显著增加，20 世纪 80 年代后反而有减少的趋势，但其上游的巴音布鲁克地区年降水量增长显著，例如，1983 年巴音布鲁克地区年降水量只有 212.2 mm，而 2019 年降水量则达到 394.4 mm（图 11.3）。

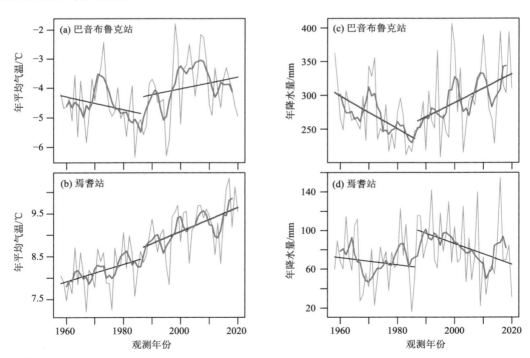

图 11.3 博斯腾湖流域上游巴音布鲁克站及下游焉耆站 1958~2020 年年均气温及年降水量变化图

灰色线条为观测数据；红色线条为 5 年滑动平均数据；直线为线性拟合趋势，其中灰色直线代表统计检测不显著，蓝色直线代表显著

（数据来源于国家气象科学数据中心，网址：http://data.cma.cn）

四、水文水系

博斯腾湖流域集水区内有大小河流 13 条，一级支流 235 条，二级支流 62 条，盆地集水面积 $2.7×10^4$ km²，河网密度 0.19 km/km²，年总径流量为 $40.28×10^8$ m³。年平均径流量大于 $1×10^8$ m³ 的河流有开都河、黄水沟和清水河，常年性河流只有开都河（陈亚宁等，2013；夏军等，2003）。据 1956~2006 年的水文数据，开都河、黄水沟和清水河三河径流量占盆地总径流量的 96.3%，其中开都河占 86.2%、黄水沟占 7.2%、清水河占 2.9%，其余河流占 3.7%。其他小河一般出山后水就被全部引入灌区（图 11.4）。

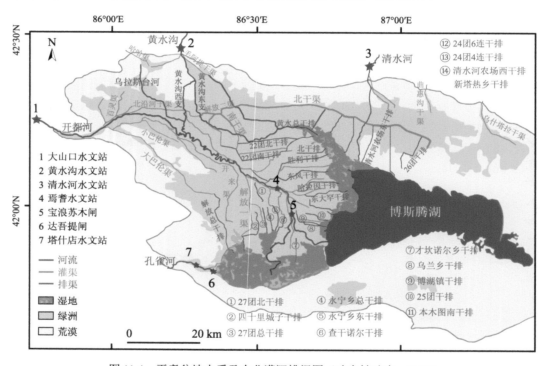

图 11.4　焉耆盆地水系及农业灌溉排渠图（改自钟瑞森，2008）

开都河发源于西部积雪的高山（天山中段），由冰雪融水补给，也是天山南坡水量最丰富的河流之一。全长 560 km，流域面积达 $2.2×10^4$ km²，平均年径流量 $34.12×10^8$ m³。在宝浪苏木闸处，该河流又分为东、西两支，东支注入大湖，西支流入小湖。大湖东泵站和西泵站扬水、小湖达吾提闸出流及开都河经解放一渠输水等在塔什店汇合后，向孔雀河输水。

孔雀河是焉耆盆地唯一的地表出流。1983 年前，博斯腾湖以自流方式流入孔雀河，后因湖水位下降，自流出流困难，于 1982 年建成博斯腾湖西泵站和扬水输水干渠，将博斯腾湖大湖水引入孔雀河。博斯腾湖小湖水则经达吾提闸入孔雀河。2007 年又建成博斯腾湖东泵站，与西泵站一起承担博斯腾湖大湖水位调节与水环境改善的重要功能。

五、社会经济

博斯腾湖流域是一个多民族聚居区，主要有蒙古族、汉族、维吾尔族、回族等 13 个兄弟民族。近 70 年来，流域内人口约增加了 10 倍。中华人民共和国成立初期，流域内总人口约 5 万人，在 20 世纪 50~70 年代人口急剧增长，至 2011 年人口达到峰值的 50 万人左右，其后由于城镇化的影响，人口逐步向巴州中心城市库尔勒市迁移，流域人口有所减少（图 11.5）。

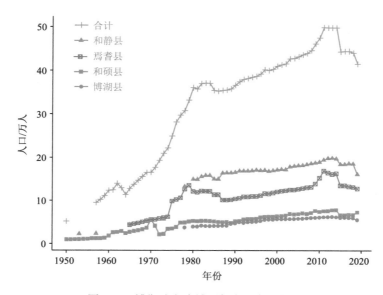

图 11.5　博斯腾湖流域历年人口变化趋势

随着人口的增加，流域内（主要是下游的焉耆盆地）进行了大规模的水土开发，农作物播种面积由中华人民共和国成立初期的 0.91 万 hm^2，增加到 2015 年的 13.7 万 hm^2，70 年来农作物播种面积增加了 14 倍（图 11.6）。流域内的水土开发主要集中在两个时期：一是 20 世纪 50 年代末至 70 年代后期，农业灌溉引水量由 1958 年的 $8.17 \times 10^8 \ m^3$ 增加到 1976 年的 $13.18 \times 10^8 \ m^3$（高华中等，2005）；二是 21 世纪初期至 2015 年左右，但由于地下水的开采量大幅上升，节水灌溉导致的灌溉定额的减少，这一时期从开都河的引水量并未显著增加（Wu et al., 2018; 章文亭等，2021）。

流域内四个县生产总值由 1980 年的 9384 万元增长到 2018 年的 212.7 亿元，近 40 年来增长了近 226 倍（图 11.7）。而农业的 GDP 由 1980 年的 5234 万元增加到 2017 年的近 69.7 亿元，近 40 年来增长了约 132 倍，但自 2014 年以来增速明显放缓，2018 年出现下降。通过统计中华人民共和国成立以来巴州三产 GDP 的占比，发现 1990 年以前巴州经济基本上以农业 GDP 占主导地位；1990 年后工业 GDP 占比显著增长，逐渐成为巴州经济的主体；2010 年后，农业 GDP 占比基本保持稳定，工业 GDP 占比下降，而第三产业 GDP 占比有所增加（图 11.8）。

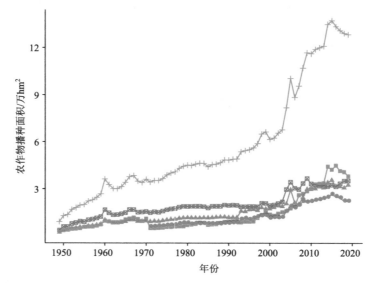

图 11.6　博斯腾湖流域历年农作物播种面积变化趋势

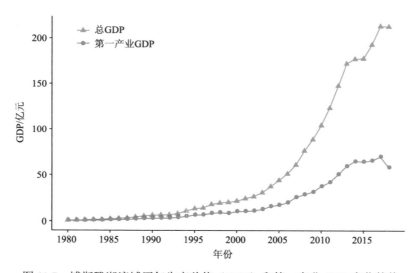

图 11.7　博斯腾湖流域历年生产总值（GDP）和第一产业 GDP 变化趋势

六、土地利用

根据遥感影像解译了博斯腾湖流域 2000 年、2010 年和 2020 年三个时期的土地利用情况（图 11.9）。从三个时期土地利用状况看（表 11.1），博斯腾湖流域土地利用方式在近 20 年变化剧烈。草地在博斯腾湖流域中面积最大，超过 2.33 万 km^2，其占比在 2000 年为 55.15%，2010 年时降至 54.29%，但 2020 年又增加至 55.68%。裸地面积超过 1.13 万 km^2，其占比由 2000 年的 26.36% 增加到 2020 年的 28.75%，20 年间面积增加了 1025 km^2。耕地面积变化也比较明显，由 2000 年的约 2451 km^2 增加到 2020 年的约 2846 km^2，

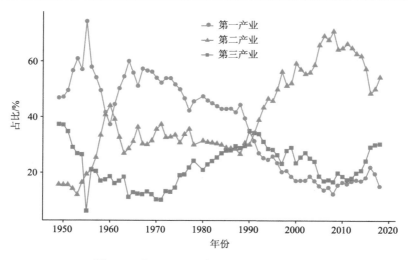

图 11.8　新疆巴州三产 GDP 占比变化趋势

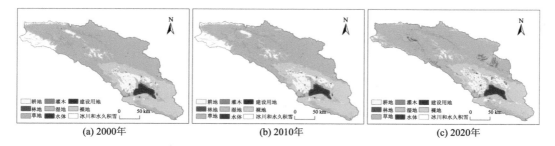

图 11.9　博斯腾湖流域 2000 年、2010 年及 2020 年土地利用状况

表 11.1　博斯腾湖流域三个时期各类土地利用面积统计

分类	2000 年		2010 年		2020 年	
	面积/km²	占比/%	面积/km²	占比/%	面积/km²	占比/%
耕地	2451.41	5.697	2626.01	6.103	2845.9	6.614
林地	19.00	0.044	18.21	0.042	293.79	0.683
草地	23728.73	55.145	23359.46	54.287	23960.78	55.684
灌木	0.75	0.002	0.73	0.002	0.71	0.002
湿地	1717.56	3.992	1820.58	4.231	1723.26	4.005
水体	1154.28	2.683	1156.72	2.688	1229.27	2.857
建设用地	101.21	0.235	103.63	0.241	212.14	0.493
裸地	11344.26	26.364	11465.5	26.646	12369.56	28.747
冰川和永久积雪	2512.38	5.839	2478.74	5.761	394.17	0.916

相应地，其占比也从 5.70%增加到 6.61%。冰川和永久积雪面积的变化最为剧烈，2000 年时，流域内冰川和永久积雪的面积约 2512 km²，但 2020 年时只有 394 km²，20 年间减少了 84%，相应地，其在流域内的面积占比也从 5.84%降至 0.92%。说明气候变暖加速

了博斯腾湖流域内冰川和永久积雪的融化，深刻影响着流域内的水量平衡。随着"暖湿化"的加剧，流域内林地的面积也大幅增加，由 2000 年的约 19 km^2，增加到 2020 年的约 294 km^2。此外，流域内建设用地的面积也由 2000 年的 101 km^2，增加到 2020 年的212 km^2，20 年间建设用地的面积增加了一倍多。

第二节　博斯腾湖水环境现状及演变过程

一、水量

博斯腾湖的补给来源主要为开都河。通过开都河进入博斯腾湖的水量占总入湖水量的 85% 以上，因此，开都河水量的丰枯直接影响博斯腾湖水位的高低。开都河的水量主要来自上游大小尤勒都斯盆地降雨及山区冰雪融水，经大山口流入焉耆盆地，因此，大山口水文监测站的径流量数据可以代表开都河的水量。巴音郭楞水文勘测局 1958~2019 年的监测数据显示，大山口径流量的变化总体可分为三个阶段（图 11.10）：①1958~1986 年，开都河年径流量总体呈下降趋势，至 1986 年降至最低的 24.6 亿 m^3；②1987~2002 年，开都河年径流量总体呈上升趋势，2002 年的径流量高达 57.1 亿 m^3；③2003~2019 年，开都河年径流量相对于 1999~2002 年有所下降，但总体上呈波动上升趋势。

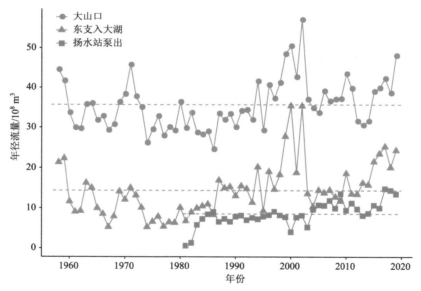

图 11.10　博斯腾湖主要水量收支的年变化

图中红绿蓝三条虚线分别表示大山口、东支入大湖及扬水站泵出大湖水量的均值

（数据来源于巴音郭楞水文勘测局）

开都河进入焉耆盆地后，部分淡水被引入农业灌渠，用于农作物灌溉。流至博湖县的宝浪苏木分水闸后，开都河被分为两支，东支流入博斯腾湖大湖区，西支流入博斯腾湖小湖区（图 11.4），因此，博斯腾湖的水位直接受到流入大湖区的东支水量的影响。数

据显示：东支入大湖的历年径流量与开都河大山口径流量的趋势类似（图 11.10）：
1958~1986 年总体呈下降趋势，1987~2002 年总体呈上升趋势，2003~2019 年总体呈波动
上升趋势。

　　自 1983 年后，博斯腾湖大湖区出水完全受扬水站人工调控。1981~1986 年，扬水站
出水持续增加；随后保持在每年出水约 7.4 亿 m^3 至 2003 年；2004 年后由于博斯腾湖下
游塔里木河流域生态输水的需要，以及开都河入湖淡水的增加，通过扬水站泵出博斯腾
湖的水量也有所增加（图 11.10）。

二、水位

　　博斯腾湖水位-面积-湖容关系曲线见图 11.11。当博斯腾湖水位为 1047.5 m 时（1985
国家高程基准），水域面积约为 1106.7 km^2，容积约为 78.4 × 10^8 m^3。

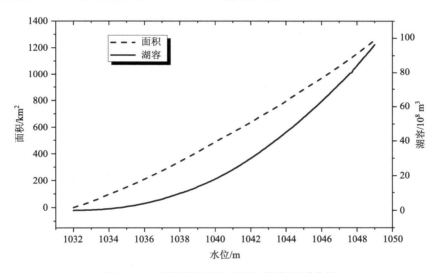

图 11.11　博斯腾湖水位-面积-湖容关系曲线

　　根据巴州生态环境局提供的博斯腾湖观测水位数据，绘制了 1958~2019 年博斯腾湖
水位变化趋势图。图中数据显示，博斯腾湖水位的变化总体可分为四个阶段（图 11.12）：
①1958~1987 年，此阶段水位总体呈波动下降趋势。从 1959 年的高值 1048.28 m 降至 1987
年的 1045.00 m，水位共下降了 3.28 m。②1988~2003 年，水位呈快速上升的趋势，2002
年达到最高值 1048.65 m。③2004~2013 年，此 10 年间水位呈快速下降趋势，2013 年达
到低值 1045.12 m。④2014~2019 年，水位又呈快速上升的趋势。总体而言，博斯腾湖水
位的变动幅度较大。

　　博斯腾湖水位的长期变化过程与流域内气候变化及人类活动密切相关。研究表明 20
世纪 80 年代后期，博斯腾湖流域气候也经历了从"暖干"向"暖湿"的转变。相关分析
表明，博斯腾湖水位与开都河年径流量显著正相关。1958 年和 1959 年开都河持续丰水，
年径流量分别为 44.47×10^8 m^3 和 44.66×10^8 m^3，博斯腾湖水位的年均值分别为 1048.00 m

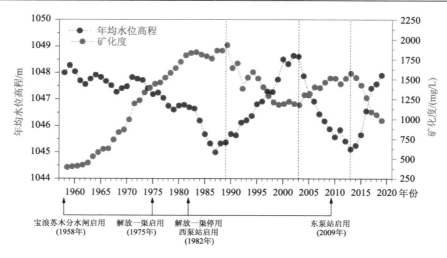

图 11.12　博斯腾湖近 60 年来年均矿化度及水位高程变化

和 1048.28 m。随后，开都河进入持续 10 年的枯水阶段，湖泊水位也随之下降，到 1968 年已降至 1047.27 m，比 1959 年下降了 1 m 多。1971 年开都河特大丰水，年径流量达 45.75×10⁸ m³，但湖水位只恢复到 1047.83 m。以后开都河水又偏枯，1979 年湖水位降至 1046.61 m。1981 年后博斯腾湖水位又急剧下降，到 1987 年 5~6 月份达到最低水位 1044.73 m，比 1956 年 8 月平均水位下降了 3.71 m，平均每年下降 12.0 cm。随着湖水位的下降，水域面积相应缩小了 132 km²，湖泊蓄水量减少 35×10⁸ m³。从 1988 年起，博斯腾湖水位开始持续快速上升，湖泊面积也相应扩大，2002 年 8 月博斯腾湖平均水位高达 1049.31 m，是有实测资料以来最高纪录。此后，湖水位又经历了 2003~2010 年的连续快速下降，至 2010 年水位已只有 1045.57 m，比 2002 年最高水位降了 3.74 m。2014 年后，博斯腾湖流域上游降水增多（图 11.3），大山口径流量明显增加（图 11.10），随着入湖淡水水量的增加，博斯腾湖水位也持续增长。2019 年水位达到 1047.91 m，蓄水量约 83×10⁸ m³，大湖水面面积达 1150 km²。

　　除受气候的影响外，博斯腾湖水位的长期变化也与流域内人类活动密切相关。相关分析显示，博斯腾湖水位与流域内人口及农业种植面积呈显著负相关。1986~2009 年博斯腾湖月平均水位及焉耆水文站观测的降水量（图 11.13）表明：博斯腾湖的水位呈现出显著的季节性变化规律。3~4 月份，由于气温升高，河流解冻及高山区冰雪融水增加，湖水位开始上升；但 5~7 月份，水位却呈下降的趋势，主要是由于农业灌溉引水使入湖水量减少；8~9 月份，由于降水增加及灌溉引水的减少，入湖水量增加，水位又开始上升，9 月达到最高值，随后水位迅速下降；10 月份以后，气温降低，降水减少，径流量降低，水位逐渐降低并保持稳定至次年 2 月份。

　　1958 年以前由于开都河流域灌溉面积很小，引水量不多，入湖水量大体保持着原始的自然状态，湖水位一般保持在 1048 m 以上。随着流域内大规模的农业开发，灌溉引水量快速增加，加上降水量的减少，使得 1958~1987 年间湖水位总体呈波动下降的趋势。水位的下降，导致 1983 年后博斯腾湖大湖区已没有自然出流。此外，修建的扬水站对博

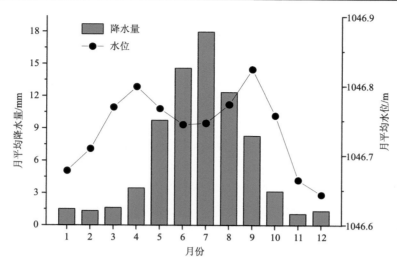

图 11.13　博斯腾湖月平均降水量及水位

斯腾湖水位的影响也比较大。2004~2013 年间博斯腾湖水位的快速下降，除与开都河径流量减少有关外，扬水站排水的增多也是重要原因之一。20 世纪 80 年代后期开始，随着流域内农业节水灌溉技术的应用及抽取地下水量的增加，从开都河引水的量有所减少，也有助于博斯腾湖水位的恢复。

三、矿化度

矿化度（TDS）是表征湖泊中盐分含量及水环境质量的一项重要指标。博斯腾湖水体中矿化度的年际变化见图 11.12。在 20 世纪 60 年代之前，博斯腾湖是新疆最大的淡水湖，TDS 只有 390 mg/L。1958~2019 年间，博斯腾湖 TDS 可以大致分为升高（咸化阶段）—下降（淡化阶段）—再升高（反弹阶段）—再下降（再淡化阶段）四个阶段，总体变化呈"M"形。

1. 咸化阶段（1958~1989 年）

20 世纪 50 年代博斯腾湖 TDS 不足 400 mg/L，属典型淡水湖。1958 年在开都河上修建的宝浪苏木分水枢纽，改变了东、西支自然分水比例，使东支入大湖淡水水量由中华人民共和国成立前的 78.4%减少到 1982 年的 50.9%，最少的 1967 年只占 33.9%。60 年代后由于焉耆盆地农业开发的迅猛发展，洗盐和改土治碱使进入博斯腾湖的高盐农田废水大量增加，导致湖水 TDS 呈持续升高的趋势，至 1975 年湖水的 TDS 已达到 1440 mg/L，博斯腾湖已从淡水湖转变为微咸水湖。此外，1975 年扩建了解放一渠，直接将大量淡水引入孔雀河，使入湖淡水量减少，咸化过程加剧。1982 年，解放一渠停止直接向孔雀河输水，同时扬水站西泵站的启用，加快了大湖的水循环，使湖水的 TDS 有所下降。但由于西泵站位于博斯腾湖西南角，距开都河入湖口处仅有 8 km，泵出湖水的 TDS 也不高，对整个大湖的水循环作用有限，TDS 只是稍有降低。且由于抽水量的增加，大湖区的水位迅速下降（图 11.12）。1986 年，由西泵站泵出的湖水甚至多于从宝浪苏木分水闸东支进入大湖区的水，加上这个阶段开都河上游来水量偏少，导致 1987 年博斯腾湖水位下降到历史最低点（1044.96 m）。相应地，TDS 又持续上升，至 1989 年达到最高的 1930 mg/L。

2. 淡化阶段（1990~2003 年）

此阶段湖水 TDS 总体呈下降趋势。20 世纪 80 年代后期，受全球气温上升及新疆气候趋于暖湿化的影响，开都河的发源地天山中段高山降水及冰川融水增加，开都河径流量持续增多，博斯腾湖水位也持续上涨（图 11.10，图 11.12）。至 2002 年 8 月，水位涨至历史最高点。由于开都河大量入湖淡水的稀释作用，湖水的 TDS 整体上呈下降趋势，2003 年 TDS 已降至 1176 mg/L。

3. 反弹阶段（2004~2013 年）

此阶段湖水 TDS 又持续升高。开都河经过 1987 年至 2002 年的丰水年后，径流量开始迅速减少。其原因是开都河源头高山地区在经过前期冰川消融后，冰川向更高处消退，冰川总量减少，导致夏季冰川融水径流减少，开都河年均径流量迅速回落。加之这段时间从扬水站向孔雀河扬出的水量也在增加，2009 年东泵站投入运行后，当年扬出的水量比宝浪苏木分水闸东支入湖的水量多 1.82×10^8 m³（图 11.10）。上述几方面因素的共同作用导致博斯腾湖大湖区水位迅速下降，湖水的 TDS 又持续上升。

4. 再淡化阶段（2014 年至今）

2014 年以来，博斯腾湖流域上游降水增多，随着入湖淡水量的增加，湖水位也持续增长。由于入湖淡水的稀释作用，博斯腾湖水体 TDS 持续下降，至 2019 年，湖水年均TDS 已降至 980 mg/L。在历经 48 年后，博斯腾湖再次从微咸水状态过渡到淡水状态。

与此同时，博斯腾湖的水化学状况也与湖水矿化度同步发生了变化：20 世纪 50 年代中期以前是以碳酸盐为主的第一阶段，进入 70 年代后是以硫酸盐为主的第二矿化阶段；80 年代后进入以氯化物为主的第三矿化阶段，90 年代后进入以硫酸盐为主的第四矿化阶段。水化学类型相应地也由 50 年代中期的 $HCO_3^--Ca^{2+}-Mg^{2+}$ 型，转变为 70 年代中期的 $SO_4^{2-}-Cl^--Na^+$ 型、80 年代中期的 $Cl^--SO_4^{2-}-Na^+$ 型和 90 年代中期至今的 $SO_4^{2-}-Cl^--Na^+$ 型。

空间上，TDS 的分布与开都河自然入湖位置及博斯腾湖周边农业生产活动相关。由于循环不畅，博斯腾湖不同水域水质（包括 TDS）存在一定差异，大体可以分为四个区（图 11.14）。I 水质良好区（水体强烈交换的大河口区）：该区处于开都河河口入湖淡水直接补给区，是全湖水质最好的区域，其面积约为 50 km²。水体的 TDS 浓度范围在200~1000 mg/L 之间，为全湖最低；II 轻微污染区：湖南岸区由羊角湾向东延伸到扬水站东北方向约 6 km 处的水域，该区面积约为 150 km²，主要与大河口区及湖中心区有水体交换。水体 TDS 浓度范围在 630~1200 mg/L 之间。III 纳污区（黄水沟区）：位于湖区西北角，从黄水沟口向东延伸到北沙梁，向西延伸到黑水湾一带，近 200 km² 的水面，该区是博斯腾湖大湖区工业、生活、农田排水的主要入湖区域，TDS 在 1100~2000 mg/L之间，均值为 1500 mg/L，为全湖最高值，主要是该区水体郁闭和受较高矿化度农田排水的影响。Ⅳ区水质相对稳定，水体 TDS 浓度在 1000~1600 mg/L 之间，均值为 1370 mg/L。

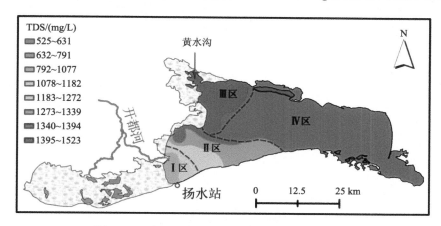

图 11.14　博斯腾湖矿化度空间分布及水质分区图

四、湖冰

　　博斯腾湖每年 12 月进入冰期（冰面积开始大于湖面的 10%），至翌年 3 月解冻（冰面积开始小于湖面的 10%）。近 20 年来（2000~2020 年），封冻期最短 75 d（2010 年），最长 136 d（2014 年），平均 98 d，平均冰厚约 0.6 m。博斯腾湖开始结冰和解冻时间均有提前的趋势，封冻期持续的时间略有增加的趋势，但均不显著（图 11.15）。值得注意的是，自 2014 年以来，博斯腾湖封冻期持续天数明显减少。

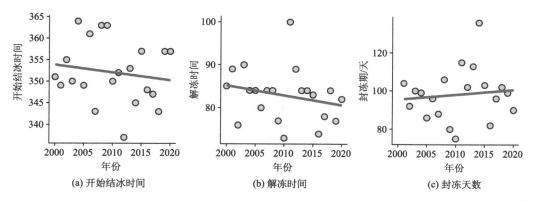

图 11.15　2000~2020 年博斯腾湖开始结冰与解冻
（以每年 1 月 1 日记为第 1 天计算）及封冻天数变化情况

五、透明度

　　根据水质遥感解译了 1986~1990 年、1991~1995 年、1996~2000 年、2001~2005 年、2006~2010 年、2011~2015 年、2016~2020 年这七个阶段博斯腾湖透明度的变化（图 11.16

（a）、（b））。结果显示，博斯腾湖透明度均值为 1.6 m，湖泊近岸带及开都河入湖区的透明度较低，湖心区透明度较高，2016~2020 年这一阶段博斯腾湖透明度有很明显的增加，均值达到了 2.0 m。巴音郭楞蒙古自治州生态环境监测站的数据也显示 2015 年后，博斯腾湖透明度大幅增加（图 11.16（c））。由于实测数据仅为在湖中布设的 17 个采样点的均值，且大部分采样点离近岸带较远，故实测的博斯腾湖透明度均值为 2.2 m，略高于遥感解译的透明度均值。

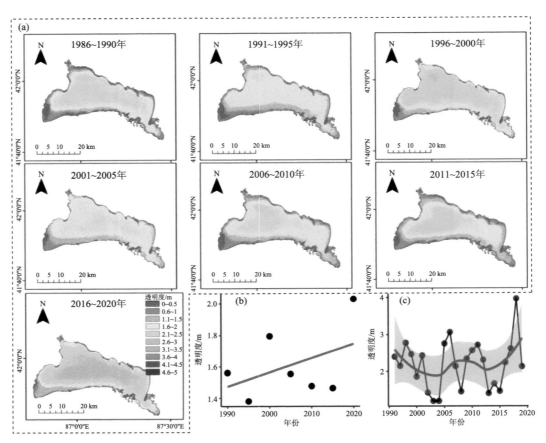

图 11.16　不同时期博斯腾湖透明度遥感空间分布（a）、遥感变化趋势（b）及实测数据变化趋势图（c）

六、溶解氧（DO）

监测数据表明，1996~2019 年博斯腾湖溶解氧变化呈"S"形，最低值出现在 2010~2013 年期间，均值约为 6.7 mg/L；2014 年后 DO 有明显上升的趋势（图 11.17）。空间上，小湖区的 DO 含量明显低于大湖区，可能与小湖区水流不畅及有机质分解消耗了水体中较多氧气有关。大湖区开都河入湖河口及湖中心区 DO 较高，黄水沟区 DO 较低，可能与周边农业排水和高盐芦苇湿地排水中 DO 含量较低有关。

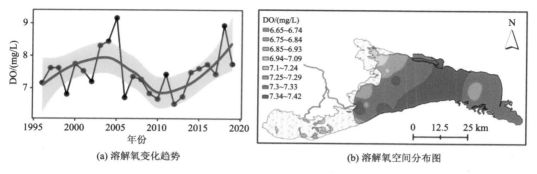

(a) 溶解氧变化趋势　　　　　　　　　　　　(b) 溶解氧空间分布图

图 11.17　博斯腾湖年均溶解氧变化趋势及空间分布图

七、pH

　　总体而言，博斯腾湖 1996~2014 年水体的 pH 变化不大，均值为 8.58，呈弱碱性。2015 年后，pH 有明显下降趋势（图 11.18（a））。空间上，小湖区 pH 明显低于大湖区，大湖区开都河入湖河口处水体的 pH 也低于湖心区（图 11.18（b））。

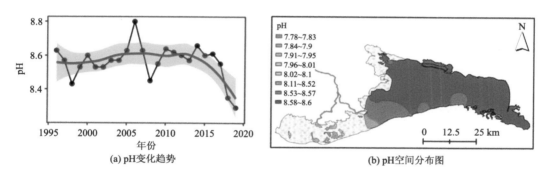

(a) pH变化趋势　　　　　　　　　　　　　(b) pH空间分布图

图 11.18　博斯腾湖年均 pH 变化趋势及空间分布图

八、高锰酸盐指数（COD$_{Mn}$）

　　高锰酸盐指数可以反映水体中易于降解和还原的有机物、亚硝酸盐等还原性物质的含量。博斯腾湖自 1996 年来，高锰酸盐指数总体呈上升的趋势，至 2010~2014 年间达到最高值，近几年有明显下降的趋势。空间上，小湖区高锰酸盐指数明显高于大湖区；大湖区中西北角的黄水沟水域及东南部水体流动性最弱的湖湾，其高锰酸盐指数浓度最高，约 5 mg/L；开都河入湖河口处及受湖流影响最大的西南沿岸带高锰酸盐指数浓度最低（图 11.19）。

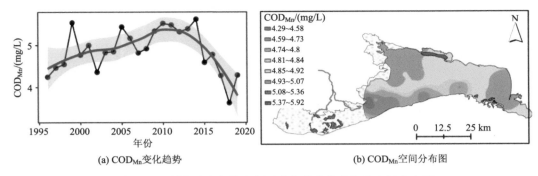

(a) COD$_{Mn}$变化趋势　　　　　　　　　　(b) COD$_{Mn}$空间分布图

图 11.19　博斯腾湖年均高锰酸盐指数变化趋势及空间分布图

九、氮磷营养盐及营养状态

博斯腾湖 TN 浓度在 1996~2011 年间总体呈上升趋势，2011 年的均值达到了 1.002 mg/L，从Ⅲ类降到了Ⅳ类；近几年，TN 浓度呈明显的下降趋势（图 11.20）。TP 浓度的变化趋势与 TN 类似，总体处于Ⅱ类和Ⅲ类之间，在 2010 年前呈上升趋势，此后持续下降，TP 浓度在检测线附近波动，表明博斯腾湖总体是磷限制性湖泊。Chl-a 浓度相对 TN 和 TP 浓度有所滞后，峰值出现在 2010~2015 年，但总体浓度不高，年均值最高不超过 6 μg/L。

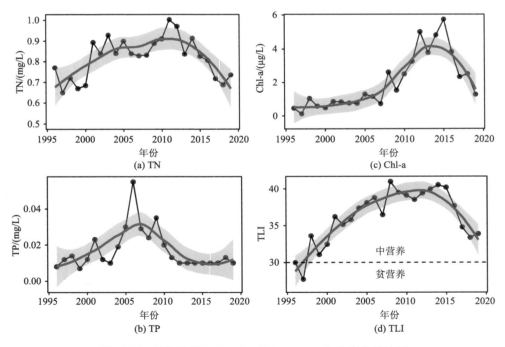

(a) TN

(c) Chl-a

(b) TP

(d) TLI

图 11.20　博斯腾湖 TN、TP、Chl-a 和 TLI 年度变化趋势图

利用实际监测数据，选用综合营养状态指数（TLI），对 1996 年来博斯腾湖水体的营养状态进行评价，评价结果见图 11.20（d）。博斯腾湖综合营养状态指数的年际变化趋势显示：1996~1997 年间湖水营养水平较低，处于贫营养状态；1998 年开始成为中营养状态，并持续增长，2010~2015 年左右达到峰值，随后有所下降，但总体还处于中营养状态。

为获得更长时间尺度上博斯腾湖水体的营养状态变化情况，基于藻类生物量指数（algal biomass index, ABI）的营养状态指数（trophic state index, TSI）反演经验模型（Hu et al., 2021），在 Landsat-5 TM，Landsat-7 ETM+及 Landsat-8 OLI 地表反射率数据一致性检验的基础上，获取了博斯腾湖 1985~2020 年 TSI 时空分布（图 11.21）。结果表明，1990 年入湖河口附近及黄水沟水域的 TSI 明显高于其他湖区；2010 年，博斯腾湖 TSI 高值区有从大河口向湖心扩展的趋势；2015 年，TSI 高值区主要分布于大河口；2020 年，博斯腾湖总体营养状态相比 2015 年有明显下降。反演经验模型的结果与实测的结果比较吻合。

十、水环境总体演变特征

从博斯腾湖入湖水量、水位、矿化度、有机污染物指标及氮磷营养盐等指标的长期变化过程可以发现，博斯腾湖水环境质量自 1960 年以来呈波动下降趋势，至 2010~2015 年这一阶段达到顶点；2015 年后，博斯腾湖水环境质量逐步好转。水环境的明显改善与流域"暖湿化"带来的降水增加、地方政府对水环境保护的加强，以及农业生产方式的转变密切相关。

近几十年来，随着流域人口的持续增长，排入博斯腾湖的工业和生活废水量持续增加，废水中所携带的氮、磷的累积可能是导致博斯腾湖水体中 TN、TP 和 Chl-a 浓度上升的主要原因之一。在废水排放方面，《巴音郭楞统计年鉴》（1994~2020 年）表明，巴州 2000 年前工业废水排放量维持在 1792 万~3248 万 t 之间（图 11.22），这个阶段废水处理率低，且废水排放达标率也非常低，介于 12.5%~16.6%之间；自 2001 年后，工业废水的排放呈迅速增长的趋势，至 2014 年达到峰值的 6767 万 t，但由于污水处理设施的建设及投入运营，废水排放达标率也有显著增长，达标率介于 37.9%~86.0%之间；自 2015 年后，工业废水排放显著减少，直接排放入环境的废水量由 2012 年最高的 5062 万 t 减少到 2018 年的 336 万 t。城镇生活废水排放与工业废水排放趋势类似。

自 2001 年以来，工业废水中化学需氧量（COD）的排放量持续上升，至 2015 年达到峰值的 71041 t，2016 年后由于 80%以上的废水排入污水处理厂进行处理，因此 COD 的排放量迅速降低至 2000 t 左右（图 11.23）；城镇生活废水中 COD 的排放量不超过 2 万 t，且自 2016 年后也有下降的趋势。工业废水中氨氮的排放在 2008~2014 年间较高，2016 年后有所下降；城镇生活废水中氨氮的排放量大部分年份均高于工业废水，2016 年后也有所下降。以上数据说明：自 2016 年以来，博斯腾湖流域内污染物的排放得到了有效控制。

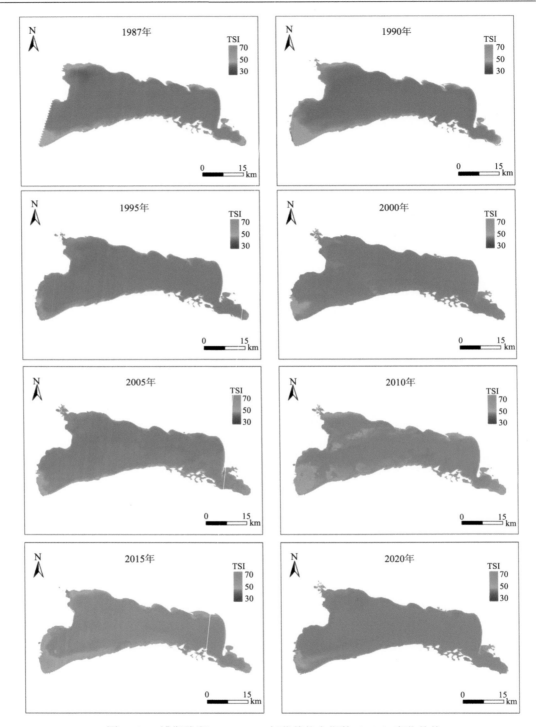

图 11.21　博斯腾湖 1985~2020 年营养状态指数（TSI）变化趋势

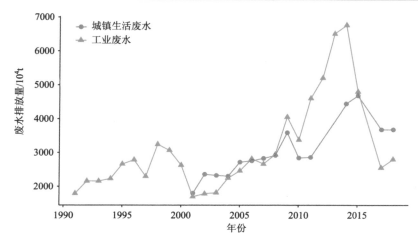

图 11.22 新疆巴州废水排放量变化趋势

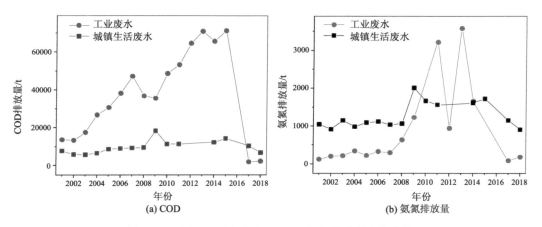

图 11.23 新疆巴州废水中 COD 及氨氮排放量变化趋势

博斯腾湖周边北四县的人口在 2013 年左右达到了峰值，近几年来人口有所下降；北四县农作物播种面积也在 2015 年达到最高值，此后有明显下降趋势；加之农业节水灌溉措施的实施及工业废水达标准排放政策的加强，博斯腾湖入湖污染物总量有所下降。此外，自 2015 年以来，入湖径流量持续增加。上述这些因素可能是博斯腾湖主要水质指标自 2015 年后持续改善的主要原因。

第三节　博斯腾湖水生态系统结构与演化趋势

一、浮游植物

在 2010~2011 年四个季节的调查中，共鉴定出浮游植物 113 种（属）。其中，硅藻门和绿藻门最多，均为 37 种（属），分别占 32.7%；其余依次为蓝藻门 25 种（属），占 22.1%；甲藻门 5 种（属），占 4.4%；金藻门、裸藻门和隐藻门均为 3 种（属），各占 2.7%（图

11.24）。所鉴定的藻类中在丰度、生物量和出现频率上占优势的种类主要有：硅藻门的针杆藻、小环藻、螺旋双菱形藻、菱形藻、舟形藻和桥弯藻；蓝藻门的铜绿微囊藻、边缘微囊藻、尘埃微囊藻、色球藻和平裂藻；甲藻门的角甲藻；绿藻门的衣藻、四鞭藻、空球藻以及卵囊藻和小球藻等绿球藻目的种类（高光等，2013）。李红等（2014）于 2011年在博斯腾湖进行了 4 次系统调查，共鉴定出浮游植物 127 种（属），冬春季节浮游植物种群组成呈硅藻-甲藻型，优势类群主要为贫-中营养型浮游藻类；夏秋季节为硅藻-绿藻型，以富营养型的浮游藻类为优势类群。

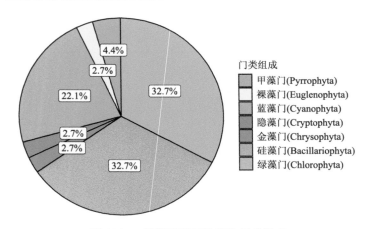

图 11.24　博斯腾湖浮游植物门类组成

据中国科学院新疆资源开发综合考察队 1992 年的调查，1987~1989 年间，博斯腾湖浮游植物在种群组成上，硅藻最多（63 种），其次为绿藻（32 种）和蓝藻（25 种）。2001年检出绿藻门 35 种，蓝藻门 34 种，硅藻门 33 种（郭焱等，2005）。2010 年 6 月至 2011年 1 月间的调查，浮游植物中绿藻门和硅藻门最多（均为 37 种属），其次为蓝藻（25 种属），其他各门种类较少（≤5 种属）。由此可见，近 30 年来博斯腾湖浮游植物中硅藻种类数大幅减少，而绿藻种类数有所增加，但蓝藻种类数基本没有变化。博斯腾湖浮游植物种群组成呈现出硅藻型向绿藻再向蓝藻型转变的过程。

调查发现：博斯腾湖浮游植物平均丰度约为 513×10^4 cells/L（平均生物量 3.49 mg/L）。根据文献资料（郭焱等，2005；裴新国和闫晓燕，1992；闫晓燕，1992）和实测结果，绘制了博斯腾湖历年浮游植物丰度变化趋势（图 11.25）。虽然不同年份间采样频次、季节、计算方法、湖水量变化等均可能导致结果的波动，但博斯腾湖浮游植物丰度总体增加的趋势十分明显。

二、浮游动物

在 2010~2011 年四个季节的调查中（高光等，2013；李红等，2013；祁峰等，2015，2017），共鉴定出浮游动物 83 种（属）。其中，原生动物 27 种（属），占总物种数的 32.5%；轮虫 42 种（属），占总物种数 50.6%；枝角类 10 种（属），占总物种数的 12.0%；桡足类 4 种（属），占总物种数的 4.8%（图 11.26）。各季节原生动物优势种共 8 种，主要为

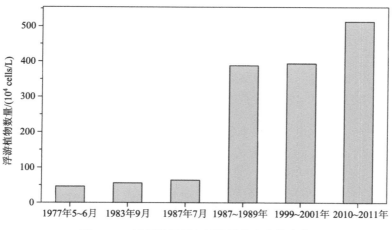

图 11.25　博斯腾湖历年浮游植物丰度的变化

纤毛虫类，其中大弹跳虫、旋回侠盗虫和某种纤毛虫优势度（Y）大于 0.1，占据主导地位；夏季优势种类中出现两种肉足虫类，分别是坛状曲颈虫和长圆砂壳虫。轮虫优势种亦是 8 种，占据过主导地位的种类有壶状臂尾轮虫、矩形龟甲轮虫、针簇多肢轮虫和胶鞘轮虫。轮虫各优势种类的出现呈现季节性，即无全年均出现的优势种类：春季为臂尾轮科占优势；夏季是真轮盘目的种类和游泳目的多肢轮虫占优势；秋季是臂尾轮科和三肢轮虫；冬季仅 1 种优势种，即矩形龟甲轮虫。枝角类优势种 3 种：长额象鼻溞、长肢秀体溞和透明溞，其中长额象鼻溞和透明溞是全年均出现的优势种类，长肢秀体溞仅在春季和夏季占据优势地位。桡足类优势种 1 种，为小剑水蚤。

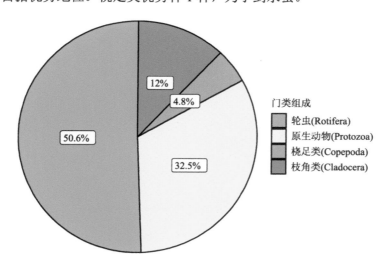

图 11.26　博斯腾湖浮游动物门类组成

博斯腾湖浮游动物特点主要有：①原生动物以纤毛虫类（18 种属）和有壳根足虫类（又名"有壳变形虫"，8 种属）为主，太阳虫类只有 1 种——放射太阳虫。②轮虫浮游生活种类居多，在浅水区亦发现一些底栖、固着种类，如大肚须足轮虫、腹棘管轮虫、蛭态轮虫、胶鞘轮虫、管板细脊轮虫等。多数轮虫为广温种，尚发现嗜暖种 4 种：曲腿龟甲轮虫、方形臂尾轮虫、尾片腔轮虫、四角平甲轮虫，嗜冷性种类 1 种——尖削叶轮虫。另发现 1 种咸水种——褶皱臂尾轮虫，应与博斯腾湖水体的咸化有关。③枝角类主要为广温性世界种，仅发现 1 种嗜寒性种类——虱形大眼溞。最为常见的种类为长额象鼻溞，各次采样均有发现。④桡足类种类较少，猛水蚤 1 种，剑水蚤 3 种，未发现哲水蚤，常见种类为 1 种小剑水蚤。

三、底栖动物

根据 2010 年 6 月、8 月、10 月 3 次共 46 个样品（大湖区 39 个，小湖区 7 个）的调查数据，在博斯腾湖发现的底栖动物隶属于节肢动物门、环节动物门和软体动物门，共 3 门 5 纲 11 科（目）18 个种（属）。其中，大湖区 14 个种（属），小湖区 17 个种（属）（表 11.2）。湖区定量采集到的样品中主要为摇蚊幼虫和颤蚓，软体动物和鞘翅目、蜻蜓目、半翅目幼虫等均是在沿岸带采集到的。博斯腾湖底栖动物年均密度为（97.4±250.9）ind./m^2（$\overline{X}$±SD，$n=91$），年均生物量为（0.59±1.55）g/m^2。大湖区年均密度为（80.9±252.1）ind./m^2（$n=73$），年均生物量为（0.55±1.64）g/m2；小湖区年均密度为（173.0±238.0）ind./m^2（$n=18$），年均生物量为（0.76±1.05）g/m^2。无论大湖区还是小湖区，各个季节统计底栖动物的密度和生物量的标准差较大，表明博斯腾湖底栖动物分布的空间异质性高（高光等，2013）。

表 11.2　博斯腾湖底栖动物空间分布

门类	种类	大湖区	小湖区
节肢动物门	羽摇蚊幼虫	√	√
	半折摇蚊幼虫	√	√
	摇蚊幼虫	√	√
	双翅目幼虫		√
	龙虱	√	√
	鞘翅目		√
	蜻蜓目幼虫	√	√
	划蝽	√	√
	水黾	√	√
	半翅目	√	√
环节动物门	水丝蚓	√	√
	尾鳃蚓	√	√
	水蛭	√	√
软体动物门	截口土蜗	√	
	静水椎实螺		√
	椎实螺	√	√
	田螺	√	√
	背角无齿蚌		√

调查发现，底栖动物中羽摇蚊、半折摇蚊、颤蚓（水丝蚓和尾鳃蚓）为优势种。由于颤蚓能忍耐有机物污染引起的缺氧，随着淤泥中有机物的增加，颤蚓的某些耐污种类个体数量能够迅猛增加。颤蚓成为博斯腾湖底栖动物的优势种之一，间接反映了2000~2010年这个时间段博斯腾湖有机污染物在加剧。

2010年测得的博斯腾湖大湖区底栖动物的年平均密度为80.9 ind./m²，比1987~1989年以及2000年的均值大幅降低（闫晓燕，1994；郭焱等，2005）；年均生物量为0.55 g/m²，也比2000年降低了60%，与1989年的水平相近（图11.27）。2002~2013年，博斯腾湖水位持续下降，水域面积不断减少，水草的分布面积及生物量也在不断降低，底栖生物的生境受到破坏。生态环境的这些变化，可能是导致博斯腾湖底栖动物数量减少和生物量降低的重要原因。

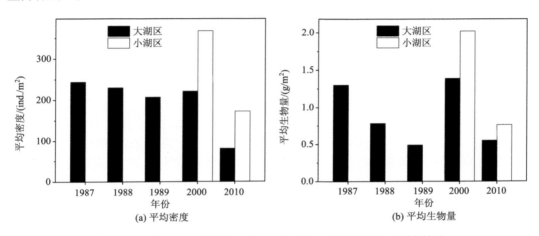

图11.27　不同年份博斯腾湖底栖动物平均密度及平均生物量的变化

四、水生植物

2010年6月、8月和10月对博斯腾湖的调查发现，大、小湖区共有水生植物39种，隶属于18科23属，包括：挺水植物5种，占12.8%；沉水植物13种，占33.3%；浮叶植物3种，占7.7%；漂浮植物1种，占2.6%；湿生植物17种，占43.6%。其中，轮藻属的普生轮藻和对枝轮藻为此次调查发现的新记录属，该属植物多生于钙质丰富、有机质较少、呈微碱性的淡水或半咸水中。李宇辉等（2020）于2015年7~9月间，调查了整个开都河流域从巴音布鲁克草原湿地至博斯腾湖大小湖区的水生植物，共发现水生植物24科39属71种，分布较为广泛的种为芦苇、狭叶香蒲、针蔺和水麦冬。

博斯腾湖水生植物的分布具有明显的空间异质性。其中，大湖区的水生植物种类很少，主要有轮藻、狐尾藻、眼子菜及大茨藻等，且主要分布在西侧水深较浅的区域和沿岸带，包括大河口到黑水湾、黄水沟一带，乌什塔拉渔场等；小湖区是我国四大集中产苇区之一，芦苇资源十分丰富。多个苇场间的小型水体中蕴含了种类丰富的水生植物（图11.28）。

图 11.28　博斯腾湖小湖区的睡莲、眼子菜及芦苇等水生植物

　　中国科学院新疆综合考察队和中国科学院植物研究所（1978）曾在 1956~1959 年间对博斯腾湖进行了考察，发现 20 世纪 50 年代沿博斯腾湖水深变化分布着比较完整的水生植被演替系列。在博斯腾湖滨浅水处是水生植被的外带：香蒲-芦苇沼泽；向内则是：浅水性沉水植物群落，由水麦冬和黑三棱组成的草层，下部被水淹 1.5~2.0 m，水中为眼子菜、金鱼藻、茨藻、狸藻和浮萍等；再向深水处是沉水植物群落，金鱼藻和眼子菜占优势，而眼子菜、狐尾藻群落可分布到水深 4 m 左右。

　　文献资料显示（裴新国和闫晓燕，1992），1966 年以前，大湖区的水草覆盖率为 20%~30%，水草丰盛，湖中水葱丛生。然而自博斯腾湖 1964 年开始放养草鱼及使用机船拖网后，水生植物大量减少，到 1983 年大湖区水生植物覆盖率减少至 1%以下。新疆水产研究所分别于 2000 年和 2010 年对博斯腾湖水生植物进行调查，同样发现了完整的按照水深分布的水生植被演替系列，尤其是几种常见的沉水植物。在水深较浅的区域，2010 年狐尾藻明显占有优势，但 2000 年在岸边带同样占有优势的金鱼藻在 2010 年则基本消失；2000 年在中等水深区域中存在的大茨藻，在 2010 年调查时也没能发现。而篦齿眼子菜则成为中等水深区域的优势种，与 2000 年的调查数据相比，2010 年篦齿眼子菜分布范围扩至浅水区。2021 年 7 月的调查发现，在大湖区水深 6m 以内存在大茨藻、小狸藻、轮藻及龙须眼子菜等沉水植物，生物量在 6~3389g/m² 之间；小湖区发现轮藻、黄花狸藻、狐尾藻、大茨藻、竹叶眼子菜、轮叶黑藻及睡莲等水生植物，且生物量大于大湖区。基于遥感数据发现，1990 年以来博斯腾湖水生植物范围较小，面积占比在 2%~5%，并且整体呈现下降趋势（图 11.29，图 11.30）。

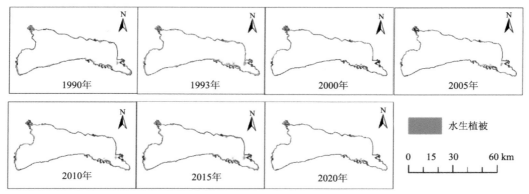

图 11.29 1990~2020 年典型年份博斯腾湖水生植物空间分布

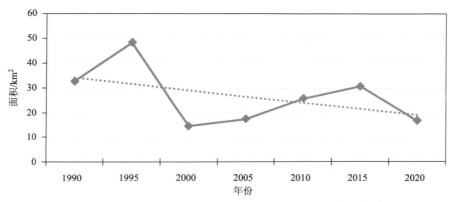

图 11.30 1990~2020 年博斯腾湖水生植物面积长期变化趋势

五、鱼类

在 2010 年 6 月、8 月、10 月鱼类调查中，采集到标本的鱼类共 21 种，隶属于 4 目、10 科（高光等，2013）。其中，鲤形目鱼类占优势，共 2 科 13 种，占 61.9%，是博斯腾湖鱼类群落的主体；鲈形目 5 科 5 种，占 23.8%；鲑形目 2 科 2 种，占 9.5%；鲇形目仅1 种，占 4.8%（图 11.31）。

博斯腾湖大、小湖区鱼类群落种群组成存在一定的差异。大、小湖区采集到标本的鱼类物种数量分别为 19 种和 16 种。白斑狗鱼和圆尾斗鱼在大湖区未采集到，而鲢、鳙、池沼公鱼、东方欧鳊和贝加尔亚罗鱼在小湖区未采集到。博斯腾湖能够形成捕捞产量的渔获物种类，主要有鲤、草鱼、鲢、鳙、鲫、池沼公鱼、乌鳢、河鲈、餐鲦、小杂鱼、虾和河蟹。6 月日均渔获量中，鲤最高，为 5453 kg；8 月和 10 月的日均渔获量中，均是鲫最高，分别为 4853 kg 和 7009 kg。

博斯腾湖不同鱼类渔获量占比如图 11.32 所示：大湖区鲫鱼渔获量所占比例最高，约 44.9%，其次为鲤，所占比例为 22.1%，池沼公鱼所占比例为 12.6%；小湖区鲫鱼渔获量所占比例最高，为 33.0%，其次是鲤鱼，为 21.9%，小杂鱼和河蟹所占比例较为接近，分别为 19.6% 和 18.9%。

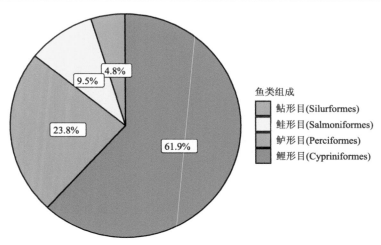

图 11.31　博斯腾湖鱼类物种组成百分比

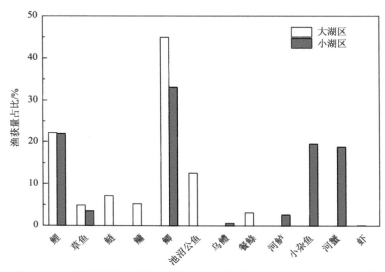

图 11.32　博斯腾湖调查期间大湖区与小湖区不同渔获物日均产量结构

　　博斯腾湖原有土著鱼类 2 种，即扁吻鱼和塔里木裂腹鱼，为中亚高山复合体鱼类。自 1962 年，开始引种移植鱼类，至 2000 年，已有意或无意引种 38 种（郭焱等，2005）。1973 年后，扁吻鱼基本消失；1984 年后，塔里木裂腹鱼基本消失；2000 年调查时，博斯腾湖采集到标本的鱼类为 22 种。2010 年调查，采集到标本的鱼类为 21 种，区系结构演替为晚新近纪早期区系复合体为主体的结构特征，较 2000 年调查时，增加了乌鳢，减少了青鳞和云斑鮰。

　　博斯腾湖主导鱼类由大个体转变为小个体鱼类的现象始于 20 世纪 70 年代初。原以土著大型鱼类扁吻鱼和塔里木裂腹鱼为主体的鱼类群落结构自 1973 年起出现根本转变，在其后的 22 年间，先后演替为以鲫和河鲈为主体的群落结构；其后，伴随着池沼公鱼种群的扩大和河鲈资源的衰退，1995 年至今则演替为以鲫和池沼公鱼为主体的群落结构。博斯腾湖鱼类群落结构呈现出小型化现象（图 11.33）。陈朋等（2016）于 2014 年 8 月采集了博斯腾湖大湖区草鱼，研究结果表明与 1979 年和 2000 年相比，博斯腾湖草鱼生长速度明显下降，可能与大湖区沉水植物减少导致草鱼饵料不足有关。

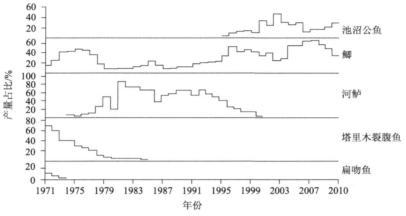

图 11.33 博斯腾湖渔获物产量比例年际变化（引自高光等，2013）

六、微生物

在湖泊生态系统中，细菌是最为敏感并极易受环境影响的微生物类群之一。细菌数量的多少和活性的高低，从一个侧面反映环境中物质循环的状况。细菌不仅是有机物的分解者，也是微食物网中最重要的核心组分之一（Sherr and Sherr, 1988; Azam and Worden, 2004），它可以吸收水体中溶解性有机物，将之转化成为颗粒性有机物并通过原生动物与浮游动物等的摄食，形成二次生产。

2010 年 6 月至 2011 年 6 月，对博斯腾湖表层水体（水下 50 cm）进行了 9 次样品采集，并应用荧光显微镜直接计数方法对博斯腾湖表层水体中浮游细菌丰度的时空差异、分布规律及影响因素进行了研究。结果显示，博斯腾湖表层水体细菌丰度均值为（1.48 ± 0.95）× 10^6 cells/mL。细菌丰度的月变化如图 11.34 所示。2010 年 6 月细菌的丰度最高，均值达到了（2.89 ± 0.85）× 10^6 cells/mL；然后细菌丰度逐月降低，在 1 月份达到最低，均值为（0.38 ± 0.16）× 10^6 cells/mL。对比其他湖泊，作为中营养湖泊的博斯腾湖，其水体中细菌的年均丰度比一些贫营养湖泊中细菌丰度要高 5~10 倍，而比一些富营养化湖泊如太湖、乌梁素海等要低一个数量级左右（高光等，2013；王博雯等，2014）。

采用针对细菌 16S rDNA 的特异性引物 341F/907R 进行聚合酶链式反应（polymerase chain reaction, PCR）扩增，然后通过克隆建库及测序，研究了博斯腾湖不同湖区细菌的群落组成。结果表明，大多数细菌隶属于 β-变形菌（35.8%）、拟杆菌（25.4%）、ε-变形菌（21.4%）、α-变形菌（5.6%）和疣微菌门（5.1%）。也有部分细菌属于放线菌门、浮霉菌门、厚壁菌门、蓝细菌门、酸杆菌门和绿菌门，但占比相对较少（图 11.35）。在大湖区的 2 号、7 号和 15 号采样点的克隆库中，β-变形菌是最丰富的细菌类群，分别占克隆子（clones）的 45.9%、48.4% 和 52.6%。相反，ε-变形菌在 14 号、21 号采样点的克隆库中占优势，分别占 62.3% 和 59.7%。另外 22 号采样点的细菌组成与其他位点差别很大，在这个水生植物繁茂的地方拟杆菌占绝对优势，占克隆子的 73.4%（Tang et al., 2012）。

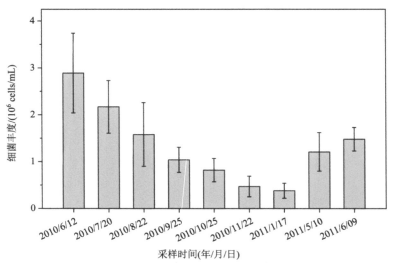

图 11.34 博斯腾湖表层水体细菌丰度的变化（引自王博雯等, 2014）

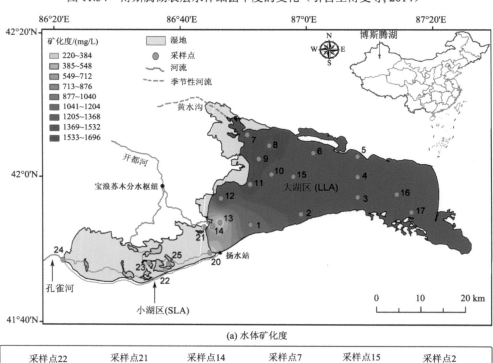

(a) 水体矿化度

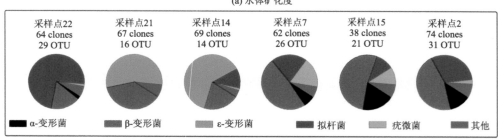

(b) 细菌群落组成

图 11.35 博斯腾湖水体矿化度及细菌群落组成（改自 Tang et al., 2012）

近十几年来，随着生物技术的飞速发展，基于细菌 16S rDNA 的高通量测序技术得到广泛应用。应用高通量测序技术研究了博斯腾湖流域开都河干流、支流及下游博斯腾湖水体中细菌的群落组成及驱动因子（Tang et al., 2020）。发现这三种生境中细菌的群落结构差异显著，支流以变形菌门、酸杆菌门及疣微菌门为主，干流以变形菌门、疣微菌门及浮霉菌门为主；而博斯腾湖中则以疣微菌门和变形菌门为主（图 11.36）。多元统计分析表明，盐度是这三种生境细菌群落结构差异的主导环境因子。

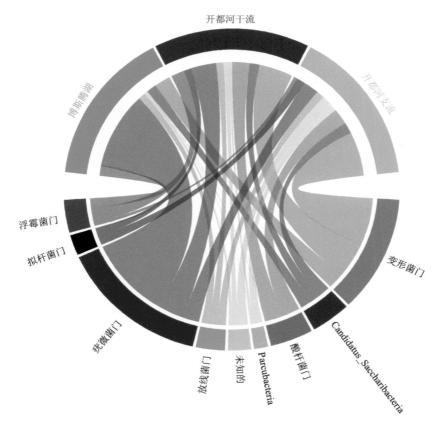

图 11.36 博斯腾湖、开都河干流及支流水体细菌群落组成

第四节 博斯腾湖生态环境总体态势与关键问题分析

一、生态环境总体态势

（一）生态系统脆弱，保障流域生态安全面临挑战

博斯腾湖是我国最大的内陆淡水湖泊，也是干旱区最具代表性的湖泊之一。作为塔里木河的主要配水湖泊及塔克拉玛干大沙漠和库鲁克沙漠之间绿色走廊水源的主要补给湖泊，支撑了巴州 80%的工农业生产，不仅是区域社会经济可持续发展的关键制约因素，

也是脆弱生态系统赖以生存和维系的基础,对保障流域的生态安全具有举足轻重的作用。由于地处我国西北干旱-半干旱地区,总降水量稀少、补给来源单一、蒸发作用强烈、水资源短缺且时空分布不均的环境特点,加之干旱区社会经济发展过程中对水的依赖程度极高,生态环境极为脆弱、生态系统抗干扰能力极小,使得博斯腾湖的生境极易受气候变化和人类活动的双重影响,呈现出有别于湿润区湖泊的生态环境演化特征。

(二)湖水总体呈中营养状态,湖泊生态系统退化明显

博斯腾湖的生态环境问题始于20世纪60年代,伴随着流域内高强度的人类活动,尤其是大规模的农业开发,加之全球气候变化的影响,博斯腾湖开始出现水质咸化、湖泊营养水平升高及生态系统退化等生态环境问题。20世纪70年代以后,博斯腾湖流域的人口快速增长(图11.5)。由于流域地处干旱地区,适合人类居住的绿洲面积有限,快速增长的人口给生态环境造成了极大的压力。与此同时,焉耆盆地的农作物种植面积也迅速增加(图11.6)。农业生产中所采用的特殊耕作方式,使得大量含盐的农田排水直接进入湖体,加之博斯腾湖主要进、出水口的位置距离较近,水体置换能力不强,盐分在湖中积累,导致博斯腾湖从70年代初的淡水湖逐渐演化成为微咸水湖,并持续了近半个世纪。此外,在全球气候变化及过度放牧的双重影响下,开都河上游的水源涵养地——巴音布鲁克草原湿地也出现萎缩、生态系统退化等严峻的生态环境问题(汤祥明等,2018),对开都河乃至博斯腾湖的水资源量均产生了一定的影响。

伴随着流域人口的飞速增长及工农业污染物的排放,博斯腾湖的营养水平也从1997年前的贫营养状态逐渐演化为中营养状态(图11.20)。由于博斯腾湖的换水周期长达969天,加之干旱区独特的气候、脆弱的生境条件及生物种类较少、生物量和种群密度低等特点,湖水营养水平及矿化度的升高极易导致湖区中沉水植被的退化。目前,除靠近湖岸区域还分布有一些水生高等植物外,其他区域已基本没有水生高等植物的分布,湖泊生态系统结构趋于单一、脆弱。

(三)2015年后生态环境有所好转,但演变的不确定性较大

值得注意的是,在全球气候变暖的背景下,我国西北地区(包括博斯腾湖流域)在20世纪80年代后期也发生了从"暖干"到"暖湿"的气候转型(施雅风等,2003)。自1987年后,开都河径流量总体呈上升趋势(图11.10),入湖水量的增加在一定程度上降低了博斯腾湖水体中的矿化度及污染物浓度。同时,自"十一五"以来,国家及各级地方政府逐步推进了水生态文明建设及水环境保护工作。随着生态环境部牵头的"水体污染控制与治理"国家科技重大专项、"国家良好湖泊生态环境保护"专项及地方政府各项水环境治理工作的开展,加之流域内生产生活方式的改变,博斯腾湖水生态环境恶化的趋势得到了有效遏制。尤其是2015年后,流域内人口、农作物种植面积、工业及城镇废水排放量等均得到有效控制,对博斯腾湖生态环境的改善起到了积极作用。目前,博斯腾湖水体营养水平及矿化度均有了一定程度的改善,生态环境逐渐趋于好转(图11.12,图11.20)。根据巴州环境监测站的数据,博斯腾湖总磷、总氮、高锰酸盐指数和矿化度分别从2011年的0.013 mg/L、1.002mg/L、5.48mg/L和1.44g/L下降到2020年的

0.009mg/L、0.65mg/L、4.20mg/L 和 0.85g/L，下降幅度分别为 31%、36%、23%和 41%。但是，全球变化背景下极端气候事件有所增加，其对博斯腾湖生态环境演变的影响仍有较大的不确定性。

二、关键问题分析

（一）流域高强度农业活动增加了博斯腾湖水环境改善的压力

博斯腾湖水体的矿化度受开都河来水、湖泊水位升降、农田排水以及孔雀河出流等多种因素的影响，这些因素除受气候变化的影响外，与流域内的人类活动密切相关，尤其是流域内的农业活动改变了博斯腾湖水盐、水量平衡关系，导致 1958 年至 2019 年间，博斯腾湖水体矿化度出现较大幅度的波动（Liu and Bao, 2020; 周洪华等, 2014; 周成虎等, 2001）。

此外，从 1998 年开始，博斯腾湖的营养程度也已由贫营养状态转变为中营养状态，并在 2010 年前后达到峰值，主要污染指标总氮已接近地表水Ⅳ类标准。从全湖来看，黄水沟区水质最差，此处是农田排水、工业废水及生活废水的入湖处；开都河入口区水质最好，主要是有大量的淡水由此汇入，并且博斯腾湖出水口的东、西泵站也均在此区域，水体交换能力较强。农田排水、工业废水和生活废水是造成博斯腾湖污染的主要原因。其中，农田排水是总氮和总磷的最大污染源，其排放量占总排放量的 71.6% 和 72.2%（Wang et al., 2015; Ba et al., 2020; Mamat et al., 2021）。焉耆盆地土壤盐渍化十分严重，2001 年以来，随着北四县（和静县、和硕县、博湖县和焉耆回族自治县）耕地总面积的大幅增长，加之以大水漫灌为主的不合理、高定额灌溉方式，使得携带大量氮、磷和有机污染物的农田排水经开都河、黄水沟、清水河、农田排渠等泄入博斯腾湖，增加了水体中盐分和氮磷污染物超标的风险。虽然自 2015 年以来，博斯腾湖的水质总体呈现出改善的趋势，但目前水体的矿化度仍较高，维持在"微咸水"标准附近，营养水平也仍处于"中营养"的状态。

（二）湖泊生态系统处于退化状态，结构和功能亟待修复完善

在气候和人类活动的共同作用下，近几十年来博斯腾湖水位波动剧烈，加之随着流域内工农业生产的发展、排放入湖的污染物增加，对水资源的掠夺式开发和不合理利用，破坏了湖滨湿地原有的生态功能，导致湖滨湿地萎缩、水生态系统退化趋势加剧。目前，博斯腾湖仍然面临着鱼类种群结构趋于单一化、鱼类个体趋于小型化、藻类生物量增加、生物多样性受损、水生态系统退化等生态环境问题，遏制博斯腾湖富营养化的趋势、恢复和维持博斯腾湖健康水生态系统的结构和功能，已成为博斯腾湖水生态环境治理中一个亟待解决的核心问题。

（三）极端气候事件的增加造成了湖泊生态系统演变的不确定性增大

根据《巴音郭楞蒙古自治州博斯腾湖水生态环境保护条例》，博斯腾湖正常情况下水位应严格控制在 1045.0~1047.5 m，相应大湖区面积 886.5~1111.4 km², 蓄水量 53.7 亿~

78.4 亿 m³，调节容量 24.7 亿 m³，调节湖面积 224.9 km²（Rusuli et al.，2016）。20 世纪 60~80 年代，受农业开发和降水减少的双重影响，博斯腾湖水位总体呈下降趋势，1987 年水位达到最低值，为 1045.00 m；1988 年后，上游开都河来水量持续增加，2002 年博斯腾湖水位增加到 1048.65 m；随后，博斯腾湖水位又急剧下降，2013 年达 1045.12 m，水位波动达近 4 m。湖面面积也从 2002 年的 1225 km²，减小至 2013 年的 890 km²。博斯腾湖水位及湖面面积的剧烈波动，直接导致了湖滨湿地生境退化，大河口区域沉水植被的消亡和生物多样性受损，降低了生态系统的生态服务功能。

此外，近 20 年来焉耆盆地地下水的开采量大增，由 2000 年前的不足 1.25×10⁸ m³/a 增至 2011 年的 6.92×10⁸ m³/a，深刻影响着流域内的水量平衡（Jiang et al.，2020）。尤其自 2000 年以来，博斯腾湖还承担着向下游塔里木河进行生态输水的重要功能（陈亚宁等，2021）。相关研究显示：在未来暖湿气候的影响下，流域中特大洪水暴发的概率可能增加（Huang et al.，2020），增加了博斯腾湖水位波动及水生态系统演变的不确定性。

第五节　对策与建议

干旱、半干旱地区约占全球陆地总面积的 40%，承载着约 38% 的人口，对气候变化和人类活动响应极为敏感。我国西北干旱、半干旱区约占国土面积的 50%，是丝绸之路经济带中联系东西方文明的重要纽带。作为水资源的核心载体，区域内湖泊不仅是饮用水和工农业用水的主要来源，在维持流域地下水位平衡中也发挥着重要功能，是脆弱生态系统赖以维系的重要保障，对区域生态安全和社会经济发展有着不可替代的作用。在气候变化和人类活动共同影响下，我国干旱、半干旱区湖泊普遍存在咸化、富营养化、湖面萎缩甚至干涸的现象，造成生物多样性丧失、生态系统退化等生态环境问题，严重危及湖泊及流域的生态安全。

博斯腾湖曾是我国最大的内陆淡水湖，由于地处内陆干旱地区，其生态环境极为脆弱。自 20 世纪 60 年代以来的大规模工农业生产活动、自然环境的变迁、焉耆盆地人口数量的剧增、水资源的不合理开发利用、大量污染物的排入，导致博斯腾湖及其湖滨湿地的生态环境逐渐变差，主要表现为湖水矿化度升高、水位波动剧烈、部分水域出现了富营养化趋势及生态系统退化等生态环境问题。

自 20 世纪 80 年代后期开始，博斯腾湖流域气候发生了明显的"暖湿化"转型，加之流域内生产生活方式的改变，2015 年以来，博斯腾湖生态环境虽有所好转，但仍未得到彻底改善且未来演变的不确定性增加。为进一步改善博斯腾湖生态环境，基于上述对博斯腾湖水环境、水生态系统现状及其长期演变趋势分析，提出以下对策与建议，以期为博斯腾湖水环境保护与管理提供科学依据。

一、加强未来气候变化下博斯腾湖水生态系统的监测与研究

在全球气候变化及人类活动共同作用下，博斯腾湖的生态环境已发生了巨大变化。随着未来气候变化影响的加剧，极端洪水事件发生频率升高，以及流域内冰川和永久积

雪面积的急剧萎缩，博斯腾湖水生态系统演变的不确定性也相应会增加。而目前有关博斯腾湖的监测及水环境质量评价仅包含传统的水化学要素，无法全面了解博斯腾湖生态系统的演化趋势。因此，建议加强博斯腾湖水生态系统监测体系建设，尽快在常规的水环境监测中设立水生态系统监测的相关内容，增强野外生态调查和实验室分析能力建设，对博斯腾湖水生生物群落的结构特征及其演化趋势开展长期的监测和相关研究。并在此基础上整合水环境、水生态系统的相关监测数据，构建博斯腾湖水生态环境数据库，为博斯腾湖水环境的保护和科学管理提供基础数据。

二、优化水资源合理利用，保障绿洲经济发展和"一带一路"生态安全

博斯腾湖是孔雀河和塔里木河流域的重要生态补给水源，不仅维系着流域内 130 余万各族人民的生存发展、社会稳定，而且是"一带一路"上的重要生态屏障。其水资源主要来源于开都河上游巴音布鲁克草原周边冰川和积雪融水及降雨，因此，巴音布鲁克草原湿地生态环境的保护对于博斯腾湖流域水资源的供给至关重要。作为开都河主要集水区的巴音布鲁克草原，总面积约 150 万 hm^2，是我国第一大亚高山高寒草甸草原。由于受超载过牧和区域气候变化的影响，巴音布鲁克草原湿地面临着草场退化、沙化、盐碱化等生态环境问题（汤祥明等, 2018）。建议加强巴音布鲁克草原湿地生态系统气候、水文、水资源及生态系统健康状况监测和评估，制定出相应的水资源及生态系统保护对策，从源头保护开都河的水资源。

除受气候的影响外，博斯腾湖水资源的变化还与流域内的人类活动密切相关。由于干旱地区的经济是典型的绿洲经济，因此，控制焉耆盆地耕地规模、持续提升节水灌溉效率、加强水资源统一调度管理、合理控制博斯腾湖水位，是实现流域水资源可持续利用、保障绿洲社会经济协调发展的重要途径。焉耆盆地目前农业种植面积约 19 万 hm^2，建议在保护或适当减小农业种植面积的前提下，持续提升节水灌溉农田的比例和节水灌溉效率；限额控制开都河流域和下游孔雀河流域农业灌溉引水量；博斯腾湖水面应维持在 1047 m 左右高程为宜，尽量降低水位波动幅度。当水位超过 1047 m 时，应加大孔雀河向下游输水量，以促进下游生态环境恢复，同时减少湖面水分蒸发损耗；枯水年应进一步减少农业灌溉面积，合理调控地下水提取量，强化节水措施。

此外，适量开采地下水，增加入湖淡水量，使灌区地下水位控制在 2~4 m，一方面可减少无效蒸发损耗量，改善和缓解盆地内积盐状况，减少农排渠入湖盐量；另一方面可减轻灌区用水对开都河水资源的压力。目前，焉耆盆地的地下水开采量已由 2010 年前的 $1.25×10^8$ m^3/a 以下，增加到约 $5.0×10^8$ m^3/a，远期地下水开采量应保持在 $(5.0{\sim}6.0)×10^8$ m^3/a 为宜。

三、加大农业面源污染治理力度，有效降低入湖污染负荷

导致博斯腾湖水体富营养化的氮、磷污染物，主要来自农业面源。为了减少氮、磷元素的流失，控制博斯腾湖地区农业面源氮、磷污染，可以采取以下措施：改进农业生产布局、合理利用土地，根据当地土壤的性质、耕作条件决定种植品种；推行节水灌溉

工程，改变传统的浇灌方式，逐步扩大喷灌、滴灌区域，提高水资源的利用率；改变不同化肥类型的施用比例以及投入方法，适当增加有机肥的施用量，相应地减少基肥中化肥的施用比例。通过工程和管理措施减少农田排水量，降低农业非点源污染负荷量，使盆地内农业生产逐步向清洁生产过渡，最终实现清洁生产。

此外，开都河是博斯腾湖最重要的入湖河流，博斯腾湖水量的85%以上来自开都河，而黄水沟及大湖西南部农业排渠接纳来自焉耆盆地的工农业废水，是污水进入博斯腾湖的主要通道。因此，开展开都河、黄水沟及农业排渠水量、水质的监测，可以估算博斯腾湖入湖污染物总量，为科学评估博斯腾湖的入湖污染负荷提供基础数据。

四、修复芦苇湿地，逐步恢复水生态系统的结构和功能

博斯腾湖湖滨自然湿地类型包括潜育沼泽和泥炭地，具有维持生物多样性、调蓄水量和降解污染等多种生态功能，主要分布于黄水沟、大湖西岸和西南小湖区，面积约为 3.548 万 hm^2。近年来由于受水位变化、水质下降、人为破坏等诸多因素的影响，博斯腾湖湖滨自然湿地的生境持续退化。一方面，破坏了湖滨自然湿地原有的生态功能，使得依赖于湖区湖泊湿地生存的许多陆栖和水栖生物受到严重威胁，动、植物数量大幅度减少，部分珍稀物种甚至消亡，生物多样性降低；另一方面，湖滨自然湿地的退化也造成了芦苇产量、质量的明显下降。湿地对各种工业废水、城镇生活废水和农田排水等的处理效果也受到显著影响。因此，建议在深入了解不同历史时期博斯腾湖湖滨自然湿地生态系统特征及演变规律的基础上，针对不同类型植物及植物不同生长阶段对水深需求敏感性的差异，通过扬水、构筑堤堰及排渠布水等人工调控措施，对湖滨自然湿地生态修复区内的水位进行人为调控，促进湖滨自然湿地的修复。

此外，博斯腾湖黄水沟至黑水湾一带近 150 km^2 水域内，水循环较差，主要污染物浓度均高于全湖平均水平，也是富营养化程度最严重的区域。应尽快实施引黄水沟淡水入湖工程，降低水体矿化度、改善该区域水体循环。同时，根据博斯腾湖不同区域水环境特点及生态系统退化程度，通过调控水位、控制入湖污染物、调控鱼类种群组成等方式，在适宜区域内逐步恢复沉水植物，提升湖泊自净能力。

五、建立以流域生态安全为核心的水环境管理体系

干旱区的湖泊水系都是以河流系统为独立单元进行水分循环的，每一个流域系统都有自己的径流形成区、水系和尾闾湖盆（内陆湖水域）。这些特性决定了对干旱区湖泊的管理不能只限于湖体，要把湖泊及其流域作为一个有机整体来进行保护和管理。因此，建议针对干旱地区内陆湖泊的特点，结合流域内气候变化和人类活动的新趋势，从流域生态安全的角度，系统研究博斯腾湖及其流域（包括其水源地巴音布鲁克草原）的水生态承载力、生态系统对水质和水量的需求标准。同时，尽快建立和完善流域管理的法规、法律条例，加大监督和执法力度，实行流域水资源统一管理、优化水资源配置、实施水生态系统综合治理、构建完善的水生态环境监控体系等措施，建立以流域生态安全为核心的水环境管理体系。

致谢：张运林提供透明度遥感数据，段洪涛提供了土地利用数据，罗菊花提供了水生植被分布数据；巴音郭楞蒙古自治州生态环境局、博斯腾湖科学研究所、巴音郭楞水文勘测局、塔里木河流域巴音郭楞管理局、"十一五"水体污染控制与治理科技重大专项课题组等也为本章节提供了相关数据，在此一并致谢。

参 考 文 献

陈朋, 马燕武, 谢春刚, 等. 2016. 博斯腾湖草鱼生长特征的研究. 淡水渔业, 46(4): 38-43.

陈亚宁, 杜强, 陈跃滨, 等. 2013. 博斯腾湖流域水资源可持续利用研究. 北京: 科学出版社.

陈亚宁, 吾买尔江·吾布力, 艾克热木·阿布拉, 等. 2021. 塔里木河下游近 20 a 输水的生态效益监测分析. 干旱区地理, 44(3): 605-611.

程其畴. 1993. 博斯腾湖水质矿化度与水资源利用. 干旱区地理, 16(4): 31-37.

高光, 汤祥明, 赛·巴雅尔图. 2013. 博斯腾湖生态环境演化. 北京: 科学出版社.

高华中, 朱诚, 李宗尧. 2005. 开都河灌区灌溉引水对博斯腾湖面积影响的定量分析. 自然资源学报, 20(4): 502-507.

郭焱, 张人铭, 蔡林刚, 等. 2005. 博斯腾湖鱼类资源及渔业. 乌鲁木齐: 新疆科学技术出版社.

李红, 马燕武, 祁峰, 等. 2014. 博斯腾湖浮游植物群落结构特征及其影响因子分析. 水生生物学报, 38(5): 921-928.

李红, 祁峰, 谢春刚, 等. 2013. 博斯腾湖浮游动物群落结构特征与分布的季节性变化. 中国水产科学, 20(4): 832-842.

李卫红, 袁磊. 2002. 新疆博斯腾湖水盐变化及其影响因素探讨. 湖泊科学, 14(3): 223-227.

李宇辉, 郝涛, 龚旭昇, 等. 2020. 新疆开都河流域水生植物多样性及其影响因素. 应用生态学报, 31(5): 1691-1698.

裴新国, 闫晓燕. 1992. 博斯腾湖生态环境的演变. 干旱区研究, 9(4): 57-62, 80.

祁峰, 马燕武, 李红, 等. 2015. 博斯腾湖枝角类群落结构特征及其影响因子. 应用生态学报, 26(11): 3516-3522.

祁峰, 马燕武, 李红, 等. 2017. 新疆博斯腾湖轮虫群落季节动态及其影响因子. 水生态学杂志, 38(3): 51-57.

邱冰, 姜加虎, 孙占东. 2010. 基于 MODIS 数据的降水估算在博斯腾湖流域的应用. 干旱区研究, 27(5): 675-679.

施雅风, 沈永平, 李栋梁, 等. 2003. 中国西北气候由暖干向暖湿转型的特征和趋势探讨. 第四纪研究, 23(2): 152-164.

汤祥明, 李鸿凯, 邵克强, 等. 2018. 干旱地区高寒草原湿地生态安全调查与评估——以新疆巴音布鲁克草原为例. 北京: 科学出版社.

汤祥明, 许柯, 赛·巴雅尔图, 等. 2015. 博斯腾湖水环境综合治理. 北京: 化学工业出版社.

王博雯, 汤祥明, 高光, 等. 2014. 博斯腾湖细菌丰度时空分布及其与环境因子的关系. 生态学报, 34(7): 1812-1821.

夏军, 左其亭, 邵民诚. 2003. 博斯腾湖水资源可持续利用(理论、方法、实践). 北京: 科学出版社.

新疆巴音郭楞蒙古自治州统计局. 巴音郭楞统计年鉴(1994~2020 年).

闫晓燕. 1992. 博斯腾湖浮游植物种群结构初步评价. 干旱区研究, 9(1): 47-52.

闫晓燕. 1994. 博斯腾湖底栖动物现存量的变化及评价. 新疆环境保护, 16(3): 17-20, 35.

杨美临. 2008. 博斯腾湖多代用指标(侧重硅藻)记录的全新世气候变化模式. 兰州: 兰州大学.

章文亭, 杨鹏年, 彭亮, 等. 2021. 2005~2017年焉耆盆地平原区地下水时空演变规律及其与土地利用的关系. 水土保持通报, 41(1): 276-283.

郑逢令. 2006. 焉耆绿洲景观格局变化与生态安全分析. 乌鲁木齐: 新疆农业大学.

中国科学院新疆综合考察队, 中国科学院植物研究所. 1978. 新疆植被及其利用. 北京: 科学出版社.

钟瑞森. 2008. 干旱绿洲区分布式三维水盐运移模型研究与应用实践. 乌鲁木齐: 新疆农业大学.

周成虎, 罗格平, 李策, 等. 2001. 博斯腾湖环境变化及其与焉耆盆地绿洲开发关系研究. 地理研究, (1): 14-23.

周洪华, 李卫红, 陈亚宁, 等. 2014. 博斯腾湖水盐动态变化(1951—2011年)及对气候变化的响应. 湖泊科学, 26(1): 55-65.

Azam F, Worden A Z. 2004. Microbes, molecules, and marine ecosystems. Science, 303(5664): 1622-1624.

Ba W, Du P, Liu T, et al. 2020. Impacts of climate change and agricultural activities on water quality in the Lower Kaidu River Basin, China. Journal of Geographical Sciences, 30: 164-176.

Hu M, Ma R, Cao Z, et al. 2021. Remote estimation of trophic state index for inland waters using Landsat-8 OLI imagery. Remote Sensing, 13(10): 1988.

Huang Y, Ma Y, Liu T, et al. 2020. Climate change impacts on extreme flows under IPCC RCP scenarios in the mountainous Kaidu Watershed, Tarim River Basin. Sustainability, 12(5): 2090.

Jiang M Y, Xie S T, Wang S X. 2020. Water use conflict and coordination between agricultural and wetlands—a case study of Yanqi Basin. Water, 12(1): 3225.

Liu Y, Bao A M. 2020. Exploring the effects of hydraulic connectivity scenarios on the spatial-temporal salinity changes in Bosten Lake through a model. Water, 12(1): 40.

Mamat A, Wang J, Ma Y. 2021. Impacts of land-use change on ecosystem service value of mountain-oasis-desert ecosystem: a case study of Kaidu-Kongque River Basin, Northwest China. Sustainability, 13(1): 140.

Rusuli Y, Li L H, Li F D, et al. 2016. Water-level regulation for freshwater management of Bosten Lake in Xinjiang, China. Water Supply, 16(3): 828-836.

Sherr E, Sherr B F. 1988. Role of microbes in pelagic food webs: a revised concept. Limnology and Oceanography, 33(5): 1225-1227.

Tang X M, Xie G J, Shao K Q, et al. 2012. Influence of salinity on bacterial community composition in Lake Bosten, a large oligosaline lake in arid northwestern China. Applied and Environmental Microbiology, 78(13): 4748-4751.

Tang X M, Xie G J, Shao K Q, et al. 2020. Contrast diversity patterns and processes of microbial community assembly in a river-lake continuum across a catchment scale in northwestern China. Environmental Microbiome, 15(1): 10.

Wang Y, Chen Y, Ding J, et al. 2015. Land-use conversion and its attribution in the Kaidu-Kongqi River Basin, China. Quaternary International, 380: 216-223.

Wu M, Wu J F, Lin J, et al. 2018. Evaluating the interactions between surface water and groundwater in the arid mid-eastern Yanqi Basin, northwestern China. Hydrological Sciences Journal-Journal Des Sciences, 63(9): 1313-1331.

第十二章 呼 伦 湖

呼伦湖（达赉湖）是我国北方第一大湖，位于半干旱的温带地区，地处呼伦贝尔大草原腹地，素有"草原明珠""草原之肾"之称，曾是北方众多游牧民族的主要发祥地。湖泊现有水域面积超过 2000 km²，在维系呼伦贝尔草原乃至我国整个东北地区的生态安全等方面发挥着极为重要的作用，与呼伦贝尔草原、大兴安岭一起共同构筑了我国北方重要的生态安全屏障。呼伦湖 1992 年被国务院批准为国家级自然保护区，2002 年 1 月被列入国际重要湿地名录，同年 11 月被联合国教科文组织人与生物圈计划列为世界生物圈保护区网络成员，是众多鸟类的迁徙、停歇、繁殖的重要区域。呼伦湖乃至内蒙古的"一湖两海"（呼伦湖、岱海、乌梁素海）生态环境状况及其变化引起社会各界乃至党和国家领导人的高度重视，2019 年全国两会期间习近平总书记在参加内蒙古代表团审议时，非常关注呼伦湖、乌梁素海、岱海"一湖两海"污染防治与生态保护进展，提出"统筹山水林田湖草沙系统治理"。

第一节 呼伦湖及其流域概况

一、地理位置

呼伦湖位于内蒙古东部中俄蒙三国交界区域，临近满洲里（图 12.1），呈东北至西南走向的不规则斜长方形，东经 116°58′~117°47′，北纬 48°40′~49°20′。当湖水位在 545.3 m 时，蓄水量约 138 亿 m³，水面面积约 2339 km²，最大水深 8 m，平均水深 5.7 m。湖泊形态呈不规则的斜长形，湖面长 93 km，最大宽度 41 km，平均宽度 25 km，湖周长 447 km（王苏民和窦鸿身，1998）。湖区水下地形呈浅碟形状，在西侧接近陡崖处坡度较大，北、东、南三面较平缓，最深处在湖盆偏西的中心位置。

呼伦湖流域横跨我国和蒙古人民共和国，在不计算海拉尔河与新开河流域的情况下，呼伦湖全流域面积约为 23.8 万 km²。其中，在我国境内流域总面积约 3.9 万 km²，主要位于内蒙古自治区呼伦贝尔市西部，涉及呼伦贝尔市新巴尔虎右旗（简称新右旗）、满洲里市、扎赉诺尔区（呼伦贝尔市辖区）的全部和新巴尔虎左旗（简称新左旗）部分行政区域，以及兴安盟阿尔山市 2 个乡镇和锡林郭勒盟东乌珠穆沁旗 1 个苏木的少部分区域（薛滨等，2017）（图 12.1）。

二、地质地貌

呼伦湖地区在地质构造上属于蒙古地槽的一部分。约在距今 3 亿多年前，才开始上升为陆地。约在距今 1 亿 3700 万年前的侏罗纪后期，由燕山运动造成了呼伦贝尔盆地沉

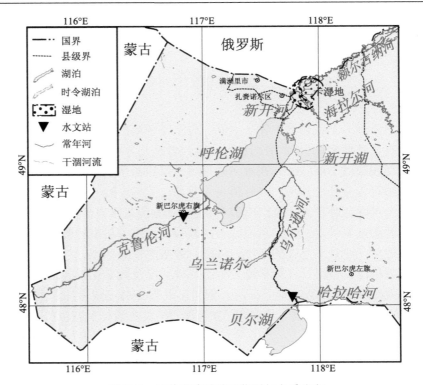

图 12.1　呼伦湖流域地理位置与水系分布

降带，这个盆地中的较低区域，可称为呼伦湖最早的雏形，位置大约在今乌尔逊河以东至辉河一带。到了新生代新近纪末期，随着地壳的持续挤压，在现今湖区一带产生了两条北北东向的大断层。西部一条大致在克鲁伦河—呼伦湖—达兰鄂罗木河—额尔古纳河一线，称西山断层；东部的一条大致在嵯岗—双山一线，称嵯岗断层。这使得现今呼伦湖地区成为呼伦贝尔海拔最低的地区，原始的呼伦湖从乌尔逊河以东至辉河之间移到现今呼伦湖的位置上（孙标，2010）。

　　呼伦湖流域地貌由湖盆低地、滨湖平原和冲积平原、河漫滩、沙地、低山丘陵及高平原 6 种类型组成。其中，滨湖平原和冲积平原主要分布在呼伦湖北端、南端和东西环湖一带，是克鲁伦河、乌尔逊河、海拉尔河在古代冲积而形成，后又经湖水淹没改造的一部分平坦地区；河漫滩分布于河流沿岸一带，形成河流型湿地；沙地主要分布于呼伦湖东、南一带，呈条状分布；低山丘陵主要分布在呼伦湖西一带，呈南西—北东走向；高平原是本地区分布最广的地貌类型。

　　呼伦湖流域气候干燥、风沙较大，致使地表物质粗糙，土层浅薄。栗钙土是本区的地带性土壤，剖面由栗色或灰棕色的腐殖质层、灰白色的钙积层和母质层组成。其面积约占土地总面积的 70%，主要分布在低山丘陵、冲积平原及沿湖、河岸低洼地。草甸土和沼泽土也是该地区的主要土壤类型，主要分布在河谷阶地、低洼盆地上。

三、气候气象

呼伦湖属中温带大陆性气候。冬季严寒漫长，春季干旱，多大风，夏季温凉短促，秋季气温急降，初霜早，积雪封冻期 6 个月左右，最大冰层厚度 1.30 m。呼伦湖新巴尔虎右旗地区平均气温–1.0~3.6℃，年平均降水量 237 mm（图 12.2）。呼伦湖蒸发量 1650~1700 mm （200 mm 蒸发皿），积雪期为 140 天左右，全年盛行西北风，多年平均风速 4.2 m/s。

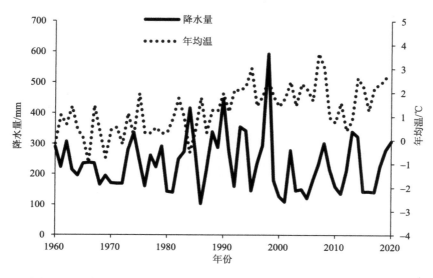

图 12.2　呼伦湖周边新巴尔虎右旗气象站年降水量和年均温的变化趋势

四、水文水系

呼伦湖水系包括呼伦湖、贝尔湖、乌兰诺尔以及乌尔逊河、克鲁伦河、哈拉哈河、沙尔勒金河和新开河（达兰鄂罗木河）等主要支流和湖泊（图 12.1）。呼伦湖水系中河长 100 km 以上的河流有 3 条，20~100 km 间的有 13 条，20 km 以下的有 64 条，共计大小河流 80 条，河流总长度为 2375 km。呼伦湖水系是额尔古纳河水系的组成部分，历史上曾是额尔古纳河的源流之一。

呼伦湖具有吞吐湖泊和内陆湖泊的双重特点。湖水主要来自于发源于蒙古国的克鲁伦河，以及与贝尔湖连接的乌尔逊河。呼伦湖既是海拉尔河洪水吞吐的场所，也是海拉尔河的源头之一。历史上两者通过达兰鄂罗木河相连，后因修建滨洲铁路和扎赉诺尔矿区防洪安全需要，堵截了达兰鄂罗木河，阻隔了海拉尔河和呼伦湖的水力联系（徐占江，1989）。20 世纪 60 年代通过修建新开河、疏浚河道等措施，恢复了海拉尔河和呼伦湖的水力联系。20 世纪 50~60 年代呼伦湖水位较高，湖水流向海拉尔河；70 年代呼伦湖水面缩小，停止外流；1984~1985 年湖水又流向海拉尔河，外流入海。现状条件下，新开河是一条吞吐性河流，当海拉尔河处于大流量高水位时，海拉尔河水顺着新开河流入呼伦湖；当呼伦湖水处于高水位时，湖水又顺此河流向海拉尔河，水位低时则成为内陆湖。根据《呼伦湖志》记载，呼伦湖为淡水湖和微咸水湖不断转化的湖泊。研究表明，呼伦湖的水位和矿化度之间存在极高的相关性，当湖泊处于高水位时，基本呈淡水湖特征；当湖泊处于低水位时，基本呈现出咸水湖或微咸水湖特征。

五、社会经济与土地利用

据呼伦贝尔市 2020 年统计年鉴，截至 2019 年底，呼伦贝尔市总人口达到 254.62 万人。呼伦湖流域所处 1 市 2 旗 1 区内（满洲里市、新巴尔虎左旗、新巴尔虎右旗、扎赉诺尔区）人口总数约 24.98 万人。其中，满洲里市 2019 年末总人口 8.79 万人；新巴尔虎左旗是一个以蒙古族为主体，全旗有蒙古族、汉族、满族、达斡尔族等 15 个民族，总人口约为 4.18 万人；新巴尔虎右旗人口近 3.52 万人，也是一个以蒙古族为主体，汉族、达斡尔族、鄂温克族、鄂伦春族、回族、满族等 11 个民族聚居的边疆少数民族地区；扎赉诺尔区总人口 8.49 万人，有汉族、蒙古族、满族、回族、俄罗斯族等 19 个民族。

2019 年呼伦贝尔市地区生产总值达到 1193.03 亿元，其中第一产业达到 279.07 亿元；第二产业为 332.56 亿元，其中工业为 254.85 亿元；第三产业生产总值为 581.40 亿元。地方财政总收入 167.27 亿元。从事农林牧渔的劳动力人数为 49.38 万人，农林牧渔业总产值 464.82 亿元。2019 年年末，牲畜总数 835.59 万头，其中满洲里市为 7.97 万头，新巴尔虎左旗为 78.39 万头，新巴尔虎右旗为 107.16 万头。截至 2019 年底，满洲里市地区生产总值为 148.64 亿元，新巴尔虎左旗为 24.47 亿元，新巴尔虎右旗为 55.22 亿元，扎赉诺尔区为 49.06 亿元。

2019 年，全市造林面积 8.05 万 hm^2，有效灌溉面积 367.26 万 hm^2。其中，满洲里市有效灌溉面积 1200 hm^2；新巴尔虎左旗造林面积 3727 hm^2，有效灌溉面积 6510 hm^2；新巴尔虎右旗造林面积 287 hm^2，有效灌溉面积 6300 hm^2。

呼伦湖流域耕地 2000 年至 2010 年有所减少，少了 57.94 km^2，但 2020 年相比 2010 年增加幅度大，增加了 1705.15 km^2；林地面积相对稳定；草地面积 2020 年相比 2010 年下降明显，减少了 7.5%，超过 2500 km^2 的草原转化为其他土地类型，主要是转化为耕地；2020 年相比 2010 年湿地增加显著，增加了 37.8%；呼伦湖流域水体 2000 年以来呈现下降再升高的变化，2000~2010 年水域面积大幅减少，主要体现在呼伦湖湖面在该阶段的急剧萎缩（图 12.3）。

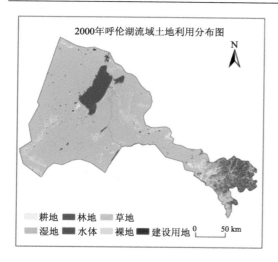

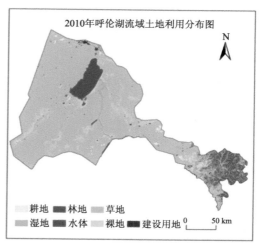

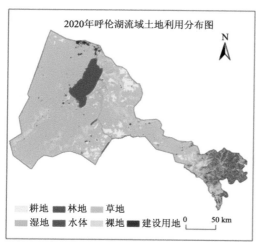

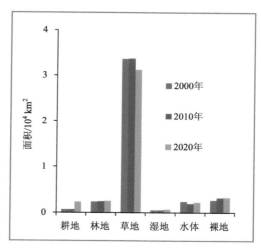

图 12.3 呼伦湖流域土地利用分布图（2000 年、2010 年、2020 年）

第二节 呼伦湖水环境现状及演变过程

一、水位与水量

20 世纪 60 年代以来呼伦湖经历了多次水位上升和下降，即 1961~1982 年的下降期、1983~1991 年的上升期（1991 年最高水位 545.30 m，相应湖泊面积 2339 km²，蓄水量达 138 亿 m³）、1992~2009 年的快速下降期，尤其 2000 年之后下降更为急剧，湖水位从 544.80 m 降至 540.46 m，10 年累计下降 4.34 m，相应地湖泊面积从 2293.6 km² 减至 1685.0 km²（减少 27%）（图 12.4），蓄水量从 127 亿 m³ 减至 41 亿 m³（减少 68%）。 海拉尔河的"引河济湖"工程 2009 年投入运行后，水位下降的趋势得以遏制，但直到 2013 年，湖区水位 541.23 m，仍低于多年平均水位（543.67 m）。2019 年，湖水水位波动达到 543 m 时，湖泊面积达到 2034.9 km^2；2020 年湖泊水位波动在 543.25 m 左右，湖泊面积升至 2038.4 km^2。总体来看，20 世纪 60 年代以来呼伦湖面积、水位、水量总体上呈现降低的趋势，波动显著。2012 年以来水位上涨显著，上升超过 2.5 m，水面积随之增加，增加超过 300 km^2。

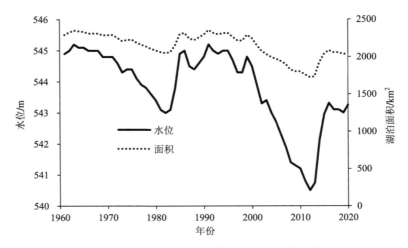

图 12.4　1960~2020 年呼伦湖水位和面积变化

二、湖冰

呼伦湖冰封期持续 153~226d；2011~2012 年以来，冰封期呈现缩短的趋势，从 2011 年的 226d 下降至 2019 年、2020 年的 153d 和 172d（图 12.5）。解冰时间一般为 4 月下旬至 5 月中下旬，10 月至 11 月中旬开始结冰（图 12.6）。

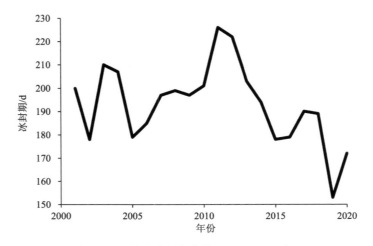

图 12.5　呼伦湖冰封期变化（2001~2020 年）

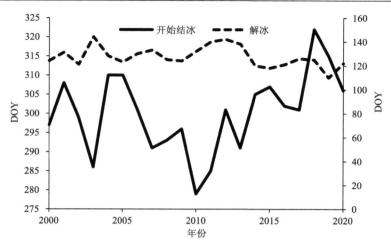

图 12.6　呼伦湖开始结冰和解冰的日期变化（2000~2020 年）

DOY：day of year，一年中的第几天

三、透明度

遥感数据揭示，20 世纪 80~90 年代呼伦湖透明度在 0.40~0.68 m 之间，随着 21 世纪初湖泊水位快速下降、面积急剧萎缩，湖泊透明度同步出现下降，减至 0.34 m 左右，直至 2018~2019 年才开始恢复到 2000 年前的透明度水平（图 12.7，图 12.8）。空间上，呼伦湖全湖透明度比较低；克鲁伦河入湖口透明度相对较低，但也有例外，如 1996~2000 年。影响呼伦湖透明度的主要因素是风浪引起的沉积物再悬浮和浮游植物生物量的增加。呼伦湖面积大、水浅，所处地区干旱多风，风速平均为 4.2 m/s，因而湖水总是在风浪的强烈扰动之下，使得湖水悬浮物含量高，水体浑浊。

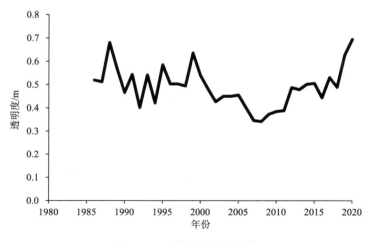

图 12.7　呼伦湖透明度变化

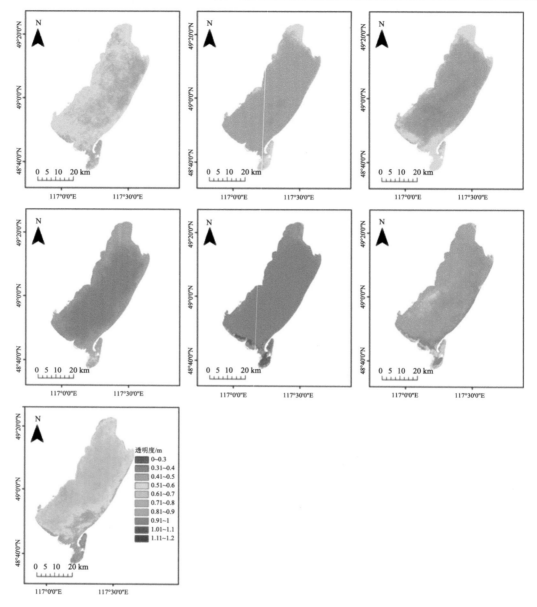

图 12.8　呼伦湖透明度时空变化

（1986~2000 年，5 年间隔）

四、矿化度与 pH

近百年来，呼伦湖是一个由淡水湖、咸水湖不断相互转化的湖泊。据《呼伦湖志》，
20 世纪 30~40 年代，呼伦湖矿化度超过 1000 mg/L，属于微咸水湖；50~60 年代，湖水
矿化度在 777~1100 mg/L 之间，一度变为淡水湖；70 年代湖水矿化度又有所增高，超过
1000 mg/L，属微咸水湖；80 年代后，湖水矿化度仍大于 1000 mg/L，但出现降低的趋势，

到 1985 年已下降到 1055 mg/L，目前属淡水湖。

20 世纪 50 年代以来，呼伦湖仅有个别年份的 pH 在 8.5 以下。2000 年以来，pH 存在升高的趋势，2011 年以来存在一个先快速下降再升高的过程（图 12.9）。

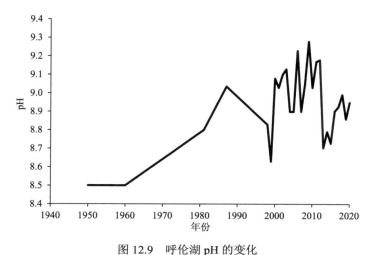

图 12.9　呼伦湖 pH 的变化

五、总氮和总磷

21 世纪初以来呼伦湖总氮（TN）和总磷（TP）变化幅度较大，表现在 2000 年至 2009~2012 年快速增加，之后呈现下降的趋势（图 12.10）。总体来看，80 年代末期到 90 年代初期这段时期也是呼伦湖氮磷含量的一个高峰期（韩向红和杨持，2002）。此后直至 21 世纪初，呼伦湖氮磷含量迅速下降，进入一个低谷期。2002~2010 年，氮磷含量急剧增加，2010~2012 年以来呈现下降的趋势，2012 年以来总磷以近 1 mg/L 下降至小于 0.2 mg/L。

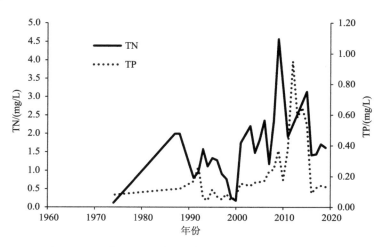

图 12.10　呼伦湖历史时期总氮（TN）和总磷（TP）变化

六、沉积物

中国科学院南京地理与湖泊研究所国家科技基础性工作专项湖泊底质调查项目执行过程中，于 2014 年在呼伦湖布置了 20 个点进行钻孔采集，发现沉积物淤积主要发生在湖泊的西部，湖泊的东部近岸区以砂质底为主。根据呼伦湖浅剖实测、钻孔核素定年、多钻孔对比，发现不同点位淤积厚度差异显著，20 世纪 50 年代以来最高约 40 cm，平均淤积厚度近 0.22 m，湖泊总淤积量约 232.6×10^6 m^3，年均淤积量在 357.8×10^4 m^3 左右，淤积速率约 0.35 cm/a。

呼伦湖沉积物室内静态释放模拟试验结果表明，随温度的升高，沉积物有机质向上覆水释放溶解性有机质（DOM）的通量增加，5℃、15℃、20℃ 下，DOM 的累积释放通量分别为 10.22 mg/(m^2·d)、54.63 mg/(m^2·d) 和 128.46 mg/(m^2·d)（王雯雯等，2021）。呼伦湖多年水域面积均值约 2149 km^2，以呼伦湖有泥区域为 50% 进行估算，得到呼伦湖内源溶解性有机碳污染负荷产生量平均为 2.52 万 t/a。根据化学需氧量（COD）与总有机碳（TOC）的关系，得到由底泥中有机质降解释放的 COD 约为 6.7 万 t/a，与入湖河流输入的 COD 相当。另据 2019 年度呼伦湖污染源核算，内源释放 COD 占入湖比例达到44.5%（生态环境部南京环境科学研究所呼伦湖生态安全调查评估项目成果）。

第三节　呼伦湖水生态系统结构与演化趋势

一、浮游植物

2014 年 6 月对呼伦湖 8 个点位（H1~H8）浮游植物进行了调查，共鉴定出浮游植物64 种，隶属 5 门 36 属（表 12.1）。其中绿藻门（36 种）种类最多，占浮游植物总数的56.3%；其次为蓝藻门（13 种）和裸藻门（7 种），分别占总数的 20.3% 和 10.9%；硅藻门（5 种）和隐藻门（3 种）的种类数较少。比较呼伦湖不同湖区的浮游植物种类组成，结果显示北部（48 种）及中部（40 种）湖区的浮游植物种类数明显高于南部（22 种）湖区，且表现为绿藻种类数相对较多（表 12.1）。一些常见种类如蓝藻门的细浮鞘丝藻、螺旋鱼腥藻、坚实微囊藻以及绿藻门的四尾栅藻、微小四角藻等在多数点位均有发现。

表 12.1　呼伦湖不同区域浮游植物种类数　　　　　　（单位：种）

门类	北部	中部	南部	合计
蓝藻门	10	9	9	13
绿藻门	26	22	11	36
硅藻门	5	3	1	5
裸藻门	5	4	1	7
隐藻门	2	2	0	3
合计	48	40	22	64

呼伦湖浮游植物丰度和生物量均值分别为 $8.4×10^7$ cells/L 和 8.74 mg/L。呼伦湖不同区域浮游植物丰度和生物量存在明显差别（图 12.11，图 12.12），总体上表现为北部湖区高于中部和南部湖区。

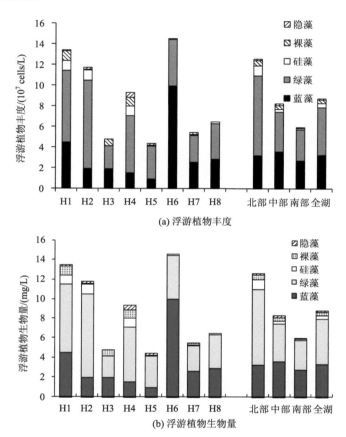

图 12.11　呼伦湖不同采样点和湖区浮游植物丰度及生物量

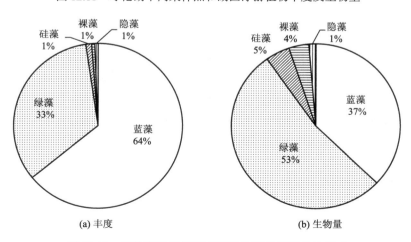

图 12.12　呼伦湖浮游植物丰度及生物量的百分比组成

从浮游植物群落结构上看，呼伦湖各点位（薛滨等，2017）均以蓝藻和绿藻为主，其中蓝藻的丰度在各点位中均最高，而绿藻的生物量则在各点位中最高（除个别点）。就优势种而言，蓝藻门以浮鞘丝藻、螺旋鱼腥藻、环璃浮鞘丝藻、坚实微囊藻等为主，绿藻门以华美十字藻、四尾栅藻等占优势。

呼伦湖浮游植物的物种丰富度（D）、多样性指数（H'）和均匀度（J'）计算结果如表 12.2 所示。呼伦湖浮游植物 D 的分布范围为 0.84~1.67，平均值为 1.14；H'_N、H'_W 的变动范围分别为 1.72~2.62 和 1.97~3.08，J'_N、J'_W 的变动范围分别为 0.59~0.81 和 0.66~0.94。除 H6 外，各调查点位基于个体数量的多样性指标 H'_N、J'_N 均低于基于生物量的多样性指标 H'_W、J'_W（表 12.2），这表明湖区周边水域的浮游植物群落中，小个体种类占据一定优势，这也与绿藻门种类个体相对较小相一致。各湖区浮游植物的多样性存在差别，物种丰富度、多样性指数和均匀度均以北部湖区最高。

表 12.2　呼伦湖浮游植物的生物多样性指数

点位	Margalef 指数	Shannon-Wiener 指数		Pielou 均匀度	
	D	H'_N	H'_W	J'_N	J'_W
H1	1.67	2.62	3.08	0.76	0.89
H2	1.67	2.21	2.40	0.71	0.77
H3	0.95	1.72	2.46	0.59	0.85
H4	1.15	2.51	2.90	0.81	0.94
H5	0.84	1.97	2.37	0.71	0.86
H6	1.02	2.16	1.97	0.72	0.66
H7	0.89	2.03	2.44	0.72	0.86
H8	0.88	1.93	2.30	0.68	0.81
北部湖区	1.67	2.42	2.74	0.73	0.83
中部湖区	0.99	2.09	2.43	0.71	0.83
南部湖区	0.89	1.98	2.37	0.70	0.84
平均	1.14	2.14	2.49	0.71	0.83

注：H'_N、J'_N 是基于个体数量的指标，H'_W、J'_W 是基于生物量的指标。

呼伦湖不同年份的浮游植物组成如图 12.13 所示，1982 年、1987 年、2009 年呼伦湖的浮游植物生物量分别为 8.13 mg/L、8.07 mg/L 和 12.60 mg/L（王俊等，2011；徐占江，1989；严志德，1985），2014 年浮游植物生物量（8.74 mg/L）相比 1982 年和 1987 年分别增加 7.5% 和 8.3%。2014 年的浮游植物数据仅为 6 月的调查数据，作为全年的平均值代表性较差。但将 1982 年、1987 年年内 5 月和 7 月取平均值（均为 7.94 mg/L）与 2014 年 6 月的浮游植物生物量进行比较，结果显示二者亦无明显差别。

2014 年绿藻生物量相对 1982 年、1987 年分别增加了 1.4 倍和 1.1 倍。硅藻所占比重则大幅下降，蓝藻比重变化不明显。其中绿藻的优势种为华美十字藻、四尾栅藻等，多在营养丰富的静水中繁殖，对有机污染物具有较强的耐受性，为中污染生物指示种。

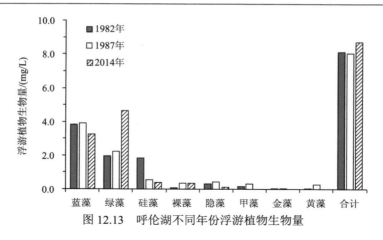

图 12.13　呼伦湖不同年份浮游植物生物量

遥感数据揭示，呼伦湖 2000~2007 年藻华相对稳定且较低；2008~2013 年呼伦湖水位相对较低、面积较小的时期，湖心区曾发生过多次大规模藻华，但 2013 年与 2010 年相比藻华下降显著；2014~2015 年以后，随着水位的恢复，呼伦湖藻华暴发恢复至 2008 年以前的水平（图 12.14）。

二、浮游动物

2014 年 6 月对呼伦湖不同湖区浮游动物（枝角类和桡足类）的群落结构进行了调查，共鉴定出桡足类 4 种、枝角类 4 种、轮虫 6 种。桡足类常见种主要是近邻剑水蚤，枝角类常见种为僧帽溞，轮虫常见种是长三肢轮虫和矩形龟甲轮虫。呼伦湖北部（12 种）及中部（12 种）湖区的浮游动物种类数高于南部（8 种）湖区，主要表现为枝角类的种类数相对较多。

呼伦湖各采样点位的浮游动物丰度和生物量均值分别为 151.5 ind./L 和 0.70 mg/L，其中桡足类和轮虫的丰度最高，分别占总数的 50.5%和 47.2%，枝角类仅占 2.3%。从生物量上分析，桡足类占比 89.5%。

1982 年浮游动物丰度和生物量分别为 429 ind./L 和 3.77 mg/L，相比而言，2014 年的浮游动物丰度和生物量分别下降了 65%和 82%。呼伦湖浮游动物的组成亦随年份发生变化，从丰度组成分析，轮虫所占比例增加，桡足类比例下降；从生物量组成看，桡足类所占比例增加，枝角类比例下降。

三、底栖动物

2014 年 6 月对呼伦湖不同湖区的底栖动物群落结构进行了分析，共采集到底栖动物 5 种，隶属 2 科 5 属，其中摇蚊类 4 种，寡毛类 1 种。比较呼伦湖不同湖区间的底栖动物种类组成，结果显示北部湖区（5 种）的种类数较多，中部（4 种）及南部湖区（4 种）种类数较少。底栖动物的常见种为大粗腹摇蚊、羽摇蚊和霍甫水丝蚓，其中羽摇蚊常见于富营养湖泊或多污带中，而霍甫水丝蚓则是最严重污染区的优势种，因此从底栖动物的常见种组成上看，呼伦湖湖区的水质状况属于污染状态，富营养程度较高。

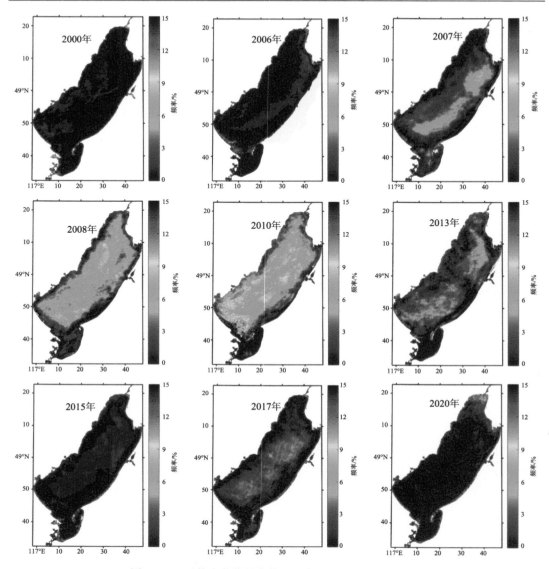

图 12.14　呼伦湖藻华暴发的空间变化（2000~2020 年）

　　呼伦湖各采样点位的底栖动物丰度和生物量均值分别为 188.0 ind./m^2 和 1.74 g/m^2。呼伦湖全湖的底栖动物群落结构组成显示，昆虫类的丰度和生物量均占绝对优势，其比重分别为 91.5% 和 99.7%。从底栖动物群落结构上看，呼伦湖全湖以摇蚊类为主，其丰度及生物量在多数点位中均占绝对优势。1982 年和 2014 年的底栖动物丰度分别为 420 ind./m^2 和 188 ind./m^2，生物量分别为 1.17 g/m^2 和 1.74 g/m^2；其中相对于 1982 年，2014 年底栖动物的丰度下降了 55%，但生物量增加了 49%。呼伦湖底栖动物的组成亦随年份发生变化，其中软体动物在 2014 年未采集到，且寡毛类的数量和生物量均明显下降；昆虫类的数量亦有所下降，但其生物量明显增加，可能是昆虫类的优势种发生变化，个体较大的羽摇蚊提高了湖区底栖动物的生物量。总体上，呼伦湖底栖动物的生物量相对增加，这与该水域鲤等底栖食性鱼类数量减少及由此引起的鱼类对底栖动物牧食压力减小相符合。但底栖动物的生物多样性有所下降，且羽摇蚊、大粗腹摇蚊和霍甫水丝蚓等优势种的出现，表明呼伦湖水质的污染程度加重及富营养化趋势，这也与浮游植物、浮游动物的变化趋势相一致。

四、大型水生植物

生态环境部南京环境科学研究所 2019~2021 年呼伦湖生态安全调查项目揭示，呼伦湖及周边湿地植物群落面积最大、类型最多的是芦苇群落。芦苇群系类型包括：

（1）芦苇群系。芦苇群系组主要分布在保护区河流两岸、湖泊周边的浅水滩上。分布面积较大的有以下几处：乌尔逊河两岸谷地、克鲁伦河入湖口、乌兰诺尔东、乌兰诺尔西南端海猫岛地、呼伦湖东北小河口到呼伦沟沙陀间湖岸浅水湿地段、呼伦湖西南金海岸向南延伸嘎拉达白辛核心区到呼伦湖南岸，以及呼伦湖西北岸地段零星呈块状分布。该群系组分布最广，分化类型多。根据其生长环境的水文状况，生境可分为浅水、湿草甸和河湖岸沙地。

（2）芦苇+拂子茅群系。该群落见于阿米拉图敖包北 4 km 的盐碱滩湿地，草群高 27 cm 左右，群落盖度约 65%，物种数为 9 种/m^2，拂子茅为次优势层片优势种，伴生种有草木樨、疗齿草、篙蓄蓼、旋覆花、鹅绒委陵菜、水麦冬等。

（3）芦苇+野大麦群系。该群落位于乌尔逊桥两桥之间，生境为草甸，有季节性积水，面积约为 100 万 m^2，盖度在 90% 左右，物种数为 8 种/m^2。伴生种有草木樨、小刺儿菜、香茅、红足蒿、灰脉薹草等。

（4）芦苇+碱蓬群系。该群系分布于甘珠花南乌尔逊河西岸，生境为过度放牧的河滩，盐碱化程度高，相对面积小，盖度在 70% 以下。物种数为 2~4 种/m^2。伴生种单一，只有几种盐生植物，如碱蓬、灰绿藜等。

根据遥感资料，呼伦湖水生植被主要分布在克鲁伦河河口区域（图 12.15），1986 年以来水生植被覆盖面积呈现显著下降的趋势（图 12.15，图 12.16），但 2012 年以来湖泊水生植被逐步恢复。

五、鱼类

2014~2015 年在呼伦湖共采集到鱼类 21 种，隶属 4 目 6 科 21 属（毛志刚等，2016）。其中鲤形目（17 种）种类最多，占调查物种总数的 81.0%；其次是鲑形目（2 种），其他 2 目各 1 种。在科的水平上，鲤科（15 种）种类最多，占总数的 71.4%；鳅科 2 种，其他 4 科各 1 种。呼伦湖东部湖区、西部湖区分别采集到鱼类 20 种和 14 种，且各湖区均以鲤形目鱼类为主，分别占总数的 80.0%~85.7%，其他目的种类数较少。一些珍稀的洄游性鱼类减少或消失，如细鳞鲑在调查中未采集到，而哲罗鲑、江鳕的数量也极少，且可能为贝尔湖洄游至呼伦湖越冬的种群。这些珍稀鱼类种类的下降与呼伦湖近年来河道堵塞、水位下降以及捕捞强度加大密切相关（赵慧颖等，2008）。一些具有地域性经济价值的鱼类，如花鳍和犬首鮈等由于资源量大幅下降均未采集到。与渔业资源变化趋势相一致，

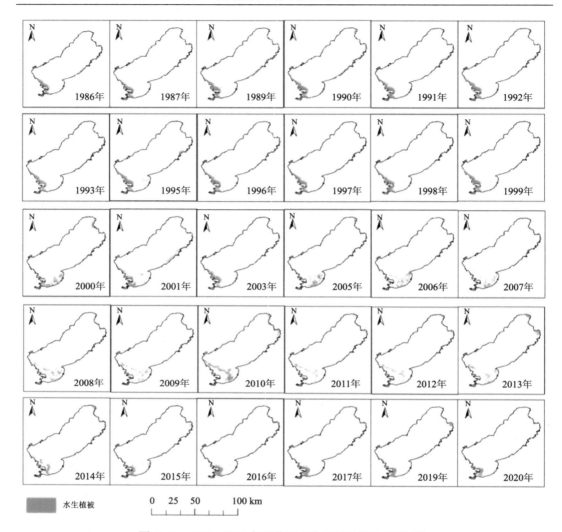

图 12.15　1986~2020 年呼伦湖水生植被时空分布及变化

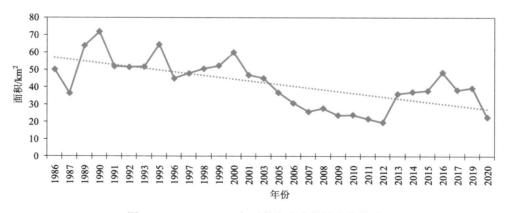

图 12.16　1986~2020 年呼伦湖水生植被变化趋势

由于鱼类种类数减少和优势种小型化加剧，呼伦湖鱼类群落的物种丰富度（D）、多样性指数（H'）和均匀度指数（J'）均总体偏低，各指数范围分别为 0.67~1.75、0.48~1.07 和 0.16~0.36（图 12.17）。此外，呼伦湖东、西部湖区间鱼类多样性水平存在差异，除物种丰富度指数 D 外，西部湖区的生物多样性指数 H' 和 J' 的平均值均高于东部湖区（图 12.17）（毛志刚等，2016）。

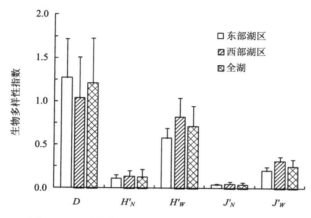

图 12.17　呼伦湖不同湖区的鱼类生物多样性指数

呼伦湖历年的渔获物统计结果如图 12.18 所示，1952~2017 年的 66 年间，呼伦湖鱼类捕捞产量的发展趋势大致可分为波动、增长和下降 3 个阶段（毛志刚等，2016）。波动阶段：1950~1972 年的 23 年间捕捞产量分布范围为 2967~9193 t，年均捕捞产量 5210 t。增长阶段：1973~2003 年的 31 年间捕捞产量从 6910 t 逐步增至 15908 t，平均每年增长 290.3 t，其中 2002 年单位水域产量达到最高值，为 67.9 kg/hm^2。下降阶段：2004~2017 年的 14 年间捕捞产量迅速下降，其中 2017 年的捕捞量仅为 2002 年的 6.7%。

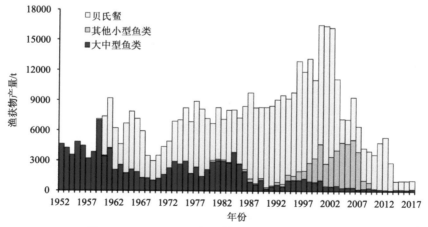

图 12.18　1952~2017 年呼伦湖自然渔业产量变化

呼伦湖不同年份的自然渔业结构如表 12.3 所示，20 世纪 70~80 年代呼伦湖的渔业单位产量虽相对较低，但鲤、鲫、鲌类等大中型鱼类的比例占 28.7%~31.9%，渔业结构相对合理。20 世纪 90 年代渔业单位产量最高，达到 38.9 kg/hm²，但大中型优质鱼类的比例下降至 10.5%；而 2000~2013 年间的渔业单位产量仅为 22.9 kg/hm²，大中型鱼类比例更是下降至 4.5%。2014~2017 年间由于产量限额的原因，贝氏鳘的捕捞量被严格限制，但其他鱼类种群数量也未出现显著增长。从渔获物长尺度的变化趋势看，呼伦湖渔获物组成中小型浮游食性鱼类贝氏鳘的产量有较大幅度上升，所占比例从 20 世纪 70~80 年代的 68.1%~71.3%增至限捕前的 95.5%，成为呼伦湖鱼类群落中的绝对优势种，以贝氏鳘为代表的这种状况反映了呼伦湖鱼类"优势种单一化"和"小型化"的发展方向。

表 12.3　呼伦湖不同年代的渔获物组成比例（年均值）

渔获物	1970~1979 年	1980~1989 年	1990~1999 年	2000~2013 年	2014~2017 年
贝氏鳘	68.1%	71.0%	88.9%	95.3%	84.4%
鲤	13.8%	14.9%	4.2%	2.7%	8.7%
鲌类	11.2%	9.9%	3.8%	1.56%	4.6%
鲫	4.7%	1.1%	0.2%	0.2%	1.6%
瓦氏雅罗鱼	0.0%	0.3%	0.5%	0.2%	0.2%
鲇	2.1%	2.3%	2.3%	0.04%	0.4%
大中型鱼类	31.9%	28.7%	10.5%	4.5%	15.4%
小型鱼类	68.1%	71.3%	89.5%	95.5%	84.6%

第四节　呼伦湖生态环境总体态势与关键问题分析

一、生态环境总体态势

呼伦湖 20 世纪 60 年代以来湖泊水位、水量波动幅度显著，60~80 年代初水位、水量下降趋势明显；80~90 年代水位、水量保持较高的态势；2000~2012 年水位、水量急剧下降；2012~2016 年水位、水量回升明显；最近几年保持相对稳定。20 世纪 90 年代末以来透明度下降显著，最近几年有所回升。20 世纪 60~80 年代和 21 世纪 10 年代水位、水量下降的同时，湖泊 pH 显著上升。呼伦湖总氮 70 年代中期以来整体呈现增加的趋势。90 年代水位较高时总磷含量相对较低。21 世纪以来受入湖水量的影响，呼伦湖整体呈现水质退化、盐碱化和富营养化严重的态势。最近几年来，在气候相对暖湿的大背景下，再加上各类环保、水利措施的采取，呼伦湖的生态环境下降趋势得到遏制，尤其是 2012 年以来湖泊水位显著抬升，湖泊面积显著扩大，水体氮磷含量下降态势明显。据生态环境部南京环境科学研究所呼伦湖生态安全调查评估项目成果，2015~2018 年呼伦湖生态安全指数由 0.478 提升至 0.495，增幅约 3.6%，而其流域生态安全水平更是提高了 8.1%，恢复态势明显（曹秉帅等，2021）。

呼伦湖生态环境变化的根本原因在于水。人类活动中，除了工农牧业以及生活用水外，对湖泊水文影响最大、最直接的是水利工程的建设，其直接改变了流域水资源的自然分配。最早有记载的改变入湖水系的人类活动为滨洲铁路建设工程。1889 年开建，于

1903 年在海拉尔河与呼伦湖之间修建的铁路（滨洲铁路）使得海拉尔河高水位时大量补给呼伦湖的河漫滩通道被铁路阻断，海拉尔河向呼伦湖补水的能力和容量锐减。从百年来的气候变化分析，1900 年前后气候变化不足以使得湖泊干涸，推测与当时的人类活动影响有一定的关系，气候变化加之人类活动的强烈干预导致当时呼伦湖的水位降至历史最低。另一次影响呼伦湖出流通道的人类活动发生在 1963 年前后，扎赉诺尔煤矿在达兰鄂罗木河上筑坝堵截，导致呼伦湖外流通道被堵，其后 1971 年竣工的新开河向西北至黑山头脚下汇入达兰鄂罗木河的旧河道，再次打通了呼伦湖的出流通道。新开河在呼伦湖高水位时泄洪，在海拉尔河河水位高时，引河水入湖，呼伦湖一定程度上成为可以控制水位的湖泊。这两次比较大的人类作用基本上阻断了呼伦湖水系与海拉尔河（额尔古纳河水系）的联系。1960~1970 年湖泊水位处于历史最高水平，除与气候变化有关外，也与当时达兰鄂罗木河被堵、湖水外流不畅有一定关系。

主要补给呼伦湖的两条河流克鲁伦河和乌尔逊河的人工引水也会直接导致湖泊的变化。克鲁伦河在我国境内没有影响河流水系的水利工程，而乌尔逊河上游为源自哈拉哈河分支的沙尔勒金河和贝尔湖，并途经乌兰诺尔。1996 年由于乌兰诺尔干涸，同年在途经乌兰诺尔的乌尔逊河一条支流上建坝引水，将湖泊面积基本维持在 30 km^2。根据呼伦湖水在 1996 年、1997 年的变化分析，此项工程对呼伦湖水面影响不大。2009 年引海拉尔河入湖工程投入运行后呼伦湖湖泊水位上升明显，这可能是气候变化与调水共同作用的结果。

在暖干化的背景下，呼伦湖 20 世纪 60 年代以来总体上呈现湖泊水位下降、容积减小的趋势。与我国干旱、半干旱地区的湖泊相比，呼伦湖 21 世纪初水位下降速度是罕见的，湖泊面积的萎缩相对来说虽然不是很突出，但从呼伦湖的湖盆形态看，湖底在 539.0 m高程以下非常平缓，水位下降到该范围将出现湖泊面积急剧缩小的情形。

二、关键问题分析

（一）21 世纪初极端水文事件导致湖泊水位和面积发生剧烈变化

2000~2011 年呼伦湖水位急剧下降期间，湖面年平均降水量 3.92 亿 m^3，年平均蒸发量 15.68 亿 m^3，年平均入湖径流量（克鲁伦河、乌尔逊河）3.10 亿 m^3，湖面蒸发降水的差额与多年平均水平相当（图 12.19），可见两河入湖径流量的减少是该段时间湖泊萎缩的主要原因。

从蒸散与降水比值的变化过程来看（图 12.20（a）），2000 年以来的呼伦湖水位急剧下降，可能并非一个短期极端气候变化的结果，20 世纪 90 年代起就已经开始在流域干旱指数上显现端倪。因为蒸散与降水的比例关系比单纯的蒸散、单纯的降水更能综合体现区域气候条件，一定气候条件下的流域长周期产流往往不是单纯降水或蒸散单要素的变化所决定，而是在区域增温背景下降水和蒸散比例关系决定的（图 12.20（b））。考虑到流域蒸散占降水比重的提升在 20 世纪 90 年代初已出现，而 2000 年才出现流域入湖径流及湖泊水位急剧下降，因此，在 1990~2000 年间流域可能存在其他形式径流补给的调节作用。呼伦湖流域东侧乌尔逊河源的大兴安岭，多年冻土处于欧亚大陆冻土带南缘，该地带冻土层厚度薄，其变化对气温升高极为敏感。20 世纪 70 年代以来冻土带南缘北移达 30~100 km,至 2000 年永久冻土几乎退出呼伦湖流域（金会军等,2006）。流域大规模多年冻土消退过程的融水径流直接补给了河川径流,对 1990 年期间的河湖水情起到了一定的调节作用。而失去多年冻土退化带来的融水补给作用,也是 2000 年后呼伦湖发生水情急剧变化的重要原因。

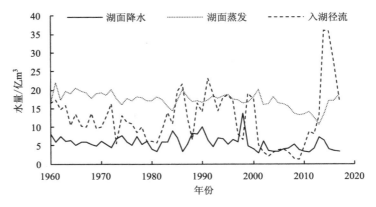

图 12.19　呼伦湖多年水量平衡变化

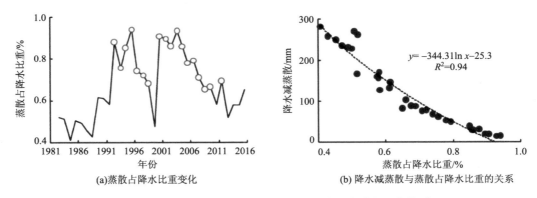

(a) 蒸散占降水比重变化　　　　　　(b) 降水减蒸散与蒸散占降水比重的关系

图 12.20　呼伦湖蒸散占降水比重变化及其与流域水平衡关系

（二）气候暖干引起的浓缩效应导致湖泊总体处于富营养状态

利用综合营养状态指数法对呼伦湖富营养化趋势进行分析评价,结果表明,呼伦湖水体总体表现为富营养化状态,2006 年以来水体经历了中度—重度—中度富营养化变化过程（图 12.21）。其中 2008 年和 2009 年水质污染最为严重,综合营养状态指数（TLI）分别为 72.6 和 73.3,根据 TLI 分级表,呼伦湖为重度富营养。2010 年以来富营养趋势好转,但 2017 年以来综合营养状态指数又开始抬升。

2004~2020 年,呼伦湖 TN、TP 与水位显著负相关,揭示水量是水质改善的主要因素。对呼伦湖的蓄水量与综合营养状态指数进行相关性分析,表明两者呈显著负相关（p <0.01）（陈小锋等,2014）,而对 1993~2006 年呼伦湖 TN 和 TP 浓度与其他自然和社会因素的相关性分析结果表明,TN 和 TP 浓度与当地人口密度、工业和农业生产值等均无

显著相关性（$p > 0.05$）（Chuai et al.，2012）。呼伦湖周边人口稀少（图12.22），如新巴尔虎左旗、新巴尔虎右旗以及满洲里2000年以来人口增加仅2万多；以新巴尔虎右旗为例，20世纪60年代以来虽然牲畜中羊的数量处于高值，但大牲口数量处于低值（图12.23），可见人类活动对呼伦湖的影响变化较小，呼伦湖的富营养化水平主要受气候变化导致的湖泊水量控制。1995~2009年，气候暖干化使得呼伦湖蓄水量持续下降，从1.34×10^{10}m³下降至3×10^9 m³，强烈的浓缩效应使得呼伦湖从20世纪90年代的轻-中度富营养水平上升至重度富营养水平。2012年以来，呼伦湖湖泊水位、面积以及氮磷含量等揭示生态环境质量有所提高，综合营养状态指数也同时揭示呼伦湖营养状况有所改善。

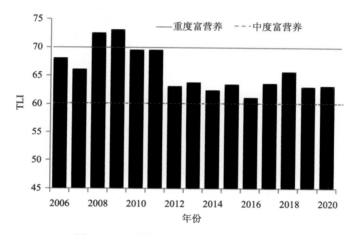

图12.21　呼伦湖综合营养状态指数变化

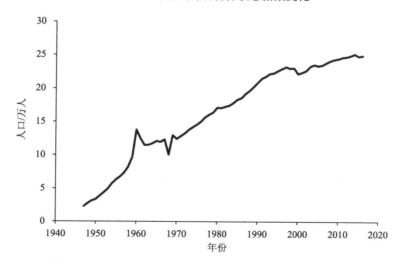

图12.22　新巴尔虎左旗、新巴尔虎右旗和满洲里人口变化

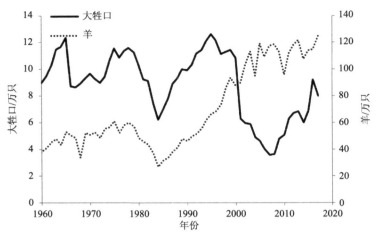

图 12.23　新巴尔虎右旗牲畜数量变化

（三）过度捕捞和湖泊干化引起鱼类资源衰退

呼伦湖渔业资源丰富，历史上曾有鱼类记录 30 种，主要有鲤、鲫、鲇、红鳍原鲌、白斑狗鱼、雅罗鱼等经济鱼类（严志德，1985）。但近 20 年来在人类活动和自然环境因素的双重作用下，呼伦湖渔业资源逐步衰退，呈现出以贝氏餐为代表的鱼类资源小型化趋势。整体上看，鱼类资源衰退还是人类活动的强烈干扰以及气候环境条件变化而引起。

第一，过度捕捞是生物多样性下降和渔业资源衰退的重要影响因素。呼伦湖渔业生产分为冰下捕捞和明水期捕捞两个生产期，渔具包括冰下大拉网、明水大拉网、白鱼网、兜网、挂网、虾网等（张志波和姜凤元，1998），各渔具网目不一（2~8 cm），基本将大小鱼类全部捕获。通常情况下，大个体的鱼类受捕捞的影响明显大于小个体的鱼类，而贝氏餐等小型鱼类较之大中型鱼类具有较强的补偿调节能力。Pauly 等（1998）也曾提出，在捕捞的影响下，高营养级的捕食者（一般为个体较大、生命周期较长的种类）持续减少，并导致渔获物的组成向个体较小、营养层次较低、经济价值不高的种类转变。而这种影响又通过一些生态学过程进一步放大，例如大中型肉食性鱼类种群的衰退降低了其对小型鱼类种群的捕食与调控作用，最终对群落结构产生影响。呼伦湖的渔获物总产量也与捕捞强度密切相关，例如 1973 年渔业生产实现机械化后，捕捞产量开始呈现逐年增长趋势；而 2003 年为了降低呼伦湖捕捞强度，冰下大拉网数量从 17 合减至 13 合，2004 年又减至 7 合，捕捞产量也随之明显下降。

第二，湖泊水质与生物饵料资源变化也是影响鱼类群落组成的因素之一。鱼类为湖泊生态系统的顶级消费者，湖泊渔业与其营养物质水平、生物群落结构等密切相关并相互影响（孙刚等，1999）。呼伦湖自 20 世纪 80 年代末期就已处于富营养化状态，水体营养盐丰富，藻类等迅速增长，初级生产力提高，从而导致鱼类群落的生物饵料基础发生改变。呼伦湖浮游植物的生物量从 1987 年的 8.07 mg/L 上升至 2009 年的 12.60 mg/L，增长 56%（金相灿，1995；王俊等，2011）。而贝氏餐的主要食物为藻类等浮游生物，因此呼伦湖的富营养化为贝氏餐提供了丰富的食物饵料，有利于其种群的迅速增长。与之相对，水质下降及富营养化加剧也会带来严重的生态后果，如氨氮浓度过高、藻类毒素的毒害作用、溶解氧降低等，影响鱼类的繁殖与生长，造成种类数减少及多样性下降（Tammi et al.，1999）。

第三，气候水文条件的改变也引起鱼类资源的变动。例如气候暖干化、水位下降、入湖径流补水量减少等均可能对鱼类种群数量及分布产生重要影响（赵慧颖等，2008）。近年来，呼伦湖地区气候变化呈现出气温升高、降水减少、蒸发量增大的暖干化趋势，这些因素的综合作用，导致湖泊水位大幅度下降，水域面积萎缩。呼伦湖作为浅水湖泊，水位下降一方面导致湖泊面积及蓄水量迅速减少，尤其是冬季结冰后，冰下水深仅 1~2 m，鱼类常因缺氧大量死亡；另一方面导致鱼类在浅水区域的产卵场受到破坏，鱼类的产卵繁殖受到影响（张志波和姜凤元，1998）。2001~2013 年呼伦湖渔获物产量与水位的相关性分析表明，水位与渔获物总产量及贝氏餐产量均呈显著正相关，表明水位是影响渔业资源产量的重要因素（图 12.24）。呼伦湖自 2014 年开始采取封湖限渔的政策管控，使得湖泊的渔业结构有了较大的改善，但由于缺乏资料，目前还很难进行政策实施后的效应评估。

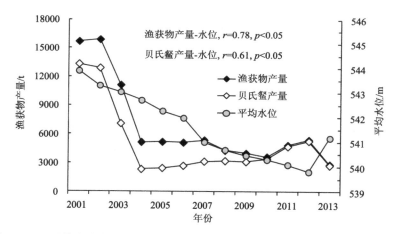

图 12.24　呼伦湖渔获物产量、贝氏餐产量与平均水位的关系（2001~2013 年）

第五节　对策与建议

呼伦湖近几年来生态环境状况稳中向好，有生态环境治理的贡献，但自然气候状况的改善起到了非常重要的作用。总体上呼伦湖生态环境问题依然存在，退化趋势没有得到逆转，未来发展与保护的矛盾仍将凸显。因此，首先需要全面开展变化条件下生态系统响应和反馈的过程与机制研究，提出未来不同情境下呼伦湖治理与修复的模式和系统解决方案；其次，需要对呼伦湖 2015 年开始的科技治理项目的贡献与成效进行综合评估，并进一步争取国家山水林田湖草沙生态保护修复工程落地呼伦湖；在此基础上针对上述关键问题，在水资源优化合理配置、鱼类资源结构调整、降低污染物入湖、加强流域综合管理系统治理等方面开展进一步工作，寻找区域经济发展、生态环境保护和湖泊资源最佳配置方案，为美丽呼伦湖生态治理和流域高质量发展提供科学依据，确保我国北方边境地区生态安全。

一、完善沿湖地区水资源调配工程体系和水量调度机制

水是根本，统筹协调呼伦湖流域水资源利用与调配是呼伦湖生态环境改善的基本保障。需要编制呼伦湖流域水资源利用与调配规划，协调河流上下游水资源利用，保障呼伦贝尔草原和呼伦湖生态需水。从国际来看，要加强水资源的跨国协调，确保入境河流克鲁伦河、沙尔勒金河的下泄流量；从国内来看，要制订海拉尔河上下游水量分配方案，控制海拉尔河上游用水，保证海拉尔河下泄流量，尤其是枯水期基本下泄流量，以确保海拉尔河引水工程的引水量，并保护二卡湿地。从严审批从呼伦湖及入湖河流向外引水的项目，严格环评手续，不给呼伦湖水量减少带来更大的压力。要坚持统筹规划、远近结合、综合协调、分步实施，逐步完善沿湖地区水资源调配工程体系和水量调度机制，保障沿湖地区各项用水需求。

（一）继续优化引水工程

从呼伦湖历史变化看，1960~2000 年是百年来水位最高的时期，将水位维持在这个时期的水平必须依靠跨流域调水。为了控制呼伦湖的萎缩、恢复呼伦湖的水环境，呼伦贝尔市于 2008 年 7 月开工建设"引河济湖"（引海拉尔河补给呼伦湖）工程，2008 年 8 月竣工引水。气候变化模型情景预测显示未来本地区将向暖湿方向发展，在这种大趋势下，呼伦湖的萎缩可能得到一定程度的逆转，但恢复到 20 世纪 60 年代或 90 年代的高湖面、形成湖泊的自然出流（关系到呼伦湖水质的改善）的可能性比较小。海拉尔河在历史上曾是呼伦湖的补给来源之一，丰水期河道漫滩后通过呼伦沟（"引河济湖"工程亦利用该河故道）等泄入呼伦湖，"引河济湖"是对历史状况的恢复，有其合理性。但为了更高效地引水，该工程局部存在进一步完善的需要。包括建设防风林带，减少引水渠道沙土淤积，对渠道泥沙淤积进行清淤维护。此外，需要科学配置水资源，提高水资源承载能力。合理利用地表水和地下水，保持地下水合理水位。要坚持空间均衡，以供定需，协调好生活、生产、生态用水的关系，保障生态环境用水。

（二）沙尔勒金河河口畅通与恢复工程

沙尔勒金河曾经是连接哈拉哈河与乌尔逊河的一条支流，流量约占哈拉哈河的 1/4，1978 年沙尔勒金河因人为因素断流后，河道沿线 114 km² 的草场逐步沙化，生态环境遭到破坏，人畜无法生存；同时，沙尔勒金河的水量虽然对呼伦湖平衡所起的作用不是很大，但在干旱年份对改善下游乌尔逊河沿河地区（内蒙古呼伦湖国家级自然保护区的核心区）的水文条件是重要的，应该通过适当的方式进行沙尔勒金河河口畅通与恢复工程。

（三）合理的水量调度和调控工程技术

呼伦湖生态调水涉及复杂变化条件下多水源均衡调度机制、水量水质和生态过程耦合机理、长期和突发性水量匮缺及水污染应急调度模式、明渠水力学响应和耗损控制，同时涉及跨境河流水量协调管理等问题。工程技术上的难题在于准确的前期预报、合理的调水量和调水时机的选择，以及调水效果的评价。为了更好地实现调水的水质改善和生态效果，不仅仅涉及湖泊水位的控制，同时也需要考虑湖泊内部的流场过程及其效果。呼伦湖生态调水需要建立一套完备的技术体系来支撑水量的调度运行，围绕"预报-模拟-调度-控制-评价"等关键环节的系统综合来实现合理的调度、控制和运行。

二、优化鱼类资源结构，实施"以渔改水"的技术策略

在呼伦湖封湖限渔休渔的条件下，针对呼伦湖生态渔业发展存在的问题，可基于对呼伦湖生物资源结构及渔产潜力的研究，制订和完善适合呼伦湖水环境特征的鱼类增殖模式，包括土著鱼类资源的保护与恢复，基于水环境改善和鱼类群落结构优化的鱼类增殖放流和科学管理。在目前富营养化蓝藻水华持续暴发的状态下，要强化湖泊生态系统中鱼类的下行控制效应，通过鲢、鳙等滤食性鱼类及凶猛肉食性鱼类的放流，调整和优化鱼类群落结构，结合鱼贝协同控藻技术的应用，加速并改变湖泊内营养物质的循环，使渔产潜力得到充分释放的同时，湖泊水体环境得到净化，生态系统及其功能多样性得到恢复。

（一）科学规划水生生物资源保护和区域设置

呼伦湖现状渔业情况是水环境变化下的直接体现，需要在对呼伦湖生态系统全面了解的基础上，依据水域存在的水环境、水生态问题，如鱼类资源衰退、濒危程度加剧、蓝藻水华暴发、生境环境破坏等，结合鱼食性鱼类下行调控、滤食性水生生物强化控藻、鱼类生境营造、繁育场设置及湿地生物多样性保护等技术，科学定位和规划渔业功能区域（图 12.25），强化渔业资源保育。

（二）科学评估渔产潜力，合理利用和转化初级生产力

水体中不同营养级生物通过能量转化和利用最终可形成渔产品。浮游植物是初级生产力的主要贡献者，是渔产潜力的基础。根据 2014 年浮游植物生物量的调查，呼伦湖以浮游植物为食的渔产潜力就高达 19 600t 左右，对比呼伦湖多年的渔业捕获量，可见仅从浮游植物看，呼伦湖渔业产量仍具有较高的提升潜力，呼伦湖渔业资源结构尚有较大的调整空间。

（三）合理增殖鱼类种类，改善渔业结构和水环境质量

呼伦湖湖中现有鱼类生态位大量空缺，为放流鱼类提供了良好的生态条件。呼伦湖鱼类的放流补给，首先要坚持原有鱼类区系作为放流对象，例如翘嘴鲌、鲤、银鲫等本

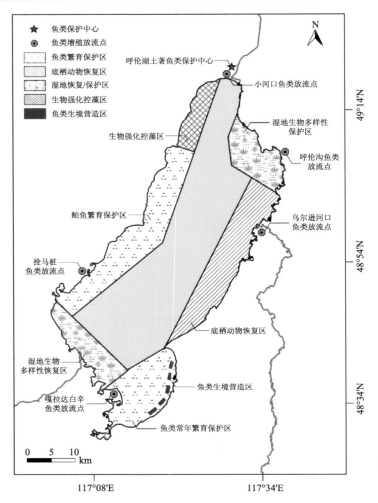

图 12.25　呼伦湖水生生物调控生态修复规划

地种。其次可将呼伦湖曾成功放流过的鱼类作为放流对象。呼伦湖纬度高、气温低，其
鲢、鳙的增重率相对较低，目前宜增加鲢、鳙等滤食性控藻鱼类的放流数量与比例，充
分利用呼伦湖的浮游动植物资源。

（四）优化渔业资源结构，保护土著鱼类品种

鱼类结构调整需考虑不同鱼类的种间关系，特别要充分保护和利用土著鱼类资源。
从改善水环境的上行效应出发，基于呼伦湖鱼类小型化和土著鱼类退化的问题，需要通
过加强繁殖保护和人工放流措施，不断恢复凶猛性鱼类种群数量，将低值、丰富的小型
鱼类和虾类资源转化，在调控渔业结构和水质、提高鱼类生物多样性的同时，实现食物
链的优化和渔产品附加值的提高。

三、减少流域入湖污染负荷，实施流域生态保育和湖泊生态修复

呼伦湖污染物由过境河流输入和流域内产生。过境河流输入包括海拉尔河、克鲁伦河和乌尔逊河三条河流。流域内的污染物主要是由农村生活、畜禽养殖、工业污染、水土流失、旅游污染、城镇生活、干湿沉降等产生。由于流域内畜牧业发展占绝对主导，土地利用类型以天然草场为主，因此要做好沙化土地、草地的保护和建设，减少水土流失，防止风化沙化，同时也应控制农村牲畜放牧养殖规模，最大限度减少污染物入湖量。降低流域污染入湖对策具体包括以下几个方面。

（一）实施呼伦贝尔草原治沙与保育工程

呼伦贝尔草原是世界三大著名草原之一，也是目前我国保存最完好的草原，享有"北国碧玉"的美誉。据生态环境部南京环境科学研究所呼伦湖生态安全调查评估项目成果，1990~2018 年呼伦湖自然保护区防风固沙量均值基本呈逐渐增大的趋势。尽管如此，呼伦贝尔草原的沙丘保护与沙化治理工程还需要持续进行。包括：①封沙育林育草，在固定、半固定沙地实行围栏封育和人工管护封育；②实施人工治沙造林，在半固定沙地或流动沙地直接进行人工植苗造林和播种造林；③在流沙移动较快、危害严重的区域设置草方格机械沙障和直播固沙灌草生物沙障；④在地广人稀、危害较大的流动和半流动沙地，实施飞播造林种草。

应采取草原禁牧、休牧、轮牧、改良等方式，建立天然草原生态修护系统。但是草原是牧民生活的依托，控制放牧必然影响牧民的收入，因此，必须建立草原生态补偿机制，对农牧民实行草原禁牧、休牧补助政策，提高补助标准，延长补助年限，扩大项目实施范围，保障牧民生活水平的逐步提高。在实施草原禁牧、休牧等措施的基础上，启动人口转移工程，把牧区人口转移到城镇居住就业，减少牧区人口增长对草原的压力。

（二）推进退化河湖滨带湿地生态系统恢复与修复

河流湿地、湖滨带是呼伦湖流域重要的湿地，也是呼伦湖生态水系统重要的组成部分。由于气候变化，克鲁伦河沿岸湿地面积由 1993 年的 3596.6 km^2，缩减为 2010 年的 2814.4 km^2，减少了 782.2 km^2。乌尔逊河长度从 1993 年的 189.1 km，增加为 2010 年的 214.6 km；而河流两岸湿地减少明显，相对于 1993 年的 380.8 km^2，2010 年减少了将近 1/3。应开展呼伦湖河湖滨带植被群落、湖泊水体动植物与水位之间的响应关系研究，确定湖泊生态水位、湖滨湿地自组织修复的临界水文、水质等生态条件。明确河道、湖滨湿地保护修复目标，甄别区域生态问题差异及影响因素，改造完善湿地与生物多样性保护措施，制定总体生态修复途径及措施，切实提升呼伦湖及入湖河流、河湖滨带及流域典型生态系统功能。在此基础上，开展克鲁伦河湿地、乌尔逊河湿地、呼伦沟湿地、新开河湿地、呼伦湖湿地修复。

研究表明挺水植物、浮水植物以及沉水植物都能有效吸收水体与底泥中的氮、磷等营养物质，降低水体富营养化水平。由于风浪作用，呼伦湖浮叶、沉水植物量很少，宜

优先恢复挺水植物，一旦形成一定的规模，将会显著减弱风浪影响，有助于浮叶、沉水植物生长，进一步固定水体中的氮、磷元素。芦苇是目前国内外公认的湿地修复植物之一，其生长与繁殖能力强，管理要求粗放，实际处理效果好。呼伦湖历史上芦苇分布面积达 3.13 万 hm^2，按本地区 2 级芦苇产量（0.65 kg/m^2）计算，每年地上部分产量可达 20.37 万 t，相当于固氮 1317.72 t，固磷 69.26 t（计算系数参照崔丽娟等，2011）。同时，芦苇沼泽也是鱼类、水禽偏爱的栖息、繁殖生境，恢复芦苇沼泽有助于提高本区域的整体生物多样性。需要注意的是，必须定期对芦苇进行收割移除，不然起不到转移水体中氮、磷以及其他污染物的目的。

四、加强呼伦湖流域科学规划和综合管理，支撑北方生态安全屏障构建

呼伦湖的生态环境变化受气候变化影响明显，也与流域人类活动密切相关。随着流域人口增加、工矿旅游及农牧业发展，流域的水资源供需矛盾和水环境压力快速增大，同时呼伦湖与呼伦贝尔草原地表和地下水关系复杂，流域地跨三个国家，其流域管理和综合治理的复杂性和难度更大。

（一）科学编制和实施呼伦湖环境综合整治与生态保护规划

按照国家自然保护区和主体功能区战略实施的要求，牢固树立草地、沙地、河流和湖泊生命共同体理念，在流域层面，编制呼伦湖环境综合整治与生态保护规划，强化呼伦湖及其水系的水资源调度、渔业资源保护、沙地综合治理、草原生态保护、水污染防治等各项治理保护工作的系统统筹和综合协调，提升流域综合保护与治理工程效益。划定流域生态功能区，实施流域空间功能管制，明确呼伦湖生态功能定位和综合治理目标，以生态涵养为主体功能，近期和远期兼顾，明确保护和治理的重点任务与优先顺序，提出草原、沙地、河流、湖泊有机衔接的综合治理保护各项工程，形成湖泊流域生态综合治理体系。

（二）推动构建跨国流域协商机制，加强流域综合管理和系统治理

加强与呼伦湖流域蒙古国和俄罗斯的生态环境保护合作，稳步推动构建跨国流域协商机制和管理机构。强化呼伦湖保护管理委员会流域综合管理职能，明确保护核心管理权责，确立管委会生态保护核心职能，履行保护区统一规划、统一保护管理执法、统一水资源调度与渔业、旅游等资源开发监管等职责，对呼伦湖自然和生态资产保值增值负责。解决呼伦湖自然保护区土地权属问题，强化属地化管理。探索国家自然保护区管理新机制，建立保护区生态资产核算与考核制度，强化生态资产的保值增值考核，建立和完善生态补偿制度，实行与生态资产考核挂钩的保护区管理投入和生态补偿机制。将呼伦湖保护区作为国家主体功能区战略实施试点区域，切实落实主体功能区战略各项激励和生态补偿政策，建立湖泊和草原生态保护的长效机制，创建国家生态文明示范区。

（三）加强监测科研能力建设，提升呼伦湖生态环境治理保护的科学性

深化科研机构和流域管理部门的联合监测合作，提升流域生态环境长期监测研究能力。整体将呼伦湖水系的贝尔湖、乌尔逊河、克鲁伦河河口、沿河重要湿地水文、水质和生态监测，湖泊周边和主要入湖河流沿线草场地下水、生物多样性监测等纳入观测研究范围，形成完整的生态综合监测体系，为呼伦湖及其水系生态治理保护、应对未来气候变化和人类活动加剧对本区的影响以及国际河流谈判等提供长期、系统的科学数据。加强呼伦湖湖泊流域生态系统演变规律研究，增加国家重大科技计划立项，尽快开展呼伦湖"山水林田湖草沙"生态保护修复工程，持续开展呼伦湖环境演变过程及其驱动机制、湖泊水量平衡及对气候变化的响应、环呼伦湖地区人口与产业容量及空间管制等研究，分析湖泊水系与水情演变规律，提高对未来气候变化与人类活动加剧影响下的湖泊湿地生态与环境变化预测预警能力，坚持保护优先、自然恢复为主，保障生态安全，寻找区域经济发展、生态环境保护和湖泊资源最佳配置方案，为呼伦湖生态治理保护和流域可持续发展提供科学依据。

致谢：内蒙古呼伦湖国家级自然保护区给予多年资料与现场考察的支持；生态环境部南京环境科学研究所呼伦湖生态安全调查评估项目、内蒙古大学"一湖两海"水污染控制与综合治理关键技术研发与集成示范项目等均提供大量的资料与科学建议；中国科学院南京地理与湖泊研究所马荣华、段洪涛提供重要的遥感数据，陈非洲、高光等给出很多宝贵的建议，特此一并致谢。

参 考 文 献

曹秉帅, 单楠, 顾羊羊, 等. 2021. 呼伦湖流域生态安全评价及时空分布格局变化趋势研究. 环境科学研究, 34(4): 801-811.

陈小锋, 揣小明, 杨柳燕. 2014. 中国典型湖区湖泊富营养化现状、历史演变趋势及成因分析. 生态与农村环境学报, 30(4): 438-443.

崔丽娟, 李伟, 张曼胤, 等. 2011. 不同湿地植物对污水中氮磷去除的贡献. 湖泊科学, 23(2): 203-208.

韩向红, 杨持. 2002. 呼伦湖自净功能及其在区域环境保护中的作用分析. 自然资源学报, 17(6): 684-690.

金会军, 于少鹏, 吕兰芝, 等. 2006. 大小兴安岭多年冻土退化及其趋势初步评估. 冰川冻土, 28(4): 467-476.

金相灿. 1995. 中国湖泊环境: 第二册. 北京: 海洋出版社.

毛志刚, 谷孝鸿, 曾庆飞. 2016. 呼伦湖鱼类群落结构及其渔业资源变化. 湖泊科学, 28(2): 387-394.

孙标. 2010. 基于空间信息技术的呼伦湖水量动态演化研究. 呼和浩特: 内蒙古农业大学.

孙刚, 盛连喜, 冯江, 等. 1999. 中国湖泊渔业与富营养化的关系. 东北师大学报(自然科学版), (1): 74-78.

王俊, 冯伟业, 张利, 等. 2011. 呼伦湖水质和生物资源量监测及评价. 水生态学杂志, 32(5): 64-68.

王苏民, 窦鸿身. 1998. 中国湖泊志. 北京: 科学出版社.

王雯雯, 陈俊伊, 姜霞, 等. 2021. 呼伦湖表层沉积物有机质的释放效应分析. 环境科学研究, 34(4): 812-823.

徐占江. 1989. 呼伦湖志. 长春: 吉林文史出版社.

薛滨, 姚书春, 毛志刚, 等. 2017. 呼伦湖. 南京: 南京大学出版社.

严志德. 1985. 达赉湖-莫力庙水库渔业资源调查论文集. 呼和浩特: 内蒙古人民出版社.

张志波, 姜凤元. 1998. 呼伦湖志(续志一). 海拉尔: 内蒙古文化出版社.

赵慧颖, 乌力吉, 郝文俊. 2008. 气候变化对呼伦湖湿地及其周边地区生态环境演变的影响. 生态学报, 28(3): 1064-1071.

Chuai X M, Chen X F, Yang L Y, et al. 2012. Effects of climatic changes and anthropogenic activities on lake eutrophication in different ecoregions. International Journal of Environmental Science and Technology, 9(3): 503-514.

Pauly D, Christensen V, Dalsgaard J. et al. 1998. Fishing down marine food webs. Science, 279(5352): 860-863.

Tammi J, Lappalainen A, Mannio J, et al. 1999. Effects of eutrophication on fish and fisheries in Finnish lakes: a survey based on random sampling. Fisheries Management and Ecology, 6(3): 173-186.

第十三章 查 干 湖

查干湖是松嫩平原第一大天然淡水湖和半干旱地区东段最大的天然湖泊，也是全国著名的渔业和芦苇生产基地，"冬捕奇观"享誉中外，被列入中国国家级非物质文化遗产。查干湖现有水域面积约 300 km²，是一处天然的资源宝库，在调节气候、涵养水源以及蓄洪抗旱等方面发挥重要作用，是吉林省西部干旱地区脆弱生态环境的保护屏障。1986 年 8 月吉林省人民政府批准成立查干湖省级自然保护区，2007 年 4 月晋升为国家级自然保护区。查干湖地处半干旱、苏打盐碱化和高氟地区，生态环境脆弱，受到党和国家领导人以及社会各界的高度关注。2018 年 9 月，习近平总书记考察查干湖时指出"保护生态和发展生态旅游相得益彰""守护好查干湖这块'金字招牌'"。本章通过分析查干湖生态环境变化和问题，建议通过引水调水、农业节水、控制渔业养殖量和流域综合治理等方式，保障查干湖流域可持续发展。

第一节 查干湖及其流域概况

一、地理位置

查干湖（东经 124°03′~124°34′、北纬 45°09′~45°30′），辽时称鸭子泺，后来称查干淖尔，蒙语意白色的泡。近代名为查干泡，1984 年更名为查干湖。查干湖位于中国东北吉林省松嫩平原中西部，霍林河末端与嫩江交汇的水网地区（图 13.1）。东西最宽 17 km，南北纵长 37 km，湖岸线蜿蜒曲折，长达 128 km。蓄水高程 130 m 时（黄海高程），面积 300 km²，蓄水量 5.89 亿 m³，平均水深 2.5 m，最深为 6 m（李雪松，2018）。查干湖地跨吉林省松原市前郭尔罗斯蒙古族自治县、乾安县和大安市，东临嫩江及松花江，南为前郭灌区（松花江河谷冲积平原）及松花江与霍林河的平原分水岭，西为霍林河河谷平原，北为大安台地及嫩江古河道。

查干湖是著名的渔业和芦苇生产基地，吉林省西部生态经济区的核心区，松嫩平原第一大天然淡水湖，我国半干旱地区东段最大的天然湖泊，同时也是我国十大淡水湖之一（王国平等，2001；马锋敏和杨敬爽，2020）。查干湖是湖泊、沼泽和沼泽化草甸多种不同湿地生态系统的复合体，是温带草甸草原以浅水湖泊为核心的湿地生态系统的典型代表，具有地表多水、潜育层明显等特点，具有丰富的湿生植物、沼生植物、水生植物或喜湿的盐生植物（马锋敏和杨敬爽，2020）。1986 年 8 月吉林省人民政府批准成立查干湖省级自然保护区，2007 年 4 月晋升为国家级自然保护区（马锋敏和杨敬爽，2020）。查干湖自然保护区总面积 506.84 km²，包括查干湖及新庙泡、库里泡、马营泡等湖群，天然湿地率高达 82.2%，既是水鸟的重要栖息繁殖地，又是亚洲候鸟的重要迁徙路线和停歇地。保护区主要保护对象是半干旱地区湖泊水生生态系统、湿地生态系统和野生珍

稀、濒危鸟类（李雪松，2018）。保护区野生维管植物有 446 种 10 变种 2 亚种，共 458 个
分类单位，隶属于 71 个科。保护区有国家级珍稀濒危植物野大豆，记载野生脊椎动物
336 种，占吉林省野生脊椎动物种类总数的 56.7%，包括水生脊椎动物 46 种，陆生脊柱
动物 290 种。其中国家 I 级重点保护陆生野生动物 8 种，国家 II 级重点保护陆生野生动
物 37 种（马锋敏和杨敬爽，2020）。

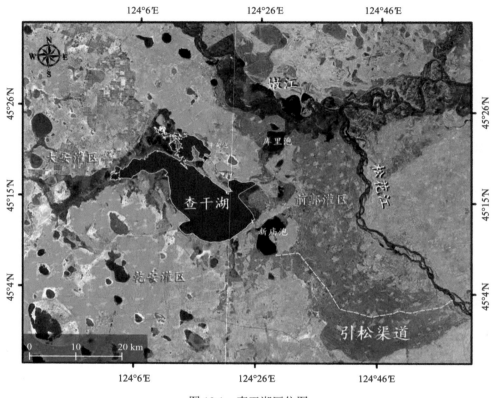

图 13.1　查干湖区位图

二、地质地貌

查干湖属于霍林河流域的一个尾闾湖，区域内地势较为平坦，略有起伏，湖体高程
为 127~131 m。湖区地貌特征表现为亚洲东部第二沉降带中的松辽沉降区特征，主要受
区域内构造运动的影响，呈现出东北及中央低、东南高和西南略高的特征。查干湖湖区
低洼处和霍林河及嫩江古河道区域的地形主要为堆积地形，成因形态为河谷冲积平原和
冲积湖积平原（李雪松，2018）。查干湖周边沼泽、沼泽化草原、草甸草原、农田、林地
交错，生态系统类型多样，旅游资源和渔业资源十分丰富，地下蕴藏着丰富的石油和天
然气资源以及雨洪资源（马锋敏和杨敬爽，2020）。

三、气候气象

查干湖地处北温带大陆性半干旱季风气候区，四季分明，干旱少雨，年内温差和日温差较大，多年平均气温为 4.5℃，年无霜期 160 d 左右，每年冰封期为 130 d，属于典型的寒区气候（图 13.2）。基于 1960~2019 年前郭气象站气象数据，区域内降水量年内变化较大，多年平均降水量为 400.91 mm，主要集中于夏季，6~9 月降水量占全年降水量的 80%左右，其他月份降水量仅占 20%左右。区内多年平均蒸发量为 1448.59 mm，主要受风速、气温和湿度等气象因子的影响，夏季蒸发量较大而冬季蒸发量较小。区内年均风速为 3.0 m/s，偏西风为主。

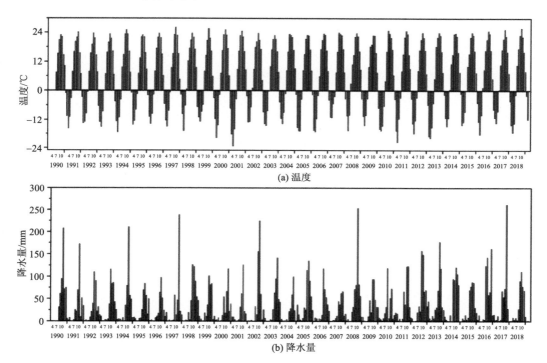

图 13.2　查干湖温度和降水变化

（数据来源：1990~2018 年前郭站点观测数据）

四、水文水系

查干湖地处松花江、嫩江以及霍林河水系的交汇处，周边有新庙泡、库里泡等大小湖泡 27 个（图 13.1）。由于主要水源地霍林河断流和连年干旱，查干湖水域面积逐年减小，到 20 世纪 70 年代末，水面仅有 50km²。为恢复查干湖生态系统，1984 年建成"引松工程"，松花江成为查干湖主要补给水源。引松工程渠道经前郭灌区泄干引水流入新庙泡，经川头节制水闸进入查干湖。松花江发源于长白山的天池，吉林省境内松花江河长 961 km，年平均径流量为 762 亿 m³，过境水资源十分丰富。

嫩江发源于黑龙江省大兴安岭山脉伊勒呼里山，流经黑龙江省、内蒙古自治区和吉林省，全长 1370 km，流域面积为 2970 km²，年径流量为 216.39 亿 m³，境内河长 199km。嫩江通过库里泡与查干湖相连，当湖水位超过 130m 时，湖水经十家子溢流堰流入库里泡后，进入嫩江；当嫩江发生大洪水时，通过库里泡倒灌进入查干湖。

霍林河是嫩江右岸的一级支流，发源于内蒙古自治区扎鲁特旗罕山北麓。霍林河干流全长 590 km，流域面积达 2.32 万 km²，吉林境内 238 km。近年来由于上游水库建设和下游水流扩散及人类过度的开发利用，其末端逐渐发生断流现象，自 1998 年特大洪水发生后，几乎无水补给查干湖。

五、社会经济

查干湖自然保护区包含松原市前郭尔罗斯蒙古族自治县、松原市乾安县和大安市交汇 3 个县（市）的 11 个乡（镇），还包括查干湖旅游经济开发区、查干湖渔场、新庙泡渔场和吉林查干湖生态旅游集团有限责任公司等单位。松原市辖区面积 2.2 万 km²。2020 年，松原市总人口为 225.3 万人，地区生产总值 752.88 亿元，人均 GDP 为 3.34 万元。松原是全国重要的商品粮基地，多年来粮食年产量始终保持在 75 亿 kg，占吉林省粮食产量的 1/4（孙华杰，2021）。在灌区发展方面，查干湖由前郭灌区、大安灌区和乾安灌区所包围，水田总灌溉面积为 8.73 万 hm²。其中前郭灌区片控制水田灌溉面积 5.07 万 hm²，大安灌区片控制水田灌溉面积 2.19 万 hm²，乾安灌区片控制水田灌溉面积 1.47 万 hm²，乾安灌区退水暂时没有进入查干湖。

近 30 年来查干湖周边经济呈指数增长模式，除了以旅游业为主的第三产业快速发展外，还以第一、第二产业的资源型发展为主，例如农业、渔业、牧业和石油提炼等。乾安县已经成为 10 万亩黄金小米和杂粮杂豆种植示范区，新生牧场也建在其中，加速了查干湖周边地区农业种植和畜牧业发展，但也使大量含有机质的农业牧业废水进入湖体。20 世纪 70 年代以来，在查干湖周边建设了许多油井，部分直接钻到湖底。石油资源的开发利用促进了查干湖周边工业的发展建设，新立采油厂、中化长山化肥厂、大唐长山热电厂陆续投产，导致大量工业废水进入湖体。此外，渔业生产作为查干湖主要经济发展模式，更直接影响查干湖水体环境（曲鸽和孙德尧，2021）。

六、土地利用

查干湖流域总面积 36413.18 km²，土地利用类型以耕地、草地为主，周边盐碱化严重（表 13.1，图 13.3）。2000 年，耕地面积 15190.19 km²，占比 41.72%；草地面积 16155.19 km²，占比 44.37%；水体和湿地面积 1037.66 km²，占比 2.85%；林地和灌木地面积 792.18 km²，占比 2.18%；建设用地 899.44 km²，占比 2.47%；裸地 2338.52 km²，占比 6.42%。2010 年，耕地面积 15192.26 km²，占比 41.72%；草地面积 15828.15 km²，占比 43.47%；水体和湿地面积 862.54 km²，占比 2.37%；林地和灌木地面积 705.29 km²，占比 1.94%；建设用地 952.37km²，占比 2.62%；裸地 2872.57 km²，占比 7.89%。2020 年，耕地面积 16742.61 km²，占比 45.98%；草地面积 13535.69 km²，占比 37.17%；水体和湿地面积 1394.22 km²，

表 13.1 2000 年、2010 年和 2020 年查干湖流域土地利用数据 （单位：km²）

分类	2000 年	2010 年	2020 年
耕地	15190.19	15192.26	16742.61
林地	780.38	692.57	838.71
草地	16155.19	15828.15	13535.69
灌木地	11.80	12.72	10.08
湿地	333.98	232.54	103.10
水体	703.68	630.00	1291.12
建设用地	899.44	952.37	1136.38
裸地	2338.52	2872.57	2755.49

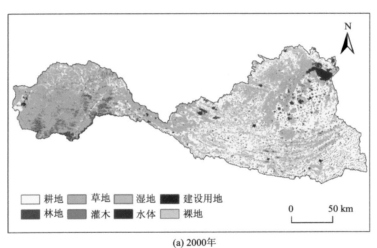

(a) 2000年

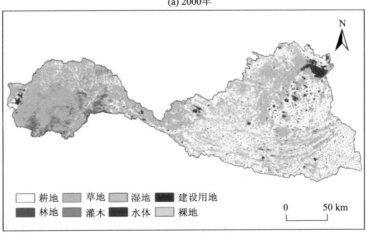

(b) 2010年

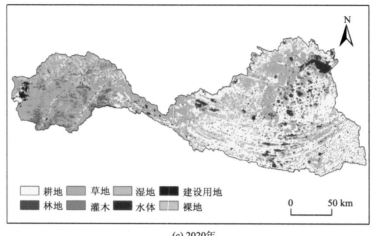

(c) 2020年

图 13.3　查干湖流域 2000 年、2010 年和 2020 年土地利用分布

占比 3.83%；林地和灌木地面积 848.79 km²，占比 2.33%；建设用地 1136.38 km²，占比 3.12%；裸地 2755.49 km²，占比 7.57%。近 20 年，查干湖流域耕地面积持续增加了 4.29%，累计 1721.64 km²；相反，草地面积显著减少了 7.02%，累计 2619.50 km²。另外，水体面积增加了 587.44 km²，但湿地面积减少了 230.88 km²。建设用地扩张不显著，仅增加了 0.6%，累计 236.94 km²。总体上，查干湖流域农业活动强度大，大量的草地和湿地被开垦为农田，耕地扩张显著。

第二节　查干湖水环境现状及演变过程

一、水位和面积

查干湖历史上水源补给主要受控于霍林河和洮儿河。查干湖经历了 20 世纪 50~70 年代末期逐渐退化、80 年代末期逐渐恢复的演化过程。50~60 年代，主要水源霍林河上游未修建蓄水工程，查干湖来水丰富，水面及芦苇面积在 400 km² 以上。进入 70 年代，水源区人类活动加剧，霍林河上游修建了系列蓄水工程，洮儿河较小的洪水被拦截，再加上区域干旱影响，查干湖水位下降严重（图 13.4）。特别是 1973~1981 年，水位最低降到 128m，面积退化到约 50 km²，鱼类几乎绝迹，生态系统遭到严重破坏，素有"天然宝库"美称的查干湖终因水源断绝，变成鱼苇绝迹、盐碱泛起的濒危湖。为了尽快恢复查干湖水域范围，同时改变前郭灌区排水条件，降低土壤盐碱浓度，1976 年 9 月开始修建引松工程，1984 年建成后，查干湖水位趋于稳定，面积逐步恢复。

查干湖多年水位峰值出现在 1986 年和 1998 年，1987~1996 年水位没有明显波动。1986 年水位峰值的产生是由于引水工程建成后，松花江和农田退水大量进入查干湖，使得查干湖的水量得以恢复；1998 年水位峰值的产生是特大洪水带来了大量的降水和嫩江倒灌入查干湖导致。1998 年后，水位回归正常，呈现波动增长的趋势。查干湖水位存在季节性变化特征，秋季高、春季低，维持在多年平均水位附近。最大平均水位出现在 10 月（130.76m），最小平均水位出现在 4 月（130.32 m），多年平均水位为 130.49 m（刘雪梅，2021）。

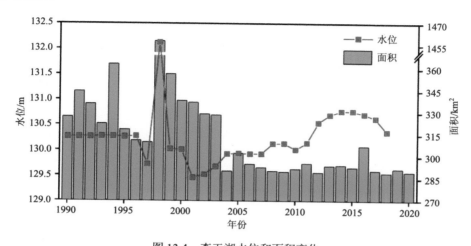

图 13.4　查干湖水位和面积变化

（水位数据来源于刘雪梅（2021）；面积数据通过 Landsat 系列卫星数据提取）

　　基于查干湖 Landsat 5~8 等卫星 7~9 月无云影像数据，得到查干湖水域面积（图 13.4）。1998 年由于大洪水，查干湖面积最大，达到了 1500 km²；2004 年最小，但也与近年持平，基本维持在 290 km²，上下浮动在 10 km² 以内。本章提及的查干湖面积，仅为查干湖湖体自身面积，不包括新庙泡和库里泡等湖群。查干湖湖泊面积与水位并没有完全对应，一方面是由于查干湖湖体有一定垂向深度，有时候水位的抬升或者降低并不完全影响面积；另一方面，更多是由于卫星数据有限，而水位、面积每天都在变化，两者时间尺度并不一致。

二、水资源量

　　查干湖地表水补给途径包括降水补给、二松引水、前郭灌区退水、大安灌区退水、洪泛期间的嫩江倒灌补给与霍林河洪水补给。其中，降水、前郭灌区经由川头闸来水、大安灌区经由姜家排灌站来水以及地下水年输入水量分别是 1.18 亿 m³、1.60 亿 m³、0.91 亿 m³ 和 0.90 亿 m³；输出水源分别是蒸发、经由梁店节制闸溢流堰以及地下水，其年输出水量分别约为 2.8 亿 m³、1.54 亿 m³ 和 0.24 亿 m³。查干湖年均降水量约为 1.25 亿 m³，且主要发生在 6~9 月。目前，前郭灌区多年平均用水量 5.28 亿 m³，经引松渠道排入查干湖退水约 1.6 亿 m³。大安灌区规划建设灌区 36 000 hm²，现已整理 21133.3hm²，实灌 5400hm²，每年约向查干湖退水 0.9 亿 m³。根据水量平衡方程估算，地下水补给量约为 0.69 亿 m³/a；根据查干湖入口川头闸布置的多普勒超声流量计，多日平均水深 2.24 m，流速和日流量的平均值分别为 8.02 m/s 和 88.11 万 m³/d（刘雪梅，2021）。

三、湖泊冰封期

湖泊的冻结和消融时间等物候过程直接受湖泊能量平衡变化的影响，对区域气候变化有很好的指示作用。利用 MODIS 卫星数据对查干湖湖冰物候过程进行监测发现，2000~2020 年查干湖冰封期在 148~221d。受全球气候变暖影响，过去 20 年查干湖湖泊的冻结时间显著推迟，而消融时间则显著提前，冰封期显著缩短（图 13.5）。

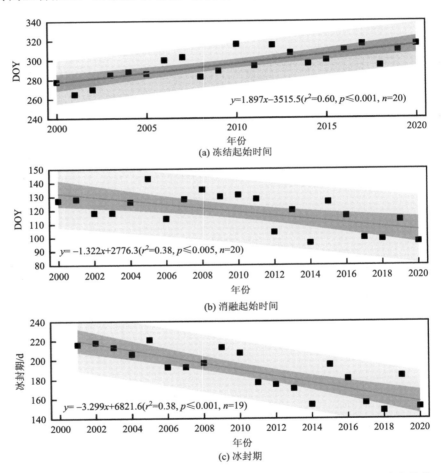

$y=1.897x-3515.5(r^2=0.60, p\leqslant0.001, n=20)$

(a) 冻结起始时间

$y=-1.322x+2776.3(r^2=0.38, p\leqslant0.005, n=20)$

(b) 消融起始时间

$y=-3.299x+6821.6(r^2=0.38, p\leqslant0.001, n=19)$

(c) 冰封期

图 13.5　2000~2020 年查干湖湖冰冻结时间、消融时间以及冰封期长期变化趋势

DOY：day of year，一年中的第几天

四、盐度和 pH

查干湖盐度在 2008~2019 年呈上升趋势，从 0.3 psu 增长到 0.58 psu，增幅约为 1 倍。湖泊盐度整体上呈现自东向西增长的变化趋势，表现出明显的空间异质性，最值差异较大（0.3~0.8 psu）。查干湖盐度自春季到夏季呈现增长趋势，5 月盐度数值最低，

夏季数值高于其他季节。高温导致的强蒸发是湖泊盐度增大的主要因素，灌区退水携带高浓度的盐类排入查干湖提高了水体盐度（Timms, 2009）。前郭灌区和大安灌区退水主要发生在 5 月，而湖泊盐度的最高值出现在 6 月，表明湖泊盐度累积具有一定的滞后效应。此外，新、旧灌区退水对湖泊盐度的影响程度差异较大，湖泊西部的盐度主要受到新灌区大安灌区退水影响，数值较高，湖泊东部灌区退水主要受到新庙泡净化影响，数值较低（Zhang et al., 2017）。

查干湖濒临干涸时，pH 曾达到 12.8，生境受到严重胁迫，引松补水后降至 8.3~9.1；在 1986 年洮儿河分洪、1998 年霍林河洪水入湖后，pH 明显下降。目前丰水期 pH 在 8.98~9.14，平均值为 9.04；平水期 pH 在 8.89~8.93，平均值为 8.91。总体上，水量对 pH 影响较大，与水位相关系数为–0.70；但丰水期 pH 极显著高于平水期（$p < 0.001$）。这是因为查干湖分布有大量盐碱地，丰水期降雨将大量弱碱性物质带入，导致 pH 升高（翟德斌，2018）。

五、营养盐

查干湖历史总磷浓度丰水期在 0.03~0.14 mg/L 之间变化，平均值为 0.04 mg/L；平水期在 0.01~0.55 mg/L 之间变化，平均值为 0.17 mg/L。总氮浓度丰水期在 1.72~2.87 mg/L 之间变化，平均值为 2.26 mg/L；平水期在 0.97~2.09 mg/L 之间变化，平均值为 1.78 mg/L。亚硝酸态氮丰水期在 0.03~0.05 mg/L 之间变化，平均值为 0.04 mg/L；平水期在 0.14~0.23 mg/L 之间变化，平均值为 0.19 mg/L。溶解氧浓度丰水期在 12.21~13.22 mg/L 之间变化，平均值为 12.73 mg/L；平水期在 10.24~10.89 mg/L 之间变化，平均值为 10.65 mg/L。电导率丰水期在 945.00~1019.50 μS/cm 之间变化，平均值为 976.79 μS/cm；平水期在 933.67~1018.33 μS/cm 之间变化，平均值为 986.81 μS/cm。

2020 年，查干湖水质整体呈中度富营养化状态，秋季（9 月）略高于夏季（7 月）（表 13.2）。高锰酸盐指数在 7 月和 9 月均为Ⅳ类，氨氮和总氮在夏、秋两季均为Ⅲ类，总磷浓度较高，夏、秋两季均为劣Ⅴ类。同时，秋季高锰酸盐指数、总磷和总氮的浓度高于夏季。相对于历史均值和范围，查干湖总磷等指标明显升高，总氮有所降低。

表 13.2　2020 年查干湖夏、秋两季水质质量标准评价

指标	7 月	质量标准	9 月	质量标准
pH	8.68	Ⅰ类	8.52	Ⅰ类
高锰酸盐指数（COD_{Mn}）/mg/L	8.03	Ⅳ类	8.44	Ⅳ类
氨氮（NH_4^+）/mg/L	0.74	Ⅲ类	0.60	Ⅲ类
总磷（TP）/mg/L	0.20	劣Ⅴ类	0.25	劣Ⅴ类
总氮（TN）/mg/L	0.89	Ⅲ类	0.97	Ⅲ类

数据来源：中国水产科学研究院黑龙江水产研究所。

六、离子含量

查干湖水体氟化物含量呈持续上升态势，1987 年 0.12 mg/L，1995 年 0.9 mg/L，2008

年 1.3 mg/L，2019 年 2.05 mg/L，2020 年 8 月 1.79 mg/L，且由湖岸至湖心、由浅水至深水，氟含量亦呈增加态势[①]。

查干湖水体阳离子以 Na^+ 为主，阴离子以 HCO_3^- 为主。查干湖主湖体的水化学类型为 HCO_3^--Na-K 型，Mg^{2+} 浓度超过 25%当量。新庙泡的水化学类型为 HCO_3^--SO_4^{2-}+Na 型，地下水的水化学类型为 HCO_3-Ca+Mg（翟德斌，2018）。

七、透明度

利用长时序 Landsat 卫星数据估算了查干湖透明度空间分布和长期变化（图 13.6，图 13.7）。空间上，北面小湖区和西面湖湾透明度较低，南面和湖中心开敞水域透明度较高，

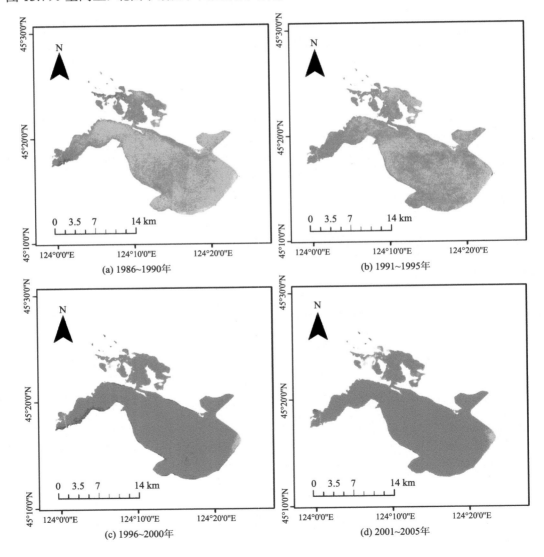

(a) 1986~1990年　　　　　　　　　　(b) 1991~1995年

(c) 1996~2000年　　　　　　　　　　(d) 2001~2005年

___

① 数据来源：中国地质调查局水文地质环境地质调查中心。

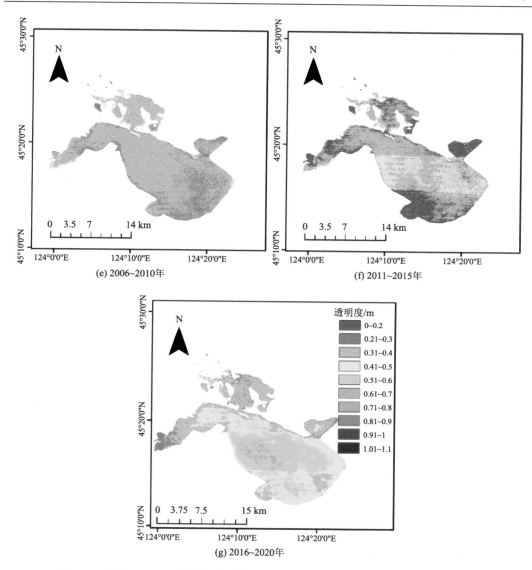

(e) 2006~2010年

(f) 2011~2015年

(g) 2016~2020年

透明度/m
- 0~0.2
- 0.21~0.3
- 0.31~0.4
- 0.41~0.5
- 0.51~0.6
- 0.61~0.7
- 0.71~0.8
- 0.81~0.9
- 0.91~1
- 1.01~1.1

图 13.6　基于 Landsat 影像的反演查干湖 1986~2020 年 7 个时段透明度空间分布

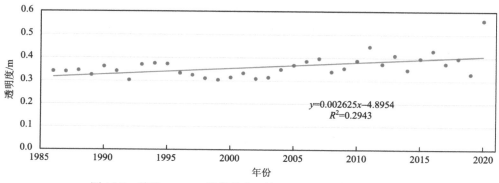

$y=0.002625x-4.8954$
$R^2=0.2943$

图 13.7　基于 Landsat 影像的查干湖 1986~2020 年透明度变化

呈现一定的空间分异。从长时间序列来看，1986 年以来查干湖水体透明度整体数值在0.30~0.56m，平均值 0.36±0.05m，其中最低值在 1992 年和 1999 年，最高值出现在 2020年。总体来看，透明度呈现显著增长趋势（R^2=0.2943，p<0.005），反映湖泊有变清的趋势，特别是近 10 年变清尤为明显，某种程度上说明近些年来湖泊水质在改善。

第三节　查干湖生态系统结构与变化趋势

一、浮游植物

吉林农业大学动物科学技术学院在 2017~2018 年对查干湖浮游植物进行了调查和鉴定，共发现 8 门 61 属 74 种。其中，绿藻门和硅藻门所占比重较大，都在 30%以上；其次为蓝藻门，占比为 10%~15%，其他门浮游植物种类数量都很少。查干湖浮游植物种类组成随季节变化较大，秋季浮游植物种类最多，为 75 种，春季浮游植物种类最少，为 45 种。但是在同一季节，绿藻门种类数最多，其次是硅藻门，甲藻、裸藻、黄藻、隐藻和金藻的种类数在不同的季节里都很少，蓝藻的种类也相对较少，变化幅度不大。查干湖浮游植物种类数随季节变化由大到小的顺序为 2018 年 9 月（秋）＞2018 年 7 月（夏）＞2017 年 10 月末（冬）＞2018 年 4 月（春）。

查干湖浮游植物年平均密度为 5.8850×10⁶cells/L，夏季浮游植物密度最高，其中绿藻门最多，硅藻门次之，绿藻门中的栅藻属多，形成优势种；冬季浮游植物量最少，小球藻属为优势种。春季和秋季绿藻门和硅藻门中的浮游植物量相近，无明显的优势种群。春、夏、秋、冬四季浮游植物平均密度分别为 5.30×10⁶ cells/L、8.76×10⁶ cells/L、6.56×10⁶ cells/L 和 2.9×10⁶ cells/L，即浮游植物密度随季节变化的顺序为夏＞秋＞春＞冬。查干湖浮游植物总体分布为中游密度最大，下游次之，上游密度最小。夏季水温较高，水体营养丰富，为浮游植物的生长繁殖提供了有利的环境条件，查干湖硅藻、绿藻得以大量繁殖。查干湖水体中绿藻门和硅藻门不仅种类多样，而且数量丰富，其中大部分藻类能够为鱼类所摄食，为鱼类提供了重要的食物来源。

二、浮游动物

2015 年 7 月查干湖浮游动物鉴定出 102 个种属，9 月鉴定出 128 个种属，平均数量为 12912.00 ind./L。其中原生动物数量均值为 11692.14ind./L，占 90.55%；轮虫均值1174.11ind./L，占 9.09%；桡足类 34.33ind./L，占 0.27%；枝角类 11.42ind./L，占 0.09%。生物量均值为 5.43mg/L，其中轮虫的生物量最高，为 1.94mg/L，占 35.71%；桡足类次之，为 1.68mg/L，占 30.93%；枝角类 1.24mg/L，占 22.89%；原生动物 0.57mg/L，占 10.47%（李雪松，2018）。

2017~2018 年鉴定出浮游动物 17 属 29 种，轮虫种类最多，占浮游动物种类数的44.8%；枝角类占 34.5%；桡足类占 20.7%。查干湖浮游动物种类数随季节变化由大到小的顺序为 2018 年 7 月＞2018 年 9 月＞2018 年 4 月＞2017 年 10 月。浮游动物一年平均密度为 9533 个/L，春季浮游动物平均密度 6333 个/L，其中枝角类 2153 个/L，桡足类

936 个/L，轮虫 3244 个/L；夏季浮游动物平均密度 13067 个/L，枝角类 6588 个/L，桡足类 2158 个/L，轮虫 4321 个/L；秋季浮游动物平均密度 11167 个/L，枝角类 5436 个/L，桡足类 3548 个/L，轮虫 2182 个/L；冬季浮游动物平均密度 7567 个/L，枝角类 4355 个/L，桡足类 2545 个/L，轮虫 667 个/L（孙田洋等，2021）。

三、底栖动物

2017 年 4~9 月，查干湖所采集到的 184 个大型底栖动物，经鉴定隶属于 3 门 3 纲 5 目 9 科 18 属 24 种，其中以软体动物门和节肢动物门为主。软体动物门 12 属 18 种，占 75%；节肢动物门 5 属 5 种，占 20.83%；环节动物门 1 属 1 种。平水期平均密度为 93.71ind./m^2，丰水期平均密度为 69.71ind./m^2，平水期和丰水期大型底栖动物密度无显著性差异。平水期优势种为瑞士水丝蚓、花翅前突摇蚊、平盘螺和西伯利亚盘螺；丰水期优势种为瑞士水丝蚓、白旋螺和平盘螺（翟德斌，2018）。

四、大型水生植物

查干湖水生植物及湿生植物共计 18 科 26 种，共有浮叶植物、漂浮植物、挺水植物和沉水植物 5 种生态类群。其中莎草科种类最多，有 5 种，占总数的 23.81%；禾本科 3 种，占总种类数的 11.54%；金鱼藻科、十字花科、眼子菜科均有 2 种，占 7.69%；槐叶蘋科、蓼科、香蒲科、黑三棱科、花蔺科、水鳖科、浮萍科、雨久花科、灯心草科、睡菜科、杉叶藻科、茨藻科、菊科分别只有 1 种，分别占 3.85%（李雪松，2018）。

五、微生物

2019 年夏季（8 月）对查干湖浮游细菌、沉积物细菌和超微藻类进行了调查。浮游细菌主要类群包括变形菌门、厚壁菌门、放线菌门、浮霉菌门、蓝细菌门、拟杆菌门、异常球菌-栖热菌门、疣微菌门和绿弯菌门，其中，变形菌门、厚壁菌门和放线菌门占优势，相对丰度均大于 18%，其总和占总浮游细菌的 91%。查干湖沉积物细菌从门水平来看，拟杆菌门、变形菌门（β-变形菌）和放线菌门占优势，相对丰度均大于 10%，其次是变形菌门（γ-变形菌）、绿弯菌门、厚壁菌门、浮霉菌门、酸杆菌门和变形菌门（α-变形菌），查干湖沉积物中放线菌门、浮霉菌门和芽单胞菌门细菌的相对丰度显著高于东北地区其他湖泊，而绿弯菌门、厚壁菌门、变形菌门（δ-变形菌）相对丰度显著低于东北地区其他湖泊。从科级水平来看，查干湖沉积物细菌以噬几丁质菌科、芽单胞菌科、丛毛单胞菌科、Pirellulaceae 科和厌氧绳菌科种类为主，相对丰度均大于 5%，其中前四科细菌的相对丰度高于东北地区其他湖泊，而厌氧绳菌科的相对丰度显著低于东北地区其他湖泊。查干湖超微原核藻的丰度（1.87×10^{5}cells/L）远高于超微真核藻（3.09×10^{4}cells/L）。超微真核藻群落中，隐藻门、硅藻门、绿藻门、金藻纲和甲藻纲相对丰度较大，其他超微真核藻包括定边藻门、硅鞭藻纲、黄藻纲、真眼点藻纲和黄群藻纲等。

六、鱼类

2010 年出版的《查干湖渔场志》中记录查干湖鱼类有 49 种（闫来锁，2010），其区系组成按起源分布和生态特征可以分为四大类：北方平原复合体鱼类（银鲫、瓦氏雅罗鱼、黑龙江花鳅等）、中国平原复合体（红鳍鲌等）、第三纪早期复合体（鲇、麦穗鱼、黑龙江泥鳅等）与印度平原复合体（乌鳢等）。2016 年吉林大学组织的调查中，共采集到查干湖鱼类 6 目 12 科 43 种，其中 5 种鱼类为新记录种，主要是为渔业生产而引进的镜鲤、建鲤等品种（李雪松，2018）。2020 年黑龙江水产研究所共采集到查干湖鱼类 25 种[①]，隶属 4 目 7 科，种类数相比之前的调查明显减少，并且显示出如下特征：①鱼类种类组成以鲤科为主，其占所有种类数的 76.0%；②小型鱼类众多（11 种），占总种数的 44.0%；③移植种资源量显著增加，例如新记录种似鳊近年来生物量明显增加，而种质资源保护区的保护对象蒙古鲌数量和生物量则逐年减少；④经济鱼类种类只有大银鱼、鲢、鳙、鲤、鲫、草鱼和翘嘴鲌 7 种，其中鲢、鳙和大银鱼等主要增殖鱼类的产量占绝对优势。

1992 年之前，查干湖鱼类捕捞品种多为鲫、鲤、翘嘴鲌、鲇等自然繁殖群体，随着捕捞强度的增大，鱼类资源衰退严重，直至无鱼可捕。1992 年开始，查干湖改变养殖方针，即由自然增殖为主、人工投放为辅的方式转变为以人工投放为主、自然增殖为辅的渔业管理模式，主要放养种类有鲢、鳙、鲤、草鱼、鲫等外来鱼种，并禁渔三年。1995~2007 年，查干湖每年投放鱼种 50 万 kg 左右，并严格执行法定的休渔期，其中夹芯岛至北大肚划为常年禁捕区。查干湖渔业生产集中在冬季，以保证明水期间鱼类有充足的生长时间。捕捞过程中采用网目控制的方法，"捕大留小"，以保障渔业资源的可持续利用，查干湖的渔业资源自此逐步呈现出良性循环发展的趋势。

第四节　查干湖生态环境总体态势与关键问题分析

一、生态环境总体态势

查干湖位于我国东北松嫩平原，是吉林省最大的天然淡水湖泊和重要渔业基地，同时也是吉林西部重要的生态屏障，对吉林西部生态经济发展至关重要。据 1948 年 2 月出版的《东北经济小丛书·水产》记载：当时（嫩江）之主要渔场为大赉城南 25km 之查干诺尔（查干湖）（东北物资调节委员会研究组，1948）。东西约 12km，南北约 40km，水深 4 尺，野泡网达 24 统之多。20 世纪 60 年代以前，区内霍林河、洮儿河来水丰富，霍林河、嫩江古河道及查干湖周边等均存在大面积湿地，约有 2170km² （含低洼草地）。当时查干湖水面很大，南至新庙镇，北至通让铁路以北约 10km，仅查干湖及周边湿地就有 656km²。这里湖淖众多，生态环境良好，湖内生物资源丰富，主要栖息的鱼类有红鳍鲌、鲤、银鲫、鲇等，1960 年鱼产量高达 6142t，沿湖浅水域生长着繁茂的挺

---

① 数据来源：中国水产科学研究院黑龙江水产研究所。

水型、沉水型和浮水型水生高等植物，主要有芦苇、菖蒲、菱角、芡实等。沟汊等一些地方长有塔头等植物。野生动物狼、狐、獐、狍种类繁多，野生禽类山鸡、鸭、雁成群结队。

1962 年以后，查干湖周边人类活动加剧，霍林河在其上游修建了翰嘎利、兴隆、胜利、大段等水库，层层蓄水，洮儿河较小的水流又被堵截，致使入湖的水量逐年减少；该湖又地处松嫩平原风沙干旱区，春季风速较大，蒸发量大。最后导致查干湖水量、湿地面积逐渐退缩，至 20 世纪 70 年代末期查干湖趋于干涸，水面仅存 50km²，湖水变色，pH 由原来的 8.5 逐渐上升到 12.8，鱼类及湿地动、植物近乎灭绝，整个湿地生态系统遭受灭顶之灾。由于湖水的枯竭，区域性气候变得越发恶劣，风沙、干旱、"三化"（土地盐碱化、土地沙漠化和草地退化）问题十分严重，渔业生产基本停滞。

为复活查干湖，1976 年开始修建引松渠。至 1981 年末，二松水源由引松渠流入新庙泡，查干湖水面增大至 80km²，湖中鱼类开始逐渐复生。至 1984 年 6 月引松渠全线贯通，靠自流引松花江水入查干湖，到 1985 年底，查干湖已蓄水 4.5 亿 m³。1986 年，查干湖水位已达到设计高程 130m，湖区水面南北长度达到 37km，东西宽处达到 17km。湖岸线长达 128km，总水域面积 420km²，平均水深 2.5m，最深达 6m，总蓄水量达到 5.89 亿 m³，查干湖及周边湿地得到恢复，总面积达 514km²。引松工程开通后，原有前郭灌区水田面积增至 43.34 万亩，年产水稻 45 万 t。但由于引松工程修建时没有完全达到设计标准（90.6m³/s），引松渠只能用于排泄已建的前郭灌区排水，每年引灌区泄水 1.34 亿 m³ 入查干湖。前郭灌区退水成为查干湖的主要补给水源。1998 年，查干湖及周边湿地蓄积了霍林河、洮儿河、嫩江三股特大洪水，查干湖水位最高时达到 132.02 m，最大水域面积 800 km²，库容 14.1 亿 m³，后经嫩江泄洪后，水位目前保持在 130 m 左右。复活后的查干湖，碧波万顷，已跻身于全国十大淡水湖之列，成为吉林省内最大的天然湖泊和最大的渔业生产基地（李雪松，2018）。

查干湖从"无水"到"有水"再到"清水"，生态环境历史演变阶段可分为四个阶段：自然演变阶段、水质下降阶段、水质改善阶段和水质提升爬坡阶段。自然演变阶段（1960 年以前）：水面积最大达到 600 km²；水质下降阶段（1960~1986 年）：水面积急剧萎缩至 50 km²，水质也急剧下降；水质改善阶段（1986~2013 年）：水面积逐渐恢复至 300 km²，水质也由Ⅴ类水恢复至Ⅳ类水（李雪松，2018）；水质提升爬坡阶段（2013 年至今）：水面积稳定在 300 km²，水质出现反复，好的年份在Ⅳ类水，差的甚至出现劣Ⅴ类水，主要是总磷、氟化物等指标超标现象较为严重。"十三五"期间，查干湖生态环境状况首次被列入吉林省生态环境状况公报。2016 年，水质为Ⅴ类，水质状况属中度污染；2017 年，Ⅳ类水体，水质状况为轻度污染；2018 年，查干湖未统计；2019 年，查干湖（去除本底因素影响）为Ⅳ类水质，考虑氟化物等指标，则为劣Ⅴ类。2020 年，查干湖由劣Ⅴ类水质上升为Ⅳ类水质，氟化物浓度历史性地同比下降 20.9%。查干湖从单一的治理举措，到统筹上下游、兼顾左右岸的系统谋划，水质虽未达到Ⅲ类，但水质状况呈向好态势，大湖重焕活力，对地处天然盐碱地的查干湖来说，成果来之不易，需要倍加珍惜。

二、关键问题分析

（一）流域草甸植被退化，土地盐碱化突出

查干湖处于苏打盐碱化地区，水体 pH 高、盐度高、胶体浓度高。近年来，查干湖保护区及其周边地区大力建设盐碱地灌区，地带性植被不少被农田所取代。同时，查干湖地区地下蕴藏着丰富的石油资源，保护区周边已大规模开采石油，成立了采油厂，给国家和地方经济带来巨大的效益。但是，区域石油资源开发是一项环境污染风险较高的活动，对土地、植被、景观、水体等存在威胁，易造成环境破坏。查干湖地区草甸植被退化，草地生产力、覆盖度都很低，许多区域的自然生态环境已经恶化，土地盐碱化问题十分突出。水源区来水经过盐碱化草地携带大量的盐碱进入查干湖湿地，湖水趋于盐化，水体含盐量高，严重区域 pH 高达 8.9（李雪松，2018）。

（二）农业面源污染严重，对湖体水质造成较大的威胁

查干湖周边灌区退水在保障湖泊水量补给的同时，也造成了湖泊营养盐负荷过量，高浓度营养盐、盐度和总悬浮物等农田退水的大量排入，威胁着查干湖水环境安全（孙晓静等，2011；李然然，2014）。大安灌区退水排入湖泊之前，查干湖水体呈现轻度富营养化状态，随着新建灌区退水携带高浓度营养盐的持续输入，湖泊逐渐呈现出中度富营养化状态（苗成凯，2008），湖区水质常年处于Ⅴ类~劣Ⅴ类，主要超标因子包括化学需氧量、高锰酸盐指数、五日生化需氧量、氟化物、总磷、总氮、氨氮等。而且近 30 年来查干湖湖水的氟化物浓度呈持续上升态势，1987 年 0.12 mg/L，1995 年 0.92 mg/L，2008 年 1.3 mg/L，2019 年 2.05 mg/L，2020 年 8 月 1.79 mg/L，且由湖岸至湖心、由浅水至深水，氟浓度呈增加态势，湖体水质风险加大。

（三）河湖连通性较差，补给水源缺乏，加剧了水质下降速度

查干湖上游霍林河修建了大量的蓄水工程，过度开发利用水资源和吉林西部的气候，造成查干湖地区逐渐干旱（李雪松，2018）。1980~2000 年 20 年间，霍林河下游累计断流 3391 天。20 世纪 70 年代以来，为了保证湖区水源水量，修筑了引松工程，并将前郭灌区汇水引入查干湖。枯水年份霍林河断流洮儿河不分洪，只有在霍林河与洮儿河发生特大洪水年份（如 1986 年、1998 年）湖区才有泄水进入嫩江。发展到现在，查干湖主要来水为灌区退水、渠道补给和天然降水，主要耗水方式为蒸散发作用，河湖连通性差，水体交换率低，换水周期长达 3 年。查干湖污染物逐年积累，如果不采取合理控制和治理措施，污染情况随着时间推移会不断恶化（刘玲，2021）。

（四）高氟地质背景与灌区农田排水叠加导致查干湖氟化物异常

世界土壤氟含量均值为 200 mg/kg，中国土壤氟含量均值 440 mg/kg。查干湖区域土壤中氟含量均值 476.4 mg/kg，高于中国土壤均值，是世界土壤均值的 2.4 倍。在降水、灌溉水的淋滤、溶解作用下，土壤中的氟溶于地下水中，致使查干湖流域浅层地下水中

氟化物含量随着水流循环而不断累积，普遍超标，在通榆县高达 2.52 mg/L，在查干湖区也达 1.74 mg/L。高氟地下水随灌区退排水进入查干湖，造成湖水氟化物富集。同时，上游霍林河断流、下游筑坝蓄水，造成水循环条件改变，是湖水氟含量持续上升的直接原因；而灌区退排水"引氟入湖"，是查干湖湖水氟化物持续累积超标的重要原因。

（五）原有土著鱼类种群退化，制约渔业可持续发展

查干湖已连续 20 多年在全湖大规模投放鱼类苗种，放流的对象以大规格的鲢、鳙为主，数量达到千万尾级别。例如在 2020 年，查干湖渔场就投放了 2000 万尾，合计约 1000 t 鱼苗。鱼类增殖放流显著提升了查干湖的渔业产量，其实际捕捞量已达到年均 6000 t 左右，但这种放流与捕捞模式也对查干湖渔业的可持续发展造成诸多问题。一方面，查干湖大规模投放鲢、鳙等外来鱼种，对原有土著鱼类种群数量产生了一定的负面影响。外来放流鱼类通过捕食和种间竞争等方式，改变水域原有食物网的结构和功能，抢占和挤压水域内具有相同或相似生态位土著鱼类的食物及生存空间，造成土著鱼类物种多样性下降、资源濒危，蒙古鲌、唇鲴等地方特色经济鱼类已在查干湖消失（李雪松，2018）。另一方面，鲢、鳙等增殖鱼类密度过高，而查干湖冬季冰期长，水体的溶解氧补充困难，局部种群数量过大，可能会引起鱼类缺氧，进而造成湖区鱼类大面积死亡及水质下降。此外，不合理的鱼类增养殖也会影响湖泊水生生物结构与生态系统功能。例如，鲢、鳙为典型的滤食性鱼类，其摄食藻类时也会无差别地滤食浮游动物，进而削弱了浮游动物的下行调控作用，不利于藻类的控制与湖泊水体环境质量的整体改善。

第五节 对策与建议

一、完善吉林西部河湖连通工程，保障查干湖生态需水

查干湖是吉林省西部干旱地区脆弱生态环境的保护屏障、流域河湖水系的核心单元。2018 年 9 月 26 日，习近平总书记在查干湖视察时作出"守护好查干湖这块'金字招牌'"的重要指示要求，并强调："绿水青山、冰天雪地都是金山银山。保护生态和发展生态旅游相得益彰，这条路要扎实走下去。"保护好查干湖一湖清水已经成为吉林西部查干湖流域"山水林田湖草沙"系统治理、全域国土综合整治的重要一环。

查干湖目前主要补给水源为引松花江水（包括引松工程和前郭灌区排水）、天然降水及部分地下水补给，此外，伴随着吉林西部土地开发整理重大工程的开展，大面积粮食增产工程的建设，盐碱地被开发为水田，产生大量农田退水。现阶段吉林西部的河湖连通工程对查干湖的补水量有限，其中常规水资源量为 0.77×10^8 m³/a，最大可利用的洪水资源量为 0.51×10^8 m³/a（章光新等，2017）。基于综合水质改善程度以及吉林西部河湖连通工程对查干湖的可供水量，大安灌区（图 13.1）退水完全不排入湖泊的多水源调控情景可能是最佳的水质控制情景。因此，建议进一步加大引松入查水量，利用约 60 m 的

地形高差，有可能西延哈达山输水干渠 45 km 直接至查干湖上游入湖口①，直接补给查干湖，改变现有补水水源在查干湖中流程短、水质更新动力不足的现状；对已有河道、渠道进行清淤和修复，保证流量；也应充分利用霍林河、洮儿河和嫩江及松花江的洪水资源，进行洪水资源优化配置；充分保障查干湖河湖水系连通，保证补水渠道畅通。加强流域范围内河湖科学管理，最大限度发挥吉林西部河湖连通工程的生态效益。

二、提高灌溉水资源利用率，减少入湖氟等污染物负荷

查干湖流域主要位于松嫩平原地势低洼地带，受气候干旱、土地耕作、地下水排水不畅等因素影响，湖周土壤极易发生盐渍化和沙化（李然然，2014），区域属高氟地质背景。同时，查干湖流域也是我国东北重要产粮区，周边农业产生大量退排水，直接入湖。一方面导致氮磷盐含量高，另一方面"引氟入湖"，是造成湖水氟含量异常的根本原因。因此，农田退水对查干湖水质影响较大，是各种污染物负荷增加的主要原因。

面对越来越趋严重的流域水质污染与水体环境质量下降问题，各级政府与相关机构应该结合查干湖山水林田湖草沙综合治理，严格按照《查干湖治理保护规划（2018—2030年）》（2020 年修订版），开展退耕还湿，退耕还草，留出生态湖岸带，同时设置一定宽度的植被缓冲带，严格实施"三条红线"。研究新型的灌溉与耕作模式，大力发展节水灌溉工程，对灌区渠系和田间进行配套改造，提高灌区水量利用率及灌溉效率，减少地表排水及弃水形成地表污染径流进入查干湖。采取清洁生产与源头削减、污染物总量控制、点面污染源治理、水资源管理等多项措施，保护区内生态环境。同时，应该结合查干湖流域河湖体系优化，调整乾安灌区、大安灌区农田退水下泄路径，重新配置查干湖周围不同位置小泡子的功能定位，加强农田退水的拦截、生态沟渠处理、前置库等生态治理，确保进入查干湖的营养盐污染物大幅度减少。

三、科学核算渔业环境承载量，强化土著鱼类种群恢复措施

查干湖渔业的可持续发展需要与该水域的资源环境承载力及渔产潜力相匹配，这些指标的科学评估对于合理利用湖泊天然饵料资源、维持生态系统结构功能都具有十分重要的意义。目前查干湖渔业发展模式过于注重经济效益，忽视了整个湖泊在维持区域生态环境等方面的作用与功能。因此，查干湖渔业管理部门与地方政府在考虑水产养殖产业发展需求的同时，也需要科学评估查干湖渔业养殖和生态环境的综合关系。建议以查干湖水质环境及初级生产力调查为切入口，结合渔业资源历史监测数据及资源承载力评价体系，系统评估全湖渔业资源环境承载力与渔产潜力，为查干湖生态渔业区域布局及湖泊环境保护提供科学依据。

针对查干湖土著鱼类种群数量不断衰退的现象，需要进一步强化本地种鱼类的恢复措施。一方面，推进查干湖流域及湖区内土著鱼类种群退化过程的研究，调查土著鱼种产卵场分布范围及其环境特征，提出土著种鱼类栖息地和洄游通道的恢复目标与具体措

---

① 中国地质调查局水文地质环境地质调查中心提供数据。

施；另一方面，建立土著鱼类人工繁育基地与迁地保护中心，推进土著鱼种驯养与人工繁育关键技术研究，尝试构建查干湖流域水生生物种质资源基因库，提升生物遗传资源的可持续利用水平。在此基础上，结合渔业资源环境承载力与渔产潜力评估结果，科学制定查干湖鱼类增殖放流规划与模式，完成渔业功能区域设置与增殖放流管理系统的体系化建设，最终集成一套适于湖泊水环境改善和土著鱼类适度恢复的渔业管理方案与措施。

四、开展智慧化管理平台建设，强化湖泊精准治理

加强查干湖生态环境监测网络和站点建设，构建查干湖流域水环境"天-空-地-水"一体化协同监测网络；深化互联网、大数据、云计算、人工智能等高新技术使用，强化智慧化管理系统建设，把握数字化、网络化、智能化方向，提升管理与决策的智慧化水平。加强流域问题综合调查、分析与研究，算大账，算总账，厘清查干湖保护与治理的核心问题，有的放矢，跳出"就湖治湖"的传统思路；牢固树立"山水林田湖草沙"生命共同体理念，充分考虑生态治理的区域差异性，统筹山水林田湖草沙系统治理，创新治湖思路，坚持因地制宜，实现科学治理、系统治理和精准治理，保障查干湖可持续发展。

明确查干湖功能定位，积极推进查干湖治理保护工作，认真落实《查干湖治理保护规划（2018—2030 年）》，加强保护区立法工作，依法保护生态环境。环境立法是通过调整人与人之间、社会群体之间的利益关系来调整人与自然的关系，查干湖保护立法，应该体现保护优先，兼顾利用，根据环境可承载能力来安排对水资源、土地资源、生态资源的利用。禁止和限制不利于查干湖保护与休养生息的生产、生活行为，鼓励、支持或强制其实施保护湖泊的行为。让湖泊休养生息，更要充分运用法律、经济和必要的行政手段，使管理法治化、科学化，使管理者和被管理者有法可依，使生态环境保护和资源开发利用有法可依。

致谢：中国科学院东北地理与农业生态研究所、中国水产科学研究院黑龙江水产研究所、吉林省水利科学研究院、吉林查干湖国家级自然保护区管理局、中国地质调查局水文地质环境地质调查中心等单位提供部分数据资料；中国科学院南京地理与湖泊研究所张毅博、陈非洲、李万春、徐力刚、高光、龚志军、陈江龙、李化炳、曾巾、史小丽、谭蕾、翟颖慧等对本章内容提出的宝贵意见，在此一并表示感谢。

参 考 文 献

东北物资调节委员会研究组. 1948. 东北经济小丛书: 水产. 上海: 中国文化服务社.

李然然. 2014. 查干湖湿地水环境演变及生态风险评估. 长春: 中国科学院东北地理与农业生态研究所.

李雪松. 2018. 查干湖湖泊健康评估研究. 长春: 吉林大学.

刘玲. 2021. 查干湖水质变化与微生物群落结构互作关系研究. 长春: 中国科学院东北地理与农业生态研究所.

刘雪梅. 2021. 基于水动力-水质-水生态综合模型的查干湖多水源调控. 长春: 中国科学院东北地理与农业生态研究所.

马锋敏, 杨敬爽. 2020. 查干湖可持续发展策略与途径. 湿地科学与管理, 16(2): 48-50.

苗成凯. 2008. 查干湖保护区可持续发展对策研究. 长春: 东北师范大学.

曲鸽, 孙德尧. 2021. 查干湖沉积物中有机质分布特征研究. 绿色科技, 23(10): 110-113.

孙华杰. 2021. 北方典型湖泊多环芳烃污染历史重建及人类活动响应. 哈尔滨: 哈尔滨师范大学.

孙田洋, 刘佳, 李月红. 2021. 查干湖水生生物群落结构研究. 吉林农业大学学报, 43(4): 474-481.

孙晓静, 王志春, 赵长巍, 等. 2011. 盐碱地农田排水对查干湖承泄区的水质影响评价. 农业工程学报, 27(9): 214-219.

王国平, 张玉霞, 高峰. 2001. 吉林省西部地区重要湿地及其生态环境功能. 水土保持学报, 15(6): 121-124.

闫来锁. 2010. 查干湖渔场志. 长春: 吉林大学出版社.

翟德斌. 2018. 查干湖大型底栖动物群落特征及其与水环境因子关系研究. 长春: 东北师范大学.

章光新, 张蕾, 侯光雷, 等. 2017. 吉林省西部河湖水系连通若干关键问题探讨. 湿地科学, 15(5): 641-650.

Timms B V. 2009. A study of the salt lakes and salt springs of Eyre Peninsula, South Australia. Hydrobiologia, 626(1): 41-51.

Zhang X R, Fan Q S, Wei H C, et al. 2017. Boron Isotope Geochemistry Characteristics of Carbonate in Qarhan Salt Lake, Qinghai Province. Acta Geologica Sinica, 91(10): 2299-2308.

第十四章 千 岛 湖

千岛湖,即新安江水库,是长三角地区最大的人工湖和城市水源地,为杭州、嘉兴地区近 1000 万人口提供优质饮用水,也在洪水调蓄、旅游、发电、渔业等方面发挥着重要作用。同时,作为习近平总书记"绿水青山就是金山银山"理念的孕育地,千岛湖在水环境保护与区域协同绿色发展方面做了很多探索,其生态渔业、旅游开发、农夫山泉水产品等绿色发展模式成为我国大型水库开发与保护兼顾的典范。千岛湖也是我国最早开展横向生态补偿试点的水体,可为长三角区域一体化发展中生态补偿方案制订提供借鉴。

2012 年,千岛湖被纳入财政部与环境保护部联合实施的水质良好湖泊生态环境保护试点,推动了千岛湖在湖库水体环境自动监测技术、大数据智慧管理技术、流域综合治理模式、区域绿色发展制度建设等方面的创新发展。2019 年 9 月,浙江省人民政府正式批复同意设立"淳安特别生态功能区";2021 年 7 月 30 日,浙江省第十三届人大常委会第三十次会议批准《杭州市淳安特别生态功能区条例》,这是全国首部"生态特区"保护法规,把千岛湖流域绿色发展推向了新阶段。

尽管千岛湖目前水质总体保持优良,但是作为一个流域面积超过 1 万 km^2、库龄超过 60 年的大型水库,良好水质的长期保持仍面临巨大挑战。1998 年以来,在千岛湖的库尾及部分支汊,多次出现蓝藻水华现象,部分水域春季硅藻异常增殖严重,对水体景观及关键水质指标产生影响。认知千岛湖这种大型水库生态环境演替机制,科技助力流域践行"两山"理念及绿色发展十分必要。

中国科学院南京地理与湖泊研究所自 2004 年开始持续开展千岛湖流域及水体生态环境过程与机制研究。2020 年,研究所与淳安县人民政府签署千岛湖生态系统研究站共建协议,规范开展千岛湖水体生态环境监测研究与技术示范工作。本章以 2020 年 5 月至 2021 年 4 月对千岛湖实施的逐月水体生态环境调查数据为基础,结合历史数据与资料,对千岛湖生态环境状况及存在问题实施诊断与评估,为类似大型深水水库的水质安全保障提供参考。

第一节 千岛湖及其流域概况

一、地理位置

千岛湖是 1959 年在新安江建德境内的铜官峡筑坝形成的大型水库。水库的主体位于淳安县境内。千岛湖正常高水位 108 m（黄海基面）,对应的水面面积 580 km^2,平均水深 31 m,最大水深 100 m,库容 178.4×10^8 m^3,防洪库容为 9.5×10^8 m^3,校核洪水位为 114 m,相应库容为 216.26×10^8 m^3,防洪库容为 47.3×10^8 m^3。

千岛湖流域面积 10442 km²，其中安徽境内 6736.8 km²，占流域面积约六成，主要包括黄山地区的屯溪区全境（249.0 km²）、徽州区全境（424.0 km²）、歙县全境（2236.0 km²）、休宁县的部分（海阳镇、齐云山镇、万安镇、五城镇、东临溪镇、蓝田镇、溪口镇、流口镇、汪村镇、商山镇、山斗乡、渭桥乡、板桥乡、陈霞乡、鹤城乡、源芳乡、榆村乡、璜尖乡、白际乡，面积 1952.74 km²）、黟县的部分（宏村镇、碧阳镇、西递镇、渔村镇，面积 453.38 km²）、黄山区的部分（汤口镇、黄山风景区核心区，面积 289.95 km²）、祁门县的部分（凫峰镇、金字牌镇，面积 251 km²）及宣城市绩溪县的部分（华阳镇、长安镇、伏岭镇、上庄镇、板桥头乡、扬溪镇、临溪镇、瀛洲乡，面积 880.76 km²）；浙江境内的流域主要隶属淳安县，靠近大坝有 263.7 km² 隶属于建德市（图 14.1）。截至 2010 年年底，千岛湖流域人口 185.67 万人，其中安徽省 129.82 万人，浙江省 55.85 万人。

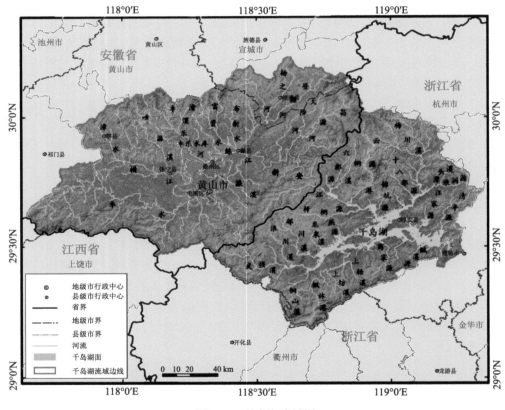

图 14.1　千岛湖流域图

二、气候与水文

千岛湖流域属于亚热带季风气候区，温暖湿润，雨量充沛，光照充足。1961~2020 年的多年平均气温为 17.3 ℃，多年平均降水量为 1714 mm。

千岛湖上游安徽境内的入流包括率水、横江、练江三大支流（图14.1），其中率水是正源，发源于休宁县六股尖，自屯溪大桥与横江合流，在歙县浦口村与练江汇合。此后，在歙县棉溪口村纳入棉溪，在深渡镇汇入了昌源河等，经街口进入淳安境内。在街口上溯约45 km的坑口乡瀹潭村，有妹滩水电站拦河截流，使得新安江下泄流量很大程度上受控于妹滩电站的运行。

在淳安境内，千岛湖的主要入流包括汾口镇的武强溪、临岐镇的东源港、宋村乡的云源港、大墅镇的枫林港，以及浪川溪、清平源、六都源、桐溪、梓桐源、郁川、商家源、鸠坑溪、十八都源、上坊溪、龙川溪、潭头源、上梧溪、琅洞源、丰家源、锦坑源、龙泉溪、赋溪源、汪家源、燕源等30余条入湖溪流（图14.1）。

三、社会经济

千岛湖流域是徽州文化的发源地，人文荟萃，文化积淀深厚。千岛湖流域地貌以山地丘陵为主，森林覆盖率超过80%，社会经济的发展模式体现了与山、水、林、茶、果、休闲旅游等的自然融合。林业、茶叶、枇杷等是流域坡地的主要经济林、果，在歙县、徽州区、屯溪区等地势平坦区域，油菜、水稻等经济和粮食作物普遍种植。在淳安县，除了茶叶以外，山核桃、桑树、橘子种植面积大。旅游业是流域的支柱产业。千岛湖库区开展了渔业养殖，以鲢、鳙投放、捕捞为主，打造"淳"牌有机鱼、"千岛湖鱼头"等系列渔产品，颇具特色。

四、土地利用

流域土地利用变化直接影响了氮、磷等营养盐的来源结构和产生及入库模式，对解读千岛湖水质问题成因具有重要参考作用。据我国研制的30 m空间分辨率全球地表覆盖数据（GlobeLand30），将千岛湖流域土地类型分为耕地、林地、草地、不透水面（建筑用地）、水域及其他6类。1985年以来千岛湖各类土地利用面积变化如表14.1所示，典型时段的具体空间变化见图14.2。

表14.1 千岛湖流域各类土地利用面积统计　　　　　　（单位：hm²）

分类	1985年	1990年	1995年	2000年	2005年	2010年	2015年	2020年
林地	799268.5	811353.8	768216.1	814428.0	819937.6	820422.8	819869.2	819799.1
耕地	139925.3	125262.7	168156.6	118407.5	112688.1	108276.1	104329.5	102065.1
水域	44063.3	46109.5	45340.7	46391.2	44956.2	45220.7	45435.0	45573.0
不透水面	6144.5	6676.1	7675.8	9515.5	11130.1	14753.3	18996.2	21123.9
草地	2.4	3.0	14.0	660.4	690.2	729.6	771.5	839.7
其他	0.0	0.0	0.0	0.0	0.0	0.0	0.1	0.1

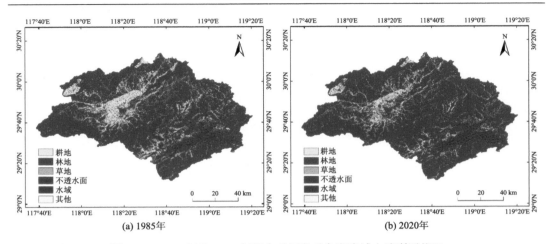

(a) 1985年　　　　　　　　　　　　　　　(b) 2020年

图 14.2　1985 年及 2020 年两个时间段千岛湖流域土地利用状况

　　林地、耕地和水域是千岛湖流域内面积排名前三的土地利用类型。35 年来，千岛湖流域内土地利用类型发生了显著变化。其中，耕地面积从 1985 年 139925.3 hm² （占 14.14%），下降到 2020 年的 102065.1 hm² （占 10.32%）；林地（包括经济林）面积从 1985 年 799268.5 hm² （占 80.78%），上升到 2020 年的 819799.1 hm² （占 82.86%）。而不透水面，也即建设用地面积从 1985 年 6144.5 hm² （占 0.62%），上升到 2020 年的 21123.9 hm²（占 2.14%），面积增加到原来的 3.5 倍。

第二节　千岛湖水文气象

　　通过中国气象数据网（http://www.nmic.cn/）下载、整理得到千岛湖流域 1961~2020 年屯溪站和淳安站逐日气温、降水、风速、风向等数据。通过《中华人民共和国水文年鉴》摘录、整理得到千岛湖上游水文站（屯溪、渔梁）逐日流量，新安江电站逐日出库流量，从新安江电站获得大坝水位等观测数据。应用 Mann-Kendall 秩次相关检验法分析流域气象水文要素的变化趋势。构建流域 SWAT 水文模型，采用屯溪和渔梁站实测流量数据率定模型参数，利用率定好的模型，模拟出 2001~2020 年新安江等主要入湖河道的逐日流量。

一、气温

　　1961~2020 年千岛湖流域淳安气象站的年均气温变化如图 14.3 所示。千岛湖多年平均气温为 17.3 ℃，春（3~5 月）、夏（6~8 月）、秋（9~11 月）、冬（12 月、1 月、2 月）四季平均气温分别为 16.1 ℃、27.4 ℃、18.9 ℃和 6.5 ℃。1961~1980 年，千岛湖年均气温呈下降趋势，最低值出现在 1976 年。而 1981~2020 年，千岛湖年均气温呈波动升高，极高值分别出现在 1998 年、2007 年及 2016 年。

　　采用 Mann-Kendall 秩次相关检验法，分别对 1961~2020 年千岛湖年平均气温及春、夏、秋、冬四季平均气温的趋势进行检验。结果表明，近 60 年来，千岛湖流域年平均气温在 0.001 显著性水平上检验到上升趋势，平均每年上升 0.02 ℃。从四季来看，春季平均气温和冬季平均气温均在 0.001 显著性水平上呈上升趋势，平均每年上升幅度均为 0.03 ℃；秋季平均气温在 0.01 显著性水平上呈上升趋势，平均每年上升 0.02 ℃；夏季平均气温没有检验到上升趋势。长期气温升高不利于千岛湖藻类异常增殖风险的控制，在千岛湖水质保护目标制定、生态风险应对方案制定等方面应充分考虑。

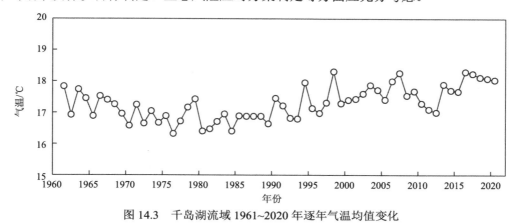

图 14.3　千岛湖流域 1961~2020 年逐年气温均值变化

2020 年 5 月~2021 年 4 月的调查期间，设置在淳安县的气象观测站获得的气温日变化情况如图 14.4 所示。观测期间千岛湖流域的气温相对偏高，年平均气温为 18.3℃，与多年平均气温相比，升高了 5.8%，其中春季平均气温为 17.9℃，较多年平均春季气温升高 10.6%；夏季平均气温为 27.6℃，与多年平均夏季气温相比，升高 1.0%左右；秋季平均气温为 18.9℃，与多年平均秋季气温持平；冬季平均气温为 8.6℃，显著高于多年平均冬季气温，增幅为 31.4%。

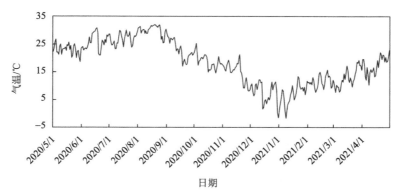

图 14.4　千岛湖流域 2020 年 5 月~2021 年 4 月气温逐日变化

二、降水

1961~2020 年千岛湖流域（屯溪站）降水年总量变化趋势如图 14.5 所示。千岛湖流域降水量季节性分布存在明显差异，春、夏季节雨量充沛，降水量占全年降水量的73.6%。千岛湖流域60年平均年降水量为1713.8 mm。其中，春季降水量为611.5 mm，占全年降水量的35.7%；夏季降水量为649.2 mm，占全年降水量的37.9%；秋季降水量为227.5 mm，占全年降水量的13.3%；冬季降水量为225.6 mm，占全年降水量的13.2%。

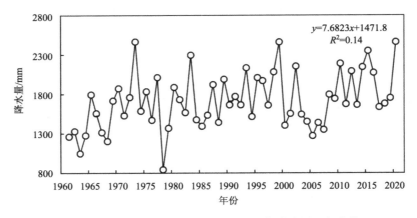

图14.5　千岛湖流域屯溪站1961~2020年降水量逐年变化

　　1961~2020年来千岛湖流域降水量呈波动上升的趋势（图14.5）。采用Mann-Kendall秩次相关检验法对1961~2020年屯溪站降水量趋势性检验的结果表明，近60年来，千岛湖流域年降水量在0.01显著性水平上呈上升趋势，平均每年上升7.5 mm。从四季来看，冬季降水量的变化趋势最为明显，在0.001显著性水平上呈上升趋势，平均每年上升2.8 mm；其次是夏季，夏季降水量在0.05显著性水平上呈上升趋势，平均每年上升3.8 mm；春、秋季节降水量也呈微弱上升趋势，但是不显著。冬季降水量上升与冬季气温升高是一致的。

　　2020年5月1日~2021年4月30日，千岛湖流域的降水量日变化情况如图14.6所示。调查期间的周年合计为2197 mm，为多年平均降水量的1.3倍，降水季节性分配更加不均，春、夏季节降水量占整个水文年的80.4%。

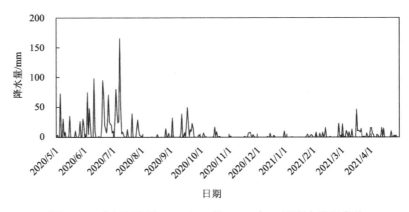

图14.6　千岛湖流域2020年5月~2021年4月降水量日变化

暴雨是指短时间内产生较强降雨的天气现象。根据国家标准《降水量等级》（GB/T 28592—2012），当 12h 降雨量为 30.0~69.9 mm 或 24 h 降雨量为 50.0~99.9 mm 时称为暴雨，暴雨之上又划分大暴雨（12 h 降雨量为 70.0~139.9 mm 或 24 h 降雨量为 100.0~249.9 mm）和特大暴雨（12 h 降雨量≥140.0 mm 或 24 h 降雨量≥250.0 mm）两个量级。

将暴雨、大暴雨和特大暴雨统称为暴雨，分别统计千岛湖流域 1961~2020 年不同量级降雨量及降雨频次发现，千岛湖流域小雨、中雨、大雨和暴雨的雨量分别为 294.6 mm、459.8 mm、477.2 mm 和 482.2 mm，分别占平均年降雨量的 17.2%、26.8%、27.8%和 28.1%。年均小雨、中雨、大雨和暴雨次数分别 100.8 次、28.9 次、13.9 次和 6.2 次。采用 Mann-Kendall 秩次相关检验法分别对 1961~2020 年千岛湖流域（屯溪站）不同量级降雨量年系列趋势进行检验发现，近 60 年来千岛湖流域暴雨雨量和暴雨频次均在 0.001 显著性水平上检验到上升趋势，暴雨雨量平均每年增加 6.42 mm，暴雨频次平均每年增加 0.08 次。小雨雨量在 0.1 显著性水平上呈上升趋势，小雨雨量平均每年增加 0.40 mm，小雨频次没有显著变化趋势。中雨和大雨雨量及频次均无显著变化。千岛湖流域山高坡陡，水土流失及氮、磷的面源形成过程受暴雨影响大。因此，暴雨雨量和暴雨频次的增强不利于千岛湖氮、磷的面源控制。

三、风速

1961~2020 年千岛湖（淳安站）风速年均值变化如图 14.7 所示。统计表明，千岛湖多年平均风速为 1.82 m/s。春、夏、秋、冬四季平均风速分别为 1.74 m/s、1.80 m/s、1.89 m/s 和 1.84 m/s。就年均值而言，60 年来千岛湖年平均风速总体呈显著下降趋势。但在 1999~2004 年、2014~2020 年出现两段升高期，但在总体趋势上两段升高期的峰值均低于 1961~1975 年期间的均值。采用 Mann-Kendall 秩次相关检验法分别对 1961~2020 年千岛湖年平均风速及春、夏、秋和冬四季平均风速趋势性检验表明，近 60 年来，千岛湖年平均风速和春、夏、秋、冬四季平均风速均在 0.001 显著性水平上呈下降趋势，平均每年下降幅度均为 0.01 m/s。

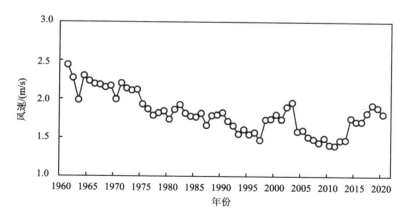

图 14.7 千岛湖流域 1961~2020 年风速逐年变化

2020 年 5 月~2021 年 4 月的调查期间,千岛湖流域淳安站的日均风速变化如图 14.8 所示。调查期间的年平均风速为 1.57 m/s,较多年平均风速下降了 13.7%,其中,春季平均风速为 1.39 m/s,与多年平均春季风速相比,下降 20.3%;夏季平均风速为 1.61 m/s,与多年平均夏季风速相比,下降 10.2%;秋季平均风速为 1.82 m/s,与多年平均秋季风速相比,下降 3.7%;冬季平均风速为 1.45 m/s,与多年平均冬季风速相比,下降 21.2%。

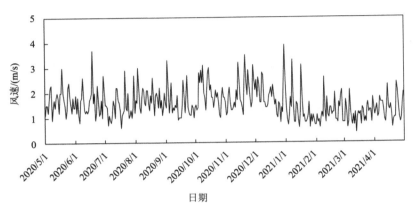

图 14.8　千岛湖流域 2020 年 5 月~2021 年 4 月风速日变化

四、水位与水量

新安江水库于 1957 年 4 月开始施工,1959 年 9 月开始蓄水,1960 年夏季达到死水位(86 m)。1961~1980 年水位均值为 91.30 m,波动介于 80.84 ~ 106.51 m。1981 年以后,千岛湖水位趋于稳定,但月间最大差距仍达 17.51 m。

千岛湖 1981~2020 年逐月水位变化如图 14.9(a)所示。1981~2020 年水位均值为 99.68 m,月水位最小值为 89.53 m,最大值为 107.04 m。根据水位-库容关系,1981~2020 年千岛湖平均水量为 127.46×10^8 m^3,水量变幅介于 88.76×10^8~172.09×10^8 m^3 之间。

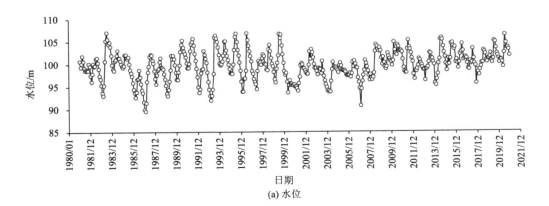

(a) 水位

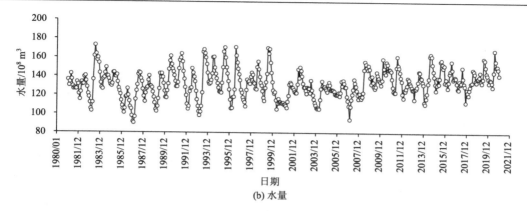

(b) 水量

图 14.9　千岛湖 1981~2020 年逐月水位和水量变化

2020 年 5 月~2021 年 4 月，千岛湖平均水位为 101.72 m，高于水位多年平均值。2020 年 7 月，受上游安徽持续强降雨影响，千岛湖水位在 7 月 8 日凌晨 4 时达到历史最高值 108.44 m，高于正常高水位（108 m）。上午 9 时起迎来了建库以来首次 9 孔泄洪，泄洪流量达 6600 m^3/s，同时发电流量为 1200 m^3/s，总出库流量达 7800 m^3/s。至 13 日晚 9 时，千岛湖水位回落至警戒水位（106.5 m）以下。2020 年 5 月~2021 年 4 月的全年最低日水位为 98.64 m，出现在 2021 年 2 月 24 日。库容方面，本次调查期间千岛湖逐日水量最高值为 180.92×10^8 m^3，最低值为 128.20×10^8 m^3，平均值为 142.53×10^8 m^3。

第三节　千岛湖主要水质指标现状

2020 年 5 月~2021 年 4 月，在千岛湖全库布设 100 个点位进行水质调查（图 14.10），划分 7 个湖区：妹滩电站下的坑口至皖浙交界的街口段，称为"安徽段"（AH），设 5 个采样点，即点位 1~5 号；街口至小金山大桥，称为千岛湖的"西北湖区"（NW），设点位 6~22 号共 17 个点；千岛湖大桥以北，称为"东北湖区"（NE），设点位 26~37 号共 12 个点；大塘坞岛以南，称为"西南湖区"（SW），设 25 个监测点，即点位 51~75 号；小金山大桥、千岛湖大桥、三潭岛大桥及大塘坞岛之内的区域，称为"中心湖区"（C），即点位 23~25 号、38~45 号共 11 个点；三潭岛大桥以东，点位 46~50 号、76~90 号共 20 个点的区域，称为"东南湖区"（SE）；而 91~100 号共 10 个点的区域则代表受淳安县城影响大的区域，称为"城中湖"（LC）。

由于千岛湖是深水水库，存在季节性温度、溶解氧垂向分层现象，因此在具体调查时，水质指标进行了分层采样：①水深小于 10 m，采 1 层，水下 0.5 m 处；②水深小于 20 m，采 3 层，分别为水下 0.5 m 处、浮游植物叶绿素 a（Chl-a）浓度最大层（一般在 1~5 m 处）、近底层（一般在泥上 2 m 处）；③水深大于 30 m，采 4 层，增加了温跃层以下的滞水层（一般在 15~30 m 处，泥上 10 m 以上）。现场用超声波测深仪（LT-SSH 型，成都西部仪器自动化工程有限公司）获得水深，用 YSI 多参数水质仪（EXO 型，YSI 公司，美国）获得水温（WT）、溶解氧（DO）、pH、电导率（EC）及 Chl-a 剖面，用直

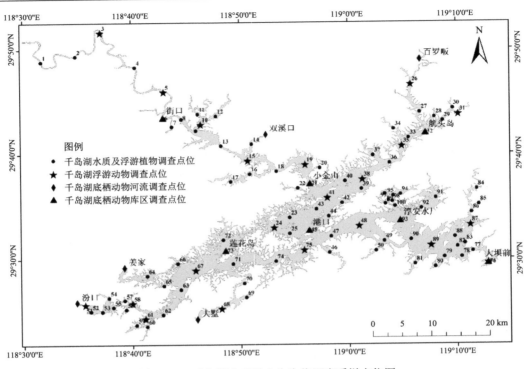

图 14.10　千岛湖水质及水生生物调查采样点位图

径 20 cm 的塞氏透明度盘目视测定水体透明度（SD）。浮游植物样品在 Chl-a 浓度最大层采集。Chl-a 浓度最大层确定方法：现场先用 YSI 多参数水质仪及野外藻类分析仪（BBE，德国）测定垂向水质、藻类等参数剖面，现场导出数据，根据 Chl-a 垂向剖面变化找到 Chl-a 峰值深度，定为 Chl-a 浓度最大层。如果 Chl-a 垂向变化平坦，没有峰值，则根据经验采集水下 5 m 处水样。

一、透明度

2020 年 5 月~2021 年 4 月，千岛湖透明度（SD）逐月变化情况如图 14.11 所示。调查期间千岛湖全库透明度的逐月平均值依次为 2.5 m、2.2 m、1.8 m、2.0 m、3.5 m、4.0 m、4.3 m、4.0 m、4.3 m、4.7 m、3.6 m 及 2.7 m，全年平均值为 3.3 m。2020 年 7 月份透明度最低，2021 年 2 月份最高，总体呈现夏季<春季<秋季<冬季的变化特征，与雨量强度呈负相关。

全库各湖区的逐月透明度空间分布情况如图 14.12 所示。空间上，安徽段河道区和西北湖区的透明度要比其他湖区都低，这种现象在透明度整体较高的秋、冬两季更为明显，这是由于两个区水面狭窄、换水较快，较大程度呈现河流型水文特征所致，安徽段的透明度在全年均处于最低水平，除因流域输入悬浮颗粒物多外，还与营养盐丰富、部分月份藻类增殖强度大有关。与安徽段相连的西北湖区，随着河道变宽，水深加大，水流变慢，颗粒物沉降量显著增加，水体透明度有所上升，但仍然是全库透明度第二低。

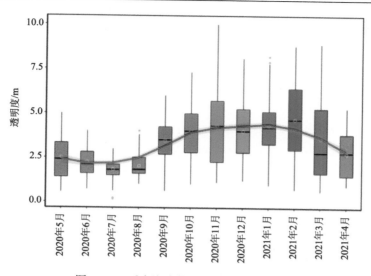

图 14.11　千岛湖水体透明度逐月均值变化

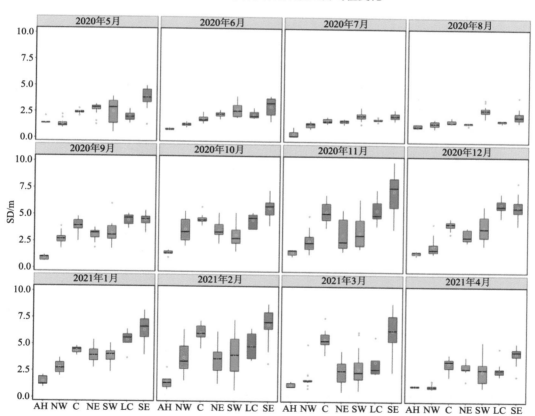

图 14.12　全库不同湖区透明度分布示意图

AH：街口以上的安徽段；NW：街口至小金山的西北湖区；C：中心湖区；NE：千岛湖大桥北的东北湖区；SW：西南湖区；
LC：淳安县城附近的城中湖；SE：三潭岛大桥东城中湖以外的东南湖区。以下相同

东北湖区的透明度也较差，与该湖区河流入库的流程短、沉降时间短有关。而东南湖区远离主要入湖河道，水体透明度的主要影响因素是季节性藻类增殖。从 2020 年 9 月到 2021 年 2 月，全库高透明度区域逐渐增加，其中，中心湖区和东南湖区透明度均处在较高的水平。大坝所在的东南湖区在调查期间透明度均处于最高水平。3 个入流湖区中，西南湖区的透明度也一直较高，在透明度较低的夏季尤为明显，可能与该湖区流域水土保持较好及入湖悬浮颗粒物拦截率较高有关。

水体悬浮颗粒物（suspended substance, SS）与水体透明度密切相关。全库悬浮颗粒物不同组分逐月平均浓度见表 14.2。从表可知，全库 SS 平均浓度 7 月份最高，为 7.38 mg/L，1 月份最低，为 2.34 mg/L。7 月份有机悬浮颗粒物（organic suspended substance, OSS）和无机悬浮颗粒物（inorganic suspended substance, ISS）平均浓度在全年也是最高，分别为 2.17 mg/L 和 5.21 mg/L。2020 年 6 月、7 月及 2021 年 3 月等降水量较大的月份，无机颗粒物占比高于其余月份，表明降水会从上游和地表带来大量无机颗粒物，并进一步导致全库悬浮颗粒物浓度提高。由于千岛湖水体总磷中有相当比例是以颗粒态形式存在，因此，流域水土流失的防治在相当大程度上有助于千岛湖流域入库磷负荷的控制。

表 14.2　全库逐月悬浮颗粒物平均浓度

采样月份	SS/（mg/L）	OSS/（mg/L）	ISS/（mg/L）	（ISS/SS）/%
2020 年 5 月	3.36±2.38	1.62±0.86	1.75±1.83	52
2020 年 6 月	4.86±5.22	1.37±0.58	3.50±4.83	72
2020 年 7 月	7.38±8.20	2.17±0.53	5.21±7.97	71
2020 年 8 月	3.27±1.65	1.89±0.56	1.38±1.60	42
2020 年 9 月	3.41±3.75	1.16±0.41	2.24±3.45	66
2020 年 10 月	2.57±2.46	1.16±1.08	1.42±1.91	55
2020 年 11 月	2.55±2.42	0.85±0.28	1.69±2.19	66
2020 年 12 月	2.87±3.39	1.07±0.94	1.80±3.01	63
2021 年 1 月	2.34±1.67	0.98±0.62	1.36±1.25	58
2021 年 2 月	2.96±3.17	1.07±0.58	1.89±2.74	64
2021 年 3 月	3.64±3.05	1.04±0.57	2.61±2.71	72
2021 年 4 月	2.84±2.24	1.32±0.82	1.51±1.73	53

二、电导率

电导率（electrical conductivity, EC）是衡量水质好坏的一个重要物理指标，其值表征水体中带电离子浓度的变化。电导率大小与水中所含无机酸、碱、盐的量密切相关，与溶解性离子浓度也密切相关。2020 年 5 月~2021 年 4 月千岛湖水体电导率的月均值变化如图 14.13 所示。

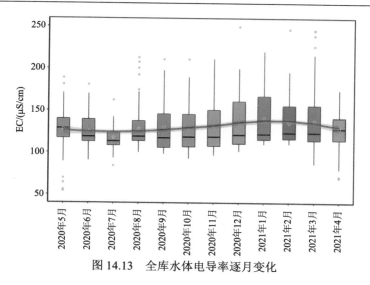

图 14.13　全库水体电导率逐月变化

千岛湖水体电导率全年变化较为平缓，全湖均值为 131.8 μS/cm，最高值出现在 1 月（（148.5±49.9）μS/cm），最低值在 7 月（（116.5±16.0）μS/cm），表现出秋冬季略高于春夏季的特征。电导率的月变化趋势与透明度类似，水体透明度低的季节，电导率也相对低，冬季最高，夏季最低，可能与降雨的稀释作用有关。各湖区水体电导率的空间差异如图 14.14 所示。从各湖区分布来看，安徽段、西北湖区和西南湖区是电导率较高的

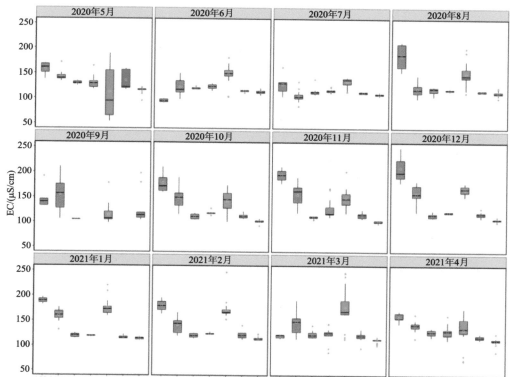

图 14.14　不同湖区水体电导率

区域，东南湖区的电导率在各月均处于最低水平。西北湖区上游来水为黄山市和歙县，而西南湖区上游汾口也有着较多的人类活动，存在一定的生活污水和农业污染负荷。尤其是安徽段，在 8 月到次年 2 月，电导率均明显高于其他湖区。西南湖区的电导率在多个月份呈现较高水平，可能与该区域的人类活动影响大及换水率较低有关。

三、水温、溶解氧及 pH

千岛湖作为典型的深水水库，水质指标不仅在水平空间上存在差异，受光辐射和热量收支的影响，水库的温度、溶解氧（DO）和 pH 等物理指标也存在明显的垂向分层现象。其中 DO 浓度反映了大气溶解氧气与水中生物光合作用和呼吸作用的综合影响，与水生生态系统中的初级生产力、生物的生长紧密相关。氧气在水体中的溶解度与温度也有着较大关系。对 2020 年 7 月、10 月和 2021 年 1 月、4 月千岛湖 6 个国控水质监测断面（街口、小金山、三潭岛、大坝、航头岛、茅头尖）的垂向水温、DO 和 pH 进行分析，分别代表千岛湖的夏季、秋季、冬季和春季，结果如图 14.15~图 14.17 所示。

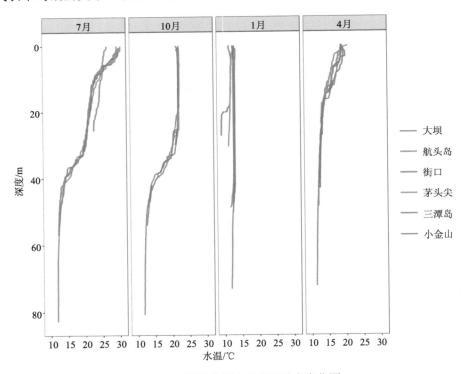

图 14.15　国控监测点的水温垂向变化图

夏、秋、冬、春四个季节典型月份表层 5 m 的水温均值依次为 29.5℃、21.7℃、12.5℃、19.2℃。不同季节千岛湖水温的分层状况差异很大。7 月，呈现 2 段垂向分层：表层 3.5 m 左右，水温大致在 30℃，从 3.5 m 至 8.5 m，水温快速下降至 17℃左右，形成第一段温跃层，从 8.5 m 至 33 m 左右，水温相对稳定，而 33 m 至 41 m，水温再次快速下降至 12℃左右，形成第二段温跃层，41 m 以下基本稳定在 12℃左右；街口由于水浅及受来水冲击等影响，温跃层模式与其余点位不同，垂向分层较其他点位明显偏弱；10 月，由于气温下降引起的表层水温下降，3.5~8.5 m 层位的温跃层消失；1 月，除街口外，库区各点位的温跃层均消失，街口由于水浅，底层温度更低，下层出现一个弱的温跃层；4 月，上层水柱温跃层形成，自表层至约 15 m 深度温度持续下降，没有明显温跃区间。

与温度变化同步的溶解氧分层情况如图 14.16 所示。7 月份，街口以外的点位，均出现了表层 5 m 内 DO 过饱和现象，表层以下 DO 快速下降的趋势。而在 1 月份，6 个点的 DO 在 45 m 以内都是随深度呈直线分布，随水深增加 DO 几乎没有变化。而在最深的大坝点位水下 45~60 m 处，DO 急剧降低接近于零，呈厌氧状态。在 10 月也可观察到大坝底部 DO 浓度接近于零的类似现象。4 月，气温升高，街口、小金山等浮游植物生物量高的点位，表层 5 m 出现了 DO 过饱和的现象，5 m 以下，街口断面的 DO 快速下降，至 23 m 深，DO 已经低于 3 mg/L，呈缺氧状态。街口断面下层更加缺氧，是该断面春季接受更多有机碎屑在此沉降所致。其余点位，在 5~15 m 左右有下降趋势，但直到底层，均未出现缺氧。深水水库垂向 DO 的分层是一种自然生态现象，与水体的污染无关，在参照《地表水环境质量标准》（GB 3838—2002）中关于 DO 的分级评价时，应充分考虑不同水层及其季节和昼夜 DO 的差异性，避免将水体 DO 的自然波动与因污染导致的水体缺氧混淆起来。

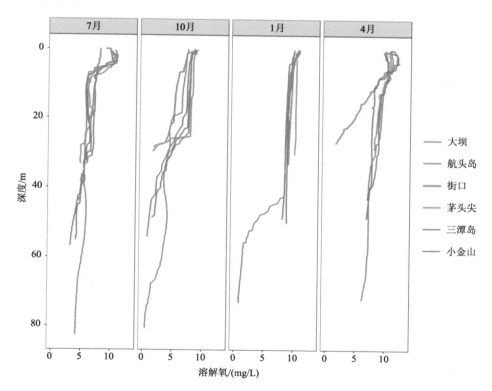

图 14.16　国控监测点的溶解氧垂向变化图

　　湖泊的 pH 是水体酸碱度的重要表征。适宜的 pH 环境是生物生存生长的重要条件，同时也受生物作用的影响。6 个国控监测点的 pH 垂向变化情况如图 14.17 所示。

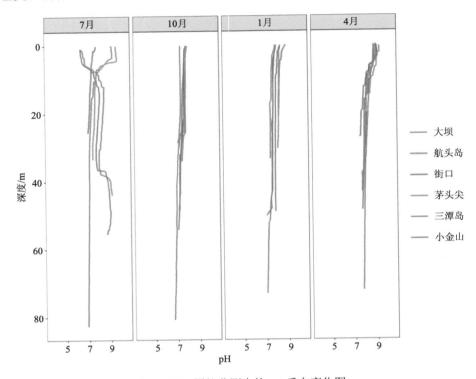

图 14.17　国控监测点的 pH 垂向变化图

　　由图 14.17 可知，在 1 月、4 月、7 月、10 月中观察到表层 pH 均值依次为 8.2、8.9、7.9、7.8。冬春季略高于夏秋季。其中 1 月和 10 月 pH 随水深增加缓慢降低，4 月的 pH 要整体高于其他月份。与 DO 的情况类似，自然湖泊中因藻类的光合作用吸收水体 CO_2 等，以及不同水层因细菌呼吸作用等均能对水体 pH 产生影响，引起水体 pH 出现局部、阶段性变化，如在湖表层 10 m 的范围内，pH 随水深增加缓慢降低，与 DO 的变化趋势类似。在对照 GB 3838—2002 中关于 pH 的评价要求时，也要充分考虑天然水体中 pH 的自然波动，避免将天然水体生物活动引起的 pH 波动与水体污染引发的 pH 变化混淆。

四、溶解性有机碳及高锰酸盐指数

　　溶解性有机碳（DOC）是水体中有机物质的重要组成成分，不仅是水中浮游生物生命活动的结果，同时 DOC 的分布也与河流输送的陆源有机碳相关。高锰酸盐指数（COD_{Mn}）是用高锰酸盐作为氧化剂处理水样时所获得的水体化学需氧量值，反映水体中易于还原的有机物、无机物质含量的总和。2020 年 5 月~2021 年 4 月期间，千岛湖 100 个调查点位的 DOC 和 COD_{Mn} 的逐月均值变化如图 14.18 所示，以 COD_{Mn} 为例，千岛湖水体有机质的空间分布如图 14.19 所示。

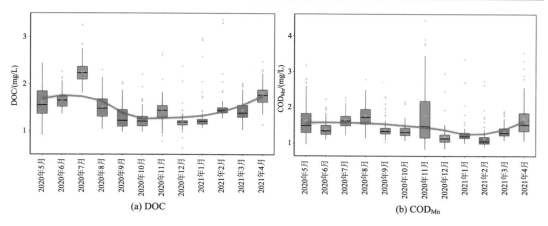

图 14.18　千岛湖全库 DOC 及 COD$_{Mn}$ 浓度逐月均值变化

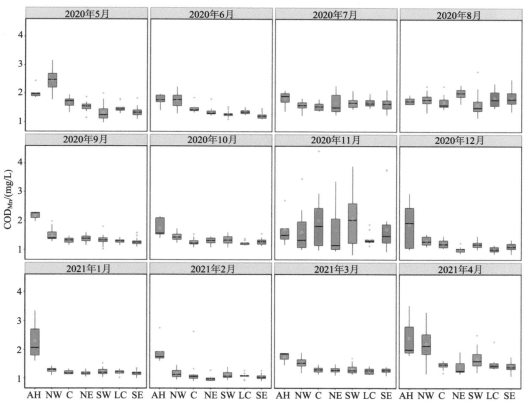

图 14.19　全库不同湖区 COD$_{Mn}$ 浓度分布示意图

从图 14.18 可知，全湖全年 DOC 的均值为 1.51 mg/L，高锰酸盐指数均值为 1.47 mg/L。DOC 浓度整体呈现夏季高、冬季低的趋势，最大值出现在 2020 年 7 月，为（2.25±0.23）mg/L；最小值出现在 12 月，为（1.20±0.19）mg/L。COD$_{Mn}$ 的逐月变化较为平缓，在冬季（12 月~翌年 2 月）也出现低值，其最低值在 2 月，为（1.14±0.29）mg/L，表明冬季水中有机物含量较少，可能与冬季降雨入流少及水体生物合成有机质能力弱有关。

DOC 高值主要集中出现在 2020 年的 5~7 月及 2021 年的 4 月。其中 5 月高值可能是春季水体藻类大量生长所致。而 6 月、7 月的高值则与大暴雨冲刷产生的地表径流及浮游植物的大量生产有关。类似的变化趋势在 COD_{Mn} 的浓度变化上也有体现。

COD_{Mn} 的高值整体出现在上游的安徽段和西北湖区，全库 COD_{Mn} 均有沿新安江入流逐渐扩散递减的特征，整体表现为河流区>过渡区>湖泊区。这可能是由于湖流带来外源有机碳的同时也会带来大量的营养盐，外源有机碳高的同时，内源浮游植物在营养盐刺激下合成有机碳的能力也增强。而湖泊区浓度出现高值可能是水体流速慢、透明度高等条件导致藻类有较好生长条件，增加了内源有机碳。6 月、7 月全库均有较高值分布，这主要是暴雨带来的陆源有机质随水流扩散的缘故。

值得注意的是，11 月份湖泊区呈现较高 COD_{Mn}，可能与秋季库体浮游动植物合成氧的能力下降、部分生物体开始死亡等季节性生物活动节律有关。

五、总氮、溶解性总氮及氨氮

2020 年 5 月~2021 年 4 月期间，全库 100 个点总氮（TN）和溶解性总氮（DTN）的平均浓度逐月变化趋势如图 14.20 所示。时间变化趋势上，TN 浓度先下降后上升，5~7 月 TN 浓度相对较高，8 月份有一个明显的降低，从 8 月到次年 2 月，TN 浓度整体上变化不大，次年 3 月、4 月份 TN 浓度则又有一定程度的升高。DTN 全年的变化趋势与 TN 基本上相同。2020 年 5 月~2021 年 4 月，全库全年 TN 平均浓度为 0.92 mg/L。8 月份平均浓度最低 0.78 mg/L。总的来说，千岛湖的 TN 以溶解态为主，全年 DTN/TN 为 82%，DTN 的全年平均值为 0.76 mg/L。春季和夏季降雨期间水库氮浓度要高于其余季节，体现出外源补给的重要性；而在高温晴热的 8 月，全库 TN 浓度达到全年最低的水平，反映了全流域高温季节脱氮强度增加，甚至出现系统性氮缺乏。

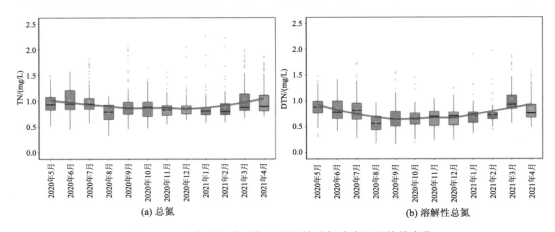

图 14.20　千岛湖全库总氮及溶解性总氮浓度逐月均值变化

全库 7 个湖区 TN 浓度的分区分布情况如图 14.21 所示。总体上，安徽段最高，东南和西南湖区最低。安徽段 TN 浓度在全年均处于最高的水平，表明上游新安江流域城镇排放及农业开发对水体氮的影响较大。第二高值区是紧邻安徽段的西北湖区，其余湖区 TN 浓度在未降雨时期差别不大，这说明 TN 的主要自净过程也发生在西北湖区。在未降雨时期（8 月），从上游进入的营养盐对中心湖区及下游湖区影响不大；而在降雨时期（6 月、7 月、9 月），中心湖区 TN 浓度要高于其他湖区，说明强降雨引起的氮浓度高值区向湖心区推移，对中心湖区的水质造成了明显影响。

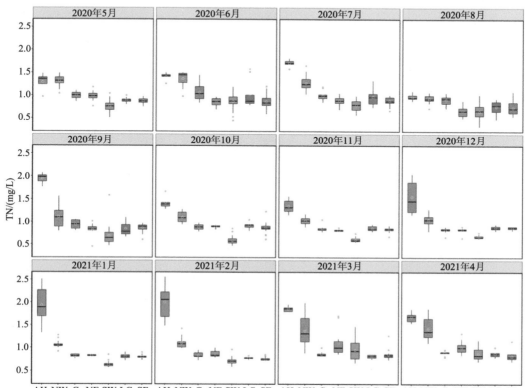

图 14.21　观测期间 12 个月千岛湖不同湖区总氮浓度的差异

西南湖区的 TN 浓度在全年处在较低的水平，有时甚至比东南湖区还要低。西南湖区的流域是淳安县人口第二密集区，汾口镇的人口数量仅次于淳安县域（千岛湖镇），流域土地开发程度也相对较高，生活污水和农业面源污染负荷应当较高。该区湖水的电导率也说明了这些情况。但该区大多数入库河流会建坝并形成前置库，入湖前的营养盐在这些河道得到了较高净化；此外，汾口污水处理厂也做了人工湿地深度处理系统，在源头削减上发挥了作用，可能是西南湖区氮浓度较低的原因。

千岛湖全库 NH_3-N 平均浓度逐月变化趋势如图 14.22 所示。由图可知，千岛湖全湖全年氨氮的平均浓度为 0.064 mg/L，最高值出现在 7 月（（0.125±0.072）mg/L），最低值出现在 12 月（（0.010±0.017）mg/L）。氨氮能直接被藻类等生物吸收利用，通常在未受污染的水体中氨氮浓度很低；在受生活污水等污染严重的水体中，氨氮浓度会升高。就全年时间分布来看，氨氮浓度全年差异较大，在 5~9 月较高，而在 12 月~翌年 2 月的浓度明显较低，这说明氨氮主要由外源污染排放产生，并与水体下层缺氧过程有关。冬季因降雨来水少，入湖负荷低，水体中浓度相应最低。

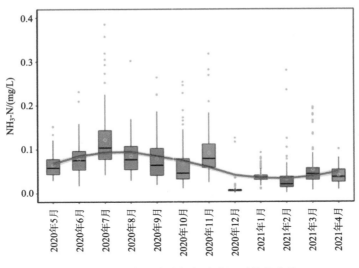

图 14.22　千岛湖全库氨氮浓度逐月均值变化

　　安徽段和西北湖区在多数月份都是氨氮浓度最高的区域，在西北湖区呈现出带状递减趋势，表明安徽方向的来水是千岛湖氨氮的重要来源（图 14.23）。对于 7 月的雨期，

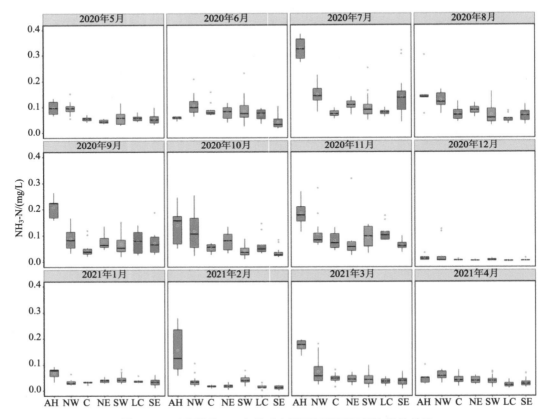

图 14.23　观测期间 12 个月千岛湖不同湖区氨氮浓度的差异

全库周边入库河道均有较高的氨氮分布，湖心区和城中湖浓度最低，表明降水携带农用土地上的地表径流会显著增加水库氨氮浓度。2、3 月份也可明显观察到安徽河道区氨氮较高，可能与枯水期生活污染源占比高及季节性有机肥施用有关。

六、总磷及溶解性总磷

2020 年 5 月~2021 年 4 月，全库 100 个点总磷（TP）和溶解性总磷（DTP）的平均浓度逐月变化趋势如图 14.24 所示。

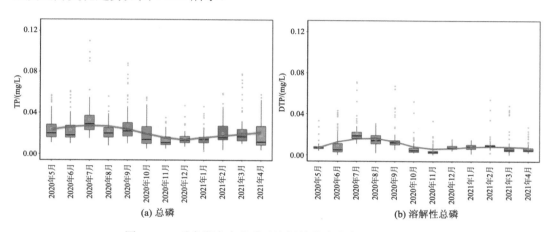

(a) 总磷　　　　　　　　　　　　(b) 溶解性总磷

图 14.24　千岛湖全库总磷及溶解性总磷浓度逐月均值变化

观测期间，TP 的月均浓度呈现先上升后下降再上升趋势，全年平均值为 0.021 mg/L，其中 7 月份 TP 平均浓度最高，11 月份最低。DTP 月平均浓度与 TP 的变化趋势在大多数月份基本上相同，全年均值为 0.010 mg/L，占 TP 的 48%。但从 2 月份开始，TP 浓度升高，而 DTP 浓度降低，2~4 月颗粒态磷（PP）比例明显变高。PP 增高与春耕期间降雨引发的水土流失强度大，以及春季硅藻疯长大量吸收 DTP 有关。

观测期间不同湖区各月 TP 浓度变化如图 14.25 所示。安徽段 TP 浓度在 7 个湖区中处在最高水平，其次是与其相连的西北湖区，西南和东南湖区最低，这与 TN 的湖区间差异特征类似。此外，东北湖区和西南湖区的 TP 浓度在大多数月份也高于中心湖区和东南湖区，这表明河道外源输入是千岛湖水体 TP 的主要来源。新安江作为千岛湖最主要的入库河流（占总入库流量的 60%以上），自然也是最主要的磷来源。千岛湖水体中磷的主要自净途径是颗粒物沉降及排水输出。TP 从河道进入水库后，由于水面变宽，流速变慢，TP 沉降作用加剧，因此，TP 浓度从上游至下游逐渐降低。降雨会显著增加磷的面源输入，特别是对于山高坡陡、土地扰动强度大、农业活动强度高的农田、茶果园等地区，降雨之后汇水河道磷陡增，造成河道入湖区 TP 浓度大幅升高。此外，离城镇近的城中湖 TP 浓度相对也较高，这说明城镇的面源污染是千岛湖磷的重要来源之一，对局部水体 TP 浓度产生了明显影响。

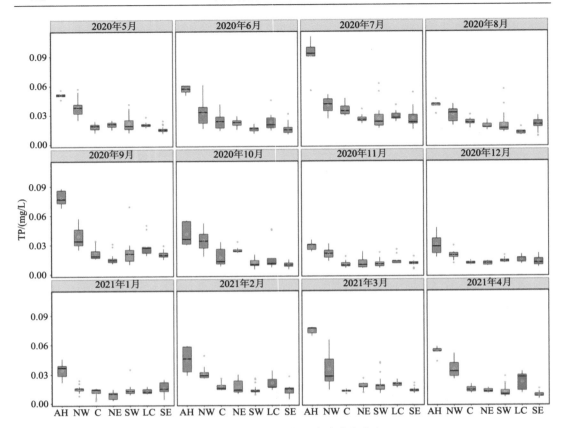

图 14.25　全库不同湖区总磷浓度分布

七、叶绿素 a

2020 年 5 月至 2021 年 4 月，千岛湖全库逐月平均 Chl-a 浓度变化情况如图 14.26 所示。2020 年 5 月至 2021 年 4 月全库逐月平均 Chl-a 浓度依次为 8.8 μg/L、9.6 μg/L、18.5 μg/L、11.5 μg/L、6.3 μg/L、5.3 μg/L、1.8 μg/L、3.9 μg/L、4.2 μg/L、4.6 μg/L、8.0 μg/L 及 12.9 μg/L，全年平均值为 8.0 μg/L。7 月份全库 Chl-a 浓度最高，4 月份次之，11 月份最低。

总体上全库 Chl-a 平均浓度呈现夏季>春季>秋季>冬季的趋势，可能是由于气温及入流营养盐补给的影响。夏季和春季以及秋季的 9、10 月气温相对来说较高，比较适合藻类的生长。同时，6、7 月雨量大，入流携带大量的营养盐，对全库水体营养盐进行了脉冲式补给，引发阶段性藻类异常增殖。

全库不同湖区 Chl-a 浓度年均值变化如图 14.27 所示。与营养盐等水质参数不同，西北湖区 Chl-a 浓度在大多数月份（夏季、秋季和春季）最高，而不是营养盐始终较高的安徽段水域。只有冬季的时候，安徽段在 7 个湖区中 Chl-a 浓度是最高的。这说明，就藻类增殖及生物量累积的环境条件而言，西北湖区比安徽的河流段更适宜藻类生长。

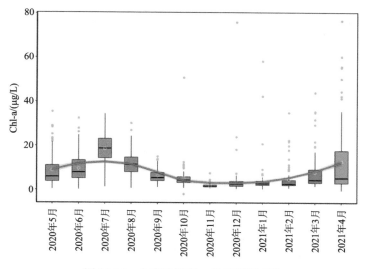

图 14.26 全库叶绿素 a 浓度逐月变化

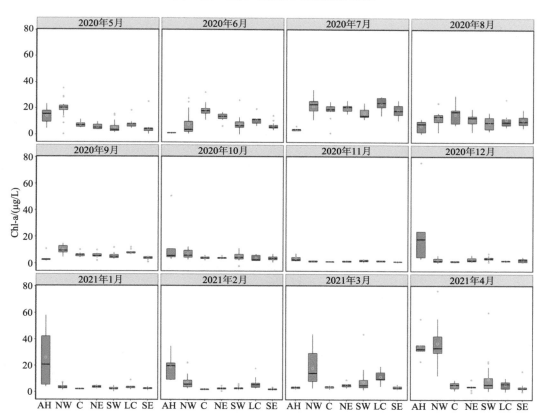

图 14.27 不同湖区各月水体叶绿素 a 浓度均值变化

西北湖区的氮磷浓度仅次于安徽湖区，处于第二高的水平，为藻类的生长提供了足够的营养盐；营养盐最高的安徽区域水体流速较快、透明度低，导致藻类无法较好地生长，而到了西北湖区，由于湖面变宽，水体流速变慢，沉降加快，水体透明度升高，除了营养盐以外，光照和水力停留时间也较适合藻类生长，故该区域 Chl-a 浓度一般最高。值得关注的是，冬季安徽湖区的 Chl-a 浓度相对较高，这主要是由于冬季上游流量变小，河道水体相对其他季节流动性较差，导致从上游输移来的大量营养盐在这个区域累积，安徽段水体营养盐浓度显著高于西北湖区段，这可能是安徽段水体 Chl-a 浓度高的原因。同时水位下降可能会导致某些底栖藻进入水体中，最终引起安徽湖区浮游植物生物量上升，Chl-a 浓度较高。

总体来说，全库 Chl-a 浓度主要受气温和营养盐的影响，从 4 月份开始，气温逐渐升高，相对来说营养盐较高的安徽段和西北湖区首先出现 Chl-a 的高值；紧接着夏季（6月和 7 月）连续强降雨将营养盐和藻类输移到水库敞水区，导致全库 Chl-a 浓度均有所升高；8 月份水库分层稳定，光照和气温条件适宜，Chl-a 浓度在全库也处在较高的水平；秋季和冬季由于气温较低，Chl-a 浓度也随之降低。

值得关注的是，安徽段冬季 Chl-a 浓度出现高值，可能是由于水位较低，水温偏高，又毗邻生活区，适宜硅藻等增殖。

第四节　千岛湖水生态系统结构与演化趋势

一、浮游植物

（一）物种组成

2020 年 5 月至 2021 年 4 月调查中，鉴定出浮游植物 8 门 89 属 132 种。其中绿藻门种类最多，共有 64 种，占种数的 48.48%；硅藻门共 32 种，占种数的 24.24%；蓝藻门 20 种，占种数的 15.15%。其他各门，即裸藻门、甲藻门、隐藻门、金藻门和黄藻门各发现 4、4、4、3 和 1 种，分别占种数的 3.03%、3.03%、3.03%、2.27% 和 0.76%，如图14.28 所示。

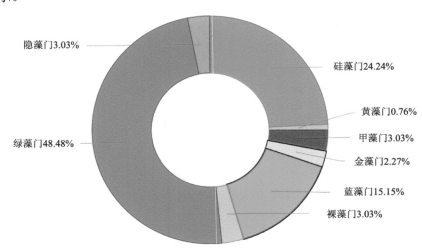

图 14.28　千岛湖浮游植物种类组成

据 McNaughton 优势度指数大于 0.02 的原则，对千岛湖观测期间的浮游植物优势种属进行分析，发现 2020 年 5 月至 2021 年 4 月，千岛湖表层浮游植物优势种（属）共有 17 个：①蓝藻门的鞘丝藻属（*Lyngbya* sp.）、假鱼腥藻（*Pseudanabaena* sp.）、束丝藻属（*Aphanizomenon* sp.）、长孢藻属（*Dolichospermum* sp.）和微囊藻属（*Microcystis* sp.）共 5 个属；②硅藻门的曲壳藻属（*Achnanthes* sp.）、脆杆藻属（*Fragilaria* sp.）、小环藻属（*Cyclotella* sp.）、针杆藻属（*Synedra* sp.）及直链藻属（*Aulacoseira* sp.）共 5 个属；③绿藻门的卵囊藻属（*Oocystis* sp.）、栅藻属（*Scenedesmus* sp.）、纤维藻属（*Ankistrodesmus* sp.）、空星藻属（*Coelastrum* sp.）以及衣藻属（*Chlamydomonas* sp.）共 5 个属，以及隐藻门的蓝隐藻属（*Chroomonas* sp.）及隐藻属（*Cryptomonas* sp.）共 2 个属。

（二）细胞密度及生物量

2020 年 5 月至 2021 年 4 月千岛湖 100 个调查点叶绿素最大层的各门藻类细胞密度如图 14.29 所示。从图可以看出，春季千岛湖浮游植物整体以硅藻门及蓝藻门为主。3 月浮游植物细胞密度最低，以硅藻、隐藻为主，平均细胞密度分别为 1.19×10^6 cells/L 和 1.50×10^6 cells/L；4 月浮游植物细胞密度是春季最高的，其中硅藻、蓝藻为浮游植物群落构成的主体，平均细胞密度分别为 5.75×10^6 cells/L、6.53×10^6 cells/L；5 月浮游植物以硅藻、蓝藻为主，细胞密度分别为 3.24×10^6 cells/L、2.76×10^6 cells/L。

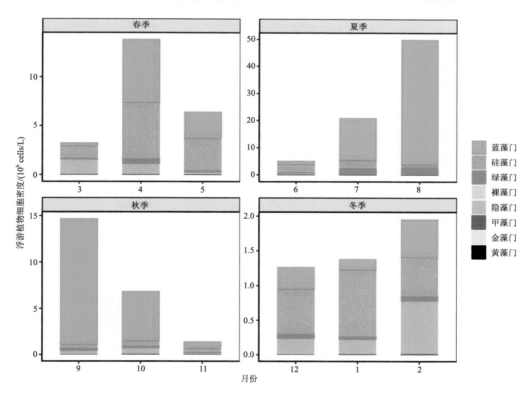

图 14.29　千岛湖不同季节浮游植物细胞密度变化

　　夏季千岛湖浮游植物整体以蓝藻门为主。6月浮游植物细胞密度最低，以硅藻为主，细胞密度为 2.70×10^6 cells/L；7月浮游植物以蓝藻为主，细胞密度为 15.65×10^6 cells/L；8月浮游植物密度最高，以蓝藻为主，细胞密度为 46.34×10^6 cells/L。

　　秋季千岛湖浮游植物整体以蓝藻门为主。其中9月浮游植物细胞密度最高，以蓝藻为主，其细胞密度为 13.58×10^6 cells/L；10~11月浮游植物密度快速下降。10月浮游植物依然以蓝藻为主，细胞密度为 5.46×10^6 cells/L；11月为群落结构演替的转折期，浮游植物密度进一步下降，以蓝藻、硅藻为主，细胞密度分别为 0.78×10^6 cells/L 和 0.39×10^6 cells/L。

　　冬季千岛湖浮游植物整体以硅藻门、隐藻门为主，细胞密度逐月升高。12月浮游植物以硅藻为主，细胞密度为 0.64×10^6 cells/L，数量也是全年最低；1月浮游植物以硅藻、隐藻为主，细胞密度分别为 0.96×10^6 cells/L、0.21×10^6 cells/L；2月浮游植物密度相对最高，以隐藻、硅藻、蓝藻为主，细胞密度分别为 0.76×10^6 cells/L、0.56×10^6 cells/L、0.54×10^6 cells/L。

　　总体而言，千岛湖浮游植物全年以蓝藻、硅藻为主，全年蓝藻平均密度为 7.82×10^6 cells/L，硅藻平均密度为 1.64×10^6 cells/L。其中，从11月至次年6月，优势门中均有硅藻，而从4月至11月，优势门中均有蓝藻。夏季浮游植物细胞密度最高，主要是蓝藻占优，平均密度 25.33×10^6 cells/L，冬季浮游植物细胞密度最低，平均密度只有 1.54×10^6 cells/L，仅为夏季密度的6%。

　　因不同种属细胞形状的巨大差异，浮游植物生物量与数量反映的信息有所差别。2020年5月至2021年4月千岛湖不同月份各门浮游植物的生物量情况如图14.30所示。从图可知，春季千岛湖浮游植物整体以硅藻、隐藻为主。3月浮游植物生物量较低，以硅藻、隐藻为主，其平均生物量分别为0.74 mg/L、0.51 mg/L；4月浮游植物生物量最高，其中硅藻、蓝藻为浮游植物群落构成的主体，其平均生物量分别为2.91 mg/L、0.68 mg/L；5月浮游植物以硅藻、蓝藻为主，其平均生物量分别为0.87 mg/L、0.27 mg/L。

　　夏季千岛湖浮游植物整体以蓝藻门为主。6月浮游植物生物量较低，以硅藻、金藻为主，其生物量分别为1.03 mg/L、0.52 mg/L；7月浮游植物以蓝藻、绿藻为群落构成的主体，其生物量分别为1.51 mg/L、1.03 mg/L；8月浮游植物生物量最高，以蓝藻、绿藻为主，其生物量分别为5.96 mg/L、1.71 mg/L。

　　秋季千岛湖浮游植物整体以蓝藻门为主。9月浮游植物生物量最高，以蓝藻、隐藻为主，其生物量分别为1.33 mg/L、0.17 mg/L；10月浮游植物同样以蓝藻、隐藻为主，其生物量分别为0.52 mg/L、0.29 mg/L；11月浮游植物生物量最低，以硅藻、隐藻为主，其生物量分别为0.28 mg/L、0.07 mg/L。

　　冬季千岛湖浮游植物整体以硅藻门、隐藻门为主。12月浮游植物以硅藻、隐藻为主，其生物量分别为0.61 mg/L、0.12 mg/L；1月浮游植物生物量最高，以硅藻、隐藻为主，其生物量分别为1.28 mg/L、0.10 mg/L；2月浮游植物生物量以硅藻、隐藻为主，其生物量分别为0.46 mg/L、0.21 mg/L。

　　总体而言，千岛湖浮游植物细胞密度、生物量在8月达到峰值，11月时浮游植物密度及生物量最低。秋、冬季浮游植物密度、生物量明显低于春、夏两季，春、冬季硅藻明显占优，蓝藻细胞密度及生物量在夏季明显升高，就生物量而言，7~10月蓝藻最高，超过硅藻，其余月份硅藻生物量均为最高。全年浮游植物整体以蓝藻、硅藻为主，平均生物量分别为 0.89 mg/L、0.79 mg/L，几乎相当，蓝藻占比略大。夏季浮游植物生物量最高，平均生物量 4.79 mg/L，冬季浮游植物生物量最低，平均生物量 1.06 mg/L。

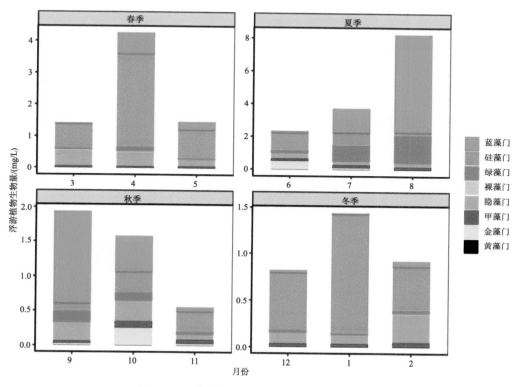

图 14.30　千岛湖不同季节浮游植物生物量变化

（三）生物量的空间差异

2020 年 5 月至 2021 年 4 月千岛湖各空间分区的各门浮游植物生物量变化情况如图 14.31 所示。安徽段浮游植物全年总体上以硅藻、隐藻为主，只有 8 月以隐藻、蓝藻为主。5 月浮游植物平均生物量最高，为 5.98 mg/L，其中硅藻的平均生物量为 5.40 mg/L，占 5 月浮游植物平均生物量的 90%；6 月浮游植物平均生物量最低，为 0.22 mg/L。安徽段蓝藻生物量最高值出现在 8 月份的 4 号点，为 1.39 mg/L。硅藻生物量最高值则出现在 1 月份的 1 号点，为 13.6 mg/L。

西北湖区浮游植物全年以蓝藻、硅藻为主，其中 6 月以硅藻、金藻为主。6 月浮游植物平均生物量最高，为 9.78 mg/L，硅藻、金藻的平均生物量分别为 4.93 mg/L、2.85 mg/L，硅藻平均生物量占 6 月浮游植物平均生物量的 50%；11 月浮游植物平均生物量最低，为 0.31 mg/L。西北湖区蓝藻生物量最高值出现在 8 月份的 12 号点，为 12.90 mg/L。硅藻生物量最高值则出现在 6 月份的 8 号点，为 10.00 mg/L。

中心湖区浮游植物全年以蓝藻、硅藻为主，其中 7、8 月以蓝藻、绿藻为主。8 月浮

游植物平均生物量最高，为 8.31 mg/L，蓝藻、绿藻的平均生物量分别为 4.81 mg/L、
2.98 mg/L，蓝藻平均生物量占 8 月浮游植物平均生物量的 58%；11 月浮游植物平均生物
量最低，为 0.32 mg/L。中心湖区蓝藻生物量最高值出现在 8 月份的 47 号点，为 9.17 mg/L。
硅藻生物量最高值则出现在 8 月份的 25 号点，为 3.02 mg/L。

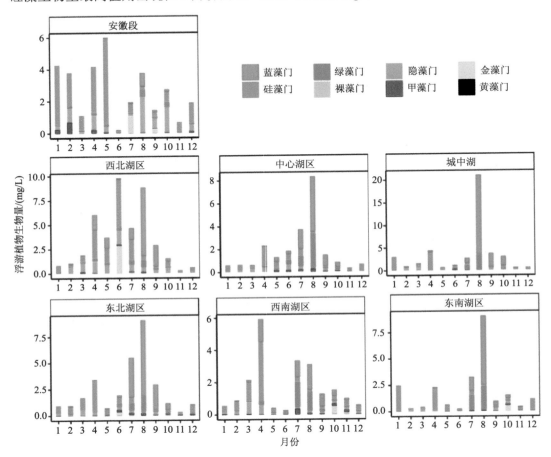

图 14.31　千岛湖各区域浮游植物生物量变化

城中湖浮游植物全年以蓝藻、硅藻为主，其中 7、8 月以蓝藻、绿藻为主。8 月浮
游植物平均生物量最高，为 21.02 mg/L，蓝藻、绿藻的平均生物量分别为 17.49 mg/L、
3.33 mg/L，蓝藻平均生物量占 8 月浮游植物平均生物量的 83%；11 月浮游植物平均生物
量最低，为 0.64 mg/L。城中湖蓝藻生物量最高值出现在 8 月份的 97 号点，为 21.15 mg/L。
硅藻生物量最高值则出现在 4 月份的 92 号点，为 6.50 mg/L。

东北湖区浮游植物全年以蓝藻、硅藻为主，其中 7、8 月以蓝藻、绿藻为主。8 月
浮游植物平均生物量最高，为 9.06 mg/L，蓝藻、绿藻的平均生物量分别为 7.21 mg/L、
1.42 mg/L，蓝藻平均生物量占 8 月浮游植物平均生物量的 80%；11 月浮游植物平均生物
量最低，为 0.32 mg/L。东北湖区蓝藻生物量最高值出现在 8 月份的 27 号点，为 12.26 mg/L。
硅藻生物量最高值则出现在 4 月份的 28 号点，为 4.83 mg/L。

西南湖区浮游植物全年以硅藻、蓝藻为主，其中 7、8 月以绿藻、蓝藻为主。4 月浮游植物平均生物量最高，为 5.93 mg/L，硅藻平均生物量为 3.71 mg/L，占 6 月浮游植物平均生物量的 63%；6 月浮游植物平均生物量最低，为 0.27 mg/L。西南湖区蓝藻生物量最高值出现在 4 月份的 59 号点，为 20.41 mg/L。硅藻生物量最高值则出现在 4 月份的 64 号点，为 7.29 mg/L。

东南湖区浮游植物全年以蓝藻、硅藻以及绿藻为主，其中 7、8 月以蓝藻、绿藻为主。8 月浮游植物平均生物量最高，为 9.04 mg/L，蓝藻、绿藻平均生物量分别为 6.57 mg/L、2.22 mg/L，蓝藻平均生物量占 8 月浮游植物平均生物量的 73%；6 月浮游植物平均生物量最低，为 0.24 mg/L。东南湖区蓝藻生物量最高值出现在 8 月份的 85 号点，为 11.57 mg/L。硅藻生物量最高值则出现在 1 月份的 77 号点，为 5.05 mg/L。

总之，生物量的空间变化反映的情况与细胞密度反映的情况基本一致：西北湖区蓝藻峰值早于安徽段，也早于中心湖区。在 2020 年 7~9 月的 3 个月，西北湖区、中心湖区、东南湖区及东北湖区均同步出现了蓝藻生物量的峰值，在所有藻类中的占比均较高。其中，西北湖区的蓝藻占比最高。因此判断，西北湖区可能是千岛湖中心湖区及东南湖区蓝藻的策源地之一。在 2020 年洪水的推移下，中心湖区、东南湖区在 8 月份均出现了蓝藻生物量占比很高的现象。此外，城中湖的蓝藻生物量在 8 月也达到了最高值，显著高于其他湖区，表明该区域具有较高的蓝藻水华风险。这与该区域氮、磷等营养盐浓度相对较丰富，且水流滞缓、交换欠佳等环境特征有关。

（四）多样性

千岛湖 2021 年浮游植物 Shannon-Wiener 多样性指数变化如图 14.32 所示，从时间上来看，千岛湖浮游植物 Shannon-Wiener 多样性指数呈现夏秋高、春冬低的特征。秋季 Shannon-Wiener 多样性指数最高，平均值为 1.76，而春季多样性指数相对较低，平均值仅为 1.34。

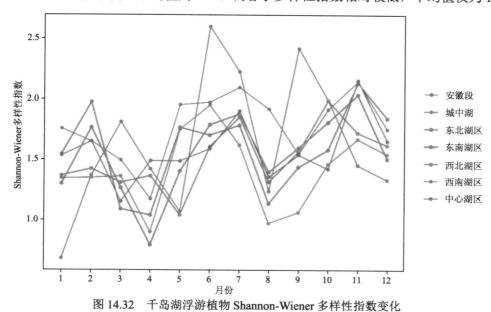

图 14.32　千岛湖浮游植物 Shannon-Wiener 多样性指数变化

从空间上来看，安徽段 Shannon-Wiener 多样性指数波动较大，最高值和最低值均出现在安徽段，变化范围在 0.68~2.60 之间；西北湖区多样性指数波动较小，波动范围在 1.04~1.99 之间。西南湖区 Shannon-Wiener 多样性指数平均值相对较高，为 1.78，而城中湖区较低，为 1.42。

二、浮游动物

浮游动物是水库生态系统中极其重要的一类生物，在水库食物链中发挥着承上启下的功能；一方面，浮游动物承担着牧食浮游植物、调节浮游植物群落结构及其生物量的功能；另一方面，浮游动物也是鱼类最重要的饵料生物，是合理控制鱼类结构与数量的关键要素。为了解浮游动物的时空差异，于 2020 年 4 月、7 月、11 月及 2021 年 2 月，在千岛湖 100 个监测点位中遴选 22 个点位进行水下 1 m 的表层样品采集（图 14.10）。为进一步了解浮游动物的垂向分层状况，在 2020 年 7 月和 10 月在 6#、13#、21#、32#、36#、42#、53#、67#、47#、76#、79#、87# 及 98# 13 个点位采集表层、水下 5 m、水下 15 m、水下 25 m 及底层浮游动物样品。浮游动物采样时的采集水样为 20 L，用 25 号浮游生物网过滤，把过滤样品放入 50 mL 的标本瓶中，加甲醛固定。轮虫鉴定用浮游植物浓缩样品完成。浮游动物的样品用显微镜鉴定，鉴定至种属水平，根据近似几何图形估算生物量。浮游动物的季节演替特征分析，主要依据了 2020 年 4 月、7 月、11 月及 2021 年 2 月 4 次调查的结果。而浮游动物垂向分布特征，则采用了 2020 年 7 月和 10 月的 2 次调查结果。本分析未包括原生动物。

（一）群落特征

2020 年 4 月千岛湖共采集到枝角类、桡足类及轮虫等后生浮游动物 41 种，其中轮虫 21 种，枝角类 9 种，桡足类 11 种；2020 年 7 月共采集到 35 种，其中轮虫 24 种，枝角类 4 种，桡足类 7 种；2020 年 11 月千岛湖共采集到 32 种，其中轮虫 11 种，枝角类 10 种，桡足类 11 种；2021 年 2 月千岛湖共采集到 35 种，其中轮虫 19 种，枝角类 9 种，桡足类 7 种。根据出现频率和相对密度乘积大于 0.02 的浮游动物优势种识别标准，2020 年 4 月千岛湖全湖尺度的浮游动物优势种为无节幼体、疣毛轮属、暗小异尾轮虫；2020 年 7 月千岛湖全湖尺度的浮游动物优势种为扁平泡轮虫、裂痕龟纹轮虫、有棘螺形龟甲轮虫、无棘螺形龟甲轮虫、针簇多肢轮虫、细异尾轮虫、暗小异尾轮虫等；2020 年 11 月千岛湖尺度的浮游动物优势种为盔形溞、球状许水蚤、哲水蚤幼体、剑水蚤幼体、无节幼体、无棘螺形龟甲轮虫、有棘螺形龟甲轮虫、针簇多肢轮虫、等刺异尾轮虫；2021 年 2 月千岛湖全湖尺度的浮游动物优势种为无棘螺形龟甲轮虫、针簇多肢轮虫。总体而言，轮虫在千岛湖各样点浮游动物群落结构中有较大优势。

千岛湖 2020 年 4 月、7 月、11 月以及 2021 年 2 月份浮游动物优势种的优势值见表 14.3。

表 14.3 2020~2021 年千岛湖浮游动物优势种属季度变化

类别	优势属	优势度			
		4 月	7 月	11 月	2 月
枝角类	盔形溞			0.06	
桡足类	球状许水蚤			0.03	
	哲水蚤幼体			0.02	
	剑水蚤幼体			0.9	
	无节幼体	0.04		0.12	
轮虫	疣毛轮属	0.42			
	暗小异尾轮虫	0.08	0.29		
	轮虫属		0.09		
	扁平泡轮虫		0.02		
	裂痕龟纹轮虫		0.03		
	无棘螺形龟甲轮虫		0.05	0.03	0.03
	有棘螺形龟甲轮虫		0.17	0.16	
	针簇多肢轮虫		0.03	0.30	0.04
	细异尾轮虫		0.04		
	等刺异尾轮虫			0.02	

　　各季节浮游动物的密度及生物量变化如图 14.33 所示。总体来看,轮虫的数量最多,这与区域其他水体的情况是一致的。生物量方面,呈现枝角类>桡足类>轮虫特征。季节变化方面,2020~2021 年千岛湖浮游动物全湖季度平均密度在 74~756 ind./L 之间波动,均值为 291 ind./L,密度最高出现在 7 月,最低出现在 11 月。轮虫在浮游动物密度组成中具有绝对优势地位。而生物量方面,千岛湖浮游动物全湖季度平均值在 0.070~0.399 mg/L 之间,四季均值为 0.262 mg/L,生物量最高出现在 2 月,最低出现在 7 月。

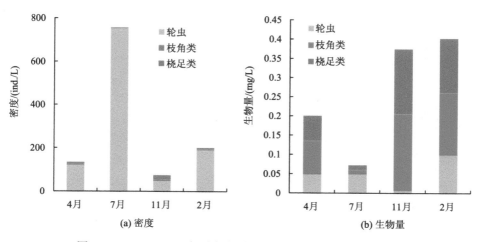

图 14.33 2020~2021 年千岛湖浮游动物密度和生物量季节变化

夏季生物量低的原因可能是两方面：一则是本次调查以水下 1m 的表层水体为主，夏季表层水温高且光照强，引起浮游动物向下层光照弱且凉爽的水层迁移，导致夏季采集到的浮游动物生物量偏低；二则可能与夏季鱼类捕食压力大有关，夏季鱼类生长快，捕食强度大，导致夏季鱼类饵料生物浮游动物生物量下降。

（二）群落的空间格局

千岛湖 2020 年 4 月、7 月、11 月及 2021 年 2 月四季浮游动物生物量空间变化如图 14.34 所示。从图可知，2020 年 4 月千岛湖浮游动物密度为 4~665 ind./L，最大值和最小值分别出现在 10# 点和 67# 点（采样点位见图 14.10）。10# 点地处威坪库湾水域，可受街口来水及七都源等来水影响，总体水质偏富营养，夏秋季节甚至出现过蓝藻水华，该点位轮虫等浮游动物生物量高，与该水域水体食源丰富有关。67# 点地处西南库湾中心，是千岛湖水质最好的水域之一，营养盐浓度低，浮游植物生物量低，水体透明度高，水体寡营养可能是该点位浮游动物密度最低的主要原因。

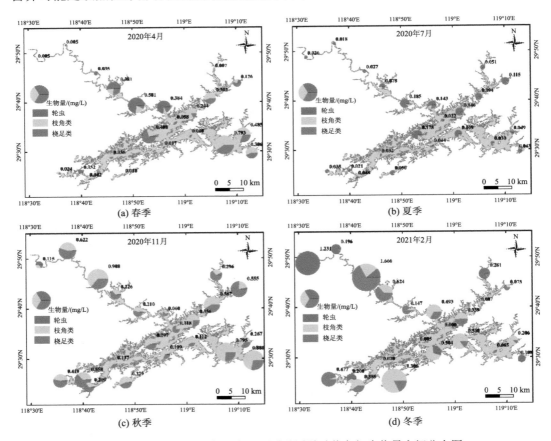

图 14.34　2020~2021 年千岛湖四季节浮游动物各门生物量空间分布图

2020 年 4 月千岛湖浮游动物的生物量为 0.005~0.793 mg/L，最大值出现在 89# 点位，最小值出现在 1# 点位。89# 点地处东南库湾中心，水质良好，浮游动物生物量高的主要原因是枝角类和桡足类等大型浮游动物的数量明显高于其他点位。其原因一则表明透明度高有利于大型浮游动物生长；另一方面也可能与该水域鱼类捕食压力小有关系，说明大型浮游动物的数量在一定程度上表征了水体自净能力，大型浮游动物数量高，有利于维持高透明度的良好水质。1#点地处妹滩电站下游，生物量最低的主要原因也是枝角类、桡足类等大型浮游动物的数量太少，与其来水主要是妹滩电站的深层低温来水，不利于水中浮游动物生长，且该水域水体流动性强，不利于生物量累积等有关。

2020 年 7 月浮游动物密度方面最大值 2261 ind./L，出现在 38#点位。该点靠近淳安县城，密度高与其水域受人类活动影响、水体轮虫密度大有关。最小值为 61 ind./L，出现在 1#点位，与其承接了妹滩水库下泄水有关。生物量方面最大值为 0.185 mg/L，出现在 15#点位，与该点轮虫数量较多有关，也意味着该点可能的食源较丰富。最小值为 0.019 mg/L，出现在 3#点位，与采样期间降雨量大、该点流速大、水体浑浊有关。

2020 年 11 月浮游动物的密度最大值为 333 ind./L，出现在 1#点位，可能是 11 月进入枯水季，妹滩电站下泄流量很小，该水域水浅，乡村生活污染增高导致。最小值为 20 ind./L，出现在 19#点位；与该点秋冬季水质透明度高、营养盐含量低有关。生物量最大值为 0.908 mg/L，出现在 5#点位；该点处于皖浙交界处，食源丰富，秋季水流滞缓，出现大型浮游动物激增。最小值为 0.060 mg/L，出现在 19#点位，与该水域秋季之后水质快速好转有关系。

2021 年 2 月浮游动物密度最大值 3591 ind./L（1#点）；与秋季 11 月的情况类似，其靠近妹滩电站下泄区，枯水期成为死水区，水很浅，生活污染比重增加，导致轮虫大量滋生。最小值仅为 1 ind./L，出现在 35#点，该点地处西北库湾，在冬季枯水期，这些库湾的透明度大增，水质趋于贫营养，限制了浮游动物的生长。生物量最大值为 1.666 mg/L，出现在 5#点位，即皖浙交界的街口断面，与该点位食源相对丰富有关。最小值为 0.001 mg/L，出现在 41#点位，处于中心湖区，与该点冬季水质优良、食源贫乏有关。

垂向方面，2020 年 7 月，千岛湖表层水体、水下 5 m、水下 15 m、水下 25 m 及底层水体的浮游动物物种数量分别是 71 种、66 种、58 种、55 种、50 种。总体而言，浮游动物的密度和生物量呈现从表层向底层逐渐降低的趋势。在密度方面，最高值出现在表层，为 607.7 ind./L，生物量为 0.376 mg/L，优势生物均为轮虫，优势度前三的生物为有棘螺形龟甲轮虫、冠饰异尾轮虫、无棘螺形龟甲轮虫。而到水下 5 m，浮游动物密度略低于表层，为 541.7 ind./L，而生物量达到最大，为 0.662 mg/L，优势度排前三的也都是轮虫，为有棘螺形龟甲轮虫、球形砂壳虫、冠饰异尾轮虫。到了水下 15 m，密度下降至约表层的一半，为 276.9 ind./L，生物量也降为 0.338 mg/L，优势度排前三的为樽形似铃壳虫、球形砂壳虫、有棘螺形龟甲轮虫。水下 25 m，密度下降为 241.8 ind./L，生物量降为 0.223 mg/L，优势度排前三的为球形砂壳虫、樽形似铃壳虫、有棘螺形龟甲轮虫。至底层，密度下降为 188.5 ind./L，生物量反而略增，为 0.243 mg/L，优势度排前三的为樽形似铃壳虫、有棘螺形龟甲轮虫、球形砂壳虫。

2020 年 10 月，千岛湖表层水体、水下 5 m、水下 15 m、水下 25 m 及底层水体的浮游动物物种数量分别是 69 种、69 种、61 种、58 种、52 种。密度方面，自表层至底层分别为 289.9 ind./L、299.3 ind./L、157.1 ind./L、89.6 ind./L、61.7 ind./L，总体呈随深度下降而下降的趋势，但最高值出现在次表层的水下 5 m。生物量方面，自表层至底层依次为 0.268 mg/L、0.321 mg/L、0.225 mg/L、0.170 mg/L、0.136 mg/L，与密度的垂向趋势一致。各层排前三优势的浮游动物也均为轮虫。与 7 月对比，浮游动物密度及生物量均有所降低。

对于浮游动物而言，其影响因素可以概括为食源和生境两类。本次垂向调查发现，浮游动物生物量最高值出现在次表层，与浮游植物生物量高值常出现在次表层一致，底层和亚底层相对较低，该现象的主要原因如下：①浮游植物主要分布在表层和次表层中，因此这两层水体中较高的食物可获得性使得浮游动物生物量相对更高；②表层水紫外辐射强，故浮游动物倾向于迁移到次表层以躲避表层水中较强的光照造成的氧化损伤。

（三）群落多样性

千岛湖调查期间四季浮游动物的 Shannon-Wiener 多样性指数如图 14.35 所示。千岛湖 2020 年 4 月、7 月、11 月以及 2021 年 2 月浮游动物（枝角类、桡足类和轮虫）Shannon-Wiener 多样性指数分别为 1.20、1.61、1.74、1.45。千岛湖各采样点浮游动物 Shannon-Wiener 指数空间变化如图 14.36 所示。由图可知，浮游动物多样性指数空间变化介于 0.99~1.81 之间，平均值为 1.50。多样性的相对高值出现在西北库区，其他区域浮游动物 Shannon-Wiener 多样性得分相对较低，且总体差异不大。浮游动物多样性常用于评价湖库生态系统稳定性和服务功能。一般而言，其多样性对营养水平的响应是单峰模型，即中等营养盐水平下，浮游动物会表现出最高的多样性。本次调查结果显示浮游生物多样性高值出现在西北湖区，表明千岛湖大部分湖区的低营养状态限制了浮游生物的多样性；同时该结果也说明千岛湖浮游水生生物物种的冗余度低，生态系统稳定性差，对外来干扰敏感。

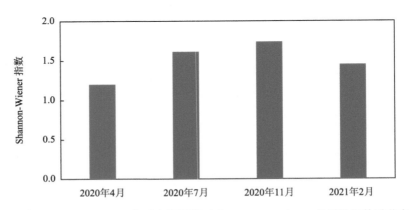

图 14.35　2020~2021 年千岛湖浮游动物 Shannon-Wiener 多样性指数季节变化

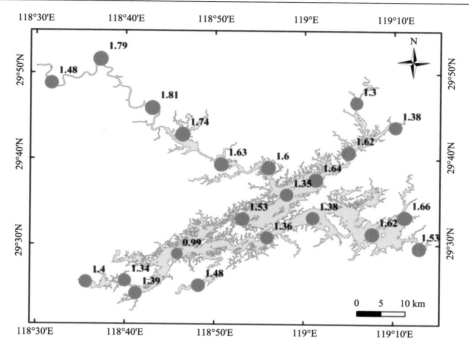

图 14.36 2020~2021 年千岛湖浮游动物 Shannon-Wiener 多样性指数各点位年均值

三、底栖动物

千岛湖底栖动物调查分别于 2019 年 3 月、6 月、9 月和 12 月开展，点位空间分布如图 14.10 所示。底栖动物样品采集用面积为 1/20 m² 的彼得森采泥器，每个样点采集 3 次。底泥样洗涤工作采用网目为 0.45 mm 尼龙筛网进行，洗涤后样品置入白瓷盘中，加入清水，利用尖嘴镊、吸管、毛笔、放大镜等工具进行样品挑拣。挑拣出的各类动物，分别放入已装好 7%福尔马林固定液的 50 mL 塑料瓶中。底栖动物使用解剖镜和显微镜进行鉴定。软体动物和水栖寡毛类的优势种鉴定到种，摇蚊科幼虫鉴定到属，水生昆虫等鉴定到科。把每个采样点所采到的底栖动物按不同种类准确地统计个体数，根据采样器的开口面积推算出 1 m² 内的数量，包括每种的数量和总数量，样品称重获得的结果换算为 1 m² 面积上的生物量（g/m²）。

（一）物种数

千岛湖 2019 年四个季度的底栖动物种类组成如图 14.37 所示。2019 年共采集到底栖动物 34 种，其中河流区发现 32 种，隶属于 6 个纲，昆虫纲占绝对优势，共发现 18 种，包括摇蚊幼虫 11 种。然而，千岛湖库区仅发现底栖动物 6 种，隶属于 3 个纲，以寡毛纲为主。河流各样点物种数为 12~19 种，平均为 15 种。总体而言，千岛湖入库河流区与库区底栖动物均为我国东部区域常见底栖种类。千岛湖入库河流的底栖动物种类丰富度相对较高，库区底栖动物丰富度要远低于河流区。造成该现象的主要原因是千岛湖为深水湖泊，库区的深水条件造成了界面缺氧，使得大多数底栖动物难以生存。

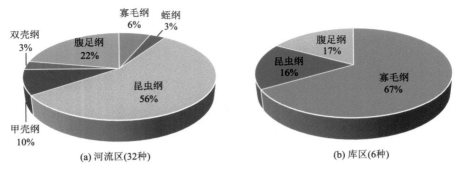

(a) 河流区(32种)　　　　　　　　　　(b) 库区(6种)

图 14.37　2019 年千岛湖河流及库区底栖动物种类组成

根据优势度大于 0.02 的底栖生物优势度判别标准，2019 年千岛湖入库河流区的优势种是霍甫水丝蚓、德永雕翅摇蚊、米虾及纹沼螺。这 4 个优势物种的优势度差异较小，说明入库河流区底栖动物的物种均匀度高。

（二）密度及生物量

2019 年千岛湖入湖河流各样点底栖动物密度介于 15.2~57.5 ind./m^2 之间，平均值为 30.9 ind./m^2，密度高值出现在大墅样点，而汾口样点密度最低（图 14.38）。除大墅外，其他各样点密度均低于 50 ind./m^2。密度方面，昆虫纲在百亩畈和汾口样点占优势，腹足纲在大墅和双溪口样点占优势，甲壳纲仅在姜家样点占优势。

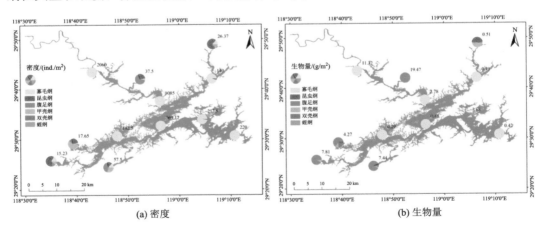

(a) 密度　　　　　　　　　　　　　(b) 生物量

图 14.38　2019 年千岛湖各样点底栖动物密度及生物量

对比入库河流调查结果，千岛湖库区的底栖动物种类少，多样性低。从季节变化看，2019 年千岛湖入湖河流四个季度底栖动物密度介于 18.0~48.7 ind./m^2 之间，平均值为 31.2 ind./m^2，9 月份密度为最高值，6 月份密度为最低值（图 14.39）。而千岛湖库区四个季度底栖动物密度介于 141~910 ind./m^2 之间，平均值为 604.9 ind./m^2，寡毛类密度在各季节均占绝对优势，且夏季密度要高于其他季节。从空间上来看，千岛湖库区各点位底栖动物密度为 30~3990 ind./m²，平均值为 680 ind./m²，最高值仍出现在西北湖区。千岛湖库区底栖动物密度空间变化的主导类群为寡毛类的水丝蚓属。生物量方面，2019 年千岛湖入湖河流各样点底栖动物生物量介于 0.5~19.5 g/m² 之间，平均值为 7.9 g/m²（图 14.40）。

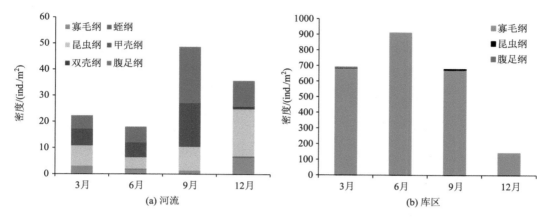

图 14.39　2019 年千岛湖河流及库区四个季度底栖动物密度

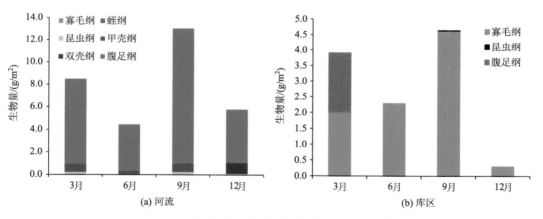

图 14.40　2019 年千岛湖河流及库区四个季度底栖动物生物量

从不同类群底栖动物所占比重可以看出，绝大多数样点为腹足类所主导。季节变化方面，2019 年千岛湖入湖河流各样点四个季度底栖动物生物量介于 4.4~13.1 g/m² 之间，生物量高值出现在 9 月，最低值出现在 6 月。库区方面，千岛湖湖区各样点四个季度底栖动物生物量介于 0.3~4.6 g/m² 之间，平均值为 2.8 g/m²。生物量最高值出现在 9 月，其次是 3 月，12 月生物量最低。

（三）多样性

2019 年千岛湖入湖河流各样点的 Shannon-Wiener 多样性指数介于 0.83~1.63，平均值为 1.20（图 14.41），表明千岛湖入湖河流底栖动物多样性较高。2019 年千岛湖库区各样点的 Shannon-Wiener 多样性指数介于 0~0.59。若根据 Shannon-Wiener 多样性的一般评估标准，千岛湖库区为重度污染。但显然，库区的底栖生物多样性指数的主要胁迫因子不是污染，而是水深。因此，常用的底栖动物多样性评估标准不适用于直接评价千岛湖。底栖动物多样性评价生态质量的前提是基于人类活动改变了沉积物水界面的环境条件，从而造成了底栖动物群落的变化。比如在浅水湖泊中，随着碳、氮、磷的负荷加大，沉积物水界面会出现缺氧环境，有机碎屑的含量升高，这会造成底栖动物群落结构从滤食的氧敏感种（如双壳类）向吞食碎屑的氧耐受种（如颤蚓类）转变，并伴随着生物多样性的降低。但在千岛湖这类深水水库中，底栖动物生长的胁迫因子是水深而非污染水平。千岛湖库区的底栖动物多样性指数不宜用于直接评估人类活动导致的生态受损情况，但通过水库自身底栖动物状况的长期变化，也能表征千岛湖自身生态状况的变化。

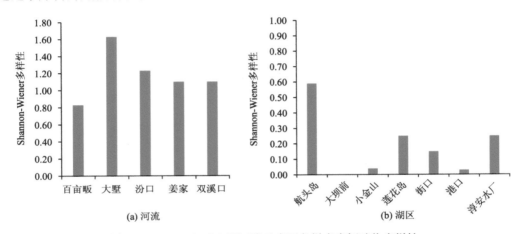

图 14.41　2019 年千岛湖河流及库区各样点底栖动物多样性

四、鱼类

　　千岛湖以"淳"牌有机鱼闻名中外。2000 年，千岛湖鲢、鳙、青鱼、草鱼、银鱼、鳜、鲴、鲤、蒙古鲌、翘嘴鲌 10 种鱼类被国家环境保护总局有机食品发展中心认证为我国首批有机水产品。本章采用文献收集与公司调研相结合的方法，获得千岛湖鱼类群落结构数据。资料方面，参考了《千岛湖鱼类资源》《千岛湖主要支流生态与渔业功能》等相关专著（刘其根等，2011；陈马康等，2014）。调研方面，调查了千岛湖大库渔业的运营公司杭州千岛湖发展集团有限公司等相关部门，了解当前千岛湖的渔业捕捞状况及鱼类组成。

　　20 世纪 60 年代，上海水产学院调查记录千岛湖鱼类 65 种。1981 年，徐亚君（1981）发表文章《新安江（安徽江段）的鱼类调查》，共记录了 113 种鱼。刘其根等（2011）在《千岛湖鱼类资源》一书中记述了自 2008 年 4 月至 2010 年 8 月共采集了 102 种鱼类，分属 9 目 11 科（表 14.4）。与以往调查结果相比，刘其根调查采集到的鱼类种类较少，认为与新安江大坝的形成、妹滩水库的兴建等有关。水坝阻断了长距离溯河洄游鱼类的产卵通道，洄游性鲥、花鲈、刀鲚、弓斑圆鲀等未出现在库区，或不能在库区繁殖，数量逐渐下降，直至消失。翘嘴鲌、鳤等增殖能力急剧下降，加上过度捕捞，种群数量急速减少。水库建成蓄水至标准水位高程时间为 19 个月，此段时间，性成熟早（1~2 龄）、生命周期短、饵料生物丰富的湖泊定居性鱼类如鲤、鲫、飘鱼、鳜等种群不断拓展，成为湖区鱼类群落首发旺盛期的主要种类。自 1963 年起，人工放流的江湖洄游性鱼类鲢、鳙，迅速成为湖区的主导鱼类。

表 14.4　2008~2010 年鱼类群落组成统计（刘其根等，2011）

| 分类 | 采集种数 | 采集种来源 | | | 占总种数百分比/% | 有记录 |
		土著	移植	网逸		无标本
鲟形目	2			2	1.96	
鳗鲡目	1	1			0.98	1
鲤形目	66	61	2	3	64.71	15
鲇形目	10	9		1	9.80	3
胡瓜鱼目	1		1		0.98	
颌针鱼目	1	1			0.98	
鳉形目	1	1			0.98	
合鳃目	1	1			0.98	
鲈形目	19	14		5	18.63	
合计	102	88	3	11	100	19

陈马康等（2014）调查了千岛湖入库支流的渔业资源，发现千岛湖的鱼类按栖息水层的垂直分布划分，底层鱼类物种数最多，有 26 种，占总数的 48.1%；其次为中上层鱼类，有 16 种，占总数的 29.6%；中下层鱼类共 12 种，占 22.2%。团头鲂、斑点叉尾鮰和俄罗斯鲟为底层鱼类；大口黑鲈为中下层鱼类；2 种太阳鱼为中上层鱼类。根据鱼类栖息环境和洄游方式，千岛湖鱼类存在 3 种生态类型：湖泊定居性鱼类共有 47 种，为千岛湖鱼类的主体，占 87%；海淡水洄游性鱼类 2 种，占千岛湖鱼类物种总数的 3.7%；江湖洄游性鱼类有青鱼、草鱼、鲢、鳙、鳤共 5 种。2013 年妹滩水库坝以下新安江河-库交汇区鱼类增至 71 种，其中深渡镇水域 59 种、宅上村水域 19 种，小金山水域 3 种，桐子坞乡水域（中心湖区小支流河-库交汇区）1 种。除放流或网箱逃逸的 10 种鱼外，野生鱼 61 种，银鱼为驯化种类，一并统计在野生鱼种。鱼类群落结构特点：以鲤形目为主体，如鮰、鮈、鳈、鲌亚科中小型鱼类，其次是马口鱼、鲇、乌鳢、鲌亚科、鮨科中的凶猛鱼；长麦穗鱼、小黄黝鱼是这里特产或稀有种类；鳤、鲢、鳙、草鱼、青鱼和团头鲂是溯河产卵或人工放流种类；斑点叉尾鮰、银鱼、大口黑鲈是人工移植或网箱逃逸种类。

根据杭州千岛湖发展集团有限公司数据，2011~2019 年，千岛湖鱼类总捕捞量在逐年上升，平均为 6016 t/a，其中鲢、鳙占 55%，野杂鱼占 45%（图 14.42）。渔业对水体生态系统影响的实质是捕捞或人工放养放流、移植驯化等引起的鱼类种群或资源、群落或食物网结构的改变，以及由此对水体生态系统产生的各种营养级联或下行效应影响。由于捕捞减小了一些目标鱼类种群的密度，必然会改变相互作用着的鱼类种群之间原有的平衡关系，从而使这些鱼类种群发生适应性变动。如对食鱼性鱼类的捕捞，导致其猎物鱼类从被捕食的压力中释放出来，数量得到增长。在湖泊中进行人工放养，直接改变了水体中的鱼类群落组成，同时还通过营养级联或下行效应等间接作用，进一步影响水体中原有的鱼类群落结构，并可能导致鱼类物种多样性的下降。

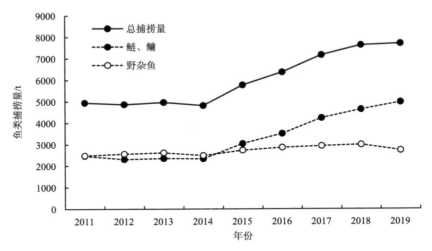

图 14.42　2011~2019 年千岛湖鱼类年捕获量变化（数据来自杭州千岛湖发展集团有限公司）

有关浮游生物食性鱼类对水体的下行效应在国外很早就受到了重视。放养或引入浮游动物食性鱼类，会降低浮游动物的数量，特别是那些大型植食性浮游动物如蚤属枝角类的数量，从而减轻了其对浮游植物的牧食压力，使浮游植物数量增加，甚至可能引发藻类水华（Gehrke and Harris, 1994）。因此，湖泊水库中的浮游生物食性鱼类在国外通常是被控制的对象，而不是放养的对象，即通过在水体中放养食鱼性鱼类来控制浮游生物食性鱼类，从而使浮游动物数量增加，达到控制藻类过度繁殖从而改善水质的目的，这种技术通常被称为生物操纵（Drenner and Hambright, 1999）。

我国对浮游生物食性鱼类的研究主要集中于鲢、鳙两种鱼类。鲢、鳙是我国特产并同时被世界各国广泛引种的两种重要滤食性鱼类，在我国湖泊水库渔业中具有重要地位，特别是水库，鲢、鳙常常占到了渔获量的 70% 以上。在正常情况下，鲢主要滤食浮游植物和小型浮游动物及大型浮游动物的幼体，而鳙则主要滤食浮游动物及部分大型浮游植物或群体。一些研究认为，鲢、鳙放养加快了水体中 N、P 等营养物的周转速率，从而导致水体中叶绿素增加，并加速了水体的富营养化进程。另外一些湖泊水库围隔或全湖试验研究表明，鲢、鳙放养能够遏制水华发生，提高水体透明度，还能降低水体的 N、P 含量。其中的关键，是放养量的差别。武汉东湖的研究和实践都表明，超富营养的武汉东湖，控制藻类水华的鲢、鳙最低生物量应在 46~50 g/m³（谢平，2003）。但是据课题组在江苏天目湖的水生态长期跟踪经验看，水源地水库中鱼类生长层水体中鲢、鳙鱼的投放密度不宜超过 7 g/m³。

据中国科学院水生生物研究所谢平、陈隽等 2019 年 7 月完成的杭州市生态环境局淳安分局委托课题"千岛湖基于水环境安全的渔业发展模式调控及渔业管理方案研究"，千岛湖藻类中的氮磷比为 16∶1，浮游甲壳动物的氮磷比为 11∶1，而鲢、鳙的氮磷比一般为 6:1，因此鲢、鳙的放养和捕捞是一个固磷排氮过程，也即通过鲢、鳙捕捞能增强生态系统的除磷作用，对千岛湖富营养化控制具有十分重要的意义。然而，目前千岛湖鲢、鳙捕捞的氮、磷去除只占输入量的 0.39% 和 5.15%，对目前千岛湖水质改善的作用有限。此外，根据 1998~2018 年千岛湖水体鲢、鳙捕捞量与水体浮游植物叶绿素 a 浓度及浮游动物群落结构的分析表明，随着近年来鲢、鳙捕捞量的增加，千岛湖水体浮游植物叶绿素 a 浓度仍在增加，而湖体大型甲壳动物（枝角类）生物量大幅下降，下降幅度达到 2/3，轮虫相对生物量大幅增加了 9 倍，浮游动物小型化严重，因此，千岛湖目前的渔业管理模式仍需进一步优化。

第五节 千岛湖生态环境总体态势与关键问题分析

自 20 世纪 80 年代以来，千岛湖的水环境保护得到了国家和地方的高度重视。尽管在 21 世纪初网箱养殖、库区挖砂等产业对水质产生了影响，但是近 10 年来，千岛湖的生态环境保护投入巨大，2012 年以来，千岛湖水质持续保持优良。基于本次年度水质及藻类调查，结合千岛湖水环境历史资料，对千岛湖生态环境的总体态势及关键问题分析如下。

一、生态环境总体态势

（一）高强度保护措施扭转了千岛湖水环境质量下降趋势

千岛湖地处人类活动历史悠久、社会经济发展活跃的长三角地区，流域传统农业活动强度较大，旅游业十分发达，加上近 20 年来持续城镇化的发展，维持水库水质长期保持优良难度大。千岛湖从 20 世纪 80 年代开发旅游和渔业养殖，对水质产生明显影响，使得 1989~1999 年千岛湖三潭岛等重要水质断面总氮、总磷长期处于Ⅲ类水范围（吕唤春等，2003）。至 1998 年因渔业结构不合理，引发了较大面积的蓝藻水华问题（刘其根等，2007）。2000 年以来，随着网箱养殖及库区挖砂等产业的不断发展，2010 年前后千岛湖水质已处于较差的状态，春季硅藻异常增殖导致较大面积的水域透明度下降明显，总磷浓度升高，严重威胁旅游业发展及水质稳定达标。据杭州市生态环境局淳安分局对三潭岛、大坝前两个国家考核水质断面的监测，2001~2011 年，两个断面年均透明度分别从 6.95 m、7.60 m 下降到 4.95 m、5.18 m，降幅达 30%；而水体浮游植物叶绿素 a 浓度则从 1~2 μg/L 增加到 6 μg/L；水体营养水平指数则从 2001 年的 22 增高到 2011 年的 28，接近贫营养水平的上限。

2012 年起，在《湖泊生态环境保护试点管理办法》等专项政策引导下，淳安县人民政府将千岛湖申报了首批良好湖泊生态环境保护试点，加强了千岛湖水环境保护力度，在流域构建了 100 套农村生活污水处理系统，降低了农村生活污水排放引发的氮磷入湖负荷；构建了千岛湖水质水华监测预警智慧化平台系统，实时监控农村生活污水排放情况及各乡镇交界断面水质，强化了流域面源污染实施精准防控；设立了皖浙跨界河流断面入库负荷自动监测系统，持续推进新安江生态补偿试点，预防性控制了安徽境内的新安江流域氮磷污染负荷，使得皖浙交界断面街口水质断面的总磷浓度长期低于考核浓度上限。淳安县分别于 2015 年、2016 年、2017 年、2020 年 4 次获得"五水共治"工作最高荣誉奖"大禹鼎"；2019 年 9 月，浙江省人民政府正式批复同意设立"淳安特别生态功能区"，将千岛湖的水生态保护提升到了一个新的阶段。

总的来看，十八大以来对千岛湖的高强度保护，扭转了 21 世纪以来水质下降的趋势，维持大坝前等重要水质断面生态环境指标处于优良状态。2012~2021 年大坝前透明度年均值为 5.18~6.41 m，均值达 5.67 m，总氮均值为 0.90 mg/L，总磷均值为 0.008 mg/L，高锰酸盐指数均值为 1.14 mg/L；水体氮、磷等指标时空异质性大，但出界断面水质维持Ⅰ类；新安江跨界生态补偿有效保障了上游来水水质，2012~2021 年皖浙跨界断面水体总氮均值为 1.30 mg/L，总磷均值为 0.038 mg/L，为千岛湖库区水质维持良好提供了重要保障。

但从本次年度调查看，水质的时空波动性依然很大，2012 年水环境保护的成果并不稳固，在 2020 年 8 月份千岛湖全湖藻类生物量都偏高，表明在气候变暖、暴雨强度和频次增加的背景下，千岛湖水质的稳定性仍面临挑战。

（二）水体总磷浓度长期稳定达标面临挑战

对于地处亚热带地区的贫营养、中营养深水水库而言，水体磷浓度是影响水体浮游植物生产力和生态环境质量的关键营养元素。本次年度调查表明，千岛湖水体氮、磷浓度存在较大的时空异质性。尽管大坝前、三潭岛两个重要水质断面基本能够维持水质Ⅰ类的浓度，但存在较大的时空差异，若以全湖体积加权平均看，总磷浓度已达 0.021 mg/L，总氮浓度达 0.92 mg/L，总体营养状态已处于贫中营养水平，贫营养状态的长期维持难度大。

与常规监测点位较少情况下的数学平均值相比，体积加权平均反映出全湖平均总磷浓度更高，意味着下游深水、水质优良区的总磷等水质指标面临更大的挑战，关键水质国控监测断面的 TP 浓度稳定维持Ⅰ类水（TP < 0.010 mg/L）难度较大。数值模拟分析了安徽来水对小金山、三潭岛、大坝前 3 个国控断面的总磷影响：假设千岛湖街口断面总磷浓度在多年平均值 0.044 mg/L、其他断面处于总磷本底浓度 0.008 mg/L 情况下，在暴雨平均入流流量 955 m^3/s 水情下，3 天的扩散使得小金山国控断面总磷浓度超过 0.010 mg/L，16 天使得三潭岛断面总磷浓度超标，44 天大坝前断面总磷浓度超标。由于暴雨情况下街口断面总磷常常大幅度高于多年均值，实际的影响要比模拟结果时间更短（李慧赟等，2022），因此，千岛湖各个国控断面总磷浓度稳定维持Ⅰ类比较困难。

（三）局部库湾仍存在藻类水华风险

蓝藻水华严重威胁湖库水源地水质安全及其旅游价值。而水库硅藻水华也严重影响水体透明度，增加水体氮、磷浓度，并可能引发底层缺氧，引起水质异味等次生灾害。作为一个生态系统结构简单、消落带植被基本缺失的大型水库，千岛湖水体食物链结构简单、生物多样性低。因此，大型深水水库的生态脆弱，容易发生突变，局部库湾蓝藻、硅藻水华的风险可能会长期存在。

本次年度调查表明，千岛湖夏秋季蓝藻优势度普遍较高，局部水域生物量高，对饮用水源地、重点景观水域的总磷浓度和表观水色产生了影响。事实上，近 5 年来千岛湖水体浮游植物群落结构有"蓝藻化"转变的趋势，如本次年度调查中，17 个藻类优势属中，蓝藻门有 5 个，硅藻门有 5 个。蓝藻门的优势属中，鱼腥藻、伪鱼腥藻、束丝藻、微囊藻和鞘丝藻，大都具有形成水华甚至产毒的风险。特别值得关注的是，在本次年度调查中发现蓝藻的优势进一步加强，全年全湖藻类平均生物量为 2.40 mg/L，其中蓝藻生物量 0.89 mg/L，硅藻生物量 0.79 mg/L，蓝藻年均生物量超过了硅藻。2020 年 7~10 月蓝藻生物量均超过硅藻，西北湖区局部蓝藻生物量达到 12.90 mg/L，淳安县城附近的城中湖水域 8 月蓝藻平均生物量达到 17.49 mg/L，对水色产生明显影响，接近蓝藻水华暴发的临界值。引水工程取水口所在的东南湖区 8 月份也出现丝状蓝藻生物量较高现象。因此，即使是氮、磷浓度的关键水质总体能够维持优良，但对千岛湖的藻类水华问题应保持高度警惕。

二、关键问题分析

（一）流域农业活动与城镇化是千岛湖水环境面临的主要压力

千岛湖主要环境压力来自流域氮、磷排放强度及其入库量。而人类活动是流域氮、磷排放强度变化的主要动力。因此，城市建设对地表径流过程的影响、人口集中对生活污水排放方式的影响、农业结构及管理对茶果园和农田施肥方式及地表扰动过程的变化等，均会对水库氮、磷的污染负荷产生影响。与大型城市相比，中小城镇的人类活动强度相对较弱，对生态系统的影响易被忽视。然而，随着我国城乡统筹区域发展的推进，城镇污染影响逐渐突出，特别是山区河流在人为干扰下，有点面结合、城市及农村双重污染的特征，外源氮磷污染过量输入，一旦超过山区河流的自净能力，也将威胁山区河流的生态系统健康。

本次年度水质监测表明，淳安县城周边的城中湖等库湾磷浓度明显高于上、下游水域，夏季浮游植物生物量也更高，暴雨季节的氮沉降负荷同样偏高。此外，春季农业施肥季节，除了千岛湖西北湖区氮浓度高之外，西南湖区的武强溪、郁川、枫林港、东源港等农业活动重点区域入湖河口段均出现氮浓度超过 1.0 mg/L 的水域，表明淳安县域内的临湖面土地开发控制和城镇区面源污染控制是千岛湖面源污染控制的重点。

新安江流域土地利用类型包括耕地、林地、草地、水体和建筑用地 5 种，其中建筑用地占比虽然小，但集中分布于河流两岸，而且往往伴随高强度的农用地扰动，成为面源污染的热点。如上游新安江的调查也表明，河道水体氮磷营养盐空间格局受城镇分布的显著影响，汛期横江支流硝态氮浓度明显增高，冬季枯水期生活源氮、磷贡献均十分显著（赵星辰等，2022）。冬季千岛湖上游新安江氮、磷浓度高值集中在屯溪区和歙县城镇用地与河道沿岸耕地开发强度高的河段。水体流经屯溪区后，TN、TP 浓度平均增幅分别为 86.1% 和 77.7%，氨氮平均增幅达 164.4%，可见屯溪区的城镇面源污染对水体中氮有贡献（赵星辰等，2022）。此外，歙县也是流域面源污染的一个热点，如丰乐河中下游流域的徽州区污水处理厂附近氮、磷浓度全年偏高，TN 浓度最高可达 5.70 mg/L，TP

可达 0.31 mg/L，直接影响下游练江水体水质（赵星辰等，2022）。

茶叶、枇杷、橘子、山核桃、桑园等经济林是千岛湖流域主要的农业发展类型，其区域的时空变化、肥料的投放强度变化以及管理方式的变动等对千岛湖流域氮、磷面源污染影响甚大。浙江工业大学金赞芳等利用氮同位素进行溯源分析，发现枯水期时水体氮的主要来源是化肥，而雨季氮的来源除了肥料之外，还包括有机肥、生活污水及土壤氮（Jin et al., 2019）。近年来，由于茶树，果树等经济作物的产值明显高于粮食作物，经济作物的土地面积占比有增加趋势，有机肥等施肥强度较高，地表植被的扰动强度较大，对千岛湖流域面源污染的影响不容忽视，应加以重点控制。

（二）暴雨等水文过程对千岛湖的水质冲击大

与自然地貌形成长期滞水区的天然湖泊不同，水库是河流筑坝形成的较为短暂存在的静水水体。这使得水库的水文过程往往与天然湖泊明显不同。首先，水库一般存在较明显的单向流，从湖沼学特征上可明显分为河流区、过渡区及湖泊区（Kimmel and Groeger, 1984）。河流区水体交换快，水体热分层不稳定，外源入流过程对河段水质影响起决定性作用；过渡区水体热分层相对稳定，为外源输入的颗粒物大量沉降营造交换的物理环境，但是由于仍受较强的外源冲击，水质的稳定性也相对较弱；湖泊区水体热分层稳定，浮游植物等初级生产力受营养盐限制，内生有机质可能大于外源输入有机质。但这是从湖沼学角度对水库的生态区进行划分，在具体的水库中，河流区、过渡区、湖泊区的界限并不是固定的，而是随着入流强度、湖盆形状、具体水深、季节变化而变化的。特别是水文过程对分区的影响大，是水库水质状况变化的重要驱动力。

千岛湖调查期间，出现了历史上较大的降水量，春、夏、秋、冬四季的降水量分别为 506.8 mm、1095.6 mm、367.8 mm 及 86.8 mm。春、夏季的降水量明显高于秋、冬季。特别是冬季降水量很少。相应地，春、夏、秋、冬四季全库平均 TP 浓度分别为 0.022 mg/L、0.026 mg/L、0.020 mg/L、0.016 mg/L，与季度降水量联系密切。沿妹滩电站坝下至大坝前的新安江主流向上，有 24 个采样点。以各点距离妹滩电站的距离为横坐标，以季度总磷平均值为纵坐标作图，发现降水量大的夏季，TP 沿程衰减明显滞缓，TP 超过 II 类水浓度上限（0.025 mg/L）扩展到三潭岛断面以下（朱广伟等，2022）。其他季节则在小金山断面前后。而在枯水期的冬季，II 类水浓度上限值可以上溯到街口断面。

这表明，不同雨强、不同入流量，千岛湖的混合区范围显著不同，对以断面考核为主要监管模式的水质管理提出了挑战。断面的达标率受水情影响大，暴雨等水文过程对湖库水质冲击的现象在许多水体得到关注。如 Zhang 等（2016）发现 2013 年 10 月 6~8 日台风菲特过境期间，引起太湖苕溪入口出现 232.5 km² 的高浊度羽状流区，高浊度持续近 2 周。Mouri 等（2011）对日本 Yahagi 暴雨入流携带的泥沙量模拟分析表明，水库的主要来沙绝大部分来自几场暴雨。黄诚等（2021）观测了西安水源地金盆水库 2019 年 8 月和 9 月两次暴雨过程中水库水质指标的垂向变化，发现暴雨入流引起水库中下层营养盐明显增高，在入流过程的后期，均引起了水库水质超标。因此，暴雨引发的湖库动力场变化及其短期营养盐脉冲式补给对水质的冲击，是千岛湖等水库水质突变的重要驱动力。

从水库的湖沼学分区方面看，由于上游妹滩电站的存在，当水深超过 20 m 时，5~10 月份基本能维持稳定的水温分层，即只有安徽段可以称为河流区，在接近街口断面时，水深已经超过 20 m，在水温分层季节，一般的暴雨很难彻底破坏其水温分层。而自街口至中心湖区，以及西北库湾的入湖口至库湾中心、西南库湾的入湖口至库湾中心一带，均属于过渡区。其中整个西北库湾受安徽来水的冲击都比较大，水体颗粒态磷沿程沉降作用明显，进入中心库区后很快趋于稳定（图 14.43）。因此，地表径流自西北而来，进入中心库区几公里后，就完成了河流混合区过渡，进入湖泊相。而中心库湾的大部、西南库湾的部分、东北库湾的局部以及东南库湾、城中湖均属于水库的湖泊区。当然，中心库区、西北库区、西南库区的湖泊区面积大小受降雨入流强度的影响，范围在沿河流流向上有大约 10 km 的变化。

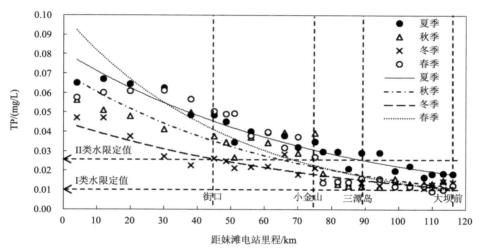

图 14.43　千岛湖妹滩大坝以下主航道沿程 TP 浓度与距离的关系（朱广伟等，2022）

（三）高温热浪等气象事件增加藻类水华风险

千岛湖局部库湾发生的水华主要有两类：蓝藻水华、硅藻水华。其中 1998~1999 年连续 2 年发生过较大规模的蓝藻水华（刘其根等，2007），2016~2019 年在西北库湾的街口断面至威坪之间也发生过小规模蓝藻水华（Zhang et al., 2022），这些水华基本都出现在夏末秋初，雨季之后，这与蓝藻的生物学特点一致。水华喜欢热（Paerl and Huisman, 2008），而千岛湖作为大型深水水库，热容大，换水快，水温的增加比较慢，因此，一般在春季不易形成水华。而夏季的雨季之后，往往有较长时间的高温晴热，能够在短期内发生局部水华，特别是极端高温热浪年容易诱发库湾出现藻类水华（Huang et al., 2021）。第二类水华是硅藻水华，千岛湖的西北库湾，直至中心库区，以及其他库湾的支汊，常常在 3~5 月出现硅藻异常增殖现象，水体局部 Chl-a 浓度可达 100 μg/L 以上，对局部水体的景观及营养盐指标产生明显影响。

夏季千岛湖蓝藻异常增殖，甚至出现蓝藻水华的风险较高。特别是东南库湾，在 2020 年 8 月出现了显著高的蓝藻生物量峰值，整个库湾蓝藻生物量均值达到 6.571 mg/L，在总藻类生物量中占比 73%，该时期整个东南库湾的透明度均值只有 2.24 m，其中 1/3 的点位透明度低于 2 m，表明藻类生物量明显影响了水色。千岛湖 2020 年 8 月期间蓝藻生物量快速增高与 6~7 月异常强降雨之后的持续晴热有关。强降雨将更多的上游营养盐输移到东南库区，甚至将部分浮游植物种源同时输移过去，在 8 月份持续高温晴热的作用下，引起了水体蓝藻生物量猛增。类似的案例，是 2016 年富春江水库的蓝藻水华成因，暴雨之后持续 2 周的高温晴热，使得富春江水库水质在得到改善的背景下，反而发生了大规模的蓝藻水华现象（Guo et al., 2018）。

由于水库水文过程导致的水体物质、藻类等混合过程存在较大的空间差异性，即使在水质较好的水库水体中，也容易诱发局部水华。如 Yang 等（2018）发现在三峡水库香溪河支流库湾中，异重流及干支流交汇期间的顶托作用，导致香溪河支流一些河段经常出现蓝藻和硅藻水华。近年来，极端气候、极端天气事件发生频次有增高的趋势。结合本次千岛湖的调查表明，在管理方面，即使是对千岛湖这种水质较好的深水水库，也应当提高对蓝藻水华等藻类异常增殖问题的警惕。

第六节　对策与建议

一、持续探索水库流域高质量绿色发展之路

淳安是习近平总书记"两山"理念生态文明思想的孕育地，是我国大型水库流域绿色发展道路的积极探索者。水库建成 60 年来，淳安面对全县域"山区""库区""老区"的自然地理及社会经济背景，不等、不靠，深挖生态产业潜力，开发出生态渔业、生态旅游、生态农业、"农夫山泉"生态水产品等一系列极具特色的高质量绿色发展途径。在我国率先开展了河流跨界断面自动监测、良好湖泊环境保护试点、入湖污染物通量监测、跨行政区域流域一体化环境保护生态补偿试点、水库流域"五水共治"试点、大型水库高频自动监测网络建设、"秀水卫士"水库生态环境信息化监测与智慧管理、行政单元交界断面水质监测与考核、全县域"特别生态功能区"设立及配套管理制度建设等环境监测技术与管理政策探索，践行了习近平"两山"理念及生态文明思想。从近 10 年的水质变化看，这是管理思想的转变、绿色发展压力的增强、监管技术的提升和治理工程的实施对千岛湖水环境质量的维持产生了积极的作用。

持续开展水库流域高标准保护、高质量发展是千岛湖优良水环境长期维持的必由之路。在人类活动强烈的长三角地区维持局部贫营养的优良水库水质本身就极具挑战。千岛湖水体生态系统脆弱。随着千岛湖库龄的不断增加，库底沉积物中营养盐的不断累积，以及库区经济发展水平的不断提高，如何既持续满足流域人民群众对生活质量提升的要求，在保护中发展，又实现更高质量的削减流域入库营养盐负荷、维持甚至提升千岛湖水体生态环境质量，在发展中保护，是千岛湖流域杭（州）、黄（山）、宣（城）三地政府和群众面临的重要挑战。从千岛湖的自然资源禀赋及社会经济基础看，千岛湖流域有森林植被覆盖度高的绿色本底先天优势，有悠久的"人与自然和谐发展"社会文明的文化底蕴，在长三角区域一体化发展的政策背景下，应该能够探索出水库流域高质量绿色

发展途径，为类似水库的水环境保护提供借鉴。

二、加强土地管控和农业生产方式优化，减少面源污染

千岛湖流域山高坡陡，因而千岛湖面源污染控制的核心是"水-土共治"，土地开发强度及水土流失控制是千岛湖流域面源污染控制的关键。尽管藻类水华的发生受水文气象影响很大，但是从降低其发生的风险看，营养盐控制是根本之策。从本次年度调查结果看，千岛湖淳安县城周边水域的 TP 平均值为 0.019 mg/L，TN 平均值为 0.89 mg/L，按照《地表水环境质量标准》（GB 3838—2002），TP 处于 Ⅱ 类水范围，TN 处于 Ⅲ 类水范围，与保护目标相比，年均值还是偏高。应当加强千岛湖营养盐来源研究，尽快加强对外源、内源营养盐的综合控制，结合藻类异常增殖的不确定性，在营养盐控制方面，通过更严格的控制，留足余地，有效降低蓝藻水华等藻类水华及其伴生的水质异味等灾害的发生。

千岛湖流域为山区，暴雨径流引发的面源污染对水库磷、氮等浓度的冲击较大。水土流失保护管控是面源污染控制的根本策略。首先，应当严格控制流域土地扰动活动，包括城镇开发、旅游基础设施开发、经济林开发、茶果园开发等。特别是一些茶果园开发中，需要大面积破坏原有的植被，土壤较长时间处于大面积低植被状态，对面源污染的影响甚大。近年来，一些道路、桥梁建设，以及支流库湾的村庄基础设施建设、挖沙活动等，均引起了明显的水土流失，对水库水质产生影响。

其次，要严格控制有机肥投放及化肥施用等农业水肥管理活动。茶叶、橘园、桑林、枇杷林、山核桃等高附加值经济林的管理过程中，往往因追求产量，频繁、过量施用有机肥、化肥。而千岛湖流域山地土壤的保肥能力差，易受冲刷，包括有机肥在内的大量土壤氮磷进入河流，引发水库富营养化问题。千岛湖春季的硅藻水华疯长，一定程度上与春耕的施肥活动有关。因此，如何兼顾农业收入和水质保护，科学管控施肥量、施肥方式及时间，是千岛湖水质能否长期保持优良的关键。

再次，加强城镇面源污染控制。城镇地区不透水地面占比大增。城镇的土地开发活动频繁，加上城镇及周边人口密集，排放量大，城镇成为千岛湖流域河流氮、磷来源的重要源区。在城镇开发中应强化生态缓冲区建设，充分考虑临河、临江的拦截、净化能力提升，减轻千岛湖面源污染负荷。

三、科学利用生态渔业调控千岛湖水体生态系统

大水面深水水库的巨网捕鱼技术是千岛湖开创的，"淳"牌有机鱼也是千岛湖生态经济中极具特色的产品。科学开展水库渔业生产也是我国"蓝色粮仓"战略的重要方面。如何把握渔业生产与水质安全、生态系统调控之间的平衡，是今后千岛湖及类似水体高质量发展的重要科学命题。

千岛湖作为一个局部贫营养的水体，加之消落带落差达 10 余米，水体生态系统结构简单，环湖生态缓冲隔离带缺失，以鱼类调控为核心的生态系统结构调控就显得极其重要。根据 Carlson 提出的湖泊营养状态计算方法（Carlson, 1977），采用 TP、Chl-a 及 SD

计算出的安徽段、西北库湾、中心库湾、东北库湾、西南库湾、东南库湾及城中湖的综合营养状态指数分别为 57、51、43、46、45、41、45，安徽段、西北库湾均处于富营养状态，其余库湾均处于中营养状态。淳安境内的 95 个采样点 TP、Chl-a、SD 对应的营养状态指数分别为 46、45、43，TSI（Chl-a）–TSI（TP）＜0，TSI（Chl-a）–TSI（SD）＞0。这表明总体而言千岛湖的浮游植物所需的营养盐基本得到满足，此时，浮游动物、滤食性鱼类的牧食作用也是千岛湖藻类生物量高低的重要影响因素。因此，从水环境管理方面看，渔业生产中鱼类库存量及其群落结构，对千岛湖藻类的群落变化影响巨大，必须加强千岛湖食物网研究，优化鱼类资源调控，强化食物链对藻类水华的控制作用。

四、优化生态补偿方案，支撑湖泊流域一体化生态保护战略

湖泊流域一体化生态保护体现了"山水林田湖草沙"整体观，是湖库科学保护的有效途径，然而，跨界区域因生态环境功能定位不一致，"山水林田湖草沙"治理协同不到位，往往成为湖泊流域一体化生态保护面临的重要挑战。2011 年 2 月，时任国家副主席习近平同志在《关于千岛湖水资源保护情况的调研报告》上作出重要批示，强调"千岛湖是我国极为难得的优质水资源，加强千岛湖水资源保护意义重大，在这个问题上要避免重蹈先污染后治理的覆辙"。2012 年，在财政部、环境保护部的组织协调下，皖浙两省相互配合，新安江流域生态补偿机制试点正式启动，成为我国最早开展跨省实施重要湖库水环境协同保护的水体，目前历经三轮实践探索，在上下游协同管理和治理方面取得了丰硕成果，积累了宝贵经验，形成了生态文明体制改革的"新安江模式"。通过试点工作，区域联动得到加强，开展了联合水质监测，联合垃圾打捞，联合执法应急；严格标准和定量化考核成为示范样板，跨界区域采用河流 II 类与湖泊 I 类的严格考核标准，依据氨氮、总磷、总氮、高锰酸盐指数 4 项指标变化执行差别化补偿金额，形成激励机制。目前该模式已在九洲江、汀江—韩江等全国其他 5 条流域和多个省份推广，并被写入了中央《生态文明体制改革总体方案》。

湖泊流域一体化生态保护在确保千岛湖水质安全与长三角饮用水安全方面发挥了重要作用。但受全球变暖、极端天气事件增加以及山区人类活动增强等影响，千岛湖当前 I 类水考核目标还面临总磷浓度波动性大、季节性水质超标问题，特别是近年来局部水体蓝藻优势度增加，蓝藻水华问题时有发生，表明目前的保护力度对于千岛湖的水质保护目标而言，仍有较大距离。建议千岛湖未来进一步深入推进湖泊流域一体化生态保护，首先要完善上下游的生态环境监管标准，建立上下游相衔接的功能定位、考核标准和监管体系；其次，要加强上下游"山水林田湖草沙"统一规划，统一划定生态保护空间、制定产业负面清单和生活及面源治理标准，推动生态修复，并由双方共同落实联保和共治任务；最后，要探讨多元化的生态保护投入与生态补偿机制，加大对淳安的财政转移支付力度，践行"两山"理念，探索多途径生态补偿模式。

致谢：杭州市生态环境局淳安分局吴志旭、程新良、王裕成等，杭州市生态环境科学研究院虞左明、刘明亮、韩轶才等，中国环境科学研究院郑丙辉、姜霞等，中国科学院水

生生物研究所谢平、陈隽等，暨南大学韩博平等，杭州千岛湖发展集团有限公司何光喜等，南京皓安环境监测有限公司许浩等，为本章提供了大量帮助，特此感谢。

参 考 文 献

陈马康, 何光喜, 陈来生, 等. 2014. 千岛湖主要支流生态与渔业功能. 上海: 上海科学技术出版社.

黄诚, 黄廷林, 李扬, 等. 2021. 金盆水库暴雨径流时空演变过程及水质评价. 环境科学, 42(3): 1380-1390.

李慧赟, 王裕成, 单亮, 等. 2022. 暴雨径流对新安江入库总磷负荷量的影响. 环境科学研究, 35(4): 887-895.

刘其根, 陈立侨, 陈勇. 2007. 千岛湖水华发生与主要环境因子的相关性分析. 海洋湖沼通报, (1): 117-124.

刘其根, 汪建敏, 何光喜, 等. 2011. 千岛湖鱼类资源. 上海: 上海科学技术出版社.

吕唤春, 陈英旭, 虞左明, 等. 2003. 千岛湖水体主要污染物动态变化及其成因分析. 浙江大学学报(农业与生命科学版), 29(1): 87-92.

谢平. 2003. 鲢、鳙与蓝藻水华控制. 北京: 科学出版社.

徐亚君. 1981. 新安江(安徽江段)的鱼类调查. 徽州师专学报, (2): 89-95.

赵星辰, 许海, 俞洁, 等. 2022. 城镇分布对新安江水系及千岛湖营养盐浓度的影响. 环境科学研究, 35(4): 864-876.

朱广伟, 程新良, 吴志旭, 等. 2022. 千岛湖水体营养盐时空变化及水环境挑战. 环境科学研究, 35(4): 852-863.

Carlson R E. 1977. A trophic state index for lakes. Limnology and Oceanography, 22(2): 361-369.

Drenner R W, Hambright K D. 1999. Review: Biomanipulation of fish assemblages as a lake restoration technique. Archiv für Hydrobiologie, 146(2): 129-165.

Gehrke P C, Harris J H. 1994. The role of fish in cyanobacterial blooms in Australia. Australian Journal of Marine and Freshwater Research, 45(5): 905-915.

Guo C, Zhu G, Paerl H W, et al. 2018. Extreme weather event may induce Microcystis blooms in the Qiantang River, Southeast China. Environmental Science and Pollution Research, 25: 22273-22284.

Huang Q, Li N, Li Y. 2021. Long-term trend of heat waves and potential effects on phytoplankton blooms in Lake Qiandaohu, a key drinking water reservoir. Environmental Science and Pollution Research, 28: 68448-68459.

Jin Z, Cen J, Hu Y, et al. 2019. Quantifying nitrate sources in a large reservoir for drinking water by using stable isotopes and a Bayesian isotope mixing model. Environmental Science and Pollution Research, 26: 20364-20376.

Kimmel B L, Groeger A W. 1984. Factors controlling primary production in lakes and reservoirs: A perspective. Lake and Reservoir Management, 1(1): 277-281.

Mouri G, Shiiba M, Hori T, et al. 2011. Modeling reservoir sedimentation associated with an extreme flood and sediment flux in a mountainous granitoid catchment, Japan. Geomorphology, 125(2): 263-270.

Paerl H W, Huisman J. 2008. Bloom like it hot. Science, 320(5872): 57-58.

Yang Z, Xu P, Liu D, et al. 2018. Hydrodynamic mechanisms underlying periodic algal blooms in the tributary bay of a subtropical reservoir. Ecological Engineering, 120: 6-13.

Zhang M, Zhang Y, Deng J, et al. 2022. High-resolution temporal detection of cyanobacterial blooms in a deep and oligotrophic lake by high-frequency buoy data. Environmental Research, 203: 111848.

Zhang Y, Shi K, Zhou Y, et al. 2016. Monitoring the river plume induced by heavy rainfall events in large, shallow, Lake Taihu using MODIS 250 m imagery. Remote Sensing of Environment, 173: 109-121.

第十五章 天 目 湖

天目湖位于我国东部丘陵山地地区，拥有沙河和大溪两座国家级大型水库，因地处浙江天目山的余脉，从高空俯视，犹如少女的一双亮丽眼睛，得名"天目湖"。天目湖自然条件优越、生态资源丰富、区位优势明显、人文特征显著、发展基础良好，既是江苏省溧阳市近 80 万人口不可替代的集中式饮用水源地，也是国家 5A 级风景区、国家水利风景区、国家级湿地公园、国家生态旅游示范区，在水源地保护和生态产业发展方面都具有重要成效和显著特色。为加强天目湖生态环境保护，2006~2020 年逐步建立属地政府与涉水部门相结合的综合管理机构，推进实施了重点污染源治理、入库河流环境整治、河口与库湾湿地建设、水库生态缓冲带恢复、水库清淤与渔业调控、流域生态空间优化与水土共治模式推广、生态产品价值实现与生态补偿等一系列治理与保护实践。2020年，溧阳市依托天目湖被生态环境部命名为"绿水青山就是金山银山"实践创新基地。

中国科学院南京地理与湖泊研究所自 2001 年开始持续开展天目湖水体生态环境过程与机制及流域可持续发展研究。2017 年，研究所与溧阳市人民政府签署协议共建天目湖流域生态观测研究站，开展水库-流域复合生态系统的综合观测研究。本章基于天目湖水体长期生态环境监测数据，结合历史资料，分析和诊断天目湖生态环境状况及存在的问题并提出对策建议，为天目湖水质安全保障与生态环境保护提供参考。

第一节 天目湖及其流域概况

一、地理位置

天目湖地处江苏、浙江、安徽三省交界处的溧阳市南部丘陵地区，东经119°22′~119°23′，北纬 31°18′~31°22′，包括沙河和大溪两座国家级大型水库。天目湖流域总面积为 245.9 km²，其中大溪水库流域面积 92.4 km²，水库水面面积 13.1 km²，南北长约 7.05 km，东西宽 3.72 km，总库容 1.13 亿 m³；沙河水库流域面积 153.5 km²，水库水面面积 11.6 km²，南北长 10.90 km，东西宽 3.66 km，总库容 1.09 亿 m³。天目湖流域面积的 82%隶属江苏省溧阳市，18%隶属安徽省（图 15.1），其中包括郎溪县凌笪乡15 km²，广德县邱村镇 29 km²。天目湖距苏州、无锡、常州等主要城市的直线距离约100 km，距上海、南京、杭州等城市的距离也不超过 200 km，是宁杭生态经济带地理中心，具有显著的区位优势。

二、地质地貌

天目湖上游丘陵山区属于天目山余脉延伸的纵岭地段，低山丘陵自东、南、西三个方向环抱湖泊水体，具有阶梯式地貌特征，原为断层形成的山间谷地。天目湖流域丘陵

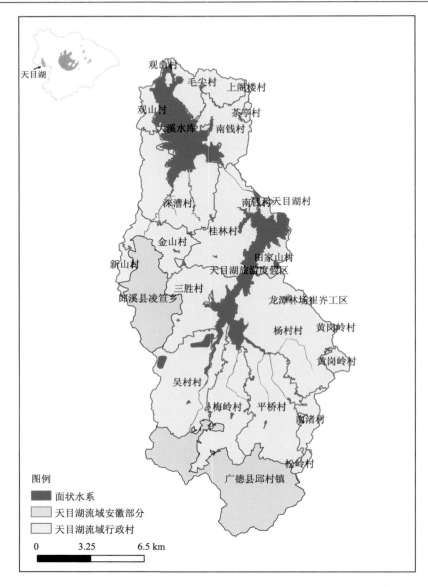

图 15.1　天目湖地理位置

海拔多在 20~200 m，除少量石英砂岩、石灰岩外，多数丘陵分属两类岩性：一类是抗蚀性强、残积层浅薄、土壤贫瘠的火成岩类组成的石质丘陵；另一类为岩性松软、节理发育、抗蚀性弱、山头低矮、风化较深、土层深厚、立地条件好、植被较繁荣的安山岩、次粗安岩组成的丘陵。海拔 200m 以上的低山在天目湖流域南部的汇水地区较常见，基本上以平桥—石坝一线为丘陵与低山的分界。流域海拔在 400~500 m，由石英砂岩和火成岩组成。

三、气候气象

天目湖流域属于亚热带季风气候，多年年均日照时数 2104 h。干湿、冷暖、四季分明，夏冬季历时长，冬冷夏热，春秋季短，春温多变，秋高气爽，热量资源充足，雨水丰沛，无霜期长。全年平均温度 17.5℃，其中，1 月均温 3.2℃，7 月均温 31.1℃。年均降水量 1149.7 mm，最大年降水量 2314.8 mm（2016 年），最小年降水量 623.1 mm（1978年），年内降水量主要集中在汛期 5~9 月，汛期平均降水量为 689.0 mm，占全年平均降水量的 59.93%。灾害天气有连续阴雨、寒流、冷害、旱涝、冰雹、龙卷风、台风等。

四、水文水系

天目湖流域处于太湖湖西区，属太湖水系，境内多为季节性溪流，分别汇入沙河水库和大溪水库，经过宜溧河水系向东流入太湖。其中大溪水库兴建于 1958 年，1960 年主体完成，于 2009 年起实施除险加固工程，2011 年 4 月全面完成并通过竣工验收，总库容 1.13 亿 m³，其中防洪库容 0.37 亿 m³，兴利库容 0.65 亿 m³，死库容 0.11 亿 m³。水库枢纽工程包括主坝、副坝、溢洪道（闸）、西涵洞、中涵洞、东涵洞。大溪水库主要入湖河流是洙漕河，水库常年水位 9~14 m，最大水深 8 m，水质 II 类，是一座以防洪、灌溉、城镇供水为主的大型水库。沙河水库兴建于 1961 年，2011 年 4 月完成水库除险加固，总库容 1.09 亿 m³，其中防洪库容 0.493 亿 m³，兴利库容 0.464 亿 m³，死库容 0.133亿 m³。水库枢纽工程包括主坝、副坝、主坝泄洪闸、泄洪隧洞、上珠岗泄洪闸、主涵洞、东涵洞和西涵洞。沙河水库与大溪水库通过沙溪河相连，可实现联合调度，当汛期沙河水库水位超过汛限水位时，可通过沙溪河向大溪水库分洪；当非汛期沙河水库水位超过正常蓄水位时，大溪水库可承接沙河水库弃水。

五、社会经济

天目湖是国家 5A 级旅游景区、国家生态旅游示范区和国家旅游度假区，是溧阳市经济发展的重要载体，近 10 年来天目湖依托独特的地理和资源优势，经济呈现加速发展的趋势，尤其是近年加大了旅游开发的力度，经济运行高开稳走、持续向好，综合实力明显增强（汤傅佳等，2018）。据天目湖镇 2011 年以来的社会经济统计结果，天目湖镇 2011 年 GDP 为 30.65 亿元，2015 年 GDP 为 53.90 亿元，2019 年为 79.33 亿元。产业结构不断优化，逐渐从"二三一"产业结构转化为"三二一"产业结构。

旅游是天目湖流域发展的主要方向，包括以山水园、太公山、报恩寺为代表的景点旅游，以及以农家乐、乡村休闲度假、现代观光农业为代表的乡村游。据统计，天目湖镇旅游人数和收入都呈持续上升趋势。2019 年旅游收入为 20.12 亿元，较 2018 年增加 1.33 亿元。2020 年天目湖镇旅游收入为 18.29 亿元，较 2019 年减少 1.83 亿元。但乡村游的收入和旅游人次增幅大、增速快。这表明近些年来随着交通、旅游设施建设的日益完善，天目湖乡村休闲度假正成为带动区域经济发展的重要推手。

六、土地利用

采用 2020 年 10 月 5 日 SPOT 7 遥感数据，包括 1.5 m 全色和 6 m 多光谱图像数据，对影像进行了几何纠正、图像融合和图像增强等预处理，结合调研建立解译的识别标志，获取 2020 年度天目湖流域土地利用信息（图 15.2）。可以看出，林地是最主要的土地利用类型，包括混交林、竹林、人工林等，主要分布在流域南部山区，茶园是丘陵坡地的主要开发类型，面积比例接近 11.3%，主要分布在水库两岸及两库中间地段。

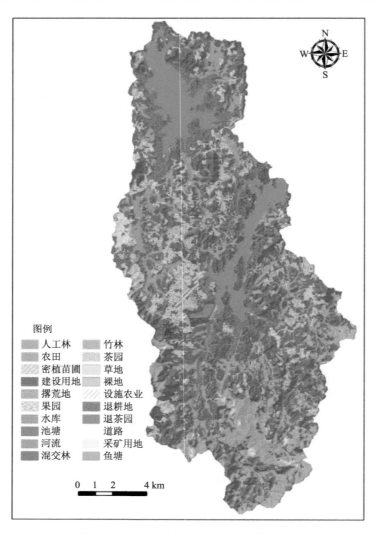

图 15.2　天目湖流域 2020 年土地利用情况

对流域各类土地利用面积及比例进行统计，结果如下：

（1）天目湖地区林地面积最大，共 121.31 km²，占全区总面积的 49.46%，包括混交林、竹林、人工林等类型。

（2）耕地面积为 18.34 km²，占全区总面积的 7.48%，包括农田和设施农业。

（3）茶果园面积为 31.86 km²，占全区总面积的 12.99%，包括茶园、果园和密植苗圃。

（4）草地面积为 1.47 km²，占全区总面积的 0.6%。

（5）水域面积为 33.31 km²，占全区总面积的 13.58%，包括河流、水库、池塘等。

（6）建设用地面积共 15.98 km²，占全区总面积的 6.52%，包括道路、城镇、采矿用地等。

（7）青虾养殖（鱼塘）面积为 2.93 km²，占全区总面积的 1.19%。

（8）裸地、退耕地、撂荒地和退茶园为闲置土地，总面积为 20.07 km²，占全区总面积的 8.18%。其中，裸地为 0.89 km²，占全区总面积的 0.36%；退耕地为 12.29 km²，占全区总面积的 5.00%；退茶园为 1.73 km²，占全地区总面积的 0.71%；撂荒地为 5.15 km²，占全区总面积的 2.10%。

综合以上分析，如果采用建设用地、农用地（耕地和青虾养殖）和茶果园三类土地利用占比之和作为开发强度的度量方式，那么流域内开发强度为 28.18%，包括建设用地（6.52%）、农用地（8.67%）和茶果园（12.99%）。得益于近年来天目湖镇政府开展的退耕还林和退茶还林工程，流域整体开发强度有所降低。

第二节 天目湖水环境现状及演变过程

根据天目湖流域生态观测站的统一部署，结合两个水库的地形状况和水流特点，在水库内设置采样点，并于每月中旬对水体进行采样测定。本章选取水量、水位、透明度（SD）、溶解氧（DO）、pH、总氮（TN）、总磷（TP）、高锰酸盐指数（COD_{Mn}）、氨氮（NH_3-N）、浮游植物叶绿素 a（Chl-a）等指标，根据《地表水环境质量标准》（GB 3838—2002）对天目湖水文、水环境状况及演变过程进行分析。

一、水量

沙河水库、大溪水库均为大（Ⅱ）型水库，其中沙河水库总库容为 1.09 亿 m³，兴利库容 4635 万 m³，大溪水库总库容为 1.13 亿 m³，兴利库容 6476 万 m³。根据多年径流数据得到沙河水库和大溪水库多年平均年径流量分别为 8269 万 m³、4358 万 m³，换水周期分别为 7 个月和 1 年。暴雨主要发生在汛期的 6~9 月，其中 6~7 月的梅雨与 8~9 月的台风雨易形成较大洪水。2020 年大溪水库和沙河水库坝前实测降水量分别为 1397 mm 和 1595 mm（图 15.3），高于多年平均降水量，属于丰水年。

二、水位

沙河、大溪水库于 2011 年 4 月同时完成水库除险加固，除险加固后沙河水库汛期多余洪水可以从上珠岗泄洪闸经过沙溪河向大溪水库泄洪，实施联合调度。每年按年初水库蓄水量编制当年的兴利控制运用计划，调用河水灌溉，库水保证生活用水，当沙河水库水位低于 17.5 m 时，启用沙河一级提水站，保证生活用水和灌溉用水的要求。2020 年全年沙河水库都未出现低于 17.5 m 的水位，能够满足生活用水供给（图 15.4）。当沙河水库水位高于 21.50 m、低于 23.00 m，且大溪水库水位高于 14.00 m 时，加开上珠岗闸向大溪水库分洪。沙河水库兴利运用主要是城市供水和灌溉，兼顾养鱼以及沙河抽水蓄能电站循环用水。城市供水保证率为 98%，灌溉用水保证率为 75%。

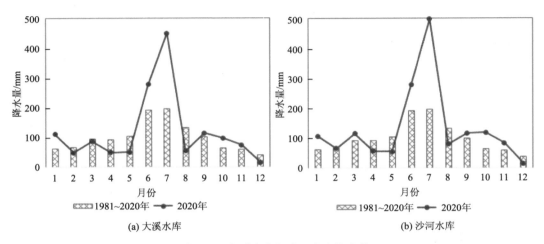

(a) 大溪水库　　　　　　　　　　　　　(b) 沙河水库

图 15.3　大溪水库与沙河水库降水量

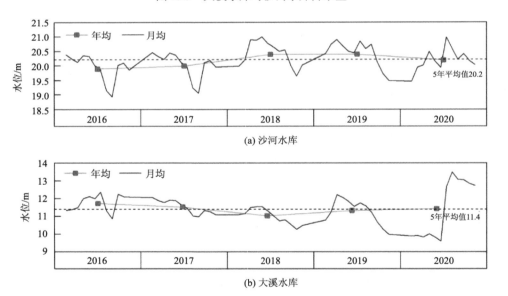

(a) 沙河水库

(b) 大溪水库

图 15.4　2016~2020 年沙河水库与大溪水库水位变化

　　图 15.4 为沙河水库和大溪水库 2016~2020 年水位变化，可以看出大溪水库枯水期低水位自 2016 年以来，显著变低，影响饮用水安全，2020 年优化了运行方案，大溪水库最高蓄水位可达到 14 m。沙河水库水位变化相对较小，2018 年受气候及取水量增加等因素影响，枯水期最低水位也略有下降。

三、透明度

大溪水库 2020 年透明度平均为 83 cm，最高值为 110 cm，出现在 12 月；最低值为 50 cm，出现在 3 月。总的来看，大溪水库第一、二季度透明度相对较低，三、四季度透明度开始呈现上升趋势。从大溪水库 2016~2020 年变化趋势看，透明度呈不断降低的趋势（图 15.5）。与 2019 年度相比，透明度下降了 27.7%。2020 年夏秋季水库藻类异常增殖问题，一定程度上影响了水体透明度。

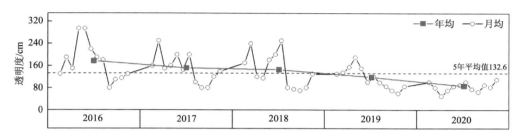

图 15.5　大溪水库 2016~2020 年透明度逐月和逐年变化

沙河水库 2020 年透明度年均值为 136 cm。最高值出现在 2 月，为 200 cm，最低值出现在 10 月，仅 68 cm，低于多年均值。沙河水库水体透明度年内变化较大，但 2016~2020 年沙河水库水体透明度年际变化不显著（图 15.6）。水库夏季藻类异常增殖现象虽然依然存在，但强度较弱，而秋季的藻类生长衰亡则一定程度上影响了透明度，在这些因素的影响下，透明度与近年整体水平基本持平。

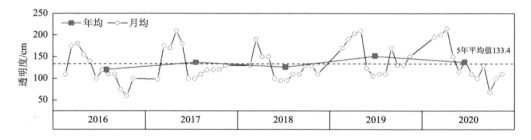

图 15.6　沙河水库 2016~2020 年透明度逐月和逐年变化

四、溶解氧（DO）

2020 年大溪水库溶解氧年均值为 8.59 mg/L，大于 7.5 mg/L，达到 I 类地表水质标准；最高值出现在 3 月，为 11.78 mg/L；最低值出现在 9 月，为 4.25 mg/L。2016~2020 年大溪水库水体溶解氧含量变化呈现显著下降趋势，均值低于 5 年平均值 9.24 mg/L。但与 2019 年度相比，溶解氧增加了 1.9%（图 15.7）。

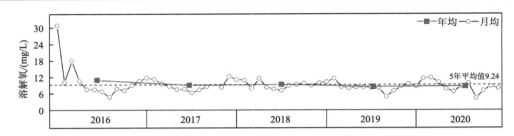

图 15.7　大溪水库 2016~2020 年溶解氧逐月和逐年变化

2020 年沙河水库溶解氧年均值为 9.74 mg/L，也达到了 Ⅰ 类地表水质标准。最高值出现在 2 月，为 11.68 mg/L；最低值出现在 9 月，为 6.09 mg/L。

五、pH

受藻类增殖影响，2020 年度大溪水库 pH 偏高，年平均值为 9.01。其中第二季度 pH相对较高（均值为 9.31），第三季度相对较低（均值为 8.76）。2016~2020 年大溪水库水体pH 呈现上升趋势，与 2019 年度（8.49）相比，上升 6.1%。高于多年平均值 8.32（图 15.8）。

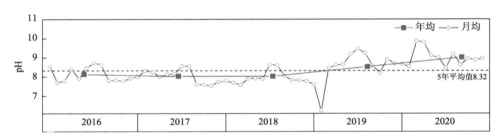

图 15.8　大溪水库 2016~2020 年 pH 逐月和逐年变化

2020 年度沙河水库 pH 年平均值为 8.73，沙河水库年内水体 pH 变化较大，近 5 年年际变化不明显（图 15.9）。

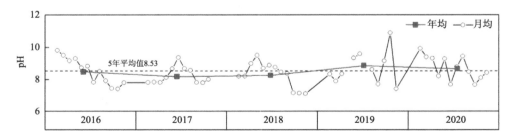

图 15.9　沙河水库 2016~2020 年 pH 逐月和逐年变化

六、总氮（TN）

2020 年度大溪水库总氮含量年平均为 0.75 mg/L，达到Ⅲ类水标准。最高值出现在 7

月，为 1.18 mg/L；最低值出现在 5 月，为 0.54 mg/L。2016~2020 年大溪水库水体表层总氮含量呈现持续下降趋势（图 15.10）。

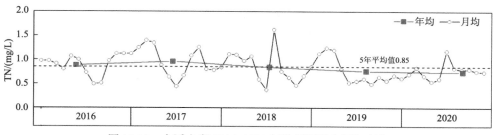

图 15.10　大溪水库 2016~2020 年总氮逐月和逐年变化

2020 年沙河水库总氮含量平均为 0.85 mg/L，与 2001 年早期调查的 0.54 mg/L 相比（张运林等，2005），已有明显升高。最高值出现在 7 月，为 1.31 mg/L；最低值出现在 6 月，为 0.66 mg/L（图 15.11）。2016~2020 年沙河水库水体表层总氮含量呈现显著下降趋势，根据地表水环境质量划分标准，除了个别月份外，2020 年沙河水库的总氮值基本低于Ⅲ类水上限 1.0 mg/L。

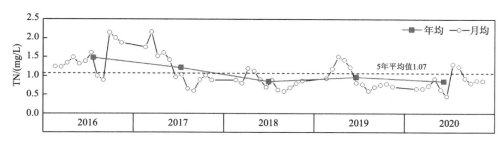

图 15.11　沙河水库 2016~2020 年总氮逐月和逐年变化

七、总磷（TP）

2020 年度大溪水库总磷含量平均为 0.022 mg/L，达到Ⅱ类水标准。最高值出现在 6 月，为 0.043 mg/L；最低值出现在 4 月，为 0.011 mg/L。水库总磷含量夏季较高（图 15.12）。2016~2020 年大溪水库水体表层总磷含量变化不显著。与 2019 年度相比，总磷基本保持稳定。

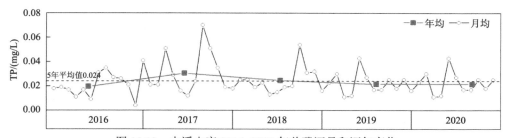

图 15.12　大溪水库 2016~2020 年总磷逐月和逐年变化

2020 年度沙河水库总磷含量年均值为 0.035 mg/L，略高于 2001~2002 年的年均值 0.030 mg/L（张运林等，2005）。最高值出现在 5 月，为 0.049 mg/L；最低值出现在 3 月，为 0.022 mg/L（图 15.13）。2016~2020 年沙河水库水体表层总磷含量变化不显著。与 2019 年度相比，总磷基本保持不变。根据地表水环境质量标准，2020 年度沙河水库总磷含量年均值属于Ⅲ类标准。

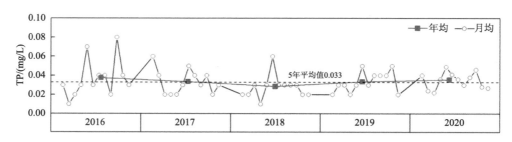

图 15.13　沙河水库 2016~2020 年总磷逐月和逐年变化

八、高锰酸盐指数

2020 年大溪水库水体表层高锰酸盐指数含量年平均值为 6.00 mg/L，达到Ⅲ类水标准，主要受硅藻异常增殖的影响，6 月份开始对大溪水库采取包括生态水位调控和洙漕河综合治理等措施后，水质开始恢复到多年平均的状态，12 月为 3.62 mg/L（图 15.14）。2016~2020 年大溪水库水体表层高锰酸盐指数总体呈现上升趋势，显著高于 2001~2002 年以及 2008~2009 年观测值（张运林等，2005；Zhang et al., 2011）。

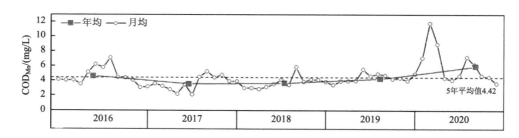

图 15.14　大溪水库 2016~2020 年高锰酸盐指数逐月和逐年变化

2020 年沙河水库高锰酸盐指数为 2.52 mg/L，达到Ⅱ类水标准。最高值出现在 5 月，为 3.36 mg/L；最低值出现在 2 月，为 1.32 mg/L（图 15.15）。2016~2020 年沙河水库水体表层高锰酸盐指数变化不显著。根据地表水水质标准，2020 年沙河水库高锰酸盐指数均处在Ⅱ类水标准之内。

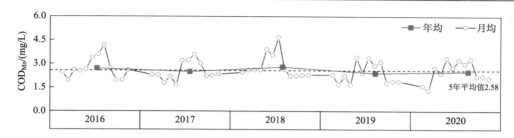

图 15.15 沙河水库 2016~2020 年高锰酸盐指数逐月和逐年变化

九、氨氮（NH₃-N）

2020 年大溪水库 NH₃-N 平均为 0.180 mg/L，达到Ⅱ类水标准。最高值出现在 4 月，为 0.554 mg/L；最低值出现在 1 月，为 0.028 mg/L（图 15.16）。除了 4 月外，大溪水库氨氮均保持Ⅰ类水质。2016~2020 年大溪水库水体表层氨氮含量年际变化不显著，但年内波动较大。

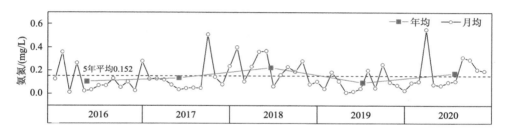

图 15.16 大溪水库 2016~2020 年氨氮逐月和逐年变化

2020 年沙河水库水体 NH₃-N 平均为 0.064 mg/L，达到Ⅰ类水标准。最高值出现在 10 月，为 0.309 mg/L；最低值出现在 5 月，为 0.006 mg/L。除了 4 月外，沙河水库氨氮全年保持Ⅰ类水质，整体情况较好（图 15.17）。2016~2020 年沙河水库水体表层氨氮含量变化不显著。

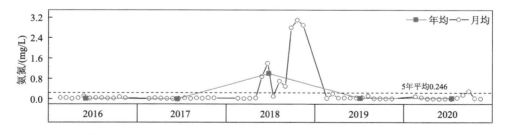

图 15.17 沙河水库 2016~2020 年氨氮逐月和逐年变化

十、叶绿素 a

2020 年度大溪水库叶绿素 a 平均含量为 31.34 μg/L，处于近 5 年最高水平。主要是因为枯水期出现超低水位，水环境容量小，暴雨径流携带大量氮磷面源污染进入水体，引发硅藻水华。2020 年大溪水库 2 月、3 月、4 月、7 月、9 月叶绿素含量均超过 30 μg/L。2016~2020 年大溪水库水体表层体叶绿素浓度出现上升趋势（图 15.18），2020 年采取了生态水位调控和洙漕河综合治理等措施，预期叶绿素 a 浓度会得到有效遏制。

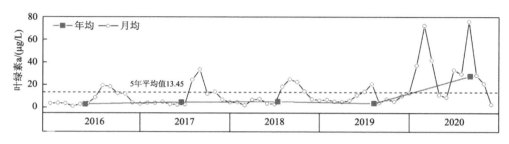

图 15.18　大溪水库 2016~2020 年叶绿素 a 逐月和逐年变化

2020 年沙河水库水体年均叶绿素 a 浓度为 21.2 μg/L。5 月与 9 月叶绿素 a 含量超过 30 μg/L（图 15.19）。沙河水库出现这一现象也与气温偏高，同时总磷浓度偏高有关。比较近 5 年变化看出，尽管沙河水库总氮浓度有明显下降，总磷也基本稳定，但 2016~2020 年沙河水库水体表层叶绿素 a 含量仍然呈现升高的特点，尤其是 2020 年与 2019 年相比，沙河水库水体叶绿素 a 含量有所升高。

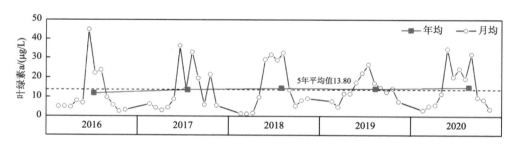

图 15.19　沙河水库 2016~2020 年叶绿素 a 逐月和逐年变化

第三节　天目湖水生态系统结构与演化趋势

一、浮游植物

（一）大溪水库

大溪水库浮游植物各门细胞丰度变化如图 15.20 所示。1~4 月，硅藻门种类占绝对优势；5~12 月，蓝藻门种类占绝对优势。从年度均值分析，蓝藻门种类的细胞丰度占比最高，其次是硅藻门。

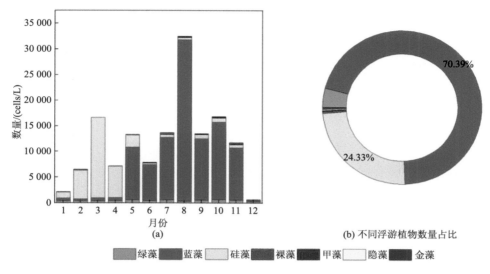

图 15.20 2020 年大溪水库浮游植物细胞丰度组成

大溪水库 2020 年浮游植物生物量均值为 45.94 mg/L，其中 2~4 月生物量最大，这也是硅藻门种类占绝对优势的时期（图 15.21）。不同浮游植物中，硅藻门、绿藻门、蓝藻门生物量在浮游植物总生物量中占比较高，均超过 10%。除了 8 月生物量贡献最大的是蓝藻外，其余月份生物量贡献最大的是硅藻和绿藻。

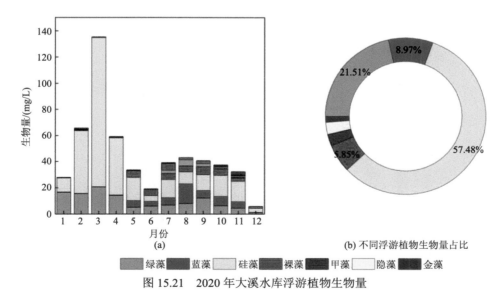

图 15.21 2020 年大溪水库浮游植物生物量

（二）沙河水库

根据 2020 年调查结果，沙河水库群落结构中细胞丰度占比最大的是蓝藻门，其次是硅藻门和绿藻门（图15.22）。3月，硅藻门种类的细胞丰度占绝对优势，其他月份蓝藻门种类细胞丰度占绝对优势。从年度均值分析，蓝藻门种类占比较高，其次是硅藻门。

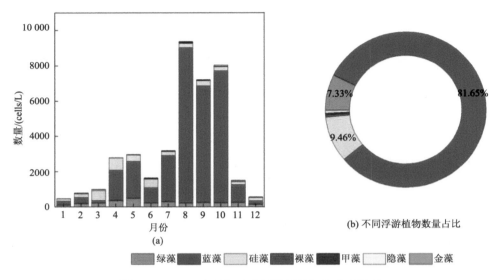

图 15.22　2020 年沙河水库浮游植物细胞丰度组成

2020 年沙河水库浮游植物年均生物量为 11.84 mg/L，藻类生物量整体偏高，春季的生物量主要由硅藻和绿藻贡献，而夏秋季的生物量主要由蓝藻、硅藻和绿藻贡献（图15.23）。

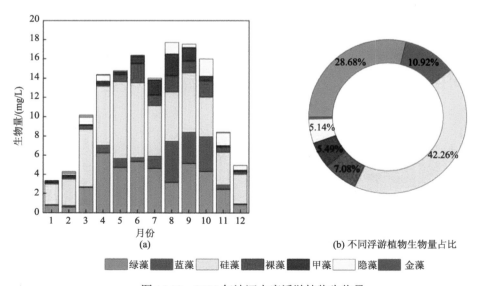

图 15.23　2020 年沙河水库浮游植物生物量

二、大型水生植物

　　沙河水库作为山区拦坝水库，坡度大，其沿岸带水深快速增加，这种生态环境限制了大型水生植物和底栖动物的生长，特别是螺类、蚌类，无论种类还是数量均很少。因此，水生植物调查主要在大溪水库进行。

　　大溪水库调查共采集到大型水生植物 29 种，隶属 18 科 24 属。其中蕨类植物 3 科 3 属 3 种，占 10.3%；单子叶植物 8 科 13 属 17 种，占 58.6 %；双子叶植物 7 科 8 属 9 种，占 31.0 %。优势种为芦苇、荇草、荇菜、竹叶眼子菜、菹草、轮叶黑藻、穗花狐尾藻、微齿眼子菜等。

　　根据植物分类原则，把层片结构相同、各层片的优势种或共优种相同的植物群落联合为群丛。大溪水生植物可划分为 4 个植物亚型，21 个主要植物群丛。

1. 挺水植物亚型

（1）芦苇群丛
（2）荇草群丛
（3）香蒲群丛

2. 浮叶植物亚型

（1）荇菜群丛
（2）菱群丛
（3）芡实群丛
（4）荇菜+菱群丛
（5）荇菜+金银莲花群丛

3. 漂浮植物亚型

（1）喜旱莲子草群丛
（2）凤眼莲群丛
（3）水鳖群丛

4. 沉水植物亚型

（1）马来眼子菜群丛
（2）穗花狐尾藻群丛
（3）微齿眼子菜群丛
（4）轮叶黑藻群丛
（5）菹草群丛
（6）金鱼藻群丛
（7）苦草群丛

（8）马来眼子菜+穗状狐尾藻群丛
（9）穗花狐尾藻+微齿眼子菜群丛
（10）马来眼子菜+苦草群丛

三、鱼类

（一）种群组成

基于 2021 年采集与搜集到的渔获物进行统计，在天目湖水域采集到渔获物 39 种，其中鱼类 36 种，隶属 8 科 27 属（表 15.1），虾类 2 种（日本沼虾、秀丽白虾），蟹类 1 种（中华绒螯蟹）。鱼类中鲤科鱼类 28 种，占鱼类总数的 77.8%；其次是鳀科（2 种），占总数的 5.6%；塘鳢科、鮨科、鳅科、鳗鲡科、鰕虎鱼科、月鳢科各 1 种，共占总数的 16.7%。

表 15.1　天目湖鱼类种类组成

种类	生态类型	调查时间		
		4 月	7 月	11 月
鲤科				
草鱼	S, G	+		
鲢	M, SF	+	+	+
鳙	M, SF	+	+	+
贝氏䱗	S, O	+		
䱗	S, O	+	+	+
红鳍原鲌	S, P	+	+	+
鲂	S, G	+		+
蒙古鲌	S, P	+	+	+
翘嘴鲌	S, P	+	+	
达氏鲌	S, P	+	+	+
似鳊	S, SF	+	+	+
黄尾鲴	S, SF	+	+	+
圆吻鲴	S, SF	+	+	+
似鳊	S, G	+		+
花鱼骨	S, DF	+	+	+
麦穗鱼	S, O	+	+	+
黑鳍鳈	S, O	+	+	+
华鳈	S, O	+		
棒花鱼	S, O	+		
银鮈	S, DF	+	+	
小口小鳔鮈	S, DF		+	
蛇鮈	S, DF			+
大鳍鱊	S, G	+	+	+

续表

种类	生态类型	调查时间		
		4 月	7 月	11 月
兴凯鱊	S, G	＋	＋	＋
中华鳑鲏	S, O		＋	＋
高体鳑鲏	S, O			＋
鲫	S, O	＋	＋	＋
鲤	S, O	＋	＋	＋
鳅科				
泥鳅	S, O	＋		
鲿科				
黄颡鱼	S, P	＋		＋
长须黄颡鱼	S, P	＋	＋	＋
鮨科				
鳜	S, P	＋	＋	＋
塘鳢科				
河川沙塘鳢	S, DF	＋		
鰕虎鱼科				
子陵吻鰕虎鱼	S, DF	＋	＋	＋
月鳢科				
乌鳢	S, P			＋
鳗鲡科				
日本鳗鲡	M, P		＋	

注：M.洄游性鱼类; S.定居性鱼类; P.肉食性; O.杂食性; DF.碎屑食性; SF.浮游生物食性; G.草食性。

2012 年利用网簖对天目湖渔获物调查共采集到鱼类 18 种，隶属 3 目 4 科 18 属，其中鲤科鱼类 15 种，占比 83.33%。本次调查与 2012 年相比采集到的鱼类物种数增加 18 种，增加的种类主要是红鳍原鲌、蒙古鲌、圆吻鲴、黑鳍鳈、银鮈、蛇鮈、小口小鳔鮈、长须黄颡鱼、鳜以及鳑鲏属的鱼类等。主要原因：一是本次调查主要采用的是多目刺网+地笼方式，加强了对底层鱼类和小型鱼类的采集，如大鳍鱊、兴凯鱊、中华鳑鲏、高体鳑鲏等；二是近年来天目湖的增殖放流增加了部分种类，如圆吻鲴；三是周边群众的放生活动向天目湖中放生了部分鱼类，如日本鳗鲡。

（二）优势种

全湖区域内鱼类的相对重要性指数（index of relative importance, IRI）排在前 10 位的鱼类分别为黄尾鲴、鲫、蒙古鲌、似鱎、鳙、达氏鲌、大鳍鱊、鲢、银鮈、圆吻鲴（表15.2），其中黄尾鲴的 IRI 值最高，其次鲫、蒙古鲌、似鱎、鳙，这些鱼类的 IRI 值超过1000，可定义为优势种，其他鱼类 IRI 值位于 500~1000 之间，为一般种。全湖鱼类相对重要性指数前 10 位种类中，鳙、鲢为增殖放流鱼类，其余种类均可在湖泊中完成自然繁殖。非增殖鱼类中小型鱼类以似鱎、大鳍鱊和鲫为主，大中型鱼类以黄尾鲴、蒙古鲌和达氏鲌为主。

表 15.2　天目湖鱼类优势种组成

种类	全年		IRI
	N/%	W/%	
黄尾鲴	29.57	21.16	3945.55
鲫	13.15	5.60	1562.29
蒙古鲌	5.58	12.58	1513.03
似鳊	2.58	14.71	1153.11
鳙	12.56	3.20	1050.36
达氏鲌	2.93	6.66	745.88
大鳍鳎	0.82	5.65	431.03
鲢	12.00	3.09	419.25
银鮈	1.08	5.33	391.94
圆吻鲴	6.01	2.19	364.24

注：表中仅列出了全年 IRI 值在前 10 位的鱼类种类；N 为某一种类的尾数占总尾数的百分比，W 为某一种类的质量占总质量的百分比。

第四节　天目湖生态环境总体态势与关键问题分析

水库生态环境保护与饮用水安全密切相关，具有重要的保护意义。2011 年 7 月，财政部与环境保护部联合印发《湖泊生态环境保护试点管理办法》，支持开展湖泊生态环境保护试点；2012 年，将千岛湖、大伙房水库、东江水库、汾河水库、山美水库等大型水库列入首批 24 个水质良好湖泊生态环境保护试点。目前，针对水质良好湖库生态环境保护的实践过程中，多数试点湖库因科学数据缺乏和保护实践经验积累不足，在保护方案制定方面不可避免地存在较大的盲目性，因此亟须在数据基础良好、保护实践丰富的湖库总结良好湖泊的科学保护模式。

一、生态环境总体态势

天目湖是溧阳市重要饮用水源地，政府和部门对水源保护非常重视，长期以来持续加大污染控制力度，推进生态保护和修复，加强流域管理制度建设，大型宾馆饭店污水接管外排进行集中处理，沿湖生态缓冲区生态质量逐渐提升，河流生态修复持续推进，面向饮用水安全的水量调度进一步优化，《常州市天目湖保护条例》等综合管理制度不断健全，确保了天目湖水质稳中向好的演变态势。

（一）近五年水质稳中向好，但存在部分水质指标偏高的风险

天目湖近 5 年以来总氮持续改善，总磷基本稳定（表 15.3）。2017 年环湖退茶还林后，湖体总磷出现波动下降，但受极端暴雨造成面源短期大量入湖负荷影响，年内仍然

存在偶发性指标偏高的风险。

表15.3 2016~2020年大溪、沙河水库主要水质分类状况

类别		大溪水库				沙河水库			
		COD$_{Mn}$	NH$_3$-N	TP	TN	COD$_{Mn}$	NH$_3$-N	TP	TN
全湖	Ⅰ类	0.0%	65.0%	3.3%	8.3%	20.0%	83.3%	33.3%	1.7%
	Ⅱ类	41.7%	31.7%	63.3%	61.7%	76.7%	6.7%	58.3%	56.7%
	Ⅲ类	46.7%	3.3%	26.7%	28.3%	3.3%	3.3%	8.3%	26.7%
	Ⅳ类	8.3%	0.0%	6.7%	1.7%	0.0%	1.7%	0.0%	10.0%
	Ⅴ类	3.3%	0.0%	0.0%	0.0%	0.0%	5.0%	0.0%	5.0%

2020年沙河水库全年平均总氮0.85 mg/L，达到Ⅲ类水标准；总磷0.035 mg/L，达到Ⅲ类水标准；氨氮0.064 mg/L，达到Ⅰ类水标准；高锰酸盐指数2.52 mg/L，达到Ⅱ类水标准。总氮、总磷和氨氮指标比2019年有所下降，高锰酸盐指数比2019年略有增高。从全年水质来看，沙河水库水化学指标整体较为稳定，但总磷需要进一步控制。

2020年大溪水库全年平均总氮0.75 mg/L，达到Ⅲ类水标准；总磷0.022 mg/L，达到Ⅱ类水标准；氨氮0.180 mg/L，达到Ⅱ类水标准；高锰酸盐指数6.0 mg/L，达到Ⅲ类水标准。大溪水库受枯水期超低水位及流域内青虾养殖集中排水等影响，2020年总磷、氨氮和高锰酸盐指数等指标有所上升，并在春季发生硅藻水华。水华期间水库管理部门迅速响应，对流域内青虾养殖实施清退，下半年水质相应恢复到多年正常值。

（二）水体处于中营养至轻度富营养状态，氮磷仍需进一步控制

富营养化评价是通过与湖泊营养状态有关的一系列指标及指标间的相互关系，以水体SD、COD$_{Mn}$、TP、TN、Chl-a共5项指标为基础计算综合营养状态指数（TLI）来进行评价。尽管天目湖氮、磷指标呈现稳中向好的趋势，但受流域土地利用、全球变暖、极端降雨事件和取水量增加等综合影响，藻类活动强度增加，且容易引发偶发性藻类异常增殖事件，水库营养水平仍然处于中营养及轻度富营养状态。

通过综合营养状态指数（TLI）对水质营养状况进行分级评价，2016~2020年沙河水库水质年均TLI小于45，处于中营养状态。2016~2019年大溪水库年均TLI分别为42.9、44.6、43.7、44.1，处于中营养状态，2020年大溪水库受超低水位影响出现硅藻水华，导致其年均TLI达到50.6，处于轻度富营养水平，其中Chl-a和SD对TLI的贡献最大，说明氮、磷现状水平下仍然存在藻类异常增殖甚至发生水华的风险，应持续削减。

二、关键问题分析

（一）低山丘陵开发比例相对较高，水环境保护压力大

水环境问题与流域土地利用格局密切相关，尤其是以面源污染为主的丘陵山地。天目湖流域位于东部低山丘陵地区，坡度较小，农业开发条件好，农业利用历史悠久，农

田、茶果园等农业用地比例相对较高，水环境保护压力相对较大（刁亚芹等，2014）。选择千岛湖、日本琵琶湖和天目湖三个以饮用水为主要功能的代表性湖库，采用农田、园地、建设用地作为开发比例进行比较分析，天目湖三类用地面积占比 28.21%，而千岛湖和琵琶湖的三类用地占比为 14.5% 和 23.5%，均低于天目湖的开发利用比例，天目湖总氮、总磷和叶绿素 a 浓度分别是日本琵琶湖的 5 倍、2 倍和 3 倍。由此可见，天目湖流域开发比例相对较高是氮、磷污染与藻类增殖的原因之一。日本琵琶湖也曾经出现水质下降的情况并影响到供水安全，后经过长期的治理和土地利用管控强化，水质大幅度改善，因此优化土地利用格局是改善水质的重要途径（表 15.4）。

表 15.4　天目湖与千岛湖、日本琵琶湖水质及流域非生态用地比较

	项目	千岛湖	日本琵琶湖	天目湖
	水面/km²	580	674	24.7
	库容/亿 m³	178	275	2.4
	流域面积/km²	10442	3848	245.9
	开发强度	14.5%（建设用地 2.1%，农田 5.3%，茶果园 7.1%）	23.5%（建设用地 10.2%，农田 13.3%）	28.21%（建设用地 6.51%，农田 8.71%，茶果园 12.99%）
	人口密度/（人/km²）	162	364	215
水质	总氮/（mg/L）	0.92	0.3	0.80
	总磷/（mg/L）	0.021	0.018	0.03
	叶绿素/（μg/L）	8.8	4.7	23.12
	透明度/m	3.3	>6	1.1

（二）茶园耕作加剧雨季氮磷流失，面源污染问题突出

茶园是天目湖流域丘陵坡地的重要开发类型，施肥量高且易于流失，部分茶园每年施肥量高达 959 kg N/hm²，是太湖流域稻麦轮作耕作方式的 2 倍左右。从不同的土地开发方式的营养流失量上看，茶园的氮流失强度 43.9 kg N/（hm²·a），是耕地、建设用地的 2 倍，是裸地的 3 倍，是自然林地的 8.8 倍；磷流失强度 0.84 kg P/（hm²·a），也将近自然林地的 8 倍（韩莹等，2012；李恒鹏等，2013）。因此，自然林地开发为茶园将导致氮、磷污染大幅增加，这是天目湖氮、磷污染严重的重要原因。2008~2017 年，天目湖地区茶园面积翻了一番，2017 年溧阳市政府对环湖生态敏感区内实施了退茶还林，与之前年份相比，茶园快速扩张的趋势得到了有效遏制（图 15.24）。至 2020 年，天目湖流域茶园面积达到流域总面积的 9.43%（图 15.24）。

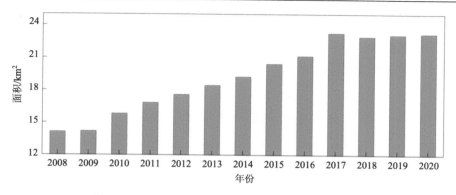

图 15.24 天目湖地区 2008~2020 年茶园面积的变化

（三）跨界矿山开发活动，影响上游水源涵养区功能

流域安徽部分地处上游，为重要水源涵养区，具有水土保持、滞洪蓄洪、水源调节、改善和净化水质等多种功能。根据《江苏省水土保持条例》，水源涵养区、饮用水水源区、水库库区及其集水区、湖泊保护范围应当划定为水土流失重点预防区，废弃矿山（场）、采石宕口应当划定为水土流失重点治理区，同时禁止在水土流失重点预防区和重点治理区挖砂和采石。天目湖流域存在省级跨界区域，目前上游安徽境内矿山开发较为活跃，周围的植被受到破坏，造成山坡的过度裸露（图 15.25），生产期间形成大量的尾矿和废

图 15.25 庙西村主要矿区开发形成的裸露表面

石废渣，形成大面积的松散堆积体，容易被雨水冲刷，造成严重的面源污染问题。从天目湖流域的前期研究结果显示上看，上游自然林地的氮和磷排放强度分别为 500 kg/km^2 和 11 kg/km^2，但是若林地被开发为矿区形成裸露的山体，氮、磷的流失强度将分别增长 3 倍和 8.5 倍。

（四）上游小型水库和塘坝养殖对天目湖水质影响大

上游塘坝和水库是沙河水库与大溪水库的重要水源，良好的水质和充足的下泄流量是天目湖饮用水供水安全的重要保障，其管理和运行方式对沙河水库与大溪水库的水量调蓄和水质保护至关重要。对流域内小型水库和塘坝调查的结果显示，流域内小型水库及塘坝氮、磷污染较为突出，总氮处于V~劣V类状况的占半数以上，III~IV类占 40%；总磷以IV~V类为主，约占调查水体的 56%；高锰酸盐指数、氨氮和溶解氧指标基本处于 I~IV类。影响小型水库和塘坝的突出问题是养殖和茶园面源污染，流域内茶园分布面积大的小型水库总氮一般在V~劣V类，水体养殖压力大的小型水库和塘坝磷污染多为IV~V类。

（五）气候变暖与极端气候事件频发加剧藻类水华风险

研究表明，全球变暖增加了湖库水华暴发的频率。水华暴发不仅危害水生生态系统的健康，而且严重影响饮用水安全，进而影响人类健康（Feng et al., 2021; Smucker et al., 2021; Song et al., 2021）。在全球气候变化的背景下，天目湖 1970 年以来气温呈现波动上升的趋势。依据溧阳气象站的监测数据，自从 1970 年，每 10 年的年平均气温上升达到 0.51℃，1980 年以来年平均气温每 10 年增加 0.65℃，同时降雨的季节分布近年也有显著变化。这些气候因素叠加氮、磷偏高的水质现状，进一步加剧了天目湖藻类增殖的波动和风险（孙祥，2018）。尤其是 2016 年降雨量达到平均年份的 2 倍，加剧了面源污染和水土流失，对 2016 年库区水质影响显著。

第五节　对策与建议

东南丘陵山区在流域资源开发利用、水环境问题和治理对策方面均存在一些共同特征，天目湖生态环境保护与治理经验可为东南丘陵山区其他水库水质保护提供参考。纵观天目湖水库水质变化和水环境保护实践历程，治理思路上经历了先污染后治理、边污染边治理，转向水环境与经济协调发展的实践探索阶段，水库治理技术上经历了单一污染控制措施向综合治理和管理的转变。近年来天目湖水质出现了稳中向好的趋势，但成效并不稳固，还存在不能稳定II类水质和富营养化引发异味危及饮用水安全的风险。针对现状问题，从天目湖综合治理与创新管理的多重视角，提出以下对策和建议。

一、实施"山水林田湖草沙"综合优化与生态修复

"山水林田湖草沙"是一个生命共同体，流域内不同要素之间存在着密切的水文与物

质联系和因果关系，土地利用和生态修复必须遵循自然规律，探讨面向饮用水安全的"山水林田库"综合调控模式。为强化天目湖保护，需要深入研究流域土地开发与水环境污染的响应关系，按照Ⅱ类水质目标测算水环境容量，并依据水环境容量确定土地开发安全阈值；在空间上特别注重上游水源涵养区、河流与河口湿地和沿湖生态缓冲区等具有重要生态功能的区域保护。上游水源涵养区是维系生态健康的优质水源供给区；河流与河口湿地具有重要的氮磷拦截净化能力；临湖地带是水库保护的敏感区，可分为河口、湖岸和临湖岸坡三类地区，临湖岸坡多分布有独流入库的沟壑，因输移距离短，这一区域的污染物入库比例高，一旦生态质量下降，极易造成严重面源污染问题，应该综合优化与修复提升。

二、健全制度不断强化"水土共治"等管控措施

每一个水源地流域自然条件不同，开发利用方式也有很大差异，水源的环境容量、生态环境问题均不相同，仅仅依靠一般规程下水源保护区的划定和管理难以与水源的目标和容量衔接。为加强天目湖的保护和管理，保障饮用水水源安全，改善流域生态环境，常州市人大组织《常州市天目湖保护条例》（以下简称《条例》）由江苏省人民代表大会常务委员会批准，2018年3月1日起施行。条例严格贯彻水质目标管理，依据水库功能和水生态特点确定水质管理的指标和目标，按照湖库水质目标容量确定生态、农业和村镇用地的规模，并从维持水质和氮磷控制的角度划定天目湖流域保护分区和管控方式，建立起突出面源污染控制和强化生态拦截的水土共治政策，通过立法保障生态环境，保障各类政策的有效实施。建议结合《条例》实施细则，强化"水土共治"管控措施的实施。

三、推动建立跨界环境联保共治管理机制

天目湖流域横跨江苏和安徽两省行政区。天目湖流域溧阳部分定位为饮用水源地的水源涵养区，而上游安徽郎溪为农业发展区。监测显示，青虾养殖塘总磷在2019年的平均浓度达到0.36 mg/L，高锰酸盐指数年度均值为10.2 mg/L，总磷浓度是天目湖水库水质的10倍，2020年4月引发大溪水库水源地发生硅藻水华，危及饮用水供给。建议：一是建立跨界环境协同管理机制，统一协调跨界环境标准，安徽郎溪县与广德县宜溧河上游区域统一定位为水源涵养区，并确定统一的达标标准；二是统一生态监管技术标准，按照水源涵养区确定生态空间保护范围与要求，制定跨界区统一生态监管标准；三是统一跨界产业准入标准与治理体系，优化产业结构，天目湖流域应将畜禽、水产养殖与矿区开发纳入负面清单禁入，按照水源涵养区功能制定生活污水处理的标准、面源污染控制规范及水土流失防治标准。

四、开展生态产品市场化探索，实现生态保护多元投入

水源区是最具绿水青山生态优势的区域，溧阳市以全省社会主义现代化建设试点和

国家城乡融合发展试验区建设为契机，创新建立以生态产品交易市场为载体的多元化生态治理体系，在吸收借鉴浙江丽水 GEP（gross ecosystem product，生态系统生产总值）核算机制和福建南平"两山银行"模式的基础上，在天目湖流域率先探索"两山"互通的生态保护市场化经验与生态产品增值模式，将水质净化、水源涵养、水土保持和文化旅游四类重要生态服务产品纳入交易市场，依托全要素、长序列大数据支撑，建立生态容量测算体系，依据生态约束测算不同分区、不同生态产品的供给能力。基于生态环境保护治理成本以及文化旅游区经营溢价评估，制定不同分区生态产品交易基准价格。通过开展生态资源交易试点，创新走出一条生态优势价值实现反哺水源保护的双向转化通道，为美丽江苏建设提供了制度创新的"溧阳样本"，推动了水源地生态保护的长效管理。

五、提升水生态高频监测能力，强化智慧化管理平台建设

目前天目湖各部门的水质监测主要是水环境常规监测，应强化高频监测能力，购置安装水生态指标高频监测设备，对水生态灾害突发事件进行预警与防范。通过信息化技术实现精细化管理和精准治理已经成为当前加强水源地管理的趋势，尤其是在水源区人类活动逐渐加强，仅仅靠巡查已经难以监管的情况下。天目湖目前已有很好的基础，逐年土地动态均通过卫星遥感进行监控，也积累长序列资料，通过院地合作建立监测体系，加快水环境管理信息平台建设。通过互联网技术建立实时监测与信息整合的数据平台，依托数据平台建立水质目标管理、水环境容量测算的模拟模型，形成支持水质目标管理、土地管控和长效管理的平台系统。

致谢：溧阳市人民政府、溧阳市天目湖水源地生态环境保护工作领导小组办公室、溧阳市水源保护服务中心、中国科学院南京地理与湖泊研究所陈伟民、贺小芬、方玉龙等给予的支持与帮助，在此一并表示感谢。

参 考 文 献

刁亚芹, 李恒鹏, 韩莹. 2014. 基于土地利用变化预测的天目湖水源地污染风险评价//2014 中国环境科学学会学术年会(第四章): 764-769.

国家环境保护总局. 2002. 地表水环境质量标准: GB 3838—2002. 北京: 中国环境科学出版社.

韩莹, 李恒鹏, 聂小飞, 等. 2012. 太湖上游低山丘陵地区不同用地类型氮、磷收支平衡特征. 湖泊科学, 24(6): 829-837.

李恒鹏, 朱广伟, 陈伟民, 等. 2013. 中国东南丘陵山区水质良好水库现状与天目湖保护实践. 湖泊科学, 25(6): 775-784.

孙祥. 2018. 水文气象对天目湖沙河水库藻类群落结构动态变化的影响. 芜湖: 安徽师范大学.

汤傅佳, 黄震方, 徐冬, 等. 2018. 水库型旅游地生态安全时空分异及其关键影响因子分析——以溧阳市天目湖为例. 长江流域资源与环境, 27(5): 1114-1123.

张运林, 陈伟民, 杨顶田, 等. 2005. 天目湖 2001~2002 年环境调查及富营养化评价. 长江流域资源与环境, 14(1): 99-103.

Feng L, Dai Y, Hou X, et al. 2021. Concerns about phytoplankton bloom trends in global lakes. Nature, 590(7846): E35-E47.

Smucker N J, Beaulieu J J, Nietch C T, et al. 2021. Increasingly severe cyanobacterial blooms and deep water hypoxia coincide with warming water temperatures in reservoirs. Global Change Biology, 27(11): 2507-2519.

Song K, Fang C, Jacinthe P A, et al. 2021. Climatic versus Anthropogenic Controls of Decadal Trends (1983-2017) in Algal Blooms in Lakes and Reservoirs across China. Environmental Science and Technology, 55(5): 2929-2938.

Zhang Y L, Yin Y, Feng L Q, et al. 2011. Characterizing chromophoric dissolved organic matter in Lake Tianmuhu and its catchment basin using excitation emission matrix fluorescence and parallel factor analysis. Water Research, 45(16): 5110-5122.

附录 生物中文名和学名（拉丁文）

*说明：本名录按照浮游植物（包括附着藻类）、大型水生植物（包括陆生植物）、浮游动物、底栖动物、鱼类、鸟类、哺乳类、微生物等顺序排列。浮游植物按照蓝藻门、硅藻门、绿藻门、其他门和附着藻类排列。大型水生植物按照沉水植物、浮叶植物、漂浮植物、挺水植物、湿生植物、陆生植物排列。浮游动物按照原生动物、轮虫、枝角类和桡足类排列。底栖动物按照环节动物门、节肢动物门和软体动物门排列。鱼类按照鲤形目、鲇形目、鲈形目、鲑形目和其他目排列。微生物按照细菌、超微真核生物排列，主要为门或纲级别。每个类群按照拉丁文字母/英文字母顺序排列。所列物种未考虑鉴定正确与否。

*本名录由陈非洲、刘霞、关保华、李芸、李静、龚志军、于谨磊、姜星宇核对。
[陈非洲（浮游动物——枝角类和桡足类、鸟类、哺乳类）、刘霞（浮游植物）、关保华（大型水生植物）、李芸（浮游动物——轮虫）、李静（浮游动物——原生动物）、龚志军（底栖动物）、于谨磊（鱼类）、姜星宇（微生物）]

浮游植物（包括附着藻类）

中文名称	学名	中文名称	学名
卷曲鱼腥藻	*Anabaena circinalis*	优美平裂藻	*Merismopedia elegans*
类颤鱼腥藻	*Anabaena oscillarioides*	银灰平裂藻	*Merismopedia glauca*
浮游鱼腥藻	*Anabaena planctonica*	细小平裂藻	*Merismopedia minima*
多变鱼腥藻	*Anabaena variabilis*	微小平裂藻	*Merismopedia tenuissima*
螺旋鱼腥藻	*Anabaena spiroides*	铜绿微囊藻	*Microcystis aeruginosa*
水华束丝藻	*Aphanizomenon flos-aquae*	放射微囊藻	*Microcystis botrys*
细小隐球藻	*Aphanocapsa elachista*	水华微囊藻	*Microcystis flos-aquae*
湖沼色球藻	*Chroococcus limneticus*	边缘微囊藻	*Microcystis marginata*
微小色球藻	*Chroococcus minutus*	挪氏微囊藻	*Microcystis novacekii*
不定腔球藻	*Coelosphaerium dubium*	尘埃微囊藻	*Microcystis pulverea*
拟柱孢藻	*Cylindrospermopsis* sp.	绿色微囊藻	*Microcystis viridis*
柱孢藻	*Cylindrospermum* sp.	惠氏微囊藻	*Microcystis wesenbergii*
针状蓝纤维藻	*Dactylococcopsis acicularis*	鱼害微囊藻	*Microcystis ichthyoblabe*
针晶蓝纤维藻	*Dactylococcopsis rhaphidioides*	念珠藻	*Nostoc* sp.
水华长孢藻	*Dolichospermum flos-aquae*	沼泽念珠藻	*Nostoc paludosum*
泽丝藻	*Limnothrix* sp.	阿氏颤藻	*Oscillatoria agardhii*
半丰满鞘丝藻	*Lyngbya semiplena*	巨颤藻	*Oscillatoria princeps*
		弱细颤藻	*Oscillatoria tenuis*

皮状席藻	*Phormidium corium*	中型脆杆藻	*Fragilaria intermedia*
小席藻	*Phormidium tenue*	变绿脆杆藻头端变种	*Fragilaria virescens* var.
细浮鞘丝藻	*Planktolyngbya subtilis*	capitata	
煤黑厚皮藻	*Pleurocapsa fuliginosa*	尖异极藻	*Gomphonema acuminatum*
假鱼腥藻	*Pseudanabaena* sp.	尖顶异极藻	*Gomphonema augur*
弯形小尖头藻	*Raphidiopsis curvata*	缢缩异极藻	*Gomphonema constrictum*
大螺旋藻	*Spirulina major*	纤细异极藻	*Gomphonema gracile*
钝顶螺旋藻	*Spirulina platensis*	小形异极藻	*Gomphonema parvulum*
为首螺旋藻	*Spirulina princeps*	塔形异极藻	*Gomphonema turris*
短小曲壳藻	*Achnanthes exigua*	尖布纹藻	*Gyrosigma acuminatum*
曲壳藻	*Achnanthes* sp.	斯潘塞布纹藻	*Gyrosigma spencerii*
卵圆双眉藻	*Amphora ovalis*	可赞赏泥栖藻	*Luticola plausibilis*
华丽星杆藻	*Asterionella formosa*	杆状舟形藻	*Navicula bacillum*
扎卡四棘藻	*Attheya zachariasi*	双头舟形藻	*Navicula dicephala*
模糊直链藻	*Aulacoseira ambigua*	短小舟形藻	*Navicula exigua*
颗粒直链藻	*Aulacoseira granulata*	长圆舟形藻	*Navicula oblonga*
颗粒直链藻极狭变种	*Aulacoseira granulata*	瞳孔舟形藻	*Navicula pupula*
var. *angustissima*		喙头舟形藻	*Navicula rhynchocephala*
冰岛直链藻	*Aulacoseira islarica*	简单舟形藻	*Navicula simples*
意大利直链藻	*Aulacoseira italica*	两栖菱形藻	*Nitzschia amphibia*
变异直链藻	*Aulacoseira varians*	新月菱形藻	*Nitzschia closterium*
扁圆卵形藻	*Cocconeis placentula*	谷皮菱形藻	*Nitzschia palea*
科曼小环藻	*Cyclotella comensis*	树状黄管藻	*Ophiocytium arbuscula*
扭曲小环藻	*Cyclotella comta*	头状黄管藻	*Ophiocytium capitatum*
梅尼小环藻	*Cyclotella meneghiniana*	大羽纹藻	*Pinnularia major*
具星小环藻	*Cyclotella stelligera*	著名羽纹藻	*Pinnularia nobilis*
椭圆波缘藻	*Cymatopleura elliptica*	波缘羽纹藻	*Pinnularia undulata*
草鞋形波缘藻	*Cymatopleura solea*	长刺根管藻	*Rhizosolenia longiseta*
新月形桥弯藻	*Cymbella cymbiformis*	鞍型藻	*Sellaphora* sp.
埃伦桥弯藻	*Cymbella ehrenbergii*	双头辐节藻	*Stauroneis anceps*
纤细桥弯藻	*Cymbella gracillis*	辐节藻	*Stauroneis* sp.
舟形桥弯藻	*Cymbella naviculiformis*	极小冠盘藻	*Stephanodiscus minutulus*
膨胀桥弯藻	*Cymbella tumida*	线形双菱藻	*Surirella linearis*
卵圆双壁藻	*Diploneis ovalis*	卵形双菱藻	*Surirella ovalis*
美丽双壁藻	*Diploneis puella*	粗壮双菱藻	*Surirella robusta*
篦形短缝藻	*Eunotia pectinalis*	螺旋双菱藻	*Surirella spiralis*
钝脆杆藻	*Fragilaria capucina*	尖针杆藻	*Synedra acus*
短线脆杆藻	*Fragilaria brevistriata*	尖针杆藻极狭变种	*Synedra acus* var.

angustissima

近缘针杆藻	*Synedra affinis*	细新月藻	*Closterium macilentum*
两头针杆藻	*Synedra amphicephala*	小空星藻	*Coelastrum microporum*
肘状针杆藻	*Synedra ulna*	网状空星藻	*Coelastrum reticulatum*
窗格平板藻	*Tabellaria fenestrata*	短鼓藻	*Cosmarium abbreviatum*
布拉马海链藻	*Thalassiosira bramaputrae*	美丽鼓藻	*Cosmarium formosulum*
粗刺藻	*Acanthosphaera zachariasii*	光滑鼓藻	*Cosmarium laeve*
集星藻	*Actinastrum hantzschii*	梅尼鼓藻	*Cosmarium meneghinii*
球辐射鼓藻	*Actinotaenium globosum*	钝鼓藻	*Cosmarium obtusatum*
纤维藻	*Ankistrodesmus* sp.	肾形鼓藻	*Cosmarium reniforme*
针形纤维藻	*Ankistrodesmus acicularis*	顶锥十字藻	*Crucigenia apiculata*
狭形纤维藻	*Ankistrodesmus angustus*	华美十字藻	*Crucigenia lauterbornii*
卷曲纤维藻	*Ankistrodesmus convolutus*	四角十字藻	*Crucigenia quadrata*
镰形纤维藻	*Ankistrodesmus falcatus*	四足十字藻	*Crucigenia tetrapedia*
镰形纤维藻奇异变种	*Ankistrodesmus*	杯胞藻	*Cyathomonas* sp.
	falcatus var. *mirabilis*	网球藻	*Dictyosphaerium ehrenbergianum*
螺旋纤维藻	*Ankistrodesmus spiralis*	美丽网球藻	*Dictyosphaerium pulchellum*
复线四鞭藻	*Carteria multifilis*	凹顶鼓藻	*Euastrum ansutum*
顶刺藻	*Centritractus* sp.	小齿凹顶鼓藻	*Euastrum denticulatum*
卵形衣藻	*Chamydomonas ovalis*	空球藻	*Eudorina* sp.
极小拟小椿藻	*Characiopsis minima*	被刺藻	*Franceia ovalis*
布朗衣藻	*Chlamydomonas braunii*	胶星藻	*Gloeoactinium limneticum*
德巴衣藻	*Chlamydomonas debaryana*	胶带藻	*Gloeotaenium loitelsbergerianum*
球衣藻	*Chlamydomonas globosa*	扭曲蹄形藻	*Kirchneriella contorta*
微球衣藻	*Chlamydomonas microsphaerella*	蹄形藻	*Kirchneriella lunaris*
斯诺衣藻	*Chlamydomonas snowiae*	肥壮蹄形藻	*Kirchneriella obesa*
小球藻	*Chlorella vulgaris*	叶衣藻	*Lobomonas* sp.
纤毛顶棘藻	*Chodatella ciliata*	博恩微芒藻	*Micractinium bornhemiensis*
长刺顶棘藻	*Chodatella longiseta*	细小单针藻	*Monoraphidium minutum*
十字顶棘藻	*Chodatella wratislaviensis*	奇异单针藻	*Monoraphidium mirabile*
锐新月藻	*Closterium acerosum*	微细转板藻	*Mougeotia parvula*
月牙新月藻	*Closterium cynthia*	四角转板藻	*Mougeotia quadrangulata*
厚顶新月藻	*Closterium dianae*	波吉卵囊藻	*Oocystis borgei*
双胞新月藻	*Closterium didymotocum*	湖生卵囊藻	*Oocystis lacustris*
埃伦新月藻	*Closterium ehrenbergii*	单生卵囊藻	*Oocystis solitaria*
纤细新月藻	*Closterium gracile*	椭圆卵囊藻	*Oocystis elliptica*
中型新月藻	*Closterium intermedium*	实球藻	*Pandorina morum*
库津新月藻	*Closterium kuetzingii*	双射盘星藻	*Pediastrum biradiatum*
		短棘盘星藻长角变种	*Pediastrum boryanum*

var. *longicorne*		具尾四角藻	*Tetraëdron caudatum*
二角盘星藻	*Pediastrum duplex*	戟形四角藻	*Tetraëdron hastatum*
二角盘星藻纤细变种	*Pediastrum duplex*	微小四角藻	*Tetraëdron minimum*
var. *gracillimum*		整齐四角藻	*Tetraëdron regulare*
单角盘星藻	*Pediastrum simplex*	三叶四角藻	*Tetraëdron trilobulatum*
单角盘星藻具孔变种	*Pediastrum simplex*	膨胀四角藻	*Tetraëdron tumidulum*
var. *duodenarium*		华丽四星藻	*Tetrastrum elegans*
四角盘星藻	*Pediastrum tetras*	单棘四星藻	*Tetrastrum hastiferum*
游丝藻	*Planctonema lauterbornii*	异刺四星藻	*Tetrastrum heteracanthum*
浮球藻	*Planktosphaeria gelatinosa*	短刺四星藻	*Tetrastrum staurogeniaeforme*
翼膜藻	*Pteromonas* sp.	粗刺四棘藻	*Treubaria crassispina*
并联藻	*Quadrigula* sp.	四棘藻	*Treubaria triappendiculata*
尖细栅藻	*Scenedesmus acuminatus*	环丝藻	*Ulothrix zonata*
尖形栅藻	*Scenedesmus acutiformis*	美丽团藻	*Volvox aureus*
弯曲栅藻	*Scenedesmus arcuatus*	韦氏藻	*Westella* sp.
被甲栅藻	*Scenedesmus armatus*	尖尾蓝隐藻	*Chroomonas acuta*
双对栅藻	*Scenedesmus bijuga*	具尾蓝隐藻	*Chroomonas caudata*
龙骨栅藻	*Scenedesmus carinatus*	啮蚀隐藻	*Cryptomonas erosa*
齿牙栅藻	*Scenedesmus denticulatus*	卵形隐藻	*Cryptomonas ovata*
二形栅藻	*Scenedesmus dimorphus*	尾变胞藻	*Astasia klebsii*
爪哇栅藻	*Scenedesmus javaensis*	梭形裸藻	*Euglena acus*
斜生栅藻	*Scenedesmus obliquus*	尾裸藻	*Euglena caudata*
扁盘栅藻	*Scenedesmus platydiscus*	带形裸藻	*Euglena ehrenbergii*
四尾栅藻	*Scenedesmus quadricauda*	纤细裸藻	*Euglena gracilis*
多棘栅藻	*Scenedesmus spinosus*	中型裸藻	*Euglena intermedia*
拟菱形弓形藻	*Schroederia nitzschioides*	易变裸藻	*Euglena mutabilis*
硬弓形藻	*Schroederia robusta*	尖尾裸藻	*Euglena oxyuris*
螺旋弓形藻	*Schroederia spiralis*	鱼形裸藻	*Euglena pisciformis*
月牙藻	*Selenastrum bibraianum*	多形裸藻	*Euglena polymorpha*
纤细月牙藻	*Selenastrum gracile*	血红裸藻	*Euglena sanguinea*
小形月牙藻	*Selenastrum minutum*	旋纹裸藻	*Euglena spirogyra*
端尖月牙藻	*Selenastrum westii*	三棱裸藻	*Euglena tripteris*
球囊藻	*Sphaerocystis schroeteri*	绿色裸藻	*Euglena viridis*
平顶顶接鼓藻	*Spondylosium planum*	卵形鳞孔藻	*Lepocinclis ovum*
钝齿角星鼓藻	*Staurastrum crenulatum*	尖尾扁裸藻	*Phacus acuminatus*
纤细角星鼓藻	*Staurastrum gracile*	敏捷扁裸藻	*Phacus agilis*
曼弗角星鼓藻	*Staurastrum manfeldtii*	钩状扁裸藻	*Phacus hamatus*
绿柄球藻	*Stylosphaeridium stipitatum*	旋形扁裸藻	*Phacus helicoides*

长尾扁裸藻	*Phacus longicauda*	密集锥囊藻	*Dinobryon sertularia*
梨形扁裸藻	*Phacus pyrum*	扁形膝口藻	*Gonyostomum depressum*
桃形扁裸藻	*Phacus stokesii*	鱼鳞藻	*Mallomonas* sp.
扭曲扁裸藻	*Phacus tortus*	短圆柱单肠藻	*Monallantus brevicylindrus*
剑尾陀螺藻	*Strombomonas ensifera*	谷生棕鞭藻	*Ochromonas vallesiaca*
河生陀螺藻	*Strombomonas fluviatilis*	具刺黄群藻	*Synura spinosa*
尾棘囊裸藻	*Trachelomonas armata*	角甲藻	*Ceratium hirundinella*
棘刺囊裸藻	*Trachelomonas hispida*	薄甲藻	*Glenodinium pulvisculus*
湖生囊裸藻	*Trachelomonas lacustris*	裸甲藻	*Gymnodinium aeruginosum*
相似囊裸藻透明变种	*Trachelomonas similis* var. *hyalina*	拟多甲藻	*Peridiniopsis* sp.
华丽囊裸藻	*Trachelomonas superba*	埃尔多甲藻	*Peridinium elpatiewskyi*
长锥形锥囊藻	*Dinobryon bavaricum*	内丝藻	*Encyonema* sp.
圆筒形锥囊藻	*Dinobryon cylindricum*	脆弱刚毛藻	*Cladophora fracta*
分歧锥囊藻	*Dinobryon divergens*	团集刚毛藻	*Cladophora glomerata*
		疏枝刚毛藻	*Cladophora insignis*

大型水生植物（包括陆生植物）

中文名称	学名	鸡冠眼子菜	*Potamogeton cristatus*
水盾草	*Cabomba caroliniana*	眼子菜	*Potamogeton distinctus*
金鱼藻	*Ceratophyllum demersum*	光叶眼子菜	*Potamogeton lucens*
东北金鱼藻	*Ceratophyllum manschuricum*	微齿眼子菜	*Potamogeton maackianus*
五刺金鱼藻	*Ceratophyllum oryzetorum*	穿叶眼子菜	*Potamogeton perfoliatus*
对枝轮藻	*Chara contraria*	小眼子菜	*Potamogeton pusillus*
普生轮藻	*Chara vulgaris*	竹叶眼子菜	*Potamogeton wrightii*
伊乐藻	*Elodea nuttallii*	川蔓藻	*Ruppia maritima*
杉叶藻	*Hippuris vulgaris*	丝叶眼子菜	*Stuckenia filiformis*
黑藻	*Hydrilla verticillata*	篦齿眼子菜	*Stuckenia pectinatus*
罗氏轮叶黑藻	*Hydrilla verticillata* var. *rosburghii*	黄花狸藻	*Utricularia aurea*
		苦草	*Vallisneria natans*
粉绿狐尾藻	*Myriophyllum aquaticum*	刺苦草	*Vallisneria spinulosa*
穗状狐尾藻	*Myriophyllum spicatum*	欧亚苦草	*Vallisneria spiralis*
轮叶狐尾藻	*Myriophyllum verticillatum*	角果藻	*Zannichellia palustris*
大茨藻	*Najas marina*	喜旱莲子草	*Alternanthera philoxeroides*
小茨藻	*Najas minor*	芡实	*Euryale ferox*
海菜花	*Ottelia acuminata*	白睡莲	*Nymphaea alba*
西伯利亚蓼	*Polygonum sibiricum*	睡莲	*Nymphaea tetragona*
菹草	*Potamogeton crispus*	金银莲花	*Nymphoides indica*

荇菜	*Nymphoides peltatum*	灰脉薹草	*Carex appendiculata*
水芹	*Oenanthe javanica*	灰化薹草	*Carex cinerascens*
两栖蓼	*Polygonum amphibium*	头状穗莎草	*Cyperus glomeratus*
水蓼	*Polygonum hydropiper*	假马蹄	*Heleocharis ochrostachys*
菱	*Trapa bispinosa*	牛毛毡	*Heleocharis yokoscensis*
四角刻叶菱	*Trapa incisa*	花穗水莎草	*Juncellus pannonicus*
野菱	*Trapa incisa var. quadricaudata*	李氏禾	*Leersia hexandra*
细果野菱	*Trapa maximowiczii*	酸模叶蓼	*Polygonum lapathifolium*
满江红	*Azolla imbricata*	西南毛茛	*Ranunculus ficariifolius*
凤眼蓝	*Eichhornia crassipes*	水麦冬	*Triglochin palustre*
水鳖	*Hydrocharis dubia*	骆驼刺	*Alhagi sparsifolia*
浮萍	*Lemna minor*	盐生假木贼	*Anabasis salsa*
大薸	*Pistia stratiotes*	红足蒿	*Artemisia rubripes*
槐叶蘋	*Salvinia natans*	蒌蒿	*Artemisia selengensis*
窄叶泽泻	*Alisma canaliculatum*	鬼针草	*Bidens pilosa*
泽泻	*Alisma plantago-aquatica*	拂子茅	*Calamagrostis epigeios*
芦竹	*Arundo donax*	沙拐枣	*Calligonum mongolicum*
荸荠	*Eleocharis dulcis*	灰绿藜	*Chenopodium glaucum*
灯心草	*Juncus effusus*	刺儿菜	*Cirsium setosum*
芒	*Miscanthus sinensis*	长芒稗	*Echinochloa caudata*
莲	*Nelumbo nucifera*	稗	*Echinochloa crusgalli*
芦苇	*Phragmites australis*	湖南稗子	*Echinochloa frumentacea*
野慈姑	*Sagittaria trifolia*	尖果沙枣	*Elaeagnus oxycarpa*
双柱头藨草	*Scirpus distigmaticus*	草麻黄	*Ephedra sinica*
硕大藨草	*Scirpus grossus*	胀果甘草	*Glycyrrhiza inflata*
扁秆藨草	*Scirpus planiculmis*	盐节木	*Halocnemum strobilaceum*
水毛花	*Scirpus triangulatus*	盐穗木	*Halostachys caspica*
藨草	*Scirpus triqueter*	梭梭	*Haloxylon ammodendron*
水葱	*Scirpus validus*	旋覆花	*Inula japonica*
荆三棱	*Scirpus yagara*	盐爪爪	*Kalidium foliatum*
黑三棱	*Sparganium stoloniferum*	马兰	*Kalimeris indica*
南荻	*Triarrhena lutarioriparia*	西藏蒿草	*Kobresia tibetica*
荻	*Triarrhena sacchariflora*	宁夏枸杞	*Lycium barbarum*
长苞香蒲	*Typha angustata*	草木樨	*Melilotus officinalis*
水烛	*Typha angustifolia*	白刺	*Nitraria tangutorum*
宽叶香蒲	*Typha latifolia*	疗齿草	*Odontites vulgaris*
小香蒲	*Typha minima*	双穗雀稗	*Paspalum paspaloides*
菰	*Zizania latifolia*	虉草	*Phalaris arundinacea*

大叶白麻	*Poacynum hendersonii*	红砂	*Reaumuria songarica*
萹蓄	*Polygonum aviculare*	加拿大一枝黄花	*Solidago canadensis*
胡杨	*Populus euphratica*	合头草	*Sympegma regelii*
蕨麻	*Potentilla anserina*	柽柳	*Tamarix chinensis*

浮游动物

中文名称	学名	天鹅长吻虫	*Lacrymaria olor*
短棘刺胞虫	*Acanthocystis brevicirrhis*	淡水麻铃虫	*Leprotintinnus fluviatile*
针棘刺胞虫	*Acanthocystis aculeata*	漫游虫	*Litonotus* sp.
泥炭刺胞虫	*Acanthocystis turfacea*	条纹喙纤虫	*Loxodes striatus*
睥睨虫	*Askenasia* sp.	胡梨壳虫	*Nebela barbata*
放射太阳虫	*Actinophrys sol*	颈梨壳虫	*Nebela collaris*
光球虫	*Actinosphaerium* sp.	尾草履虫	*Paramecium caudatum*
半圆表壳虫	*Arcella hemisphaerica*	苍白刺日虫	*Raphidiophrys pallida*
普通表壳虫	*Arcella vulgaris*	团球领鞭虫	*Sphaeroeca volvox*
囊坎虫	*Ascampbelliella* sp.	小旋口虫	*Spriostomum minus*
团睥睨虫	*Askenasia volvox*	喇叭虫	*Stentor* sp.
卵形波豆虫	*Bodo ovatus*	旋回侠盗虫	*Strobilidium gyrans*
针棘匣壳虫	*Centropyxis aculeata*	绿急游虫	*Strombidium viride*
匣壳虫	*Centropyxis* sp.	安徽似拟铃虫	*Tintinnopsis anhuiensis*
弯豆形虫	*Colpidium campylu*	圆柱似拟铃虫	*Tintinnopsis cylindrata*
剑桥粪菌虫	*Copromyxa cantabrigiensis*	王氏似铃壳虫	*Tintinnopsis wangi*
坛状曲颈虫	*Cyphoderia ampulla*	卵圆口虫	*Trachelius ovum*
单环栉毛虫	*Didinium balbianii*	卑怯管叶虫	*Trachelophyllum pusillum*
双环栉毛虫	*Didinium nasutum*	游仆虫	*Uplates* sp.
褐砂壳虫	*Diffllugia avelllana*	钟虫	*Vorticella* sp.
球形砂壳虫	*Diffllugia globulosa*	聚缩虫	*Zoochamnium* sp.
尖顶砂壳虫	*Difflugia acuminata*	裂痕龟纹轮虫	*Anuraeopsis fissa*
长圆砂壳虫	*Difflugia oblonga*	舞跃无柄轮虫	*Ascomorpha saltans*
叉口砂壳虫	*Difflugia gramen*	前节晶囊轮虫	*Asplachna priodonta*
瓶砂壳虫	*Difflugia urceolata*	角突臂尾轮虫	*Brachionus angularis*
长颈虫	*Dileptus* sp.	蒲达臂尾轮虫	*Brachionus budapestiensis*
静眼虫	*Euglena deses*	萼花臂尾轮虫	*Brachionus calyciflorus*
累枝虫	*Epistylis* sp.	尾突臂尾轮虫	*Brachionus caudatus*
有棘鳞壳虫	*Euglypha acanthophora*	裂足臂尾轮虫	*Brachionus diversicornis*
大弹跳虫	*Halteria grandinella*	镰状臂尾轮虫	*Brachionus falcatus*
肋状半眉虫	*Hemiophrys pleurosigma*	剪形臂尾轮虫	*Brachionus forficula*

中文名	学名	中文名	学名
矩形臂尾轮虫	*Brachionus leydigii*	真翅多肢轮虫	*Polyarthra euryptera*
尼氏臂尾轮虫	*Brachionus nilsoni*	针簇多肢轮虫	*Polyarthra trigla*
褶皱臂尾轮虫	*Brachionus plicatilis*	扁平泡轮虫	*Pompholyx complanata*
方形臂尾轮虫	*Brachionus quadridentatus*	蚤上前翼轮虫	*Proales daphnicola*
壶状臂尾轮虫	*Brachionus urceolaris*	高跷轮虫	*Scaridium longicaudum*
小链巨头轮虫	*Cephalodella catellina*	无棘鳞冠轮虫	*Squatinella mutica*
胶鞘轮虫	*Collotheca* sp.	梳状疣毛轮虫	*Synchaeta pectinata*
爱德里亚狭甲轮虫	*Colurella adriatica*	盘镜轮虫	*Testudinella patina*
团状聚花轮虫	*Conochilus hippocrepis*	刺盖异尾轮虫	*Trichocerca capucina*
独角聚花轮虫	*Conochilus unicornis*	圆筒异尾轮虫	*Trichocerca cylindrica*
大肚须足轮虫	*Euchlanis dilatata*	纵长异尾轮虫	*Trichocerca elongata*
长三肢轮虫	*Filinia longiseta*	细异尾轮虫	*Trichocerca gracilis*
迈氏三肢轮虫	*Filinia maior*	长刺异尾轮虫	*Trichocerca longiseta*
跃进三肢轮虫	*Filinia passa*	冠饰异尾轮虫	*Trichocerca lophoessa*
环顶六腕轮虫	*Hexarthra fennica*	暗小异尾轮虫	*Trichocerca pusilla*
中型六腕轮虫	*Hexarthra intermedia*	等棘异尾轮虫	*Trichocerca similis*
奇异六腕轮虫	*Hexarthra mira*	对棘异尾轮虫	*Trichocerca stylata*
螺形龟甲轮虫	*Keratella cochlearis*	蛭态轮虫	Bdelloid rotifers
矩形龟甲轮虫	*Keratella quadrata*	橘色轮虫	*Rotaria citrina*
中国龟甲轮虫	*Keratella sinensis*	轮虫属	*Rotaria*
曲腿龟甲轮虫	*Keratella valga*	点滴尖额溞	*Alona guttata*
尖爪腔轮虫	*Lecane cornuta*	方形尖额溞	*Alona quadrangularis*
精致腔轮虫	*Lecane elachis*	矩形尖额溞	*Alona rectangula*
尖角腔轮虫	*Lecane hamata*	简弧象鼻溞	*Bosmina coregoni*
尾片腔轮虫	*Lecane leontina*	脆弱象鼻溞	*Bosmina fatalis*
月形腔轮虫	*Lecane luna*	长额象鼻溞	*Bosmina longirostris*
共趾腔轮虫	*Lecane sympoda*	颈沟基合溞	*Bosminopsis deitersi*
爪趾腔轮虫	*Lecane unguitata*	角突网纹溞	*Ceriodaphnia cornuta*
蹄形腔轮虫	*Lecane ungulata*	宽尾网纹溞	*Ceriodaphnia laticaudata*
卵形鞍甲轮虫	*Lepadella ovalis*	美丽网纹溞	*Ceriodaphnia pulchella*
盘状鞍甲轮虫	*Lepadella patella*	方形网纹溞	*Ceriodaphnia quadrangula*
管板细脊轮虫	*Lophocharis salpina*	卵形盘肠溞	*Chydorus ovalis*
腹棘管轮虫	*Mytilina ventralis*	圆形盘肠溞	*Chydorus sphaericus*
尖削叶轮虫	*Notholca acuminata*	僧帽溞	*Daphnia cucullata*
唇形叶轮虫	*Notholca labis*	盔形溞	*Daphnia galeata*
鳞状叶轮虫	*Notholca squamula*	透明溞	*Daphnia hyalina*
四角平甲轮虫	*Platyias quadricornis*	长刺溞	*Daphnia longispina*
郝氏皱甲轮虫	*Ploesoma hudsoni*	大型溞	*Daphnia magna*

短钝溞	*Daphnia obtusa*	广布中剑水蚤	*Mesocyclops leuckarti*
蚤状溞	*Daphnia pulex*	跨立小剑水蚤	*Microcyclops varicans*
短尾秀体溞	*Diaphanosoma brachyurum*	矮小拟镖剑水蚤	*Paracyclopina nana*
多刺秀体溞	*Diaphanosoma sarsi*	近亲拟剑水蚤	*Paracyclops affinis*
透明薄皮溞	*Leptodora kindti*	毛饰拟剑水蚤	*Paracyclops fimbriatus*
突额湖仙达溞	*Limnosida frontosa*	透明温剑水蚤	*Thermocyclops hyalinus*
粗毛溞	*Macrothrix* sp.	台湾温剑水蚤	*Thermocyclops taihokuensis*
多刺裸腹溞	*Moina macrocopa*	披针纺锤水蚤	*Acartia southwelli*
微型裸腹溞	*Moina micrura*	梳刺北镖水蚤	*Arctodiaptomus altissimus*
直额裸腹溞	*Moina rectirostris*		*pectinatus*
虱形大眼溞	*Polyphemus pediculus*	咸水北镖水蚤	*Arctodiaptomus salinus*
钩足平直溞	*Pleuroxus hamulatus*	新月北镖水蚤	*Arctodiaptomus stewartianus*
晶莹仙达溞	*Sida crystallina*	兴凯侧突水蚤	*Epischura chankensis*
尖吻低额溞	*Simocephalus acutirostratus*	右突新镖水蚤	*Neodiaptomus schmackeri*
老年低额溞	*Simocephalus vetulus*	特异荡镖水蚤	*Neutrodiaptomus incongruens*
台湾巨剑水蚤	*Megacyclops formosanus*	西南荡镖水蚤	*Neutrodiaptomus mariadvigae*
英勇剑水蚤	*Cyclops strenuus*	舌状叶镖水蚤	*Phyllodiaptomus tunguidus*
近邻剑水蚤	*Cyclops vicinus*	球状许水蚤	*Schmackeria forbesi*
锯缘真剑水蚤	*Eucyclops serrulatus*	指状许水蚤	*Schmackeria inopinus*
锯齿真剑水蚤	*Eucyclops denticulatus*	汤匙华哲水蚤	*Sinocalanus dorrii*
如愿真剑水蚤	*Eucyclops speratus*	中华哲水蚤	*Sinocalanus sinensis*
中华咸水剑水蚤	*Halicyclops sinensis*	短肢角猛水蚤	*Cletocamptus feei*
中华窄腹剑水蚤	*Limnoithona sinensis*	后进角猛水蚤	*Cletocamptus retrogressus*
四刺窄腹剑水蚤	*Limnoithona tetraspina*	模式有爪猛水蚤	*Onychocamptus mohammed*
棕色大剑水蚤	*Macrocyclops fuscus*	近刺大吉猛水蚤	*Tachidius vicinospinalis*

底栖动物

中文名称	学名	克拉泊水丝蚓	*Limnodrilus claparedeianus*
颤体虫	*Aeolosoma* sp.	水丝蚓	*Limnodrilus* sp.
多毛管水蚓	*Aulodrilus pluriseta*	参差仙女虫	*Nais variabilis*
苏氏尾鳃蚓	*Branchiura sowerbyi*	厚唇嫩丝蚓	*Teneridrilus mastix*
头鳃虫	*Branchiodrilus* sp.	正颤蚓	*Tubifex tubifex*
指鳃尾盘虫	*Dero digitata*	颤蚓	*Tubifex* sp.
坦氏泥蚓	*Ilyodrilus templetoni*	寡鳃齿吻沙蚕	*Nephtys oligobranchia*
霍甫水丝蚓	*Limnodrilus hoffmeisteri*	多鳃齿吻沙蚕	*Nephtys polybranchia*
巨毛水丝蚓	*Limnodrilus grandisetosus*	沙蚕	*Nereis* sp.
瑞士水丝蚓	*Limnodrilus helveticus*	背蚓虫	*Notomastus latericeus*

尖刺缨虫	*Potamilla acuminata*	小摇蚊	*Microchironomus* sp.
疣吻沙蚕	*Tylorrhynchus heterochaetus*	多巴小摇蚊	*Microchironomus tabarui*
扁舌蛭	*Glossiphonia complanata*	软铗小摇蚊	*Microchironomus tener*
宽身舌蛭	*Glossiphonia lata*	小划蝽	*Micronecta* sp.
拟扁蛭	*Hemiclepsis* sp.	小突摇蚊	*Micropsectra* sp.
宽体金线蛭	*Whitmania pigra*	拟突摇蚊	*Paracladius* sp.
简异环足摇蚊	*Acricotopus simplex*	梯形多足摇蚊	*Ploypedilum scalaenum*
蜓	*Aeschna* sp.	小云多足摇蚊	*Polypedilum nubeculosum*
水龟	*Aquarium paludum*	花翅前突摇蚊	*Procladius choreus*
黄色羽摇蚊	*Chironomu flaviplumus*	前突摇蚊	*Procladius* sp.
墨黑摇蚊	*Chironomus anthracinus*	红裸须摇蚊	*Propsilocerus akamusi*
细长摇蚊	*Chironomus attenuatus*	巴比刀突摇蚊	*Psectrocladius barbimanus*
羽摇蚊	*Chironomus plumosus*	中国长足摇蚊	*Tanypus chinensis*
喜盐摇蚊	*Chironomus salinarius*	纤长长跗摇蚊	*Tanytarsus gracilentus*
半折摇蚊	*Chironomus semireductus*	细足米虾	*Caridna nilotica gracilipes*
中华摇蚊	*Chironomus sinicus*	蜾蠃蜚	*Corophium* sp.
菱跗摇蚊	*Clinotanypus* sp.	胖真星介	*Eucypris inflata*
蟌科	Coenagrionidae	湖泊钩虾	*Gammarus lacustris*
鞘翅目	Coleoptera	钩虾	*Gammarus* sp.
划蝽科	Corixidae	太湖大螯蜚	*Grandidierella taihuensis*
网纹环足摇蚊	*Cricotopus ornatus*	大螯蜚	*Grandidierella* sp.
林间环足摇蚊	*Cricotopus sylvestris*	日本沼虾	*Macrobrachium nipponense*
凹铗隐摇蚊	*Cryptochironomus defectus*	锯齿新米虾	*Neocaridina denticulata*
隐摇蚊一种	*Cryptochironomus* sp.	拟背尾水虱	*Paranthura* sp.
淡绿二叉摇蚊	*Dicrotendipes pelochloris*	背角无齿蚌	*Anodonta woodiana*
龙虱	*Dyliscus* sp.	圆背角无齿蚌	*Anodonta woodiana pacifica*
恩非摇蚊	*Einfeldia* sp.	椭圆背角无齿蚌	*Anodonta woodiana elliptica*
舞虻科	Empididae	鱼形背角无齿蚌	*Anodonta woodiana piscatorum*
水蝇	*Ephydra* sp.	蚶形无齿蚌	*Anodonta arcaeformis*
秀丽白虾	*Exopalaemon modestus*	扭蚌	*Arconaia lanceolata*
浅白雕翅摇蚊	*Glyptotendipes pallens*	河蚬	*Corbicula fluminea*
德永雕翅摇蚊	*Glyptotendipes tokunagai*	刻纹蚬	*Corbicula largillierti*
卵形沼梭	*Haliplus ovalis*	褶纹冠蚌	*Cristaria plicata*
半翅目	Hemiptera	鱼尾楔蚌	*Cuneopsis pisciculus*
纹石蚕	*Hydropsyche* sp.	圆头楔蚌	*Cuneopsis heudei*
水龟虫	*Hydrous* sp.	三角帆蚌	*Hyriopsis cumingii*
蜻	*Libellula* sp.	洞穴丽蚌	*Lamprotula caveata*
大粗腹摇蚊	*Macropelopia* sp.	巴氏丽蚌	*Lamprotula bazini*

背瘤丽蚌	*Lamprotula leai*	尖口圆扁螺	*Hippeutis cantori*
天津丽蚌	*Lamprotula tientsinensis*	大脐圆扁螺	*Hippeutis umbilicalis*
短褶矛蚌	*Lanceolaria grayana*	特异湖浪介	*Limnocythere inopinata*
剑状矛蚌	*Lanceolaria gladiola*	仿雕石螺	*Lithoglyphopsis* sp.
矛蚌	*Lanceolaria* sp.	静水椎实螺	*Lymnaea stagnalis*
沼蛤	*Limnoperna fortunei*	椎实螺科	Lymnaeidae
豌豆蚬	*Pisidium* sp.	瘤拟黑螺	*Melanoides tuberculata*
射线裂脊蚌	*Schistodesmus lampreyanus*	中国淡水蛏	*Novaculina chinensis*
龙骨蛏蚌	*Solenaia carinata*	纹沼螺	*Parafossarulus striatulus*
橄榄蛏蚌	*Solenaia oleivora*	大沼螺	*Parafossarulus eximius*
湖球蚬	*Sphaerium lacustre*	膀胱螺	*Physa* sp.
圆顶珠蚌	*Unio douglasia*	云南萝卜螺	*Radix yunnanensis*
长角涵螺	*Alocinma longicornis*	椭圆萝卜螺	*Radix swinhoei*
拟沼螺	*Assiminea* sp.	耳萝卜螺	*Radix auricularia*
铜锈环棱螺	*Bellamya aeruginosa*	尖萝卜螺	*Radix acuminata*
坚环棱螺	*Bellamya lapillorum*	萝卜螺	*Radix* sp.
梨形环棱螺	*Bellamya purificata*	方格短沟蜷	*Semisulcospira cancellata*
赤豆螺	*Bithynia fuchsiana*	短沟蜷	*Semisulcospira* sp.
中华圆田螺	*Cipangopaludina chinensis*	光滑狭口螺	*Stenothyra glabra*
截口土蜗	*Galba truncatula*	平盘螺	*Valvata cristata*
白旋螺	*Gyraulus albus*	西伯利亚盘螺	*Valvata sibirica*
凸旋螺	*Gyraulus convexiusculus*		

鱼类

中文名称	学名	蒙古鲌	*Chanodichthys mongolicus*
棒花鱼	*Abbottina rivularis*	草鱼	*Ctenopharyngodon idella*
东方欧鳊	*Abramis brama*	翘嘴鲌	*Culter alburnus*
兴凯鱊	*Acheilognathus chankaensis*	鲤	*Cyprinus carpio*
彩鱊	*Acheilognathus imberbis*	杞麓鲤	*Cyprinus chilia*
大鳍鱊	*Acheilognathus macropterus*	圆吻鲴	*Distoechodon tumirostris*
斑条鱊	*Acheilognathus taenianalis*	鳡	*Elopichthys bambusa*
云南光唇鱼	*Acrossocheilus yunnanensis*	犬首鮈	*Gobio cynocephalus*
银白鱼	*Anabarilius alburnops*	青海湖裸鲤	*Gymnocypris przewalskii*
扁吻鱼	*Aspiorhynchus laticeps*	唇鲷	*Hemibarbus labeo*
鲫	*Carassius auratus*	花鲷	*Hemibarbus maculatus*
达氏鲌	*Chanodichthys dabryi*	贝氏鳘	*Hemiculter bleekeri*
红鳍原鲌	*Chanodichthys erythropterus*	鳘	*Hemiculter leucisculus*

鲢	*Hypophthalmichthys molitrix*	革胡子鲇	*Clarias gariepinus*
鳙	*Hypophthalmichthys nobilis*	云斑鮰	*Ameiurus nebulosus*
贝加尔雅罗鱼	*Leuciscus baicalensis*	鲇	*Silurus asotus*
瓦氏雅罗鱼	*Leuciscus waleckii*	南方大口鲇	*Silurus meridionalis*
短头亮鲃	*Luciobarbus brachycephalus*	长须黄颡鱼	*Pelteobagrus eupogon*
团头鲂	*Megalobrama amblycephala*	黄颡鱼	*Tachysurus fulvidraco*
鲂	*Megalobrama skolkovii*	光泽黄颡	*Tachysurus nitidus*
小口小鳔鮈	*Microphysogobio microstomus*	乌鳢	*Channa argus*
泥鳅	*Misgurnus anguillicaudatus*	圆尾斗鱼	*Macropodus chinensis*
青鱼	*Mylopharyngodon piceus*	小黄黝鱼	*Micropercops swinhonis*
鳊	*Parabramis pekinensis*	河川沙塘鳢	*Odontobutis potamophila*
似刺鳊鮈	*Paracanthobrama guichenoti*	河鲈	*Perca fluviatilis*
大鳞副泥鳅	*Paramisgurnus dabryanus*	波氏吻鰕虎鱼	*Rhinogobius cliffordpopei*
细鳞斜颌鲴	*Plagiognathops microlepis*	子陵吻鰕虎鱼	*Rhinogobius giurinus*
似鳊	*Pseudobrama simoni*	鳜	*Siniperca chuatsi*
飘鱼	*Pseudolaubuca sinensis*	大眼鳜	*Siniperca knerii*
麦穗鱼	*Pseudorasbora parva*	中华刺鳅	*Sinobdella sinensis*
高体鳑鲏	*Rhodeus ocellatus*	须鳗鰕虎鱼	*Taenioides cirratus*
黑龙江鳑鲏	*Rhodeus sericeus*	双带缟鰕虎鱼	*Tridentiger bifasciatus*
中华鳑鲏	*Rhodeus sinensis*	鳗鲡	*Anguilla japonica*
黑鳍鳈	*Sarcocheilichthys nigripinnis*	细鳞鲑	*Brachymystax lenok*
华鳈	*Sarcocheilichthys sinensis*	哲罗鲑	*Hucho taimen*
蛇鮈	*Saurogobio dabryi*	池沼公鱼	*Hypomesus olidus*
长蛇鮈	*Saurogobio dumerili*	乔氏新银鱼	*Neosalanx jordani*
塔里木裂腹鱼	*Schizothorax biddulphi*	太湖新银鱼	*Neosalanx taihuensis*
金线鲃	*Sinocyclocheilus grahami*	陈氏短吻银鱼	*Neosalanx tangkahkeii*
银鮈	*Squalidus argentatus*	大银鱼	*Protosalanx hyalocranius*
赤眼鳟	*Squaliobarbus curriculus*	短颌鲚	*Coilia brachygnathus*
似鳊	*Toxabramis swinhonis*	湖鲚（刀鲚）	*Coilia nasus*
隆头高原鳅	*Triplophysa alticeps*	白斑狗鱼	*Esox lucius*
硬刺高原鳅	*Triplophysa scleroptera*	食蚊鱼	*Gambusia affinis*
斯氏高原鳅	*Triplophysa stolickai*	间下鱵	*Hyporhamphus intermedius*
黄尾鲴	*Xenocypris davidi*	黄鳝	*Monopterus albus*
云南密鲴	*Xenocypris yunnanensis*	青鳉	*Oryzias latipes*

鸟类

中文名称	学名		中文名称	学名
			黑翅鸢	*Elanus caeruleus*
凤头鹰	*Accipiter trivirgatus*		游隼	*Falco peregrinus*
松雀鹰	*Accipiter virgatus*		红隼	*Falco tinnunculus*
矶鹬	*Actitis hypoleucos*		普通燕鸻	*Glareola maldivarum*
琵嘴鸭	*Anas clypeata*		灰鹤	*Grus grus*
绿翅鸭	*Anas crecca*		白鹤	*Grus leucogeranus*
罗纹鸭	*Anas falcata*		白头鹤	*Grus monacha*
斑嘴鸭	*Anas poecilorhycha*		黑颈鹤	*Grus nigricollis*
白眉鸭	*Anas querquedula*		白枕鹤	*Grus vipio*
赤膀鸭	*Anas strepera*		玉带海雕	*Haliaeetus leucoryphus*
白额雁	*Anser albifrons*		家燕	*Hirundo rustica*
灰雁	*Anser anser*		水雉	*Hydrophasianus chirurgus*
鸿雁	*Anser cygnoides*		黄苇鳽	*Ixobrychus sinensis*
小白额雁	*Anser erythropus*		渔鸥	*Larus ichthyaetus*
豆雁	*Anser fabalis*		斑尾塍鹬	*Limosa lapponica*
斑头雁	*Anser indicus*		黑尾塍鹬	*Limosa limosa*
草鹭	*Ardea purpurea*		中华秋沙鸭	*Mergus squamatus*
翻石鹬	*Arenaria interpres*		黑鸢	*Milvus migrans*
青头潜鸭	*Aythya baeri*		白鹡鸰	*Motacilla alba*
红头潜鸭	*Aythya ferina*		灰鹡鸰	*Motacilla cinerea*
凤头潜鸭	*Aythya fuligula*		黄头鹡鸰	*Motacilla citreola*
牛背鹭	*Bubulcus ibis*		黄鹡鸰	*Motacilla flava*
普通鵟	*Buteo japonicus*		赤嘴潜鸭	*Netta rufina*
尖尾滨鹬	*Calidris acuminata*		大杓鹬	*Numenius madagascariensis*
黑腹滨鹬	*Calidris alpina*		中杓鹬	*Numenius phaeopus*
弯嘴滨鹬	*Calidris ferruginea*		普通鸬鹚	*Phalacrocorax carbo*
红颈滨鹬	*Calidris ruficollis*		极北柳莺	*Phylloscopus borealis*
长趾滨鹬	*Calidris subminuta*		白琵鹭	*Platalea leucorodia*
金眶鸻	*Charadrius dubius*		彩鹮	*Plegadis falcinellus*
铁嘴沙鸻	*Charadrius leschenaultii*		金斑鸻	*Pluvialis fulva*
蒙古沙鸻	*Charadrius mongolus*		角䴙䴘	*Podiceps auritus*
白翅浮鸥	*Chlidonias leucopterus*		灰头鹦鹉	*Psittacula finschii*
东方白鹳	*Ciconia boyciana*		反嘴鹬	*Recurvirostra avosetta*
白腹鹞	*Circus spilonotus*		彩鹬	*Rostratula benghalensis*
小天鹅	*Cygnus columbianus*		白额燕鸥	*Sterna albifrons*
大天鹅	*Cygnus cygnus*		赤麻鸭	*Tadorna ferruginea*

藏雪鸡	*Tetraogallus tibetanus*	青脚鹬	*Tringa nebularia*
鹤鹬	*Tringa erythropus*	泽鹬	*Tringa stagnatilis*
林鹬	*Tringa glareola*	红脚鹬	*Tringa totanus*

哺乳类

中文名称	学名	普氏原羚	*Procapra przewalskii*
野牦牛	*Bos mutus*	白唇鹿	*Przewalskium albirostris*
藏野驴	*Equus kiang*	岩羊	*Pseudois nayaur*
盘羊	*Ovis ammon*	雪豹	*Uncia uncia*
藏原羚	*Procapra picticaudata*		

微生物

中文名称	学名	噬几丁质菌科	Chitinophagaceae
酸杆菌门	Acidobacteria	丛毛单胞菌科	Comamonadaceae
放线菌门	Actinobacteria	芽单胞菌科	Gemmatimonadaceae
装甲菌门	Armatimonadetes	红冬孢酵母属	*Rhodosporidium*
拟杆菌门	Bacteroidetes	红酵母属	*Rhodotorula*
绿菌门	Chlorobi	硅藻门	Bacillariophyta
绿弯菌门	Chloroflexi	绿藻纲	Chlorophyceae
蓝细菌门	Cyanobacteria	金藻纲	Chrysophyceae
异常球菌-栖热菌门	Deinococcus-Thermus	隐藻门	Cryptophyta
厚壁菌门	Firmicutes	硅鞭藻纲	Dictyochophyceae
梭杆菌门	Fusobacteria	甲藻纲	Dinophyceae
芽单胞菌门	Gemmatimonadetes	真眼点藻纲	Eustigmatophyceae
硝化螺旋菌门	Nitrospirae	定鞭藻门	Haptophyta
浮霉菌门	Planctomycetes	下睫虫门	Katablepharidophyta
变形菌门	Proteobacteria	定鞭藻纲	Prymnesiophyceae
奇古菌门	Thaumarchaeota	黄群藻纲	Synurophyceae
疣微菌门	Verrucomicrobia	共球藻纲	Trebouxiophyceae
α-变形菌	α-Proteobacteria	黄藻纲	Xanthophyceae
β-变形菌	β-Proteobacteria	聚球藻属	*Synechococcus*
ε-变形菌	ε-Proteobacteria	单针藻属	*Monoraphidium*
厌氧绳菌科	Anaerolineaceae		